Die Pharmaindustrie

Dagmar Fischer · Jörg Breitenbach
(Hrsg.)

Die Pharmaindustrie

Einblick – Durchblick – Perspektiven

4. Auflage

Mit Beiträgen von Achim Aigner, Robert Becker, Jörg Breitenbach,
Frank Czubayko, Dagmar Fischer, Tobias Jung, Ulrich Kiskalt,
Gerhard Klebe, John B. Lewis, Peter Riedl, Manfred Schlemminger,
Milton Stubbs, Hagen Trommer

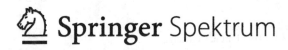 Springer Spektrum

Herausgeber
Dagmar Fischer
Jena, Deutschland

Jörg Breitenbach
Ludwigshafen, Deutschland

ISBN 978-3-662-54655-0   ISBN 978-3-662-54656-7   (eBook)
DOI 10.1007/978-3-662-54656-7

Die Deutsche Nationalbibliothek verzeichnet diese Publikation in der Deutschen Nationalbibliografie; detaillierte bibliografische Daten sind im Internet über http://dnb.d-nb.de abrufbar.

Springer Spektrum
© Springer-Verlag GmbH Deutschland 2003, 2007, 2010, 2013

Planung: Sarah Koch

Gedruckt auf säurefreiem und chlorfrei gebleichtem Papier

Springer Spektrum ist Teil von Springer Nature
Die eingetragene Gesellschaft ist Springer-Verlag GmbH Deutschland
Die Anschrift der Gesellschaft ist: Heidelberger Platz 3, 14197 Berlin, Germany

Vorwort zur vierten Auflage

Die *Frankfurter Allgemeine Zeitung* schrieb Ende 2010 in einem Kommentar ihrer Samstagsausgabe: »Pharmaindustrie vor mageren Jahren?« und hob dabei einerseits auf die massiven Veränderungen in der Gesundheitspolitik vieler Länder ab, andererseits auf die zunehmende Schwierigkeit, wirkliche Durchbrüche mit neuen Medikamenten zu erzielen.

Hierzulande wurde das Arzneimittel-Sparpaket des Bundesgesundheitsministers Philipp Rösler diskutiert. Zum 1. August 2010 erhöhte er im Rahmen des GKV-Änderungsgesetzes den Zwangsrabatt von sechs auf 16 Prozent, den nun Pharmaunternehmen den gesetzlichen Krankenversicherungen (GKV) einräumen müssen. Über eine Milliarde Euro ließen sich so für die Krankenkassen einsparen, erklärte Rösler. Zum 1. Januar folgten Teil 2 und 3 der Reformen: Rund 160 Seiten umfasst das Gesetz zur Neuordnung des Arzneimittelmarktes, kurz AMNOG. Der Kern der Botschaft ist deutlich und wurde auch so von den Medien aufgegriffen: Getragen wird dies durch die forschenden Pharmaunternehmen sowie den Großhandel und die Apotheken.

Andererseits bringen neue, zukunftsträchtige Technologien starke Impulse. Innovative Strategien helfen, die eigene Marktposition zu stärken. Biotechnologie und Nanowissenschaft spielen eine immer wichtigere Rolle bei der Entwicklung pharmazeutischer Produkte im Bereich von Therapeutika und Diagnostika. Kooperationen und Allianzen insbesondere auch zwischen kleinen und mittelständischen stark spezialisierten Unternehmen und Big Pharma sind an der Tagesordnung.

Zeit für eine 4 Auflage!

Die 4. Auflage wurde überarbeitet, aktualisiert, und wieder wurden neue Aspekte und Kapitel eingefügt. Erstmals ist das Thema der »*emerging markets*« vertreten. Die Ausrichtung der großen Pharmakonzerne auf dieses Thema gebot es, auch diesem Aspekt Platz in der neuen Auflage zu verschaffen.

Nach der ersten Auflage 2003, der zweiten Auflage 2006 und einer dritten Überarbeitung 2009 liegt nun eine weitere Neufassung vor, die durch viele wertvolle Hinweise von unseren Lesern ergänzt wurde. Alle Autoren haben sich dankenswerterweise erneut bereit erklärt, ihre Kapitel zu überarbeiten. Ferner möchten wir all denen danken, die uns mit ihrem Beitrag und ihrer Expertise, ihrer Diskussionsbereitschaft und ihren Ideen bei der Entstehung der vierten Auflage mit Rat, Tat und auch schonungsloser Kritik zur Seite gestanden haben.

Wir freuen uns, dass das Buch mittlerweile sowohl an Hochschulen als auch in Fortbildungsseminaren der pharmazeutischen Industrie als Literatur ein fester Bestandteil geworden ist. getAbstract wählte *Die Pharmaindustrie* zum Buch der Woche und es erschien als Besprechung auf der ECO-Website des Schweizer Fernsehens sowie im Lufthansa Exklusive Magazin. Mit so viel Publizität hatten wir nicht gerechnet. Es zeigt einmal mehr, dass der Bedarf für ein solches Buch gegeben ist.

Ein herzlicher Dank geht an das bewährte Team des Spektrum-Verlags, insbesondere Herrn Dr. Ulrich Moltmann und Frau Bettina Saglio für ihr Engagement und ihren unermüdlichen Einsatz.

Dr. Jörg Breitenbach und Prof. Dr. Dagmar Fischer
Mannheim, im September 2012

Autorenliste

Prof. Dr. Achim Aigner
Medizinische Fakultät
Selbständige Abteilung für
Klinische Pharmakologie
am Rudolf-Boehm-Institut
für Pharmakologie und
Toxikologie
Universität Leipzig
Härtelstraße 16–18
D-04107 Leipzig

Dr. Robert Becker
Stresemann Straße 40
D-88400 Biberach

Dr. Jörg Breitenbach
IPSICO
Hans-Sachs-Ring 95
D-68199 Mannheim

Prof. Dr. Frank Czubayko
Pharmakologisches Institut
Philipps-Universität Mar-
burg
Karl-von-Frisch-Straße 1
D-35033 Marburg

Prof. Dr. Dagmar Fischer
Professur für Pharmazeuti-
sche Technologie
Friedrich-Schiller-Universi-
tät Jena
Otto-Schott-Straße 41
D-07743 Jena

Dr. Tobias Jung
Am Neubrunnen 9
79588 Efringen-Kirchen

Ulrich Kiskalt
Edelweißstraße 5 A
D-84032 Landshut

Prof. Dr. Gerhard Klebe
Institut für Pharmazeutische
Chemie
Philipps-Universität Mar-
burg
Marbacher Weg 6–10
D-35032 Marburg

Dr. Jon B. Lewis
Business Development
Consultant
Summerton House
Spring Lane
UK-Wymondham, Leics.
LE14 2AY

Dr. Peter Riedl
Patentanwalt
Reitstötter, Kinzebach &
Partner
Sternwartstraße 4
D-81679 München

Manfred Schlemminger
PharmaPart GmbH
Rheingaustr. 190–196
D-65203 Wiesbaden

Prof. Dr. Milton Stubbs
Institut für Biotechnologie
Martin-Luther-Universität
Halle
Kurt-Mothes-Straße 3
D-06120 Halle (Saale)

Dr. Hagen Trommer
B.-Kellermann-Str.16
D-04279 Leipzig

Inhaltsverzeichnis

Abkürzungen

AABG	Arzneimittelausgaben-Begrenzungsgesetz 2002
ABPI	Association of the British Pharmaceutical Industry
ACE	Angiotensin converting enzyme, Angiotensin-Konversionsenzym
ADE	Adverse drug effects
ADME	Adsorption, distribution, metabolism, excretion (Resorption, Verteilung, Metabolisierung und Ausscheidung)
AG	Auftraggeber
AMG	Arzneimittelgesetz
AMNOG	Arzneimittelmarkt-Neuordnungsgesetz
AMWHV	Arzneimittel- und Wirkstoff-Herstellungs-Verordnung
ANDA	Abbreviated New Drug Application
APHA	American Pharmacists Association
AR	Assessment Report
ATC	Acute toxic class test
AUC	Area under the curve, Fläche unter der Kurve
BCG	Boston Consulting Group
BfArM	Bundesinstitut für Arzneimittel und Medizinprodukte
BGA	Bundesgesundheitsamt
BGH	Bundesgerichtshof
BIP	Bruttoinlandsprodukt
BLA	Biologics Licensing Application
BMBF	Bundesministerium für Bildung und Forschung
BMG	Bundesministerium für Gesundheit
BPI	Bundesverband der pharmazeutischen Industrie
BSE	Bovine Spongiforme Encephalitis
BVMed	Bundesfachverband Medizinprodukteindustrie
CANDA	Computer Assistance in New Drug Applications
CBER	Center for Biologics Evaluation and Research
CDER	Center for Drug Evaluation and Research
CEFIC	European Chemical Industry Council
CFR	Code of Federal Regulations
cGMP	Current good manufacturing practices
CHMP	Committee for Medicinal Products for Human Use
CHO	Chinese hamster ovary
CMO	Contract manufacturing organization
Cp	Prozessfähigkeitskennzahl
CPG	Compliance policy guides
CPM	Critical path method
CPMP	Committee for Proprietary Medicinal Products
CRM	Customer relationship management
CRO	Contract research organizations
CSEM	Centre Suisse d'Electronique et de Microtechnique
CTD	Common technical document
DCP	Decentralized procedure
DDC	Drug development candidate

DDS	Drug delivery system
DE	Bundesrepublik Deutschland
DIA	Drug Information Association
DIMDI	Deutsches Institut für Medizinische Dokumentation und Information
DIN	Deutsches Institut für Normung
DMAIC	Define, measure, analyze, improve, control
DMF	Drug Master File
DMP	Disease management program
DNA, DNS	Desoxyribonucleinsäure
DPhG	Deutsche Pharmazeutische Gesellschaft
DPMA	Deutsches Patent und Markenamt
DPMO	Defects per million opportunities
DQ	Design Qualification
DRG	Diagnoses related groups
DTC	Direct to consumer
EBM	Evidence based medicine
EC50	Effektive Konzentration 50 %
eCTD	Electronic common technical document
ED50	Effektive Dosis 50 %
EDV	Elektronische Datenverarbeitung
EEC	European Economic Community
EFPIA	European Federation of Pharmaceutical Industries and Associations
EFTA	European Free Trade Area
EG	Europäische Gemeinschaft
EGA	European Generics Agency
EGF	Epidermal growth factor
EGFR	Epidermal growth factor receptor
ELISA	Enzyme linked immunosorbent assay
EMA	European Medicines Agency
EPAR	European Public Assessment Report
EPÜ	Europäisches Patentübereinkommen
EU	Europäische Union
EuAB	Europäisches Arzneibuch
EVCA	European Venture Capital Association
EWG	Europäische Wirtschaftsgemeinschaft
FCS	Fluoreszenz-Korrelationspektroskopie
F&E	Forschung und Entwicklung
FDA	Food and Drug Administration
FDCAct	Federal Food, Drug, and Cosmetic Act
FDP	Fixed dose procedure
FMEA	Failure Mode and Effects Analysis, Fehlermöglichkeits- und Einflussanalyse
FRET	Fluoreszenz Resonanz Energie Transfer
FTA	Fault tree analysis, Fehlerbaumanalyse
FTD	Tufts Centre for the Study of Drug Development
GABA	c-Aminobuttersäure
GAMP	Good automated manufacturing practice
GCP	Good clinical practices

GFP	Grünfluoreszierendes Protein
GKV	Gesetzliche Krankenversicherung
GLP	Good laboratory praxis
GMP	Good manufacturing practices, «Gute Herstellpraxis»
GPCR	G-Protein-gekoppelte Rezeptoren
HACCP	Hazard analysis and critical control points
HG-PRT	Hypoxanthin-Guanin- Phosphoribosyltransferase
HIV	Humanes Immundefizienz-Virus
HPLC	High performance liquid chromatography
HTS	High throughput screening
HWG	Heilmittelwerbegesetz
HUGO	Humanes Genomprojekt
ICH	International Conference on Harmonization
IFPMA	International Federation of Pharmaceutical Manufactures Associations
IMPD	Investigational Medicinal Product Dossier
IND	Investigational New Drug
INN	International nonproprietary name, internationaler Freiname
IPC, IPK	In-Prozess-Kontrolle
IPO	Initial public offering
IQ	Installation Qualification
IQWiG	Institut für Qualität und Wirtschaftlichkeit im Gesundheitswesen
IR Marke	International registrierte Marke
ISO	International Organization for Standardization
IT	Informationstechnologie
JPMA	Japan Pharmaceutical Manufacturers Association
JTU	Junge Technologieunternehmen
KG	Körpergewicht
KKS	Klinisches Kompetenzzentrum
KT	Kepner-Tregoe-Analyse
LA	Lenkungsausschuss
LD50	Letaldosis 50 %
LIMS	Laboratory Information Management System
LKP	Leiter der klinischen Prüfung
LOI	Letter of Intent
MAA	Pharmaceutical Marketing of Authorization Applications
MarkG	Markengesetz
MBR	Master-Batch-Record
MHLW	Ministry of Health, Labor and Welfare, Japan
MMA	Madrider Markenabkommen
MPG	Medizinproduktegesetz
mRNA	Messenger (Boten) Ribonucleinsäure
MRP	Mutual recognition procedure
MZR	Maximal zulässiger Rückstand
NAD(P)+	Nicotin-adenin-dinucleotidphosphat
NBE	New biological entity
NCE	New chemical entity
NDA	New drug application
NDE	New drug entity

NF	National Formulary
NHS	National Health Service
NIH	National Institutes of Health, Not invented here
NME	New molecular entity
NMR	Nuclear magnetic resonance
NPA	National Pharmaceutical Association
NPV	Net present value
OECD	Organisation for Economic Co-operation and Development
OOS	Out of specification
OQ	Operational Qualification
OROS	Orales osmolisches System
OSG	Obere Spezifikationsgrenze
OTC	Over the counter
PARP	Poly-ADP-Ribose-Polymerase
PAT	Process analytical technology
PatG	Patentgesetz
PCT	Patent Cooperation Treaty, Patentzusammenarbeitsvertrag
PDUFA	Prescription Drug User Fee Act
PEG	Polyethylenglycol
PEI	Paul-Ehrlich-Institut
PERT	Project Evalusation and Review Technique
PET	Positronen-Emissions-Tomographie
PharmBetrV	Betriebsverordsnung für pharmazeutische Unternehmer
PHC	Personalized health care
PhEur	Pharmacopoea Europeae
PhRMA	Pharmaceutical Research and Manufacturers of America
PIC/S	Pharmaceutical Inspection Convention Scheme
PIP	Paediatric investigation plan
PK/PD	Pharmakokinetik, Pharmakodynamik
PL	Projektleiter
PLA	Product licensing application
PM	Projektmanagement
PMMA	Protokoll zum Madrider Markenabkommen
PPS	Produktionsplanung und -steuerung
PROBE	Prospective, randomized, open, blinded end-point
PQ	Performance Qualification
PSUR	Periodic Safety Update Report
PT	Projektteam
PUMA	Paediatric use Marketing Authorization
PV	Present value, Barwert
PVMP	Committee for Veterinary Medicinal Products
QA	Quality assurance, Qualitätssicherung
QbD	Quality by design
QC	Quality control, Qualitätskontrolle
QM	Qualitätsmanagement
QP	Qualified person
R&D	Research and development
RIA	Radioimmunassay

RMS	Reference Member State
RNA, RNS	Ribonucleinsäure
ROI	Return on investment
RPZ	Risikoprioritätszahl
SAR	Structure activity relationship
SCID	Severe combined immunodeficiency
sNDA	Supplemental new drug application
SNP	Single nucleotide polymorphism
SMON	Subacute myelo-optic neuropathy
SOP	Standard operating procedure
SPC	Summary of product characteristics
SPC	Supplementary protection certificate
SPF	Spezifisch-pyrogenfrei
STD	Severly toxic dose
SWOT	Strength, weakness, opportunities, threats – Stärken-/Schwächen-Analyse
THMPD	Traditional Herbal Medical Product Directive
TPM	Third party manufacturer
TQM	Total quality management
TRIPS	Trade related aspects of intellectual property rights-Abkommen
TS	Therapeutisches System
UAW	Unerwünschte Arzneimittel-Wirkungen
USP	United States Pharmacopea
USG	Untere Spezifikationsgrenze
VFA	Verband der forschenden Arzneimittelhersteler
VMI	Vendor Managed Inventory
WBS	Work breakdown structure
WHO	World Health Organization
WIPO	World Intellectual Property Organization
ZNS	Zentralnervensystem
ZPO	Zivilprozessordnung

Wandel und Herausforderung – die pharmazeutische Industrie

Jörg Breitenbach und Dagmar Fischer

1.1 Entwicklung der pharmazeutischen Industrie

1.1.1 Von Extrakten zu Industrieprodukten

Der Wunsch, ja das Bedürfnis, Krankheiten zu lindern oder zu heilen, kann ohne Frage als eine der wichtigsten Triebfedern zur Entwicklung von Arzneimitteln im weitesten Sinne angesehen werden. Arzneimittel sind rückdatierbar bis auf 2100 v. Chr., und alle großen Kulturen trugen zur Weiterentwicklung der Medizin und Heilkunst bei.

Daher ein steckbriefhafter Blick auf einige Meilensteine, die zur Entstehung der pharmazeutischen Industrie maßgeblich beitrugen:

Im 13. Jahrhundert reformiert Friedrich der Zweite das **Gesundheitssystem** in Preußen. Der Arztberuf und der des Apothekers werden getrennt. Die Zubereitung der Arzneimittel wird in die Hand des Apothekers gelegt.

»Die Dosis macht das Gift.«[1] Dieser Satz, geprägt durch den schwäbischen Arzt Paracelsus (eigentlich Philippus Aureolus Theophrastus von Hohenheim, 1493–1541), fasst zwei bedeutsame Erkenntnisse zusammen: Erstens wird dem Wirkstoff als solches eine Wirksamkeit zuerkannt, zweitens entsteht der Dosisbegriff. Beides ist, wie noch gezeigt wird, entscheidend für die systematische Entwicklung von Arzneimitteln.

Seit Justus Liebig ein neues, forschungsorientiertes Ausbildungskonzept vorgelegt und durchgesetzt hatte, verfügte Deutschland über eine Vielzahl sehr gut ausgebildeter Chemiker. Mit dem Fortschritt in Chemie und Physik konnte die systematische Erforschung der Wirkung von Arzneimitteln begonnen werden. Gleichzeitig wurde die Technik der Tierexperimente ausgebaut, sodass die Wirkung von Giften und Arzneien am ganzen Körper und an den einzelnen Organen verfolgt werden konnte. Es war dies die Geburtsstunde der Pharmakologie. Die ersten Erfolge errang die Arzneimittelchemie mit der Isolierung der reinen Wirkstoffe aus bekannten Drogen: 1803 das Morphium aus dem Mohn, 1818 das Strychnin aus dem Samen der Ignatiusbohnen und 1821 das Chinin aus der Rinde des Chinabaumes.

Von der reinen Erkenntnis der Wirksamkeit bis zum chemischen Aufbau des Wirkstoffs sollte es noch mal mehr als 100 Jahre dauern: Der chemische Aufbau des Morphiums, die **Strukturanalyse**, wurde erst 110 Jahre nach der Entdeckung des Stoffes aufgeklärt. Die Synthese wiederum gelang erst 135 Jahre nach der Isolierung. Um 1890 gab es nur wenige chemisch hergestellte Wirkstoffe: Chloroform zur Narkose, Chloralhydrat als Schlafmittel, Iodoform zur Desinfektion und von der Salicylsäure wusste man, dass sie bei rheumatischen Beschwerden hilfreich sein konnte.

In Preußen betrug die Apothekendichte um 1830 weniger als eine Apotheke auf 10.000 Einwohner, im Westen lag sie um den Faktor 1,5 höher. Die teilweise absichtlich begrenzte Neuzulassung von Apotheken konnte mit dem Bevölkerungswachstum nicht Schritt halten. Erst die **Bismarcksche Sozialgesetzgebung**, insbesondere das Krankenversicherungsgesetz von 1883, ermöglichte einer breiten Bevölkerung die medizinische Versorgung, sodass die Nachfrage stark anstieg.

1877 und 1891 gab es in Deutschland ein Reichsgesetz über Markenschutz und Warenbezeichnungen, das sich an den Anforderungen der Industrie nach Schutz der wissenschaftlichen Leistungen orientierte.

Die Herstellung größerer Mengen von Wirkstoffen und Medikamenten führte zur Trennung zwischen Apotheke und **pharmazeutischer Fabrik**. Gesetzgebung, Markt und wissenschaftliche Innovation hatten zur Bildung eines neuen Industriezweiges beigetragen.

Viele Apotheker trugen diesem Umstand als clevere Geschäftsleute Rechnung und bauten eigene Fabrikationsstätten auf. Der erste war Heinrich Emanuel Merck (1794–1855), Besitzer der Engel-Apotheke in Darmstadt. Er startete 1827 in einer pharmazeutisch-chemischen Fabrik mit der Herstellung von Alkaloiden, dem Ursprung der heutigen Merck Darmstadt. Sein Großenkel gründete 1889 Merck & Co. in New York. Nach dem Ersten Weltkrieg wurde daraus die selbstständige amerikanische Merck & Co., die ihre Produkte heute unter dem Namen Merck Sharp & Dome (MSD) vertreibt. In Berlin entstand aus der Grünen Apotheke am Wedding die spätere Schering AG. Christian Engelman und C. H. Boehringer begründeten jene Firma, aus der später die Boehringer Firmen

---

1   »Alle Dinge sind Gift und nichts ohn' Gift; allein die Dosis macht, dass ein Ding kein Gift ist.«

in Ingelheim und Mannheim entstehen sollten. Die Brüder Albert und Hans Knoll gründeten zusammen mit Max Deage die Knoll AG in Ludwigshafen. Ähnliches geschah in der Schweiz. 1859 wurde die erste Teerfarbenfabrik auf dem Kontinent gegründet, die Chemische Industrie in Basel, kurz Ciba.

1860 schrieb Oliver Wendell Holmes, US-amerikanischer Mediziner und Schriftsteller: »Ich glaube fest daran, dass, wenn man die ganze Materie der Medizin, wie sie nun benutzt wird, auf dem Grund der Meere versenken würde, wäre es besser für die Menschheit und schlechter für die Fische.«Trotzdem entstanden aus einer empirischen Wissenschaft bald nützliche Medikamente und Arzneimittel. Dazu hatte der deutsche Chemiker Friedrich Woehler beigetragen, als er 1836 zum ersten Mal Harnstoff synthetisierte. Dies gelang ihm aus einer anorganischen Substanz, die eine organische Substanz, nämlich Harnstoff, als Resultat hatte. Chemiker versuchten von da an, Chemikalien auf künstliche Art und Weise aus einfachen Bausteinen herzustellen. 1856 studierte der 18-jährige William Henry Perkin am Royal College of Chemistry in London Chemie unter dem deutschen Chemiker August Wilhelm Hoffmann. Perkin versuchte sich in einem kleinen Laboratorium im elterlichen Haus an der Synthese von Chinin. Obwohl er nicht erfolgreich war, produzierte er durch Zufall den ersten synthetischen Farbstoff, den er Mauveine nannte.

Später sollte dieser Farbstoff als Anilin schwarz oder blau bekannt werden. Diese Entdeckung führte zur Suche nach neuen Synthesen, z. B. durch Friedrich Bayer, der natürliche Farbstoffe extrahierte. Ähnliches geschah bei den Firmen Geigy und Ciba in der Schweiz. 1888 gründete die Friedrich Bayer GmbH, die es seit 1863 gab, ihre pharmazeutische Abteilung, um den ersten synthetischen Wirkstoff Phenacetin zu vermarkten. Phenacetin war von dem Chemiker Carl Duisberg entdeckt worden. Erst 1869 hatte Dimitrij I. Mendelejew das Periodensystem der Elemente entwickelt.

Gegen Fieber gab es bis 1883 nur Chinin. Das erste künstliche Fiebermittel wurde von Ludwig Knorr gefunden. Die Firma Hoechst brachte es 1884 als Antipyrin auf den Markt. Die Firma Kalle und Co. in Bieberich brachte Acetanilid als Antifebrin gegen Fieber auf den Markt. Diesem folgten 1888 Phenacetin und später die Acetylsalicylsäure als Aspirin der heutigen Bayer AG. Phenacetin gilt

als das erste Arzneimittel, das von einer privaten Firma synthetisiert, entwickelt und vermarktet wurde. Es ist dies auch die Stunde der disziplinübergreifenden Forschung: Arzt, Apotheker und Chemiker bilden Forschungsgruppen. Die Synthese von Aspirin 1897 und dessen Einführung 1899 begründete Bayers Dominanz auf dem Gebiet synthetischer Chemikalien, die sich bis zum Beginn des Ersten Weltkrieges hielt.

Die Entdeckung, dass aus Bestandteilen des Steinkohlenteers Farbstoffe hergestellt werden können, hatte ein Vierteljahrhundert zuvor zur Gründung der Farbenfabriken geführt. Aus dem gleichen Grundstoff wurden nun Arzneimittel hergestellt. Die Entwicklung der deutschen Farbstoffindustrie gab einen weiteren Anstoß zur Herstellung synthetischer Arzneimittel. Verschiedene Zwischenprodukte bei der industriellen Erzeugung von Farbstoffen (**Anilinfarben**) erwiesen sich als geeignete Rohmaterialien zur Synthese von wirksamen Arzneimitteln. Beispiele sind die Sulfonamide (Prontosil, Aristamid, Cibazol, Supronal), die schwefelhaltige Abkömmlinge von Anilinfarbstoffen darstellen. Auch die Firmen Ciba und Geigy in der Schweiz widmeten sich dem Gebiet. Gegen Ende des Jahres 1900 gab es rund 620 Arzneimittelhersteller.

Ein Blick über den Atlantik zeigt ähnliche Gründungsdaten. Als die Wiege der amerikanischen pharmazeutischen Industrie gilt Philadelphia mit dem ersten Krankenhaus (1751).

Geprägt durch den Civil War gründeten Pharmazeuten wie John Wyeth, William Warner und Louis Dohme und Ärzte wie Walter Abbott und William E. Upjohn Firmen zur Herstellung pharmazeutischer Produkte[2].

Der Weg in ein neues Industriesegment, die **pharmazeutische Industrie** als Teil der chemischen Industrie, war geebnet. Apotheke und Farbenindustrie hatten nacheinander wissenschaftliche Grundsteine für diese Entwicklung gelegt. Wie ging es weiter?

---

2   Gründungsdaten wichtiger amerikanischer pharmazeutischer Firmen: Frederick Stearns & Company (1855), William R. Warner & Co. (1856), E. R. Squibb & Sons (1858), Wyeth (1860), Sharp & Dohme (1860), Parke, Davis & Company (1866), Eli Lilly & Company (1876), Lambert Company (1884), Johnson & Johnson (1885), Upjohn Company (1886), Bristol-Myers (1887), Merck (U.S.) (1887), Abbott Laboratories (1888), G. D. Searle (1888), Becton Dickinson (1897).

1

▣ Tab. 1.1 Entwicklung der pharmazeutischen Forschung und Industrie im Überblick

Zeitraum	1820–1880	1880–1930	1930–1960	1960–1980	1980–2009
Wissenschaftlicher Fortschritt	– Mikroskope – Entdeckung der Zelle – Pathologie; G. B. Morgagni – Geburtshilfe; W. Hunter – Organische Chemikalien – Milzbrand-Bazillus; R. Koch – Identifikation zellulärer Dysfunktion als Auslöser der Leukämie; R. Virchow	– Isolierung von Chemikalien aus Pflanzen – Synthese von Wirkstoffen – Röntgenstrahlen – Organische Chemie – Diphterietoxine; E. von Behring – Penicillin; A. Fleming	– Prozessentwicklung – Große Synthesemaßstäbe – Orale Antidiabetika Sulfonylharnstoffe – DNA-Struktur; F. Crick, J.D. Watson, M. Wilkins – Synthese der Geschlechtshormone; A. Butenandt – Identifikation von Hormonstörungen und Strahlenschäden als Krebsauslöser – Identifikation der unterschiedlichen Leukozyten-Differenzierung der Leukämien	– Mechanismen – Rezeptoren – Genregulation; J. L. Monod – Halbsynthetische Antikörper	– Molekulare Biologie– Enzyminhibitoren– Drug Delivery– Monoklonale Antikörper– Genomics – Humangenomprojekt – Molekulare Differenzierung der Krebserkrankungen in Subspezies
Produktentwicklung	– Alkaloide (Morphin) – Impfung/Immunologie – Pocken; E Jenner – Anästhetika – Ethylether; C. Long	– Schmerzmittel – Hypnotika – Insulin; F. G. Banting, C. H. Best – Impfung/Immunologie – Tollwut; L. Pasteur – Salvarsan gg. Syphilis – Germanin (Bayer AG) gg. Schlafkrankheit – Lebertran (Eli Lilly) gg. Anämie	– Sulfonamide; G. Domagk – Antibiotika Penicillin in Therapie ; E. Chain, H. Florey Streptomycin; S. A. Waksman – Vitamine – B_{12} – Hormone – Antibabypille; G. Pincus – Impfstoff gg. Kinderlähmung, J. E. Salk	– Nichtsteroidale Antirheumatika – Calcium-Antagonisten – Verapamil (Knoll AG) – Diuretika – Antipsychotika – Antidepressiva – Beta-Blocker gg. Angina Pectoris – Propanolol, J. W. Black (ICI) – ACE Hemmer – Captopril (Squibb) – H_2-Blocker Cimetidin (Smith Kline French) – Onkologie	– Anti-Cholesterol– Virale Chemotherapie– AIDS-Proteaseinhibitoren; Transkriptase-Inhibitoren– Proteine – Gentechnologisch hergestelltes Humaninsulin (Eli Lilly) – EPO – Lipidsenker – Cyclosporin als Immunsuppressivum (Sandoz AG) – Gentechnisch hergestelltes Wachstumshormon (HGH = *human growth hormon*) – Lutenisierungshormon-Releasinghormon (LHRH) gg. Prostatakrebs (Hoechst AG) – Sildenafil (Viagra, Pfizer)

Tab. 1.1 Fortsetzung

Zeitraum	1820–1880	1880–1930	1930–1960	1960–1980	1980–2009
Industrie-struktur	– Akademische Forschung – Teil der chemischen Industrie	– Forschung in Firmen – Marketing	– Erwerb und Zusammenschluss von Forschungs- zu Marketing-, Sales- und Produktionsfirmen	– Horizontale Diversifikation – Diversifikation und Innovation wird langsamer – Globalisierung – Patentabläufe/niedrigere Gewinne (1960)	– Biotech – Blockbuster – Generika – OTC – Firmen-Aquisitionen/Zusammenschlüsse – Käufermarkt – Globalisierung – Staatliche Interventionen – Life Science – Vioxx-Produktrückruf

Das Know-How der organischen Chemie in deutschen Chemiefirmen versetzte z. B. Hoechst auch in die Lage, den ersten Anti-Syphilis-Wirkstoff Salvarsan herzustellen. Mit Unterstützung seines Assistenten Sahachiro Hata entwickelte Paul Ehrlich im Jahre 1909 das Arsphenamin (Salvarsan) gegen Syphilis und andere gefährliche Seuchen. Dies war das erste spezifisch wirkende Chemotherapeutikum, das jemals hergestellt wurde. 1936 führte Bayer Prontosil ein, den ersten der schwefelhaltigen Wirkstoffe, der von Gerhard Domagk entdeckt wurde. Prontosil wirkte insbesondere gegen Streptokokken, die bei Frauen nach der Geburt oftmals tödliche Infektionen hervorriefen.

Am 11. Januar 1922 injizierten der Chirurg Frederick G. Banting und der Physiologe Charles H. Best einem 14-jährigen Jungen mit Diabetes einen Leberextrakt. 1921 war ihnen die Isolierung des Insulins gelungen. Ein historischer Durchbruch folgte. George Henry Clowes, ein englischer Emigrant und Biochemiker bei Eli Lilly, trifft sich mit seinem Freund an der Toronto University, der ihm von Banting und Bests Erfolg erzählt. Clowes offeriert die Finanzierung und Herstellung dieses Produktes durch Eli Lilly. 1923 gelingt es Eli Lilly erfolgreich, vermarktbare Mengen von Insulin durch Extraktion aus tierischen Bauchspeicheldrüsen herzustellen. Seit den 1980er Jahren wird **menschliches Insulin** gentechnisch hergestellt. Die amerikanische pharmazeutische Industrie verstand sich mehr auf Produktion als auf Forschung. Nur Lilly und Squibb hatten eine nennenswerte nationale Präsenz. Zwischen 1932 und 1934, auf dem Höhepunkt der Wirtschaftsdepression, gingen 3.512 Firmen in den USA bankrott. Darunter auch viele pharmazeutische Unternehmer, denen es an Umsatzvolumen mangelte.

In den 1920er und 1930er Jahren findet sich auch die weite Verbreitung von Vitaminen als Projekte in den Forschungslaboratorien, die bei Glaxo von dem jungen Pharmazeuten Harry Jephcott vorangetrieben wurden. 1924 wird Vitamin D das erste pharmazeutische Produkt von Glaxo.

Zwischen den beiden Weltkriegen wurden sog. patentierte Arzneimittel (*patent medicines*) in großen Mengen verkauft. Viele der Produkte hielten nicht, was sie versprachen und Werbung und unseriöse Versprechungen trugen ihren Teil zur unrühmlichen Popularität dieser Produkte bei.

Zusammenfassend kann man sagen, dass die pharmazeutische Industrie ihren Ursprung in verschiedenen Wurzeln hat. Diese umfassen die sog. *retail pharmacies*, also Apothekenketten, wie z. B. Merck, SmithKline and French und Boots, die *patent medicine* -Firmen wie Beecham und Winthrop-Stearn und die Farben- und Chemiefirmen wie z. B. Ciba, Geigy, Bayer, Hoechst und ICI.

Akzeptiert man, dass die pharmazeutische Industrie in den Kriegsjahren erwachsen wurde, so lässt sich rückblickend sagen, dass sie eine außerordentlich produktive Teenagerzeit hinter sich hatte.

Mit Beginn des Zweiten Weltkrieges waren die USA weitgehend abhängig von den Wirkstoffherstellern anderer Länder. Penicillin trug zur Verbesserung der medizinischen Situation während des Weltkrieges entscheidend bei. 1928 hatte Alexander Fleming die Entdeckung gemacht. Die Massenproduktion in USA begann 1941 mit dem Eintritt in den Zweiten Weltkrieg. Die **Fermentationstechnik** begann ihren Siegeszug. Neben Penicillin wurden Plasma und Albumin für das Militär benötigt. Alleine Lilly stellte zwei Mio. Einheiten Plasma her. In einem Zusammenschluss von 13 Firmen war es gelungen die Plasmamengen bereitzustellen. Auch bei der Herstellung von Penicillin war die Zusammenarbeit von zehn Firmen Garant für den Erfolg.

Die Nachkriegszeit zeichnete sich für die amerikanische pharmazeutische Industrie durch Expansion und Entwicklung neuer Wirkstoffe aus. Streptomycin (Merck & Co., 1945), Chlortetracyclin (Lederle, 1948) und Chloramphenicol (Parke-Davis, 1949) waren Ergebnis der Suche nach Breitbandantibiotika. Benadryl (Parke-Davis, 1946) war das erste Antihistaminikum.

Der ganze Prozess wurde in den USA seit 1852 durch einen starken Verband begleitet, die American Pharmaceutical Association (APhA). Zwei Präsidenten, A. Dohme und H. Dunning, kamen aus der Industrie, ebenso wie vier Ehrenvorsitzende (E. Mallinckrodt, H. Wellcome, J. Lilly Sr. und G. Pfeiffer). Dies sorgte für eine enge Verzahnung von Industrie und akademischer Forschung.

Ein Rückblick auf die japanische Pharmaindustrie schließt hier folgerichtig an. 1945 wurde die japanische Pharmaindustrie insbesondere im Bereich der Produktion mit der tatkräftigen Unterstützung der amerikanischen Besatzungsmacht gefördert. Danach folgte die Ära der Einführung von neuen Medikamenten und Methoden aus dem Ausland. Als Japan 1951 unabhängig wurde, importierten japanische Pharmaunternehmen ab diesem Zeitpunkt viele neue Medikamente und neue pharmazeutische Verfahrenstechniken aus den USA und aus europäischen Ländern. Allerdings war dies auch vor dem zweiten Weltkrieg schon lange Tradition. So erwarb Takeda bereits 1907 Exklusivrechte für den Vertrieb von Bayer. Dennoch wurden japanische Firmen oft als eine Branche der Kopien und Imitationen dargestellt. In den Jahren 1965 bis ca. 1975 folgte eine Phase des schnellen Wirtschaftswachstum für die japanischen Pharmaunternehmen. In diesem Zeitraum wuchsen viele dieser Unternehmen mit einer jährlichen Rate von 15–20 % vor allem mit Blick auf die Produktion von Vitaminen, funktionsgleichen Medikamenten (*metoos*) und manchen OTC-Präparaten. Einige große Unternehmen machten gewaltigen Profit, der nun dazu genutzt wurde, Forschungseinrichtungen auszubauen.

Bereits Mitte der 1950er Jahre erkrankten in Japan immer mehr Menschen an einer rätselhaften Krankheit, die mit Missempfindungen, Gehstörungen und Magen-Darm-Beschwerden, gefolgt von Empfindungsstörungen und Lähmungen sowie Sehstörungen (bis Blindheit) einherging. Zunächst hieß es, die betroffenen Patienten seien durch ein Virus gelähmt und blind geworden. Mitte der 1970er Jahre stellte jedoch eine von der Regierung finanzierte dreijährige Studie fest, dass es sich um einen klassischen Fall von Toxizität eines Medikamentes handelte, eines Antidiarrhoikums namens Enterovioform, welches hauptsächlich von Ciba Geigy hergestellt wurde. Dieses Mittel schädigte eine Verbindung der Nervenzellen sowie die Zellen selbst und zerstörte sie sogar. Es war in Japan üblich, Patienten in Krankenhäusern das Mittel zu geben, um »vorbeugend den Darm unter Kontrolle zu halten«. Diese Patienten entwickelten nach Wochen oder Monaten der Einnahme »periphere Neuropathien«. Dazu kam eine Lähmung des Sehnervs, weshalb man die Erscheinung subakute myelo-optische Neuropathie oder kurz **»SMON«** nannte. Etwa 11.000 Menschen erhielten Schadensersatzgelder in der Höhe von ca. 350 Millionen britischen Pfund von der Industrie.

Während der 1970er Jahre wurden viele der pharmazeutischen Gesetze (GLP, GCP, GMP etc.) vom Ministerium für Gesundheit und Soziales in Japan erlassen. 1976 wurde das *Japanese Pharmaceutical Affairs Law* überarbeitet, welches Vorschriften über die Sicherheit und die Wirksamkeit von verschreibungspflichtigen Medikamenten beinhaltete und die Neubeurteilung von Medikamenten voraussetzte. Ab etwa 1976 war die japanische Pharmaindustrie keine Imitationsbranche mehr und investierte verstärkt in die Forschung und Entwicklung eigener, neuer Medikamente. Grundlage dafür war auch eine Revision des japanischen Patentrechtes. Nach 1985 folgten viele bedeutende pharmazeutische Innovationen: technologische Innovationen für die Bewertung der Wirksamkeit von Medikamenten, medizinisch-diagnostische Technologie-Innovationen, medizinische Analysemethoden und spektrometrische Technologien, computergestützte Drug-Design-Technologien und neue Drug-Delivery-Systeme.

In den Zeitraum von 1970 bis 1995 fällt auch die Entwicklung bedeutender Produkte: Die 1899 gegründete Firma Sankyo erfand das erste Cephalosporin, dessen Nachfolger »Podomexef« heute noch zu den Umsatzträgern des Konzerns zählt. Die für Sankyo wichtigste Arzneimittelgruppe sind allerdings bestimmte Blutfettsenker. Das Unternehmen ist Erfinder der so genannten Statine, wie Pravastatin und hatte bereits 1902 Adrenalin auf den Markt gebracht. 2005 wurde aus Sankyo Co., Ltd. und Daiichi Pharmaceutical Co., Ltd. eine gemeinsame Holding, die seit 2007 als Unternehmensgruppe Daiichi Sankyo firmiert. Die 1894 gegründete Fujisawa brachte Anfang der 1990er Jahre das Immunsuppressivum Prograf (Tacrolimus) auf den Markt, mit dem der Konzern eine führende Stellung in der Transplantationsmedizin erwarb. Die 1781 gegründete Takeda wuchs insbesondere mit der Vitaminproduktion. 1954 wurde das Vitamin B1-Derivat Alinamin auf den Markt gebracht. Lupron und Lansoprazol machten Takeda zum globalen Player in der Pharmawelt und zum größten Pharmaunternehmen Japans. Eisai, gegründet 1936, das viertgrößte, aber am schnellsten wachsende japanische Pharmaunternehmen, ist mit drei Medikamenten für Erkrankungen des Zentralnervensystems, darunter das Alzheimer-Mittel »Aricept« bekannt. Yamanouchi Seiyaku, engl. Yamanouchi Pharmaceutical Co., Ltd., war ein japanischer Arzneimittelhersteller, der im Jahr 2005 mit Fujisawa Yakuhin Kōgyō fusionierte. Das neue Unternehmen hieß Astellas. Yamanouchi geht auf die im Jahr 1923 gegründete Yamanouchi Yakuhin Shōkai zurück. Im Jahr 1940 wurde dieses Unternehmen zur Yamanouchi Seiyaku K.K. Im Jahr 2004 wurde beschlossen, den japanischen Arzneimittelhersteller Fujisawa Yakuhin Kōgyō zu übernehmen. Die Fusionsverhandlungen wurden am 1. April 2005 abgeschlossen. Astellas ist heute Japans Nummer zwei im Markt.

Interessant ist ein Blick auf den japanischen Markt auch deshalb, weil er gerade durch Generikafirmen eine neue Aufteilung erfährt: Im Laufe der nächsten Jahre werden die Patente von vielen Blockbustern ihren Patentschutz in Japan verlieren. Das Patent von Astellas Pharma auf »Lipitor«, lizensiert von »Pfizer«, lief 2011 ab, Astra Zenecas Arimidex, ein Mittel gegen Brustkrebs, galt nur bis zum darauf folgenden Jahr. Mit dem nicht mehr vorhandenen Patentschutz ist es wahrscheinlich, dass Japans 80 Mrd.-US-Dollar-Markt sich weit den Generika-Herstellern öffnet. Morgan Stanley prognostiziert, dass sich der Nettogewinn von »Nichi-Iko-Pharmaceutical«, dem größten Generikaerzeuger, zwischen 2011 und 2015 beinahe verdoppeln wird, während der von Towa Pharmaceutical, mit Sitz in Osaka, um 47 % anwachsen wird. Crédit Suisse sieht den Nettogewinn von Sawai-Pharmaceutical, dem zweitgrößten Generikaerzeuger, auch mit Sitz in Osaka, in den nächsten Jahren um 25 % steigen.

Es sind nicht nur die heimischen Unternehmen, die eine gute Position haben. Sandoz war Teil der frühen Einsteiger im japanischen Markt ebenso wie der indische Generikahersteller »Lupin«, der 2007 einen Mehrheitsanteil am japanischen Generikahersteller »Kyowa Pharmaceuticals Industry« erlangte. 2010 trat Teva, der weltgrößte Generikahersteller, in Japan in eine Fusion mit Japans Kowa ein und zielte auf 10 % des Marktanteils bis 2015 ab. Ebenfalls 2010 wählte die französische Sanofi-Aventis Nichi-Iko zum Partner. Die japanischen Firmen Daichi Sankyo, Mitsubishi Tanabe Pharma und Fujifilm erklärten ebenfalls, dass sie in den Wettbewerb einsteigen. Japan war für Generikahersteller kein einfaches Pflaster. Jedes Jahr ordnet die Regierung Preissenkungen an, um die Kosten für Medikamente im Rahmen zu halten. Diese Preissenkungen haben es für manche Hersteller schwerer gemacht, Investitionen für innovative Produkte zu erwirtschaften. Sie standen auch der Ausbreitung von Generika entgegen: Brand-Produkte gewinnen gegenüber den generischen Produkten, wenn es nur eine kleine Preisdifferenz gibt.

Im Juni 2010 nahmen die Generika-Arzneimittel laut der Japan Generic Association 22,4 % des Marktvolumens ein. Dieser Betrag ist niedrig verglichen mit den Vereinigten Staaten, wo genetische Arzneimittel 70 % des Marktvolumens ausmachen.

Das Gesundheitsministerium hat nun das Ziel veröffentlicht, bis März 2013 auf einen Anteil von 30 % zu kommen. Erst im April 2010 stimmte die Regierung dafür, Preise für Arzneimittel, die noch durch ein Patent geschützt sind, unverändert zu lassen, während die für Generika gesenkt werden sollen. Japans nationale Krankenkasse hat Karten mit der Aufschrift »Generika bitte!« drucken lassen, mit denen Patienten nach Generika fragen können, ohne die Autorität der Ärzte anzuzweifeln.

1.1.2 Zusammenschlüsse

Wie bereits beschrieben, fanden viele der Pharmafirmen – insbesondere in Europa – ihren Ursprung in der Wirkstoffentwicklung durch Chemiker, die ihre Wirkstoffe selbst synthetisierten. Produktionskopien, also solche, die durch andere Prozesse hergestellt wurden, und Marketing-Kopien der Wirkstoffe, die durch die großen Firmen vertrieben wurden, waren ein zweites Standbein.

Als sich die pharmazeutische Industrie in den 1950er und 1960er Jahren etabliert hatte, waren die meisten der großen **Pharmafirmen** vollständig vertikal integriert, d. h., sie betrieben alle Prozesse von der frühen Forschung über die Entwicklung bis zur Produktion, dem Verkauf und Marketing selbst. Ein Konzept, das heute von den Pharmafirmen heftig diskutiert, vielfach durch **Outsourcing** unterbrochen oder ergänzt und von Biotech-Firmen nicht mehr praktiziert wird.

Diese Firmen strebten danach, gleichzeitig globale Verkaufs- und Marketing-Netzwerke aufzubauen, um ihre Entwicklungskosten durch Verkäufe in möglichst vielen Ländern schnell zu kompensieren. Ein Aspekt, der bis heute seine Gültigkeit hat.

Da das **Patentrecht** zu dieser Zeit in vielen Ländern keinen Schutz für die Produkte der großen multinationalen Firmen bot, teils weil staatsübergreifende Übereinkünfte im Patentrecht fehlten, teils weil das Patentrecht noch wenig entwickelt war, war die Kopie von pharmazeutischen Produkten legitim und weit verbreitet. Die multinationalen Firmen waren daher bestrebt, ihre Produkte möglichst überall zu vertreiben und gleichzeitig den Nachahmern den Markteintritt zu erschweren.

Dies führte zu einer sehr **restriktiven Lizenzaktivität**. Firmen gaben ihre Produkte in Lizenzverträgen nur an Firmen weiter, wenn diese in den jeweiligen regionalen Märkten keine eigene Präsenz hatten. So entstanden Frühformen des Co-Marketing und der Co-Promotion, also dem Vertrieb einer Substanz unter verschiedenen oder gleichen Warenzeichen.

Patentrecht als Einstiegshürde für Nachahmer und strategische Partnerschaften – dies sind heute weit verbreitete Prinzipien, verfolgt man nur die Schlagzeilen im Kampf zwischen Originator und Generikaanbieter.

Das Patentrecht der DDR kannte keinen Stoffschutz, sondern nur Verfahrenspatente. Dies gestattete, sich frühzeitig mit der Suche nach neuen Syntheseverfahren für Wirkstoffe zu befassen. Ein Modell, das auch zum Wachstum der Generikaindustrie in Indien beitrug. Im Unterschied zur Bundesrepublik entwickelte man in der DDR keine Nachahmerprodukte, sog. *me-toos*, also ähnliche Substanzen, was für das von staatlicher Seite stets limitierte Arzneimittelsortiment als durchaus typisch gelten kann.

Die pharmazeutische Industrie wurde durch die Vielzahl von Unternehmen geprägt, und so kam es in den 1970er Jahren zu Zusammenschlüssen, der ersten **Konsolidierungsphase**. Multinationale Firmen akquirierten kleine Firmen in Ländern, wo sie keine direkte Präsenz hatten. Kleinere nationale Firmen schlossen sich zusammen, um besser mit den sich ausdehnenden multinationalen Firmen im Wettbewerb stehen zu können. Dieser Prozess verlief in den einzelnen Märkten unterschiedlich. In England und der Schweiz hatte die Konsolidierung sehr früh begonnen und zu großen, finanziell starken Konzernen geführt, die ihre Forschungsausgaben erhöhen konnten, um einen konstanten Produktfluss zu gewährleisten.

In Frankreich hingegen fand eine Konsolidierung einiger kleinerer forschungsbasierter Firmen statt, die jedoch nur eine begrenzte Präsenz auf den ausländischen und Überseemärkten hatten. Die deutsche Industrie war dominiert von großen Chemiefirmen, Hoechst, Bayer und BASF, während in Spanien und Italien zunächst das Fehlen einschlägiger Patentgesetze zu einer sehr fragmentierten, aus vielen kleinen Unternehmen bestehenden Industrie führte.

Zu dieser Zeit war die US-amerikanische Pharmaindustrie bereits geprägt von einer Vielzahl von Zusammenschlüssen mit dem Resultat, dass diese großen Firmen ein sehr etabliertes globales Netzwerk und beeindruckende Forschungsstandorte hatten.

Die Zusammenschlüsse großer, international operierender Firmen ist einer der letzten Schritte, der die Pharmaindustrie bislang maßgeblich formte und auch weiterhin formen wird. Nicht nur aus historischem Interesse sei hier eine Übersicht der großen Übernahmen aufgeführt, die in jeder neuen Auflage dieses Buchs auf den neusten Stand gebracht wurde.

- 1995 erwirbt Pharmacia die Firma Upjohn für 6 Mrd. US-Dollar.
- 1996 schließen sich Ciba-Geigy und Sandoz zur Novartis zusammen.
- 1998 gleich drei **Elefanten-Hochzeiten**: Sanofi und Synthelabo, Astra und Zeneca, sowie Hoechst und Rhone-Poulenc. Letztere firmieren fortan unter dem Namen Aventis.
- 1999 erwirbt Pharmacia&Upjohn Monsanto und im bisher finanziell teuersten Schachzug, fällt Warner-Lambert für 87 Mrd. US-Dollar an Pfizer.
- Im Januar 2000 folgten dann SmithKline Beecham und Glaxo Wellcome, welche zu GlaxoSmithKline werden. Die Übernahme erfolgte für 76 Mrd. US-Dollar.
- 2001 kauft Johnson & Johnson die Firma Alza für 11 Mrd. US-Dollar. BristolMyersSquibb erwirbt DuPont Pharmaceuticals für 8 Mrd. US-Dollar.
- 2002 ist es wieder Pfizer, das Pharmacia für 55 Mrd. US-Dollar übernimmt.
- 2004 übernimmt Sanofi-Synthelabo Aventis für 66 Mrd. US-Dollar und wird zu Sanofi-Aventis.
- 2005 erwirbt Solvay Fournier Pharma für 2 Mrd. US-Dollar und in Japan bilden sich Daiichi Sankyo und Astellas.
- 2005 unternimmt Novartis mehrere Akquisitionen: Eon Labs für 2,6 Mrd. US-Dollar, Hexal für 5,7 Mrd US-Dollar und 58 % Anteile an Chiron für 5,5 Mrd US-Dollar und damit auch den größten »Biotech- Deal« im Jahr 2005.
- In Japan erwirbt Sankyo Daiichi Pharmaceutical 2005 für 7,5 Mrd US-Dollar.
- In Großbritannien erwirbt Reckitt Benckiser Boots Healthcare International für 3,4 Mrd US-Dollar.
- Im Generikabereich verleibt sich 2005 Teva die amerikanische IVAX für 7,4 Mrd US-Dollar ein.
- 2006 akquiriert Bayer Schering und fimiert unter dem Namen Bayer-Schering Pharma.
- 2006 übernimmt die Firma Johnson & Johnson für 16,6 Mrd. US-Dollar den Bereich der rezeptfreien Medikamente von Pfizer.
- AstraZeneca erwirbt MedImmune für 15,6 Mrd. US-Dollar im April 2007.
- Im Januar 2008 übernimmt Eisai MGI Pharma für 3,9 Mrd. US-Dollar.
- Im April 2008 erwirbt Takeda Millenium für 8,8 Mrd. US-Dollar und Novartis erwirbt 25 % von Alcon für 11 Mrd. US-Dollar.
- Im August 2008 kann sich Daiichi 51 % an Ranbaxy für etwa 4 Mrd. US-Dollar sichern, während Eli Lilly Imclone für 6,5 Mrd. US-Dollar erwirbt.
- Der Merck-Konzern verleibt sich 2008 mit Serono für 10,6 Mrd. Euro das größte allein auf Biotechnologie spezialisierte Pharmaunternehmen Europas ein.
- Roche akquiriert weitere Anteile an Genentech in der Höhe von 46,8 Mrd. US-Dollar im März 2009.
- Im April 2009 erwirbt GlaxoSmithKline Stiefel Laboratories (1847 in Deutschland gegründet) für 3,6 Mrd. US-Dollar.

- Im September 2009 kündigt Abbott Laboratories die Übernahme von Solvay für insgesamt 5,2 Mrd. Euro an. Zum Barpreis kommen noch 400 Mio. Euro für Pensionszahlungen hinzu sowie 300 Mio. Euro von 2011 bis 2013 für das Erreichen bestimmter Entwicklungsschritte. Gemessen an diesem Preis würde Abott für Solvay das 1,9-fache des Umsatzes sowie das zehnfache des Gewinns vor Steuern, Abschreibungen und Zinsen bezahlen. Solvay ist neben Bayer und der Merck KGaA eines der letzten Unternehmen, das Chemie- und Pharmageschäft als Mischkonzern unter einem Dach vereint.
- Im Oktober 2009 bezahlt Pfizer rund 68 Mrd. US-Dollar für den Biotechnologiespezialisten Wyeth. Zusammen haben die beiden Pharmaunternehmen einen Jahresumsatz von etwa 71 Mrd. US-Dollar und rund 130.000 Angestellte. Im Rahmen dieser Akquisition entscheiden die Kartellbehörden, dass Pfizer etwa die Hälfte der Tiergesundheitssparte von Wyeth und sein Impfstoffgeschäft für Pferde verkaufen muss. Boehringer Ingelheim erwirbt dieses Geschäft.
- Ebenfalls im Oktober 2009 erhält Merck & Co. von der F.T.C., der amerikanischen anti-Kartellbehörde Federal Trade Commission, die Genehmigung den Konkurrenten Schering-Plough für rund 41 Mrd. US-Dollar zu übernehmen. Beide Unternehmen haben deutsche Wurzeln, die aber längst gekappt sind: Das Vorgängerunternehmen der amerikanischen Pharmafirma Schering-Plough ging im Jahr 1941 aus der amerikanischen Niederlassung der deutschen Schering AG hervor. Die amerikanische Filiale wurde während des zweiten Weltkriegs von der Regierung in Washington verstaatlicht und später in ein privates Unternehmen umgewandelt. 1973 fusionierte das amerikanische Unternehmen dann mit Plough zu Schering-Plough. Der amerikanische Pharmakonzern Merck & Co wiederum geht ebenso wie das deutsche Pharmaunternehmen Merck KGaA aus Darmstadt auf die Industriellen-Familie Merck zurück. Merck & Co. war bis 1917 die amerikanische Tochter der Darmstädter Merck KGaA, wurde dann aber im Zuge des Ersten Weltkriegs verstaatlicht. Die Unternehmen sind trotz der Namensähnlichkeit völlig unabhängig voneinander.
- Sanofi Aventis akquiriert die im Privatbesitz befindliche BiPar – eine auf Biopharmazeutika und Onkologie spezialisiert Firma – für 500 Mio. US-Dollar und startet eine bemerkenswerte Akquisitionsserie im Generika-Bereich. Zwei lateinamerikanische Generikafirmen: Medley in Brasilien für 664 Mio. US-Dollar und die mexikanische Kendrick Farmaceutica. Dann erwirbt man etwa 5 % Anteile an Nichi-Iko in Japan für 55 Mio. US-Dollar und kauft die polnische Konsumer Healthcare Gruppe Nepentes für 130 Mio. US-Dollar. Bereits 2008 hatte man die tschechische Generikafirma Zentiva erworben. Der Beginn der Genrika-Strategie von Big-Pharma nach dem Vorbild von Novartis' Sandoz.
- 2010 steigt die Generikagroßmacht Teva in Europa durch die Akquisition von Ratiopharm ein, die sie für 3,6 Mrd. Euro erwirbt.
- Im Mai 2010 kündigt Abbott Laboratories eine Einigung für den Erwerb von Piramal Healthcare Limited an, indem für ein *up-font payment* von 2,1 Mrd. US-Dollar und weitere Zahlungen von 400 Millionen US-Dollar über vier Jahre das Geschäft in Indien (Healthcare Solutions) erworben wird. Damit wird Abbott zur größten Pharmafirma in Indien.
- Im Mai 2011 erwirbt Takeda Nycomed für 9,6 Mrd. Euro.
- Im Oktober 2011 kündigt Abbott Laboratories Erstaunliches an: Man trennt sich von der Pharmasparte und gründet eine neue Firma mit dem Namen AbbVie mit ca. 18 Mrd. US-Dollar Umsatz. Abbott bleibt eine Gesundheitsfirma mit den Bereichen Ernährung, Diagnostika, *molecular optics*, Medizinprodukten und *branded generics* weiter unter dem Namen Abbott Laboratories und ca. 22 Mrd. US-Dollar Umsatz.

Erstaunlich, aber nicht überraschend ist jedoch festzuhalten, dass das Wachstum der gesamten pharmazeutischen Industrie 2010 mit ca. 12 % den größten Schub aus dem Generikabereich hatte, während gleichzeitig in den Jahren 1989 bis 2010 große Pharmakonzerne mit mehr als 5 Milliarden US-Dollar Umsatz ihren Beitrag um 1,9 % verminderten. Auch fand nicht etwa eine Konsolidierung der Pharmaindustrie an sich statt. Von 1989 bis 2010 ist nach einer Studie von McKinsey die Anzahl der Firmen von 89 auf 192 angestiegen. Es gibt mehr spezialisierte Player, die sich etabliert haben und die Konkurrenz wachsen lassen. Dabei wurden nur Firmen mit einem Umsatz von mehr als 500 Millionen US-Dollar betrachtet. Für Big Pharma heißt dies auch, dass der große Forschungsaufwand in Zukunft nicht notwendigerweise weiter tragbar ist. Fixe Kosten werden über die Dauer als Tribut an einen volatilen Marktes reduziert werden müssen. Dies führt zu einem verstärkten Outsourcing.

Sollte Big Pharma keine Innovationen liefern, bleiben lediglich die Stärke der Marken und das globale Netzwerk als Grund, um einen Preisaufschlag über Generika zu fordern.

Ein Vergleich zur Automobilindustrie zeigt, dass über die Jahre die Wertschöpfungskette in kleinere Teile zerschnitten wurde. Heute gibt es Hersteller für alle Komponenten entlang der Wertschöpfungskette.

Ähnliche Trends sehen wir im pharmazeutischen Bereich: Big Pharma konzentriert sich auf die Vermarktung und ist oftmals auf ein erfolgreiches *in-licensing* der innovativen Produkte angewiesen. Der Weg in die *branded generics und emerging markets,* wie er im Kapitel 11 beschrieben wird, ist eine Konsequenz dieser Entwicklung.

1.2 Wandel und Herausforderung

1.2.1 Der Markt für pharmazeutische Produkte

Die pharmazeutische Industrie hat sich im heutigen Wirtschaftsgeschehen ohne Frage zu einem bedeutenden Industriezweig entwickelt. Die von ihr angebotenen Arzneimittel sind einerseits Gegenstand des täglichen Wirtschaftsverkehrs und unterliegen damit den gleichen Regularien und Vorschriften wie alle anderen Handelsgüter auch. Da Arzneimittel aber zur Anwendung an Mensch und Tier bestimmt sind, nehmen sie andererseits als sog. »Waren besonderer Art« eine Sonderstellung

ein. Das Gesetz über den Verkehr mit Arzneimitteln (AMG), das Gesetz über die Werbung auf dem Gebiet des Heilwesens (HWG) und die AMWHV (Verordnung über die Anwendung der Guten Herstellungspraxis bei der Herstellung von Arzneimitteln und Wirkstoffen und über die Anwendung der Guten fachlichen Praxis bei der Herstellung von Produkten menschlicher Herkunft', kurz: Arzneimittel- und Wirkstoff-Herstellungs-Verordnung) stellen in Deutschland zusätzliche Rahmenbedingungen auf, denen Arzneimittel oder der Umgang mit Arzneimitteln genügen müssen.

Die pharmazeutische Industrie zählt zu den sog. weißen Industrien. Sie benötigt weder große Flächen noch in großen Mengen Rohstoffe, deren Vorräte begrenzt sind wie in der Stahl- oder chemischen Industrie. Der wesentliche »Rohstoff« ist die Intelligenz der Mitarbeiter. Circa 10 % der Beschäftigten sind Akademiker und darüber hinaus werden überwiegend Fachkräfte beschäftigt.

Die **Bedeutung der Pharmaindustrie** und ihrer Produkte für die ganze Gesellschaft, der gesamtwirtschaftliche Effekt ist hier nicht eindeutig quantifizierbar, kommt jedoch u. a. durch höhere Lebenserwartung, verhinderte Neuerkrankungen und geringere Arbeitsausfälle zum Ausdruck. Vor 100 Jahren betrug die durchschnittliche Lebenserwartung der Menschen in Industrieländern nicht einmal 40 Jahre. Heute werden Frauen in Deutschland im Durchschnitt älter als 82 Jahre, Männer älter als 77 Jahre. Damit hat sich in den vergangenen 100 Jahren die Lebenserwartung der Neugeborenen in Deutschland mehr als verdoppelt. Neben den besseren hygienischen Verhältnissen und der gestiegenen Qualität der Ernährung ist dafür v. a. die bessere medizinische Versorgung, insbesondere die Bereitstellung wirksamer Arzneimittel verantwortlich. Schon ein durchschnittlicher Krankenstand von ca. 5 % der Beschäftigten bedeutet für das Bruttosozialprodukt der Bundesrepublik Deutschland eine jährliche 2-stellige Milliarden-Euro-Einbuße. Wenn die Anwendung vorbeugender oder heilender Arzneimittel eine Absenkung des Krankenstandes um nur 10 % bewirkt, bedeutet dies eine bedeutsame volkswirtschaftliche Einsparung von etwa 6 Mrd. Euro.

In der gesamten Kostenentwicklung des Gesundheitswesens ist der Anteil der Aufwendungen für Arzneien in den Gesamtausgaben der gesetzlichen Krankenversicherungen (GKV) rückläufig. Zu der oft erhobenen Behauptung, es bestehe ein Zusammenhang zwischen der Zahl der Arzneimittel und der Höhe des Arzneimittelverbrauchs, hat die Weltgesundheitsorganisation (WHO) festgestellt, dass es keinen Beweis dafür gibt, dass eine starre staatliche Kontrolle der Herstellung und des Vertriebs von Arzneimitteln einen Einfluss auf das Gesamtvolumen des **Arzneimittelverbrauchs** hat. Ebenso gibt es nach Auffassung der WHO keine Hinweise, die zu der Annahme berechtigen, dass ein numerisch großes Angebot von Arzneimitteln die Höhe des Arzneimittelverbrauchs signifikant beeinflusst. In allen Industrienationen hat sich gezeigt, dass die Entwicklung des Arzneimittelverbrauchs und des Wohlstands eng miteinander verknüpft sind. Auf der einen Seite schafft der wachsende Lebensstandard die materiellen Voraussetzungen für höhere Gesundheitsausgaben, andererseits hat er einen höheren Bedarf an Gesundheitsfür- und -vorsorge und damit auch an Arzneimitteln zur Folge. Ursachen dieser Entwicklung sind die mit dem wachsenden Wohlstand in der Regel verbundenen Begleiterscheinungen wie höherer Verbrauch an Genussmitteln, falsche Ernährung, Bewegungsmangel und wachsender Stress. Diese Faktoren haben in allen Staaten zu einem steigenden Arzneimittelverbrauch geführt, und zwar unabhängig vom politischen System, von der Wirtschaftsordnung oder Art der Arzneimittelkontrolle. Dies gilt im Übrigen auch für jene Staaten, in denen für Arzneimittel nicht beim Publikum geworben werden darf.

Anders als andere Arbeitsgebiete wie z. B. die Chemie, entwickelt sich der Pharmamarkt weniger stark abhängig von Konjunkturzyklen. Die Nachfrage in diesem Markt wird v. a. durch die Multimorbidität alternder Bevölkerungen, ungesunde Lebensweise, Epidemien wie Grippe, AIDS, Malaria und Tuberkulose sowie nicht zuletzt durch den medizinischen Fortschritt getrieben. Der Arzneimittelverbrauch steigt mit dem Alter und liegt bei der Gruppe der 80- bis über 90-Jährigen am höchsten. Die Gruppe der 25- bis 35-Jährigen bildet im Arzneimittelverbrauch derzeit das Minimum in Deutschland. Hinzu kommt das Bevölkerungswachstum: am 31.10.2011 gab es sieben Mrd. Menschen auf der Erde.

Im Jahr 2011 lassen sich die weltweiten Pharmamärkte in die führenden Märkte unterteilen.
— USA, mit einem Umsatz in Höhe von 340 Mrd. US-Dollar,
— Europa (mit den fünf führenden Märkten UK, Deutschland, Frankreich, Italien, Spanien) mit rund 217 Mrd. US-Dollar,
— Süd- und Südostasien 83 Mrd. US-Dollar,
— Japan mit 107 Mrd. US-Dollar und
— Lateinamerika 63 Mrd. US-Dollar.

Der gesamte Weltpharmamarkt hatte 2010 ein Volumen von ca. 875 Mrd. US-Dollar. Das entspricht einem Wachstum von rund 4,1 % gegenüber 2009. Das Wachstum des Weltpharmamarktes wird in 2011 zu einem geschätzten Volumen von 916 Mrd. US-Dollar führen, während für 2012 952 Mrd. US-Dollar vorausgesagt werden. Interessanterweise zeigten die Top-Märkte in Lateinamerika (Brasilien, Mexiko und Argentinien) in der gleichen Zeit ein Wachstum von etwa 21,5 % gegenüber 2009.

Grundsätzlich ist festzustellen, dass der Anteil der USA am Weltpharmamarkt von 2006 bis 2008 stetig gesunken ist. Während 2006 der Anteil noch bei 42,8 % lag, betrug er 2008 nur noch 38,8 %. Das Wachstum des Marktes ist dann von 2004 mit 7,9 % auf 4,5–5,5 % im Jahr 2009 gefallen. In 2010 zeigte der amerikanische Markt ein geringes Wachstum von ca. 4,4 % gegenüber 2009.

Im Jahr 2002 hat Europa für die Produktion von Arzneimitteln seinen Spitzenplatz mit 137 Mrd. Euro von den USA mit 111 Mrd. Euro zurückgewonnen und bis 2005 weiter ausgebaut mit ca. 43 % des Gesamtvolumens in US-Dollar. Das ist nicht nur auf die Bedeutung Irlands als Produktionsstandort zurückzuführen. Japan fiel weiter hinter Europa zurück. Erfreulich ist, dass im internationalen Vergleich Deutschland seine Stellung als Produktionsstandort für pharmazeutische Erzeugnisse halten konnte. Acht Prozent der gesamten Pharmaproduktion aus Europa, Japan und USA, die sich im Jahre 2009 auf einen Wert von 350 Mrd. Euro belief, stammte aus Deutschland. 2008 waren es 8 %, 1990 waren es 9 %. Im Vergleich zu Japan und USA haben die Staaten der Euro-Zone in den letzten sechs Jahren von der Stärke ihrer Währung profitiert. Die

USA produzierten im Jahr 2008 Arzneimittel für 122 Mrd. Euro, die großen Produktionsnationen in Europa für 147 Mrd. Euro. Die pharmazeutische Produktion ausgeweitet haben vor allem mittelgroße europäische Länder wie Irland, Österreich, Belgien und (als Nicht-Euro-Land) die Schweiz.

Auch in den Indikationsgebieten gibt es eine Rangfolge des Umsatzes, maßgeblich geprägt durch die Häufigkeit und das Ausmaß der Krankheitsbilder. Die Aufteilung nach Therapiegebiet zeigt, dass die höchsten Umsätze durch Medikamente für das Zentrale Nervensystem (ZNS), Stoffwechselkrankheiten und Krebs erzielt werden. Im Gebiet ZNS erwirtschafteten 33 Produkte insgesamt 58,7 Mrd. US-Dollar, ein leichter Rückgang im Vergleich zu 2009 (−2,3 %). Die Umsätze durch Stoffwechselkrankheiten stiegen um 7,9 % auf einen Gesamtwert von 56,7 Mrd. US-Dollar, erbracht von 28 Produkten. In der Onkologie erreichten 22 Produkte einen Umsatz von 46,2 Mrd. US-Dollar, was einem leichten Anstieg von 1,4 % im Vergleich zu 2009 entspricht.

Die Schulmedizin beschreibt rund 30.000 Krankheitsbilder. Dabei muss man wissen, dass z. B. Krebs oder Rheumatismus Sammelbezeichnungen für jeweils rund 100 z. T. sehr unterschiedliche Krankheitsbilder sind. Wesentlich zur Bekämpfung einer Erkrankung ist zunächst einmal ihre richtige Diagnose. Zur Bekämpfung der Krankheit gibt es dann zwei allgemeine Hauptprinzipien:
1. die Prävention (Vorbeugung) und
2. die Therapie (Heilung).

Bei der **Prävention** unterscheidet man die primäre, die sich umfassend um die Gesunderhaltung wie richtige Ernährung, Hygiene und Vermeidung von falschen Genussmitteln kümmert, und die sekundäre, zu deren Bereich Schutzimpfungen und medikamentöse Maßnahmen gegen die Entstehung von Folgeerscheinungen chronischer Erkrankungen zählen. Die **Therapie** umfasst im Wesentlichen Medikamente, Operationen, Bestrahlungen, physikalische Maßnahmen wie Bäder und Massagen, Prothetik (wie Brillen oder Zahnersatz) sowie die Psychotherapie. Arzneimittel sind in der Regel in ein Therapiekonzept eingebettet, das zusammen mit anderen Maßnahmen zur Linderung der Symptome oder Heilung der Erkrankung führen soll. Vor diesem Hintergrund wird die kurative, also die

heilende Medizin auf absehbare Zeit weiter eine wesentliche Rolle im Gesundheitswesen spielen. Allerdings kann man seit Jahren feststellen, dass innerhalb des Gesundheitswesens das Gewicht der Prävention weiter zunehmen wird. Therapie und Prävention stehen jedoch nicht in einer Konkurrenz, sondern ergänzen sich.

Der einzelne Arzt verwendet im Durchschnitt maximal 300 Medikamente in seiner Therapie. Durch die verschiedenen ärztlichen Fachrichtungen, die z. T. spezifische Arzneimittel benötigen, und unterschiedliche medizinische Lehrmeinungen, werden die Mittel der Wahl »differenziert« betrachtet. Auch gibt es neben der naturwissenschaftlichen Schulmedizin weiter offiziell anerkannte Therapieformen wie die Homöopathie. Der Bedarf von Arzt und Patient konzentriert sich auf etwa 2.000 Arzneimittel, die ca. 93 % des Apotheken-Umsatzes ausmachen. Etwa 2/3 beschränken sich auf die 500 umsatzstärksten Arzneimittel. Die restlichen 7 % des gesamten **Apothekenumsatzes** entfallen auf unverzichtbare Präparate, die ständig im Arzneimittelangebot enthalten sein müssen, wie z. B. selten benötigte, aber lebenswichtige Medikamente; neu auf den Markt gekommene Arzneimittel, die noch keine breite Anwendung finden; ältere Präparate, die von neueren Wirkstoffen abgelöst werden, aber dennoch bei bestimmter Befindlichkeitsstörung im Rahmen einer wirtschaftlichen Therapie nutzbringend eingesetzt werden können. Generell gilt aber auch hier das marktwirtschaftliche Prinzip: Medikamente, die nicht gebraucht werden, werden auch nicht nachgefragt und verschwinden vom Markt.

Angesichts steigender Kosten droht immer mehr Apotheken in Deutschland das Aus. Laut der Bundesvereinigung deutscher Apothekerverbände mussten im Jahr 2011 rund 400 Apotheken in Deutschland schließen. Gleichzeitig rechnet man mit 220 Neueröffnungen. Das bundesweite Netz war im Jahr 2010 bereits um 100 Apotheken auf 21.400 geschrumpft. Dabei gab es 370 Schließungen und 260 Neueröffnungen. Die Zahl der Apotheker stieg gleichzeitig vom Jahr 2009 auf 2010 um fast 700. »Apothekenschwund« ist im April 2012 im Handelsblatt zu lesen. Gab es 2008 noch 21.602 Apotheken, so waren es im Jahr 2011 nur noch 21.238 Apotheken.

Der Markt für pharmazeutische Produkte teilt sich in zwei unterschiedliche Segmente: zum einen den sog. niedergelassenen Bereich, zum anderen den Krankenhausbereich. Der niedergelassene Bereich oder **Apothekenmarkt**, der die öffentlichen Apotheken beinhaltet, ist durch eine hohe Transparenz des Produktflusses und der Preisbildung sowie durch relative Preisstabilität gekennzeichnet. Der **Klinikmarkt** dagegen zeichnet sich mehr durch das freie Spiel der Kräfte aus, d. h. von Angebot und Nachfrage abhängige Tagespreise und Preisbildung auf der Basis mehrerer Produkte, Kompensationsgeschäfte oder Mischkalkulationen. Aufgrund dieser Wettbewerbssituation im Klinikmarkt beschränken sich die Marktbearbeitungsstrategien in diesem Segment in der Regel fast ausschließlich auf den Preis. Im Apothekenmarkt dagegen stellen die Produktpolitik, die Preispolitik und die Kommunikationspolitik die wichtigsten Wettbewerbsparameter dar. Diese Begriffe werden im Kapitel Marketing (▶ Kap. 10) noch näher beleuchtet.

Dass der **niedergelassene Bereich**, nicht unerwartet, für die meisten Arzneimittelunternehmen der weitaus wichtigere ist, zeigen die folgenden Zahlen:

- Das Marktvolumen aller in Deutschland in öffentlichen Apotheken abgesetzten Medikamente betrug im Jahr 2007 21,62 Mrd. Euro (zu Hersteller-Abgabepreisen). 2010 waren es 25,6 Mrd. Euro.
- Davon entfielen 79 % auf rezeptpflichtige Medikamente, 11 % auf apothekenpflichtige Medikamente und 8 % auf frei verkäufliche Präparate.
- Auch die sog. Selbstmedikation bildet ein wichtiges Marktsegment. Dieser Teilmarkt wird außerdem noch von einem dritten Markt des Arzneimittel-Gesamtmarktes überlappt, dem sog. *over the counter* (OTC)-Markt. Er umfasst sowohl die apotheken-, aber nicht verschreibungspflichtigen Präparate, als auch freiverkäufliche Arzneimittel, die zusätzlich in Drogerien, Reformhäusern und im Lebensmittelhandel verkauft werden dürfen. Daher ist ein Marktvolumen nicht exakt erfassbar, wird aber auf ca. 14 Mrd. Euro geschätzt.
- Die Zunahme der Selbstmedikation sowie der steigende Umsatz von **OTC-Produkten** macht

deutlich, dass sich im Pharmasektor immer mehr ein Wandel vom Verkäufer- zum Käufermarkt vollzieht. Das Beziehungsgeflecht aus Anbietern und Nachfragern von Medikamenten verändert sich, wie die steigende Anzahl der Präparate innerhalb bestimmter Indikationsgebiete, ihre zunehmende Vergleichbarkeit und damit verbunden ihre mögliche Substituierbarkeit zeigen. Letzteres verringert die Chance eines Anbieters, sein Angebot durchzusetzen, und erhöht gleichzeitig die Gelegenheit für den Arzt, der das Präparat verschreibt, Auswahl zwischen verschiedenen Alternativen zu treffen.

An dieser Stelle sei darauf hingewiesen, dass Arzneimittel zwar eine zentrale Rolle in der Gesundheitsversorgung spielen, bei den Leistungsausgaben aber nur Kosten von rund 15 % ausmachen und das mit fallender Tendenz. Ein Aspekt, der oftmals bei der absoluten Größe der oben genannten Zahlen vergessen wird.

Megabrands und Blockbuster

Vielfach taucht in der Literatur der Begriff der Megabrands und Blockbuster auf. Was verbirgt sich hinter diesen Begriffen und welche Implikationen sind damit verbunden?

Megabrands sind nach AstraZeneca Produkte, die Umsätze von einer Milliarde US-Dollar pro Jahr erreichen. Dies nicht etwa in einem beliebigen Zeitraum, sondern bereits zwei Jahre nach der Markteinführung. Damit einher gehen Umsätze von einigen Mrd. US-Dollar über die Folgejahre. Ein solches Produkt kann nur entstehen, wenn die Vermarktung innerhalb von zwei Jahren in etwa 60 Ländern weltweit erfolgt. Dies wiederum erfordert, wie unschwer zu folgern ist, enorme Marketingaufwendungen. AstraZeneca schätzt, dass die Aufwendungen etwa zwischen 0,5–1 Mrd. US-Dollar in den ersten zwei Jahren betragen. Etwa 25 % dieser Ausgaben werden vor der eigentlichen Vermarktung in sog. *pre-launch*-Aktivitäten ausgegeben.

Als Beispiel drei Produkte, die in die Kategorie der Megabrands fallen: Humira®, Celebrex®, Viagra® und Lipitor®. Der »Megabrand« schlechthin ist Lipitor® (in Deutschland Sortis®, Substanz Atorvastatin), ein Medikament zur Senkung des

◘ **Tab. 1.2**   Blockbuster-Wirkstoffe 2010 nach Umsatz

Handelsname	Firma	Wirkstoff	Umsatz im Jahr 2010 (Milliarden US-Dollar)
Lipitor / Sortis	Pfizer	Atorvastatin	11,8
Plavix / Iscover	Bristol-Myers Squibb/Sanofi-Aventis	Clopidogrel	8,9
Seretide / Advair	GlaxoSmithKline	Salmeterol/Fluticason	7,9
Remicade	Centocor	Infliximab	7,8
Enbrel	Amgen	Etanercept	7,2
Abilify	Ōtsuka Pharmaceutical Co.	Aripiprazol	6,6
Humira	Abbott Laboratories	Adalimumab	6,5
Mabthera / Rituxan	Roche	Rituximab	6,3
Avastin	Roche	Bevacizumab	6,2
Diovan	Novartis	Valsartan	6,1

Blutfettspiegels, 1998 im Markt eingeführt und mit knapp 13 Mrd. US-Dollar Umsatz im Jahr 2006 weltweit die Haupteinnahmequelle für Pfizer (ca. 27 %). 2010 machte Lipitor immer noch 11,8 Mrd. US-Dollar Umsatz und trug selbst nach der Akquisition von Wyeth noch 15,8 % des Gesamtumsatzes des Pfizer Konzerns. 2008 erreichte Pfizer ein Agreement mit der indischen Generikafirma Ranbaxy wonach ab dem 30.11.2011 Ranbaxy das Produkt für 180 Tage als eine generische Version exklusiv im Markt anbieten kann. Während seiner patentgeschützten Zeit erbrachte Lipitor die unglaubliche Summe von 130 Mrd US-Dollar Umsatz. Weitere Beispiele finden sich in Tabelle 1.2.

Von **Blockbustern** spricht man gemeinhin bei Produkten von mehr als einer Milliarde US-Dollar Umsatz, unabhängig vom Zeitraum. Die Anzahl von Blockbustern ist über die Jahre kontinuierlich angestiegen: Während es 1997 ca. 17 Produkte waren, befanden sich 2001 nahezu 50 Blockbuster auf dem Markt. 2005 waren es 94 Medikamente, die diese Schwelle überschritten und 36 % des weltweiten Umsatzes ausmachten. Im Jahr 2008 waren es mehr als 170 Blockbuster, im Jahr 2010 noch 133, die von den 860 Mrd. US-Dollar Gesamtumsatz der pharmazeutischen Industrie 295 Mrd. US-Dollar Umsatz, entsprechend 34 % ausmachten. Von diesen werden bis 2013 13 Produkte ihren Patentschutz

verlieren. Die Anzahl der Blockbuster nimmt nun ab, was ab dem Jahr 2015 auch einen Einfluss auf die Generikaindustrie haben wird. Insgesamt 360 Mrd. US-Dollar setzte die Pharmabranche weltweit mit den 200 meistverkauften Medikamenten im Jahr 2010 um. Pfizer (USA) erwirtschaftete 42 Mrd. US-Dollar, und jeweils 30 Mrd. US-Dollar verbuchten Merck & Co (USA), Roche (Schweiz) und Astra Zeneca (GB,Schweden); 21 Mrd. US-Dollar nahm Novartis (Schweiz) ein. Die fünf Konzerne stehen damit für 42 % der Blockbusterumsätze. Zu den häufig vorkommenden Indikationen gehören Bluthochdruck, ein zu hoher Cholesterinspiegel und Diabetes. Der Cholesterinsenker Lipitor - von Pfizer und Astellas vermarktet - war mit einem Umsatz von 11,8 Mrd. US-Dollar immer noch das meistverkaufte Präparat. Doch Lipitor bekommt Konkurrenz. 2011 kündigte die Firma Abbott an, dass ihr Produkt Humira Lipitor im Jahr 2012 nach Umsatz überholen werde. 2010 machte Humira einen Umsatz von 6,5 Mrd. US-Dollar wie aus ◘ Tab. 1.2 ersichtlich:

Welche Risiken auf Seiten der Industrie bestehen zeigen einige Schlagzeilen. *Business Week* meldete am 31. März 2008, dass die Aktien der Firmen Schering-Plough und Merck an diesem Tag um 26 % bzw. 14,7 % fielen, entsprechend einer Summe von 22 Mrd. US-Dollar. Dem war die Veröffentlichung einer Studie über das Kombinations-medikament Vytorin® (in Deutschland Inegy®) am 30.3.2008 im *New England Journal of Medicine* vorausgegangen. Die Studie kommt zu dem Ergebnis, dass der Zusatz des neuen Wirkstoffs Ezetimib zum Standard Simvastatin zwar die Blutfette verbessert, jedoch keine Wirkung auf die Gefäßveränderungen hat, die zu Schlaganfall bzw. Herzinfarkt führen. Merck ist durch das Medikament Zetia® (in Deutschland Ezetrol®) betroffen, welches Ezetimib als Monosubstanz enthält. Dem Einbruch der Aktienkurse folgen bei Schering-Plough Pläne für Stellenkürzungen mit Einsparungen von jährlich 500 Mio. US-Dollar.

Der maximale Erfolg kann nur erreicht werden, wenn die jeweilige Firma schon in den ersten Jahren nach der Markteinführung einen Durchbruch, d. h. eine schnelle und vollständige Marktdurchdringung erzielt. Das hat dazu geführt, dass auch führende Pharmafirmen im Bereich des Marketing Partnerschaften suchen. Ein gutes Beispiel ist hier die Partnerschaft zwischen Glaxo und Roche für die Co-Promotion von Ranitidin in den USA.

Interessant ist, wie sich die geografische Verteilung dieser großen Produkte geändert hat: Wurden 1991 noch 60% aller Blockbuster-Produkte von europäischen Firmen und 40 % von US-amerikanischen vertrieben, gehörten im Jahr 2001 nur noch 28 % zu europäischen Firmen, während 68 % nun US-amerikanischen Firmen und 4 % japanischen Firmen zuzurechnen waren. Im Jahr 2009 kommen allein in den Top 10 Firmen 52 % aller Blockbuster aus US-amerikanischen Firmen.

Nicht nur die Aufwendungen sind groß, sondern auch der Zeitdruck hat sich erhöht. Während das Produkt Inderal® (Propanolol) etwa zehn Jahre exklusiv im Markt war, bis ein Nachfolger in der Wirkstoffklasse am Markt auftauchte – Lopressor® mit dem Wirkstoff Metoprolol – dauerte es bei dem Antirheumatikum Vioxx® (Rofecoxib) kein Jahr mehr. 1999 wurde auch Celebrex® (Celecoxib) auf den Markt gebracht. Der Wettbewerb der Blockbuster ist wesentlich schneller geworden.

In den einzelnen Indikationen sorgt der Wettbewerb der Arzneimittelinnovationen für erhöhten Kostendruck und eine steigende Leistungsfähigkeit des angebotenen Arzneimittels. Am Beispiel der Ulcus (Magengeschwür)-Therapeutika erkennt man den Wandel durch Wettbewerb. Zantac® war Marktführer für einige Jahre, wurde aber durch zwei neue Arzneimittel, Prilosec® und Prevasit®, abgelöst. Nach wenigen Jahren und nach Patentablauf ist auch der Markführer Prilosec® auf dem absteigenden Ast. Neueinführungen drängen in den Markt. Dem Marktführer von 1995 (etwa 37 % Marktanteil) GlaxoSmithKline bleiben 2002 mit Zantac® gerade noch 2,4 % vom Markt.

Auch der **generische Wettbewerb** hat an Geschwindigkeit zugelegt. 1980 konnte man noch hoffen, dass erst nach zwölf Monaten etwa 40 %, nach 18 Monaten 48 % der Umsätze des Originatorproduktes auf Generikaanbieter verteilt wurde. In den Neunzigern sind nach 18 Monaten durchschnittlich 70 % der Umsätze für den Originator verloren. Da erscheint es kaum verwunderlich, dass alle Firmen, deren Umsätze auf solchen Produkten beruhen, mit Argusaugen den generischen Wettbewerb und die Patentlaufzeit betrachten. Das sog. **Lifecycle Management**, die »Wiederbelebung« und Sicherung eines Produktes, d. h. primär Abwehr des generischen Wettbewerbs durch unterschiedliche Strategien, steht im Mittelpunkt. Wie wichtig dies derzeit ist, zeigen einige Zahlen: Betrachtet man die führenden Pharmafirmen, so stellt sich heraus, dass bereits im Jahr 2007/2008 hohe zweistellige Prozentbeträge des Umsatzes von Produkten durch Patentabläufe gefährdet sind. Die Wirtschaftswoche publizierte im März 2009 Zahlen wonach dies bei Pfizer 41 %, bei Sanofi-Aventis 34 %, bei GlaxoSmithKline 23 % und bei AstraZeneca 38 % sind. Positiv hoben sich zu diesem Zeitpunkt Novartis, Johnson & Johnson und Roche ab. Bei diesen Firmen waren nur bis zu 15 % der Umsätze durch Patentabläufe bestehender Produkte gefährdet. Beispielhaft seien einige Produkte in ◘ Tab. 1.3 erwähnt, die aus dem Patentschutz gelaufen sind. Klar ist, dass mit Patentablauf starke Einbrüche im Umsatz des jeweiligen Unternehmens zu verzeichnen sein werden.

Die Umsatzeinbußen durch Patentabläufe in den USA wurden im Jahr 2005 auf 10 Mrd. US-Dollar geschätzt und dies bei nur zwölf betroffenen Produkten. Dies steigerte sich:

Präparat	Firma	Patentablauf
Lipitor (Atorvastatin)	Pfizer	2010
Zyprexa (Olanzapin)	Eli Lilly	2010
Levaquin (Levofloxazin)	Johnson&Johnson	2011
Concerta (Methylphendiat)	Johnson&Johnson	2010
Protonix (Pantoprazol)	Pfizer	2011
Aricept (Donepezil)	Eisai/Pfizer	2010
Hycamtin (Topocetan)	GlaxoSmithKline	2010
Arimidex (Anastrozol)	AstraZeneca	2010
Climara (Estradiol)	Bayer	2010
Invirase (Saquinavir)	Roche	2010
Flomax (Tamulosin)	Boehringer Ingelheim	2010
Cozaar/Hyzaar (Lorsartan)	Merck & Co.	2011
Plavix (Clopidogrel)	Bristol-Myers Squibb/Sanofi-Aventis	2011
Seroquel	AstraZeneca	2011
Singulair	Merck & Co.	2011
Actos	Takeda	2011
Enbrel	Amgen	2011

◻ Tab. 1.3 Blockbuster-Wirkstoffe, die den Patentschutz 2010/2011 verloren haben

Bis zum Jahr 2008 verloren weltweit weitere Medikamente mit einem Umsatzvolumen von 66 Mrd. US-Dollar ihren Patentschutz. Dazu gehörten Präparate wie Biaxin, Novolin, Zoloft, Prevacid, Imigran, Neupogen, Oxycontin, Melavotin, Pravachol, Paxil, Norvasc, Effexor, Fosamax und Risperdal. Für die 8 größten Märkte waren signifikante Patentabläufe von Produkten erwartet: 2009 23 Mrd. US-Dollar, 2010, 33 Mrd. US-Dollar, 2011 33 Mrd. US-Dollar, 2012 28 Mrd. US-Dollar. Im Mittel sind das knapp 6 % des Umsatzes des Vorjahres.

In den Jahren 2010 bis 2013 folgen weitere bedeutende Blockbuster, die ihren Patentschutz verlieren: Allein im Bereich der Herz-Kreislaufpräparate werden 6 der 10 Top-Marken mit 31 Mrd. US-Dollar, wie Lipitor, Plavix und Diovan patentfrei sein.

Im Juni 2011 brachte Teva in Grossbritannien das Generikum für Lipitor von Pfizer auf den Markt, obwohl das Patent erst in 2012 ausläuft. In nur wenigen Tagen wurden 70'000 Päckchen des generischen Lipitors in Grossbritannien verkauft. Inzwischen ist der Verkauf zwar gerichtlich untersagt, aber Teva konnte mit dieser Blitzaktion einen Umsatz von 23 Mio. US-Dollar erwirtschaften.

Langfristig ist der Markterfolg von sog. Blockbustern wie Losec® von AstraZeneca, Prozac® von Eli Lilly und Celebrex® weniger wahrscheinlich.

Trotz steigender Aufwendungen in den **Forschungsausgaben** bis auf 50 Mrd. US-Dollar 2005 ist die Anzahl der weltweit erstmals eingeführten, neuen Arzneimittel eher stagnierend. Sie schwankte von 1992 bis 1995 etwa um den Wert 40, um 1998 auf 35 zu fallen. Dies gilt insbesondere für die chemischen Wirkstoffe (New Chemical Entities, NCEs) (◻ Abb. 1.1). Ein Tiefpunkt wurde mit 17 Zulassungen 2002 erreicht, wonach sich die Situation langsam wieder fing. Mit 11 Zulassungen in 2005 wurde aber wieder kein Quantensprung erreicht. Auch die Anzahl der NCE Markteinführungen erholte sich nur sehr langsam. Während 1999 noch 45 Neueinführungen gezählt wurden, waren es 2005

1

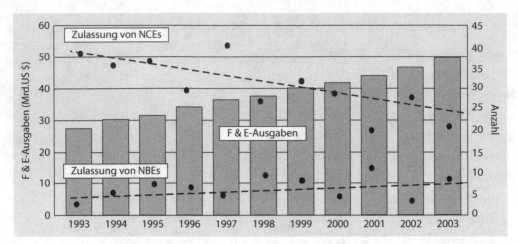

◘ Abb. 1.1   Anzahl jährlich zugelassener chemischer und biologischer Wirkstoffe zwischen 1993 und 2003

nur noch 30, und im Zeitraum 2008/2009 wurden zwischen 24 und 30 Neueinführungen erwartet. Bei den biologischen Wirkstoffen (New Biological Entities, NBEs) stieg die Anzahl, jedoch ohne eine Trendumkehr bei der Gesamtzahl zu bewirken. Es ist fraglich, ob die Werte von 1992 bis 1995 jemals wieder erreicht werden.

In diesem Zusammenhang ist auch der Aspekt der Einlizensierung von Produkten interessant. ◘ Abb. 1.2 zeigt, dass maßgebliche Anteile in der Pipeline der großen Pharmafirmen gar nicht komplett selbst entwickelt wurden, sondern durch Einlizensierung dem eigenen Portfolio hinzugefügt wurden. Spitzenreiter ist hier Bristol-Myers Squibb, wo 2007 92 % der Umsätze auf einlizensierten Produkten beruhen. Dies zeigt, wie wichtig die Licensing-Aktivitäten auch in Zukunft sein werden. Gleichzeitig zeigt aber ◘ Abb. 1.3, dass die Kosten für die Einlizensierung von Produkten insbesondere in einer späten Phase drastisch gestiegen sind. Im Jahr 2008 wurden im Mittel 600 Mio. US-Dollar für ein Produkt in der Phase III der Entwicklung gezahlt.

Betrachtet man diese Aspekte, scheint die vorgegebene Marschrichtung zu großen, globalen Produkten durchaus ihre Nachteile zu offenbaren. Zeitdruck und finanzielle Aufwendungen steigern sich in immer neue Größenordnungen und damit steigt auch das Risiko: Der Return, also letztlich das, was dem Unternehmen als Gewinn erhalten bleibt, ist zumindest stärker gefährdet und ungewisser als noch vor zehn Jahren.

Staatliche Reglementierung und Intervention

Da es im Geschäft mit pharmazeutischen Produkten aber nicht zuletzt um die Sicherheit der Konsumenten geht, behält sich der Staat vor, regulierend und kontrollierend auf diesen Prozess Einfluss zu nehmen. Kennzeichnend für die Einflussnahme sind verschiedene Restriktionen:

1. Sicherung der pharmazeutischen Qualität durch Optimierung von Personalausstattung, Betriebsräumen und Einrichtungen für die Herstellung und den Arzneimittelvertrieb;
2. Steigende Zulassungsanforderungen für neue Arzneimittel;
3. Werbebeschränkungen zur Verhinderung missbräuchlicher Werbepraktiken auf dem Arzneimittelmarkt;
4. Ärztemusterbeschränkung;
5. Reglementierung der Durchführung von Feldstudien.

Die Qualität von Arzneimitteln ist zweifellos eine wesentliche Grundlage für die Arzneimittelsicherheit. Qualität entsteht, wenn Ausgangsstoffe und Produktionsprozesse gleichermaßen geeignet sind. Die Auswahl geeigneter Ausgangsstoffe und Produktionsprozesse liegt in der Verantwortung der Hersteller von Arzneimitteln.

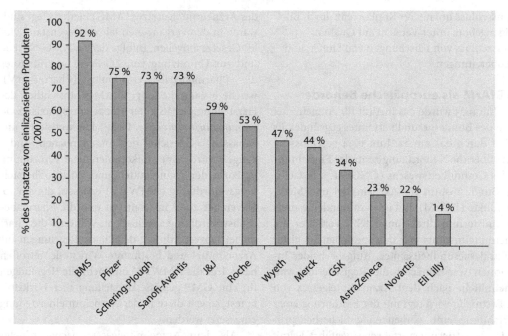

Abb. 1.2 Einlizensierte Produkte in der Pharmaindustrie im prozentualen Anteil am Umsatz

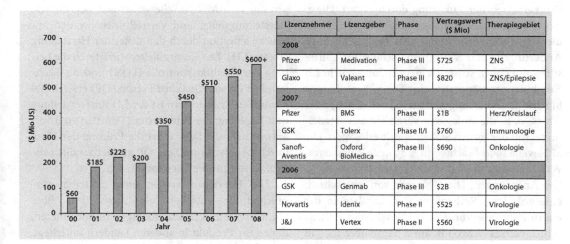

Lizenznehmer	Lizenzgeber	Phase	Vertragswert ($ Mio)	Therapiegebiet
2008				
Pfizer	Medivation	Phase III	$725	ZNS
Glaxo	Valeant	Phase III	$820	ZNS/Epilepsie
2007				
Pfizer	BMS	Phase III	$1B	Herz/Kreislauf
GSK	Tolerx	Phase II/I	$760	Immunologie
Sanofi-Aventis	Oxford BioMedica	Phase III	$690	Onkologie
2006				
GSK	Genmab	Phase III	$2B	Onkologie
Novartis	Idenix	Phase II	$525	Virologie
J&J	Vertex	Phase II	$560	Virologie

Abb. 1.3 Durchschnittliche Kosten der Einlizensierung von Produkten anhand ausgewählter Beispiele

Stawatliche Regelungen und Richtlinien sollen Arzneimittelsicherheit und ein angemessenes Qualitätsniveau bewirken. Das Arzneibuch ist eine dieser staatlichen Regelungen für die Qualität von Arzneimitteln, sogar diejenige mit der längsten Tradition: Das erste amtliche **Arzneibuch** Europas ist das Dispensatorium des Valerius Cordus, das vor 466 Jahren in Nürnberg eingeführt wurde (1546). Seitdem hat sich die Aufgabe der Arzneibücher kaum verändert. Noch heute lautet sie:

1. Festlegung der angemessenen Qualität von Ausgangsstoffen für die Herstellung von Arzneimitteln;

2. Festigen der Qualität von Zubereitungen durch Vorschriften über die Herstellung;

3. Ausschluss unlauterer Konkurrenz durch Billigangebote unter Verzicht auf Qualität;
4. Ausschluss von Fälschungen von Stoffen und Zubereitungen.

Das BfArM als europäische Behörde

Am 1. Juli 1975 wurde das Institut für Arzneimittel als Teil des Bundesgesundheitsamtes gegründet. Es arbeitet durch das am 24. Juni 1994 beschlossene Gesetz über die Neuordnung zentraler Einrichtungen des Gesundheitswesens (GNG) als selbstständiges Bundesinstitut für Arzneimittel und Medizinprodukte (BfArM) und ist dem Bundesgesundheitsministerium direkt unterstellt. Vorläufer des Arzneimittelinstituts war das Spezialitätenregister des Bundesgesundheitsamtes. Aufgabe beider Institutionen war zunächst die Registrierung von Arzneimitteln nach dem Arzneimittelgesetz von 1961. Erstmalig wird 1971 mit der Einführung einer Prüfrichtlinie eine vorbeugende Sicherheitsprüfung im Registrierungsverfahren eingeführt. Damit wurde die Ablösung der Registrierung durch das Prüfverfahren der Zulassung durchgeführt. Die 2. Novelle des Arzneimittelgesetzes von 1986 führte die sog. Fachinformation, zustimmungspflichtige Änderungen, den Verwertungsschutz für Zulassungsunterlagen sowie die Begründungspflicht bei Kombinationspräparaten ein. Die 3. Novelle 1988 brachte das Zulassungsverfahren nach dem § 7a des AMG, d. h. die Zulassung vergleichbarer Arzneimittel mit bekannten Stoffen wurde erleichtert. Die 4. Novelle 1990 brachte mit § 25 neue Zulassungsverfahren und in § 29 weitere zustimmungspflichtige Änderungen. Die 5. Novelle von 1994 schrieb eine geänderte Reihenfolge der Angaben in der Packungsbeilage vor. Die 14. Novelle des Arzneimittelgesetzes (AMG) ist am 6. September 2005 in Kraft getreten. Mit der Novelle werden in erster Linie neue Regelungen des EU-Arzneimittelrechtes in nationales Recht umgesetzt werden. Dies betrifft unter anderem Vorschriften bei der Zulassung, für Etikettierung und Packungsbeilagen, Qualitätskontrollen, eine bessere Information der Öffentlichkeit und mehr Transparenz bei den Zulassungs- und Überwachungsbehörden.

Die Anforderungen an die Herstellung von Arzneimitteln, Wirkstoffen und Stoffen menschlicher Herkunft, wie sie im dritten Abschnitt (§§ 13 ff.) des Arzneimittelgesetzes (AMG) niedergelegt sind, waren in den vergangenen Jahren Gegenstand vieler Gesetzesnovellen. Infolge der 14. AMG-Novelle und zur Umsetzung von EG-Recht war überdies die Pharmabetriebsverordnung (PharmBetrV), welche bislang die §§ 13 ff. AMG hinsichtlich der Herstellung gemäß guter Herstellungspraxis (*good manufacturing practice*, GMP) konkretisierte, anzupassen. Angesichts der umfangreichen Änderungen wurde eine vollkommen neue Verordnung in Form der Arzneimittel- und Wirkstoffherstellungsverordnung (AMWHV) erlassen, die am 10. November 2006 in Kraft trat und die Pharmabetriebsverordnung abgelöst hat. Während die Pharmabetriebsverordnung detaillierte Regelungen für Arzneimittel und bestimmte Wirkstoffe getroffen hatte, legt die AMWHV nunmehr die Regelungen für eine GMP-gemäße Herstellung aller Wirkstoffe fest, soweit diese in der Arzneimittelherstellung eingesetzt werden.

Als dem Arzneimittelgesetz nachgeordnetes Regelwerk führt die AMWHV die Bestimmungen der 14. AMG-Novelle weiter aus: Begriffe wie Herstellungsleiter und Vertriebsleiter werden mit neuer Definition durch den Leiter der Herstellung ersetzt (LH). Der Kontrollleiter wird durch die Leitung der Qualitätskontrolle (LQK) und die Sachkundige Person/Qualified Person (QP) ersetzt. Bei klinischen Prüfmustern ist der LH für Herstellung und Lagerung der Prüfmuster (Tabletten etc.) verantwortlich, die LQK führt die Prüfung der Ware durch (Analytik) und die QP gibt letztendlich die Prüfmuster für die Verwendung frei.

Die Hersteller werden unter anderem verpflichtet, die deutschen Zulassungsbehörden über alle Verbote und Beschränkungen zu informieren, denen ihr Produkt in anderen Ländern unterliegt. Ebenso müssen sie der Aufsichtsbehörde alle andern Informationen zugänglich machen, die für eine Nutzen-Risiko-Bewertung wichtig sind. Außerdem soll die Öffentlichkeit umfangreicher über zugelassene Medikamente informiert werden. So werden die Zulassungsbehörden künftig die Zusammenfassung der Produktmerkmale, den Beurteilungsbericht mit Informationen über die Ergebnisse der pharmazeutischen, vorklinischen und klinischen Versuche sowie Angaben über Auflagen bei der Zulassung von Humanarzneimitteln veröffentlichen. Den Zulassungsbehörden wird ermöglicht, Betriebe und Einrichtungen zu überprüfen, die Arzneimittel herstellen, in Verkehr bringen oder klinisch testen.

Einen Tag nach Verkündung im Bundesgesetzblatt ist die 15. AMG-Novelle zum 23. Juli 2009 in Kraft getreten. Ein Großteil der Neuerungen liegt in Präzisierungen zum besseren Verständnis sowie in der Anpassung an europäische und nationale Vorgaben. So gibt es Ergänzungen bei der Arzneimitteldefinition und bei den Begriffsbestimmungen in Anpassung an die Richtlinie 2001/83/EG (z. B. Präsentations- und Funktionsarzneimittel, anthroposophische Arzneimittel). Es wird das Inverkehrbringen bedenklicher Arzneimittel und das Verbot zum Schutz vor Arzneimittelfälschungen erweitert. Für die Herstellung und die Einfuhr von Arzneimitteln gibt es Klarstellungen. Die Ausnahmeregelungen von der Zulassungspflicht werden neu strukturiert und zum Teil erweitert. Bundesoberbehörden haben nun die Pflicht, Monographien von Standardzulassungen zu überprüfen und anzupassen. Klinische Prüfungen können in Abhängigkeit von der Ethikkommission durch die zuständige Bundesoberbehörde versagt werden. Im Rahmen eines so genannten *compassionate use* werden spezielle Regelungen für noch nicht zugelassene Arzneimittel aufgenommen. Für registrierte Arzneimittel sind die Modalitäten der mit vorgenanntem Gesetz aufgehobenen Verordnung über homöopathische Arzneimittel nunmehr in das Gesetz eingearbeitet worden. Pharmazeutische Unternehmer und Großhändler sollen entsprechend der Richtlinie 2001/83/EG in Deutschland eine angemessene und kontinuierliche Bereitstellung der in Verkehr gebrachten Arzneimittel sicherstellen. Die Pharmakovigilanz wird ebenfalls an europäische Vorgaben angepasst. Zudem erhalten die Bundesoberbehörden eine Erweiterung der Auflagenbefugnis, den Zulassungsinhaber zu einem Risikomanagementsystem verpflichten zu können.

Durch die Einführung des **zentralen und dezentralen Zulassungsverfahrens** der Europäischen Union sind die europäischen Zulassungsbehörden, also auch das BfArM, in einen direkten Wettbewerb zueinander getreten. Im zentralen Verfahren befindet sich die Behörde im Wettbewerb um die Rolle des Rapporteurs und Co-Rapporteurs. Diese führen das Zulassungsverfahren und können erheblichen Einfluss auf den Inhalt einer Zulassung ausüben. Im dezentralen Anerkennungsverfahren stehen die Behörden im Wettbewerb mit anderen Behörden um die erste Zulassung der Arzneimittel. Da die Erstzulassungsbehörde bei den folgenden Anerkennungsanträgen als Referenzbehörde auftreten kann (*reference member state*) bestimmt sie maßgeblich den Inhalt aller weiteren Zulassungen. Auch die Neufassung der amtlichen Erläuterungen zur Erstellung von Zulassungsanträgen, die sog. *notice to applicants*, gehören zum Aufgabengebiet der Zulassungsbehörde. Für ein breites Spektrum an Generika liegen heute Monographien oder Mustertexte für Packungsbeilage und Fachinformation (*summary of product characteristics* – SPC) vor.

Im November 1993 publizierte die Europäische Kommission ein wichtiges Papier, das »Program of Community Action of Health Promotion Information Education and Training within the Framework for Action in the Field of Public Health«. In dieser Publikation erkannte und förderte die Kommission den Trend zur Selbstmedikation. Sie stellte fest, dass **Selbstmedikationen** von besonderem Vorteil in der Behandlung von geringfügigen Gesundheitsstörungen sind. Sie führte weiterhin darin aus, dass darüber hinaus die Selbstmedikation auch möglich sein sollte nach einer Diagnose und Verschreibung. Der Arzt delegiert dann gleichsam die Verantwortung an den Patienten, während er selbst weiterhin beratend zur Verfügung steht.

Die politische Unterstützung öffnet der Selbstmedikation Bereiche, die seither der Therapie durch den Arzt vorbehalten waren. Möglich wird diese Entwicklung aber nur dann, wenn die Patienten ausreichende, leicht zugängliche und verständliche Informationen zur Verfügung haben. Unterstützt wird der Trend zur Selbstmedikation durch das immer weiter um sich greifende Phänomen der leeren Kassen im öffentlichen Gesundheitswesen aller EU-Mitgliedsstaaten. Der Trend zur Selbstmedikation wird aber bislang bei den Stellen, die fachlich über die Frage der Zuordnung eines Präparates zum Verschreibungsstatus bzw. zur Entlassung aus der Verschreibungspflicht entscheiden, wenig berücksichtigt. Die EU-Verschreibungspflicht-Richtlinie 92-26- EWG schreibt in den Artikeln 5 und 6 fest, dass jedes Mitgliedsland eine Liste der auf seinem Hoheitsgebiet vorgenommenen **verschrei-bungspflichtigen Arzneimittel** erstellen muss. Es gibt Stimmen in Europa, die dazu auffordern, alsbald eine EU-einheitliche Liste verschreibungspflichtiger Arzneistoffe zu erstellen. Hinzu kommt, dass die Regelungen des Verschreibungsstatus bislang nicht Teil des gegenseitigen Anerkennungsverfahrens, also des dezentralen Zulassungsverfahrens sind. Die Verschreibungspflicht wird bislang national entschieden. Daraus resultiert, dass Arzneimittel, die durch dezentrale Zulassungsverfahren in verschiedene Länder gegangen sind, unterschiedlichen Status haben können. Eines der Merkmale, die immer noch nicht für einen existierenden, einheitlichen europäischen Markt sprechen.

Nach langwierigen Vorbereitungs- und Abstimmungsprozessen hat die Europäische Kommission am 29. September 2004 einen ersten Vorschlag für eine Verordnung (EU) zu **Arzneimitteln für Kinder** einschließlich Begründung und Abschätzung der Auswirkungen vorgelegt. Dieser Entwurf wurde vom EU-Ministerrat und dem Europäischen Parlament nach ausführlicher Diskussion Ende 2006 endgültig verabschiedet; die »Verordnung EU Nr. 1901/2006« über Kinderarzneimittel ist am 27. Dezember 2006 im Amtsblatt der EU veröffentlicht worden und am 26. Januar 2007 in Kraft getreten. Gemäß den Vorgaben der Verordnung ist die Einrichtung eines Ausschusses für Kinderarzneimittel (Paediatric Committee) zum 26. Juli 2007 abgeschlossen worden. Dieser Ausschuss wird insbesondere die ihm von den Antragstellern vorgelegten pädiatrischen Prüfpläne **(Paediatric Investigation Plan, PIP)** prüfen und bewilligen.

Weiterhin wird er über Aufschübe und Freistellungen von der Verpflichtung zur Durchführung von Kinderstudien entscheiden. Der Ausschuss setzt sich aus 5 Mitgliedern des für die Zulassung zuständigen EMA-Ausschusses für Humanarzneimittel, 20 Mitgliedern von den EU-Mitgliedstaaten und 6 Vertretern von Kinderärzten und Patientenorganisationen zusammen. Industrievertreter sind nicht vorgesehen. Die Verordnung sieht in Artikel 8 eine grundsätzliche Verpflichtung zur Durchführung von Kinderstudien bei allen Arzneimitteln mit neuen Wirkstoffen sowie gemäß Artikel 9 auch bei Zulassungsanträgen für neue Indikationen, Darreichungsformen oder Verabreichungswege von noch

patentgeschützten Produkten vor. Hierfür müssen entsprechende Prüfpläne mit dem Ausschuss für Kinderarzneimittel abgestimmt werden. Um unnötige Studien bzw. Verzögerungen von Zulassungen in anderen Altersgruppen wegen noch nicht vorliegender Daten zu vermeiden, ist in Artikel 8 in Verbindung mit den Artikeln 12–15 ein System von Freistellungen (*waivers*) für ganze Substanzklassen oder einzelne Wirkstoffe oder Indikationen und von Aufschüben (*deferrals*) vorgesehen. Die Durchführung von Kinderstudien mit neuen Arzneimitteln oder bereits zugelassenen Produkten mit noch laufendem Patentschutz gemäß den Prüfplänen, die mit dem Ausschuss für Kinderarzneimittel vereinbart wurden, wird in der Verordnung ähnlich wie in den USA mit einer Verlängerung des Schutzrechts um 6 Monate honoriert.

Für bereits genehmigte Arzneimittel, die entweder durch ein ergänzendes Schutzzertifikat oder durch ein Patent geschützt sind, sind bei Änderungsanzeigen oder Erweiterungen der Zulassung (neue Indikationen, neue pharmazeutische Darreichungsformen oder Verabreichungswege) entweder die Ergebnisse von Studien, übereinstimmend mit dem PIP, oder eine Entscheidung der EMEA zur Freistellung oder Zurückstellung dem Antrag auf Änderung oder Erweiterungen beizufügen. Dieser Anforderung soll der Antragsteller zum Zeitpunkt der Einreichung des Genehmigungsantrages, der Änderungs- bzw. Erweiterungsanträge nachkommen (Zugelassene Arzneimittel mit einem Schutzzertifikat entsprechend Verordnung (EWG) Nr. 1768/92 (ergänzendes Schutzzertifikat) oder einem Patent entsprechend diesem Zertifikat (§ 8 und Schlussbestimmung § 57[2]).

Die Verlängerung der Schutzfrist wird auch dann gelten, wenn die durchgeführten Kinderstudien nicht zu einer Zulassung für Kinder führen, sofern die Ergebnisse entsprechend in die Fachinformation und gegebenenfalls in die Packungsbeilage aufgenommen werden.

Die oben genannte Verlängerung der Schutzfrist wird nach den Vorgaben der Verordnung nur gelten, wenn die betreffenden Präparate mit der Kinderindikation innerhalb von 2 Jahren in allen EU-Mitgliedstaaten vermarktet werden.

Die Verordnung sieht weiterhin eine spezielle Regelung für **Arzneimittel gegen seltene Krankheiten** (*orphan medicinal products*) vor. Für solche Arzneimittel wird es statt einer 6-monatigen Patentschutzverlängerung eine 2-jährige Verlängerung der bisher max. 10-jährigen Marktexklusivität geben. Grund hierfür ist, dass es eine ganze Reihe von Medikamenten in diesem Indikationsbereich gibt, die keinen Patentschutz haben und deshalb nicht von der Verlängerung um 6 Monate profitiert hätten. Hinzu kommt, dass wegen der kleinen Patientenzahlen der Anreiz durch die 6-monatige Patentschutzverlängerung bei diesen speziellen Arzneimitteln ohnehin viel geringer als bei Arzneimitteln gegen Volkskrankheiten gewesen wäre.

Kinderstudien sollen in der seit Mai 2004 von der EMA geführten europäischen Datenbank für klinische Studien EudraCT erfasst werden. Hierbei sollen aber über den bisherigen Erfassungsbereich von EudraCT hinaus auch laufende und abgeschlossene klinische Studien mit Kindern in Drittstaaten, also Ländern außerhalb der EU, aufgenommen werden.

Die Genehmigung für die Pädiatrische Verwendung **(Paediatric Use Marketing Authorisation, PUMA)** (§30):

Ein Antrag für die Genehmigung zur pädiatrischen Verwendung des Arzneimittels muss Ergebnisse aus Studien enthalten, die in Übereinstimmung mit einem pädiatrischen Prüfkonzept durchgeführt worden sind.

Der Antrag auf Genehmigung zur pädiatrischen Verwendung des Arzneimittels ist freiwillig.

Generell wird empfohlen, einen Antrag auf Genehmigung für die pädiatrische Verwendung, der die Ergebnisse von Studien, die in Übereinstimmung mit einem gebilligten pädiatrischen Prüfkonzept durchgeführt wurden enthält, im zentralen Genehmigungsverfahren nach den Artikeln 5 bis 15 der Verordnung (EG) Nr. 726/2004 einzureichen. Diese Bestimmung ist gültig seit 26. Juli 2007.

Die FDA

Die staatliche Regulierung in den USA geht auf das Jahr 1848 zurück. Mit dem sog. Important Drugs Act wurde der amerikanische Zoll ermächtigt, Wirkstoffe aus Übersee zu testen und die Einfuhr ggf. zu verweigern. Die Umsetzung der Gesetze war zunächst im Bureau of Chemistry im Landwirtschaftsministerium angesiedelt, bis 1927 die Food, Drug and Insecticide Administration gebildet wurde, die sich später in die Food and Drug Administration (FDA) umbenannte (1930).

Die Gesetzgebung scheint Zwischenfällen im Marktgeschehen zu folgen, wie an einigen Anhaltspunkten klar wird: 1906 ging der Federal Food and Drugs Act gegen die *patented medicines* vor. Für die forschenden Arzneimittelhersteller waren nun die United States Pharmacopoeia (USP) und das National Formulary (NF) der neue Standard. Alle Produkte hatten diesen Kompendien, der NF und der USP, im Hinblick auf Dosisstärke, Qualität und Reinheit zu genügen. Damit wurde ein hoher Qualitätsstandard eingeführt, den nur große Firmen, mit entsprechender Expertise erfüllen konnten. 1937 wurde ein hochtoxischer Hilfsstoff in einem Präparat vermarktet. Mehr als 100 Menschen starben. Der Vorfall führte zu einem Gesetz, das seit 1933 im Kongress beraten wurde, dem Federal Food, Drug, and Cosmetic Act (FDC Act) von 1938. 1962 gab es den **Thalidomid-Fall**. Der Wirkstoff war in Deutschland und England auf den Markt gebracht worden, als Schlafmittel und zur Behandlung von Übelkeit bei Schwangeren. Es zeigte sich, dass Thalidomid fruchtschädigend war und viele missgebildete Kinder zur Welt kamen. Die USA hatten die Zulassung verweigert. Der entscheidende Teil des FDC Act war, dass die Arzneimittelhersteller gegenüber der FDA die Sicherheit des neuen Arzneimittels beweisen mussten. 1938 kam auch die Bewerbung von Arzneimitteln unter die Aufsicht der FDA. Der FDC Act wurde ergänzt und erneuert und findet sich in Titel 21 im Code of Federal Regulations (CFR). 1941 und 1945 wird in der Ergänzung des FDC Act die Testung und Zertifizierung jeder Charge von Antibiotika vorgeschrieben. 1951 regelt das Durham-Humphrey Amendment die Verschreibung von Wirkstoffen. 1962 werden die Kefauver-Harris-Ergänzungen eingebracht, die den Beweis der Wirksamkeit und Sicherheit neuer Arzneimittel vor der Vermarktung forderten, rückwirkend bis 1938. 1972 schließlich wurde beschlossen, dass alle Arzneimittel bei der FDA gelistet sein müssen.

1983 wurde der Orphan Drug Act beschlossen. Dieses Gesetz begünstigt Entwickler und Vermarkter von Arzneimitteln für seltene, und daher wirtschaftlich wenig interessante Therapien.

Um den generischen Wettbewerb zu fördern, wurde 1984 der Waxman-Hatch Act beschlossen. Dieses Gesetz regelt die verkürzte Zulassung von Präparaten, die äquivalent zu den Originator-Präparaten sind, durch die FDA.

Der Einfluss auf das weltweite Geschehen im pharmazeutischen Sektor ist heute unverkennbar. Weit über die International Conference on Harmonization of Technical Requirements for Registration of Pharmaceuticals for Human Use (ICH, ▶ Kap. 1.3.2) hinaus gibt die FDA Richtlinien und Vorgehensweisen aus, an die sich die Marktteilnehmer gemeinhin halten.

So kündigte die FDA im August 2002 eine signifikant neue Initiative an: »Pharmaceutical cGMPs for the 21st Century: A Risk-Based Approach«.

Ziel ist es, die Regulierung für die pharmazeutische Fertigung und die Produktqualität (current Good Manufacturing Practices, cGMP) zu verbessern und den Fokus im 21. Jahrhundert auf diese Regulierungs-Verantwortung der FDA zu legen. Von dieser Initiative betroffen sind sowohl Humanarzneimittel- als auch Veterinärarzneimittel-Hersteller.

Die FDA sieht ihre Regularien und Inspektionen als weltweiten »Goldstandard« an. Dennoch ist sich die FDA der Tatsache bewusst, dass auch ein gutes System noch verbessert werden kann. Dazu diente nun diese Initiative.

Drei Hauptziele nennt die FDA für die neue Initiative:

- Die Aufmerksamkeit, Ressourcen und cGMP-Anforderungen der FDA mehr auf potenzielle Risiken für die öffentliche Gesundheit zu legen.
- Die Sicherstellung, dass die Entwicklung und Implementierung neuer Produktqualitätsstandards der FDA keine Innovationen oder neue Herstellungstechniken behindert.
- Die Einheitlichkeit und Berechenbarkeit der FDA zu verbessern (bessere Abstimmung zwischen dem FDA *center* und den *field offices*).

Dass die FDA auch Klagen ausgesetzt ist, zeigt der Fall **Vioxx**: Ein Forscherteam um Peter Jüni von der Universität Bern hatte Merck Sharp & Dome

(MSD) und der US-Arzneimittelbehörde FDA im renommierten Fachblatt *The Lancet* vorgeworfen, sie hätten die Gefahr von Vioxx schon vor Jahren erkennen müssen. Jüni und Kollegen analysierten knapp 30 Studien aus der FDA-Datenbank und entdeckten dabei nach eigenen Angaben, dass sich schon Ende 2000 ein mehr als verdoppeltes Herz-Kreislaufrisiko bei Vioxx-Patienten abzeichnete. Am 30. September 2004 hatte MSD das Medikament Vioxx® freiwillig weltweit vom Markt genommen. Grund für die Rücknahme der Medikamente mit dem Wirkstoff Rofecoxib (Vioxx, Vioxx Dolor, Ceoxx) waren neue Daten aus einer Langzeitstudie. Derweil bereiteten sich laut New York Times schon hunderte von US-Anwälten auf eine Flut von Klagen gegen Merck vor, der Aktienkurs von Merck fiel dramatisch. Es zeigte sich zunächst, dass nach 18 Monaten das Herzinfarkt- und Schlaganfall-Risiko in der Vioxx-Gruppe anstieg, nicht aber bei den Probanden, die Placebo geschluckt hatten. Nach Angaben der amerikanischen Gesundheitsbehörde FDA erlitten 3,5 % der mit Vioxx behandelten Patienten einen Herzinfarkt oder Schlaganfall. In der Placebogruppe waren es dagegen nur 1,9 %.

Die Fachzeitschrift *New England Journal of Medicine* korrigierte dann die Studie zu den Risiken des Schmerzmittels »Vioxx«. Danach steige die Gefahr von Herzproblemen nicht erst nach einer Einnahmezeit von 18 Monaten, sondern kontinuierlich. Zwar träten Herzinfarkte und Schlaganfälle häufiger bei Patienten auf, die mindestens eineinhalb Jahre lang mit Vioxx behandelt wurden. Die eigentliche gesundheitliche Schädigung könne aber dennoch zu einem früheren Zeitpunkt erfolgt sein. Grund für die Korrektur seien Rechenfehler von Merck, das an der Studie beteiligt war, so die Publikation.

Diese Publikation vom August 2005 revidierte die Ergebnisse der im März 2005 publizierten Langzeitstudie.

Der Vioxx-Skandal hatte Merck bereits zig Millionen US-Dollar an Entschädigungen gekostet. Erst im April 2005 hatte ein Geschworenengericht in der US-amerikanischen Stadt Atlantic City Merck für die Herzerkrankung eines Klägers haftbar gemacht. Das Gericht sprach einem 77-jährigen Rentner 4,5 Mio. US-Dollar Schadensersatz zu. Merck habe den Kläger nicht hinreichend über die möglichen Herzkreislauf-Risiken von Vioxx informiert.

Viel schlimmer als die Schadenersatz- und Strafsummen wirkte sich für Merck jedoch der Umsatzverlust aus. Im Jahr 2003 nahm Merck durch das Medikament mehr als 2,5 Mrd. US-Dollar ein. Betrachtet man die Anzahl der behandelten Patienten und die Größe des Produktes ist dies der bislang größte Rückruf in der Geschichte der Pharmaindustrie.

Im Februar 2009 meldet die Presseagentur Reuters, dass der US-Kongress die FDA wegen möglicher Einflussnahme durch die Pharmaindustrie unter die Lupe nehmen will. Dabei ging es um die Entscheidung der FDA, einen Mediziner aus einem Beratergremium zu entlassen. Das Gremium sollte für die FDA eine Empfehlung hinsichtlich der angestrebten Zulassung des neuen Blutverdünners Prasugrel der Unternehmen Eli Lilly und Daiichi Sankyo abgeben.

Die FDA hatte den renommierten Herzspezialisten Sanjay Kaul aus dem Gremium entfernt, nachdem Eli Lilly die Behörde über dessen Publikationen informiert hatte. Darin hatte Kaul sich kritisch über die Sicherheit des Medikaments geäußert. Als das Beratergremium dann einstimmig empfahl, Prasugrel in den USA zuzulassen, war der Herzspezialist bereits nicht mehr dabei. US-Abgeordnete waren besorgt, dass die FDA beim Rauswurf des Mediziners im Interesse der Pharmaunternehmen handelte und nicht zum Wohle der Öffentlichkeit.

Das Spannungsfeld wird deutlich: Wie andere Behörden baut die FDA häufig auf die Einschätzungen unabhängiger Experten, wenn es darum geht, ein neues Medikament zuzulassen. Den Empfehlungen dieser Gremien folgt die FDA zumeist.

Zu den Arzneiformen für Kinder gibt es ähnliche Regularien wie bei den europäischen Behörden. Hier sind insbesondere folgende Regularien zu beachten:
- Final Pediatric Rule 1994,
- Final Pediatric Rule 1998,
- FDA Modernization Act 1997 und
- Best Pharmaceuticals for Children Act: 2002–2007.

Das Arzneibuch

Die Mittel, mit denen das Arzneibuch seine Ziele verfolgt, sind, wie bereits in diesem Kapitel beschrieben, grundsätzlich unverändert: Die Qualität von Stoffen und Zubereitungen wird in Form von Monographien festgelegt. Letztere haben sich im Laufe der Zeit stark verändert, indem sie den wissenschaftlichen Fortschritt nutzen und die Methoden der **Prüfung von Arzneimitteln** und Zubereitungen immer mehr erweitern. Die Entwicklung kann am Beispiel des Chininsulfats demonstriert werden: Schon im ersten deutschen Arzneibuch (1872) wurde Chininsulfat auf Identität und Reinheit geprüft. Eine Gehaltsprüfung wurde erst 1959 eingeführt. Dies ist weniger auf die Entwicklung der Methodik, in diesem Fall der Maßanalyse, als auf eine Änderung des Konzepts zurückzuführen. Man ist jetzt grundsätzlich bemüht, die Ergebnisse der Prüfung auf Identität und Reinheit durch eine unabhängige Analyse zu bestätigen, deren Ergebnis, der Gehalt, zudem eine direkte Korrelation mit der Stärke der Wirkung der Substanz hat. Sehr gut ablesen lässt sich die Entwicklung der Methodik an der Prüfung auf andere China-Alkaloide: 1872 wurde eine Prüfung eingeführt, mit der abgeschätzt werden konnte, ob der Gehalt an anderen Alkaloiden unterhalb eines gewissen Limits liegt. Die Beschreibung der Methode wurde im Laufe der Zeit präzisiert. Sie blieb aber im Prinzip unverändert bis 1958. In den Jahren 1959 und 1968 wurde die Grenzprüfung auf andere Alkaloide jeweils durch eine andere ersetzt: 1959 durch die Prüfung der spezifischen Drehung und 1968 mit einer titrimetrischen Prüfung auf Hydroalkaloide. 1986 wurde diese Grenzprüfung durch eine dünnschichtchromatografische Prüfung ergänzt.

Hierbei handelt es sich wiederum um die Erweiterung des Konzepts. Die Prüfung auf verwandte Substanzen – üblicherweise mittels Dünnschichtchromatografie – wird durchgängig eingeführt. 1996 wird die Prüfung auf andere China-Alkaloide auf HPLC umgestellt und gleichzeitig die gesonderte Prüfung auf Hydroalkaloide in diese Prüfung einbezogen. Damit ist eine erneute Änderung des Konzepts verbunden: Der Gehalt an verwandten Substanzen wird in Zukunft sowohl einzeln als auch insgesamt begrenzt.

Staatliche Intervention

Ein weiterer Grund, der zum Eingriff des Staates in den pharmazeutischen Markt führte, waren und sind die enormen Kosten der gesetzlichen Krankenversicherungen (GKV), die Mitte der 8oer-Jahre zu einer Kostenexplosion führten und die staatlichen Institutionen zwangen, kostendämpfende Maßnahmen zu ergreifen. Diese tangierten den Arzneimittelmarkt v. a. in Form von Festbeträgen, die die Erstattungshöchstgrenze der gesetzlichen Krankenversicherungen pro Handelsform eines Präparates darstellen. Das sog. Gesundheitsreformengesetz vom 1.1.1989 hat aber die Erwartungen nicht erfüllt. Die Gesamtaufwendungen der GKV sanken zwar für 1989 gegenüber dem Jahr zuvor um 2,9 %, doch schon ein Jahr später kletterten sie wieder um 8,6 %, 1991 sogar um 12,6 %. Die Aufwendungen der GKV nach ausgewählten Leistungsarten stieg von 1992 mit 33,8 Mrd. Euro bei den Krankenhausbehandlungen auf 49,0 Mrd. Euro in 2005. Für Arzneimittel im gleichen Zeitraum bewegte sich die Steigerung von 16,6 Mrd. Euro auf 25,4 Mrd. Euro, für ärztliche Behandlungen von 16,6 Mrd. Euro auf 21,6 Mrd. Euro. Im Jahr 2009 beliefen sich die Gesamt-GKV-Aufwendungen auf 174,5 Mrd. Euro. Die GKV-Ausgaben für Arzneimittel beliefen sich in 2010 auf 30,2 Mrd. Euro und waren damit ca. 1,7 % niedriger als 2009. Der Brutto-Umsatz mit Fertigarzneimitteln im GKV-Markt (zu Apothekenverkaufspreisen inklusive Mehrwertsteuer, ohne Berücksichtigung von Abschlägen) betrug 2007 28,1 Mrd. Euro. Der Apothekenmarkt, als Umsatz zu Herstellerabgabepreisen, betrug 2010 nur noch 25,6 Mrd. Euro (+ 3,8 % gegenüber 2009), davon waren rezeptpflichtig: 20,4 Mrd. Euro (+ 5,0 % gegenüber 2009) und apothekenpflichtig: 2,8 Mrd. Euro (– 3,3 % gegenüber 2009).

Generell kann man feststellen, dass sich bis 2003 die Preise für Arzneimittel kaum verändert haben. In der Folge sanken sie deutlich. Arzneimittel sind heute 10 % billiger als im Jahr 2000. Dagegen sind die Preise für die gesamten Güter und Dienstleistungen des privaten Verbrauchs seit 2000 um über 15 % gestiegen

Mit der zweiten Stufe der Gesundheitsreform, dem Gesundheitsstrukturgesetz vom 1.1.1993 wurde der Druck auf die Ärzte, noch mehr Arzneimittelkosten zu sparen, ein weiteres Mal gesteigert, v.a., da sie für zu hohe Ausgaben in diesem Bereich persönlich haftbar gemacht werden konnten.

Danach war eine weitere Regelung in aller Munde: Aut Idem Es handelt sich dabei um einen Rahmenvertrag zwischen den Spitzenverbänden der gesetzlichen Krankenkassen und dem deutschen Apothekerverband. Ziel war es, durch den Apotheker die Möglichkeit zu schaffen, ein billigeres Präparat abzugeben. Dazu müssen folgende Rahmenbedingungen für die Austauschbarkeit gegeben sein:

- Wirkstoffgleichheit
- Identität der Wirkstärke
- Identität der Packungsgröße
- Gleiche oder austauschbare Darreichungsform
- Zulassung für den gleichen Indikationsbereich
- Preisgünstigkeit
- Keine pharmazeutischen Bedenken im Einzelfall

Ein Nachteil für den Hersteller des Originals, da die Nachahmerpräparate nicht die gleichen aufwendigen Zulassungsstudien benötigen wie das Original.

Das Gesundheitsreformgesetz (GHG) brachte für viele Patienten zusätzliche Kosten mit sich, im Arzneimittelbereich insbesondere erhöhte Zuzahlungen, die ab Januar 2004 in Kraft traten. In den Arztpraxen wurden viele Arzneimittelverschreibungen in den Dezember 2003 vorgezogen, um die ab dem Folgemonat fälligen Zuzahlungen zu sparen. Dadurch war der Dezember 2003 um 800 Mio. Euro höher im Umsatz und erreichte fast 3 Mrd. Euro. Generell lag der Umsatz zwischen 1,8 und 2,4 Mrd. Euro pro Monat. Ab 2005 beziehen viele neue Festbetragsgruppen auch patentgeschützte Wirkstoffe ein. Dies bedeutete neuerliche, erhebliche Belastungen insbesondere für die forschenden Arzneimittelhersteller. Seit Jahresmitte 2007 sind rund 28.600 Fertigarzneimittelpackungen mit etwa 430 Wirkstoffen unter Festbetrag. Dadurch werden die Krankenkassen 2008 voraussichtlich über 3,4 Mrd. Euro einsparen. 2009 erwirtschafteten die Kassen einen Überschuss von 1,4 Mrd. Euro.

Der Umsatz mit Fertigarzneimitteln im GKV-Arzneimittelmarkt betrug 2009 31,9 Mrd. Euro. 2010 fiel dieser Betrag um 1,7 %. Der Grund für diesen Unterschied liegt in erster Linie in der Erhöhung der gesetzlich verordneten Herstellerabschläge ab August 2010 und dem damit verbundenen Preismoratorium. Hinzu kommen die vertraglich vereinbarten Herstellerrabatte, die von 1,8 auf 2,7 Mrd. Euro gestiegen sind. Aber auch ohne Berücksichtigung der Rabatte sind die Arzneimittelpreise in Deutschland rückläufig: im März 2012 um 1,2 Prozent gegenüber dem Vorjahr. Im Gesamtjahr 2011 betrug der Preisrückgang sogar 2,4 Prozent.

Parallel- und Reimporte

Grundsätzlich unterscheidet man bei Import-Arzneimitteln zwischen »Parallelimport« und »Reimport«. Unter **Parallelimport** versteht man die Einfuhr von Arzneimitteln, die im Ausland von multinationalen Pharmakonzernen auch für den deutschen Markt produziert wurden und sowohl vom Hersteller als auch vom Importeur parallel nach Deutschland verbracht werden. Die ausdrückliche Einwilligung des ursprünglichen Herstellers ist dazu nicht erforderlich.

Als **Reimport** werden Arzneimittel bezeichnet, die vom Hersteller für einen ausländischen Markt bestimmt und entsprechend verpackt worden sind, dort aber nicht zum Patienten gelangen. Stattdessen werden sie von Importhändlern aufgekauft und in Deutschland auf den Markt gebracht. Da das Originalprodukt in Deutschland bereits eine Zulassung hat, ist für reimportierte Medikamente in der Regel nur ein vereinfachtes Zulassungsverfahren notwendig. Der Importeur muss lediglich die ausländischen Beschriftungen auf der Packung und die Beipackzettel durch deutschsprachige ersetzen. Die Beschriftungen auf der sog. Primärverpackung, den Blistern z. B., kann bestehen bleiben. Der wirtschaftliche Anreiz für einen Reimport ist durch die internationalen Preisunterschiede gegeben. In vielen europäischen Ländern existieren im Arzneimittelbereich besondere nationale Preisfestsetzungssysteme, welche die Arzneimittelpreise künstlich niedrig halten. So sind in den südeuropäischen Ländern Arzneimittel oftmals billiger als in den nordeuropäischen Staaten. Die gezielte Förderung der Reimporte durch gesetzliche Bestimmungen zwingen den Apotheker z. B. zur Abgabe von preisgünstigen importierten Arzneimitteln. Ab 1. April 2002 muss jede Apotheke eine Mindestquote an Reimporten von 5,5 % und ab 1. Januar 2003 von 7 % erfüllen. Aus Sicht der Importeure ist es nur konsequent, möglichst hohe Preise zu erzielen. Durch den Umweg der Produkte über das Ausland entstehen ihnen zusätzliche Kosten, die gedeckt werden müssen. Es gilt jedoch die Bedingung, dass importierte Arzneimittel mindestens 10 % billiger sein müssen als das Original. Die Entwicklung der Importpreise zeigt jedoch, dass die Preisdifferenz der Vergangenheit keineswegs festgeschrieben ist und die Differenzen zwischen dem Original und dem Reimport sogar bis auf 1 % gefallen sind.

Für die gesetzlichen Krankenkassen hat die Abgabe von Reimporten Vorteile, solange dadurch bei den Ausgaben für Arzneimittel Einsparungen erzielt werden können. Die vermeintliche Kostenersparnis wird jedoch zum Nachteil, wenn die reimportierten Arzneimittel zu Anwendungs- und Dosierungsproblemen führen. Die resultierenden Zusatzkosten sind dann wieder von den gesetzlichen Krankenversicherungen zu tragen. Ferner wird ein großer Teil der erzielten Preisvorteile nicht an die Krankenversicherungen weitergegeben, sondern verbleibt beim Handel. Die Belastung für den Steuerzahler durch Reimporte lässt sich in drei Nachteile gliedern:

1. Durch die Umlenkung der Produkte über das Ausland entgehen dem deutschen Fiskus Steuereinnahmen in beträchtlicher Höhe.
2. Auf Dauer kann es sich eine Industrie nicht leisten, eine Produktion unter den hohen inländischen Kostenbedingungen durchzuführen, wenn sie bei den Herstellkosten mit dem Preisniveau von Billiglohnländern konfrontiert wird. Verlagerung der Produktion und Verluste von Arbeitsplätzen sind die Folge.
3. Die Qualifizierung der Arbeitsplätze ist unterschiedlich, da für Forschung, Entwicklung und Produktion höhere Qualifikationen erforderlich sind als für das bloße Umverpacken von Arzneimitteln.

Es gibt derzeit ca. 30 am deutschen Markt tätige Parallel- und Reimporteure. Im Gegensatz zum gesamten Arzneimittelmarkt, in dem der Marktanteil des Marktführers unter 5 % liegt, ist dieses Teilsegment der Reimporte jedoch hochkonzentriert. So erreicht der größte Importeur mit ca. 60 % Marktanteil eine signifikante Marktbeherrschung.

Eine Förderung der Reimporte führt also keineswegs zur Stärkung des Wettbewerbs. Von 1998 bis 2007 ist der Marktanteil der parallel importierten Arzneimittel im Apothekenmarkt von weniger als 2 % auf fast 9 % gestiegen. Wesentlichen Anteil an dieser Entwicklung hatte die gezielte staatliche Förderung. Die Einführung einer Mindestpreisdifferenz der importierten Produkte zu den Originalen ab 2004 hat diese Entwicklung nur vorübergehend unterbrochen. Der Parallelimport konzentriert sich meist auf patentgeschützte Innovationen. 2007 erzielten die Importeure einen Umsatz von über zwei Mrd. Euro. Der Parallelhandel mit Arzneimitteln wächst seit Jahren, in Deutschland allein im Jahr 2007 um 25 %. Im Jahr 2008 betrug der Umsatz hierzulande 2,5 Mrd. Euro – ein Anteil von fast 9 % des gesamten Medikamenten-Markts. Eine der großen Firmen auf diesem Gebiet des Medikamenten-Imports ist das Unternehmen Kohlpharma. Seit 1979 hat es sich nach eigenen Angaben bis heute zum Marktführer bei Arzneimittel-Importen in Europa entwickelt. Das Portfolio setzt sich zu etwa 90 % aus Parallel-Importen und 10 % Reimporten zusammen. Die Firma kauft als Importeur Original-Markenarzneimittel der multinationalen Pharmakonzerne ausschließlich in Mitgliedstaaten der Europäischen Union preisgünstig ein und importiert sie nach Deutschland.

Problematisch ist auch die Sicherstellung der Arzneimittelversorgung in solchen Ländern, die aufgrund ihres niedrigen Preisniveaus als klassische Arzneimittel-Exportländer anzusehen sind. Hier kann es schlimmstenfalls zu einer Unterversorgung mit dem jeweiligen Arzneimittel kommen. Dies ist insbesondere dort der Fall, wo es um die patentgeschützten innovativen Produkte geht. Bei den Arzneimitteln mit Wirkstoffen, deren Patentschutz erloschen ist, ist der Preis in Deutschland oft niedriger als in den ausländischen Märkten, da es hier einen intensiven Wettbewerb durch Generika gibt. Diese Arzneimittel sind daher für Reimporte uninteressant.

1.2.2 Die Industriezweige

Heute versteht insbesondere der Kapitalmarkt unter dem Begriff Life Science in der Regel die

◻ **Tab. 1.4**   Die zehn größten Health-Care-Firmen nach Umsatz (2010)

Firma	Umsätze (Mrd. US$)
Pfizer (USA)*	67,8
Johnson & Johnson (USA)	61,6
Novartis (CH)	51,6
Merck & Co. (USA)	45,9
GlaxoSmithKline (GB)	44,4
Sanofi-Aventis (F)	42,9
Abbott (USA)	35,2
AstraZeneca (UK)	33,3
Eli Lilly (USA)	23,1
BristolMyersSquibb (USA)	19,5

Sparten Biotech, Pharma, Medizintechnik, Diagnostik und Healthcare.

Die forschende pharmazeutische Industrie

Während die erste Auflage dieses Buches entstand, ging eine Schlagzeile um die Welt: Pfizer kauft Pharmacia für rund 60 Mrd. US-Dollar. Eine Momentaufnahme in der pharmazeutischen Industrie? Große schlucken Kleine? Schon bei der zweiten Auflage war es wieder soweit: Sanofi-Synthelabo übernahm Aventis und Bayer hatte die Übernahme von Schering eingeleitet. 2009 übernimmt Merck & Co. Schering-Plough, und Pfizer gelingt die Übernahme von Wyeth (vgl. ▸ Kap. 1.1.2). Ein Blick auf die Welt der Giganten (siehe auch ◻ Tab. 1.4):

Mit Abstand hat sich der Pharmariese Pfizer an die Spitze der weltweit größten Pharmakonzerne gesetzt.

Vor wenigen Jahren noch waren Pharmacia, Warner-Lambert, Searle (als Teil von Monsanto) und Upjohn eigenständige Firmen. Heute sind sie Teil des Pfizer-Konzerns.

Parallel zur dritten Auflage hatte Pfizer einen weiteren Schritt getan um seine Spitzenstellung zu sichern. Die Akquisition von Wyeth vergrößert den Abstand im Umsatz zu Merck & Co., wohlgemerkt nach der Akquisition von Schering-Plough. Wichtig an der Tabelle der umsatzgrößten Health-Care-Firmen ist, dass in diese Betrachtung auch die Umsätze aus anderen Bereichen wie Ernährung oder Medizinprodukte einfließen.

Warum setzte ein Unternehmen wie Pfizer so unumwunden auf Größe?

Das Niveau der pharmazeutischen Forschung ist heute bereits so hoch, dass die Erbringung weiterer Innovationsleistungen gewaltige Anstrengungen der forschenden Arzneimittelunternehmen erfordert. So kommt von ca. 8.000 bis 10.000 Substanzen nach ca. zwölf Jahren Forschungs- und Entwicklungstätigkeit ein Medikament auf den Markt. Dabei entstehen den forschenden Arzneimittelunternehmen einschließlich der Fehlschläge durchschnittlich Kosten von mehr als 450 Mio. Euro. Neue Zahlen sprechen gar von mehr als 800 Mio. Euro bis hin zu 950 Mio. Euro (vgl. Abb. 1.6). In den wenigen Jahren, die den Unternehmen von den 20 Jahren des gesetzlich festgelegten Patentschutzes verbleiben, muss ein möglichst hoher Gewinn erwirtschaftet werden, um künftige Forschungen finanzieren zu können und einen ausreichenden Innovationsnachschub zu gewährleisten. An welcher Stelle man den Markteintritt im Vergleich zur Konkurrenz schafft, ist zudem von erheblichem Interesse. Bei gleicher Performance hat der Erste im Schnitt 28 % Marktanteil, der Zweite 22 %, der Dritte noch 18 %, der Vierte 12 % und der Fünfte lediglich noch 5 %. Das heißt, dass der Erste und der Zweite 50 % des Marktanteils inne haben.

Drei Konsequenzen werden daraus abgeleitet:

1. Eine marktfähige Innovation kann nur als erfolgreich gelten, wenn mindestens eine Umsatzschwelle von 200 Mio. Euro erreicht wird.
2. Bei den gegebenen Entwicklungszeiten muss innerhalb von ein bis zwei Jahren in allen großen Märkten ein Markteintritt erfolgen, um die Patentlaufzeit optimal zu nutzen.
3. Der Markterfolg ist abhängig von der Art und Intensität der Marketingaufwendungen, der Preisgestaltung und den Maßnahmen zur Verlängerung der Lebenszykluskurve (**Lifecycle Management**).

Der enorme Aufwand an **Forschungs-** und **Entwicklungsressourcen**, um in einem Therapiegebiet eine sichere Stellung zu erreichen, führte zur Selektion und Fokussierung der Firmen auf einzelne Therapiegebiete. Typischerweise ist eine Firma mit einem globalen Umsatz von weniger als einer Mrd. US-Dollar oft in nur einem oder zwei Therapiegebieten weltweit vertreten. Auch bei Umsätzen von 10 Mrd. US-Dollar kann eine Pharmafirma heute nur noch in maximal fünf oder sechs Therapiegebieten weltweit wettbewerbsfähig agieren. Dies führt zu einem starken Bedarf an Lizenzaktivitäten sowohl im Bereich vermarkteter Produkte als auch im Bereich von Forschungs- und Entwicklungsprojekten. Ein gutes Beispiel für Fokussierung ist die Firma Novo Nordisk im Gebiet Diabetes. Werden die Zahl der Diabeteserkrankungen wie von der WHO prognostiziert weiter steigen, ist Novo Nordisk, auch durch Produkte wie das synthetische Insulin Produkt Victoza (Liraglutid), gut aufgestellt.

Das Forschungsbudget von Pfizer betrug im Jahr 2011 mehr als 9 Mrd. US-Dollar oder mehr als 13 % der Umsätze. Dies alleine ist aber noch keine Erfolgsgarantie, denn Produkte werden in der Entwicklung aufgegeben, wie z. B. das Präparat Torcetrapib, das Nachfolgepräparat zu Lipitor, oder sogar vom Markt genommen wie das inhalierbare Insulin. Im Mai 2012 ist im *Handelsblatt* zu lesen, dass das New Yorker Unternehmen mit dem Auslaufen von Patenten zu kämpfen hat. Neuentwicklungen, die das Loch stopfen könnten, fehlen. Pfizer senkte erneut seine Erwartungen an das laufende Jahr 2012 und fürchtet nun, dass der Umsatz schlimmstenfalls auf 58 Mrd. US-Dollar fällt. Wieder wird auf die Probleme mit einem Sparprogramm reagiert, bei dem Tausende Stellen wegfallen und die Forschungsausgaben gekappt werden. Zudem veräußerte Pfizer die Babynahrungssparte an den Schweizer Nahrungsmittel-Konzern Nestlé und auch das Geschäft mit der Tiergesundheit steht zum Verkauf. Und dies alles, obwohl man bereits im letzten Quartalsbericht 2011 angekündigt hatte, dass Pfizer das Ziel für den Stellenabbau um 5.000 Positionen erhöht, weltweit insgesamt noch um 16.000 Positionen entsprechend 15 % reduzieren möchte. Dabei hatte der Konzern seit der Übernahme des US-Konkurrenten Wyeth Ende 2009 bereits rund 13.000 Jobs abgebaut.

Allgemein betrachtet ist die Anzahl der Neueinführungen in Deutschland zum Beispiel eher rückläufig. Für Europa ergibt sich ein ähnliches Bild. Zwischen 1980 und 1984 wurden 126, zwischen 1985 und 1989 129, zwischen 1990 und 1994 94 und 1995 und 1999 nur noch 89 NCEs auf den Markt gebracht. 2010 wurden in Deutschland 26 Arzneimittel mit neuen Wirkstoffen am Markt eingeführt. Aufgrund des globalen Forschungsprozesses hängt die Zahl der in Deutschland eingeführten Wirkstoffe eng mit der internationalen Entwicklung zusammen. Die meisten neuen Wirkstoffe, sofern sie nicht nur von regionaler Bedeutung sind, werden möglichst zeitnah in allen wichtigen Ländern zur Zulassung gebracht. Die Gesamtzahl der Zulassungen in Abhängigkeit von den Forschungsaufwendungen ist in Abbildung 1.1 dargestellt.

Die Kernfrage ist also nicht alleine die Höhe des Forschungsbudgets, sondern eher: Hat eine Firma ihre Produktsegmente, Kategorien der Therapiegebiete, auf denen Produkte vertrieben und entwickelt werden, sog. *franchises*, konzentriert und kann diese nun durch erhöhte Forschungsausgaben besser voranbringen? Größe ja, aber dann möglichst in vordefinierten Produktklassen, die bereits existieren oder im Aufbau befindlich sind.

Hinzu kommt, dass der Konzern Pfizer etwa 13.000 Vertreter weltweit besitzt – ein Instrument, um die schnelle Marktdurchdringung für neue Produkte global zu gewährleisten. 2005 überraschte Pfizer jedoch mit einem Kosteneinsparungsprogramm, das die Reduktion um 1/8 der Kosten zum Ziel hatte. Davon betroffen war auch der Außendienst des Konzerns.

Auch wenn man den Marktanteil der zehn führenden Pharmafirmen betrachtet, zeigt sich immer noch ein Bild der starken Unterteilung: 1988 hatten die Top Ten 24,9 % Marktanteil, 1993 waren es 28,2 %, im Jahr 2000 dann 45,3 % und 2005 50,5 %. Zum Vergleich: Die Marktführer in der Automobilbranche haben einen Marktanteil von 80 %. Demnach ist die Welle der Fusionen noch nicht abgeschlossen.

Es versteht sich fast von selbst, dass Firmen einer solchen Größe oft mehrere Teilsparten betreiben. Eine typische Aufteilung eines Konzerns in den Top Ten der pharmazeutischen Industrie könnte wie folgt aussehen:

Pharma (*pharmaceuticals*), OTC (*over-the counter*), Ernährung (*nutrition*), *consumer health*, Tiergesundheit (*animal health*), Spezialchemikalien (*specialty chemicals*). Oft findet man auch die Bereiche Diagnostika oder Medizinprodukte.

Hier werden Synergien zwischen einzelnen Teilbereichen ausgenutzt und auch Produkte in ihrem Lebenszyklus zwischen den Teilsparten z. B. von Pharma nach OTC weitergegeben.

Die Formen der am stärksten ausgeprägten F&E (Forschung und Entwicklung)-Aktivitäten im Ausland sind im traditionellen Technologiebereich, den sog. **Entwicklungszentren**, in denen die Entwicklungstätigkeiten für den Gesamtmarkt eines Geschäftsbereichs, z. B. Pharma, wahrgenommen werden. Auf sie entfällt etwa ein Drittel aller ausländischen F&E-Standorte deutscher Unternehmen im Pharmabereich. Aber auch in diesen Fällen kann nicht ohne weiteres von einem substitutiven Charakter ausgegangen werden, selbst wenn günstigere Rahmenbedingungen von Bedeutung sind. Oft wird als Hauptmotiv für den Aufbau von Entwicklungszentren im Ausland der Zugriff auf technisches Wissen genannt. Da viele dieser F&E-Standorte aus Akquisitionen hervorgehen, liegt die Vermutung nahe, dass es sich hierbei um externes Know-how handelt, welches der Muttergesellschaft vorher nicht zur Verfügung stand und welches zur Erweiterung der vorhandenen Wissensbasis dient. Im traditionellen Technologiebereich ist die Adaption fremden Wissens stark an eigene F&E-Aktivitäten, die v. a. im Stammsitzland erfolgen, gebunden.

Oft gelten F&E-Einheiten aber auch explizit als Unterabteilungen der Produktions- und Vertriebssegmente. Es liegt also ganz offensichtlich keine Verlagerung, sondern vielmehr ein im Zusammenhang mit internationalen Absatzbemühungen notwendiger, komplementärer Aufbau von F&E-Kapazitäten im Ausland vor. Die Anzahl der F&E-Standorte dieser Art ist zwar relativ groß, allerdings entfällt auf sie jeweils nur ein geringer Anteil der Beschäftigten im gesamten F&E-Bereich eines Konzerns.

Die Gründe, warum Europa insbesondere im pharmazeutischen Sektor ins Hintertreffen geraten ist, sind offensichtlich:

1. Europa ist kein einheitlicher Markt für pharmazeutische Produkte. Es besteht aus separaten Märkten mit mehr oder minder fixen

staatlichen Regularien. Die Preisbildungsmechanismen in den europäischen Staaten sind unterschiedlich.

2. Die steigende Anzahl der Parallelimporte kosten die europäische Pharmaindustrie Geld, das nicht wieder in F&E investiert werden kann.

3. Die Marktdurchdringung in Europa ist langsamer, damit wird der Gewinn auch langsamer erwirtschaftet als im amerikanischen Markt.

4. Neue Technologien finden oft in den Vereinigten Staaten mehr Akzeptanz als in Europa und werden damit in den dortigen technischen Zentren global agierender Firmen auch bereitwilliger eingesetzt.

5. Kooperationen zwischen Hochschule und Industrie sind in den USA immer noch ausgeprägter als in Europa.

6. Das amerikanische System fördert das *value added* eher als das europäische, in dem die *me-toos* oder Generika als Niedrigpreisprodukte im Vordergrund stehen.

Dies führt zu einem Szenario, in dem alle europäischen Firmen ihren Marktanteil in den USA ausbauen wollen. Die Gewinne werden aber nicht nach Europa transferiert, sondern in den USA investiert.

In der Vergütung von innovativen Arzneimitteln kam es schon zum ersten Eklat: Am 27. April 2012 berichtet das *Handelsblatt*, dass die Firma Boehringer Ingelheim, Deutschlands größter Hersteller für verschreibungspflichtige Medikamente, aus den Verhandlungen für sein neues Diabetesmittel Trajenta mit dem Spitzenverband der Krankenkassen aussteigt und das Produkt nicht in Deutschland auf den Markt bringen wird. Es wird vermutet, dass der Grund darin bestand, dass die GKV einen Erstattungspreis nahe bei den generischen Sulfonylharnstoffen anstrebte, der etwa bei 15 Cent liegt, während Boehringer durchschnittliche, erstattungsfähige Tagestherapiekosten von 1,27 Euro in einigen europäischen Ländern erzielen konnte. Die Zulassung für das Produkt mit dem Wirkstoff Linagliptin aus der Klasse der sogenannten DPP-4-Inhibitoren hatte man 2011 sowohl in Europa als auch in den USA erhalten. Das Produkt wird gemeinsam mit Eli Lilly vermarktet. Ein Beispiel für die Unterschiedlichkeit der Praxis in den europäischen Märkten.

Die Pharmaindustrie ist heute weltweit in **Verbänden** organisiert. Die wichtigsten sind nachfolgend kurz aufgeführt:

- APhA (American Pharmaceutical Association)
- ABPI (Association of the British Pharmaceutical Industry)
- BPI (Bundesverband der Pharmazeutischen Industrie)
- CEFIC (European Chemical Industry Council)
- DIA (Drug Information Association)
- IFPMA (International Federation of Pharmaceutical Manufactures Associations)
- NPA (National Pharmaceutical Association, GB)
- PhRMA (Pharmaceutical Research and Manufacturers of America)
- VfA (Verband forschender Arzneimittelhersteller)

Auch im Segment der **rezeptfreien Medikamente** findet zunehmend eine Konsolidierung statt. Der Markt wird auf global ca. 73 Mrd. US-Dollar geschätzt (2010) und wächst mit etwa 4–6 % pro Jahr. Europa ist mit etwa einem Anteil von 30 % der größte OTC-Markt der Welt. 2008 war das Wachstum des OTC-Marktes erstmals größer als das der verschreibungspflichtigen Medikamente. Gerade auch die *emerging markets* eröffnen Möglichkeiten, da in vielen dieser Märkte die Medikation vom Patienten selbst gezahlt wird. Führend im Markt sind Produkte gegen Erkältungskrankheiten. Am schnellsten wachsen Produkte im Bereich der Haut und des Verdauungstraktes. Die operativen Margen bewegen sich bei den Topunternehmen der Branche bei 15 bis 20 % und sind damit niedriger als im innovativen Pharmageschäft, aber auch unabhängig von Patenten. Anders als bei klassischen Pharmaaktivitäten hängt der Erfolg vom Aufbau starker Marken ab (vgl. Kap. 8.1.11). Die führenden Anbieter im OTC-Segment sind die Firmen Pfizer mit Wyeth, Bayer, GSK und Johnson & Johnson sowie Novartis. Roche hatte sein OTC-Segment an Bayer verkauft und Bristol-Myers gab den Löwenanteil der OTC-Sparte an Novartis ab. Im Gegensatz dazu hat Sanofi-Aventis durch den Zukauf von Chatten Inc. in den USA einen wichtigen Einstieg in das OTC-Geschäft geschafft und kann diese »Plattform« nutzen den sogenannten OTC-Switch seiner verschreibungspflichtigen Medikamente durchzuführen. Auch neue Wettbewerber treten in den Markt ein, die sowohl aus dem pharmazeutischen Sektor (MSD) als auch aus dem Ernährungssektor (Danone, Nestlé, Procter&Gamble) stammen.

Biotechnologie-Firmen

In den 1980er Jahren bildete sich ein weiterer Industriezweig aus. Es war die Geburtsstunde der Biotechnologie-Firmen, die sich als zusätzlicher Sektor in der pharmazeutischen Industrie etablierten.

Nach Cox und Walker ist Biotechnologie die praktische Nutzung biologischer Systeme in der produzierenden oder dienstleistenden Industrie oder im Management der Umwelt. Diese weite Fassung trifft auch auf die unterschiedlichen Firmen zu, die an den Börsen im Bereich Biotech notiert sind.

Während biotechnologische Methoden der ersten und zweiten Generation zum Teil bereits seit langer Zeit angewendet werden, steht seit Anfang der 1970er Jahre die dritte Generation, und hier insbesondere die Gentechnik, im Zentrum des Interesses. Die erste und zweite Generation sind die Bereiche der Fermentation, also die chemische Umwandlung von Stoffen durch Bakterien und Enzyme (Gärung), auf der z. B. die Herstellung von alkoholischen Getränken beruht, aber auch von Penicillin oder Antibiotika.

Fortschritte ergaben sich zunächst durch die gentechnische Herstellung bereits bekannter Produkte. Bekanntestes Beispiel hierfür ist die Produktion von Humaninsulin durch gentechnisch veränderte Bakterien, wodurch sowohl größere Mengen hergestellt als auch mit dem konventionell verwendeten tierischen Insulin verbundene allergische Komplikationen vermieden werden können. Wirklich revolutionierende Fortschritte durch *genetic engineering* erwartet man jedoch bei der Entwicklung neuer Wirksubstanzen, speziell von Impfstoffen, und v. a. bei der Gewinnung von Proteinen, durch deren pharmakologischen Einsatz Genaktivitäten medikamentös gesteuert werden könnten (*gene therapy*).

Der eigentliche Durchbruch ist jedoch ein ganz anderer: Die bis heute dominierende Screening-Technologie wird durch ein rationelles, an kausalen Zusammenhängen orientiertes Entwerfen von Arzneimitteln (*drug design*) ersetzt und so erhofft man sich längerfristig die stark gestiegenen Forschungskosten zu senken. Die moderne Biotechnologie entwickelt sich aus den Fortschritten der Molekularbiologie in den 1950er, 1960er und frühen 1970er Jahren. Genentech, die erste Biotech-Firma, gegründet 1976, klonte und lizensierte dann an Eli Lilly den ersten rekombinanten Proteinwirkstoff, humanes Insulin. 1982 wurde das Produkt zur Vermarktung zugelassen. Während in den 1980erJahren rekombinante DNA und monoklonale Antikörper die Basis des Geschäftsmodells der Biotech-Firmen bildeten, kamen in den 1990er Jahren das Modell der Technologieplattform zur Entdeckung neuer Wirkstoffe und das Modell der Therapiefokussierung hinzu. Letzteres zielte auf die Abdeckung essenzieller Patientenbedürfnisse in ausgewählten Therapiegebieten wie Krebs ab. Beispiele für Firmen in diesem Segment sind Amylin und MedImmune. Gilead Sciences und Vertex Pharmaceuticals sind Beispiele für Firmen, die auf dem Modell der Technologieplattformen aufgebaut wurden.

Einige Wirkstoffe wie z. B. Erythropoietin gehören zu den Topsellern der Branche. Produkte der sog. 2. und 3. Generation kommen zur Marktreife oder sind in der klinischen Erprobung. Ende 1996 waren schon mehr als 30 rekombinante Wirkstoffe als Therapeutika zugelassen.

Nicht zuletzt das dauerhaft hohe Wirtschaftswachstum der USA in den 90er-Jahren des letzten Jahrtausends hat die Bedeutung von jungen Technologieunternehmen (JTU), den sog. *startups*, für eine wachsende Volkswirtschaft vielfach in den Mittelpunkt des ökonomischen Interesses gerückt. Dass dies nicht ein rein amerikanisches Phänomen ist, hat u. a. eine europäische Studie der EVCA (European Venture Capital Association) gezeigt.

Das Wachstum der deutschen Biotechnologie-Branche lässt sich in Zahlen wie folgt verdeutlichen: Die Umsätze stiegen von 1997 bis zum Jahr 2000 von 289 Mio. Euro auf 776 Mio. Euro, 2005 waren es 832 Mio. Euro, die Zahl der Beschäftigten wuchs von 4.013 auf 10.700, um bis 2005 wieder auf 9.534

▣ Tab. 1.5   Überblick über die wichtigsten Antikörper

Medikament[1]	Indikation	Unternehmen	Antikörper-Art
Bexxar® = Tositumomab	Blutkrebs (NHL)	GlaxoSmithKline	Maus
Zevalin® = Ibritumomab	Blutkrebs(NHL)	Biogen Idec/ Bayer Schering	Maus
Erbitux® = Cetuximab	Darmkrebs	ImClone/Merck IBHS	Chimär
Rituxan® = Rituximab	Blutkrebs (NHL)	Biogen Idec / Genentech / Roche	Chimär
Remicade® = Infliximab	Morbus Crohn	Johnson & Johnson	Chimär
Avastin® = Bevacizumab	Darm-, Brust- u. Lungenkrebs	Genentech / Roche	Humanisiert
Herceptin® = Trastuzumab	Brustkrebs	Genentech / Roche	Humanisiert
Raptiva® = Efalizumab	Schuppenflechte	Genentech / Serono	Humanisiert
Synagis® = Palivizumab	RS-Virus bei Frühgeborenen	Medimmune / Abbot	Humanisiert
Xolair® = Omalizumab	Asthma	Tanox/ Genentech / Novartis	Humanisiert
Humira® = Adalimumab	u.a. Rheuma	Abbott	Human

1 Freihandelsnamen der monoklonalen Antikörper (mAb): murine Antikörper (Maus): -omab; Antikörper von Primaten: -imab; chimäre Antikörper: -ximab; humanisierte Antikörper: -zumab; humane Antikörper: -umab

zu fallen, stieg aber bis 2010 wieder auf knapp über 10.000. Die Anzahl der Unternehmen in Deutschland stieg von 1997 mit 173 auf nahezu das Doppelte im Jahr 2000 mit 332 Unternehmen und war 2005 mit 375 Unternehmen fast konstant. 2010 und 2011 sind es rund 400 Unternehmen. Erstmals haben die deutschen Biotech-Unternehmen im Jahr 2007 die Milliarden-Umsatz-Grenze durchbrochen. Im Jahr 2007 konnten sie ihren Umsatz um sechs Prozent auf 1.003 Mio. Euro steigern. 2010 lag der Umsatz konstant bei etwa 1 Milliarde Euro. Mit einem Anstieg um 4 % gegenüber dem Vorjahr wurden 2010 809 Mio. Euro in Forschung und Entwicklung investiert. 2011 waren es 783 Mio. Euro. Vor allem bei den Medikamenten-Entwicklern wurde vermehrt in kostenintensive klinische Studien investiert. Profitable Unternehmen sind meist in den Geschäftsfeldern der Technologieentwickler, der Diagnostik oder als Dienstleister zu finden.

Im Jahr 2005 wies der weltweite Biotech-Sektor bei praktisch allen Kennzahlen ein solides Wachstum aus. Die Umsätze der börsennotierten Biotech-Unternehmen stiegen 2005 um 18 % und erreichten einen historischen Höchststand von 63,1 Mrd. US-Dollar. Alleine in den USA brachte es die Biotech-Branche auf 32 Produktzulassungen, davon 17 Erstzulassungen. Die Produktpipelines der bör-

sennotierten europäischen Biotech-Unternehmen wuchsen um 28 % an, wobei insbesondere die Zahl der Produkte in der späten Entwicklungsphase stark zunahm. Die Branche erreicht, fast 30 Jahre nachdem die erste Biotech-Firma ihre Tore geöffnet hatte, einen neuen Reifegrad. Weltweit vermarkteten Biotech-Gesellschaften im Jahr 2005 über 230 Medikamente, davon zahlreiche **therapeutische Antikörper** (▣ Tab. 1.5). Das Jahr 2005 war zudem gekennzeichnet von einem dramatischen Anstieg der Biotech-Übernahmen durch die großen Pharmakonzerne. Sie führten gleich mehrere Großakquisitionen durch, da die bislang größte Welle auslaufender Patente auf die Pharmafirmen zurollte. In Europa dagegen bevorzugten die Unternehmen die Bildung von Partnerschaften in der eigenen Region: Es war ein historischer Höchststand von 66 Mergers & Akquisitions-Geschäften zu verzeichnen. Der Biotech-Sektor in den USA erzielte im Jahr 2005 bereits zum dritten Mal in Folge eine große Zahl von Produktzulassungen sowie solide Finanzresultate. Der Sektorumsatz schnellte durch die höheren Verkäufe um 16 % nach oben. In Europa ging 2005 eine längere Restrukturierungsperiode der Branche zu Ende. Die Umsätze der börsennotierten Unternehmen legten um 17 % zu, nachdem sie im Vorjahr noch um 5 % zurückgegangen waren.

Mit Blick auf die Finanzierung markiert 2005 das bislang beste Jahr in der Geschichte des europäischen Biotech-Sektors, wenn man von der Genforschungs- Blase im Jahr 2000 absieht. Der europäische Biotech-Sektor konnte 2005 zum ersten Mal sogar mehr Kapital durch IPOs (*initial public offerings*, also Börsengänge von Unternehmen) aufnehmen als die US-Branche.

Der Umsatz der börsennotierten Biotech-Unternehmen 2007 weltweit stieg um 8 % und überschritt erstmals die Schwelle von 80 Mrd. US-Dollar. Ohne Berücksichtigung der Übernahme einiger Biotech-Unternehmen durch Pharma-Konzerne hätten die Umsatzerlöse um 17 % zugelegt. Nordamerikanische und europäische Unternehmen haben knapp 30 Mrd. US-Dollar an Kapital aufgenommen. Mit Investitionen von insgesamt 7,5 Mrd. US-Dollar erreichte die Risikokapitalfinanzierung 2007 einen historischen Höchststand. Ein Rekordhoch von 5,5 Mrd. US-Dollar in den USA und eine Zunahme von 72 % in Kanada waren dafür verantwortlich. Der weltweite Nettoverlust der börsengelisteten Unternehmen ist von 7,4 Mrd. US-Dollar im Jahr 2006 auf 2,7 Mrd. US-Dollar im Jahr 2007 zurückgegangen. In den USA war die Branche mit einem Verlust von nur noch 300 Mio. US-Dollar der Rentabilitätsschwelle näher als je zuvor. Auch die Transaktionen erreichten im Jahr 2007 einen neuen Höchststand. So betrug der gesamte Wert der Transaktionen einschließlich Fusionen, Übernahmen und strategische Allianzen in den USA fast 60 Mrd. US-Dollar. In Europa schnellte das Transaktionsvolumen laut Studie auf 34 Mrd. US-Dollar.

Häufig finden die Biotech-Firmen ihren Ursprung in Ideen und Ausgründungen von Universitäten. Wenig überraschend hängen die Biotech-Firmen vom Erfolg ihrer Ideen ab. Biotech-Unternehmen haben zudem flachere Hierarchien. Dieser Zweig der pharmazeutischen Industrie ist in einem konstanten Umbruch mit Firmen, die neu gegründet werden, Firmen, die übernommen werden, und solche, die sich in Kooperationen zusammenschließen.

Bei den Biotech Firmen unterscheidet man sog. Technologie- und Produktfirmen.

Die **Technologiefirmen** haben ihren Schwerpunkt in der Entwicklung sog. Plattform-Technologien. Dabei handelt es sich um Technologien, die helfen, völlig neue Produkte zu entwickeln, die der pharmazeutischen Forschung und den Produktunternehmen ihre Technologien als Dienstleistungen anbieten, beispielsweise in der Suche nach neuen Wirkstoffen. Am besten bekannt sind in diesem Zusammenhang die Technologien Genomics, Proteomics und das *high throughput screening* (HTS).

Das Geschäftsmodell ist vergleichsweise risikoarm, da innerhalb weniger Jahre profitabel gearbeitet werden kann. Allerdings müssen diese Firmen aufgrund der immer kürzer werdenden Innovationszyklen ihre Kernkompetenzen kontinuierlich ausbauen.

Demgegenüber stehen Firmen, die sog. **Produktfirmen**, die mit der Entwicklung von Medikamenten ihr Geld verdienen wollen. Sie gelten als die lukrativste Stufe der Wertschöpfungskette. Aber es droht ihnen bei Fehlschlägen auch der Totalverlust des eingesetzten Kapitals.

Noch vor zwei Jahren haben die produktorientierten Biotech-Unternehmen darauf gepocht, alle Medikamente bis zur Zulassung zu begleiten. Inzwischen tendiert man dazu, die Wirkstoffe bis zu einer bestimmten Phase zu entwickeln – in der Regel nach den erstmaligen Tests an Patienten, der Phase II der klinischen Entwicklung – und sich dann einen Partner aus der Pharmaindustrie zu suchen, der die notwendigen Kapazitäten und Vertriebsmöglichkeiten hat, um das Medikament später zu vermarkten. Es hat sich gezeigt, dass die größte Steigerung in der Wertschöpfungskette, d. h. das beste Verhältnis aus Erfolgswahrscheinlichkeit und Entwicklungskosten nach der Phase II liegt.

Untersuchungen von McKinsey, die Einlizensierungsstrategien der großen Pharmafirmen unter die Lupe nahmen, kommen zu dem Schluss, dass durch spätes Einlizensieren den Firmen beträchtliche Gewinne entgehen. Nachfolgend sind die wichtigsten Punkte dieser Studie »The new math for drug licensing« zusammengefasst:

- Schon im Jahr 2001 stammten 30 % der Umsätze der großen Pharmafirmen von einlizensierten Produkten.
- 1/3 aller Einlizensierungen findet im Stadium der präklinischen Entwicklung statt; diese Deals werden relativ niedrig vergütet.
- Nach einer durchgeführten Modellrechnung wäre es wesentlich gewinnbringender, alle

Einlizensierungen im präklinischen Stadium vorzunehmen, da die wesentlich niedrigeren Kosten alle späteren Rückschläge/Ausfälle bei der Entwicklung bei weitem kompensieren. Dies würde selbst dann noch gelten, wenn die Zahlungen für Präklinik-Produkte wesentlich höher (150 %) wären.

- Bei höheren Vergütungen für Präklinik-Produkte würde sich diese neue Strategie auch für die Biotechnologie-Firmen rechnen.

Die Partnerschaft bringt für beide Seiten Vorteile: Für die Biotechs externes Kapital, um die eigene riskante Forschung zu finanzieren, und eine globale Verkaufs- oder Marketinginfrastruktur, die sie selbst nicht haben. Dadurch kann innerhalb kürzester Zeit ein hoher Umsatz generiert werden: Für die Pharmaindustrie eine Streuung des Risikos, ohne die Größe ihrer eigenen Forschungs- und Entwicklungseinheiten auszubauen, da Kosten und Risiken der Wirkstoffentwicklung stetig wachsen. Alles in allem ist dies eine sinnvolle Arbeitsteilung, in der jeder Partner sein Betätigungsfeld findet. Es stellt sich sofort die Frage, ob die Suchforschung und Frühphasenentwicklung überhaupt bei den globalen Playern stattfinden muss.

Während sich die Produkt-Biotechs meist mit Wirkstoffen beschäftigen, die für mehrere Krankheitsbilder einsetzbar sind, konzentriert sich die Pharmaindustrie eher auf einige wenige ertragsbringende Krankheitsbilder. Bei den großen Pharmaunternehmen kommen die Einnahmen im Bereich Pharmazeutika wie schon gesehen oftmals durch den Verkauf weniger Blockbuster zustande. Während sich weltweit in den Pharmaunternehmen rund 200 Wirkstoffe in der klinischen Prüfung befinden, sind es bei den gesamten Biotech-Firmen annähernd 1.000. Im Zentrum des Bereichs Life Science steht der Sektorindex Pharma & Healthcare mit seinen 43 an der Frankfurter Wertpapierbörse im Prime Standard notierten Einzelwerten. Darin enthalten ist das Segment Biotechnologie.[3]

Das Segment Biotechnologie bringt einen Börsenwert von ca. 3 Mrd. Euro auf die Waage. Gut 2 Mrd. Euro entfallen auf die Schwergewichte Qiagen und BB Biotech.

Im internationalen Vergleich haben diese Werte in der Regel hingegen kaum Bedeutung. Deutschland ist immer noch eher für seine Maschinen- und Autobauer bekannt als für seine Biotech-Industrie. Das größte Problem für inländische Unternehmen ist, dass sie überwiegend **Technologie-Plattformen** anbieten, die in der Forschung und Entwicklung von Medikamenten verwendet werden. Nur wenige haben tatsächlich Wirkstoffe in ihrer Pipeline. In der Forschung und Entwicklung werden rund 30 % der Wertschöpfung der Biotech-Industrie erzielt. Das meiste Geld wird in der Produktion und im Verkauf von Medikamenten verdient. Nicht ohne Grund konzentrieren sich daher die meisten Biotech-Investoren auf die sog. Produktfirmen. Es können aber nur Firmen an diesem Teil der Wertschöpfungskette mit etwa 70 % teilhaben, die eine gute Produktpipeline haben.

Nicht zuletzt auch, weil sie aufgrund der genannten Schwäche von Investoren links liegen gelassen werden, versuchen einige Firmen, den Wandel von der Technologie- zum Produktanbieter zu vollziehen. Eine gefährliche Strategie, die Durchhaltevermögen erfordert, da die Entwicklung eines Medikaments bis zur Marktreife zehn Jahre und mehr dauert und auf dem Weg Kosten von mehr als 450 Mio. Euro anfallen. Geld, das die deutschen Biotechs im Vergleich zu ihren amerikanischen Konkurrenten oftmals nicht haben und bei schwachen Börsen am Kapitalmarkt nicht auftreiben können. Insgesamt liegt die Zahl der Wirkstoffe in der Medikamenten-Entwicklung bei den deutschen Biotech-Unternehmen 2011 etwa bei 300. Im europäischen Vergleich hat der Biotech-Sektor in Deutschland damit die am zweitstärksten gefüllte Entwicklungspipeline – hinter der britischen Branche. Zum ersten Mal seit 2009 wurde 2011 einem deutschen Biotech-Unternehmen wieder eine

---

3   Biotechnologie-Sektor des Bereichs Pharma & Healthcare: BB Biotech (Biotech-Beteiligungsgesellschaft), Curasan (Pharma und Knochenersatzstoffe), Epigenomics (DNA-Methylierung), Eurofins Scientific (Analysendienstleister), Evotec OAI (Screening und Spezialchemie), Girindus (Medikamentenauftragsproduktion), GPC Biotech (Technologie für Wirkstoffsuche), Lion Bioscience (Bioinformatik), Macropore (Implantate), MediGene (Medikamentenentwicklung), Morphosys (Entwicklung von Antikörpern), MWG Biotech (Synthese), November (Molekulare Diagnose), Qiagen (Produkte zur DNA-Gewinnung).

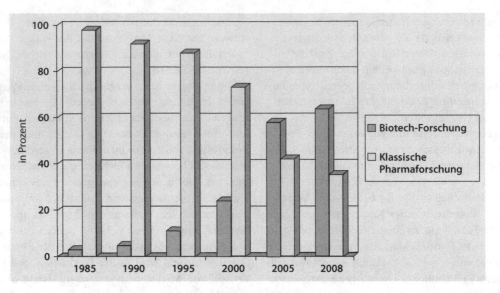

◘ Abb. 1.4   Anteil der Produkte aus biotechnologischer Forschung

Marktzulassung erteilt: Im Dezember 2011 ließ die Europäische Kommission das Medikament Ameluz der Leverkusener Biofrontera AG zur Vermarktung zu. Das Therapeutikum ist ein verschreibungspflichtiges Medikament zur Hautkrebs-Behandlung. Auch wenn im Jahr 2010 durch Eigenkapitalgeber 421 Millionen Euro in die Branche flossen und man damit fast das Niveau vor der Krise des Biotech-Segments in den Jahren 2007 und 2008, in denen der Kapitalstrom jeweils um knapp 50 % einbrach, erreicht hatte, zeigte sich 2011, wie schwierig das Umfeld ist: Der Zufluss von Kapital verringerte sich um 71 % von 441 auf 130 Mio. Euro. Europaweit fällt der Rückgang beim Zufluss von Kapital weniger stark aus als in Deutschland: Nachdem im Jahr 2010 noch 2.8 Mrd. Euro in die Branche investiert wurden, erhielten die Unternehmen 2011 nur noch 2.0 Mrd. Euro – ein Rückgang um 28 %. Ernst & Young spricht in seiner 2012 veröffentlichten Studie davon, dass das die klassischen Finanzierungsmodelle gescheitert sind.

Auch die Jahre 2001 bis 2004 waren in der Pharmaindustrie Jahre der **Fusions- und Übernahmeaktivitäten.** 2004 alleine gab es 55 Biotech-Zusammenschlüsse und sieben Akquisitionen von Biotechs durch Pharmaunternehmen. Worin lag das Interesse an der Biotechnologie begründet? Zum einen waren es die Neuausrichtungen der Pharmaindustrie mit der zunehmenden Bedeutung der Biotechnologie. Andererseits schlossen sich kleine und mittlere Unternehmen zusammen, um Wertschöpfungsketten zu erschließen und kritische Masse zu erreichen, die Investoren und Analysten überzeugt. Die Produktorientierung der Biotechnologie-Unternehmen setzte sich fort. Es ist zu erwarten, dass der Anteil der Produkte aus biotechnologischer Forschung schon bald die Produkte aus der klassischen Pharmaforschung übersteigt (vgl. ◘ Abb. 1.4;. ◘ Tab. 1.6).

Die Führungsposition der Vereinigten Staaten auf dem Gebiet der Biotechnologie ist möglicherweise der entscheidende Faktor, der die USA auch zum Vorreiter im Bereich der kombinatorischen Chemie werden lässt. Wir beobachten hier ein Phänomen, das eine schwache Position in einem innovativen Gebiet einen Effekt der zweiten Generation nach sich zieht.

Europäische Firmen haben bereits reagiert: Glaxo übernahm Affymax, ein auf dem Gebiet der kombinatorischen Chemie führendes Unternehmen in den USA, für 535 Mio. US-Dollar.

Eine Anmerkung am Rande: Forschungsaufwendungen der Staaten unterscheiden sich drastisch. Gemessen am Bruttoinlandsprodukt (BIP) stagnierten die Forschungsausgaben der Europäer zwischen 2000 und 2003 bei 1,9 %. Sie lagen damit

Medikament	Hersteller/Vertreiber	Umsatz 2010 in Mrd. US-Dollar	Therapiegebiet	Zulassung
Procrit®/ Eprex®	Johnson & Johnson von Amgen	1,9	Anämie (alle Märkte außer Dialyse)	1999 (US), 1993 (EU)
Rituxan® / Biogen Idec	Roche / Genentech	6,3	Onkologie	1997 (US), 1998
Remicade®	Johnson & Johnson Centocor	7,8	Rheuma / Morbus Crohn	1998 (US), 1999 (EU)
Epogen®	Amgen	2,5 (nur USA)	Anämie, Dialyse	1989 (US)
Enbrel®	Amgen / Wyeth von Immunex	7,2	Rheuma	1998 (US), 2000 (EU)
Aranesp®	Amgen	2,5	Anämie	2001 (US, EU)

◘ Tab. 1.6   Umsätze ausgewählter Biotech-Medikamente 2010

weiter deutlich hinter den USA (2,59 %) und Japan (3,15 %). China setzt mit jährlichen Zuwachsraten von 10 % zum kräftigen Sprung an.

Die Forschungsausgaben in der EU sollten nach dem Beschluss des Europäischen Rates von Barcelona bis 2010 auf 3 % des BIP steigen. Diese Marke erreichten im Jahr 2003 nur Schweden (4,27 %) und Finnland (3,49 %). Deutschland lag mit 2,49 im Jahr 2004 unter den geforderten 3 %. Hauptursache für die Stagnation in Europa ist der Rückgang der privaten Investitionen für Forschung und Entwicklung. Im Vergleich zu Japan (74 %) oder den USA (63 %) ist ihr Anteil in Europa mit 56 % ohnehin geringer. Die öffentliche Hand füllt derzeit noch die Lücke – angesichts leerer Kassen ist das kein Zukunftsmodell. Dagegen steigen die Forschungsausgaben von EU-Unternehmen in den USA stetig. Auch dies deutet nicht darauf hin, dass Biotechs in Deutschland zukünftig ein günstiges Wettbewerbsumfeld vorfinden werden.

Generikahersteller

Hersteller von sog. Generika oder Nachahmerpräparaten versuchen mit Medikamenten im Markt Fuß zu fassen, die Wirkstoffe grundsätzlich in der gleichen Arzneiform und in der gleichen Dosierung wie das Originalpräparat enthalten. Grundvoraussetzung ist, dass der Patentschutz des Originalherstellers abgelaufen ist.

Die Grundlage für den Aufschwung der Branche bietet zum einen der Patentablauf bei einer Reihe umsatzstarker Originalpräparate, zum anderen der ständig zunehmende Kostendruck im Gesundheitswesen. Es zählt vor allem Geschwindigkeit. Der erste Generikahersteller, der seine Zulassung erhält, darf sein Produkt in Deutschland sechs Monate exklusiv vertreiben. 2009 kamen noch ca. 70 % des Gesamtumsatzes der Generikahersteller aus den entwickelten Märkten, davon alleine 42 % aus dem amerikanischen Markt und etwa 23 % aus Europa (◘ Tab. 1.7) Hier vollzieht sich jedoch eine gravierende Verschiebung hin zu den sich entwickelnden Märkten (*emerging markets*).

Das Geschäft mit Generika zeichnet sich durch vergleichsweise niedrigere Gewinne und harten Wettbewerb aus, was wiederum auch die Konzentration unter den Generikaanbietern vorantreibt. Hier spielen die *economies of scale*, das durch Mengenwachstum größere Gewinnpotenzial, eine große Rolle. Umgekehrt wird durch den generischen Wettbewerb auch eine weitere Konzentration der forschenden Unternehmen erzwungen und die Forschungsaufwendungen werden den rückläufigen Erträgen angepasst.

Novartis war einer der ersten großen Pharmakonzerne, der sich im Generikageschäft etablierte. 1996 akquirierte man Sandoz und die österreichische Ebewe Pharma. Aber auch Unternehmen wie

◻ **Tab. 1.7** Generikahersteller im Jahr 2009

Unternehmen	Sitz	Umsatz 2009 in Mrd. US $
Teva	Israel	12,0
Novartis/Sandoz	Schweiz	6,7
Mylan	USA	5,0
Actavis	Schweiz	2,4
Watson	USA	1,6
Stada	Deutschland	1,6
Daiichi Sankyo	Japan	1,6
Sanofi-Aventis	Frankreich	1,4
Apotex	Kanada	1,4
Krka	Slowenien	1,2
Cipla	Indien	1,1
Par	Indien	1,1

◻ **Tab. 1.8** Weltweit operierende Drug-Delivery-Firmen

Firma	Firma
Elan	Andrx
Shire Pharmaceuticals	Duro Pharmaceuticals
MiniMed	Biovail
Gilead Sciences	The Liposome Co.
Vivus	Inhale Therapeutic Systems
Meridian Medical Technologies	Noven Pharmaceuticals
Guilford Pharmaceuticals	Advanced Polymer Systems
Bentley Pharmaceuticals	Columbia Laboratories
Aradigm	Geltex Pharmaceuticals
ML Laboratories	

Pfizer haben mit ihrem Bereich Greenstone eine Geschäftseinheit im Generikabereich, die mehr als 300 Produkte in ihrem Portfolio führt. Ein weiteres Beispiel: 85 Jahre stolzer Selbstständigkeit gingen zu Ende, als der amerikanische Pharmakonzern Barr Pharmaceuticals Inc. 2006 das kroatische Traditionsunternehmen Pliva für 2,2 Mrd. US-Dollar übernahm. Doch es dauerte nicht lange bis der mit Abstand größte Hersteller von patentfreien Nachahmerprodukten Teva, 2008 seine Führungsposition durch den Kauf des US-Wettbewerbers Barr, zu diesem Zeitpunkt viertgrößter Anbieter in der Branche, noch einmal ausbaute. Teva wuchs damit allein 2009 um 11 % auf einen Gesamtumsatz von 11,1 Mrd. US-Dollar Umsatz. Der Nettogewinn sank wegen des Barr-Zukaufs um rund zwei Drittel auf 635 Mio. Euro.

Heute spielen Generika eine essenzielle Rolle in der Behandlung von Krankheiten. Eine verbesserte Verfügbarkeit und die Möglichkeit, sich Medikamente leisten zu können, sind dabei Argumente, die häufig für Generika angeführt werden.

Gegenwärtig wird die Hälfte des Volumens an Medikamenten in der EU mit generischen Präparaten abgedeckt, was aber nur 18 % des Wertes aller Arzneimittel darstellt. In der EU haben Generika

bis heute nach Schätzungen der EGA (European Generics Agency) Einsparungen in der Größenordnung von 30 Mrd. Euro erwirtschaftet. Dabei sind die Einsparungen nicht berücksichtigt, die durch verstärkten Wettbewerb erzielt wurden. In einer kürzlich erschienenen Publikation des EGA Health Economics Committee „How to Increase Patient Access to Generic Medicines in European Healthcare Systems" wird die zunehmende Bedeutung der Verfügbarkeit generischer Präparate für den Patienten herausgestellt. Generika nur als ein Mittel der Kosteneinsparung zu betrachten, ist nach Auffassung der EGA deutlich zu kurz gegriffen und stellt nur einen Bruchteil der Bedeutung der Generika dar. Europa wird zunehmend zu einem hohen Prozentsatz von importierten generischen Präparaten abhängig sein. Dies liegt an der geringen Ausprägung generischer Firmen im europäischen Raum. Ohne einen ausreichenden Grad an Kontrolle und Überwachung könnte dies langfristig zu Problemen in der Versorgung mit Medikamenten insbesondere in kleineren Märkten führen.

Traditionell werden Innovationen vorwiegend im Bereich der forschungsbasierten Pharmafirmen gesehen. Zahlen belegen jedoch, dass Generikahersteller durchaus relevante Aufwendungen im Be-

■ **Tab. 1.9** Vergleich von Kosten der Entwicklung, Dauer und Umsatz eines NCE und eines Drug- Delivery-Systems bzw. einer Reformulierung

Konzept	Kosten bis Markteinführung (Mio. US Dollar)	Dauer (Jahre)	Maximaler Umsatz (pro Jahr in Mio. US Dollar)
Drug Delivery	15–50	4–7	25–100
Wirkstoffentwicklung	350–1000	10–15	300–700

reich der Innovation, insbesondere bei der Verbesserung von Formulierungen und der Verbesserung der Darreichungssysteme leisten. So wurden 2007 etwa 7 % der Umsätze der generischen Industrie in Forschung und Entwicklung investiert. Weiterhin ist es dieser Bereich gerade in der Herstellung und Entwicklung eine Basis für Beschäftigung: Es gibt alleine 150.000 direkte Mitarbeiter in der europäischen generischen Pharmaindustrie.

Direkte Vergleiche der Kosten für Medikamente in den europäischen Mitgliedsstaaten durchzuführen ist schwierig: Eine Fülle von nationalen Gesetzgebungen führen zu noch völlig unterschiedlichen Preissystemen. Auch wenn Medikamente generell etwa nur 10 % des Gesundheitsbudgets eines Landes ausmachen (mit generischen Präparaten im Bereich von etwa 1 bis 2 %), sind sie trotzdem Ziel für Kosteneinsparungen. Eines ist jedoch sicher: Eine älter werdende Bevölkerung und Änderungen im Lifestyle bringen automatisch einen steigenden Bedarf an medizinischer Versorgung und damit auch eine Steigerung der Kosten mit sich.

Im März 2012 versucht der US-Konzern Watson nach Informationen der Nachrichtenagentur Reuters für bis zu 5,5 Mrd. Euro den in der Schweiz ansässigen Konkurrenten Actavis zu übernehmen. Am 25. April 2012 geben Watson Pharmaceuticals, Inc. und die Actavis-Gruppe gemeinsam bekannt, dass Watson eine endgültige Vereinbarung über den Kauf der privat geführten Actavis-Gruppe für im Voraus zu zahlende 4,25 Mrd. Euro geschlossen hat. Durch diese Übernahme wird Watson das drittgrößte globale Generika-Unternehmen mit einem für 2012 erwarteten Umsatz von etwa 8 Mrd.

US-Dollar. Actavis, das als eigenständiges Unternehmen auf starkem Wachstumskurs war, hat Niederlassungen in mehr als 40 Ländern und Märkten und vertreibt mehr als 1.000 Produkte weltweit. Actavis hat rund 300 Projekte in ihrer Entwicklungspipeline und produzierte mehr als 22 Milliarden pharmazeutische Dosen im Jahr 2011. Actavis beschäftigt mehr als 10.000 Mitarbeiter weltweit und erzielte im Jahr 2011 einen Umsatz von etwa 2,5 Mrd. US-Dollar. Dies ist ein weiteres Beispiel dafür, dass in der Generikabranche der Konzentrationsprozess weiterhin im Gange ist. Novartis kaufte 2005 Hexal sowie das US-Unternehmen Eon Labs. 2010 erwarb der israelische Weltmarktführer Teva Ratiopharm. Für Watson wäre der Kauf von Actavis ein Riesenschritt. Im Jahr 2009 übernahm Watson bereits die Arrow Group für rund 1,8 Mrd. Dollar, womit das Unternehmen auch stärker im europäischen Markt Fuß fasste. 2006 hatte Watson bereits für 1,9 Mrd. Dollar den Rivalen Andrx akquiriert. Actavis war Anfang der Jahrtausendwende schnell und kräftig gewachsen. Im Jahr 2007 hatte die Deutsche Bank die Übernahme des damals noch in Island ansässigen Unternehmens durch den Milliardär Björgolfur Thor Björgolfsson finanziert.

CROs und Drug Delivery

CROs sind sog. *contract research organizations*, also Firmen, die einzelne Teile der Arzneimittelentwicklung als Dienstleistung zur Verfügung stellen. Viele konzentrieren sich auf die klinische Entwicklung wie z. B. Parexel oder Besselaer, andere bieten auch Leistungen in der präklinischen Entwicklung wie z. B. Quintiles.

Auch Firmen im Bereich der kombinatorischen Chemie gehören zu diesem Segment der Dienstleister. Ähnlich dem Konzept der Biotechs haben die CROs einen großen Vorteil für die Pharmaindustrie: Sie erlauben es, eigene Kapazitäten klein zu halten und so das Risiko für den Pharmakonzern zu minimieren.

In den 1970er Jahren kam es zur Ausbildung eines weiteren Phänomens, das sich in der späteren Zeit zu einem der wichtigsten Bausteine des pharmazeutischen Lizenzgeschäftes entwickeln sollte: die Entwicklung **patentierter Darreichungssysteme** (*drug delivery systems*). Der Patentschutz dieser Wirkstoffsysteme verschaffte den Firmen, die sich auf diesem Sektor spezialisiert hatten, einen ähnlichen Exklusivitätsgrad wie den Entwicklern des ursprünglichen Wirkstoffes. Neu gegründete Technologiefirmen wie die Firma **ALZA** (1968 gegründet durch Dr. Alejandro Zaffaroni, im Mai 2001 gekauft von Johnson & Johnson für 10,5 Mrd. US-Dollar) etablierten ihre Rolle als Hightech-Firmen mit Arzneistoffträgersystemen, die die Wirksamkeit und Effizienz bereits bekannter Wirkstoffe verbesserten.

Ein Beispiel war die Entwicklung von Theophyllin-Zubereitungen mit verzögerter Wirkstofffreisetzung, die schnell eine bedeutsame Position im Feld der respiratorischen Produkte erlangen sollten. Es wurde möglich, lang anhaltend wirksame Präparate einzusetzen, die den Wirkstoff gleichförmig abgeben, so Nebenwirkungen vermeiden, und dem Patienten das lästige, dauernde Schlucken von Tabletten ersparen.

Die Nutzung dieser neuer Technologien wurde zusätzlich ein bedeutsames Instrument im Management des Lebenszyklus eines neuen Wirkstoffes. Durch die neue patentgeschützte Formulierung war es möglich, den Ablauf des Patentschutzes um weitere Jahre auszudehnen, indem neuer Patentschutz auf die innovative Formulierung, das *drug delivery system*, erhalten wurde.

Ein beeindruckendes Beispiel ist die Neuformulierung von Nifedipin durch die sog. OROS Technologie der Firma ALZA (Procardia XL®). Procardia XL wurde 1989 durch Pfizer erstmals in den Markt eingeführt. Damit wurde eine lineare, osmotisch gesteuerte Freisetzung des Wirkstoffs über den Tag erzielt. Auch Cardiazem CD® von Aventis Neoral und Voltaren von Novartis, Kaletra und Norvir von Abbott – welches maßgeblich vom im Jahr 2001 im Rahmen der Knoll AG-Akquisition erworbenen Drug-Delivery-Geschäftsbereich SOLIQS entwickelt wurde –, Tricor von Abbott, Fosamex von Wyeth, Zomig von AstraZeneca, Duragesic von Johnson & Johnson und Detrol von Pfizer sind weitere Beispiele für die erfolgreiche Anwendung von *drug delivery*.

Ein Blick auf die ◘ Abb. 1.5 zeigt, dass das reformulierte Produkt Procardia XL drastisch zum Erhalt, ja zur Steigerung der Umsätze und Gewinne gegenüber dem alten, eingeführten Produkt Procardia® beitrug.

Die ständige Verbesserung und Weiterentwicklung der Drug-Delivery-Systeme machte es möglich, neben der reinen Formulierung von Generika, auch bisher wegen ihrer ungünstigen physikalisch-chemischen Eigenschaften oder Verteilungsprofile im Organismus, nicht applizierbare Wirkstoffe überhaupt für eine Therapie zugänglich zu machen. In diesen Bereich fällt das Einsatzgebiet der sog. Enhancing (verbessernden) Drug-Delivery-Technologien, die die Effektivität des Wirkstoffes erhöhen, Nebenwirkungen senken und damit auch zu einer verbesserten *patient compliance* oder *patient adherence* (Therapietreue) führen.

Auch das sog. *targeting*, d. h. das gezielte Ansteuern eines bestimmten Organs, und daraus resultierend die lokale Begrenzung der Wirkung eröffnete neue Perspektiven für Unternehmen, die sich auf das Auffinden von organspezifischen Erkennungsmerkmalen spezialisiert hatten. Drug Delivery wurde bald ein Kernelement nahezu aller Forschungs- und Entwicklungsprogramme in multinationalen Pharmafirmen. Oftmals waren die Technologien zur Entwicklung solcher Darreichungssysteme in den multinationalen Konzernen nicht vorhanden. Auch war es schwierig vorherzusagen, welches System das am besten geeignete für die Formulierung eines bestimmten Wirkstoffes ist. So ist es heute weit verbreitet, dass Wirkstoffe eines Originators in einer Co-Entwicklung mit einer Drug-Delivery-Firma zu einem Marktprodukt entwickelt werden.[4]

Die strategische Entscheidung lässt sich mit den durchschnittlichen Werten in ◘ Tab. 1.10 verdeutlichen.

Hinzu kommt, dass das Risiko in der Wirkstoffentwicklung deutlich höher ist. Damit wird deutlich, dass Drug-Delivery, neben der klassischen Wirkstoffentwicklung, ein erfolgreiches Konzept darstellt.

Ein weiterer Anbieter im Markt sind die sog. Lohnhersteller (**CMO:** *contract manufacturing organization* oder **TPM:** *third party manufacturer*), Firmen, die im Auftrag Produktionsschritte von der

---

4 Quelle: *Scrip Magazine* Mai 2000; Geschäftsbericht der Firmen.

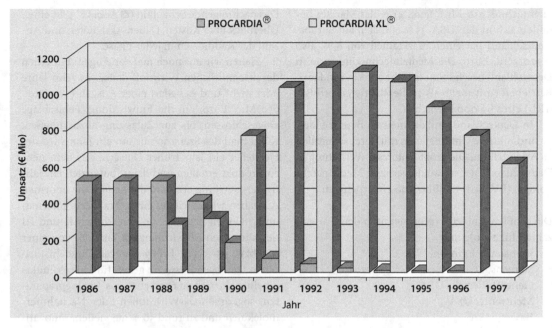

☐ **Abb. 1.5** Umsatzverlauf von Procardia® und Procardia XL®

☐ **Tab. 1.10** Historische Erfolgswahrscheinlichkeiten von Wirkstoffen in der Entwicklung

Entwicklungsphase	Pipeline-Mix aus 70 % »Me-too« / 30 % innovative Wirkstoffe Erfolgswahrscheinlichkeit, die nächste Phase zu erreichen, in %	Markteintrittswahrscheinlichkeit, in %
Prä-Klinik	50	10
Phase I	70	20
Phase II	50	30
Phase III	70	65
FDA-Filing	90	90

Arzneistoffsynthese bis hin zur Fertigstellung der fertigen Arzneiform übernehmen.

Medizintechnikkonzerne und medizintechnische Industrie

Medizintechnik, auch biomedizinische Technik genannt, ist die Anwendung von ingenieurwissenschaftlichen Prinzipien und Regeln auf das Gebiet der Medizin. Als verhältnismäßig junge Disziplin besteht viel der Forschung und Entwicklung (F&E) aus Arbeiten in den Gebieten medizinische Informatik, Signalverarbeitung physiologischer Signale, Biomechanik, Biomaterialien und Biotechnologie, Systemanalyse, sowie der Erstellung von 3D-Modellen. Beispiele konkreter Anwendungen sind die Herstellung biokompatibler Prothesen, medizinischer Therapie- und Diagnosegeräte, wie z. B. EKG-Schreiber und Ultraschallgeräte, bildgebender Diagnostik, wie z. B. Magnetresonanztomographie (MRT) und Elektroenzephalographie (EEG). Zur Abgrenzung kann das deutsche Medizinproduktegesetz dienen: Medizintechnik erzeugt Geräte, Produkte und technische Verfahren, welche Medizinprodukte sind. Diese Definition reicht von einfachen Verbandsmaterialien bis zu medizinischen Großgeräten und vollständigen Anlagen. Kennzeichnend ist ein hoher Forschungs- und Entwicklungsaufwand, intensive staatliche Reglementierung und eine enge Verzahnung von Produkten und Dienstleistungen.

Deutschland ist nach den USA und Japan der weltweit drittgrößte Produzent von Medizintechnik. Im Jahr 2008 betrug der Weltmarkt für Medizintechnik 250 Mrd. Euro. 41 % des Marktes befinden sich in den USA, 35 % entfallen auf Europa. Deutschland hat einen Marktanteil von 8 %, also 18–20 Mrd. Euro. Die Medizintechnikindustrie in Deutschland beschäftigte im Jahr 2008 in rund 1250 Betrieben (mit mehr als 20 Beschäftigten pro Betrieb) circa 99.000 Menschen.

In Deutschland sind die meisten Betriebe kleine und mittlere Unternehmen mit durchschnittlich 78 Angestellten. Die größte Interessenvertretung in Deutschland ist der Bundesverband Medizintechnologie (BVMed) mit über 200 Unternehmen.

Die größten Anbieter (geordnet nach den Umsatzzahlen für 2010) sind:
- Johnson & Johnson, USA
- Siemens, D
- General Electric, USA
- Medtronic, USA
- Baxter, USA
- Philips, NL
- Abbott, USA
- Covidien GB
- Boston Scientific, USA
- Becton Dickinson, USA

1.3 Der lange Weg der Entwicklung neuer Therapeutika

Der Prozess der **Arzneimittelentwicklung** von der Idee bis zum marktfähigen Produkt hat sich im Laufe der Jahrzehnte zu einem komplexen System aus verschiedenen, ineinander greifenden Aktivitäten entwickelt, die von heterogenen Berufsgruppen in gemeinsamen Teams, oftmals parallel, durchgeführt werden. Die Stufen der Arzneimittelentwicklung lassen sich in den Aktivitäten der Forschung und Entwicklung (F&E oder englisch: *research and development*, R&D) einteilen:
- Forschung und Wirkstoffsuche
- Präklinische Entwicklung
- Klinische Entwicklung (Phase I–III)
- Zulassung, Markteinführung, klinische Entwicklung Phase IV

Das nachfolgende Schaubild (◘ Abb. 1.6) gibt einen Überblick über Kosten, Dauer, Aktivitäten und Anzahl der Kandidaten in jeder Phase.

Halten wir uns noch mal vor Augen: Für einen durchschnittlichen Wirkstoff dauert es zehn Jahre oder mehr und es bedarf einer Ausgabe von 450–950 Mio. Euro, um die Entwicklung, Fehlschläge eingeschlossen, bis zur Zulassung abzuschließen. Kürzt man das Szenario nur um ein Jahr, wird der Hersteller ein Jahr früher Umsätze aus dem neuen Produkt erhalten und damit potenziell ein Jahr früher Gewinne erzielen, die helfen, die enormen Ausgaben wieder einzufahren. Etablierte Pharmaunternehmen berichten in den Phasen II und III der klinischen Entwicklung (◘ Tab. 1.10) von einer 30- bzw. 65-%igen Erfolgschance. Diese historischen Durchschnittswerte gelten für eine Produktpipeline, die sich zu rund 70 % aus Analogpräparaten, sog. »*me-too*«-Wirkstoffen oder Nachahmermolekülen und zu rund 30 % aus neuen, innovativen Wirkstoffen zusammensetzt.

Pharmaunternehmen sehen sich heute mit der Notwendigkeit konfrontiert, neue Arzneimittel auf weniger kostspielige und zeitaufwändige Weise zu entwickeln. Der Druck resultiert aus drei Faktoren: Gesundheitsorganisationen fordern billigere Arzneimittel, die wissenschaftliche Forschung enthüllt neue Ansatzpunkte zur Krankheitsbekämpfung und muss dem demografischen Wandel folgen. Gegen eine Reihe resistenter Krankheitserreger und neuer Krankheiten wie AIDS müssen schnell wirksame Medikamente bereitgestellt werden.

Um den Prozess der Entstehung eines Arzneimittels, der sich über Jahre hinweg in seiner heutigen Form entwickelt hat, zu verstehen, sollte man die einzelnen Schritte näher beleuchten. Ein Erfolgsfaktor ist aber die Einheit, die für einen reibungslosen Ablauf des ganzen Entwicklungsprozesses sorgt: das Projektmanagement.

1.3.1 Projektmanagement

Projektmanagement stellt den Rahmen für eine Serie von Prozessen bereit, die mit dem Ziel ablaufen, das Produkt durch die Entwicklung hindurchzuführen und letztlich auf den Markt zu bringen.

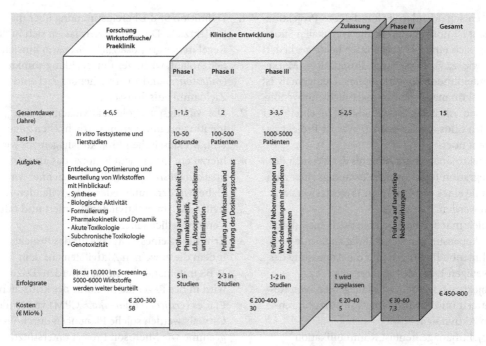

	Forschung Wirkstoffsuche/ Praeklinik	Klinische Entwicklung			Zulassung	Phase IV	Gesamt
		Phase I	Phase II	Phase III			
Gesamtdauer (Jahre)	4-6,5	1-1,5	2	3-3,5	5-2,5		15
Test in	In vitro Testsysteme und Tierstudien	10-50 Gesunde	100-500 Patienten	1000-5000 Patienten			
Aufgabe	Entdeckung, Optimierung und Beurteilung von Wirkstoffen mit Hinblick auf: - Synthese - Biologische Aktivität - Formulierung - Pharmakokinetik und Dynamik - Akute Toxikologie - Subchronische Toxikologie - Genotoxizität	Prüfung auf Verträglichkeit und Pharmakokinetik, d.h. Absorption, Metabolismus und Elimination	Prüfung auf Wirksamkeit und Findung des Dosierungsschemas	Prüfung auf Nebenwirkungen und Wechselwirkungen mit anderen Medikamenten		Prüfung auf langfristige Nebenwirkungen	
Erfolgsrate	Bis zu 10.000 im Screening, 5000-6000 Wirkstoffe werden weiter beurteilt	5 in Studien	2-3 in Studien	1-2 in Studien	1 wird zugelassen		€ 450-800
Kosten (€ Mio%)	€ 200-300 58		€ 200-400 30		€ 20-40 5	€ 30-60 7,3	

Ω Abb. 1.6 Entwicklung eines neuen Medikamentes: Dauer, Aktivitäten und Kosten. Der große Kostenblock im ersten Segment rührt auch daher, dass Aktivitäten wie Formulierungsforschung, Toxikologie und chemische Entwicklung weit bis in die Phasen des klinischen Blocks hinein andauern. Die Zulassungskosten beinhalten auch die Erstellung der Dokumente (vgl. Abb. 2.12). Zur Erfolgsrate s. a. Abb. 3.1 und 3.2.

Dem Projektmanagement fallen dabei Betrachtungen

= der Projektgröße,
= der Ziele,
= der Zeit, sog. *milestones,*
= des Ablaufs,
= der Kosten,

und damit des Einsatzes von Ressourcen und der Kosten für ihre Nutzung und letztlich dem menschlichen Faktor, und das ist das Zufriedenstellen aller Teilnehmer, zu.

Projektmanagement als solches findet seine Historie in zwei großen Projekten in den 1950er Jahren. Es handelte sich dabei um das Polaris-Programm und einen internen Verbesserungsprozess der Firma Dupont. Als ein Ergebnis dieser Projekte wurden zwei Planungswerkzeuge entwickelt: die Methode des kritischen Pfades (*critical path method*, CPM) durch Dupont und die Projektevaluation und Bewertungstechnik (Project Evaluation and Review Technique, PERT) für das Polaris-U-

Boot-Projekt. In den 1960er Jahren fokussierten diese Methoden auf den Umfang, die Zeit und die Kosten eines Projektes. Die Betrachtung des Humanfaktors im Projektmanagement ist eine der neueren Entwicklungen. Dazu gehört die Teamarbeit, die Etablierung effektiver Kommunikation, die Lösung von Konflikten und die Definition der Führungsrolle und Motivation im Team. Was aber ist nun ein Projekt und wann erfordert es Projektmanagement (vgl. ► Kap. 7)?

Definition: Ein Projekt ist eine Unternehmung mit genau definierten Start- und Endpunkten, mit Zielen, deren Erreichung bestimmt werden kann, und mit Abhängigkeiten von limitierten Ressourcen.

Nicht alle Unternehmungen und Aktivitäten treffen diese Definition und damit ist auch nicht in allen Fällen ein Projektmanagement notwendig. Der lange Zeitraum der Entwicklung eines Arzneimittels, die hohen Kosten und die verschiedenen Fachbereiche, die zum Einsatz kommen, machen das Projektmanagement in der Pharmaindustrie zu einem entscheidenden Erfolgsfaktor. Projektmanagement ist notwendig, um die »vertikalen Silos«, in denen sich einige Unternehmen heute gegliedert sehen, wie z. B. Forschung, Produktion, Marketing, miteinander zu verknüpfen. Demgemäß ist ein Projektmanagement oftmals nicht notwendig, wenn eine Aktivität ausschließlich in einem der vertikalen Silos angesiedelt ist. Was ist Projektmanagement noch?

- Projektmanagement kann als der Versuch der Integration funktionaler Zuständigkeiten zum Wohle eines gemeinsamen Projektes verstanden werden.
- Projektmanagement zeichnet sich auch durch die Anpassung an sich ständig ändernde Rahmenbedingungen und die Anpassung des jeweiligen Projektes an diese aus.
- Projektmanagement ist Management von Ressourcen und Abstimmung von auszuführenden Aktivitäten.
- Projektmanagement ist Kommunikation zwischen allen in das Projekt involvierten Bereichen und in das obere Management des Konzerns. Der Projektmanager ist in der Regel für die Einhaltung der Zeitlinien und der Anpassung an die Firmenstrategie verantwortlich.
- Bei der Entwicklung neuer Substanzen bewegen sich Projektteams oftmals auf völlig neuem Territorium. Daher ist die Zusammensetzung der Teams entscheidend. Dies bedeutet nicht, dass alle Bereiche ständig vertreten sein müssen.

Die wichtigsten Bereiche für die Neuentwicklung eines Wirkstoffes sind:

- Chemie/Synthese,
- Wirkstoffentwicklung,
- Analytische Entwicklung,
- Präklinische Toxikologie und Metabolismus,
- Zulassung,
- Klinische Entwicklung,
- Pharmazeutische Entwicklung,
- Marketing.

Die verschiedenen Phasen des Projekts werden unterschiedliche Beteiligungen der Funktionen erfordern. Die Schritte zur Etablierung eines Projekts lassen sich wie folgt gliedern:

1. Definition und Übereinstimmung über die Projektziele. Die Projektziele lassen sich in der Regel in das grundsätzliche Szenario hinsichtlich Ablauf, wichtiger Entscheidungspunkte (*milestones*) und zu erreichendes Ziel-und Zieldatum aufschlüsseln.
2. Die wichtigsten Projektaktivitäten werden identifiziert und Verantwortlichkeiten zugeteilt. Im klassischen Projektmanagement wird hierzu ein Instrument benutzt, das als *work breakdown structure* (WBS) bezeichnet wird. Dabei werden unter jeder übergreifenden Aktivität alle Unteraktivitäten definiert und mit Verantwortlichkeiten versehen.
3. Ermittlung eines Zeitplans für das Projekt, indem die einzelnen Aktivitäten aus dem WBS miteinander verknüpft werden. Dazu wird in der Regel die Methode des kritischen Pfades (*critical path method*, CPM) verwendet. Oftmals werden solche Planungen durch Programme wie Microsoft Project unterstützt, die sowohl Kosten als auch Ressourcensteuerung zulassen. Der kritische Pfad selbst ist eine Serie von voneinander abhängigen Projektaktivitäten, die aneinander geknüpft sind. Sie bestimmen grundsätzlich die kürzeste Gesamtdauer eines Projektes. Werden kritische Aktivitäten vor oder nach ihrem geplanten Ablauf beendet, ändern sich notwendigerweise der kritische Pfad und die Dauer eines Projektes.
4. Anhand des Ablaufplanes werden dann die Ressourcen, der Zeitbedarf und die Kosten ermittelt.

1.3.2 Der Prozess der Arzneimittelentwicklung

Während noch in den 1970er Jahren Wirkstoffe durch iterative und intuitive Verfahrensweise, d. h. mehr auf einem Zufallsprinzip beruhend gefunden wurden, liefern heute kombinatorische Chemie und indirekt Genomics und Proteomics eine Vielzahl an chemischen Verbindungen, die möglichst schnell und effektiv darauf getestet werden müssen, ob sie sich für die Entwicklung von Wirkstoffen eignen. Dank der technologischen Entwicklungen in der Robotertechnik und der Assay-Technologie hat sich die Industrie in den letzten Jahren rasant verändert.

Wirkstoffsuche

Der Prozess der Wirkstoffsuche umfasst die Suche nach einem geeigneten Wirkstoffkandidaten, der Untersuchung seiner Eigenschaften (*drug screening*) sowie die gezielte Veränderung seiner Struktur (*drug design*), um seine Wirksamkeit zu erhöhen, seine Nebenwirkungen zu senken oder seine Verteilungseigenschaften im Organismus zu verbessern.

Unter kombinatorischer Chemie versteht man das Prinzip, gleichzeitig und mit hoher Geschwindigkeit große Mengen unterschiedlicher chemischer Verbindungen herzustellen, wobei dieser Prozess durch Computertechnik und automatisierte Anlagen unterstützt wird. Musste früher der Chemiker Substanzen einzeln synthetisieren, ehe sie auf ihre Wirksamkeit getestet wurden (Screening), können nun verschiedene Bausteine in unterschiedlichen Kombinationen zusammengesetzt und eine große Vielzahl unterschiedlicher Substanzen gewonnen werden. Die Sammlung der verschiedenen Molekülstrukturen wird als kombinatorische Bibliothek bezeichnet. Das Ziel ist klar: Je größer die Zahl der Verbindungen, die getestet werden können, desto größer die Chance eine **therapeutische Schlüsselsubstanz** (*lead*- oder Leitstruktur) zu finden. Dank der rasanten Entwicklungen in der Robotertechnik und der Assay-Technologie, sind die Forschungslabors heute in der Lage, große Probenmengen in kurzer Zeit zu bewältigen (*high throughput screening*) und solche Verbindungen aufzuspüren, die gute Chance haben, den gesamten Entwicklungsprozess erfolgreich zu durchlaufen. Indem frühzeitig qualitativ hochwertige potenzielle Kandidaten, also Leitstrukturen, erhalten werden, kann der gesamte Entwicklungsprozess enorm Zeit und Kosten einsparen. Der Prozentsatz erfolgreicher Verbindungen ist jedoch gering:

Einige Unternehmen sind derzeit in der Lage, 1 bis 3 Millionen **lead compounds** pro Woche zu untersuchen. Am Ende dieses Screenings bleiben ca. 100 bzw. 300 Treffer, sog. *hits* übrig, von denen sich aber nur 1–2 Substanzen für den weiteren Forschungsprozess eignen.

Wenn eine Leitstruktur in einem biologischen Screening als wirksames Prinzip erkannt worden ist, werden zusätzlich oftmals chemisch modifizierte Varianten synthetisiert und ebenfalls biologisch geprüft.

Am Ende geht aus diesem Prozess ein Arzneistoff hervor, dessen Anwendungsgebiete vorläufig nach Stand der Erkenntnisse definiert werden und für den an dieser Stelle auch bereits ein möglicher Applikationsweg in den Organismus festgelegt wird, der die Art der zu entwickelnden Arzneiform festlegt. Oft werden diese Wirkstoffe als DDCs, *drug development candidates* bezeichnet.

Als **Genomics** bezeichnet man die Wissenschaft der Genentdeckung, die Lokalisierung des Gens auf der DNA, seine Struktur (*structural genomics*) und Funktion (*functional genomics*). Genetische Information sitzt in Form von kleinen Molekülen, sog. Nucleotiden, linear aneinander gereiht in der dreidimensionalen Struktur einer Doppelhelix, der DNA (Desoxyribonucleinsäure). Die Nucleotide bestehen aus nur vier unterschiedlichen Molekülen. Ihre Aneinanderreihung bestimmt die genetische Information. Gene sind nun wiederum bestimmte Abschnitte dieser Abfolge, die eine bestimmte Information zur Herstellung eines Proteins besitzen. Proteine arbeiten zusammen und definieren und regulieren kritische Vorgänge in der Zelle. Das humane Genom, also die Blaupause des Menschen, ist aus 3,2 Mrd. Paaren an Nucleotiden aufgebaut. Die Anzahl der Gene ist aber unbekannt. Heute vermutet man, dass ca. 1,5 % Gene ausmachen. Forscher kündigten während einer Pressekonferenz am 12. Februar 2001 an, in den kommenden Ausgaben der Fachmagazine *Nature* und *Science* die Sequenz des menschlichen Erbguts zu veröffentlichen. Kein Vergleich mit anderen Leistungen in der Menschheitsgeschichte erschien damals zu groß. Doch schon formal war das, worüber die Wissenschaft 2001 jubelte, keineswegs die vollständige Sequenz eines menschlichen Erbguts. Vielmehr bestand die erste veröffentlichte Arbeitsversion aus den Daten mehrerer Menschen, die zu einem Referenzgenom zusammengefügt wurden. Dieses enthielt noch so viele Lücken und Fehler, dass Wissenschaftler erst 2003 in einer Veröffentlichung die komplette Version des Humangenoms publizierten. **Proteomics** ist der natürliche nächste Schritt, nämlich die

Untersuchung der Proteine (Eiweiße), die aus der sog. Genexpression, also der Umsetzung der Geninformation in ein Protein, entstehen.

Man geht heute davon aus, dass die genetische Information des Menschen nicht nur Unterschiede in der Augenfarbe, sondern auch die Anfälligkeit für Krankheiten beinhaltet. Das genetische Profil bestimmt zudem die unterschiedliche Reaktion auf einen Wirkstoff, obwohl 99,9 % der DNA-Sequenz zwischen zwei Menschen identisch ist.

Das neue Gebiet der **Pharmakogenomics** adressiert das Problem der *adverse drug effects* (ADE), also der Wirkstoffnebenwirkungen, die auf 0,1 % unterschiedlicher DNA-Sequenz beruhen. Pharmakogenomics ist die Entwicklung von Wirkstoffen unter Beachtung der genetischen Ursache von Krankheiten. Damit kann auch die Effizienz klinischer Studien erhöht und genetisch bedingte Nebenwirkungen des Wirkstoffes im Idealfall nahezu eliminiert werden. Einfach gesagt sucht man eben nur solche Probanden für eine Studie aus, deren genetische Information nicht darauf schließen lässt, dass es zu Nebenwirkungen aufgrund des genetischen Bildes kommt. Durch die Beschränkung klinischer Studien auf einen bestimmten »Phänotyp« wird die Marktzulassung nur für einen einzigen Phänotyp alleine erreicht werden können

Präklinische Entwicklung *(preclinical development)*

Ist ein DDC gefunden, erfolgt die Entwicklung der chemischen Synthese des Wirkstoffes, die erste Suche nach einer Formulierung, die Stabilitätstests und analytische Entwicklung notwendig machen. Nur so ist die Qualität gewährleistet.

In diesem Zeitraum fallen auch weitere Entwicklungsaktivitäten wie die Zulassungsstrategie, die Strategie hinsichtlich des gewerblichen Rechtsschutzes, also der Patentierung und die Erforschung der Marktsituation.

Aber der Reihe nach: Bereits in diesem frühen Stadium wird mit der Entwicklung einer geeigneten Arzneiform begonnen. Der gesamte Prozess der Entwicklung, Optimierung und Herstellung einer pharmazeutischen Darreichungsform kann in vier Schritte unterteilt werden, die sich allesamt überschneiden:

1. die Prä-Formulierung,
2. die Formulierungsentwicklung und Optimierung,
3. der *scale-up* (die Übertragung in den Produktionsmaßstab) und
4. die Produktion.

Die beiden letztgenannten Stufen reichen auch weit über die präklinische Phase in spätere Stufen hinein. Die Grundüberlegung der ersten drei Entwicklungsstadien ist es, einen stabilen reproduzierbaren Produktionsprozess zu erhalten, der Produkte gleich bleibender, reproduzierbarer Qualität erzeugt.

Prä-Formulierung, Formulierungs-Entwicklung und Optimierung

In der Prä-Formulierung (vgl. ▶ Kap. 3.4, 3.5) werden umfassende und standardisierte physikalisch-chemische Untersuchungen des Wirkstoffes, der Hilfsstoffe, die zur Formulierung einer Arzneiform notwendig sind, sowie der Wechselwirkungen all dieser Komponenten miteinander untersucht. Die umfassende Kenntnis über die Eigenschaften der einzelnen Stoffe, wie Löslichkeit, Stabilität, Säure und Basenkonstanten, Partikelgrößenverteilung, Oberflächenbetrachtungen, Verteilungskoeffizient, Polymorphie, Hygroskopizität, ermöglicht eine Vorhersage des Verhaltens der zu entwickelnden Darreichungsform und macht den Entwicklungsprozess planbarer.

Gleichzeitig werden erste Arzneiformen hergestellt und analysiert. Die Zusammensetzung der Arzneiform wird dabei so lange optimiert, bis charakteristische Parameter, wie zum Beispiel die Stabilität der Systeme, die Freigabeprofile des Wirkstoffs, die gewünschten Eigenschaften aufweisen. Eine schlechte Formulierung kann die *in-vivo*-Bioverfügbarkeit eines ansonsten akzeptablen Entwicklungskandidaten drastisch negativ beeinflussen.

Der Zusammenhang zwischen Faktoren wie Kristallformen, Löslichkeit, Partikelgrößen, Partikelgrößenverteilung und Freisetzungsverhalten einerseits und einer guten **Bioverfügbarkeit** des Arzneistoffs, also der Aufnahme im Organismus andererseits, ist erst seit den späten 1970er Jahren bekannt. Dieser Aspekt gehört in das Feld der

Pharmakokinetik. Heute ist die Idee der Auflösungskinetik und Messung der Permeation durch Membranen ein fester Bestandteil der frühen Informationen über die Absorption, Verteilung (Distribution), Metabolisierung und Ausscheidungen (*early absorption, distribution, metabolism, exkretion-model, early ADME-model*) in den Formulierungsfindungs- Gruppen.

Die Prä-Formulierung legt einen Grundstein für Faktoren, die im Rahmen der weiteren Entwicklung optimiert werden müssen. Sie identifiziert kritische Parameter, die mit besonderem Augenmerk im weiteren Entwicklungsprozess verfolgt werden. Oft stehen aus der Synthese des Wirkstoffs nur geringe Mengen, d. h. wenige Gramm zur Verfügung: Bei der Anzahl der durchzuführenden Versuche eine besondere Herausforderung.

Die International Conference on Harmonization of Technical Requirements for Registration of Pharmaceuticals for Human Use (ICH) verfolgt das Anliegen, harmonisierte Grundlagen im regulatorischen Umfeld von Arzneimittelzulassungen in den drei **ICH-Regionen** Japan, EU und USA zu schaffen, um der zunehmend globalen Entwicklung von Arzneimitteln Rechnung zu tragen. Sie ermöglicht eine Vergleichbarkeit der Daten, die letztendlich aus dem Entwicklungsprozess und der späteren Produktion erhalten werden. Daher werden z. B. die Stabilitätsdaten unter den sog. ICH-Bedingungen erhoben.[5]

Die Produktion der neuen Arzneiform, d. h. die Herstellung im Großmaßstab, ist der letzte Schritt in der Formulierungsentwicklung und findet meistens erst später parallel zu den klinischen Untersuchungen statt, soll aber der Vollständigkeit halber hier genannt werden. Ist eine geeignete Arzneiformulierung für den neuen Arzneistoffkandidaten gefunden (*development pharmaceutics, pharmazeutische Entwicklung*), ist es notwendig, auch im größeren Maßstab die Tragfähigkeit des Herstellungsprozesses nachzuweisen und die Sicherheit und Reproduzierbarkeit in der späteren Marktversorgung zu gewährleisten (*up-scaling*). Die Daten dieser Übertragung werden spätestens bei der Zulassung des Produktes auch von der Behörde eingefordert.

Grundsätzlich umfasst das *up-scaling* alle Schritte der physischen Bewegung und Bearbeitung von Vor-, Hilfs- und Fertigprodukten. Im Pharmakontext bedeutet dies die Herstellung von chemischen Wirkstoffen, die Herstellung von biologischen, biochemischen und biotechnologischen Ausgangsstoffen, die Herstellung der pharmazeutischen Arzneiformen oder auch Formgebung genannt, deren Verpackung und die Kommissionierung sowie der Versand der Fertigprodukte. Man spricht heute von der sog. *supply chain*.

In den späten 1950er und 60er Jahren wurde den Entwicklern deutlich, dass der Zerfall von Tabletten und Kapseln nicht äquivalent ist mit der Freisetzung im Körper und der Absorption in den Blutkreislauf. Die Bioverfügbarkeit als ein Punkt der Betrachtung in der Entwicklung pharmazeutischer Produkte hat ihren Ursprung in der Mitte der 1950er Jahre, als Eino Nelson feststellte, dass unterschiedliche Theophyllin-Salze unterschiedliche Plasmaspiegel verursachten und dies mit ihren Auflösungskinetiken *in vitro*, also in einem extrakorporalen Testsystem in Zusammenhang brachte. Parameter, mit denen der Wirkstoff sich im Blutkreislauf nachweisen lässt, werden maßgeblich durch zwei Faktoren bestimmt (vgl. ▶ Kap. 3.5.1, 3.5.4):

1. die Rate, mit welcher der Wirkstoff sich löst bzw. aus der Arzneiform freigesetzt wird und

---

5   Eng mit der Entwicklung der pharmazeutischen Technologie geht die Entwicklung der pharmazeutischen Hilfsstoffe einher. 1975 wurden alle Monographien in den USA in zwei Kompendien gespalten. Das erste, die USP, die alle Wirkstoffmonografien und Zubereitungsformen enthielt, und die NF, die alle Monographien für Hilfsstoffe enthält. Substanzen, die sowohl als Wirkstoff als auch als Hilfsstoff eingesetzt wurden, wurden in USP untergebracht mit einem Verweis auf die NF. Das Ziel der NF war es, Monographien zu erzeugen für alle wesentlichen Hilfsstoffe, die in der pharmazeutischen Industrie genutzt werden. Um 1990 änderte sich der Ansatz, denn es wurde klar, dass das Spektrum der NF-Aktivitäten erforderte, die ein Prozess zur Harmonisierung der internationalen Standards pharmazeutischer Hilfsstoffe nach sich zieht und gleichzeitig Standards für die Tests für die Analyse der physikalischen und chemischen Eigenschaften etabliert. Diese Tests sollten die Eigenschaften und Einsatzgebiete der Hilfsstoffe charakterisieren und umfassen Kenngrößen wie Fließ-

eigenschaften, Pulverdichte, Partikelgröße und Oberfläche.

2. die Fähigkeit, mit der der Wirkstoff durch biologische Membranen, in diesem Fall die Magen- Darm-Wand, dringt und den Blutkreislauf letztendlich erreicht.

Frühe Informationen aus dem ADME-Modell im Tier, oft Ratte und Hund, helfen, das Verhalten des Wirkstoffs im biologischen System zu verstehen. Hierfür werden in der Regel Tierstudien eingesetzt, die später für die erste Studie im Menschen mit Hinblick auf Sicherheit und Pharmakokinetik herangezogen werden.

In dieser Phase werden oft injizierbare Formulierungen oder Trinklösungen eingesetzt. Oft wiederholt sich die Entwicklung und Verbesserung der eigentlichen Arzneiform nochmals während der Phase II und III der klinischen Prüfung.

Toxikologie und Pharmakokinetik

Vor der Prüfung der Wirksamkeit im Menschen erfolgt bereits in den frühen Phasen der Arzneimittelentwicklung ein ausgedehntes pharmakologisches und toxikologisches Testprogramm im Tier. Der Pharmakologe muss wissen, in welcher Dosierung die therapeutischen Wirkungen auftreten und wo keine Wirkung vorliegt und die Nebenwirkungen anfangen, die therapeutische Breite (*therapeutic window*, vgl. ▶ Kap. 2.2.1.5).

Aufgabe der **Arzneimitteltoxikologie** im engeren Sinne ist das Erkennen von toxischen Wirkungen, die von der Hauptwirkung unabhängig sind, inklusive der Reizwirkungen und allergischen Wirkungen. Die toxikologische Prüfung vor der Neuzulassung eines Arzneimittels trägt präventiv zur **Arzneimittelsicherheit** bei.

Sicherheit im Sinne der lexikalischen Definition als unbedroht sein in Folge des Nichtvorhandenseins von Gefahr und/oder des Vorhandenseins von Schutz ist hier nicht gemeint. Wenn Gefahr, wie in der Definition der Juristen die Möglichkeit eines Schadenseintritts ist, setzt man Sicherheit in der Arzneimitteltherapie nicht voraus, da man die Möglichkeit eines Schadenseintritts im Prinzip akzeptiert. Deswegen spricht das Arzneimittelgesetz nicht von Unschädlichkeit, sondern von Unbedenklichkeit. Entsprechend der Legaldefinition eines **bedenklichen Arzneimittels** – »bedenklich sind Arzneimittel, bei denen nach dem jeweiligen Stand der wissenschaftlichen Erkenntnis der Verdacht besteht, dass sie bei dem bestimmungsgemäßen Gebrauch schädliche Wirkungen haben, die über ein nach den Erkenntnissen der medizinischen Wissenschaft vertretbares Maß hinausgehen« – dürfen wir Unbedenklichkeit als einen Quotienten aus Nutzen und Risiko definieren. In der Toxikologie wird das Risiko häufig als das Produkt aus Gefahr, d. h. der Möglichkeit eines Schadenseintritts und Exposition definiert. Zur Gefahr gehören immer zwei Faktoren, zum einen die Schadenshöhe, d. h. der Charakter, die Schwere und die Reversibilität der erwarteten unerwünschten Wirkungen, zum anderen die Eintrittswahrscheinlichkeit. Manchmal wird die Gefahr als Produkt dieser beiden Faktoren definiert. In der Arzneimitteltherapie ist die Exposition der Sinn der Sache – die Arzneimitteltoxikologie konzentriert sich auf den Faktor Gefahr. In Bereichen der Toxikologie sind Grenzwertsetzungen durch Annahme eines Sicherheitsabstandes zu einem sog. *no-observed-effect level*, der im Tierversuch oder besser noch beim Menschen ermittelt wurde, von zentraler Bedeutung. Die Entwicklung immer selektiverer Arzneimittel mit geringerem Gefahrenpotenzial ist schon deshalb erstrebenswert.

Ein Gebiet, das eigentlich zur Pharmakologie gehört, aber auch für die Toxikologie unverzichtbar ist, ist die Pharmakokinetik des Arzneimittels. Erst sie erlaubt eine präzise Planung der toxikologischen Prüfung und die Analyse des Wirkungsmechanismus einer evtl. auftretenden toxischen Wirkung. Die mechanistische Analyse ist ohnehin die Domäne des Tierversuches in der Präklinik, in der Phase I dann am Menschen.

Die **Pharmakokinetik** analysiert den zeitlichen Verlauf der Konzentration eines Arzneimittels im Organismus und bezieht ihre Aussagekraft aus der Tatsache, dass für die meisten Medikamente zwischen Konzentration am Wirkort und ihrer Wirkung eine Korrelation besteht. Da Messungen am Wirkort meist nicht möglich sind, basiert die pharmakokinetische Analyse auf Konzentrationsbestimmungen im Blut und in den Körperausscheidungen. Der zeitliche Verlauf der Konzentrationskurve im Blut ist dabei das Resultat aus komplexen Verteilungsvorgängen zwischen den einzelnen sog. Kompartimenten des Körpers und gibt nur in den Fällen eine Information über die Wirkung, in denen auch eine Beziehung zwischen der gemessenen Konzentration und der Konzentration am Wirkort besteht.

Explorative klinische Versuche (Phase I und II)

In Phase-I-klinischen-Studien (vgl. ▶ Kap. 2.2.4) wird neben der Sicherheit und Tolerabilität des Wirkstoffs die Pharmakokinetik im Menschen sowie das biologische *proof of concept* geprüft. Dies sind wichtige Voraussetzungen für die Entscheidung, in die klinische Phase II zu gehen, in der die Wirksamkeit als bedeutendes Resultat erhalten wird. In Phase II dauern Studien zwischen 18 und 24 Monaten (vgl. ▶ Abb. 2.12).

Umfassende Daten zum therapeutischen Konzentrationsbereich werden häufig erst in späteren Studien der Entwicklung eines neuen Arzneimittels erhalten (Phase III), wenn große Patientengruppen in der alltäglichen Therapiesituation untersucht werden. Erste Informationen über den therapeutischen Bereich sind aber bereits in Phase II der Entwicklung unumgänglich notwendig. Hier spielen Arzneimittelinteraktionen eine wesentliche Rolle. Sie können zur Verstärkung (Potenzierung) oder Abschwächung der Wirkung eines Arzneimittels führen. Eine Erhöhung oder eine Reduktion der Konzentration von < 10 % wird in der Regel ohne klinische Relevanz sein, während aber Veränderungen von 20 oder 30 % besonders dann klinisch bedeutsam werden, wenn das Medikament eine enge therapeutische Breite hat. Ein wesentlicher Gesichtspunkt ist die Verfügbarkeit von therapeutischen Alternativen: Sind sie vorhanden, kann man auf das problematische Medikament verzichten. Sind gute Alternativen nicht vorhanden, kann das Medikament dennoch einen klaren Stellenwert haben, wenn auch nicht unbedingt in einer breiten Indikation.

Phase-III-Studien

Der Übergang von Phase II zu Phase III ist oftmals fließend. In der klinischen Phase III wird die Wirksamkeit des Wirkstoffes und die Sicherheit bestätigt, oftmals weltweit in mehreren tausend Patienten. Phase III nimmt den späteren therapeutischen Einsatz vorweg. Phase III liegt noch näher an der Wirklichkeit als die Phase-II-Studien. Langzeitstudien werden durchgeführt, ebenso wie Studien in ausgesuchten Populationen wie Kindern, Frauen oder älteren Patienten. Ebenso werden vergleichende Studien mit Standardmedikationen und Studien über die Wechselwirkung mit anderen Medikamenten durchgeführt. Studien dauern im Schnitt 24–40 Monate und können 3.000–5.000 Patienten beinhalten.

Klinische Phase IV

Phase IV erfolgt erst nach der Zulassung und Einführung im Markt. Es sind die sog. marktbegleitenden Studien.

Nach den drei Phasen der klinischen Prüfung und nach der Zulassung sind als Begleitforschung für jedes wirksame Arzneimittel weitere Untersuchungen, sog. Phase-IV-Prüfungen, unerlässlich. Dazu werden Prüfpräparate mit entsprechender Codierung direkt an den Arzt abgegeben. Die Präparate tragen in der Regel die Aufschrift »Zur klinischen Prüfung bestimmt«. Dies gilt auch für solche, die von den Zulassungsbehörden z. B. im Rahmen einer vorzeitigen Zulassung zur Prüfung angeordnet wurden. Bei Erkenntnis-Sammlungen bzw. offenen Studien mit Marktpräparaten unter Angabe des Warenzeichens werden Prüfpräparate durch den Apotheker abgegeben. Ein Verzicht auf ständige, breit gestreute Prüfungen ist wissenschaftlich nicht möglich. Solange ein Präparat auf dem Markt ist, muss eine Forschung im Sinne einer Nutzen-Risiko-Abwägung eingeschaltet werden. Bei neuen Wirkstoffen ist zwei Jahre nach Unterstellung unter die automatische Verschreibungspflicht ein ausführlicher Bericht an die Behörden zu erstellen. Fünf Jahre nach der Zulassung muss bei jedem Arzneimittel die Verlängerung der Zulassung beantragt werden. Dabei werden die vorliegenden Erfahrungen und Erkenntnisse über Nutzen und Risiko des Präparates ausgewertet. Dann fällt auch die Entscheidung, ob das Medikament weiterhin unter Verschreibungspflicht durch den Arzt bleibt oder rezeptfrei über Apotheken abgegeben werden kann.

Die Kosten der klinischen Studien sind über die Jahre gestiegen. Im Jahr 2011 rechnete man pro Proband (Phase I) etwa 21.900 US-Dollar, im Jahr 2008 waren es noch 15.000 US-Dollar. In der Phase II beliefen sich die Kosten 2011 auf 36.000 US-Dollar (2008: 21.000 US-Dollar) und in der Phase III auf etwa 47.000 US-Dollar (2008: 25.000 US-Dollar). Die Kosten pro Patient in der Phase IV liegen bei ca. 17.000 US-Dollar im Vergleich zu 13.000 US-Dollar im Jahr 2008.

Die Zulassung

Die staatliche Kontrolle der Arzneimittel und Medizinprodukte ist geprägt von einer Aufgabenambivalenz. Der Staat soll Arzneimittelsicherheit gewährleisten, ohne jedoch Innovationen zu verhindern. Der Fortschritt der modernen Medizin und mit ihm die allgemeine Zunahme der Lebenserwartung sind ohne Arzneimittel nicht denkbar. Die Hoffnung vieler richtet sich auf das neue Arzneimittel, das eine sicherere und wirksamere Therapie verspricht. Auch volkswirtschaftlich stellen Arzneimittel und Medizinprodukte wertvolle Erzeugnisse dar. Betrachten wir zunächst das erste Arzneimittelgesetz in Deutschland von 1961. Als es beraten wurde, herrschte noch die Auffassung vor, dass in erster Linie eine Übersicht über die gesamte Arzneimittelproduktion erforderlich sei, um die Überwachung und im Einzelfall ein Eingreifen zu ermöglichen. Für die Sicherheit des Produktes war 1961 der Hersteller verantwortlich; dementsprechend hatte er lediglich Indikationen und Risiken mitzuteilen. Eine behördliche Überprüfung der therapeutischen Wirkung war ebenso wenig vorgesehen, wie eine Risikobeurteilung. Man scheute die staatliche Empfehlung einer bestimmten therapeutischen Anwendung und fürchtete sowohl den Eingriff in die Verordnungsfreiheit der Ärzte, wie auch die Einschränkung der Selbstbehandlung des einzelnen Staatsbürgers. Die Contergan-Katastrophe hat dann sehr schnell das Ungenügen dieser Zurückhaltung aufgewiesen (vgl. ▶ Kap. 1.2).

Der Hersteller wurde in der Folge verpflichtet, einen Bericht zur **pharmazeutischen Qualität** sowie zur Unbedenklichkeit und Wirksamkeit vorzulegen. Zusätzlich musste er erklären, dass das Arzneimittel entsprechend dem jeweiligen Stand der wissenschaftlichen Erkenntnisse ausreichend und sorgfältig geprüft sei. Der nächste Schritt war dann die materielle Prüfung der Zulassungsanträge. Mit dem Neuordnungsgesetz von 1976 wurde das heute noch geltende materielle Zulassungsverfahren etab-

liert. Die Behörde prüfte nun umfassend selbst. Der europäische Harmonisierungsdruck hatte diese Entwicklung beschleunigt. Seit einer ganzen Reihe von Jahren ist zu beobachten, dass Entwicklungen im europäischen Arzneimittelrecht und Anpassung an das deutsche Recht stets ein aktuelles Thema sind. Da das Arzneimittelgesetz ganz überwiegend eine Umsetzung von EU-rechtlichen Regelungen darstellt, ist in der behördlichen Praxis des BfArM bei der Anwendung des Gesetzes stets eine angemessene **Berücksichtigung der europarechtlichen Vorgaben** erforderlich, die sich insbesondere aus der Rechtsprechung des Europäischen Gerichtshofes sowie aus der Rechtsauffassung der Europäischen Kommission zur Auslegung von EU-Bestimmungen ergeben.

Seit dem Januar 1995 gibt es in London die **European Medical Agency**, kurz **EMA** genannt. Es handelt sich hier um eine der dezentralisierten Körperschaften der Europäischen Union. Die Beurteilung der EMEA wird durch zwei wissenschaftliche Komitees, das Committee for Medicinal Products for Human Use (CHMP, früher Committee for Proprietary Medicinal Products, CPMP) und das Committee for Veterinary Medicinal Products (CVMP) durchgeführt. Grundsätzlich gibt es nun zwei Zulassungsverfahren für neue pharmazeutische Produkte. In der sog. zentralen Zulassung werden verpflichtend Produkte aus dem Bereich der Biotechnologie und optional andere neue innovative Produkte direkt über die EMA zugelassen. Dies führt bei der Erteilung der *marketing authorization* zu einer Zulassung, die in allen Mitgliedsländern der Europäischen Union gilt. Der zweite Weg der Zulassung, das sog. dezentralisierte Verfahren, basiert auf dem Prinzip der gegenseitigen Anerkennung (*mutual recognition, MR procedure*). Grundsätzlich wird hierbei eine *marketing authorization*, die durch einen Mitgliedsstaat erteilt wird, auf die anderen Mitgliedsstaaten durch Anerkennung ausgedehnt. Wird keine Übereinkunft erreicht, führt die EMA ein Vermittlungsverfahren durch.

Damit gibt es neben der bisherigen nationalen Zulassung und einem dezentralisierten Verfahren nach dem Prinzip der gegenseitigen Anerkennung auch eine europaweite Zulassung.

Weshalb sich amerikanische Pharmaunternehmen eher für eine Präsenz in Europa als eine überwiegend exportorientierte Vorgehensweise auf dem

EU-Arzneimittelmarkt entschieden haben, lässt sich v. a. mit zwei Aspekten begründen:

Solange in der EU kein echter Arzneimittel-Binnenmarkt existiert, die US-Unternehmen aber über weniger Erfahrung im Umgang mit nationalen Regulierungen im Vergleich zu ihren europäischen Konkurrenten verfügen, erscheint eine breit angelegte Lokalpräsenz von Vorteil.

Ein zweiter wesentlicher Faktor ist die Zulassungspraxis der Food and Drug Administration (FDA) in der USA. Seit dem Kefauver-Harris-Drug-Amendment 1962 gelten in den USA verschärfte Zulassungsbedingungen, durch die sich die Entwicklungskosten neuer Arzneimittel stark erhöhten (vgl. ▶ Kap. 4.1.1). Zudem galt bis 1986 ein Exportverbot für Medikamente, die sich noch im Zulassungsprozess der FDA befinden, selbst wenn sie im importierten Land zugelassen waren. Die restriktive FDA-Praxis verursachte das Phänomen des international *drug lag*: Arzneimittelinnovationen wurden zwar im Heimatland durchgeführt, jedoch in einem anderen Land mit einem weniger restriktiven bzw. kürzeren Zulassungsverfahren zuerst eingeführt. Auch für europäische Pharmaunternehmen zeichnete sich eine zunehmende Multinationalisierung ab. Während der intraeuropäische Handel mit intermediates in seiner relativen Bedeutung zwischen 1980 und 1994 abnahm, ist ein relativer Anstieg des Stroms von *intermediates* (Zwischenprodukte) aus Europa nach Nordamerika und Südostasien feststellbar. Dies lässt darauf schließen, dass sich Pharmaunternehmen in Europa zumindest hinsichtlich der genannten Regionen der Strategie von US-Firmen annähern, auf Zielmärkten mit den Endstufen des Produktionsprozesses verstärkt lokal vertreten zu sein. Zudem fordern dies zunehmend die Richtlinien der Länder der *emerging markets* (vgl. ▶ Kap. 11)

Damit stützen sie den globalen Trend, gemäß dem die Bedeutung der durch ausländische Firmen kontrollierten Produktion vor Ort gegenüber Importeuren von Fertigarzneimittel und in weiterer Konsequenz auch intermediates stark zunimmt.

Das Zulassungsdossier, besteht in den EU-Ländern aus fünf Teilen, die sich nach dem neuen Vorschlag der ICH Module nennen. Inhalte und Bedeutung sind in Kapitel 4 erläutert.

Zusammenfassend lässt sich festhalten, dass eine *New Drug Application* (NDA) in USA oder ein *Pharmaceutical Marketing Authorization Application* (MAA) in Europa mehrere tausend Seiten von Text, Tabellen und Grafiken hat. Sie umfassen die komplette Historie von der Entdeckung des Wirkstoffes über erste Studien in Tieren zu den fortgeschrittenen klinischen Testprogrammen, wie der Wirkstoff und seine Dosisform hergestellt, verpackt, wie er verschrieben wird und der Öffentlichkeit vorgestellt wird.

Literatur

1   Drews J (1998) *Die verspielte Zukunft*. Birkhäuser Verlag
2   Fletcher AJ, Edwards LD, Fox AW, Stonier P (Hrsg; 2002) *Principles and Practice of Pharmaceutical Medicine*. John Wiley & Sons, New York
3   Hall K (2011) Medicine patents. Drugmakers find it hard to do business. *Financial Times* 2/2011
4   Hartmann W (2000) *Die Dynamik des Pharmamarktes*. IMS Deutschland, Frankfurt a. Main
5   Ortwein I (2001) *Das Arzneimittel*. Editio Cantor Verlag, Aulendorf
6   Ortwein I (Hrsg; 1993) *Mensch und Medikament: Die Pharma-Industrie im Spannungsfeld der Gesellschaft*. R. Piper Verlag, München
7   Pharmadaten Kompakt (2011) Bundesverband der pharmazeutischen Industrie
8   Rautsola R (2000) E-Health? In: Pharma-Marketing Journal 03/00
9   Reekie W (1975) The Economics of the pharmaceutical Industry, Holmes&Meier New York
10 Scänell JW, Blanckley A, Bololon H, Warrington B (2012) Diagnosing the decline in pharmaceutical R&D efficiency. *Nature Reviews* 03/2012
11 Schmidt-Thome J (1966) Pharmaceutical research at Hoechst. In: *Chem Ind* 427–429
12 *So funktionieren Arzneimittel* (2002) Broschürenreihe F&E konkret, Verband forschender Arzneimittelhersteller e.V. – Berlin
13 *Statistics*. Die Arzneimittelindustrie in Deutschland (2002) Verband forschender Arzneimittelhersteller e.V. – Berlin
14 Swann JP (1995) The evolution of the American pharmaceutical industry. In: *Pharm Ind* 37; 76–86
15 Thiess M, Berger R (1991) European Mergers and Acquisitions in der Pharmaindustrie. In: *Die Pharmazeutische Industrie* 53: 877–883
16 Verg E (1988) *Meilensteine. 125 Jahre Bayer, 1863–1988*, Bayer AG

17   Wagner W (1993) *Arzneimittel und Verantwortung, Grundlagen der Pharmaethik*. Springer Verlag, Berlin, Heidelberg, New York

18   Wille E (1988) Ausgaben für Arzneimittel im System gesundheitlicher Leistungserstellung Gefahren staatlicher Regulierung. In: *Pharm Ind* 50:17–35

19   Worthen DB (2000) The pharmaceutical industry. In: *J Am Pharm Assoc* 40: 589–591

Das Nadelöhr – von der Forschung zur Entwicklung

Achim Aigner, Frank Czubayko, Gerhard Klebe und Milton Stubbs

2.1 Vom Zufall zum Konzept: Das wachsame Auge entdeckt neue Arzneimitteltherapien

Die Wurzeln der Arzneimittelforschung reichen zurück bis in die Anfänge der Menschheitsgeschichte. Von jeher war es der Traum, auf gezieltem Weg zu Therapeutika zu kommen. Schon für die ersten Hochkulturen ist der Einsatz pflanzlicher, mineralischer oder tierischer Drogen belegt. Im Mittelalter suchten die Alchimisten nach dem Lebenselixier, das alle Krankheiten zu heilen vermag – leider vergebens. Bis zum Anfang des 19. Jahrhunderts beschränkte sich die Arzneimitteltherapie indessen auf Naturstoffe und anorganische Chemikalien. Viele der damals verfolgten Konzepte entspringen der traditionellen **Volksmedizin**, sei es die narkotische Wirkung des Mohns, der Einsatz der Herbstzeitlose gegen Gicht oder die Meerzwiebel bei Herzinsuffizienz (Wassersucht). Im Altertum beschrieb Theriak eine aus ursprünglich 54 Materialien zusammengesetzte Mischung, die als Antidot bei Vergiftungen aller Art Abhilfe schaffen sollte. Über zerriebene Perlen eingebrachtes Calciumcarbonat könnte durchaus das aktive Prinzip bei der Behandlung von Sodbrennen verstehen lassen. Die Chinesen blicken ebenfalls auf eine lange Tradition der Volksmedizin zurück. In den 52 Büchern des Li Shizhen, die bereits 1590 veröffentlicht wurden, werden die medizinischen Prinzipien aus Pflanzen, Insekten, Tieren und Mineralien in vielen tausend Zubereitungsformen beschrieben. Praktisch bis zu Beginn des 19. Jahrhunderts waren alle therapeutischen Prinzipien ursächlich auf Pflanzenextrakte, tierische Inhaltsstoffe oder Mineralien zurückzuführen.

Dies änderte sich grundlegend mit dem Aufkommen der organischen Chemie. Jetzt begann der organische Reinstoff als Wirksubstanz an Bedeutung zu gewinnen. Ausgehend von den vornehmlich aus Pflanzen isolierten Alkaloiden und anderen Inhaltsstoffen begann man, Arzneistoffe gezielt herzustellen. Umso mehr muss man zurückblickend feststellen, dass sich in der zweiten Hälfte des 19. Jahrhunderts Farbstoffe und Arzneimittel gleichermaßen befruchteten. So manches als **Wirkstoffsynthese** geplantes Herstellungsverfahren führte zu einem hervorragenden Farbstoff, beispielsweise die von Perkin geplante Synthese des Chinins, einem potenten Malariawirkstoff, die bei dem Seidenfarbstoff Mauvein endete. Umgekehrt wurden synthetische Farbstoffe parallel auch auf ihre pharmakologische Wirkung geprüft. So fand schon Robert Koch zahlreiche antibakterielle und antiparasitäre Farbstoffe und das von Paul Ehrlich entdeckte Syphilismittel Salvarsan wurde, wie bereits in Kapitel 1 beschrieben, in der Farbenforschung der Farbwerke Hoechst entwickelt.

Obwohl die chemische Synthese von Wirkstoffmolekülen auf der Grundlage von rationalen Konzepten erfolgte, erwies sich immer wieder der Zufall als belebendes Element in der Arzneimittelforschung. So ist die Arzneimittelforschung bis zum heutigen Tag geprägt vom glücklichen Zufall. Schon 1886 beschrieben Cahn und Hepp im *Centralblatt für Klinische Medizin* die fiebersenkenden Eigenschaften von Acetanilid – damals fälschlicherweise als Naphthalin angenommen – mit den Worten: »Ein glücklicher Zufall hat uns ein Präparat in die Hand gespielt.«

War es zunächst die weitgehende Unkenntnis der biologischen Vorgänge, in die ein Arzneimittel eingreift, die eigentlich nur der Zufallsentdeckung eine Chance gab, so war es später der vorbereitete Geist des exakten, weitblickenden und kritisch beobachtenden Wissenschaftlers, der die Zufallsentdeckung über viele Jahre fast schon zum Konzept der Arzneimittelforschung werden ließ. Mit der Verbesserung der Arbeitshypothesen hat der Zufall heute an Bedeutung verloren und die Forschung sucht den geradlinigen Weg zum Wirkprinzip. Doch auch bei der Entdeckung des *lifestyle drug* Viagra hat die Zufallsentdeckung erst kürzlich wieder Pate gestanden.

2.1.1 Ein prominentes Beispiel: Entdeckung und Entwicklung der β-Lactamantibiotika

Das vielleicht bekannteste Beispiel für eine Zufallsentdeckung ist die **antibiotische Wirkung** von *Penicillium notatum* durch Alexander Fleming im Jahre 1928. Das wachsame Auge dieses Ausnahmewissenschaftlers entdeckte auf einer verdorbenen Staphylokokkenkultur, dass sich auf dem Nährboden einer Petrischale um eine Schimmelpilzinfektion ein Hof gebildet hatte, in dem keine Bakterien mehr wuchsen. Durch diese Beobachtung angeregt, konnte Fleming zeigen, dass dieser Pilz auch andere Bakterienkulturen hemmte. Fleming nannte die noch unbekannte Wirksubstanz Penicillin. Erst 1940 isolierten und charakterisierten Ernst Boris Chain und Howard Florey den Hemmstoff. Zum ersten therapeutischen Einsatz kam das Penicillin 1941 bei einem englischen Polizisten. Trotz vorübergehender Besserung und allen Versuchen, das Penicillin aus dem Urin des Patienten zurückzugewinnen, verstarb er nach einigen Tagen. Die zur Verfügung stehende Menge an Wirksubstanz war für die Behandlung nicht ausreichend gewesen.

Später fand sich in einer angeschimmelten Melone von einem Markt im Bundesstaat Illinois der Pilz *Penicillium chrysogenum*, der zum einen deutlich mehr **Penicillin** produzierte, zum anderen dazu noch viel einfacher zu züchten war. Mutanten des Pilzes konnten später zu einer vervielfachten Produktion des Wirkstoffs herangezogen werden. Das anfänglich gewonnene Penicillin erwies sich als Gemisch aus hauptsächlich fünf verschiedenen Grundsubstanzen. Der mühsame Weg zur Strukturaufklärung des aus einem Thiazolidin- und β-Lactamrings aufgebauten Penicillins wurde von zahlreichen Wissenschaftlern in den 1950er Jahren geleistet. Die Raumstruktur des Wirkstoffes konnte 1945 von Dorothy Hodgkin mithilfe der Röntgenstrukturanalyse aufgeklärt werden, zur damaligen Zeit eine absolute Meisterleistung. Neben der Aufklärung der chemischen Struktur des Penicillins konzentrierten sich die Biologen auf dessen Wirkprinzip. Joshua Lederberg beobachtete 1957, dass Bakterien, die gewöhnlich penicillinempfindlich sind, in dessen Gegenwart zu kultivieren sind, wenn ein hypertones Nährmedium benutzt wird. Die auf diesem Weg erhaltenen Organismen (Protoplasten) besitzen keine Zellwände und lysieren, wenn sie in ein normales Medium überführt werden. Damit lag der Schluss nahe, dass Penicillin in die Zellwandbiosynthese eingreift. 1965 entdeckten James Park und Jack Strominger, dass Penicillin den letzten Schritt in der Zellwandbiosynthese der *Staphylococcus aureus*-Bakterien durch irreversible Blockade des Enzyms (D-Alanin-Transpeptidase) hemmt, der zur Quervernetzung der Glykansträn-

ge über eine Peptidbrücke führt. In diesem Schritt entsteht eine Bindung zwischen einem Glycin und einem D-Alanin, weiterhin wird ein D-Alanin freigesetzt. Penicillin hemmt das Enzym nun, indem es unter Ringöffnung des gespannten viergliedrigen Lactamringes kovalent an ein Serin im katalytischen Zentrum der Peptidase bindet. Es ahmt im aktiven Zentrum die Bindung des D-Ala-D-Ala-Substrats nach. Durch die kovalente Bindung, die das ringgeöffnete Penicillin mit dem Enzym eingeht, wird es irreversibel gehemmt.

Durch intensiven Einsatz der β-Lactamantibiotika ist es zu Resistenzentwicklungen gekommen. So haben die Bakterien selbst Enzyme, die **β-Lactamasen**, entwickelt, die die Antibiotika durch Öffnung des β-Lactamrings inaktivieren. Sie sind den eigentlichen Penicillin-bindenden Transpeptidasen sehr ähnlich. Als einziger Unterschied kann der nach Ringöffnung mit dem Enzym kovalent am Serin verknüpfte Arzneistoff wieder durch den nucleophilen Angriff eines Wassermoleküls abgespalten werden. Der ringgeöffnete Arzneistoff ist dadurch für die Hemmung der Transpeptidase unbrauchbar geworden. Die β-Lactamase kann nun aber in einem weiteren Umsetzungszyklus das nächste Penicillin-Molekül binden und deaktivieren.

Nun ist es wiederum gelungen, die Penicillin-Antibiotika so zu variieren, dass auch von den β-Lactamasen der intermediär kovalent verknüpfte Inhibitor nicht mehr abgespalten werden kann. Dazu hat man die Moleküle so verändert, dass sie die Position blockieren, an die das nucleophile Wassermolekül in den aktiven Lactamasen platziert werden muss. Durch Kombination eines Penicillins mit einem β-Lactamase-Inhibitor kann eine Addition der Wirkungsweisen erzielt werden und Resistenzen lassen sich umgehen.

Die angesprochene Klasse von Antibiotika soll auch als Beispiel dienen, um zu verdeutlichen, mit welchen Zeiträumen bei einer Arzneimittelentwicklung zu rechnen ist. Im Jahre 1976 wurde Thienamycin als Lactamase-unempfindliches Antibiotikum entdeckt (◘ Abb. 2.1; Thienamycin). Es konnte durch Fermentation aus *Streptomyces cattleya* produziert werden. Ein Jahr später ließ sich durch Synthese von 200 Derivaten, die sich auf Veränderungen einer Seitenkette konzent-

Jahr 0
- ***Thienamycin*** : Entdeckung und Produktion durch Fermentation von *Streptomyces cattleya*

Jahr 1
- Erstes SAR-Profil entwickelt. Beschränkt auf 200 N-Derivate. Erhöhung der chemischen Stabilität.
- ***Imipenem*** (N-Formimidoylthienamycin)

Jahr 4
- Erste Totalsynthesen von ***Thienamycin*** (16 Stufen, 10 % Ausbeute)
- Grundlage für tief greifendere SAR Studien

Jahr 8
- Tief greifenderes SAR-Profil entwickelt (30 Verbindungen mit veränderter Seitenkette)
- Prolinderivat ***Meropenem*** synthetisiert

Jahr 9
- FDA-Zulassung eines ***Imipenem*** Präparates

Jahr 20
- FDA-Zulassung eines ***Meropenem***-Präparates

Thienamycin 1
Imipenem 2
Meropenem 3

◨ **Abb. 2.1**   Die Entwicklung potenter Carbopeneme als neue Antibiotika vom Penicillintyp mit einem β-Lactamring (fett) zog sich über 20 Jahre hin. Ausgehend von Thienamycin (1) konnte durch Strukturoptimierung zunächst Imipenem (2) entwickelt und vermarktet werden. Nach weiterer Optimierung stand Meropenem (3) zu Verfügung, das 20 Jahre nach der Entdeckung von Thienamycin auf den Markt kam.

rierten, Imipenem als Wirkstoff mit verbesserter chemischer Stabilität entwickeln (◨ Abb. 2.1; Imipenem). Acht Jahre später erhielt dieser Wirkstoff als erstes Carbapenem die Zulassung. Die Totalsynthese des Thienamycins über 16 Stufen mit 10 % Ausbeute verschlang drei Jahre. Allerdings war diese Synthese Voraussetzung, um auch **Struktur-Wirkungsbeziehungen (structure activity relationship, SAR)** auf den zentralen Ringbaustein auszudehnen. Nach weiteren vier Jahren Strukturoptimierung stand dann das Prolinderivat Meropenem bereit (◨ Abb. 2.1; Meropenem). Dieser neue Wirkstoff konnte anschießend, mittlerweile 20 Jahre nach der Entdeckung des Thienamycins, als Arzneimittel zugelassen werden.

2.1.2   Die molekularen Grundlagen einer Arzneimittelwirkung

Dem gezielten Entwurf eines Arzneimittels muss die Frage nach dem **molekularen Mechanismus** seiner Wirkung vorausgestellt werden. Wie wirkt ein Arzneimittel? Zunächst war es Emil Fischer, der ein erstes Konzept über die Auslösung einer Wirkung vor mehr als 100 Jahren aufgestellt hat. Er verglich die genaue Passform eines Substratmoleküls für das Katalysezentrum eines Enzyms mit dem Bild eines Schlüssels und eines Schlosses. Knapp 20 Jahre später formulierte Paul Ehrlich die Hypothese, dass ohne Bindung keine Wirkung möglich sei, wobei er sich auf Arzneistoffe bezog, die Bakterien oder Parasiten abtöten sollten. Als Wirkungsvoraussetzung müssen diese zunächst gebunden werden. Über 100 Jahre später vermögen wir die Korrektheit dieser innovativen Aussagen einzuschätzen, da uns die Kristallstrukturanalysen von Protein-Ligand-Komplexen genau dieses Bild vermitteln. Ein Arzneimittel muss an seinen Wirkort transportiert werden, wo es durch spezifische und hochaffine Bindung an ein Makromolekül seine Wirkung entfaltet. Viele Arzneimittel wirken als Inhibitoren (Hemmstoffe) von Enzymen bzw. als Agonisten (Aktivatoren) oder Antagonisten (Hemmstoffe) von Rezeptoren. Enzyminhibitoren bzw. Rezeptorantagonisten besetzen eine Bindestelle und verhindern so kompetitiv die Anlagerung eines Substrats oder eines endogenen Rezeptorliganden. Auf diesem Weg wird die ursprüngliche Funktion des Makromoleküls ausgeschaltet. Agonisten können dagegen Folgeprozesse initialisieren, sie besitzen eine sog. intrinsische Wirkung.

Enzyminhibitoren

Enzyme vermitteln Stoffwechselvorgänge und Biosynthesepfade bzw. regulieren wichtige physiologische Prozesse. Durch Absenken der Aktivierungsbarrieren chemischer Reaktionen können diese im wässrigen Medium normalerweise bei Körpertemperatur und Normaldruck mit erstaunlichen Umsetzungsgeschwindigkeiten ablaufen. Im Verlaufe der Evolution haben sich Enzymfamilien mit analogem räumlichen Aufbau (Faltungsmuster) und strukturell konservierten katalytischen Zentren entwickelt. Allerdings treten kleine Unterschiede in der Zusammensetzung der Bindestellen auf, die deutlichen Einfluss auf die erzielten Substratspezifitäten nehmen.

Als wesentlichen Faktor für ihre **katalytische Wirkung** binden Enzyme weder ihre Substrate noch Produkte sehr fest, dagegen wird der Übergangszustand der zu katalysierenden Reaktion optimal gebunden. Dazu kann es sein, dass das Enzym sein Substrat in eine für den Übergangszustand der Reaktion erforderliche Geometrie überführt und die an der Reaktion beteiligten Gruppen so polarisiert, dass sie ebenfalls die elektronischen Verhältnisse auf den Übergangszustand vorbereiten. Über die starke Wechselwirkung mit dem Übergangszustand der Reaktion erreicht das Enzym eine Absenkung der Aktivierungsbarriere. Nach Ablösen der Produkte steht das Enzym für die Umsetzung des nächsten Substratmoleküls bereit. Häufig stellen Enzyme Bausteine von komplexen Multidomänenproteinen dar, die an einem Substrat mehrere aufeinander folgende Reaktionsschritte ausführen. Sie können auch an Stoffwechsel- oder Signalkaskaden beteiligt sein, die ganze Enzyme oder kleinere peptidartige Liganden aus einer inaktiven Vorstufe in die Wirkform überführen. So durchläuft die Blutgerinnungskaskade eine sukzessive Aktivierung von Enzymen, die, beginnend mit zwei unabhängigen Wegen, in einen gemeinsamen Pfad einmünden und beim Thrombin enden. Es gelingt, einen schwachen auslösenden Effekt schnell und sicher zu einem deutlich verstärkten Signal zu führen.

Inhibitoren können die katalytische Funktion eines Enzyms durch Besetzen der Bindestelle blockieren, die dem Substrat normalerweise zur Verfügung steht. Deshalb nennt man diese Inhibitoren kompetitive Hemmstoffe. Daneben gibt es auch allosterische Inhibitoren, teilweise auch als Effektoren bezeichnet, die an eine andere Stelle des Enzyms binden und dessen Raumstruktur verändern. Diese konformativen Umlagerungen können dazu führen, dass das Enzym seiner katalytischen Funktion nicht mehr nachkommen kann.

Je nachdem, ob der gebundene Inhibitor eine kovalente Verknüpfung mit dem Enzym eingeht oder die bindenden Kontakte auf nicht kovalenter Bindung beruhen, unterscheidet man **reversible bzw. irreversible Inhibitoren**. Die reversiblen Hemmstoffe müssen durch geeignete, nicht kovalente Wechselwirkungen eine so hohe Affinität zu dem Enzym aufweisen, dass die Bindung des natürlichen Substrats nahezu vollständig unterdrückt wird. Ein reversibler Inhibitor kann aber wieder vom Protein abdissoziieren, ohne dass er dort bleibende Veränderungen hinterlässt. Es gibt auch kovalent bindende Inhibitoren, die über eine chemisch labile Verknüpfung, z. B. als Thioacetal, binden. Auch hier kann der Inhibitor nach geraumer Zeit wieder abgelöst werden. Ist die zwischen Protein und Inhibitor entstehende Bindung allerdings so stark, dass für die Verweilzeit des Enzyms im Organismus keine rückläufige Abspaltung erfolgt, spricht man von irreversibler Hemmung.

Die Entwicklung eines Enzyminhibitors beginnt in aller Regel mit der Struktur des Substrats. Häufig wird auch versucht, die Geometrie des angenommenen Übergangszustandes der Enzymreaktion durch chemisch ähnliche Gruppen zu imitieren. Wichtig ist dabei aber, dass diese Gruppen den üblichen Ablauf der **Enzymreaktion** nicht ermöglichen. Im verbleibenden Teil der Molekülstruktur können die substratähnlichen Inhibitoren viele Strukturelemente des natürlichen Substrats aufweisen.

Zur Erläuterung sollen Inhibitoren der **Aspartylprotease** des HIV-Virus betrachtet werden. In Aspartylproteasen wird die Spaltung einer Peptidbindung durch Angriff eines polarisierten Wassermoleküls als Nucleophil auf das Carbonylkohlenstoffatom der Amidbindung eingeleitet

◨ **Abb. 2.2**   Aspartylproteasen weisen zwei direkt benachbarte Aspartatreste im katalytischen Zentrum auf, die zu Beginn der Peptidspaltungsreaktion (oben links) in unterschiedlichen Protonierungszuständen vorliegen. Die deprotonierte Aminosäure polarisiert ein angreifendes Wassermolekül, das andere Aspartat bildet eine Wasserstoffbrücke zur Carbonylgruppe der zu spaltenden Amidbindung. Dadurch wird die C=O-Bindung für die nucleophile Addition polarisiert und der Angriff des Wassermoleküls auf den Kohlenstoff erleichtert. Der intermediär gebildete Übergangzustand (oben Mitte) zerfällt in die Spaltprodukte (oben rechts). Die ersten HIV-Proteaseinhibitoren stellten substratanaloge Derivate dar, z. B. das Pepstatin (4), das die nicht-natürliche Aminosäure Statin enthält. Mit dessen Hydroxyethylen-Einheit bindet dieser Ligand, analog dem Übergangzustand der Spaltungsreaktion, an die katalytischen Aspartate. Später gelang es durch Computerdesign zyklische Harnstoffe (z. B. DMP450, 5) bzw. durch experimentelles Screening Hydroxypyrone (6) als potente Leitstrukturen zu entdecken.

(◨ Abb. 2.2). Die Reaktion verläuft dann weiter über einen tetraedrischen Übergangzustand, in dem zwei geminale Hydroxygruppen an den ursprünglichen Carbonylkohlenstoff gebunden sind. Das entstandene Diol zerfällt unter Spaltung der C-N-Bindung und Rückbildung der trigonalen Koordination am Kohlenstoff. Angeregt durch die Geometrie des beschriebenen Übergangzustandes

stellten Hydroxyverbindungen einen ersten Ansatz zum Entwurf von Inhibitoren dar. Zusätzlich hatte man Pepstatin (◨ Abb. 2.2, 4), einen potenten Inhibitor für eine ganze Reihe Aspartylproteasen, aus Kulturfiltraten von Streptomyces-Arten isoliert. In dieser peptidischen Leitstruktur kommt Statin, eine nicht natürliche Aminosäure mit einer Hydroxyethylen-Einheit vor. Das Statin ersetzt als Dipeptid-Isoster die Leu-Val Einheit, zwischen der die Peptidspaltung erfolgt.

Inhibitoren mit weitgehend peptidischem Grundgerüst besitzen in aller Regel den Nachteil, dass sie bei oraler Gabe im Verdauungstrakt sehr schnell abgebaut werden. Daher hat man in einem umfangreichen Forschungsprogramm versucht, die Reste links und rechts der Spaltstelle zu optimieren. Gleichzeitig fand man noch eine ganze Palette anderer Gruppierungen, die als Strukturanaloga für den Übergangszustand dienen. Die Inhibitoren, die aus diesem Arbeitsprogramm entwickelt werden konnten, stellen die erste Generation Substrat-analoger Protease-Inhibitoren dar.

Inzwischen konnten für die **HIV-Protease** auch Molekülgerüste entdeckt werden, die strukturell kaum noch eine ablesbare Verwandtschaft mit den peptidischen Substraten aufweisen. In der HIV-Protease befindet sich in Komplexen mit den Substrat-analogen Inhibitoren stets ein gebundenes Wassermolekül, das Wechselwirkungen zwischen Protein und Inhibitor vermittelt. Bei Dupont-Merck durchkämmte man mithilfe des Computers Moleküldatenbanken (▶ Abschnitt 2.1.4), um auf diesem Wege Molekülgerüste zu finden, die einerseits dieses Wassermolekül verdrängen, andererseits aber ebenfalls gut in das aktive Zentrum binden können. Nach einigen Optimierungsschritten aus Computerdesign, chemischer Synthese und Bestimmung der Bindungsaffinität gelang die Entwicklung ganz neuer Inhibitoren. Sie besitzen als zentralen nicht-peptidischen Baustein einen zyklischen Harnstoff (▶ Abb. 2.2, 5).

Die Forscher bei Parke-Davis hatten auf einem anderen Weg Erfolg. Im experimentellen Hochdurchsatz-Screening (▶ Abschnitt 2.1.3) entdeckten sie ein Hydroxypyron als neue Leitstruktur (▶ Abb. 2.2, 6). Dieser Strukturtyp verdrängt, ganz analog zu den zyklischen Harnstoffen, das erwähnte Wassermolekül aus dem aktiven Zentrum und geht Wechselwirkungen zu den katalytischen Aspartaten ein.

Rezeptoragonisten und Antagonisten

Eine zweite große Gruppe von Zielproteinen, für die ein reicher Schatz an Arzneistoffen entwickelt werden konnte, sind Rezeptoren, die den Informationsaustausch zwischen Zellen vermitteln.

Die größte Gruppe stellen membranständige Rezeptoren dar, die mit sieben Helices die Membran durchspannen. Die Bindung eines extrazellulären Agonisten führt, vermittelt durch eine konformative Änderung des Rezeptors, über die Membran hinweg zur Aktivierung des aus drei Untereinheiten aufgebauten G-Proteinkomplexes. Seine α-Untereinheit trennt sich vom Komplex und aktiviert ein Effektorprotein, das in der Zelle einen zweiten Botenstoff freisetzt. Dieser kann dann Prozesse wie die Aktivierung bzw. Deaktivierung von Enzymen anstoßen oder Ionenkanäle steuern. Die Auslösung der Rezeptorantwort verläuft somit trotz völlig verschiedener extrazellulärer Bindestellen über identische Drehscheiben in den Zellen. Dies stellt ein äußerst ökonomisches Prinzip der Natur dar.

Therapeutisch sind die **G-Protein-gekoppelten Rezeptoren** (GPCR) von herausragender Bedeutung. Sie greifen in die neuronale Signalübertragung ein, wie die Regelung des Blutdrucks, das Schmerz- und Lustempfinden oder die Geruchs- und Farbwahrnehmung. Ausgelöst wird diese Signalkaskade durch Liganden, die von der extrazellulären Seite an den Rezeptor binden. Diese Liganden können so klein sein wie einfache Kationen, aber über kleine biogene Monoamin-Neurotransmitter und Oligopeptide bis hin zu Proteinen kennt man auch sehr große Liganden, die GPCRs ansteuern können.

Aus der Sicht der Pharmaindustrie stellen die GPCR die größte Gruppe an validierten Arzneimitteltargets dar. Ein 1995 erhobener Überblick zeigte, dass 22 % der hundert am häufigsten verschriebenen Arzneimittel ihre Wirkung an einem dieser Rezeptoren entfaltet. Nimmt man alle zugelassenen Arzneimittel als Basis, so sind es sogar mehr als 50 %. Dies machte im Jahr 1995 immerhin einen Weltumsatz von 84 Mrd. US-Dollar aus.

Als ein Beispiel mag die Entwicklung von Angiotensin-II-Rezeptor-Antagonisten dienen, die für die Behandlung des Bluthochdrucks eingesetzt werden. Durch Einwirkung der Enzyme Renin und Angiotensin-Konversionsenzym (ACE) entsteht aus der inaktiven Vorform Angiotensinogen, das gefäßverengend wirkende Oktapeptid Angiotensin II (◘ Abb. 2.3; Angiotensin II). Die Blockade dieses Systems führt zur Blutdrucksenkung. Dies

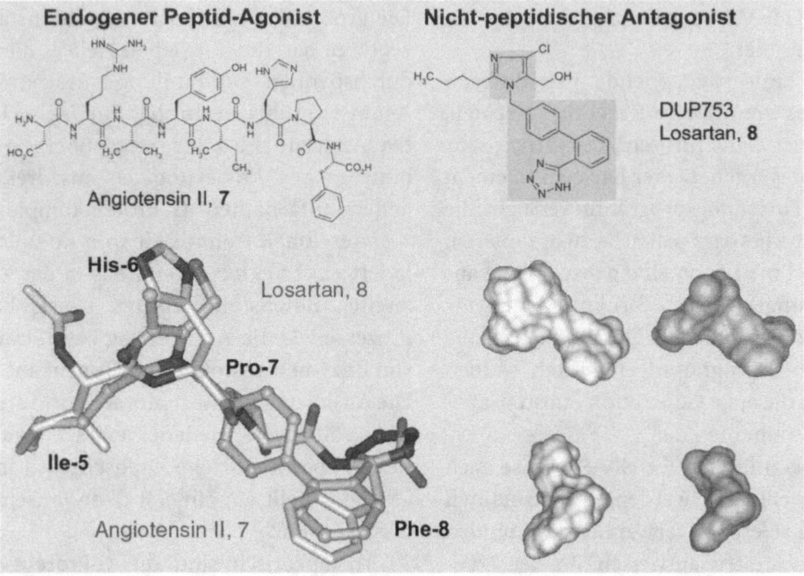

Endogener Peptid-Agonist

Angiotensin II, **7**

Nicht-peptidischer Antagonist

DUP753
Losartan, **8**

His-6

Losartan, 8

Pro-7

Ile-5

Angiotensin II, 7   Phe-8

◘ Abb. 2.3 Das gefäßverengend wirkende Oktapeptid Angiotensin II (7) diente als Leitstruktur eines peptidischen Agonisten zur Entwicklung nicht-peptidischer Antagonisten. Zunächst wurden mögliche Antagonisten mit der Referenz überlagert (unten links, Angiotensin hellgrau, Lorsartan dunkelgrau), wobei das inzwischen auf dem Markt befindliche Losartan (8) entwickelt werden konnte. Auf der rechten Seite sind beide Moleküle mit einer Oberfläche in zwei unterschiedlichen Orientierungen gezeigt, die die strukturelle Ähnlichkeit im Raum demonstrieren. Später stellte sich heraus, dass die rationalen Überlegungen einer strukturellen Ähnlichkeit zwischen peptidischem Agonisten und nicht-peptidischem Antagonisten von falschen Voraussetzungen ausgingen.

kann entweder durch Hemmen der Enzyme Renin und ACE erreicht werden oder – auf unterster Ebene – durch Antagonisieren des **Angiotensin-II-Rezeptors**. Dieser Rezeptor gehört zu der Klasse der GPCR. Anfang der 1980er Jahre wurden durch die Firma Takeda zwei Patente zu Angiotensin-II-Rezeptor-Antagonisten offengelegt. Dankbar griff die Konkurrenz die beschriebenen Verbindungen auf und verglich sie, wie man zunächst glaubte, durch rationale Überlegungen mit der angenommenen rezeptorgebundenen Konformation des Angiotensins. Überlagerungen mit dieser Referenz führten zu weiteren Optimierungen, die in deutlich wirkstärkeren Antagonisten resultierten. Nach Steigerung der Bioverfügbarkeit stand Mitte der 90er-Jahre als erste Verbindung Losartan zur Zulassung bereit (◘ Abb. 2.3; Losartan).

Spätere Arbeiten zeigten dann, dass die im Prinzip erfolgreich verwendete Hypothese einer strukturellen Verwandtschaft zwischen peptidischem Agonisten und nicht-peptidischem Antagonisten falsch war. Man ging davon aus, dass beide Moleküle an der gleichen Bindestelle angreifen würden. Durch **Mutationsstudien** konnte aber gezeigt werden, dass peptidischer Agonist und nicht-peptidische Antagonisten in unterschiedlichen Arealen des Rezeptors angreifen. Zusätzlich gelang es, den Angiotensin-Rezeptor des Frosches, *Xenopus laevis*, der auf das Peptid anspricht, aber von Lorsartan unbeeinflusst bleibt, so zu mutieren, dass nunmehr ein Antagonisieren mit Lorsartan gelingt. Dazu wurden 13 Reste, die sich im humanen Rezeptor als wichtig für die Bindung erwiesen hatten, auf den Rezeptor des Frosches übertragen. Die Bindung des peptidischen Agonisten bleibt von diesen Mutationen unbeeinflusst. Das Beispiel zeigt, dass in der Pharmaforschung durchaus falsche Konzepte und falsche Schlüsse zu erfolgreichen Wirkstoffentwicklungen führen können.

Lösliche Rezeptoren

Neben den membranständigen Rezeptoren kennt man viele Hormonrezeptoren, die sich in gelöster Form im Inneren einer Zelle befinden. Nach Bin-

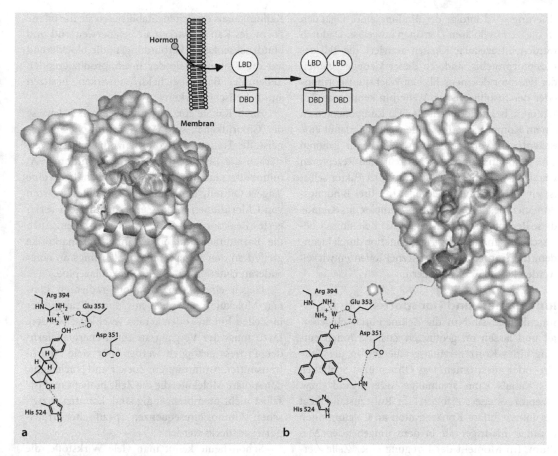

◻ Abb. 2.4   Ein Hormonmolekül diffundiert durch die Membran in die Zelle und bindet an die Ligandenbindungsdomäne (LBD) des Steroid-Rezeptors (oben). Der Rezeptor dimerisiert und wandert anschließend in den Zellkern, um dort mit seinen DNA-bindenden Domänen (DBD) an die DNA zu binden und die Proteinbiosynthese anzustoßen. Ein Agonist wie das Estrogen (a, links) bindet in eine tief vergrabene Bindetasche der Ligandenbindungsdomäne. Nach der Bindung legt sich die sog. Erkennungshelix (dunkelgrau) auf die Rezeptoroberfläche und schließt die Bindetasche ab. Diese Platzierung der Helix führt zu einer Dimerisierung der DNA-bindenden Domänen, dadurch kann die Bindung an einen Coaktivator eingeleitet werden. Antagonisiert man diesen Prozess durch Bindung eines Antihormons, z. B. 4-Hydroxy-Tamoxifen (b, rechts), so muss die Helix einen anderen Platz einnehmen. Dies gelingt den Antagonisten mithilfe einer nur bei ihnen vorkommenden Seitenkette, die in den Eintrittskanal zur Bindetasche orientiert wird. Bei den Agonisten bleibt dieser Kanal aber unbesetzt. Somit kann bei den Antagonisten die Helix nicht mehr korrekt platziert werden. Damit unterbleibt die Dimerisierung der DBD, die molekulare Erkennung mit dem Coaktivator findet nicht statt und die gesamte Kaskade ist blockiert.

dung eines in die Zelle eingedrungenen Agonisten dimerisiert der Rezeptor unterstützt durch Koaktivatoren und wandert in den Zellkern ein. Dort bindet er an Signalsequenzen der DNA, die sog. Operator- und Repressorgene, und induziert entweder die Neusynthese von Proteinen oder unterdrückt deren Darstellung. Die **cytosolischen Hormonrezeptoren** bestehen aus einer Ligandenbindungsdomäne und einer DNA-Bindestelle. Die Strukturen

einiger Ligandenbindungsdomänen sind inzwischen aufgeklärt worden, darunter die Steroidrezeptoren des Estrogens und Progesterons. An diesem Beispiel konnte erstmals auf der molekularen Ebene gezeigt werden, was einen Agonisten von einem Antagonisten unterscheidet (◻ Abb. 2.4).

Neben den cytosolischen Hormonrezeptoren kennt man noch membranständige Rezeptoren, die durch Dimerisierung aktiviert werden. Die Dimerisierung wird infolge der Bindung eines Liganden an die extrazellulären Domänen ausgelöst. Dadurch werden intrazellulär Kinasen aktiviert, die Teil des Rezeptorproteins sind. Zu dieser Gruppe gehören der Rezeptor des menschlichen Wachstumshormons oder der Insulinrezeptor. Weiterhin kennt man Rezeptoren, bei denen mehr als zwei Komponenten zu einem Komplex vereint werden müssen, damit eine **Rezeptorantwort** ausgelöst wird. Hierzu gehören eine Reihe immunologisch bedeutsame Rezeptoren wie der des Tumornekrosefaktors. Der Faktor selbst ist ein Homotrimer und bildet mit drei Bindungsdomänen des Rezeptors einen Komplex aus. Gerade diese Rezeptoren werden in jüngster Zeit intensiv beforscht und man versucht ihre Funktion durch Liganden, die einmal zu neuen Arzneistoffen entwickelt werden könnten, zu verändern.

Ionenkanäle und Transporter

Ionenkanäle sind in die Zellmembran eingebettet und lassen im geöffneten Zustand Ionen entlang eines Konzentrationsgradienten in die Zelle ein- oder ausströmen. Das Öffnen bzw. Schließen des Kanals kann spannungs- oder ligand- bzw. rezeptorgesteuert erfolgen. Im Ruhezustand liegt die intrazelluläre Konzentration an Calciumionen deutlich niedriger als in dem umgebenden Medium. Im Moment der Erregung einer Zelle werden spannungsgesteuerte Calciumkanäle durch ein elektrisches Signal kurz geöffnet. Dies führt zum Einstrom von Ca^{2+}- Ionen in die Zelle und beispielsweise bei Herz-und Muskelzellen werden Kontraktionen ausgelöst. Anschließend werden die Ionen gegen einen **Konzentrationsgradienten** aus der Zelle gepumpt, die Zelle geht wieder in den Ruhezustand über. Calciumkanalblocker wie Nifedipin oder Verapamil greifen an solchen spannungsabhängigen Calciumkanälen an. Sie hemmen den Ca^{2+}-Einstrom, wodurch die Erregbarkeit, z. B. der Herzzellen reduziert wird. Insgesamt wird weniger Energie verbraucht, sodass die Herzzellen ökonomischer arbeiten.

Neben den Calciumkanälen kennt man noch spezifische Kanäle für Natrium- und Kaliumionen. An den Natriumkanälen greifen beispielsweise die Lokalanästhetika und davon abgeleitete Antiarrhythmika an. Sie setzen die Erregbarkeit von Nerven herab. Ähnliche Funktion können Blocker des Kaliumkanals erreichen. Stabilisieren sie die offene Form des Kanals, wirken sie gefäßerweiternd und blutdrucksenkend. Verbindungen, die blockierend auf die Kaliumkanäle der insulinproduzierenden Zellen der Bauchspeicheldrüse wirken, besitzen antidiabetische Wirkung.

Auch Kanäle für Anionen, wie beispielsweise der Chloridkanal, sind Angriffspunkt vieler Arzneistoffe. Tranquilizer vom Benzodiazepintyp verstärken die Bindung des Neurotransmitters γ-Aminobuttersäure (GABA). Sie bewirken damit eine längere Öffnung des Kanals. Der erhöhte Einstrom von Chloridionen in die Zellen bedingt ein verlagertes Reaktionsverhalten der Nervenzellen. Auch die Barbiturate und einige Inhalationsnarkotika greifen an den Rezeptoren an, allerdings an einer anderen Untereinheit als die Benzodiazepine.

Gegen einen Konzentrationsgradienten können Moleküle und Ionen nur durch Transporter in Zellen hinein- oder heraus geschleust werden. Dazu muss der Vorgang an einen energieliefernden Prozess gekoppelt werden. Für viele Neurotransmitter, Aminosäuren, Zucker und Nucleoside, d. h. polare Moleküle, die die Zelle braucht und die selbst nicht membrangängig sind, konnten inzwischen Aminosäuresequenzen spezifischer Transporter entdeckt werden.

Schon heute kennt man viele Wirkstoffe, die an **Transportern** angreifen und den natürlichen Liganden verdrängen. So geht die euphorisierende Wirkung von Kokain auf die Bindung an den Dopamin-Transporter zurück, der für den aktiven Transport und somit die Wiederaufnahme von Dopamin in die Nervenzelle verantwortlich ist. Einige Antidepressiva sind Liganden der Transporter für Noradrenalin und Serotonin. Bestimmte Gichtmittel binden an den Harnsäuretransporter und verdrängen die Harnsäure. Dadurch wird dessen Resorption aus dem Primärharn gehemmt und es erfolgt eine beschleunigte Ausscheidung über den Urin.

Auch für Ionen gibt es spezifische Transporter, die Ionen unter Energieverbrauch gegen einen Konzentrationsgradienten pumpen. Herzwirksame Glykoside können die Na^+/K^+-ATPase hemmen, eine Pumpe, die den Austausch von Natrium- gegen Kaliumionen bewirkt. Im Magen ist für die Einstellung des sauren Milieus eine H^+/K^+-ATPase verantwortlich. An dieser Protonenpumpe greifen bekannte Säurehemmer wie Omeprazol an und blockieren die Pumpe durch irreversible Bindung.

Trojanische Pferde, Antimetabolite und falsche Substrate

Die Liste an denkbaren Wirkprinzipien und relevanten Arzneistofftargets ist lang und vielfältig. Bedingt durch die Aufklärung des humanen Genoms, aber auch der Genome von Bakterien und Parasiten wächst diese Liste zurzeit stetig weiter. Bei der Therapie viraler, parasitärer und bakterieller Erkrankungen versucht man ganz spezifisch den Erreger auszuschalten. Dazu nutzt man Mechanismen, v. a. Biosynthesewege, die beim Menschen in identischer Form nicht vorkommen oder nur eine untergeordnete Rolle spielen.

Ein solcher Weg führt über Antimetabolite. Sulfanilamid, ein Spaltprodukt des Sulfonamids Sulfachrysoidin, ähnelt stark der p-Aminobenzoesäure, die ein Ausgangsstoff für die Biosynthese von Folsäure darstellt. Nur Bakterien nehmen davon Schaden, da Sulfanilamid statt p-Aminobenzosäure erkannt wird. Die höheren Lebewesen sind nicht auf die Folsäure-Biosynthese angewiesen, sie nehmen dieses Vitamin mit der Nahrung auf.

Einige Virustatika und tumorhemmende Wirkstoffe sind Nucleosid-Antimetabolite. Sie beeinflussen die DNA und RNA-Synthese. Wie **trojanische Pferde** werden sie als inaktive Formen in die Zellen eingeschleust und entfalten ihr Wirkpotenzial erst dort. Das Anti-Herpesmittel Aciclovir wird nur in den virusinfizierten Zellen durch eine virusspezifische Thymidinkinase zur Wirkform phosphoryliert. Als sog. »falsches Substrat« blockiert es auf späterer Stufe die Funktion der DNA-Polymerase und bedingt einen Abbruch der DNA-Polymerisation. Die Ausbreitung des Influenzavirus lässt sich stören, wenn das Oberflächenenzym Neuraminidase gehemmt wird, das einen Sialinsäurerest von Glykolipiden und Glykoproteinen abspaltet. Dieses Hüllprotein ist an der Freisetzung aus infizierten Zellen und, zusammen mit Hämagglutinin, der zellulären Adsorption der Viren beteiligt.

Die bereits oben beschriebenen Penicilline und Cephalosporine hemmen die Zellwandbiosynthese in Bakterien. Nur sie verfügen über eine solche Zellwand. Vor einiger Zeit konnte ein Biosynthesepfad, der nicht über Mevalonat verläuft, zur Bereitstellung von Isoprenoid-Einheiten als essenziell in zahlreichen Bakterien und Parasiten entdeckt werden. Da dieser Pfad im Menschen nicht vorkommt, stellen die Enzyme entlang seiner Abfolge ideale Arzneistofftargets dar. Tetracycline, Streptomycine und Chloramphenicol greifen in die ribosomale Proteinbiosynthese ein. Einen weitereren Weg zur Unterdrückung der Proteinbiosynthese eröffnen Antisense-Oligonucleotide, die das Ablesen der richtigen Information bei der Transkription stören. Das richtige Verpacken der DNA in der Bakterienzelle lässt sich durch Gyrasehemmer z. B. vom Chinolontyp blockieren. Das Verhindern des richtigen Verdrillens der DNA führt dazu, dass das Erbmaterial keinen Platz mehr in der Zelle findet. Die DNA ist ein häufiger Angriffspunkt für Antitumortherapeutika. Durch Alkylierung der DNA-Basen werden Lese- und Schreibfehler induziert. Interkalierende oder in die Furchen bindende Agenzien stören die intakte DNA-Struktur und führen zu Fehlern bei der Zellteilung. Verbindungen wie Taxol greifen in die Synthese der röhrenförmigen Mikrotubuli ein, ihre intakte Funktion ist Voraussetzung für die Zellteilung.

Sicher lassen sich noch viele weitere Wirkmechanismen für eine erfolgreiche **Arzneistofftherapie** aufzählen. Durch das aufgeklärte Genom werden wir auf immer neue Zielstrukturen aufmerksam gemacht. Bei der Suche nach potenten Wirkstoffen, die in die Funktion dieser Systeme eingreifen, wird man zunehmend auf Prinzipien bauen, die die strukturellen Verwandtschaften zwischen den Proteinen ausnutzen. So entdeckt man zunehmend, dass bestimmte Strukturtypen, beispielsweise Proteasen, immer wieder mit dem gleichen Baumuster an ganz unterschiedlichen Funktionen des Organismus beteiligt werden. Ihre Hemmung bedeutet biochemisch immer das gleiche Ergebnis, für das Krankheitsgeschehen ergeben sich aber Wirkstoffe mit völlig anderem Wirkprofil. Durch Übertragung des Familiengedankens von Proteinklassen auf die Wirkstoffgruppen wird in Zukunft viel schneller eine Optimierung zu potenten und spezifischen Wirkstoffen privilegierter Leitstrukturen für bestimmte Proteinfamilien gelingen.

2.1.3 Von der Biochemie geprägt: hin zu einer Target-orientierten Arzneistofftherapie

Von ‚Hits‘, ‚Leads‘ und ‚Drugs‘

Letztendliches Ziel der Pharmaforschung ist es, einen neuen Wirkstoff auf den Markt zu bringen. Der Weg dahin ist zäh und beschwerlich, es kann bis zu zwei Jahrzehnten dauern, dieses Ziel zu erreichen. Selbst wenn eine riesige Zahl von Testsubstanzen aus Naturstoffen oder Synthetika zur Verfügung steht, ist es nicht einfach, aus dieser Menge die aktiven Moleküle herauszufiltern und ihren Wert für eine bestimmte Indikation zu entdecken. Es erfordert ein zeitaufwändiges und kostenintensives Durchmustern riesiger Substanzbestände (sog. **Screening**). Dieser Suchprozess kann in drei Phasen aufgeteilt werden. Zunächst erfolgt das Eingangsscreening der gesamten Substanzbank. Dabei werden erste »Hits« als wechselwirkende Substanzen ermittelt. Danach erfolgt ein vertieftes Screening, bei dem bereits um die aufgefundenen Treffer herum der chemische Strukturraum abgesucht wird. Ziel ist es dabei, einfache Struktur/Wirkungsbeziehungen aufzustellen und somit die pharmakologischen und physikochemischen Eigenschaften zu verbessern. Auf diesem Weg werden Leitstrukturen (»Leads«) entdeckt. Danach erfolgt in der letzten Phase die Optimierung einer Leitstruktur durch vertiefte biologische Testung hin zu einem Arzneistoffkandidaten (»Drug«), der in eine klinische Prüfung überführt werden kann. Wie entdeckt man nun aus so genannten Testkandidaten Treffer, die das Potenzial zur Entwicklung zu Wirkstoffkandidaten besitzen? Diese Frage wird durch das Screening auf biologische Wirkung beantwortet.

Die biologische Wirkung eines Arzneistoffs sichtbar gemacht

Wir können uns heute nur schwer vorstellen, wie unsere Vorfahren die Wirkung einer Substanz auf den Organismus beobachtet haben. Vermutlich haben der Zufall und das wachsame Auge erkannt, ob bestimmte Pflanzen- oder Tierextrakte eine biologische Wirkung erzielen. Durch Mundpropaganda wurden dann solche Erfahrungen weitergereicht, oft im Erfahrungsschatz so genannter Medizinmänner oder Quacksalber. Ein überliefertes Beispiel ist die Entdeckung der Wirkung von Digitalis im 18. Jahrhundert. Der in England arbeitende schottische Arzt William Withering wurde 1773 von einem Patienten aufgesucht, der an massiver Herzschwäche litt. Nachdem der Arzt ihm keine Hilfe anbieten konnte, besuchte der kranke Mann eine Zigeunerin, die ihm eine Kräutertherapie verschrieb. In kurzer Zeit erholte sich der Patient von seinen Herzbeschwerden. Beeindruckt von diesem Erfolg suchte Dr. Withering die Zigeunerin auf und bat sie um die Rezeptur. Nach Zahlung eines netten Sümmchens gab sie ihr Geheimnis preis: Einer der Inhaltsstoffe stammte aus dem (giftigen) roten **Fingerhut** *Digitalis purpurea*. Der Arzt untersuchte die Wirksamkeit unterschiedlicher Aufbereitungen der Pflanze, indem er sie an 163 Patienten verabreichte. Auf diesem Wege fand er heraus, dass die beste Formulierung in den getrockneten, pulverisierten Blättern bestand. Nach der Beobachtung, dass eine toxische Dosis schnell erreicht wird, empfahl er die Einnahme einer verdünnten Präparation in wiederholten Dosen, bis der gewünschte therapeutische Effekt eintrat.

Obwohl auch heute noch die Inhaltsstoffe aus *Digitalis* zu den besten Wirkstoffen gegen Herzinsuffizienz zählen, würde wohl niemand den von Dr. Withering eingeschlagenen Weg für die Bestimmung des therapeutischen Potenzials eines Wirkstoffs empfehlen. Dieses Vorgehen ist weder ethisch zu vertreten noch sehr praktikabel. Heute machen wir uns das Verständnis physiologischer Prozesse auf der molekularen Ebene zunutze. Zusammen mit dem ganzen Methodenarsenal der modernen Biochemie wird versucht, Kandidaten für eine Wirkstoffentwicklung durch Testung im Reagenzglas (sog. *in vitro*-Testung) zu entdecken. V. a. hat die Molekularbiologie, mit der reine Proteine auf rekombinantem Wege in großen Mengen für die direkte Testung produziert werden können, die Vorgehensweise revolutioniert. Man versteht heute Zellen und Organismen umzuprogrammieren, um so die Funktion von einzelnen Genen zu studieren. Der besondere Trick bei diesen Testverfahren ist es nun, einen bestimmten Effekt auf molekularer Ebene in ein makroskopisch beobachtbares Signal umzumünzen. Beispielsweise bestimmt man das Potenzial einer neuen Verbindung als Antithrombotikum in einem Gerinnungstest. Dabei wird die

Koagulationsgeschwindigkeit des Blutes in Abhängigkeit von der zugegebenen Verbindung untersucht.

Doch heute gelingt es, mit unserem Wissen um biochemische Netzwerke, noch einen Schritt weiter zu physiologisch relevanteren Tests zu gehen. Um bei dem Beispiel der Blutgerinnung zu bleiben: Die jahrzehntelange Forschung auf diesem Gebiet hat ergeben, dass die Bildung eines Blutpfropfs durch eine enzymatische Kaskade ausgelöst und gesteuert wird. Daher können die einzelnen Enzyme entlang dieser Kaskade sukzessive untersucht werden. Es hat sich herausgestellt, dass einige der Enzyme **Proteasen** sind, d. h. sie spalten Proteine und Peptide. Wie kann deren enzymatische Aktivität sichtbar gemacht werden? Man stellt sich synthetische Substrate her, die den natürlichen Substraten sehr ähnlich sehen, allerdings über eine Peptidbindung verknüpft einen para-Nitroanilinrest tragen. Wenn das Enzym nun dieses Substrat spaltet, wird para-Nitrophenolat freigesetzt, das sich durch veränderte Absorptionseigenschaften als gelber Farbstoff bemerkbar macht. Dies lässt sich einfach spektroskopisch beobachten. Wenn nun beim Screening eine Verbindung als Inhibitor des Enzyms auffällt, so wird sie die Spaltung des synthetischen Substrats mehr oder weniger stark unterdrücken und so die Gelbfärbung der Lösung vermindern. Auf diesem Wege lässt sich quantitativ die Hemmstärke einer Testsubstanz bestimmen.

Es konnte eine breite Palette von farbgebenden Reaktionen entwickelt werden, die zur Charakterisierung enzymatischer Aktivität geeignet sind. Viele Enzyme, z. B. Glutamat-Dehydrogenasen benötigen als natürlichen Cofaktor NAD(P)H, das zu NAD(P)+ oxidiert wird. Da das Edukt NAD(P)H im Gegensatz zum Produkt bei 340 nm absorbiert, kann das Fortschreiten der Enzymreaktion über Beobachtung der Absorption bei dieser Wellenlänge verfolgt werden. Als eine Variante kann man auch, wenn das Substrat, das für eine spektroskopische Verfolgung der Enzymreaktion geeignet ist, erst durch die vorgelagerte Enzymreaktion gebildet wird, zwei Enzymreaktionen miteinander koppeln. Dann wird beispielsweise nicht die Reaktion im eigentlich interessierenden Enzym beobachtet, sondern dessen Aktivität wird durch die Umsetzung des aus dieser vorgelagerten Reaktion hervorgehenden Produkts in einer nachfolgenden Enzymreaktion registriert.

Obwohl spektroskopische Assays aus technischen Gründen vorzuziehen sind, spielen Tests, die auf der Umsetzung radioaktiv markierter Verbindungen beruhen, noch immer eine wichtige Rolle. Die Aktivität von Kinasen wird z. B. über Phosphor-32-markiertes Adenosin-Triphosphat verfolgt. Das an der endständigen Phosphatgruppe markierte Substrat wird auf das durch die Kinase zu phosphorylierende Protein übertragen. Die Einbaurate dient als Maß für die Aktivität der Kinase. Für Rezeptorbindungsstudien wird ein bekannter Ligand radioaktiv markiert. Im Assay wird nun untersucht, inwieweit Testverbindungen den radioaktiv markierten Liganden von der Rezeptorbindestelle verdrängen können. Ein solcher Test stellt noch nicht zwingend einen Funktions-Assay dar. Agonistische und antagonistische Bindung müssen noch unterschieden werden.

Antikörper spielen eine wichtige Rolle in der Assay-Entwicklung. Die hohe Spezifität einer Antikörper-Antigen-Wechselwirkung lässt sich als hoch sensitives System ausnutzen. Als Beobachtungsgröße verwendet man in den klassischen Immun-Assays entweder die Freisetzung von radioaktiv markierten Verbindung (Radioimmuno-Assay, RIA) oder das Auslösen einer enzymatischen Umsetzung (ELISA: *Enzyme Linked Immunosorbent Assay*, ◘ Abb. 2.5). Das letztere Verfahren erfreut sich eines deutlich größeren Einsatzbereichs, v. a. weil versucht wird, die Radioaktivität als Beobachtungsgröße zu vermeiden. Die Immun-Assays sind nicht nur hoch spezifisch, weil sie nur eine molekulare Spezies erkennen, sie sind auch extrem vielseitig einsetzbar.

In der jüngsten Zeit wurden die Screeningverfahren im Hinblick auf Automatisierung und Miniaturisierung optimiert. Ziel hinter diesen Bestrebungen war die dramatische Steigerung des Durchsatzes hin zum **Hochdurchsatz-Screening** (englisch: *high throughput screening* oder HTS). Heute werden die meisten Hochdurchsatz-Verfahren in 96er (8 × 12) oder 384er (16 × 24) Mikrotiterplatten durchgeführt. In den Vertiefungen dieser Platten umfassen die Reaktionsvolumina ca. 100 μl. Aber die Miniaturisierung schreitet fort, inzwischen versucht man mit 1 μl in 1536er (32 × 48) Platten aus-

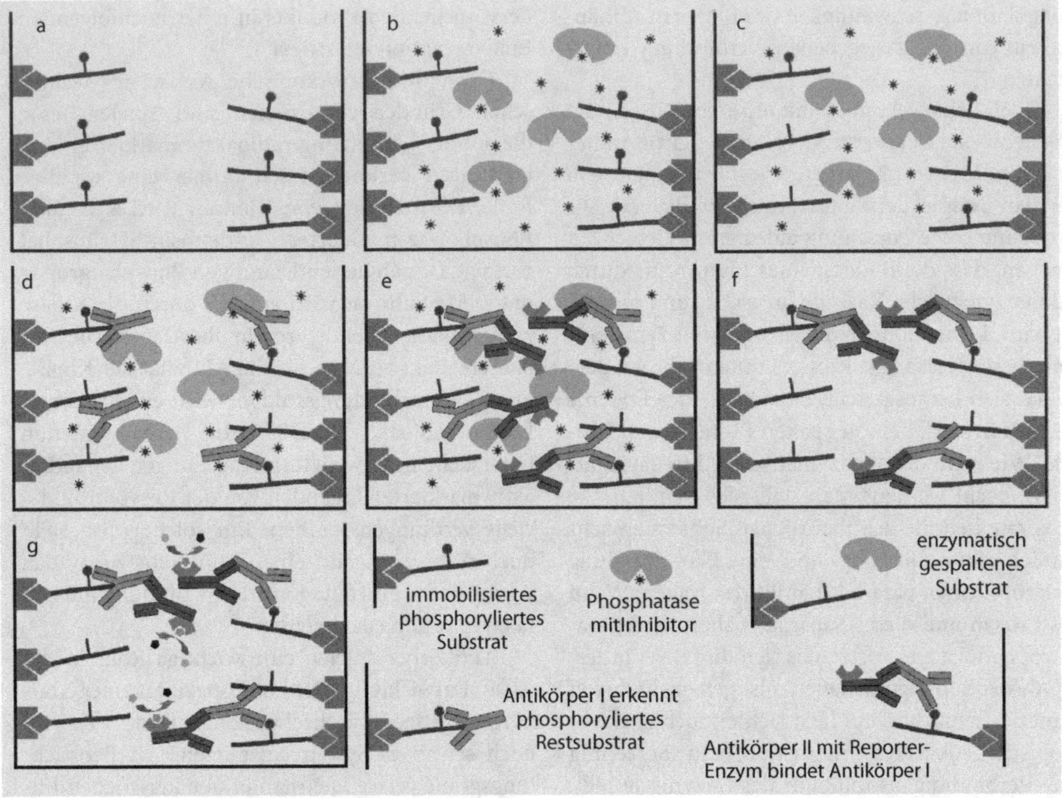

Abb. 2.5 Beispiel für einen ELISA-Assay zur Bestimmung der Beeinflussung der Aktivität einer Phosphatase durch einen möglichen Treffer (*). a) Das Substrat, ein phosphoryliertes Peptid (mittelgrau), wird auf die Wand des Reaktionsgefäßes aufgezogen (meist unter Verwendung des Biotin/Streptavidin-Systems). b) Die Phosphatase (grau) und ein möglicher Inhibitor (*) werden in das Reaktionsgefäß gegeben. c) Abhängig von der Bindungsaffinität des getesteten Inhibitors für die Phosphatase können die verbliebenen nichtgehemmten Enzymmoleküle Phosphatgruppen vom Substrat abspalten. d) Ein Antikörper (grau), der das phosphorylierte Substrat erkennt, wird zugegeben, gefolgt (e) von einem zweiten Antikörper, der an die konstante Domäne (Fc) des ersten Antikörpers bindet. Dieser zweite Antikörper ist kovalent mit einem Reporterenzym verknüpft (z. B. eine Meerrettichperoxidase). f) Überschüssige Antikörperkomplexe werden durch Waschen entfernt. (g) Das Substrat des Reporterenzyms wird zugegeben und das erzeugte Signal (üblicherweise eine Farbreaktion) ist proportional zu der Menge an verbliebenem, phosphoryliertem Substrat an der Gefäßwand. Es ist somit umgekehrt proportional zu der Aktivität der getesteten Verbindung. Alleine durch Auswechseln des immobilisierten Substrats und des ersten substraterkennenden Antikörpers kann der verbleibende Teil des Testsystems unverändert auf andere Testsysteme übertragen werden. Dies stellt natürlich eine sehr kostengünstige Variante dar.

zukommen. Mit ausgeklügelten Robotersystemen werden bis zu 100.000 Assays pro Tag ausgeführt. Dies führt natürlich zu einer enormen Datenflut, die weiter verarbeitet werden muss. Die reduzierten Testvolumina haben den Vorteil einer deutlichen Einschränkung der benötigten Probenvolumina und Reagenzien. Außerdem lassen sich die Messungen in kürzerer Zeit durchführen. Gleichzeitig wird aber die Handhabung der Proben immer schwieriger. Man denke nur an die Verdunstung aus so kleinen Probenmengen, die enorm ansteigende Logistik, so viele Daten parallel zu erfassen, die Reproduzierbarkeit der Ergebnisse und die notwendige Empfindlichkeit, das schwache Messsignal gesichert zu bestimmen.

Um gerade diesen letzten Aspekt zu verbessern, ist man auf immer empfindlichere Nachweisverfahren übergegangen. Besonders empfindlich sind **Fluoreszenzmessverfahren**. Im einfachsten Fall verwendet man ein fluoreszierendes Substrat

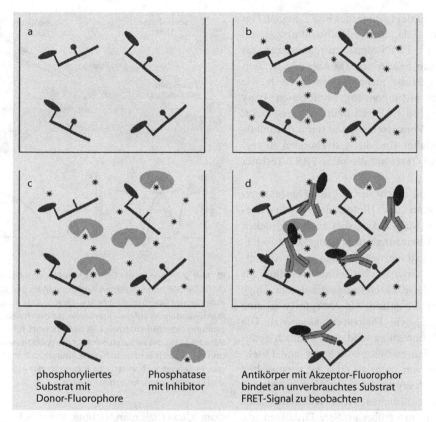

phosphoryliertes
Substrat mit
Donor-Fluorophore

Phosphatase
mit Inhibitor

Antikörper mit Akzeptor-Fluorophor
bindet an unverbrauchtes Substrat
FRET-Signal zu beobachten

◘ **Abb. 2.6** Die Verwendung der FRET-Technik wird für die in Abb. 2.5 gezeigte Reaktion erläutert. (a) Das phosphorylierte Peptidsubstrat trägt einen kovalent verknüpften Donorfluorophor (graue Ellipse). (b) Analog wie in Abb. 2.5 werden die Phosphatase (hellgrau) und die Testverbindung () zugegeben, (c) die Phosphatase spaltet nach verbliebener Restaktivität Substrat. (d) Der Antikörper, der das phosphorylierte Substrat erkennt, ist mit einem Akzeptorfluorophor (dunkelgrau) verknüpft, dessen Absorptionsmaximum mit dem im Emissionsspektrum des Donorfluorophors überlappt. Wenn viel des phosphorylierten Substrats verblieben ist (was für einen potenten Testinhibitor spricht), wird die räumliche Nähe zwischen Donor- und Akzeptorfluorophorzu einem starken Resonanzenergie-Transfer führen

wie Cumarin, das beispielsweise in einem Protease-Assay anstelle des para-Nitroanilins eingebaut wird. Die Protein-Ligand-Bindung kann auch über Fluoreszenzanisotropie (oder Polarisation) beobachtet werden. Ein bekannter Ligand wird mit einem Fluorophor verknüpft und mit polarisiertem Licht angeregt. Die abgestrahlte Fluoreszenz ist in diesem Fall ebenfalls polarisiert. Mit der Zeit, in der das angeregte Molekül in Lösung frei diffundieren kann, wird die vorgegebene Polarisation abnehmen. Da ein kleines Molekül viel schneller diffundiert als ein großes, wird die Fluoreszenz des ungebundenen Liganden viel schneller abfallen als wenn er an ein Protein gebunden ist. Dort werden

dann die Diffusionseigenschaften durch das große Protein bestimmt.

Noch größere Empfindlichkeit erreichen sog. **FRET-Messverfahren** (Fluoreszenz Resonanz Energie Transfer). Ein Resonanzenergietransfer erfolgt zwischen einem Donor- und Akzeptorfluorophor ähnlicher Absorption, wenn beide nicht mehr als ca. 50 Å ($1 \text{ Å} = 10^{-10}$ m) voneinander entfernt sind. Um nochmals den Phosphatase-Assay als Beispiel zu verwenden, hieße dies, das phosphorylierte Peptid mit einem Donorfluorophor zu versehen (◘ Abb. 2.6). An den Antikörper müsste dann der Akzeptor angefügt werden. Wenn viel unverbrauchtes phosphoryliertes Substrat vorhanden ist, kann viel Antikörper binden und es resultiert ein starkes FRET-Signal. Hat die Phosphatase dagegen viel Substrat umgesetzt, so ist kaum ein FRET-Signal zu registrieren. Im Gegensatz zum ELISA-Test (◻ Abb. 2.5) ist kein Waschen der Probe mehr notwendig (d. h. wir haben es jetzt mit einem sog. homogenen Assay zu tun). Der Test ist damit deutlich vereinfacht, eine wichtige Voraussetzung für seine Automatisierbarkeit. Daher sind die Bestrebungen zu verstehen, ELISA-Tests auf die neue FRET-Technik umzustellen.

Erschwerend macht sich bei den **Fluoreszenzuntersuchungen** das Hintergrundrauschen bemerkbar. Eine Möglichkeit, dies zu unterdrücken liegt in der Anwendung von zeitaufgelösten FRET-Techniken. Dazu verwendet man einen Chelatkomplex mit einem Seltene-Erde-Metallion als Donor, weil diese Fluoreszenzsonden sehr lange Halbwertszeiten besitzen. Als Akzeptor wird eine typische Sonde wie Fluorescein eingesetzt. Die Hintergrundfluoreszenz wird nun deutlich reduziert, wenn man zwischen Anregung und Detektion eine Zeit von mehr als 50 µ sec verstreichen lässt. Zusätzlich ergibt sich dann noch der Vorteil gegenüber den üblichen FRET-Techniken, dass Fluoreszenz-Transfer über größere Distanzen (ca. 90 Å), wie sie typischerweise bei Protein-Protein-Wechselwirkungen auftreten, beobachtbar werden. Eine andere Alternative sind die radiometrischen Techniken der *scintillation proximity assays*. Dazu wird das interessierende Zielprotein auf einem Träger immobilisiert, der einen Farbstoff enthält, der zur Szintillation angeregt werden kann. Bindet ein radioaktiv-markiertes Molekül, so regt dies den Szintillationsfarbstoff zum Leuchten an. Ungebundene Moleküle verbleiben in einer Distanz zu dem Farbstoff, der keine Anregung erlaubt. Ein Problem dieser Methode sind derzeit noch die zu langen Messzeiten.

Fortschritte bei der Miniaturisierung der Assays erlauben inzwischen die Beobachtung einzelner Moleküle. Dies gelingt mit der Fluoreszenz-Korrelationspektroskopie (FCS). Ein konfokales Lasermikroskop durchstrahlt etwa einen Femtoliter Messlösung. Wenn ein einzelner Fluorophor durch das Beobachtungsvolumen diffundiert, erzeugt er eine zeitliche Fluktuation des Fluoreszenzsignals. Analysiert man die Autokorrelation dieser Fluktua-

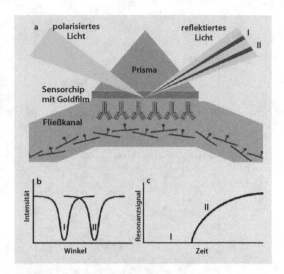

◻ **Abb. 2.7** Prinzip der Oberflächen-Plasmon-Resonanz (SPR). Die Methode registriert Änderungen im Brechungsindex an der Oberfläche eines Sensorchips. Das Ausmaß der Massenänderung auf der Oberfläche, die durch Rezeptorbindung eines Substratmoleküls bedingt wird, führt zu einer Verschiebung des Resonanzwinkels des reflektierten Lichts (I und II). Dadurch wird nicht nur die Bindungsaffinität vermessen, es gelingt auch, kinetische Parameter der Assoziation und Dissoziation zu ermitteln.

tionen, so erhält man wichtige Informationen über Konzentration und Diffusionskonstante. Die Diffusionsgeschwindigkeit wird wiederum davon abhängen, ob die mit einem Fluoreszenzmarker versehene Substanz an ein Protein gebunden ist oder nicht. Verwendet man zwei verschiedene Marker, sowohl an dem Protein wie an einem Liganden, so kann deren Assoziation und Dissoziation sehr genau verfolgt werden.

Das **Oberflächen-Plasmon-Resonanz-Verfahren** wird in der Pharmaforschung zunehmend zur Validierung von Treffern und zur Optimierung der Messbedingungen im Fluoreszenz-Assay eingesetzt. Dazu wird das Zielmolekül auf der goldbeschichteten Oberfläche eines Sensorchips verankert. Anschließend strahlt man von der Unterseite eines Glasträgers Licht ein (◻ Abb. 2.7). Änderungen im Brechungsindex, die sich über eine Verschiebung des Winkels der internen Totalreflexion verfolgen lassen, sind ein Maß für Massenänderungen auf der Sensoroberfläche. Wenn nun eine Verbindung mit einer Masse von mehr als 100 D bindet, kann die verursachte Massenänderung auf der Goldoberfläche registriert werden. Da das Verfahren schnell arbeitet und einen zeitlichen Verlauf beobachten kann, werden neben der Stöchiometrie kinetische Parameter der Assoziation bzw. Dissoziation verfügbar. Ein Problem, das ein Screening in Mikrotiterplatten mit sich bringt, besteht in der enormen Zeit, die benötigt wird, die Verbindungen auf der Platte abzulegen. Ein Weg, dieses Problem zu umgehen besteht darin, ganze Verbindungsbibliotheken auf dem Sensorchip mit Sprayverfahren in Mikroarray-Format aufzubringen. Gibt man nun das zu testende Rezeptorprotein zu einem solchen Chip, so tritt dort, wo der Rezeptor bindet, eine große Massendifferenz auf. Aufgrund der ortsaufgelösten Belegung des Chips mit Testverbindungen lässt sich einfach feststellen, welche Bibliotheksmoleküle mit dem Testrezeptor in Wechselwirkung getreten sind.

Von der Bindung zur Funktion: Tests an ganzen Zellen

Wie bereits erwähnt, sagt die Bindung eines Liganden an ein Protein noch nichts über die damit einhergehende Funktion bzw. ausgelöste Funktionsänderung. Bei einem Enzym-Assay ist es oft einfach, die beobachtete Hemmung mit einer Funktion in Beziehung zu setzen. Bei Rezeptoren und Ionenkanälen liegt diese Korrelation weniger offensichtlich auf der Hand. Betrachtet man die biochemischen Pfade und Regelkreise in einer Zelle, so werden auch die Überlegungen zur Funktionszuordnung für Enzyme komplizierter. Diese Zusammenhänge lassen sich nicht einfach im Reagenzglas nachstellen. Daher müssen zum Studium der Funktion ebenfalls Assays entwickelt werden, die das Verhalten ganzer Zellen bei der Bindung eines Liganden beobachten. Für viele Gewebe lassen sich Zellkulturen züchten, die dann das Studium gewebsspezifischer Rezeptoren ermöglichen.

Üblicherweise wurde das Verhalten von Ionenkanälen über Bindungstests oder radioaktive Durchfluss-Assays untersucht. Um den Einfluss eines Entwicklungskandidaten für einen Arzneistoff besser zu charakterisieren, sind die sog. *patch-clamp*-Techniken entwickelt worden. Eine Elektrode wird an die Oberfläche einer Zelle geführt und eine Spannung bzw. ein Strom angelegt. Auf diesem Wege kann das Öffnen bzw. Schließen

einzelner Kanäle registriert werden, v. a. wenn bei diesen Messungen Testmoleküle zugegeben werden. Dieses Verfahren dringt sicher nicht in die Dimensionen der Hochdurchsatztechniken vor. Es dient eher dazu, die Treffer aus einem ersten Vorscreening genauer auf ihre Funktion zu beleuchten. Für diesen ersten Schritt werden wiederum gerne Fluoreszenzmethoden eingesetzt. Beispielsweise kann man bei Ca^{2+}-Kanälen den Anstieg der intrazellulären Calciumkonzentration über einen Farbstoff beobachten, der sensitiv bei dem Auftreten von Calciumionen fluoresziert. Da dieser Test sehr empfindlich ist, wurde er auch auf Natriumkanäle ausgedehnt. Dies gelingt durch Koppeln an die Depolarisation des Calciumsignals. Man kann auch den negativ geladenen Fluorophor Oxonol verwenden, der sich mit der äußeren Lamelle der Plasmamembran von Zellen assoziiert, die negatives cytosolisches Potenzial aufweisen. Erfolgt eine Depolarisation über die Membran, so wandert das Oxonol ins Innere der Doppelmembran, wodurch eine Fluoreszenz der Zelle ausgelöst wird. Dieses Verfahren wurde auch auf einen in seiner Empfindlichkeit gesteigerten FRET-Assay übertragen. Dabei dient Oxonol als Akzeptor und ein Donormolekül wird an die Phospholipid-Kopfgruppen der Außenseite der Plasmamembran geheftet. Damit besteht ein FRET-Signal so lange, wie das Cytoplasma der Zelle negativ geladen ist. Verändert sich dieser Ladungszustand, beispielsweise durch das Öffnen eines Ionenkanals, so wandert Oxonol in die Zellmembran und das FRET-Signal verliert an Intensität.

Das beschriebene calciumabhängige Fluoreszenz-Detektionsverfahren kann auch auf viele Rezeptor-Assays übertragen werden. Der intrazelluläre Calciumspiegel steigt, ausgelöst über eine rezeptorvermittelte Kaskade, in der z. B. Inositoltriphosphat das Signal weitergibt. Andere Tests verwenden die Kopplung an Reportergene. Die Stimulation eines Rezeptors löst eine Signalkaskade aus, die für einige der Rezeptoren letztlich zu der Transkription der Genprodukte führt und durch entsprechende Promotoren gesteuert wird ($\bullet$ Abb. 2.8). Ersetzt man nun die Sequenz des angesteuerten Gens durch die eines Reporters wie β-Galactosidase, Luciferase oder das grünfluoreszierende Protein (GFP), so resultiert ein einfach zu beobachtendes

❏ **Abb. 2.8** Gene werden durch Promotoren gesteuert. Eine durch den Promotor initiierte Aktivierung des Gens führt zur Biosynthese des entsprechenden Proteins. Mit dem grünfluoreszierenden Protein (GFP) kann man nun einen einfach zu beobachtenden Test aufbauen. Dazu wird der Promotor des Gens, der durch Bindung eines Agonisten aktiviert wird, mit dem Gen für das GF-Protein verknüpft. Die Aktivierung des Promotors liefert folglich nicht mehr das ursprüngliche Genprodukt, sondern es führt zur Synthese des GF-Proteins. Die Gegenwart des GF-Proteins lässt sich leicht über eine Fluoreszenz, stimuliert durch ultraviolettes Licht, beobachten.

Signal. Die produzierte β-Galactosidase spaltet X-gal und setzt einen blauen Farbstoff frei, Luciferase entwickelt ATP-abhängig eine Chemilumineszenz und das grünfluoreszierende Protein fällt durch seine intrinsische Fluoreszenz auf.

Von Mäusen, Menschen und Würmern

Genauso wie Assays in Reagenzgläsern die Verhältnisse in Zellen nicht vollständig wiedergeben können, können auch Zellen nicht das Verhalten eines ganzen Organismus korrekt simulieren. Daher lässt sich die Testung an Tieren nicht vermeiden. In der Vergangenheit dienten Ratten, Mäuse, Meerschweinchen, Kaninchen, Hunde und Affen für die Primärtestung von Verbindungen. Begrüßenswerterweise hat sich die ethische Einstellung gegenüber dieser Testung verändert. Zusätzlich haben die Kosten und die nur sehr limitierte Aussagekraft von Ganztierversuchen diese Tests auf eine späte Phase der präklinischen Entwicklung verschoben. Heute sind spezielle Tests für die frühe Erfassung von **ADMET-Parametern** (Absorption, Distribution,

Metabolismus, Exkretion und Toxizität) entwickelt worden und werden bereits in einer sehr frühen Phase der Leitstruktursuche eingesetzt. Dennoch, viele der pharmakokinetischen Parameter können nicht durch biochemische, *in vitro* oder zelluläre Assays erfasst werden.

Daher bedient man sich eines sehr einfachen Vielzellers, des Wurms *Caenorhabditis elegans* für Ganztierversuche. An diese Nematoden werden nicht die gleichen ethischen Standards wie an Säuger angelegt. Doch als Testorganismus für die Wirkstoffprüfung hat *C. elegans* einige Vorteile: Viele der essenziellen Gene kommen auch in diesem Wurm ähnlich wie bei uns vor, sein Genom ist aufgeklärt und kann genetisch modifiziert werden, um eingebrachte Krankheitsbilder zu studieren. Er zeigt eine komplexe Differenzierung in über 100 Zelltypen, aber insgesamt umfasst er weniger als 1000 einzelne Zellen. Sein Lebenszyklus ist kurz, sodass sein Phenotyp ausreichend schnell charakterisiert werden kann. Zusätzlich ist er transparent und kann in Mikrotiterplatten gezüchtet werden. Beispielsweise besteht ein Krankheitsmodell für die Amyloid-Plaqueablagerung in diesem Wurm, sodass ein Modell zum Screening von denkbaren Therapeutika gegen die neurodegenerative Alzheimersche Krankheit bereitsteht.

Trotzdem muss auch heute noch auf höher entwickelte Tiere für eine vertiefte Prüfung zurückgegriffen werden. Dafür wurden genetisch veränderte »Knockout«-Mäuse entwickelt, in denen das Gen zur Produktion eines Genproduktes entfernt wurde. Weiterhin kennt man transgene Tiere, denen zusätzliche fremde Gene eingesetzt werden. Die Harvard-Onkomaus, die erste patentierte transgene Maus, produziert das Onkogen c-myc, das sie besonders anfällig gegen Krebs macht. Eine große Zahl von Erbkrankheiten und einige multifaktorielle Krankheitsbilder konnten in transgene Mäuse eingebracht werden, sodass eine breite Palette von neuen relevanten Tiermodellen für die Testung von Leitstrukturen bereitstehen.

Herausforderungen und Chancen der Post-Genom-Ära: Entdeckung und Validierung neuer Targets

Zurzeit beschränkt sich die Pharmaforschung auf vielleicht 500 Targets für eine Arzneistoffentwicklung, wovon die meisten Proteine sind. Die Sequenzierung des humanen Genoms hat insgesamt ungefähr 35.000 Gene zutage gefördert, die für Proteine codieren. Daher kann man annehmen, dass eine erheblich größere Zahl von Genprodukten als Angriffspunkte für die Arzneimitteltherapie infrage kommt. Die Herausforderung liegt nun in der Abbildung der Genominformation auf Krankheiten. Gene werden unterschiedlich reguliert, abhängig vom Entwicklungszustand und von gewebsspezifischen Faktoren eines Organismus. Man stellt sich nun vor, dass viele pathogene Vorgänge mit Veränderungen oder Unterbrechungen dieser Expressionsmuster einhergehen. Daher ist es entscheidend, die Expressionsmuster in unterschiedlichen Zellen zu unterschiedlichen Zeiten zu bestimmen. Mit diesen Fragen setzen sich die neuen Disziplinen Transkriptomik und Proteomik auseinander.

Die **Transkriptomik** bestimmt die vorliegenden Konzentrationen an Boten-RNA (mRNA) in einer Zelle. Dazu wurden Hunderte von Oligonucleotidsträngen bekannter Sequenzen auf Mikroarray-Chips verankert. Die RNA einer Zelle wird beispielsweise mit Biotin für eine spätere Detektion markiert und auf den Chip gegeben. Wertet man nun aus, wo auf dem zweidimensionalen Chip RNA gebunden wurde, so bekommt man eine Art Fingerabdruck der zellulären mRNA. Vergleicht man dieses Muster aus Zellen eines gesunden bzw. kranken Gewebes, so kann man auf Genprodukte aufmerksam gemacht werden, die im Krankheitsgeschehen eine Rolle spielen. Zusätzlich können solche Chips auch dafür verwendet werden, um die Hoch- bzw. Herunterregulation von Genen bei der Zugabe von Testmolekülen zu beobachten. Einzige Einschränkung dieser Suchmethode nach neuen Targets ist die zu Beginn auf dem Chip verankerte Vielfalt von Oligonucleotiden.

Bedingt durch die deutlich größere strukturelle Komplexität von Proteinen im Vergleich zu Oligonucleotiden stellt sich der Proteomik eine schwierigere Aufgabe. Dennoch erscheint dieser Ansatz genereller, da nicht nur die entstehenden Genprodukte erfasst, sondern auch deren posttranslationale Veränderungen registrierbar werden. Im Zentrum der Proteomforschung steht die 2D-Gelelektrophorese, die eine gleichzeitige Trennung von Tausenden von Proteinen auf der Basis ihrer Ladung und ihrer Wanderungsgeschwindigkeiten erzielt. Die einzelnen Proteine werden dann auf den Gelen kartiert und anhand einer massenspektrometrischen Sequenzierung charakterisiert. Auch hier wird die quantitative Proteinzusammensetzung einer Zelle im gesunden und im pathogenen Zustand untersucht. Veränderungen geben wichtige Hinweise auf die molekularen Akteure in einem Krankheitsgeschehen.

Mit Sicherheit wird die moderne Genomforschung einen massiven Einfluss auf die Entdeckung neuer Targets für die Arzneimitteltherapie nehmen. Neueste Ansätze versuchen sogar, die Prozesskette über die Identifizierung von Zielproteinen mit anschließendem Screening über eine Vielzahl von Testverbindungen auf den Kopf zu stellen. Stattdessen werden interessante Wirkstoffkandidaten in zellbasierten Assays vorgegeben, um über die von ihnen ausgelösten pharmakologischen Effekte in den Zellen neue, für die Therapie relevante Zielproteine zu entdecken. Weiterhin ist zu erwarten, dass in der Zukunft Verfahren zum Screening auf multifaktorielle Krankheiten entwickelt werden. Die Genomforschung wird auch ermöglichen, die Reaktion eines einzelnen Patienten aufgrund seines speziellen Genoms auf einen bestimmten Wirkstoff zu verstehen. Doch all diese Techniken werden kaum von Nutzen sein, wenn keine neuen Leitstrukturen entdeckt werden.

2.1.4 Die Suche nach neuen Leitstrukturen: Von Vorlagen aus der Natur bis zu Verbindungsbibliotheken aus der kombinatorischen Chemie

Ausgangspunkt für die Suche nach einem neuen Arzneimittel ist immer eine **Leitstruktur**. Eine solche Verbindung entwickelt bereits an dem betrachteten Zielprotein die gewünschte biologische Wirkung, für den therapeutischen Einsatz als Arzneimittel am Menschen fehlen aber noch wichtige Eigenschaften. Entscheidend für eine gute Leitstruktur ist auch, dass sie gezielt synthetisiert bzw. einfach abgewandelt werden kann, um ihre Wirkstärke, Selektivität, biologische Verfügbarkeit, Toxizität und Abbaubarkeit zu optimieren.

In Abschnitt 2.1.3 wurden ausführlich die verschiedensten Methoden beschrieben, die uns helfen, Verbindungen mit den gewünschten biologischen Eigenschaften zu entdecken. Teilweise erreichen diese Verfahren enorme Testkapazitäten. Daher stellt sich die Frage, was eigentlich getestet werden soll. Wo macht es am meisten Sinn, nach neuen Leitstrukturen zu suchen?

Das Universum denkbarer chemischer Verbindungen ist gewaltig groß – selbst wenn man eine molare Masse von weniger als 500 Dalton betrachtet, was der typischen Größe eines Arzneistoffs entspricht. Zahlen von bis zu 10^{200} Molekülen wurden vorgeschlagen. Alle Atome des Universums würden nicht ausreichen, diese zu synthetisieren. In Anbetracht dessen erscheint die Zahl der bis heute synthetisch hergestellten Verbindungen von etwa 20 Millionen verschwindend klein. Ist der Raum denkbarer chemischer Verbindungen daher heute auch nur annähernd ausgeleuchtet und könnten überall in diesem Raum brauchbare Pharmamoleküle gefunden werden?

Abgekupfert von der Natur: Naturprodukte als Leitstrukturen

Hält man sich die Komplexität der belebten Natur vor Augen, fällt auf, dass viele Wirksubstanzen in sehr unterschiedliche biologische Abläufe eingreifen. Sie verändern die Funktionen von Rezeptoren, Enzymen, Kanälen oder Transportern. Gerade in Pflanzen wurden eine Vielzahl sehr wertvoller therapeutischer Wirkprinzipien entdeckt, die sich bei höheren Lebewesen anwenden lassen. Pflanzen setzen sich mit ihrer Umgebung auseinander, beispielsweise mit Fraßfeinden, vor denen sie nicht einfach weglaufen können. So haben sie z. B. in Form der Alkaloide eine breite Palette von Wirksubstanzen entwickelt. Angefangen von Bitterstoffen bis hin zu hochgradigen Giften entfalten sie an unterschiedlichen Rezeptoren oder Enzymen ihrer Feinde eine Wirkung. Wenn nicht letal, reicht diese, meist sehr unangenehme Wirkung in aller Regel aus, einen Lerneffekt beim Gegner zu bewirken. Aber auch Pflanzen haben einen effizienten Schutz gegen Mikroorganismen, z. B. den Pilzbefall, entwickelt. Man denke nur an das oben beschriebene Beispiel der Penicilline. Schlangen, Frösche, Fische oder Spinnen können Gifte einsetzen, mit denen

sie ihre Gegner zu paralysieren verstehen. Es sei an den berühmten Fugu-Fisch erinnert, dessen Zubereitung in Japan eine legendäre Kunst darstellt. Die Wirksubstanz Tetrodotoxin blockiert bereits in geringsten Dosen die Natriumkanäle des Opfers und hemmt so die Erregbarkeit der Nerven bei der Reizleitung. Für uns geben die Wirkprinzipien solcher Substanzen wichtige Leitstrukturen im Herz-Kreislaufgeschehen ab. So darf es uns nicht verwundern, dass der größte Teil unseres Arzneischatzes direkt oder indirekt von **Naturstoffen** abstammt. Nahezu die Hälfte der sich heute am besten verkaufenden Arzneimittel entstammen dieser Gruppe.

Warum sucht man dann nicht gezielt in diesem Schatz von Naturprodukten nach neuen Leitstrukturen? Naturstoffe, z. B. die genannten Pflanzeninhaltsstoffe, wurden an biologisch relevanten Proteinen selektioniert. Sie sind im Verlauf der Evolution mit vielen Bindestellen von Rezeptoren und Enzymen in Kontakt gekommen. Somit erscheint die Wahrscheinlichkeit hoch, dass sie auch an Proteine des Menschen binden, v. a., wenn man sich die enge Verwandtschaft der Genome aller Organismen vor Augen hält. Zusätzlich weisen Naturprodukte häufig bereits gute pharmakokinetische Eigenschaften auf. Sie wurden in einer biologischen Umgebung von Systemen synthetisiert, die Ähnlichkeiten mit den Rezeptoren besitzen, an denen die Naturprodukte anschließend ihre Funktion ausüben sollen. Obwohl Naturprodukte als ideale Leitstrukturen erscheinen, sind nur ganz wenige von ihnen selbst Arzneimittel geworden (z. B. Morphin, Codein, Digoxin, Ephedrin, Cyclosporin, Aprotinin). In aller Regel besitzen sie noch nicht die optimalen Eigenschaften, z. B. im Hinblick auf Metabolismus, Transport und Verweilzeit, sodass eine Strukturoptimierung durch synthetische Abwandlung erforderlich wird. Doch da beginnen die Probleme. In aller Regel sind Naturstoffe, mal abgesehen von ihrer teilweise nur schwierigen Isolierung und Reinigung, sehr komplexe chemische Strukturen. Übersät mit einer Vielzahl stereogener Zentren, aufgebaut aus zahlreichen komplexen Ringstrukturen stellen sie höchste Anforderungen an den synthetisierenden Naturstoffchemiker. Ohne immensen Zeit- und Kostenaufwand lassen sich Totalsynthesen nicht realisieren. Es dauert entsprechend lange, bis durch synthetische Abwandlungen einer

Leitstruktur aussagekräftige Struktur-Wirkungsbeziehungen erstellt werden können.

Dennoch, Naturprodukte sind aus Bausteinen aufgebaut, die heute jeder medizinische Chemiker in seinem Repertoire zur Konzeption eines neuen Wirkstoffs verwendet. Morphin zum Beispiel enthält einen basischen Stickstoff, eine phenolische Hydroxygruppe, eine Etherbrücke und hydrophobe aliphatische und aromatische Baugruppen. Benzodiazepine können als ein Mimetikum für eine β-Schleife eines Tetrapeptidstrangs aufgefasst werden. Alle vier Seitenketten des Tetrapeptids können auf das Benzodiazepintemplat übertragen werden. Somit ist es nicht verwunderlich, dass gerade dieser Strukturbaustein sehr häufig in Leitstrukturen für teilweise sehr verschiedene Zielrezeptoren aufzufinden ist (z. B. Benzodiazepin-Rezeptor, Cholecystokinin-Rezeptor, Fibrinogen-Rezeptor). Gerade dieses Konzept, privilegierte Strukturmuster aus Naturstoffen in Verbindungen einzubauen, erlangt in jüngster Zeit zunehmendes Interesse.

Screening von synthetischen Verbindungen

Die letzten 25 Jahre Leitstruktursuche waren v. a. vom Durchmustern sehr großer Datenbestände an synthetisch-organischen Verbindungen geprägt. Riesige Substanzdatenbanken wurden und werden in automatisierten *in vitro*-Test-Assays auf Bindung an einen Zielrezeptor geprüft. Leider sind die erzielten Trefferraten ernüchternd niedrig.

Die Verbindungen für das Primärscreening entstammen praktisch allen verfügbaren Quellen. Es sind z. B. die Substanzbestände, die über die Jahre in großen Firmen angehäuft werden konnten oder Verbindungen, die weltweit für die Pharmatestung angeboten werden, die die Testroboter im Hochdurchsatz-Screening heute bedienen. Doch die enorme Testkapazität benötigt mehr Substanzen, v. a. solche, die sich nicht leicht und billig herstellen lassen. So hat sich in den vergangenen 15 Jahren eine neue Chemie, die kombinatorische Chemie entwickelt.

Kombinatorische Chemie: Synthesekapazität ohne Grenzen?

Die Natur erzeugt mit 20 Aminosäuren eine ungeheure Vielfalt an Peptidsequenzen. An ein gemeinsames Rückgrat aus Peptidbindungen werden an jedem dritten Atom entlang der Polymerkette unterschiedliche Seitenketten angefügt. In der kombinatorischen Vielfalt dieser Seitenketten liegt das Konzept zum Erzeugen einer riesigen Diversität von Molekülen. Ganz analoge Prinzipien galt es, auf eine breite Palette von Molekülgerüsten zu übertragen. Ist es bei Peptiden ausschließlich die Reaktion zur Bildung einer Amidbindung, so verwendet die kombinatorische Chemie eine stetig wachsende Bandbreite chemischer Umsetzungen. Ziel dieser Reaktionen ist es, entweder in Mischungen oder, wie es heute vermehrt durchgeführt wird, in Parallelsynthesen Moleküle mit gleichem Grundkörper aufzubauen, die aber mit einer Vielzahl unterschiedlicher Seitenketten dekoriert werden. Neben der klassischen Reaktion in Lösung ist es v. a. die **Synthese am polymeren Trägermaterial**, die den parallelen Aufbau großer Substanzbibliotheken zugänglich macht. Schon in den 1960er Jahren entwickelte Merrifield die Festphasensynthese von Peptiden an funktionalisierten Polystyrolharzen. Zunächst wird eine Aminosäure über seine Säurefunktion an das Harz gekoppelt, wobei dessen Aminoterminus chemisch geschützt eingesetzt wird. Nach Entschützen der Aminogruppe lässt sich die nächste Aminosäure über ihre Säurefunktion unter Bildung einer Amidbindung anfügen. Diese Reaktion wird nun schrittweise mit einer Aminosäure nach der anderen durchgeführt. So wächst auf dem Polymerträger die gewünschte Peptidsequenz heran und kann am Ende über eine spezielle Spaltreaktion unter stark sauren Bedingung vom Harz abgetrennt werden.

Gegenüber einer in Lösung durchgeführten Synthesestrategie bringt die Reaktion an der festen Phase eine Reihe Vorteile. Große Überschüsse an Reagenzien bewirken schnelle und nahezu vollständige Umsetzungen. Ausgangsmaterialien lassen sich einfach durch Waschen des Festkörperträgers entfernen. Mit dem *split-and-combine*-Verfahren lassen sich in wenigen Arbeitsschritten Verbindungsbibliotheken aufbauen. Die Synthese läuft auf der Oberfläche einer Menge von Harzkügelchen ab. Die Strategie wird nun so geführt, dass auf jedem Kügelchen eine gezielte Peptidsequenz entsteht. Am Ende der Reaktionssequenz liegen die Kügelchen, die zwischendurch getrennt und wieder gemischt wurden, zwar als Gemenge vor, sie lassen sich aber wegen ihrer Größe mechanisch trennen. In den letzten Jahren ist es gelungen, neben der genannten Amidbildung eine Vielzahl chemischer Reaktionen auf das Harz zu übertragen.

Hat denn nun die kombinatorische Chemie die chemische Diversität der zu testenden Verbindungen in dem Sinne zu steigern vermocht, dass heute in den aus der Kombinatorik hervorgehenden Substanzdatenbanken deutlich mehr Leitstrukturen gefunden werden? Das Ergebnis ist leider ernüchternd. Die Trefferraten sind nicht angewachsen. Zwar konnte der Heuhaufen, in dem nach neuen Nadeln gesucht wird, verdoppelt oder gar verzehnfacht werden, doch leider konnte dabei die Zahl der versteckten Nadeln nicht gesteigert werden. Offensichtlich hat man über die so konzipierten Bibliotheken zwar einen Zugriff auf deutlich mehr Testverbindungen, aber es gelang nicht, die Substanzbibliotheken mit biologisch relevanten Molekülen anzureichern.

Und in Zukunft: Datenbanken mit der richtigen Chemie?

Das *high throughput-screening* hat v. a. dann erfreuliche Trefferraten erzielt, wenn ein biologisches System untersucht wurde, das aus einer Proteinfamilie stammte, an die eine Firma schon seit längerem arbeitete. Ein solches Beispiel ist die Familie der G-Protein-gekoppelten Rezeptoren, die durch biogene Amine angesteuert werden. Waren diese Rezeptoren Forschungsthema über eine geraume Zeit, sind die Regale einer Firma voll mit Substanzen, die ein Molekülgerüst aufweisen, das privilegiert an diese Klasse von Proteinen zu binden vermag. Man versucht heute vermehrt die Konzepte dieser Verwandtschaft auf der Ebene der Proteine auszunutzen, um Verbindungsbibliotheken, v. a. aus der kombinatorischen Chemie gezielt für eine Proteinfamilie bereitzustellen. Durch geeignete Dekoration einer privilegierten Gerüststruktur versucht man dann, die einzelnen Mitglieder der Proteinfamilie gezielt und mit hoher Selektivität zu adressieren. Kandidaten für ein Primärscreening werden zunehmend unter dem Aspekt einer Entwicklungsfähigkeit einer Leitstruktur zu einem potenten Wirkstoffmolekül vorselektiert. Typische Strukturelemente aus Naturstoffen werden in Form

geeigneter Baugruppen in den Aufbau kombinatorischer Bibliotheken eingebracht. Es bleibt zu hoffen, dass die nach solchen Kriterien bestückten Substanzdatenbanken in der Zukunft ergiebigere Trefferraten erzielen werden. Ganz entscheidend für dieses, mehr auf die Eigenschaften des biologischen Zielmoleküls ausgerichtete Bibliotheksdesign ist die zunehmende Kenntnis der Raumstrukturen der Proteine. Hier werden die *structural genomics* in der näheren Zukunft entscheidende Beiträge leisten. Die Raumstrukturen sind auch die entscheidende Voraussetzung, dass die im nächsten Abschnitt beschriebenen rationalen Methoden der Leitstruktursuche mit zunehmendem Erfolg eingesetzt werden können.

2.1.5 Neue Leitstrukturen aus dem Computer

Es sind bereits verschiedene experimentelle Methoden zum Durchkämmen riesiger Substanzdatenbanken vorgestellt worden, die auf neue Leitstrukturen aufmerksam machen können. Die Ingenieurwissenschaften haben dazu beigetragen, dass inzwischen eine ausgefeilte Technologie für automatische Testsysteme bereitsteht. Mit ihnen können innerhalb weniger Wochen mehrere Millionen Verbindungen durchgemustert werden. Am Ende verbleibt eine vergleichsweise kleine Menge an Treffern. Erst jetzt kommen rationale Überlegungen zum Einsatz. Wirkstoffforscher beginnen, die entdeckten Substanzen untereinander auf ihre Struktur und ihr mögliches Bindeverhalten zu vergleichen. Hier stehen Vorstellungen im Vordergrund, dass ein pharmakologischer Effekt, wie Enzymhemmung oder Rezeptorbindung, ein räumlich vergleichbares Besetzen einer Bindetasche verlangt. Gleichzeitig soll der geübte Blick des medizinischen Chemikers entscheiden, ob manche der aufgefallenen Treffer als »falsch positive Hits« einen Effekt nur vortäuschen.

Die Protein-Raumstruktur als Voraussetzung für rationale Ansätze der Leitstruktursuche

Wie bereits beschrieben, gelingt es zunehmend, v. a. durch Erfolge der Röntgenstrukturanalyse und der NMR-Spektroskopie, die **Raumstrukturen der Proteine** aufzuklären, die Zielsysteme im pharmakologischen Geschehen eines Krankheitsbildes darstellen. Somit drängt sich die Frage auf, ob man nicht, komplementär oder in Ergänzung zu dem experimentellen Screening, die Proteinstruktur direkt verwenden kann, um nach passenden Liganden zu suchen. In manchen Fällen mag es sogar ausreichend sein, einen natürlichen Liganden für das Zielprotein zu kennen. Wenn dieser Ligand eine weitgehend starre Struktur aufweist, ist es möglich, die in der Bindetasche des unbekannten Proteins angenommene Geometrie abzuschätzen. Für die Leitstruktursuche stellt sich nun, im Gegensatz zum ersten Fall, wo passende Schlüssel für ein gegebenes Schloss gesucht wurden, die Aufgabe, zu einem vorgegebenen Schlüssel ähnliche Nachschlüssel zu finden.

Infolge der **Strukturaufklärung** von immer mehr neuen Proteinen ergibt sich zunehmend häufiger die Situation, dass die Struktur eines mit dem interessierenden unbekannten Protein verwandten Vertreters aufgeklärt wurde. In einer solchen Situation lässt sich anhand der Raumkoordinaten des bereits charakterisierten Biopolymers ein Modell des unbekannten Proteins konstruieren. Um schnell einen Überblick über die Datenlage an sequenziell oder strukturell aufgeklärten Proteinen zu erlangen, sind zahlreiche Datenbanksysteme entwickelt worden. Viele dieser Systeme sind einfach über das Internet verfügbar. Besonders in Hinblick auf Protein-Ligand-Komplexe und die Eigenschaften von Bindetaschen konnte die Datenbank Relibase entwickelt werden. Sie erlaubt schnelle Suchen nach Ligand- und Proteineigenschaften und ermöglicht die Überlagerung verwandter Proteinbindetaschen. So werden Wechselwirkungsmuster, die typischerweise zwischen funktionellen Gruppen von Liganden und den Aminosäuren der Bindetasche ausgebildet werden, transparent. Die Rolle von Wassermolekülen als Brückengliedern bei der Ligandenbindung werden veranschaulicht. Genauso lässt sich analysieren, welche Teile des Proteins bei der Ligandenbindung starr, welche sich flexibel verhalten. Der direkte Vergleich von Bindungsgeometrien unterschiedlicher Liganden macht darauf aufmerksam, welche Molekülbausteine in einem

Ligandengerüst gegeneinander, wie man sagt bioisoster, ausgetauscht werden können.

Unter Kenntnis all dieser Kriterien, die offensichtlich die Bindung eines kleinen organischen Moleküls an ein Protein bestimmen, fragt es sich, ob man nicht mithilfe von Computermethoden neue Liganden entwickeln bzw. gezielt nach ihnen suchen kann.

Am Anfang steht die Analyse der Proteinbindetasche

Um erfolgreich an ein Protein binden zu können, muss ein Ligand eine ganze Reihe von Kriterien erfüllen. Zunächst muss er eine Gestalt annehmen können, die komplementär zu der der Bindetasche ist. Moleküle sind flexibel, durch energetisch kaum aufwendige Drehungen um Einfachbindungen können sie zahlreiche Geometrien annehmen. Doch die Passform alleine reicht nicht. Gleichzeitig müssen die Eigenschaften der funktionellen Gruppen eines Liganden komplementär zu denen der funktionellen Gruppen des Proteins in der Bindetasche sein. Wasserstoffbrücken können zwischen Ligand und Protein ausgebildet werden und den Liganden in der Tasche verankern. Dies gelingt aber nur, wenn in den Bindungspartnern eine Donorgruppe einer Akzeptorgruppe gegenüber stehen. Ähnliches gilt für hydrophobe Gruppen. Insgesamt müssen die energetischen Verhältnisse bei der Ligandenbindung so ausgelegt sein, dass die Komplexbildung energetisch begünstigt wird. Hierbei ist zu berücksichtigen, dass der Bindungsvorgang in wässriger Lösung abläuft, d. h. sowohl Ligand wie Protein sind vor der Bindung von Wassermolekülen solvatisiert. Diese lokale Umgebung von Wassermolekülen ändert sich bei der Bindung und dies geht ganz entscheidend in die Energiebilanz ein.

Um die Kriterien genauer fassen zu können, die ein geeigneter Ligand mitbringen muss, lohnt es sich, die Bindetasche eines Proteins genau zu analysieren. Wo befinden sich die Bereiche in einer Tasche, in die unbedingt bestimmte funktionelle Gruppen des Liganden platziert werden müssen?

Mehrere Verfahren konnten entwickelt werden, die es erlauben, die für eine Bindung essenziellen Bereiche hervorzuheben. Für einen bestimmten Atomtyp, beispielsweise einen Wasserstoffbrü-

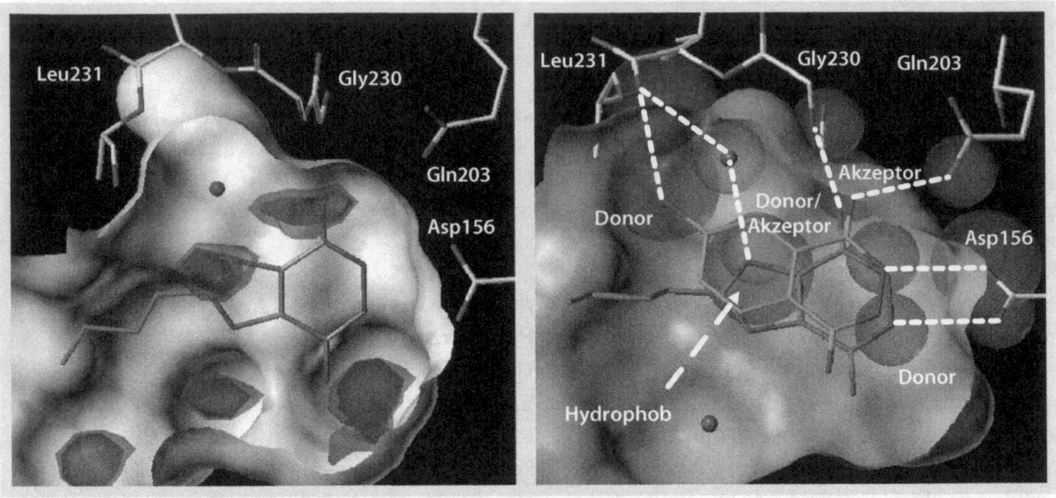

■ **Abb. 2.9**   Links) Mit einem Sondenatom für einen Wasserstoffbrückenakzeptor wurde die Bindetasche des Enzyms tRNA-Guanin-Transglykosylase abgetastet. Die Regionen, die besonders günstig für eine solche wechselwirkende Gruppe sind, können auf der Computergrafik hervorgehoben werden. Ganz analog kann auch mit anderen Wechselwirkungssonden die Bindetasche ausgeleuchtet werden. Rechts) Fasst man die Schwerpunkte der so ermittelten Bereiche zusammen, ergibt sich ein räumliches Muster der Eigenschaften, die ein denkbarer Ligand unbedingt besitzen sollte. Dieses Muster nennt man Pharmakophor und es dient als Randbedingung, um Datenbanksuchen zu definieren.

cken-Donor bzw. Akzeptor oder eine hydrophobe Gruppe tastet man systematisch die Bindetasche ab. Anschließend zeigt man sich mithilfe der Computergrafik an, in welchen Regionen eine Platzierung dieses Atomtyps in einem Liganden besonders günstig ist (■ Abb. 2.9). Fasst man die Schwerpunkte dieser so ermittelten Bereiche zusammen, bekommt man ein räumliches Muster der Eigenschaften, die ein Ligand unbedingt aufweisen muss, um an das Protein zu binden. Ein solches Muster nennt man Pharmakophor. Weil dieser unter Verwendung der Eigenschaften des Proteins entwickelt wurde, spricht man von einem **proteinbasierten Pharmakophor**. Diesen abstrakten Pharmakophor gilt es nun, in konkrete Molekülgeometrien zu übertragen.

Vom Pharmakophormuster zum Liganden: *de novo*-Design und virtuelles Screening

Das Pharmakophormuster legt in abstrakter, generischer Weise die in einem Liganden erforderlichen Eigenschaften fest. Ansätze des *de novo*-Designs versuchen, diese Eigenschaften in Moleküle zu übertragen. Dazu wird zunächst

eine brauchbare Ankergruppe in die Bindetasche platziert. Ausgehend von deren Bindungsmodus werden dann, unter Verwendung von Regeln über die Verknüpfung chemischer Bindungen, weitere Atome und Fragmente an die ursprüngliche Ankergruppe angehängt. In jedem Schritt wird die erzielte Platzierung auf die zu erwartende Bindungsaffinität überprüft. Auf diesem Weg wächst ein neues Molekül in die Bindetasche. An vielen Stellen des Aufbaus ergeben sich mehrere Möglichkeiten, entweder ein bestimmtes Fragment zu platzieren oder andere verwandte Bausteine zu verwenden. Ein Computeralgorithmus versucht die verschiedenen Varianten parallel zu verfolgen und kommt als Ergebnis eines kombinatorischen Ansatzes zu zahlreichen Lösungen. Wiederum ist es sehr wichtig, dass die einzelnen auf dem Computer entwickelten Leitstrukturen in ihrer angenommenen Bindungsgeometrie bewertet werden. Das letztendlich zählende Kriterium ist dabei die abgeschätzte Bindungsaffinität. Wichtig für diesen Ansatz ist weiterhin, dass die entwickelten Moleküle chemisch einfach darstellbar sind. Zunächst existieren sie nur als Vorschläge im Computer. Im nachfolgenden Schritt müssen sie natürlich im

Syntheselabor dargestellt und experimentell auf ihre tatsächlichen Bindungseigenschaften validiert werden.

Ein alternativer Ansatz versucht pragmatischer vorzugehen. Kann man nicht zunächst in den Datenbeständen bereits synthetisierter Verbindungen nach möglichen Bindern für ein vorgegebenes Protein suchen? Dieses Vorgehen ähnelt damit dem des experimentellen Durchmusterns großer Substanzdatenbanken. Aus diesem Grunde wird es auch als Computerscreening oder **virtuelles Screening** bezeichnet. Für eine solche Strategie ist es natürlich erforderlich, einen schnellen Computeralgorithmus zu haben, der Moleküle flexibel in eine Bindetasche einpassen kann. Zahlreiche Programme konnten inzwischen entwickelt werden, die diesen Vorgang des Dockings schnell und zuverlässig ausführen. Will man dieses Abprüfen von Strukturen mit einem **Dockingverfahren** im Rahmen des virtuellen Screenings durchführen, so muss zunächst für jeden Eintrag einer Datenbank, die die in einer Firma oder bei einem kommerziellen Anbieter verfügbaren Substanzen registriert, eine Raumstruktur erzeugt werden. Dann wird mit sehr groben Verfahren geprüft, ob die gespeicherten Moleküle prinzipiell das aus einer Proteinstruktur abgeleitete Pharmakophormuster widerspiegeln. Sukzessive wird in verschiedenen Filterschritten die Menge der potenziell interessanten Verbindungen eingekreist. Zuletzt werden die Moleküle in die Bindetasche mit einem Dockingprogramm eingepasst und die erzeugte Bindungsgeometrie wird in Hinblick auf die erwartete Bindungsaffinität bewertet. Dieser Schritt ist natürlich der entscheidende, leider aber auch der schwierigste. Es ist keinesfalls trivial aus einer vorgegebenen Bindungsgeometrie die Bindungsaffinität eines Liganden zu einem Protein abzuschätzen. Dies hängt damit zusammen, dass für eine Bindung nicht nur die von der Komplexgeometrie ablesbaren Wechselwirkungskontakte entscheidend sind, sondern ebenfalls Ordnungsphänomene eine Rolle spielen. Diese beziehen sich v. a. auf Änderungen in der Wasserstruktur bei der Bindung und auf Beweglichkeiten und Schwingungsmöglichkeiten der beiden Bindungspartner, die sich zwischen ungebundenem und gebundenem Zustand deutlich unterscheiden.

Das virtuelle Screening wird derzeit intensiv entwickelt. Es lassen sich damit erfolgreich neue Leitstrukturen einer großen chemischen Vielfalt entdecken. Für das in ◘ Abb. 2.9 gezeigte Protein gelang es unter Verwendung des dargestellten Pharmakophors, die in ◘ Abb. 2.10 aufgeführten Leitstrukturen zu entdecken. Viele dieser Liganden erwiesen sich bei der experimentellen Validierung als mikromolare Hemmstoffe.

Computerdesign von fokussierten Bibliotheken für die kombinatorische Chemie

Das virtuelle Screening lässt sich auch auf Substanzen ausdehnen, die noch nicht synthetisch vorliegen. Ein solcher Ansatz ist v. a. in Hinblick auf Substanzbibliotheken aus der kombinatorischen Chemie interessant. Kann man auf diesem Wege Konzepte des *de novo*-Designs mit denen des virtuellen Screenings vereinen? Die Bindetasche des Zielproteins definiert die Kriterien, die die einzelnen Kandidaten einer kombinatorischen Substanzbibliothek zu erfüllen haben. Unter Verwendung der für eine solche Bibliothek geeigneten Chemie kann eine riesige Menge von Mitgliedern einer solchen kombinatorischen Bibliothek im Computer erzeugt werden. Anschließend muss mithilfe der Strategien des virtuellen Screenings die ursprüngliche Datenbank auf deutlich weniger Einträge fokussiert werden. Der Computer dient also zum Vorselektieren der vermutlich besten Treffer. Dies bestimmt anschließend bei der tatsächlichen Synthese der Bibliothek die Auswahl der einzusetzenden Reagenzien. Damit wird die prinzipiell denkbare kombinatorische Vielfalt auf eine für das untersuchte Protein zugeschnittene Bibliothek eingegrenzt. Die nähere Zukunft wird erweisen, ob durch diesen integrierten Ansatz, für das Screening Erfolg versprechendere Substanzdatenbanken bereitstehen. Gleichzeitig kann ein solcher Ansatz die Erkenntnisse über die Eigenschaften von Naturstoffen und privilegierten Molekülgerüsten berücksichtigen.

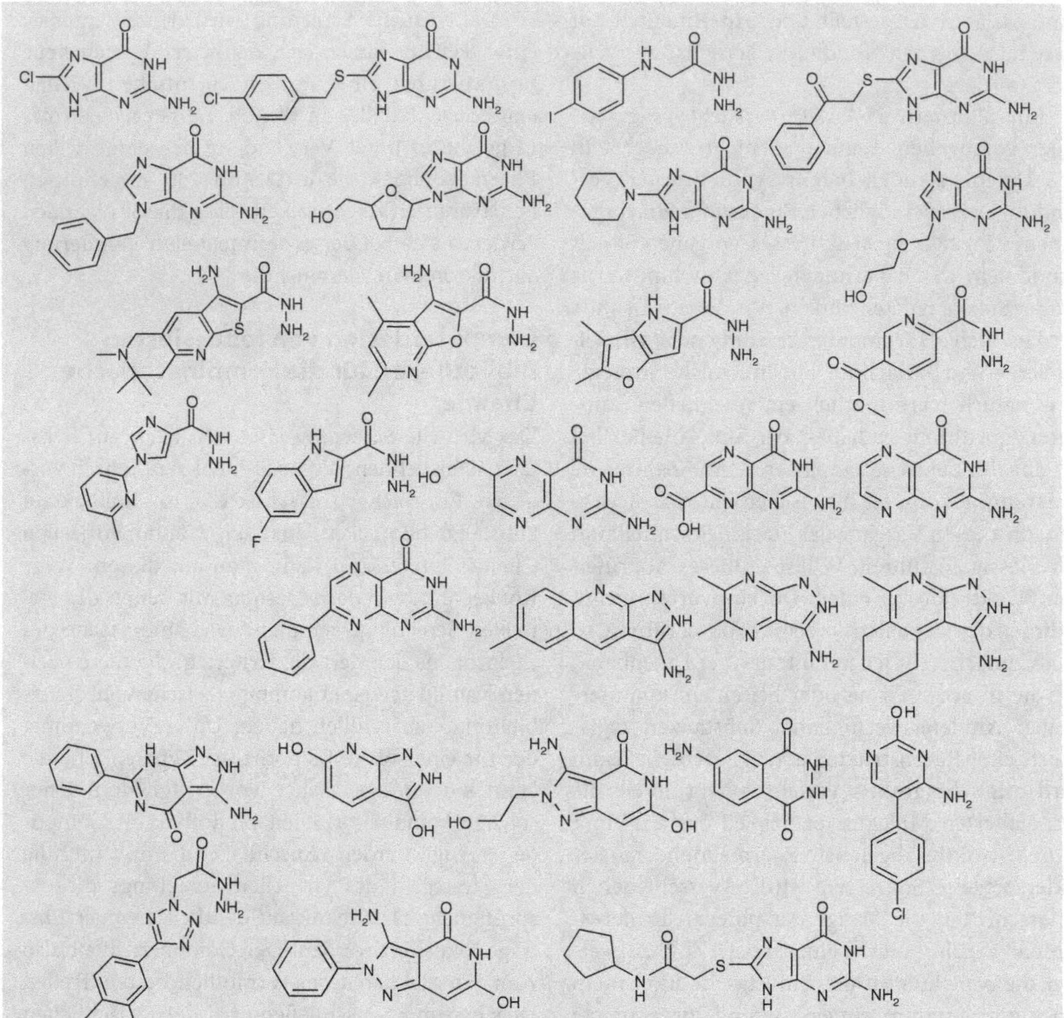

2

Abb. 2.10 Mit dem in Abb. 2.9b definierten Pharmakophormuster konnten die gezeigten Leitstrukturen mithilfe des Computers entdeckt werden. Viele der gezeigten Strukturen besitzen mikromolare Affinität gegen das Zielenzym und können als Leitstruktur für die weitere Arzneistoffentwicklung dienen.

Notwendig, aber nicht ausreichend: optimale und komplementäre Passform für die Bindetasche

Eine im experimentellen Screening oder im Computer entdeckte Leitstruktur muss im Weiteren auf ihre Bindungsstärke an das Zielprotein optimiert werden. Liegt die Struktur dieses Zielrezeptors vor, gelingt die Optimierung in aller Regel durch einen iterativen Designprozess (■ Abb. 2.11). Ausgangspunkt ist die Raumstruktur des Proteins mit der entdeckten Leitstruktur, am besten aus einer Rönt-

genstrukturbestimmung. Durch genaue Analyse des Bindungsmodus und den Wechselwirkungen zwischen Protein und Ligand wird versucht, die Komplementarität zu verbessern. Wasserstoffbrücken tragen besonders zur Affinität bei, wenn sie durch Ladungen auf dem Liganden oder Protein verstärkt werden. Es darf nicht vergessen werden, dass hier der Beitrag einer H-Brücke relativ zu seiner Stärke in einer wässrigen Umgebung zu sehen ist. Nur wenn sie sich in der Proteinumgebung als stärker als in Wasser erweist, trägt sie zur Bin-

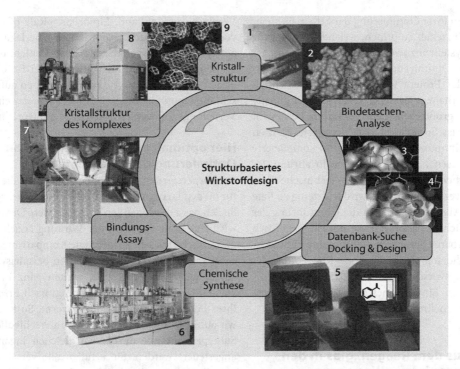

Abb. 2.11 Das interaktive Wirkstoffdesign beginnt mit der Strukturaufklärung des interessierenden Zielproteins (1). Nach Analyse der Bindetasche (2) wird ein Pharmakophormuster (3, 4) erstellt, das als Suchanfrage zum Durchmustern von Datenbanken dient. Durch Docking und Computerdesign (5) werden neue, verbesserte Synthesevorschläge für mögliche Liganden erarbeitet. Nach der chemischen Synthese (6) und biologischen Testung (7) erfolgt die Kristallisation der neuen Leitstruktur mit dem Protein. Dessen Strukturbestimmung dient nun zum Starten eines weiteren Designzyklus. Ziel ist es, durch Zusammentragen weiterer Informationen eine gezielte Optimierung der ursprünglichen Leitstruktur zu einem Wirkstoffkandidaten zu erreichen.

dungsaffinität bei. Für einige Beispiele wurden anhand von Struktur-Wirkungsbeziehungen belegt, dass der Übergang von einer neutralen Spezies zu einem geladenen Molekül mit einem deutlichen Sprung in der Wirkstärke einhergeht. Eine normale Wasserstoffbrücke wurde durch einen ladungsunterstützten Kontakt ersetzt. Manchmal lässt sich dies recht einfach gezielt erreichen, z. B. durch ein geeignetes Substitutionsmuster an einem Heterozyklus kann dieser durch pKa-Verschiebung von der Neutralform in die geladene Form übergehen. Weiterhin ist es ein wichtiges Konzept der Wirkstoffoptimierung, hydrophobe Taschen im Rezeptor optimal durch gleichartige aber strukturell komplementäre Gruppen des Liganden auszufüllen. Unbesetzte Hohlräume in Protein-Ligand-Komplexen erweisen sich als abträglich für eine hochaffine Bindung. Die günstigen Affinitätsbeträge durch Füllen hydrophober Bindungsbereiche erklärt sich aus

Einflüssen, die die Änderung der Wasserstruktur betreffen. Es werden Wassermoleküle aus der Bindetasche freigesetzt. Sie erhalten zusätzliche Bewegungsfreiheitsgrade und tragen zur Erhöhung der entropischen Bindungsbeiträge bei. In einem sehr einfachen Modell kann man diese entropischen Beiträge an der Zahl der Freiheitsgrade festmachen, die zur Unordnung eines Systems beitragen. Ähnliches gilt für die Überführung eines Liganden aus der Wasserumgebung in die Proteinbindetasche. Durch die Fixierung des Liganden im Protein verliert er interne Freiheitsgrade. Dies ist abträglich für die Entropiebilanz des Systems. Daher besitzt ein starrerer Ligand, vorausgesetzt er friert die korrekte Bindungsgeometrie im Protein ein, eine höhere Bindungsaffinität. Er kann bei der Bindung einfach nicht so viele konformative Freiheitsgrade verlieren wie ein flexibleres Molekül. Daher kann eine gezielte Rigidisierung einer Leitstruktur eine

Strategie zu ihrer Optimierung darstellen. Es bleibt aber im Einzelfall zu prüfen, welches Konzept für welches System anzuwenden ist.

Bei der Optimierung der Passform eines Liganden auf das Protein wird parallel berücksichtigt, dass das erhaltene Molekül später einmal günstig in einem großtechnischen Verfahren hergestellt werden muss. So versucht man, stereogene Zentren auf ein Minimum zu reduzieren und komplizierte Ringsynthesen zu vermeiden. Die Erfahrung des Synthesechemikers, der für die technische Entwicklung verantwortlich ist, wird frühzeitig zu Rate gezogen. Allerdings bedeutet die Überführung der ursprünglichen Laborsynthese auf ein technisch durchführbares Syntheseverfahren eines Entwicklungskandidaten die völlig neue Konzeption der Herstellungsvorschrift. Meist verlangt diese Umstellung den Einsatz eines ganzen Entwicklungsteams über mehrere Jahre.

2.1.6 Aus dem Reagenzglas in den Organismus: Was eine Leitstruktur noch alles braucht, um zu einem Arzneimittel zu werden

Eine hoffnungsvolle Leitstruktur ist noch lange kein Wirkstoff, der den Weg zum Marktprodukt schafft. Dazu sind neben der Wirkung am eigentlichen Zielort noch die Eigenschaften zu optimieren, die den Weg zum Wirkort, aber auch die Prozesse zum Ausschleusen einer Verbindung aus dem Organismus betreffen. Neben Wirkstärke betrifft dies v. a. Spezifität und Wirkdauer, aber auch die Nebenwirkungen, die Aufnahme, den Transport, die Toxizität, den Metabolismus und die Ausscheidung einer Substanz. Viele hoffnungsvolle Leitstrukturentwicklungen scheiterten in einer viel zu späten und damit sehr teuren Phase, weil sich eine dieser Eigenschaften als nicht optimal erwies. Gerade in den letzten fünf Jahren der Pharmaforschung wurde diesen **pharmakodynamischen Eigenschaften** vermehrt Aufmerksamkeit geschenkt. Man versucht heute schon in einer frühen Phase der Wirkstoffentwicklung Leitstrukturkandidaten auf ihre ADMET-Tauglichkeit zu prüfen, Keine Synthese wird mehr ins Auge gefasst, ohne dass die

Verbindungen anhand Lipinsikis »Rule-of-Five« vorgemustert werden. Empirischen Überlegungen zufolge sollte die molare Masse 500 D nicht überschreiten, die Struktur nicht mehr als 5 H-Brückendonor- und 10 ($= 2 \times 5$) Akzeptorgruppen aufweisen, die Lipophilie in ein Fenster fallen, das einem Verteilungkoeffizienten von logP < 5 entspricht.

Hier optimal, an anderer Stelle fatal: Optimierung der Selektivität

Bei körpereigenen Wirkstoffen leistet sich die Natur oft den Luxus, relativ einfache und an mehreren Stellen passende Liganden zu verwenden. Dennoch wird eine hohe Spezifität der Wirkung erzielt und zwar durch eine sehr ausgeprägte Kompartimentierung. Die Neurotransmitter werden beispielsweise streng lokalisiert eingesetzt, wirken ganz in der Nähe ihrer Freisetzung und werden nach Erfüllen ihrer Funktion gleich wieder entfernt. So kennen wir auf Rezeptorebene eine Fülle unterschiedlicher Subtypen, die alle durch den gleichen Liganden angesteuert werden. Sie erfüllen alle verschiedenen Funktionen im lokalen pharmakologischen Geschehen. Das Umcodieren einer Aminosäuresequenz eines bestimmten Rezeptorsubtyps ist auf Genebene einfach zu realisieren. Dagegen wäre es für einen Organismus deutlich aufwendiger, den komplexen Biosyntheseweg eines nicht peptidischen Liganden durch kleine strukturelle Abwandlungen auf eine vergleichbare Vielfalt zu bringen.

Auf der Ebene der Enzyme entdecken wir immer mehr Vertreter der gleichen Proteinfamilie, die in ganz unterschiedlichen biologischen Prozessen – biochemisch gesehen – sehr ähnliche Schritte katalysieren. Durch die in aller Regel gegebene Kompartimentierung dieser Enzyme in ganz anderen Bereichen des Organismus besteht keinerlei Gefahr einer Fehlfunktion. Für die Arzneistofftherapie stellt sich nun das große Problem, dass eine gezielte Adressierung nur eines dieser Rezeptorsysteme bzw. Enzyme in einem bestimmten Kompartiment erwünscht ist. Die Substanz wird dem Organismus fast immer oral oder intravenös zugeführt. Über alle Barrieren der Kompartimentierung hinweg soll sie gezielt und spezifisch den Wirkort finden und beeinflussen. Dabei lässt sich so einfach kein Rezept definieren, wie spezifisch sie wirklich sein soll. Neuroleptika und viele Antidepressiva greifen an

Neurorezeptoren im Gehirn an. Teilweise wirken sie, therapeutisch sogar gewünscht, an mehreren Subtypen mit unterschiedlicher Stärke. Sie erzielen dabei z. B. eine gewünschte neuroleptische und antidepressive Wirkung. Wegen dieses vielfältigen Angriffs auf mehrere unterschiedliche Rezeptoren werden solche Arzneistoffe auch als *dirty drugs* bezeichnet. Ihre optimale Wirkung mag dabei gerade in diesem ausgewogenen Angriff auf mehrere Rezeptoren beruhen und optimal für eine Therapie sein. Diese Kriterien lassen sich aber leider erst sehr spät in der Entwicklung bei der klinischen Prüfung und Erfahrung beim breiten Einsatz am Patienten ermitteln.

Eine andere Erkenntnis der jüngsten Genom- und Proteomforschung verweist auf eine weitere Komplikation der strukturbezogenen Selektivität. Die Proteine gleicher Funktion der Spezies Mensch sind nicht zwingend in allen Individuen identisch aufgebaut. Es gibt einzelne Aminosäureaustausche (bedingt durch Varianten auf Genebene), die häufig keine veränderte Proteinfunktion zum Ergebnis haben. Diese Polymorphien können sich aber bei der Wechselwirkung mit Arzneimitteln bemerkbar machen, da diese Substanzen durchaus auch andere Bereiche der Bindetasche als die körpereigenen Liganden adressieren. Infolge reagieren Patienten unterschiedlich auf die Wirksubstanzen. In einzelnen Fällen wissen wir heute, dass mutierte Proteine Ursache für eine Krankheit bedeuten können. Solche Erbkrankheiten lassen sich nur heilen, wenn der entsprechende Defekt auf Genebene korrigiert wird.

Im Rahmen der Wirkstoffoptimierung konzentriert man sich in aller Regel zunächst auf eine Steigerung der Spezifität und Selektivität. Mit rationalen Konzepten kann diese Frage angegangen werden, wenn die Raumstrukturen der verschiedenen Subtypen, Isoenzyme oder Proteine einer Familie bekannt sind. Man geht dazu ganz ähnlich wie bei der Bestimmung der für eine Proteinbindung entscheidenden Wechselwirkungen in der Bindetasche vor. Mit verschiedenen Wechselwirkungssonden werden von allen Spezies der Proteinfamilie die Bindetaschen ausgeleuchtet. Es werden dann die Unterschiede in diesen so herauskristallisierten Eigenschaften aufgespürt. Sie können zusätzlich mit den Affinitätsdifferenzen bekannter Liganden gewichtet werden. So lassen sich, bezogen auf die Raumstrukturen, Kriterien herausfiltern, wie Liganden eine erhöhte Selektivität gegen das eine oder andere Mitglied der Proteinfamilie erzielen. Anhand dieser Konzepte bringen die Synthesechemiker anschließend eine erhöhte Selektivität in seine Wirkstoffkandidaten ein.

Viele Hürden auf dem Weg zum Wirkort: Freisetzung, Löslichkeit, Verteilung, Transport, Verweildauer, Metabolismus und Toxizität

Was hilft die affinste Verbindung für ein bestimmtes Zielprotein, wenn sie aufgrund unbefriedigender Freisetzung aus der applizierten Arzneiform, mangelnder Löslichkeit, schlechter Verteilung, ungenügendem Transport oder viel zu kurzer Verweilzeit im Organismus diesen Wirkort nie erreicht? Nach oraler Gabe eines Arzneistoffs muss er zunächst freigesetzt werden. Hochentwickelte Darreichungsformen können gesteuert auf die Geschwindigkeit und räumlich lokalisierte Freisetzung (z. B. pH-Millieu) eines Wirkstoffs Einfluss nehmen. Anschließend ist der Arzneistoff für den Abbau durch Enzyme freigegeben. Ester- und Amidbindungen können durch Esterasen, Lipasen oder Proteasen gespalten werden. Diese Fähigkeit der ubiquitär im Organismus vorkommenden Enzyme kann man sich allerdings auch gezielt zunutze machen. Ist z. B. eine freie Säure wegen zu hoher Polarität nicht ausreichend membrangängig und bioverfügbar, mag dies für ihren Ester nicht gelten. Nach erfolgreichem Transport des Esters besteht die Chance, dass er an erforderlicher Stelle gespalten und der Wirkstoff aus der *pro-drug*-Form freigesetzt wird. Nach Eintritt in die Blutbahn aus dem Magen bzw. dem Darm werden zunächst alle Wirkstoffe mit dem Blut durch die Leber transportiert. Wegen ihres reichen Spektrums an spaltenden, oxidierenden, reduzierenden und konjugierenden Enzymen ist die Leber vornehmlich der Ort des Abbaus von Arzneimitteln. Viele xenobiotische Verbindungen überstehen die Leberpassage nicht. Sie werden in wasserlösliche Metaboliten überführt, die über die Niere ausgeschieden werden, teilweise auch als sog. Konjugate, die mit körpereigenen polaren Substanzen verknüpft werden. Oxidative Angriffe auf Wirkstoffe nehmen die Klasse der Cytochrom-P450-Enzyme vor. Es handelt sich hier um eine Klasse untereinander verschiedener Isoenzyme, die ein etwas unterschiedliches Substratspektrum zu verarbeiten verstehen. Neben dem zur Ausscheidung führenden Metabolismus können diese Enzyme Wirkstoffe aber auch so verändern, dass Metabolite entstehen, die entweder erst die eigentliche Wirkform darstellen oder aber zu unterschiedlichen Nebenwirkungen führen. Diese können toxische, mutagene oder kanzerogene Wirkungen umfassen. Man kann sich natürlich fragen, warum unser Organismus nicht mit einem effizienteren, ja nahezu perfekten System ausgestattet wurde, das das Entstehen solcher toxischen Zwischenprodukte vermeidet. Dies war in der evolutionären Entwicklung bislang noch nicht erforderlich, zumal für den evolutiven Prozess nur der vergleichbare kurze Lebensabschnitt bis zur Fortpflanzungsfähigkeit entscheidend ist. Viele mutagene und kanzerogene Wirkungen erlebt der Mensch erst im erhöhten Alter, das wir inzwischen allerdings durch den erhöhten Gesundheitsstandard vermehrt erreichen dürfen. Dazu kommt, dass, wie inzwischen festgestellt werden konnte, nicht jeder Mensch über den qualitativ wie quantitativ gleichen Satz an metabolisierenden Enzymen verfügt. So ist schon aufgrund dieser Differenzen mit einer abweichenden Wirkung und Verträglichkeit von Arzneimitteln zu rechnen. Die Ermittlung des genomischen Fingerabdrucks jedes einzelnen Menschen birgt an dieser Stelle die Chance, einen Patienten aufgrund seines individuellen Metabolisierungsprofils optimal auf eine Arzneimitteltherapie einzustellen.

Im Rahmen der Wirkstoffoptimierung setzt der erfahrene medizinische Chemiker häufig auf bekannte **Bioisosterieprinzipien**, um unerwünschte Metabolisierungspfade oder den Abbau zu unerwünschten Metaboliten zu vermeiden. Die Kenntnis des Bindungsmodus eines Wirkstoffs an sein Zielprotein zeigt weiterhin auf, an welchen Stellen ein Ligand mit Seitenketten dekoriert werden kann, ohne dass dabei die Rezeptorbindung signifikant verändert wird. Dies können Bereiche sein, in denen sich Teile des Liganden zum ungebundenen Lösungsmittel hin orientieren. An solchen Stellen können Gruppen angebracht werden, die die Lipophilie oder Löslichkeit erhöhen oder die einen metabolischen Angriff unterbinden.

Vor die größten Probleme einer rationalen Wirkstoffoptimierung setzt uns heute sicherlich noch immer das Abschätzen der Toxizität von Verbindungen. **Toxizität** kann an unterschiedlichsten Stellen des Organismus durch Nebenwirkungen entstehen, wobei dies nicht auf die Wirksubstanz selbst beschränkt bleiben muss. Ebenfalls deren Abbauprodukte können dafür verantwortlich sein. Abschätzen der Humantoxizität aus Daten, die an anderen Spezies gewonnen wurden, ist nicht unproblematisch. Heute ist es Routine, die akute Toxizität an mehreren Tierarten zu bestimmen. Die chronische Toxizität wird an mindestens zwei Tierarten vor Beginn der klinischen Phase I durchgeführt. Es wird versucht, Tierarten zu wählen, die bei einer bestimmten therapeutischen Anwendung in ihrer Pharmakokinetik und ihrem Metabolismus dem Menschen am nächsten stehen. Hamster und Meerschweinchen, zwei miteinander relativ nahe verwandte Spezies, weisen bezüglich des für den Menschen gefährlichen Tetrachlordibenzodioxins einen Toxizitätsunterschied von etwa drei Zehnerpotenzen auf. Dies mag die Schwierigkeit einer solchen Abschätzung unterstreichen.

Das sicherlich beste und v. a. durch langjährige Erfahrung geprägte Konzept einer Wirkstoffoptimierung berücksichtigt, neben fein abgestimmter Pharmakodynamik und Pharmakokinetik, auch den Einbau chemisch begründeter Sollbruchstellen und Konjugationsstellen, die einen einfachen Metabolismus ohne nur schwer planbare oxidative Angriffe zulassen. Je besser diese Voraussetzungen in einen Wirkstoff eingebracht werden, umso geringer ist das Risiko einzuschätzen, dass chronische Toxizität entwickelt wird.

Abschließend muss aber bemerkt werden, dass auch die umfangreichsten Untersuchungen in der präklinischen Phase nicht das Risiko eliminieren können, das erst bei einer breiten therapeutischen Anwendung erkannt werden kann. Gravierende Nebenwirkungen können am Menschen in sehr seltenen Fällen auftreten. Eine Nebenwirkungsquote von 1:10000 bleibt in dieser Phase der klinischen Prüfung in aller Regel unentdeckt. Auch der chronische Arzneimittelmissbrauch durch lebenslange Einnahme großer Dosen einer Substanz kann zu toxischen Nebenwirkungen führen. So musste das Jahrzehnte in der Therapie verwendete Schmerzmittel Phenacetin nach vielen Jahren des teilweise unreflektierten Einsatzes wegen Nierenschädigungen vom Markt genommen werden.

Das »Nadelöhr« von der Forschung zur Entwicklung, der Weg vom entdeckten Zielprotein zum Entwicklungskandidaten, ist langwierig und beschwerlich. Die letzten Jahre der Wirkstoffforschung haben stark dazu beigetragen, dass wir inzwischen besser verstehen, warum dieser Weg so komplex ist. In diesem besseren Verstehen liegt aber auch die Chance, dass in Zukunft dieser Weg zunehmend durch rationale Konzepte beschleunigt werden kann.

2.2   Entwicklung – Was gehört dazu?

Hat die Wirkstoffsuche zur Auswahl eines erfolgversprechenden Wirkstoffkandidaten geführt, wird bereits in frühen Phasen der Entwicklung mit einem umfangreichen pharmakologischen und toxikologischen Testprogramm begonnen, dem pharmakokinetische (Konzentrationsveränderungen von Pharmaka in Abhängigkeit von der Zeit), pharmakodynamische (Lehre von den Pharmawirkungen am Wirkort) und toxikologische (Lehre von den schädlichen Eigenschaften chemischer Substanzen) Erkenntnisse als Basis für die klinischen Untersuchungen zugrunde liegen. Dieser Prozess ist ein **interdisziplinärer Ansatz**, der verbunden mit den enormen organisatorischen und finanziellen Anstrengungen heute fast nur noch von großen Pharmafirmen erbracht werden kann. Zum Entwicklungsteam gehören u. a. Wissenschaftler aus den Gebieten der analytischen und präparativen Chemie, der Molekularbiologie und Biochemie, der Pharmazie, der Pharmakologie und Toxikologie, der medizinischen Biometrie und der klinischen Pharmakologie.

Die Aufgaben der Pharmakologie und Toxikologie fallen im Sinne eines wissenschaftlichen Querschnittfachs zu unterschiedlichen Zeiten des Entwicklungsplans an (◘ Abb. 2.12).

Nach der Definition einer viel versprechenden neuen chemischen Entität (engl. *New Drug Entity*, NDE) werden zunächst die **Hauptwirkungen** dieser neuen Substanz beschrieben. Falls vorhanden, orientiert man sich hier u. a. an den bereits für die

vorgesehene Indikation zur Verfügung stehenden Medikamenten. Im Anschluss an die *in vitro*-Testverfahren, die in Zusammenarbeit mit dem Pharmakologen ausgewählt werden, folgen die ersten *in vivo*-Untersuchungen im Tierversuch. Besonders für die Erstbeurteilung vorbildfreier neuer Wirkstoffe ist die Auswahl geeigneter Tiermodelle eine Herausforderung. Die Bedeutung des Tierversuchs, insbesondere unter Berücksichtigung intelligenter transgener Tiermodelle, wird trotz oder vielleicht gerade wegen der rasanten Erkenntnisse der molekularbiologischen Forschung wieder stärker wahrgenommen.

Nach Absicherung dieser ersten pharmakologischen Daten kann in enger Absprache mit dem Chemiker die Verfeinerung der Strukturplanung erfolgen, um die Eigenschaften des Wirkstoffs zu verbessern und unter Umständen frühzeitig die Patentierbarkeit abzusichern. Es erfolgt eine vertiefte pharmakologische Untersuchung der neuen Substanz, die die genaue Beschreibung des Wirkmechanismus sowie der Haupt- und Nebenwirkungen zum Ziel hat. Parallel werden in Zusammenarbeit mit dem Toxikologen die vorklinischen toxikologischen Untersuchungen geplant. Ebenfalls parallel und sehr früh im Entwicklungsplan erfolgt in Abstimmung mit dem Pharmazeuten die experimentelle Beurteilung der geplanten galenischen Zubereitung des Wirkstoffs (sowie seiner Nebenstoffe) hinsichtlich Verträglichkeit und Bioverfügbarkeit. Hierbei ist es von großer Bedeutung, dass die Galenik (Lehre von der Zubereitung und Herstellung von Arzneimitteln) und die Art der Applikation dem späteren therapeutischen Einsatz möglichst nahe kommen, damit der Einfluss der dadurch bedingten Störfaktoren möglichst früh eingeschätzt werden kann.

2.2.1   Vorklinische Arzneimittelprüfung – Experimentelle Pharmakologie

Die therapeutische Zielsetzung

Ausgangspunkt für die Planung der pharmakologischen und toxikologischen Untersuchungen ist die Definition der therapeutischen Zielsetzung. Dabei sind neben der molekularen Beschreibung

2

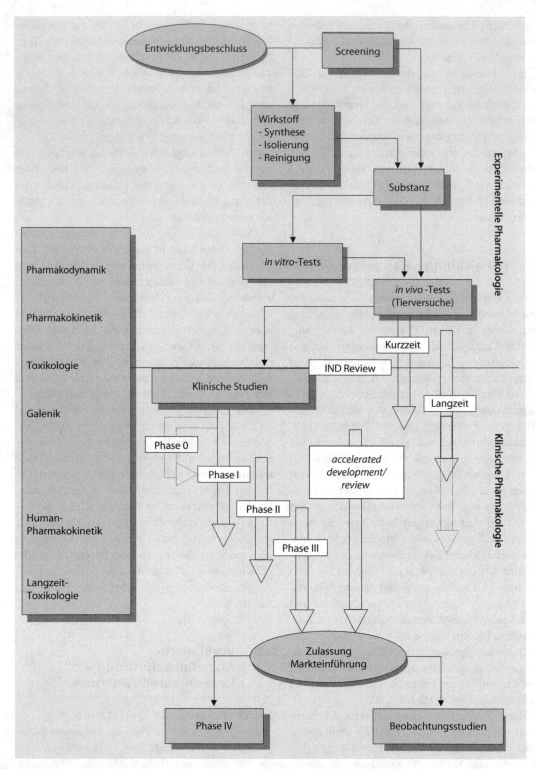

■ **Abb. 2.12**   Übersicht: Stationen der Entwicklung eines Therapeutikums – Die Bedeutung von Pharmakologie, Toxikologie und klinischer Prüfung.

der Zielstruktur auch Überlegungen zu Marktgröße und Entwicklungschancen sowie die Patentstrategie, die Analyse der bereits für diese Indikation zugelassenen Wirkstoffe und eventuelle therapeutische Lücken eines Indikationsgebiets von grundlegender Bedeutung. So muss beim Vergleich mit bereits zugelassenen Wirkstoffen geklärt werden, ob die Erkenntnisse zum Wirkmechanismus sowie zur Wirkstärke und Spezifität der neuen Substanz eine echte Chance auf eine Verbesserung der bisherigen therapeutischen Situation bieten. Unabhängig davon, ob es sich hierbei um neue kausale Therapieansätze oder die Optimierung einer symptomatischen Therapie handelt, muss in jedem Fall der neue Wirkstoff für den Patienten und/oder den behandelnden Arzt nachhaltige Vorteile bieten.

Die rasante Geschwindigkeit, mit der sich heute unser Wissen über die molekularen Grundlagen bisher nicht verstandener Krankheitsprozesse erweitert, ist bei der langen Entwicklungszeit eines neuen Medikaments ein schwer einzuschätzender Risikofaktor. So werden während des Entwicklungsprozesses beinahe mit Sicherheit neue Erkenntnisse über die Pathophysiologie der für die geplante Indikation in Frage kommenden Krankheit gewonnen werden. Die Bedeutung des Wirkmechanismus der neuen Substanz kann dadurch weiter steigen, aber auch generell infrage gestellt werden, was häufig zum Abbruch der Entwicklung führt. Auf der anderen Seite ist die zunehmende Hinwendung der akademischen und klinischen Medizin zu den Prinzipien der sog. *evidence based medicine* (EBM) eine für die Arzneimittelentwicklung sehr zu begrüßende Tendenz. Der Nachweis der Effizienz einer neuen Substanz in klinischen Studien im Sinne der EBM erhält dadurch einen so großen Stellenwert, dass ein Wettbewerbsvorteil auch gegenüber neuen Zielstrukturen mit theoretisch überlegenen Eigenschaften so lange bestehen bleibt, bis diese im Sinne der EBM erwiesen sind.

Der formale Ablauf einer Arzneimittelentwicklung

Die Hauptwirkungen von neuen Substanzen können heute in aller Regel durch geeignete *in vitro*-Testverfahren frühzeitig und schnell beurteilt werden. Mittels z. B. der kombinatorischen Che-

mie unter Zuhilfenahme des *molecular modelling* (falls gute Strukturdaten der Zielstruktur verfügbar sind) gelingt es ebenfalls, in kurzer Zeit neue Substanzen herzustellen, die verbesserte Eigenschaften bzgl. der Wirkstärke, der Spezifität und meist auch der Patentierbarkeit aufweisen. Allerdings soll an dieser Stelle vor einem häufig zu beobachtenden unkritischen Optimismus bzgl. der Beurteilung der Spezifität gewarnt werden. Beispielsweise werden bei der Entwicklung eines neuen Tyrosin-Kinase-Inhibitors zur Ermittlung der Spezifität der Hemmung eine Vielzahl bekannter und verfügbarer Kinasen (ca. 10–100) als Kontrollen verwendet. Bei der geschätzten Zahl von ca. 2.000 verschiedenen Kinasen, die von einer Zelle hergestellt werden können, wird jedoch sofort die eingeschränkte Aussagekraft bzgl. der Spezifität offensichtlich. Hieraus ergibt sich die unvermindert große Bedeutung des Tierversuchs sowie der klinischen Studien zur Beurteilung des gesamten Wirkprofils einer neuen Substanz bzgl. der erwünschten und unerwünschten Wirkungen, der Toxizität und der pharmakokinetischen Daten. Andererseits rechtfertigt sich diese vertiefte und aufwändige pharmakologische Untersuchung nur, wenn die neue Substanz bzgl. Wirkmechanismus, Wirkstärke, Spezifität, Pharmakokinetik und therapeutischer Breite alle Anforderungen des im Rahmen der therapeutischen Zielsetzung definierten Wirkprofils zufriedenstellend erfüllen kann. Parallel zur vertieften pharmakologischen Untersuchung erfolgt dann in mindestens zwei Tierspezies die vorklinische toxikologische Prüfung.

Die pharmakologische Untersuchung ist auch mit der erfolgreichen Erstanwendung am Menschen meistens noch nicht abgeschlossen. Indikationsausweitungen, Markt- und patentorientierte Überlegungen, unerwartete erwünschte und unerwünschte Wirkungen sowie Arzneimittelwechselwirkungen sind häufig der Anlass für erneute experimentelle pharmakologische Untersuchungen.

Die Auswahl geeigneter pharmakologischer Modelle

Unabhängig von der Quelle der zu testenden Substanzen (Zufallsbefund, gezielte Veränderung bekannter Strukturen, zielstrukturbasierte Synthesen, etc.) muss in der sog. **pharmakologischen**

2

◻ **Tab. 2.1**   *In vitro*- und *in vivo*-Modelle für pharmakologische und toxikologische Untersuchungen

Modell	Vorteile	Nachteile
Mikroorganismen	Einfache Testdurchführung rasches Ergebnis hohe n-Zahl	Nur zum Test auf bestimmte Parameter (z. B. Mutagenität) geeignet
kultivierte Säugerzellen	relativ einfache und rasche Durchführung viele pharmakodynamische Parameter vergleichbar mit Mensch	meist Verwendung stabiler Zelllinien erforderlich nicht alle pharmakologischen Parameter können untersucht werden
isolierte Organe	Untersuchung der intrinsischen Aktivität ohne Beeinflussung durch die Pharmakokinetik Einsparung von Tierversuchen vergleichsweise geringer technischer Aufwand vergleichsweise geringer Substanzbedarf	höherer Aufwand als Zellkultur Optimierung der chemischen Struktur allein auf der Grundlage isolierter Organe nicht möglich
Tiere	Übertragbarkeit der Ergebnisse auf den Menschen in gewissem Rahmen gewährleistet	teilweise nicht vernachlässigbare Speziesdifferenzen (Tier/Tier bzw. Tier/Mensch)
Maus/Ratte	gute Beurteilung von Effekten auf endokrine Organe und auf das ZNS sowie (Ratte) auf Gastrointestinaltrakt und renales System	Relativ hoher Aufwand, langer Testverlauf bestimmte geschlechts- und stammspezifische Unterschiede (Ratte)
Hund/Katze etc.	Notwendigkeit u. a. zur Beurteilung bestimmter Kreislaufeffekte	bestimmte Stoffwechselreaktionen zur Entgiftung können fehlen

Erstbeurteilung (*drug screen*) mit möglichst geringem materiellem und v. a. zeitlichem Aufwand die Aktivität und Spezifität vergleichend untersucht werden. Aus diesen Untersuchungen soll ein breites pharmakologisches Wirkprofil erstellt werden, aus dem sich dann gute Vorhersagen über die vermutlichen Haupt- und Nebenwirkungen machen lassen. Hierzu dienen geeignete biologische Tests auf der molekularen, zellulären, Organ- und Tierversuchsebene (s. ◻ Tab. 2.1). Obwohl der Aufwand entlang dieser Aufzählung stark zunimmt, benötigt man trotz aller Fortschritte der *in vitro*-Testverfahren weiterhin alle Ebenen zur Erstbeurteilung. Die Bedeutung des Tierversuchs wird auch dadurch unterstrichen, dass v. a. für die Erkrankungen, für die aussagekräftige Tiermodelle zur Verfügung stehen (z. B. Hypertonie und thromboembolische Erkrankungen), wirksame Medikamente entwickelt wurden. Dabei ist es relativ unerheblich, ob die molekularen Grundlagen der Pathogenese der Erkrankungen aufgeklärt sind. Der Umkehrschluss gilt meist auch, wenn solche Tiermodelle fehlen (z. B. Morbus Alzheimer).

Die Art und Anzahl der initialen Testverfahren hängt zunächst entscheidend von der definierten therapeutischen Zielsetzung ab. So wird ein neues Antibiotikum zuerst auf seine Wirksamkeit gegen verschiedene Mikroorganismen hin untersucht werden, während bei einem neuen Antidiabetikum zunächst die Potenz der Blutzuckersenkung im Vordergrund steht. Schon bei dieser Erstbeurteilung können sich Nebenbefunde ergeben, die zu einer völlig anderen therapeutischen Entwicklung der Substanz führen. So wurde z. B. der Wirkstoff Praziquantel zunächst von der Firma Merck als potenzielles Psychopharmakon untersucht und nicht weiter entwickelt. Die Beobachtung, dass Praziquantel eine gute Hemmwirkung auf den Erreger der menschlichen Wurmerkrankung Bilharziose (weltweit leiden v. a. in den Entwicklungsländern ca. 200 Mill. Menschen an Bilharziose) hat, wurde von der Firma Bayer weiter verfolgt und führte zur Zulassung von Praziquantel für diese Indikation.

Die **Auswahl der Testverfahren** soll beispielhaft anhand einer fiktiven neuen Substanz, die als Antagonist an vaskulären α_1-Adrenozeptoren zur Therapie der arteriellen Hypertonie entwickelt werden soll, dargestellt werden. So würde auf der molekularen Ebene zunächst die Bindungsaffinität der Testsubstanz an heterolog-überexprimierten α_1-Adrenozeptor-Subtypen auf Zelloberflächen (z. B. von *Chinese Hamster Ovary* (CHO)-Säugerzellen) bestimmt werden. Nach der Ermittlung der Spezifität und Affinität der Rezeptorbindung würde man mittels funktioneller Tests (z. B. Aktivierung von α_1-Adrenozeptor-spezifischen Signaltransduktionskaskaden) auf der zellulären Ebene untersuchen, ob die Substanz als voller Agonist, partieller Agonist oder Antagonist an α_1-Adrenozeptoren wirkt. Parallel dazu würde man an Leberzellpräparationen untersuchen, ob die neue Substanz ein Substrat von cytosolischen Cytochrom-P450-Isoenzymen ist und eventuell zu deren Hemmung bzw. Induktion führt. Weitere *in vitro*-Gewebeuntersuchungen, z. B. an isolierten glatten Muskelpräparaten aus den Gefäßen, des Gastrointestinaltrakts oder des Bronchialsystems würden sich anschließen, um die Effektivität im Vergleich zu Referenzsubstanzen zu untersuchen. Bei jedem *in vitro*-Verfahren würde anhand vorher festgelegter Leistungskriterien überprüft, ob weitere Untersuchungen folgen sollen oder die Entwicklung der Substanz eingestellt wird. Tierversuche würden sich anschließen, um die blutdrucksenkende Wirkung und die Verträglichkeit in geeigneten *in vivo*-Krankheitsmodellen zu demonstrieren (z. B. in spontan-hypertensiven Ratten). Man würde z. B. die Effizienz nach oraler und parenteraler Gabe prüfen und die Dauer und Stärke des blutdrucksenkenden Effekts im Vergleich zu Referenzsubstanzen bestimmen. Bei vielversprechenden Ergebnissen würden sich weitere Untersuchungen zur Analyse der zu erwartenden unerwünschten Wirkungen an wichtigen Organsystemen wie z. B. ZNS, Gastrointestinaltrakt, Lunge und endokrinen Organen, anschließen. Diese Untersuchungen könnten dazu führen, dass gezielte chemische Modifikationen an der Substanz durchgeführt werden müssen, um Stoffe mit optimierten pharmakodynamischen und pharmakokinetischen Eigenschaften zu erhalten. Wenn sich z. B. eine schlechte orale Resorption oder eine zu kurze Halbwertszeit durch rasche hepatische Metabolisierung, d. h. in der Leber, zeigen, müsste durch gezielte chemische Veränderungen die Bioverfügbarkeit verbessert werden. Für Medikamente, die in der geplanten therapeutischen Situation am Menschen (z. B. in der Therapie der arteriellen Hypertonie) dauerhaft eingenommen werden, müssten Untersuchungen zur Toleranzentwicklung und Langzeitverträglichkeit durchgeführt werden. Das Ergebnis dieses Vorgehens, das u. U. mehrere Male mit modifizierten Substanzen durchlaufen werden muss, wäre die Definition einer sog. **Leitsubstanz** (*lead compound*) für die weitere klinische und toxikologische Prüfung. Diese Leitsubstanz muss zu diesem Zeitpunkt gegenüber Referenzsubstanzen verbesserte Eigenschaften in der vertieften pharmakologischen Untersuchung demonstriert haben und auch bzgl. der zu erwartenden unerwünschten Wirkungen die Anforderungen der Sicherheitspharmakologie erfüllt haben.

Zusammenfassend ist es also die **Hauptaufgabe der Pharmakologie**, die im Folgenden näher beschriebenen pharmakodynamischen und pharmakokinetischen Schlüsselparameter (s. ◻ Tab. 2.2) verbindlich zu definieren, um die weitere Fortsetzung der toxikologischen und klinischen Prüfung zu rechtfertigen.

Wirkmechanismus und Wirkspezifität

Das heute allgemein akzeptierte Arbeitsmodell ist, dass die therapeutischen und toxischen Wirkungen eines Arzneimittels auf seinen Wechselwirkungen mit speziellen Molekülen im Organismus beruhen. Hierbei unterscheidet man generell die **rezeptorvermittelten von den nicht-rezeptorvermittelten Arzneimittelwirkungen**, wobei Erstere überwiegen. Unter einem Rezeptor, einem Begriff, der vor mehr als 100 Jahren v. a. von Paul Ehrlich und John Langley geprägt wurde, wird dabei ganz allgemein eine Komponente einer Zelle oder eines Organismus verstanden, die mit einer Substanz durch Bindung interagiert und dadurch eine charakteristische Reihenfolge biochemischer Ereignisse auslöst, die für die Effekte des Arzneimittels typisch sind. Streng genommen wird der Begriff Rezeptor eingeschränkt auf zellmembranständige und lösliche Strukturen, die den Informationsaustausch

◻ Tab. 2.2   Vorklinische Arzneimittelprüfung – pharmakologische Parameter

Pharmakodynamik	Pharmakokinetik
Rezeptoraffinität	Resorption
Rezeptorspezifität	Verteilungsräume
Wirkungsstärke	Verteilungsvolumen
Intrinsische Aktivität	Plasmahalbwertszeit
Wirkungsmechanismus	Plasmaeiweißbindung
Wirkungsspezifität	Speicherung
Therapeutische Breite	Biotransformation/
Therapeutischer Index	Metabolisierung
Wechselwirkungen	Bioverfügbarkeit
	First pass-Effekt
	Clearance
	Eliminationskinetik

zwischen Zellen vermitteln, verwendet. Unter Arzneimittelrezeptoren werden im weitesten pharmakologischen Sinne Enzyme, Hormon-, Neurotransmitter- und Cytokinrezeptoren, Ionenkanäle, Transporter, Strukturproteine, Lipide und Nucleinsäuren zusammengefasst.

Lange Zeit wurde die **Existenz der Rezeptoren** nur aufgrund der Analyse von pharmakologischen Wirkungen postuliert, ohne dass sie direkt nachgewiesen werden konnten. Man sprach deshalb auch nicht von dem Wirkmechanismus, sondern nur von der Wirkweise eines Arzneimittels. Heute hingegen lassen sich Rezeptoren auf der Gen- und Proteinebene biochemisch und molekularbiologisch charakterisieren und es sollte eigentlich für jedes neue Arzneimittel gefordert werden, dass der Wirkmechanismus eines Medikaments auf der Rezeptorebene aufgeklärt ist, bevor eine weitere Arzneimittelentwicklung beginnen kann. Aus dem modernen Rezeptorkonzept können im Wesentlichen drei wichtige Voraussagen abgeleitet werden:

1. Rezeptoren bestimmen die quantitativen Beziehungen zwischen der Dosis (bzw. der Konzentration) eines Medikaments und seinem pharmakologischen Effekt. Die Assoziations- und Dissoziationskonstanten der Rezeptor-Liganden-Bindung bestimmen die Konzentration des Liganden, die benötigt wird, damit sich die notwendige Anzahl von Rezeptor-Liganden-Komplexen ausbilden, um einen Effekt auszulösen.

2. Rezeptoren sind verantwortlich für die Selektivität der Arzneimittelwirkung. V. a. Größe, dreidimensionale Struktur und elektrische La-

dung eines Wirkstoffs definieren, ob und mit welcher Avidität, also welcher Gesamtheit aller Affinitäten, er im Kontext der großen Vielfalt verschiedener Bindungsstellen innerhalb einer Zelle, eines Organismus oder eines Patienten an einen bestimmten Rezeptor bindet. Daraus folgt, dass Veränderungen in der chemischen Struktur einer Substanz die Bindungsaffinität eines neuen Wirkstoffs für verschiedene Rezeptorklassen dramatisch verändern können, mit dem Resultat eines veränderten pharmakologischen und toxikologischen Wirkprofils.

3. Rezeptoren vermitteln auch die Wirkung pharmakologischer Antagonisten. Viele Medikamente und endogene Substanzen (z. B. Neurotransmitter und Hormone) wirken am Rezeptor als Agonisten, d. h. sie lösen eine spezifische intrinsische Aktivität aus. Reine pharmakologische Antagonisten hingegen binden an Rezeptoren, ohne diese intrinsische Aktivität hervorzurufen. Der Effekt eines Antagonisten beruht daher ausschließlich auf seiner Fähigkeit, die Bindung endogener oder exogener Agonisten zu verhindern und damit die Aktivierung des spezifischen Rezeptoreffekts zu blockieren. Eine Vielzahl der am häufigsten eingesetzten Medikamente wirken als **pharmakologische Antagonisten**. Sonderfälle sind in diesem Zusammenhang partielle sowie inverse Agonisten. Theoretische Überlegungen der Rezeptor-Pharmakologie gehen davon aus, dass es mindestens zwei Konformationen eines Rezeptors (aktive und inaktive Konformation)

geben muss, um die Wirkung eines partiellen bzw. inversen Agonisten zu erklären.

Von **rezeptorunabhängigen Arzneimittelwirkungen** spricht man in der Pharmakologie, wenn Medikamente mit anderen Molekülen oder Einheiten im Organismus in Wechselwirkung treten. Dazu gehört z. B. die große Gruppe der Antibiotika, die zur Behandlung von Infektionskrankheiten verwendet werden. Im Prinzip wirken diese Stoffe zwar auch auf makromolekulare Bestandteile, allerdings nicht im Wirtsorganismus, sondern auf bakterielle und andere mikrobielle Systeme. Andere Arzneimittel wirken auf relativ kleine Moleküle im Körper über einfache chemische Reaktionen (z. B. Antazida oder Chelatbildner). Ein weiteres Beispiel sind Wirkstoffe, die sich aufgrund ihrer Lipidlöslichkeit in den Lipidschichten von Zellmembranen anreichern und zu einer unspezifischen Membranstabilisierung führen (z. B. Inhalationsnarkotika).

Die klassische Unterscheidung der Arzneimittelwirkungen in rezeptorvermittelt und nicht-rezeptorvermittelt lässt sich bei neueren Medikamenten häufig nicht mehr ohne weiteres anwenden. So lassen sich etwa Virustatika, Ribozyme oder humanisierte Antikörper nur schwer einer der beiden Kategorien zuordnen, da diese Substanzen nach Aufnahme in den Organismus zwar an spezifische Makromoleküle binden, aber dadurch im Gegensatz zum klassischen Modell der rezeptorvermittelten Arzneimittelwirkung keine direkte Wirkung ausgelöst wird.

Generell gilt in den meisten Fällen, dass sich spezifische Wirkstoffe wesentlich leichter entwickeln lassen, wenn rezeptorvermittelte Prozesse der Wirkung zugrunde liegen. Eine Erhöhung der Strukturselektivität von Substanzen an Rezeptoren lässt sich neben der gezielten chemischen Modifikation auch durch Trennung von stereoisomeren Verbindungen, insbesondere von optischen Isomeren (Enantiomeren) erzielen. So wird z. B. Methadon ausschließlich in der Form des (–)-Isomeren Levomethadon eingesetzt, das ca. 58-fach wirksamer als das (+)-Isomere ist. Eine weitere Möglichkeit, die Selektivität von Arzneimitteln zu erhöhen, ist die Art der Applikation. Dieser Weg wird schon seit langem z. B. in der Asthmatherapie angewandt, bei der β2-Sympathomimetika wie z. B. Salbuta-

mol, aber auch Glucocorticoide wie Budesonid primär als Dosieraerosole zur Inhalation eingesetzt werden. Diese lokale Applikation erlaubt hohe Wirkstoffspiegel an der Zielzelle bei vergleichsweise niedriger systemischer Konzentration mit entsprechend gering ausgeprägten unerwünschten Wirkungen.

Wirkstärke und therapeutische Breite

Der Bestimmung der Wirkstärke einer neuen Substanz im Vergleich zu bekannten Wirkstoffen kommt besondere Bedeutung zu. Letztlich müssen auf der Grundlage dieser Daten (zusammen mit den pharmakokinetischen Kenngrößen) begründete Dosisvorschläge für die Erstanwendung am Menschen formuliert werden. Der deutsche Ausdruck Wirkstärke umfasst zwei verschiedene englische Begriffe: die dosisbezogene Wirkstärke (*potency*) und die effektbezogene Wirkstärke (*efficacy*). Ein Maß für die dosisbezogene Wirkstärke eines Arzneimittels ist die Dosis, bei der ein halbmaximaler Effekt erzielt wird. Diese Dosis wird effektive Dosis 50 % (ED50) oder bei der Verwendung von Konzentrationen unter *in vitro*-Bedingungen effektive Konzentration 50 % (EC50) genannt. Diese Werte sind gut geeignet, um verschiedene Arzneimittel, die mit dem gleichen Rezeptor interagieren, bzgl. ihrer wirksamen Konzentrationen bzw. Dosierungen zu vergleichen. Dabei muss jedoch berücksichtigt werden, dass eine größere konzentrationsbezogene Wirkstärke noch kein Beweis für eine therapeutische Überlegenheit darstellt. So macht es bei gleichem Maximaleffekt und einer unveränderten therapeutischen Breite keinen Unterschied, ob man von einem Arzneimittel 100 mg oder 1 mg einnehmen muss. Beispielsweise wirken bei gleichem Wirkmechanismus 40 mg des Schleifendiuretikums Furosemid genauso stark wie 1 mg Bumetanid. Falsch ist die daraus oft abgeleitete Behauptung, dass Furosemid 40fach stärker wirksam sei als Bumetanid, denn der einzige Unterschied besteht darin, dass Bumetanid in 40fach geringerer Dosis gleich wirksam ist. Eine geringere Dosis ist jedoch allein kein therapeutischer Vorteil, solange nicht weitere Eigenschaften, wie z. B. ein günstigeres Nebenwirkungsspektrum, eine größere therapeutische Breite oder eine vorteilhafte Pharmakokinetik, hinzukommen.

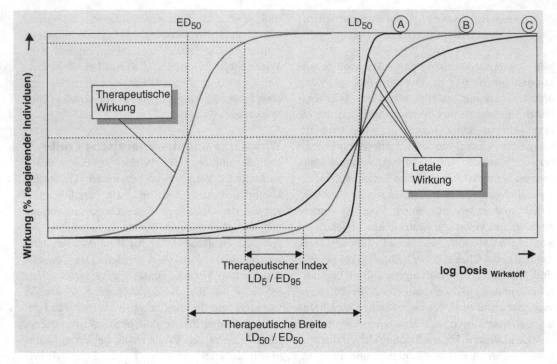

◘ Abb. 2.13   Therapeutische Breite/therapeutischer Index: Fallunterscheidung verschiedener Dosis-Wirkungskurven eines Pharmakons.

Der Begriff des **Maximaleffekts** (effektbezogene Wirkstärke) entspricht dem Ausdruck *intrinsic activity* oder der häufiger gebrauchten englischen Bezeichnung *efficacy*. Ein Arzneimittel hat seinen Maximaleffekt erreicht, wenn seine Wirkung durch weitere Dosiserhöhungen nicht mehr gesteigert werden kann (Plateau der Dosis-Wirkungs-Kurve). Die maximal wirksame Konzentration eines Arzneimittels liegt unter *in vitro*-Bedingungen etwa 100-fach höher als die halbmaximal wirksame Konzentration, wenn sich eine reine bimolekulare Reaktion zwischen Arzneimittel und Rezeptor ohne zusätzliche Einflüsse auf die Wechselwirkung der Rezeptoren untereinander (Kooperativität) abspielt. Unter den praktischen Bedingungen der Arzneitherapie werden jedoch so starke Dosissteigerungen selten möglich sein, so dass der theoretisch mögliche Maximaleffekt *in vivo* nur sehr selten erreicht wird. Trotz dieser Einschränkung ist der Maximaleffekt ein wichtiger Parameter, denn auch *in vivo* erreicht beispielsweise die maximale diuretische Wirkung von Furosemid ein Ausmaß am Patienten, das durch die schwächeren Benzot-

hiazid-Diuretika selbst mit höchsten Dosen nicht erzielbar ist. Unterschiede in der maximalen Wirkstärke von Arzneimitteln für die gleiche Indikation beruhen immer auf den Unterschieden der beteiligten Wirkmechanismen und/oder der beeinflussten funktionellen Systeme. Die vergleichende Bestimmung der relativen Wirksamkeit und der maximalen Wirkstärke zweier Medikamente ist *in vitro* im Falle parallel verlaufender Dosis-Wirkungs-Kurven meist relativ schnell und einfach möglich.

Als Maß für den Sicherheitsabstand zwischen toxischen und therapeutischen Dosen wird für ein Arzneimittel die sog. *therapeutische Breite* angegeben. Hierbei wird aus Tierversuchen der Quotient aus der Letaldosis 50 % (LD50) der Letalitätskurve und der Effektivdosis 50 % (ED50) der Dosis-Wirkungskurve für die erwünschte Hauptwirkung gebildet (◘ Abb. 2.13). Ein großer Nachteil dieser Definition ist, dass sie parallel verlaufende Letalitäts- und Effektivitäts-Dosis-Wirkungs-Kurven voraussetzt. Bei unterschiedlicher Steilheit der Kurvenverläufe (s. Kurven A und C in ◘ Abb. 2.13) besitzen die Medikamente trotz rechnerisch gleicher therapeutischer Breite eine grundlegend unterschiedliche therapeutische Sicherheit. Aus diesem Grund ist der Begriff »therapeutischer Index« (LD_5/ED_{95}) eingeführt worden, der den flach verlaufenden Anfangsteil der Letalitätskurve mit dem Endteil der Effektivitätskurve in Verbindung setzt und damit eine größere Sicherheit gibt als die therapeutische Breite.

Die Beurteilung der therapeutischen Sicherheit allein auf der Basis von am Tier beobachteten akuten Toxizitätswerten ist für eine sichere Anwendung beim Menschen nicht ausreichend. In der Regel wirkt sich nicht die akute Toxizität dosislimitierend aus, sondern typische Nebenwirkungen, die sich erst bei längerer Anwendung an Patienten beobachten lassen. Ein Quotient aus der Dosis, die in der Praxis eine gravierende unerwünschte Wirkung auslöst, und der Dosis für die erwünschte Wirkung bietet einen besseren Anhaltspunkt zur Beurteilung der therapeutischen Sicherheit am Menschen.

Pharmakokinetische Untersuchungen

Eine ähnlich große Bedeutung wie das pharmakodynamische Profil eines Stoffes mit Art und Ort der Wirkung, Wirkstärke und Wirkmechanismus besitzt das **pharmakokinetische Profil**, da ohne Kenntnisse zur Pharmakokinetik einer zu prüfenden Substanz selbst nur die Abschätzung der Übertragbarkeit der tierexperimentellen Befunde auf die Situation am Menschen wegen der bekannten Speziesdifferenzen nicht möglich ist. Das gewünschte pharmakokinetische Profil wird im Rahmen der therapeutischen Zielsetzung definiert, und der ständige Abgleich der erhobenen experimentellen Befunde mit diesem Wunschprofil ist Voraussetzung für eine erfolgreiche Arzneimittelprüfung.

Für die Beurteilung der pharmakokinetischen Parameter eines neuen Wirkstoffs und seiner Metaboliten stehen heute zahlreiche empfindliche und spezifische analytische Verfahren zur Verfügung. Damit werden die verschiedenen Phasen der Pharmakokinetik (Resorption, Verteilung, Metabolisierung und Ausscheidung; im Englischen ADME = *absorption*, *distribution*, *metabolism*, *excretion*; vgl. ◘ Abb. 2.14) quantitativ erfassbar.

Die Stärke eines Wirkstoffs hängt von der Konzentration am Wirkort ab, wobei der Stoff aber nur in Ausnahmefällen direkt dort appliziert wird und in der Regel vielmehr erst nach der Verteilungsphase an den Ort der gewünschten Wirkung gelangt. Häufig ist am Wirkort eine Messung des Verlaufs der Wirkstoffkonzentration in Abhängigkeit von der Zeit nicht möglich und in solchen Fällen eine indirekte Beurteilung über pharmakodynamische Messgrößen notwendig. Unterschiede zwischen direkt und indirekt gewonnenen Aussagen zur Pharmakokinetik sind gelegentlich bereits dadurch zu erklären, dass die Nachweisgrenzen für den biologischen Effekt wesentlich enger sind als die der analytischen Bestimmungsmethoden.

Die für die Praxis wichtigsten Parameter zur Beschreibung der pharmakokinetischen Vorgänge sind u. a. Bioverfügbarkeit, Verteilungsvolumen, Clearance und Halbwertszeit (s. ◘ Tab. 2.2). Grundsätzlich ist dabei zu berücksichtigen, dass diese Größen nicht nur von den Eigenschaften eines Pharmakons abhängen; so können sie bereits bei Gesunden erheblichen Schwankungen unterworfen sein und durch eine Vielzahl von Faktoren wie z. B. Lebensalter, Krankheiten oder Wechselwirkungen mit anderen Pharmaka beeinflusst werden.

Unter der **Bioverfügbarkeit** versteht man die Verfügbarkeit eines Wirkstoffs für systemische Wirkungen. Nach dieser Definition ist ein Wirkstoff theoretisch bei intravenöser Gabe zu 100 % bioverfügbar. Zur Bestimmung der absoluten Bioverfügbarkeit bestimmt man daher für eine Substanz im Serum die Fläche unter der Konzentrations-Zeit-Kurve (*area under the curve* = AUC) nach oraler und intravenöser Gabe und bildet den Quotienten. Ebenso kann verfahren werden, um die relative Bioverfügbarkeit zweier Arzneimittelzubereitungen zu bestimmen, wenn keine intravenös applizierbare Arzneiform zur Verfügung steht und als Vergleich ein Standardarzneimittel herangezogen wird. Neben der Resorption im Magen-Darm-Trakt hängt die Bioverfügbarkeit stark vom sog. hepatischen ***first-pass*-Effekt** ab. Bei Pharmaka mit einem ausgeprägten *first-pass*-Effekt, die also bereits bei der ersten Leberpassage in erheblichem Ausmaß aus dem Pfortaderblut extrahiert werden, führen bereits kleine Veränderungen der Extraktion (z. B. bei Lebererkrankungen oder im Alter) zu markanten Änderungen der Bioverfügbarkeit.

2

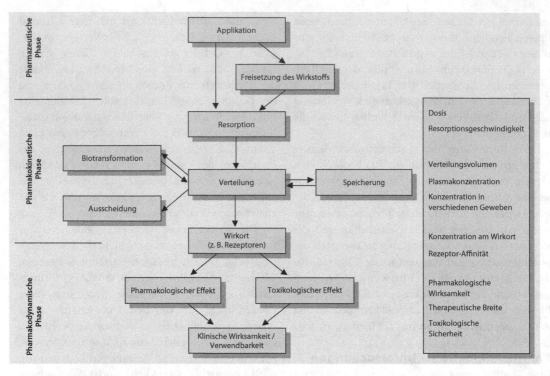

Abb. 2.14 Die pharmazeutische, die pharmakokinetische und die pharmakodynamische Phase: Einflussgrößen auf die Wirkung von Pharmaka im Körper.

Nach seiner Definition ist das **Verteilungsvolumen** ein Proportionalitätsfaktor zwischen der im Organismus vorhandenen Menge eines Wirkstoffs und seiner Plasmakonzentration. Bei Kenntnis des Verteilungsvolumens kann man berechnen, welche Dosis eines Pharmakons nötig ist, um eine bestimmte therapeutisch wirksame Plasmakonzentration zu erzielen. Es ist zu berücksichtigen, dass das Verteilungsvolumen nicht nur von der Größe der realen Verteilungsräume eines Wirkstoffs abhängt, sondern auch vom Ausmaß der Bindung eines Pharmakons an Plasmaproteine, Zellen und Gewebe bestimmt wird. Man bezeichnet daher dieses errechnete pharmakologische Verteilungsvolumen auch als scheinbares oder apparentes Verteilungsvolumen, weil ihm oft kein realer Raum entspricht.

Die **Clearance** ist ein Maß für die Fähigkeit des Organismus, ein Pharmakon zu eliminieren, und wird als Kenngröße schon seit langem in der Nierenphysiologie verwendet. Die totale Clearance eines Wirkstoffs ist die Summe aus renaler und extrarenaler Clearance, wobei die extrarenale Clea-

rance alle nicht-renalen Eliminationsvorgänge (z. B. pulmonale, hepatische) umfasst und die metabolische Elimination in der Leber dabei am wichtigsten ist. Die Clearance stellt somit ein Maß für die Eliminationsgeschwindigkeit dar und gestattet es, die Eliminationshalbwertszeit eines Wirkstoffs zu berechnen.

Die **Halbwertszeit** ist der sicherlich populärste pharmakokinetische Parameter, obwohl es immer wieder zu Missverständnissen bei der Interpretation kommt. So hängt die Größe der Halbwertszeit nämlich nicht nur von der Eliminationsleistung des Organismus, sondern auch von der Verteilung des Wirkstoffs ab. Die Halbwertszeit ist also umso länger, je größer das Verteilungsvolumen ist, und umso kürzer, je größer die Clearance ist. Weiterhin ist es wichtig, die Begriffe der Serumhalbwertszeit im eigentlichen Sinn von der biologischen oder Wirkhalbwertszeit sauber zu unterscheiden. Nach der Definition ist die Halbwertszeit diejenige Zeitspanne, in der die Konzentration eines Wirkstoffs um die Hälfte abgenommen hat. Nach etwa 4–5 Halbwertszeiten ist die Elimination eines Wirkstoffs weitgehend abgeschlossen. Die Halbwertszeit erlaubt also, die Verweildauer eines Wirkstoffs im Organismus abzuschätzen, sie gestattet aber keine Aussagen zur Wirkdauer.

Probleme der Übertragbarkeit tierexperimenteller Befunde auf den Menschen

▪ **Speziesdifferenzen**
Die Übertragbarkeit pharmakologischer Befunde von einer Tierart auf die andere oder vom Tier auf den Menschen wird durch die genetisch bedingten physiologischen und biochemischen Differenzen zwischen den Spezies limitiert. Der größte Teil der Speziesdifferenzen in Bezug auf Arzneimittelwirkungen ist durch qualitative und quantitative Unterschiede in der Biotransformation bedingt. Betroffen sind hiervon sowohl Phase-I- (oxidative, reduktive und hydrolytische Transformationen) als auch Phase II-Reaktionen (z. B. Konjugation von Metaboliten an körpereigene Substanzen). Ein typisches Beispiel für die Variation von Enzymaktivitäten ist der Abbau von Hexobarbital: Die Maus zeigt eine etwa 16mal höhere Enzymaktivität als z. B. der Hund. Entsprechend verhalten sich die Schlafzeiten nach einer Standarddosis und die biologischen Halbwertszeiten.

Neben der unterschiedlichen Biotransformation gibt es auch Speziesdifferenzen, die durch die Physiologie begründet sind. Der Hund reagiert auf β2-Mimetika und andere peripher angreifende blutdrucksenkende Stoffe besonders empfindlich und beantwortet das Absinken des peripheren Blutdrucks mit einer starken reflektorischen Herzfrequenzerhöhung, die zur Ursache für eine an anderen Tierarten nicht nachweisbaren Kardiotoxizität werden kann. Auch die endokrine und immunologische Situation ist bei den verschiedenen Säugern häufig sehr unterschiedlich.

▪ **Variabilität bei Tieren des gleichen Stammes**
Gelegentlich werden bei Ratten deutliche Unterschiede der pharmakologischen Wirkung bzw. der Toxizität in Abhängigkeit vom Geschlecht gefunden. Weibliche Ratten schlafen nach der gleichen Hexobarbital-Dosis länger als Männchen. Die Reproduzierbarkeit pharmakologischer Daten ist auch bei Tieren gleichen Stammes und gleichen Geschlechts häufig nur innerhalb gewisser Alters- und Gewichtsklassen möglich. Da sich der Fütterungszustand der Versuchstiere auf die enterale Resorption von Wirkstoffen und auf die Biotransformation auswirken kann, haben sich heute allgemein bestimmte Standarddiäten als Futter für Versuchstiere durchgesetzt. Ein guter Gesundheitszustand der Versuchstiere ist heute durch die modernen Tierzuchtanlagen gewährleistet. Problematisch ist es allerdings, wenn spezifisch-pathogenfrei (SPF) gezüchtete Tiere in einem völlig offenen System subakuten Toxizitätsversuchen, die mit einer durch die Wirkstoffbelastung bedingten Resistenzminderung einhergehen, unterworfen werden.

▪ **Abhängigkeit von Umweltfaktoren**
Der Einfluss der Umgebungstemperatur ist v. a. bei Versuchstieren mit einer besonders großen relativen Oberfläche (z. B. Mäuse) deutlich ausgeprägt. Da zahlreiche Schritte von der Aufnahme des Wirkstoffs bis hin zum Wirkeintritt temperaturkontrolliert sind (z. B. Bindung an Rezeptoren, Enzymaktivitäten), ist es verständlich, dass die Geschwindigkeit des Eintretens eines Effekts sowie dessen Maximum stark von der Körpertemperatur abhängen können. Ein weiterer Einflussfaktor ist die ebenfalls von der Temperatur beeinflusste relative Luftfeuchtigkeit. Eine zu hohe Luftfeuchtigkeit kann z. B. einen Wärmestau beim Versuchstier auslösen und dadurch dessen Belastbarkeit gegenüber toxischen Dosen eines Wirkstoffes vermindern.

▪ **Grenzen der Übertragbarkeit**
Obwohl sich in den letzten Jahren das Spektrum der pharmakologischen *in vitro*-Testverfahren enorm vergrößert hat, reichen sie bei weitem nicht aus, um ein umfassendes Wirkungsprofil einer neuen Substanz zu erstellen, geschweige denn allein über die Eignung einer Substanz als Arzneimittel zu befinden. Jeder unter *in vitro*-Bedingungen beobachtete Effekt, der nicht wenigstens zum Teil auch nachgewiesen werden kann, muss mit größter Vorsicht interpretiert werden.

Der Einsatz **isolierter Organpräparationen** ist bei der pharmakologischen Erstbeurteilung neuer Wirkstoffe u. a. zur Aufklärung von Wirkungsmechanismen auch heute noch unentbehrlich. Andererseits garantiert selbst das *in vivo*-Tierexperiment noch keine Übertragbarkeit der Erkenntnisse. Die Einschränkung der Übertragbarkeit im Tierversuch erhobener Befunde auf die Verhältnisse am Patienten ist v. a. dadurch begründet, dass im pharmakologischen Experiment die experimentell erzeugten Krankheitszustände bestenfalls Ähnlichkeit mit der Symptomatik des Patienten aufweisen und somit kein echtes Krankheitsmodell darstellen.

In dem Bemühen, den Aufwand möglichst klein zu halten, bevorzugt der Pharmakologe in der Regel akute Versuche oder Modelle mit einer relativ kurzen Laufzeit, selbst wenn es beim Menschen darum geht, chronische Krankheitszustände zu bessern. Ein weiterer Fehler wird häufig dadurch begangen, dass aus Gründen der Versuchstechnik keine kurativen Effekte am Tier beurteilt werden.

Weitgehend unbefriedigend ist auch die Situation in der experimentellen Tumorforschung. Die molekularen Grundlagen der Tumorentstehung sind zwischen den verschiedenen Tierspezies und dem Menschen in aller Regel so unterschiedlich, dass durch einfache Tumormodelle nur sehr beschränkte Aussagen möglich sind. Ein Beispiel liefert hier die Entwicklung des humanisierten Antikörpers Trastuzumab (Herceptin®), der u.a. bei der Behandlung des fortgeschrittenen Brustkarzinoms eingesetzt wird. Der Antikörper bindet an den v. a. auf Tumorzellen überexprimierten HER-2-Rezeptor und interferiert mit der zellulären Signaltransduktion, wodurch die gesteigerte Proliferation der Tumorzellen verringert wird. Diese spezifische Antikörper-vermittelten Effekte haben sich in Zellkulturen und in in-vivo Untersuchungen in immundefizienten SCID-Mäusen nachweisen lassen. SCID-Mäuse werden eingesetzt, da hier aufgrund einer gestörten Immunabwehr xenotransplantierte menschliche Tumorzellen subkutane solide Tumore ausbilden. Bei der Anwendung in Tumorpatientinnen zeigten sich aber zusätzliche immunologisch vermittelte Effekte, sodass man die Untersuchungen zum Wirkmechanismus in immunkompetenten Mäusen wiederholte. Hier wurde nun deutlich, dass der antitumorigene Effekt im Wesentlichen durch Immunzellen im Sinne der Induktion einer Antikörper-abhängigen zellulären Toxizität ausgelöst wurde.

2.2.2 Vorklinische Arzneimittelprüfung – Toxikologie

Ziele und rechtliche Grundlagen

Neben der pharmazeutischen Qualität sind Wirksamkeit und Unbedenklichkeit die Säulen der Arzneimittelzulassung. Zur Beurteilung der Unbedenklichkeit (*safety*) eines Arzneimittels muss das Risiko des Auftretens **unerwünschter Arzneimittelwirkungen (UAW)** bestimmt werden, die während oder in zeitlicher Beziehung zu der Arzneimitteleinnahme vorkommen. Der Gesetzgeber schreibt vor, dass die Unbedenklichkeit bereits während der klinischen Entwicklungsphase nachzuweisen ist. Toxikologische Basisdaten aus präklinischen *in vitro*-Untersuchungen und Tierversuchen liefern wichtige Informationen zur Vorhersage von potenziellen UAWs beim Menschen. Ohne diese toxikologischen Basisdaten kann die klinische Prüfung nicht begonnen werden. Nach dem Start der klinischen Entwicklungsphase gewonnene Erkenntnisse können zur Modifikation des weiteren Verlaufs der klinischen Prüfung führen oder sogar zum Abbruch der Entwicklung zwingen bzw. die Versagung der Zulassung herbeiführen.

Das Hauptziel der **toxikologischen Verträglichkeitsprüfung** ist das Erkennen, Beschreiben und Quantifizieren toxischer Effekte, die potenzielle UAWs beim Menschen hervorrufen könnten. Dabei sind einmalige, kurzfristig wiederholte und wiederholte dauerhafte Wirkstoffapplikationen zu berücksichtigen. Aus der kritischen Analyse dieser Ergebnisse wird in Analogie zum pharmakologischen Wirkprofil ein toxikologisches Risikoprofil erstellt, das Voraussagen über die Gefährdung behandelter Patienten und Probanden ermöglicht und zur Risiko/Nutzen-Abwägung bei der Definition von Therapiestrategien beiträgt. Ein weiteres Teilziel der toxikologischen Prüfung stellt die Aufstellung einer Strategie zur Therapie akuter und chronischer Arzneimittelvergiftungen dar. Ebenso wie die Pharmakologie versteht sich die Toxikologie als Querschnittswissenschaft, die über den gesamten Entwicklungsprozess eines neuen Medikaments sowie für die Zeit nach der Zulassung die anderen Disziplinen beratend unterstützt. Werden z. B. erst nach langjähriger Anwendung am Menschen unerwartete toxische Effekte aufgedeckt, beteiligt sich die Toxikologie erneut an der Aufklärung der molekularen Wirkmechanismen. Die große Erfahrung des Toxikologen mit verschiedenen Tierspezies erlaubt ihm dabei die Wahl methodischer Zugänge, die dem klinischen Untersucher aus praktischen und ethischen Überlegungen versagt sind.

Bis 1977 wurden in Deutschland neue Arzneimittel lediglich bei der zuständigen Bundesbehörde registriert, und eine systematische Überprüfung fand nur im Hinblick auf die pharmazeutische Qualität, die dem Arzneibuch zu entsprechen hatte, statt. Ausgelöst v. a. durch die Thalidomid-Katastrophe (Contergan) wurde nach langem Anlauf ein neues **Arzneimittelgesetz (AMG)** verabschiedet, das seit dem 1.1.1978 in Kraft ist und mit seinen Novellierungen und Ergänzungen u. a. die nationale Zulassung von Medikamenten regelt sowie die europäische pharmazeutische Gesetzgebung in deutsches Recht umsetzt. Erst nachdem die zuständige Zulassungsbehörde (damals das Bundesgesundheitsamt (BGA), heute das Bundesinstitut für Arzneimittel und Medizinprodukte (BfArM) sowie das Paul-Ehrlich-Institut (PEI)) nach genau definierten Kriterien zu einer positiven Beurteilung der Wirksamkeit und Verträglichkeit kommt, darf ein neues Arzneimittel in den Handel gebracht werden. In Analogie zum AMG wird die Zulassung von Medizinprodukten (z. B. Prothesen, Katheter, Herzschrittmacher, etc.) durch das Medizinproduktegesetz (MPG) geregelt. In der 4. MPG-Novelle, die am 21.03.2010 in Kraft trat, wurden die Anforderungen zur Zulassung von Medizinprodukten zum Teil deutlich verschärft. So müssen nun zur Zulassung zwangsläufig klinische Daten zur Effizienz und Sicherheit vorgelegt werden, die nur durch ähnlich aufwändige klinische Studien wie bereits für Arzneimittel gewonnen werden können. Diese Verschärfungen werden naturgemäß nicht nur positiv aufgenommen und könnten evtl. zur Verlangsamung bei der Einführung innovativer Medizinprodukte führen. Auf der anderen Seite gab es in den letzten Jahrzehnten so viele Unzulänglichkeiten und Rückrufe nach der Einführung neuer Medizinprodukte (z. B. bei Hüftprothesen), dass ein Eingreifen der Behörden in Europa (Richtlinie 2007/47/EG) und in Deutschland dringend geboten war.

Im AMG ist auch geregelt, was zu den natürlichen bzw. pflanzlichen Arzneimitteln gerechnet wird. Lebensmittel, Nahrungsergänzungsmittel, Heilkräutertees und sogenannte Rezepturarzneimittel (z. B. chinesische, ayurvedische und homöopathische Mittel) gehören z. B. nicht dazu. Da es im Gegensatz zu Deutschland europaweit kaum Richtlinien für die Zulassung pflanzlicher Arzneimittel gibt, wurde 2004 die THMPD (Traditional Herbal Medical Product Directive; 2004/24/EG)-Richtlinie verabschiedet, die v.a. die EU-Verhältnisse beim Handel mit traditionellen pflanzlichen Arzneimitteln harmonisieren soll. Die Umsetzung dieser Richtlinie im April 2011 führte in Deutschland zu großen Verunsicherungen bei einem Teil der Verbraucher, die Einschränkungen beim Handel befürchteten. Dass diese Befürchtungen nicht zutreffen und es zu keinen Einschränkungen kommen wird, wurde inzwischen durch verschiedene offizielle Stellen glaubhaft versichert, z. B. durch die Arzneimittelkommission der deutschen Heilpraktiker.

Der zunehmenden Globalisierung des Arzneimittelmarkts wurde v. a. im Rahmen der *International Conference on Harmonisation* (ICH) Rechnung getragen. Es ist heute immer das Ziel, eine Arzneimittelentwicklung von Beginn an so zu planen, dass sie allen Anforderungen der nationalen Zulassungsbehörden genügt. Die internationalen Leitlinien für *Good Clinical Practice* (GCP) und ICH-GCP kommen diesem Ziel schon recht nahe und die dort sehr detailliert festgelegten Anforderungen, nach denen Arzneimittelstudien durchzuführen sind, gehen in einigen Teilen über die Anforderungen des deutschen AMGs hinaus. Durch striktes, ohne große Interpretationsschwierigkeiten mögliches Befolgen der ICH-GCP Richtlinien werden somit die nationalen Vorschriften mit abgedeckt.

Der gesetzlich geforderte Nachweis der Unbedenklichkeit wird im Wesentlichen durch toxikologische Untersuchungen erbracht, wobei die Gesetze nur einen groben Rahmen mit der Beschreibung von Zielvorgaben ausführen. Formal bedient sich das AMG bei Neuzulassungen des wissenschaftlichen Gutachtens zur Ausweisung der Unbedenklichkeit. Es ist darin u. a. die gesamte Versuchsplanung exakt zu dokumentieren, nach welchen Kri-

◘ Tab. 2.3 Vorklinische Arzneimittelprüfung – toxikologische Parameter

Testparameter	Definition, Beschreibung und Zielsetzung	Art und Umfang
akute Toxizität	Dosis, die für 50 % der Versuchstiere letal ist. Ermittlung der maximal tolerierbaren Dosis und Vergleich mit der therapeutischen Dosis	Tierversuch, ca. 2 Spezies
subakute Toxizität	Identifizierung von toxikologisch relevanten Zielorganen, d. h. Nachweis, welche Organe anfällig sind für evtl. toxikologische Wirkungen. Parameter und Methoden: Physiologische Veränderungen, makroskopische sowie licht- und elektronenmikroskopische Untersuchungen, hämatologische Studien, Beobachtung anderer klinischer Parameter	Tierversuch, ca. 2 Spezies
chronische Toxizität	Zeitdauer abhängig von der erwarteten Dauer der klinischen Anwendung. Erforderlich, wenn das Therapeutikum über einen längeren Zeitraum verwendet werden soll. Zeitraum ca. 1–2 Jahre, meist parallel zu klinischen Studien. Parameter und Methoden: s. subakute Toxizität	wie subakute Toxizität
Mutagenität	Untersuchung von Gen- und Chromosomenmutationen/Effekt auf genetische Stabilität in pro- und eukaryotischen Zellen. Methoden u. a. Ames-, HG-PRT- und Mikronukleus-Test, DNA-Reparaturtest, Schwesterchromatidenaustausch	Bakterien- und Säugerzellen, *in vitro*-Methoden (z. B. DNA-Adduktbildung), Tierversuch
Karzinogenität	Untersuchung des karzinogenen Potenzials v. a. erforderlich, wenn das Therapeutikum über einen längeren Zeitraum verwendet werden soll. Zeitraum ca. 2 Jahre. Analyse über Hämatologie, Autopsie und Histologie.	Tierversuch, ca. 2 Spezies
Teratogenität/Effekte auf Fruchtbarkeit	Untersuchung von Paarungs- und Reproduktionsaktivität, Gebärfähigkeit, Stillen sowie Frucht- und Embryonaldefekten	Tierversuch
Sicherheits-Pharmakologie	Untersuchung von möglichen unerwünschten pharmakodynamischen Effekten auf zentrale vitale Funktionen wie Zentrales Nervensystem, Herz-Kreislauf-System und Lunge	Zellkultur, Tierversuch
Immunotoxizität	Untersuchung des immunotoxischen Potentials im Hinblick auf unerwünschte Immunsuppression oder Aktivierung des Immunsystems	Tierversuch
toxikologische Forschung	Untersuchung des Mechanismus/Bestimmung der Zielmoleküle eines beobachteten toxischen Effekts. Entwicklung neuer Methoden zur toxikologischen Evaluierung	*In vitro*-Tests, Zellkultur

terien z. B. bestimmte Versuche durchgeführt oder bewertet worden sind sowie welche Überlegungen etwa zur Auswahl einer Tierspezies geführt haben. Die toxikologischen Ergebnisse sind v. a. im Hinblick auf den vorgesehenen therapeutischen Einsatz, die Dosierung sowie die Häufigkeit und Dauer der Anwendung zu bewerten.

Grundschema des toxikologischen Prüfablaufes

Je nach den spezifischen Fragestellungen der jeweiligen Arzneimittelentwicklung unterscheidet man einzelne Stufen bzw. Testparameter der Toxizitätsprüfung, die in einem gewissen regelhaften, aber immer flexibel angepassten, zeitlichen Ablauf angeordnet sind (◘ Tab. 2.3). Die akute Toxizitätsprüfung stellt in jedem Fall die Eingangsstufe dar, da daraus toxikologische Grundmuster sowie Dosierungen für die nachfolgenden und zeitaufwändigeren Untersuchungen hergeleitet werden können. In zunehmendem Maße werden pharmakokinetische Untersuchungen frühzeitig eingesetzt, um Voraussagen z. B. über die Wirkstoffakkumulation bei chronischer Einnahme machen zu können. Bei der Planung des Versuchsablaufes ist generell zu beachten, dass das jeweilige Minimum an Erfordernissen für die Stufen der klinischen Arzneimittelentwicklung am Menschen zeitlich so erbracht wird, dass sich dadurch keine Verzögerungen der gesamten Entwicklungsstrategie ergeben.

Es gibt eine Vielzahl allgemeiner **Einfluss-bzw. Störgrößen**, die bei den Prüfplänen berücksichtigt werden müssen. Die Dosis, Applikationsart und galenische Zubereitung (Wirkstoff und Hilfsstoffe) der Prüfsubstanz sollten wann immer möglich die spätere geplante Therapiesituation imitieren. Die Gefahr einer zu großen interindividuellen Streuung kann durch den Einsatz von genetisch homogeneren Inzuchtstämmen oder transgenen Tieren minimiert werden, wobei dieser reduktionistische Ansatz natürlich nicht das große Maß an genetischer Variabilität in menschlichen Kollektiven berücksichtigt. Die Auswahl der Haltungsbedingungen, der Ernährung sowie des Alters und Geschlechts der Tiere müssen hingegen immer individuell angepasst werden, wobei wenn möglich fest definierte Standardprotokolle (*Standard Operating Procedures*, SOP's) verwendet werden sollten.

Akute Toxizitätsprüfung

Die Ermittlung toxischer (einschließlich tödlicher) Effekte bei einmaliger Zufuhr des Wirkstoffs schließt die Feststellung der Zielzellen bzw. -organe, der Todesursache und der Dosisbereiche für das Auftreten der Schäden ein. Ziel der **akuten Toxizitätsprüfung** ist u. a. die Bestimmung der mittleren Dosis, die für 50 % der Versuchstiere letal ist (LD_{50}). Hierbei gilt, dass die LD_{50} umso präziser bestimmt werden kann, je größer die Versuchsgruppe, je feiner abgestuft die eingesetzten Dosierungen und je steiler die Letalitäts-Dosis-Wirkungs-Kurve ist. Eine große Präzision täuscht allerdings darüber hinweg, dass die Reproduzierbarkeit in aller Regel trotz großer Tierzahlen nicht befriedigend ist. Zum

anderen sagt der LD_{50}-Wert selbst für den Fall der akuten, bedrohlichen Arzneimittelvergiftung nur sehr wenig über gesundheitliche Risiken aus. Einen größeren Stellenwert für die Risikobewertung haben daher u. a. die Möglichkeiten der Vergiftungsbehandlung, die Art der Zell- und Organschäden sowie das Auftreten von Spät- und Dauerschäden.

Mittlerweile sind zahlreiche Alternativkonzepte etabliert und von den regulatorischen Behörden anerkannt worden, um die für die LD_{50}-Bestimmungen hohen Tierzahlen (ca. 40-50 pro Substanz) deutlich einzuschränken. Methoden wie der *Acute Toxic Class-Test* (ATC) und die *Fixed Dose Procedure* (FDP) sehen keine absolute Bestimmung der LD_{50} mehr vor, sondern nur noch eine Eingrenzung und möglichst genaue Abschätzung des Bereichs, in dem die LD_{50} und die minimale tödliche Dosis liegen. Die Tierzahlen können dabei auf bis zu 10 Tiere reduziert werden. An diesen Tieren sollen zusätzlich toxische Organ- und Funktionsveränderungen untersucht werden, so dass eine Risikobeurteilung akuter Vergiftungen möglich wird.

Obwohl in der akuten Toxizitätsprüfung in der Regel eine Beobachtungszeit von lediglich 14 Tagen vorgeschrieben ist, ist es ratsam, zumindest einen Teil der überlebenden Tiere über längere Zeiträume (z. B. sechs Monate) zu beobachten und anschließend gründlich auf Spät- und Dauerschäden zu untersuchen.

Chronische Toxizitätsprüfung

Darunter wird die Prüfung toxischer Wirkungen bei wiederholter Applikation eines Wirkstoffs in verschiedenen Dosierungen über einen längeren Zeitraum (Tage bis Monate) verstanden. Die Dauer der Prüfung hängt dabei ganz wesentlich von den im Entwicklungsplan festgelegten klinischen Untersuchungen der Phasen I–III beim Menschen ab. Soll etwa der zu prüfende Wirkstoff nur für kurze Zeiträume (wenige Tage) beim Patienten eingesetzt werden (z. B. Diagnostika oder Medikamente der Notfall- bzw. Intensivmedizin), kann auch die Toxizitätsprüfung beim Versuchstier entsprechend kurz sein. Im Allgemeinen gilt, dass sie in etwa doppelt so lang sein sollte wie die Dauer der geplanten klinischen Prüfung.

Da schwerwiegende toxische Wirkungen häufig nicht von der applizierten Substanz selbst, sondern von **reaktionsfähigeren Stoffwechselmetaboliten** erzeugt werden, sollte bei der Wahl der Tierarten berücksichtigt werden, dass sich die wesentlichen pharmakokinetischen Daten (insbesondere zum Metabolismus) möglichst wenig vom Menschen unterscheiden. Wegen des günstigen Preises und der umfangreichen Vorerfahrungen werden überwiegend Mäuse oder Ratten eingesetzt, was aber nicht immer der oben beschriebenen Idealsituation Rechnung trägt. Zusätzlich wird von den meisten Zulassungsorganen eine weitere Nicht-Nagetierart vorgeschrieben. Die Applikationsart und -häufigkeit sollte den therapeutischen Einsatz beim Menschen möglichst gut imitieren, wobei sich die häufigste Zufuhrart beim Menschen, die mehrmals tägliche orale Aufnahme in Form von z. B. Tabletten, bei kleinen Nagetieren nicht nachahmen lässt. Eine dem am nächsten kommende Sondierung des Magens kann wiederum bestenfalls einmal täglich durchgeführt werden und setzt die Tiere enormem Stress aus, während die Zufuhr mit dem Trinkwasser oder der Nahrung zwar einfach und stressfrei ist, aber ein sehr flaches und konstantes Wirkprofil erzeugt, das die Therapiesituation am Menschen nur sehr unvollkommen repräsentiert (mit der Ausnahme von Tabletten mit stark retardierter Wirkstofffreisetzung). Probleme ergeben sich somit v. a. dann, wenn die toxischen Wirkungen der Testsubstanz stärker von Spitzenkonzentrationen als von der Gesamtdosis abhängen.

Die Anzahl der Versuchsgruppen und der Dosierungen sollte so erfolgen, dass

– Todesfälle vermieden werden,
– im hohen Dosisbereich eindeutige toxische Wirkungen eintreten und
– eine niedrige Grenzdosis ermittelt werden kann, bei der keine bzw. nur sehr geringe Effekte zu beobachten sind.

Aus diesen Erwägungen werden mindestens drei Dosierungen sowie eine Negativ-Kontrolle für jedes Geschlecht ausgewählt (insgesamt acht Gruppen). Die minimale Gruppengröße sollte in den initialen Studien mindestens 10–20 Nagetiere und/oder 3–6 Nicht-Nagetiere pro Gruppe betragen, wobei die genaue Zahl individuell festgelegt werden muss. So ist es evtl. notwendig, die Tierzahl pro Gruppe zu vergrößern, wenn statistische Er-

wägungen dies verlangen oder wenn geplant ist, Tiere zu bestimmten Zeitintervallen vorzeitig aus dem Versuch zu entfernen und zu töten, um z. B. eine zeitliche Entwicklung toxischer Schäden zu dokumentieren.

Auch die Anzahl und Art der zu untersuchenden Parameter muss je nach Anforderungen individuell festgelegt werden. Einige der sehr generellen und im Allgemeinen üblichen Untersuchungen sind die wöchentliche Bestimmung des Körpergewichts und der Nahrungsaufnahme sowie die Analyse der wichtigsten hämatologischen und chemischen Blutlaborwerte. Nach Ende des Versuchs folgt eine komplette makroskopische und histologische Aufarbeitung der Organe. Bei Nagetieren kann man dies zunächst auf die Tiere der höchsten Dosisgruppe und der Negativ-Kontrolle beschränken. Um mögliche toxische Effekte mit realen Konzentrationen im Organismus oder Zielorgan korrelieren zu können, ist die Bestimmung der Serumwerte des Wirkstoffs zu verschiedenen Zeiten notwendig. Diese toxikokinetischen Untersuchungen, deren Durchführung z. B. in ICH-Richtlinien genau spezifiziert sind, stellen heute häufig die wichtigsten Parameter dar, um Aussagen über die Übertragbarkeit der Ergebnisse auf den Menschen im Sinne eines sog. *educated guess* machen zu können.

Reproduktionstoxiziät

Der Schwerpunkt dieser Prüfungen, die nach der Thalidomid-Katastrophe zwingend vorgeschrieben wurden, liegt auf der Analyse der Teratogenität (Erzeugung von Missbildungen) und umfasst Untersuchungen zur Reifung und Funktion von Keimzellen, der Fertilität sowie zur Embryotoxizität und peri- und postnatalen Toxizität.

In der Durchführung unterscheidet man im Allgemeinen drei Phasen. In der **Phase A** nach ICH-Kriterien (früher Segment I) werden zumeist an Ratten und Kaninchen die Fertilität und die frühen Phasen der Embryoentwicklung bis kurz nach der Implantation untersucht. Die Arzneimittelgabe beginnt bei Männchen und Weibchen typischerweise ca. zwei Wochen vor der Kreuzung und endet bei den Weibchen sechs Tage nach der Befruchtung. In der **Phase B** (Segment II) werden in den gleichen Spezies die eigentlichen teratologischen Untersuchungen, im Sinne von Störungen der Organentwicklung, durchgeführt. Die **Phase C** (Segment III) untersucht Arzneimittelwirkungen während der Spät-Schwangerschaft, der Geburt und der Stillphase sowie Verhaltens- und neurologische Entwicklungsauffälligkeiten der Jungtiere. Freilich sind die hier nicht im Einzelnen erläuterten Probleme der eingeschränkten Vorhersagekraft dieser Untersuchungen bereits offensichtlich, wenn man sich nur die großen biologischen Unterschiede der Plazentation (z. B. Uterus bicornis mit mehr als 20 Feten) und der Organogenese (Tragezeit bei Ratten 22 Tage) zwischen Nagern und Menschen vor Augen führt.

Mutagenitätsprüfung

Der anfängliche, etwas naive Glaube, dass die Untersuchung der Mutagenität von Arzneimitteln, d. h. ihres Potenzials zur Schädigung genetischen Materials, die zeitaufwändigere Karzinogenitätsprüfung überflüssig machen würden, hat sich bisher nicht bestätigt. Die Mutagenitätsprüfung liefert jedoch trotz ihres vergleichsweise geringen Aufwands frühe Hinweise, ob sich Verdachtsmomente auf die Auslösung mutagener und/oder karzinogener Effekte für einen Wirkstoff ergeben. Die Zahl der Mutagenitätstests ist sehr groß und steigt ständig weiter. Während diese v. a. auf den enormen Fortschritten der Molekularbiologie und Genetik beruhende Tendenz wissenschaftlich zu begrüßen ist, erweist sie sich gleichzeitig für die statistische Verlässlichkeit der Tests bzgl. ihres prädiktiven Werts (Validierung) als eher hinderlich. Ausgewählte Testverfahren müssen deshalb einen guten Kompromiss zwischen der Berücksichtigung moderner wissenschaftlicher Erkenntnisse, der breiten Erfassung verschiedener Mutationstypen, der Praktikabilität und der Verlässlichkeit der Risikobeurteilung bieten. Positive Ergebnisse in einer Mutagenitätsuntersuchung bedeuten dabei nicht automatisch, dass ein entsprechendes Risiko für den Menschen existiert. So können mechanistische Untersuchungen z. B. ergeben, dass bestimmte Wirkungen in menschlichen Zellen gar nicht oder nur in einem beim Menschen nicht zu erwartenden Konzentrationsbereich auftreten können. Die Bewertung der Testergebnisse muss unter qualitativen und quantitativen Gesichts-

punkten erfolgen, wobei bzgl. der Vorhersage der karzinogenen Wirkung falsch-positive Ergebnisse insbesondere für den Arzneimittelentwickler und falsch-negative Resultate v. a. für die Zulassungsbehörde problematisch sind. Für einzelne quantitative Testergebnisse gilt generell, dass sie nicht unmittelbar zur rechnerischen Risikoabschätzung verwendet werden dürfen. Tatsächlich sind heute viele Medikamente im klinischen Einsatz, von denen zwar bekannt ist, dass sie unter bestimmten Bedingungen genetisches Material schädigen können (z. B. Chromosomenbrüche durch Aspirin), die aber dennoch als unbedenklich eingestuft wurden.

Karzinogenitätsprüfung

In Karzinogenitätsprüfungen wird üblicherweise in Nagetieren untersucht, ob die chronische Einnahme eines Wirkstoffs über lange Zeiträume (je nach Lebenserwartung z. B. 24 Monate bei Mäusen) Tumoren erzeugen (Tumorinitiation) bzw. das Tumorwachstum beschleunigen kann (Tumorpromotion). Obwohl der wissenschaftliche Wert dieser Untersuchungen unter Berücksichtigung der Erkenntnisse der modernen Tumorbiologie anzuzweifeln ist, sind diese Studien bei allen Medikamenten, die für einen längeren, d. h. sechs Monate überschreitenden Einsatz am Menschen vorgesehen sind, weiterhin zwingend vorgeschrieben. Weiterhin müssen diese Untersuchungen durchgeführt werden, wenn sich verdächtige Befunde in den o.g. Voruntersuchungen zur Mutagenität ergeben haben, prä-neoplastische Gewebeveränderungen in Tierversuchen aufgetreten sind, oder wenn der Wirkstoff mechanistische oder strukturelle Ähnlichkeiten zu bekannten karzinogenen Substanzen aufweist. Bezüglich der Dosiswahl empfehlen ICH-Richtlinien eine Höchstdosis, die geeignet ist, eine 25fach höhere Plasma-AUC in Mäusen verglichen mit der AUC in Menschen zu erzeugen. Obwohl sich die Prüfprotokolle in den letzten 30 Jahren nicht wesentlich geändert haben, werden heute doch zunehmend **transgene Tiermodelle** sowie Untersuchungen mit einer kürzeren Dauer zugelassen. Die Auswahl von besser geeigneten *in vitro*-Modellen sowie von transgenen Tiermodellen (z. B. p53-Modell für genotoxische Wirkstoffe) sollten zusammen mit metabolischen und pharmakokinetischen Daten aus den toxikokinetischen Untersuchungen, die eine dem Menschen besser angepasste Dosiswahl ermöglichen, die Vorhersagekraft dieser Studien in Zukunft verbessern.

Sicherheitspharmakologie *(safety pharmacology)*

Trotz aller Bemühungen durch die oben erwähnten präklinischen Untersuchungen bleibt immer ein Restrisiko vor der ersten Anwendung am Menschen bestehen. Man muss dabei bedenken, dass in der Regel Probanden für die Erstanwendung ausgewählt werden, die keinen direkten medizinischen Nutzen durch die Teilnahme an der Studie haben, sodass Sicherheitsaspekte hier absoluten Vorrang vor allen anderen Überlegungen haben müssen. Die Zulassungsbehörden haben deshalb Richtlinien, die die Standards der Sicherheitspharmakologie definieren, entwickelt. Die ersten Richtlinien von 1997 (ICH M3 und ICH S6 für biotechnologische Produkte) wurden 2001 durch die ICH S7a erweitert. In dieser Richtlinie wird der Minimalstandard der notwendigen präklinischen Untersuchungen vor der Erstanwendung im Menschen festgelegt. Selbstverständlich sind diese Untersuchungen im Kontext der übrigen präklinischen *in vitro*- und *in vivo*-Untersuchungen zu sehen und sollten, um unnötige Redundanzen zu vermeiden, von vorne herein im Gesamtentwicklungsplan einer Substanz eingeplant werden. Die ICH S7a definiert eine Hierarchie der zu testenden Organsysteme, in der zuerst festgelegte Untersuchungen an den Vitalorganen (Zentrales Nervensystem, Herz-Kreislauf-System und Lunge) in der sog. *core battery* vorgeschrieben werden. Abhängig von der individuellen Testsubstanz werden dann Folgeuntersuchungen beschrieben, die sich an die *core battery* anschließen können (u.a. weitere Tests der Vitalorgane, der Niere, des Gastrointestinaltrakts, des Immunsystems und endokriner Organe).

Selbstverständlich werden nach der Anwendung im Menschen immer wieder neue unerwünschte Arzneimittelwirkungen (UAWs) auftreten, die eine ständige Überprüfung und Anpassung der Sicherheitsrichtlinien erforderlich machen.

So fiel z. B. gehäuft auf, dass verschiedene Arzneimittelklassen (z. B. Antipsychotika, Antihistaminika und Fluorochinolone) Störungen der Repolarisationsdauer im menschlichen Herz verursachten (sog. QT-Zeit Verlängerungen im Elektrokardiogramm), die zu lebensbedrohlichen tachykarden Herzrhythmussörungen (*torsades de pointes*) führen können. Diese gehäuften Vorfälle veranlassten die Behörden, in der ICH S7b-Richtlinie von 2005 die notwendigen präklinischen Untersuchungen zur Risikobeurteilung bezüglich des Auftretens dieser Repolarisationsstörungen festzulegen. Dies sind u.a. elektrophysiologische *in vitro*-Untersuchungen an heterolog exprimierten K^+-Kanälen (z. B. hERG) in Zelllinien oder an nativ präparierten Kardiomyozyten. Diese *in vitro*-Untersuchungen müssen dann durch entsprechende *in vivo*-Untersuchungen in geeigneten Tiermodellen (Nager sind hier nicht geeignet) ergänzt werden.

Welche Auswirkungen eine solch spezifische und zwingende Richtlinie auf die technologische Entwicklung hat, lässt sich u.a. daran erkennen, dass seitdem versucht wird, die zeit- und kostenintensiven elektophysiologischen Untersuchungen zu automatisieren, was aber bislang nur eingeschränkt möglich ist.

Die letzte Veränderung der ICH-Richtlinien zur Sicherheitspharmakologie wurde 2007 nach dem schweren Zwischenfall in der TeGenero TGN1412 Phase I-Studie implementiert. In dieser Studie wurde 2006 ein agonistischer Antikörper gegen CD28, der zur Behandlung von Autoimmunerkrankungen wie der multiplen Sklerose und der rheumatoiden Arthritis sowie bestimmter Leukämien entwickelt worden war, erstmalig am Menschen getestet. Hierbei war es, trotz aller Sicherheitsvorkehrungen, bei sechs Probanden gleichzeitig zu einer massiven und lebensbedrohlichen Freisetzung von Entzündungsmediatoren aus Immunzellen gekommen. Dieser nicht vorhersehbare Zwischenfall hat erneut gezeigt, dass die Erstanwendung immer ein inhärentes Restrisiko innehaben wird.

In der neuen Richtlinie wurden im Wesentlichen die bisherigen Standards der Sicherheitspharmakolgie überarbeitet und präzisiert. Ein besonderes Augenmerk muss nun auf die Beurteilung des primären und sekundären pharmakodynamischen Risikos gelegt werden. Dies gilt v. a. für neue Wirkstoffe, deren molekularer Wirkmechanismus ubiquitär in (fast) allen Körperzellen vorhanden ist und durch den eine Vielfalt physiologischer Funktionen ausgelöst bzw. moduliert werden kann.

Als weitere Konsequenz aus der TGN1412-Studie muss noch sorgfältiger als bisher die Festlegung der initialen Startdosis und der vorgesehenen Dosissteigerungen erfolgen. Weiterhin soll die Erstanwendung routinemäßig an einzelnen Probanden/Patienten erfolgen und nicht wie in der TGN1412 Studie gleichzeitig an einer Kohorte. Es wird noch einmal betont, dass an jedem Punkt der Studien hohe Qualitätsanforderungen an die Infrastruktur und das durchführende Personal gestellt werden müssen.

Immunotoxizität

Die Immunotoxizität umfasst zum einen das unerwünschte Potenzial einer Substanz, das Immunsystem zu unterdrücken, zum anderen, es zu aktivieren. Hypersensitivität, das allergische Potenzial sowie die Gefahr, Autoimmunerkrankungen auszulösen, fallen strenggenommen nicht unter den Begriff der Immunotoxizität nach ICH-Richtlinien, dürfen jedoch bei den präklinischen Untersuchungen nicht vernachlässigt werden. Um immunotoxischen Effekten auf die Spur zu kommen, wird nach Blutbildveränderungen, der Anfälligkeit und dem Auftreten von Infektionen, Tumorbildung sowie nach Veränderungen der Organe des Immunsystems wie Milz, Thymus, Lymphknoten und Knochenmark im Tiermodell gesucht.

Spezielle Untersuchung und formale Aspekte

Es ist nicht selten, dass sich während der nicht-klinischen Entwicklungsphase Hinweise auf ungewöhnliche toxische Effekte ergeben, deren zugrunde liegender Mechanismus dann vertieft untersucht werden muss. Ein Beispiel sind unspezifische neurologische Auffälligkeiten (z. B. Tremor oder Krampfanfälle), die ausgedehnte Studien der neurotoxischen Wirkung auf das periphere und zentrale Nervensystem erfordern. Zum einen können sich dabei Hinweise auf neue, potenziell interessante Wirkmechanismen ergeben, und zum anderen kann sich zeigen, dass ein Arzneimittel-Metabolit, der nur beim Tier und nicht beim Menschen gebildet wird, für bestimmte Effekte verantwortlich ist.

Die formalen Aspekte einer Arzneimittelzulassung sind in den USA durch die Food and Drug Administration (FDA) in den Richtlinien des *New Drug Application* (NDA) Prozesses in Inhalt und Form genau festgelegt. Der Ablauf ist im Fließdiagramm (◘ Abb. 2.15) wiedergegeben. Ein Teil des zu erstellenden Berichts enthält die Zusammenfassung der pharmakologischen und toxikologischen nicht-klinischen Prüfungsergebnisse. Entscheidend ist u. a. die kritische Zusammenfassung, die die Ergebnisse im Hinblick auf ihre Bedeutung für die sichere Anwendung am Menschen beurteilt. Diese Bewertung der Übertragbarkeit der im Tierversuch beobachteten Effekte auf den Menschen muss in qualitativer und quantitativer(auf Körpergewicht und Oberfläche bezogen) Art und Weise erfolgen. In der EU muss zur Zulassung ein sog. Expertenbericht vorgelegt werden, der die gleichen Inhalte umfasst, aber in der Form nicht so exakt definiert ist wie in der NDA. Der oder die Experten werden hierbei nicht als Berichterstatter des Sponsors der Arzneimittelstudie, sondern als unabhängige Reviewer verstanden. Obwohl Experten unter bestimmten Bedingungen aus dem direkten Umkreis des Sponsors kommen können, erscheint es aus Gründen der Glaubwürdigkeit ratsam, etwaige Interessensüberschneidungen möglichst zu minimieren.

2.2.3 Statistik und Biometrie

Die Probleme, die der praktisch tätige Arzt mit statistischen Erkenntnissen hat, beruhen wohl v. a. auf der Tatsache, dass statistische Methoden Aussagen über das durchschnittliche Verhalten eines Prüfkollektivs, nicht aber über das Verhalten eines individuellen Patienten erlauben. Umgekehrt muss auch das häufig zu beobachtende Verhalten von Ärzten, aus ihren eigenen Einzelbeobachtungen vorschnell generell gültige Schlussfolgerungen abzuleiten, kritisiert werden. So kann das Nichtansprechen eines Patienten auf eine neue Therapie nicht sogleich einen generellen Zweifel an deren therapeutischer Wirksamkeit begründen; ebenso wenig darf die Beobachtung eines dramatischen Therapieerfolgs bei einzelnen Patienten zu einer unkritischen Befürwortung dieser Therapie führen.

Unter der vereinfachten Annahme, dass Messungen immer mit einem Messfehler behaftet sind und die biologische Variabilität die Kontrolle aller

2

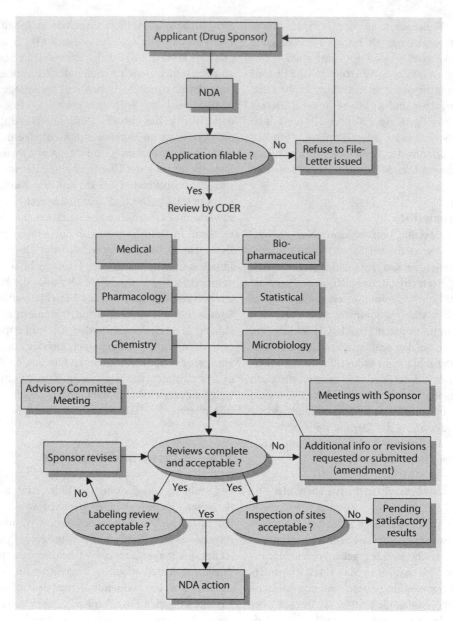

□ **Abb. 2.15**   Der *New Drug Application (NDA) Review Process* der US-amerikanischen Food and Drug Administration (FDA, vgl. ▶ Kap. 4.1.5).

Einflussgrößen nahezu ausschließt, ist es prinzipiell unmöglich, sichere Aussagen für ein Individuum zu treffen. Nur unter Verwendung statistischer Methoden kann somit eine mittlere therapeutische Wirksamkeit an einer Versuchsgruppe nachgewiesen werden und dann als wesentliches Kriterium für eine Therapieentscheidung am einzelnen Patienten herangezogen werden.

Während der statistische Nachweis bei gut messbaren Funktionsveränderungen (z. B. Herzfrequenz oder Blutdruck) relativ einfach ist, erweist sich die Beurteilung einer generellen therapeutischen Wirksamkeit (z. B. die Überlebenszeit nach einem Herzinfarkt) meist als methodisch sehr aufwändig und zeitintensiv. Hier ist es oft sehr hilfreich, wenn der Wirkmechanismus des

Medikaments bekannt ist und ein kausaler Zusammenhang mit der Pathobiochemie und Pathophysiologie der Grunderkrankung besteht. Die Glaubwürdigkeit der aus dem reinen statistischen Nachweis der Wirksamkeit abgeleiteten therapeutischen Relevanz wird durch diesen Analogieschluss deutlich verstärkt. Auf der anderen Seite ist allein aus ethischer und rechtlicher Sicht die einwandfreie biometrische Planung einer Arzneimittelstudie nach nationalen und internationalen Kriterien Voraussetzung für die Erlaubnis zu deren Durchführung.

Studientypen und Prüfprotokolle

Als Standard für eine klinische Studie zum Nachweis der therapeutischen Wirksamkeit einer Substanz gilt die prospektive, randomisierte, placebokontrollierte, doppel- (oder dreifach-) blinde Versuchsanordnung, die allerdings nicht für jede Fragestellung geeignet bzw. vertretbar ist. **Retrospektive Studien**, bei denen die Kontrolle von Störgrößen generell nicht möglich ist, können zwar bei der Aufstellung einer Hypothese helfen, sind jedoch zu deren Überprüfung weitgehend ungeeignet.

Bei der Beurteilung einer klinischen Studie ist es wichtig, ob sie als **exploratorische** (meist Phase II) oder **konfirmatorische** (meist Phase III) **Untersuchung** geplant war. Exploratorische Studien dienen oft als kleinere Pilotstudien vor der eigentlich beweisenden konfirmatorischen Studie, helfen bei Generierung der Prüfhypothese und der Definition von späteren Prüfparametern (z. B. Verfügbarkeit von Patienten, Standardabweichung der Zielkriterien, Abschätzung der Fallzahl) bzw. liefern Hinweise auf den Wirkmechanismus der Prüfsubstanz. Diese Studien sind deshalb auch wesentlich flexibler zu handhaben, die Fallzahl kann pragmatisch gewählt werden und die Statistik ist häufig nur deskriptiv.

Konfirmatorische Studien hingegen sollen eine vorher festgelegte Hypothese eindeutig beweisen oder widerlegen. Die Versuchsplanung muss hier sehr stringent erfolgen (u. a. eine korrekte Fallzahlschätzung und eine Definition des Signifikanzniveaus) und es dürfen dann nur die vorher definierten Hypothesen und Zielkriterien untersucht werden.

Durchführung der Prüfung und Auswertungsmethoden

Nur durch eine randomisierte, d. h. zufallsweise Zuordnung der Patienten in Kontroll- bzw. Prüfgruppen lässt sich eine weitgehende Struktur- und Beobachtungsgleichheit der Behandlungsgruppen herstellen. Durch die sog. Schichtung oder Stratifizierung kann man die Patienten bzgl. der bekannten Störfaktoren (z. B. Alter, Alkoholkonsum, Vorerkrankungen) in Untergruppen einteilen (schichten). Diese Einteilung in Subgruppen, in denen dann wieder randomisiert werden kann, bewirkt eine Verringerung der Variabilität und somit eine erhöhte Präzision bereits bei kleineren Fallzahlen.

Ein weiterer, nicht unbedeutender und v. a. in offenen Studien auftretender Störfaktor ist der Suggestiveffekt, wenn behandelnder Arzt und/oder Patient über die Zuordnung in Kontroll- bzw. Prüfgruppen informiert sind. In einfachblinden Studien ist nur der Arzt informiert, in doppelblinden Studien keiner der beiden. Wenn immer möglich, sollten zusätzlich auch die an der Datenerhebung, und -auswertung beteiligten Personen verblindet sein (sog. dreifachblinde Studien). Die Einschaltung eines die wesentlichen Laborparameter erst zur Datenauswertung am Ende der Studie weitergebenden Zentrallabors sowie die Verwendung identisch aussehender Prüf- und Kontrollmedikamente (Verpackung und Tablette, sog. *double dummy design*) helfen bei der Verblindung, auch wenn diese in den meisten Fällen nicht vollständig erreicht werden kann. Wenn eine Verblindung hinsichtlich der Zuordnung zu den Therapiegruppen nicht möglich ist, sollte zumindest versucht werden, eine Verblindung hinsichtlich der therapeutischen Wirksamkeit oder des entsprechenden Zielkriteriums zu erzielen (sog. PROBE-Design = *prospective, randomized, open, blinded endpoint*).

Die meisten prospektiven Studien werden im Parallel-Design durchgeführt, bei dem die therapeutische Wirksamkeit einer Prüfsubstanz mit mehreren parallelen Kontrollgruppen verglichen wird. Als Kontrollen dienen wirkstofffreie Scheinmedikamente (Placebos) oder bereits zugelassene Standardmedikamente. Nur die allerdings nicht immer vertretbare Placebokontrolle ermöglicht die exakte

Abgrenzung einer »echten« Arneimittelwirkung von einem v. a. auf Suggestion beruhenden Effekts.

Eine Alternative ist das sog. *cross-over-design*, bei dem jeder Studienteilnehmer nacheinander Kontroll- und Prüfsubstanz in randomisierter Reihenfolge erhält und somit als seine eigene Kontrolle dient. Dieses Design ist aufgrund seiner geringeren Variabilität und somit der kleineren benötigten Fallzahlen v. a. für pharmakologische Untersuchungen der Phase I an gesunden Probanden geeignet.

Typische Auswertungsfehler

Einige der möglichen Fehlerquellen statistischer Tests sollen im folgenden Beispiel erläutert werden. Bei chirurgischen Eingriffen kommt es bei etwa 30 % der operierten Patienten zu einer Wundheilungsstörung. Es soll nun geprüft werden, ob eine Prophylaxe mittels einer intravenösen Antibiotikagabe unmittelbar vor dem Eingriff diese Komplikationsrate verringern kann. Die **Prüfhypothese** (Nullhypothese) lautet dann, dass kein Unterschied zwischen Placebo und Antibiotikum besteht, während die **Alternativhypothese** ist, dass es unter Antibiotikumgabe seltener zu Wundheilungsstörungen kommt. Einen Fehler der ersten Art begeht man, wenn man die Alternativhypothese annimmt, obwohl es tatsächlich keinen Unterschied zwischen Placebo und Antibiotikum gibt. Die Wahrscheinlichkeit für einen solchen Fehler bezeichnet man als Signifikanzniveau α. Das minimale Signifikanzniveau, das erreicht werden muss, um statistische Signifikanz zu erreichen, wird nach allgemein üblicher Konvention mit 0,05 angenommen, d. h. man begeht einen Fehler der ersten Art mit weniger als 5 % Wahrscheinlichkeit. Einen Fehler zweiter Art begeht man, wenn man sich für die Annahme der Nullhypothese entscheidet, obwohl tatsächlich ein Unterschied zwischen Antibiotikum und Placebo besteht. Dieser Fehler wird mit β bezeichnet und $(1-\beta)$ gibt die Wahrscheinlichkeit an, mit der ein tatsächlicher Wirkunterschied auch erkannt wird. Die notwendige Sensitivität oder Trennschärfe des Testverfahrens wird meist bei 90 % angesetzt, obwohl dies im Unterschied zum Signifikanzniveau kein fester Wert ist und u. a. vom tatsächlichen und nicht bekannten Wirkunterschied und der Inzidenz einer Wundheilungsstörung unter Placebo abhängt. Ohne die Festlegung auf einen anzunehmenden klinisch-relevanten Wirkunterschied kann der Stichprobenumfang, der nötig ist, um eine bestimmte Sensitivität zu erreichen, nicht festgelegt werden. Ist der tatsächliche Wirkunterschied jedoch deutlich größer als der angenommene, werden mehr Patienten als notwendig in die Studie aufgenommen. Um dies rechtzeitig zu erkennen (v. a. bei Langzeitstudien über mehrere Jahre), können Methoden wie z. B. Versuchspläne mit Zwischenauswertungen zu festgelegten Zeiträumen verwendet werden.

Weitere häufige Fehlerquellen sind unzureichende Fallzahlen bei ungenauer Schätzung der *drop-out-rate*, eine fehlende Vergleichbarkeit der Versuchsgruppen und die Tendenz, Korrelation mit Kausalität gleichzusetzen. Neben diesen typischen Planungsfehlern gibt es auch eine Reihe häufig zu beobachtender Auswertungsfehler, die meistens auf einer nachträglichen und nicht-zulässigen Veränderung des Prüfprotokolls beruhen. Dazu gehören u. a. nicht-geplante Zwischenauswertungen und Stratifizierungen sowie eine künstliche Vergrößerung des Stichprobenumfangs. So werden z. B. häufig bei der Prüfung sog. »Venenmittel« die Beindurchmesser an beiden Beinen der Patienten bestimmt und in der Auswertung unzulässigerweise als unabhängige Messungen verwendet, wodurch der Stichprobenumfang ohne zusätzliche Information verdoppelt wird und eine geringere Schwankungsbreite erzielt wird.

Eine weitere Fehlerquelle ist die gezielte Suche nach signifikanten Ergebnissen. Definiert man nur genügend Zielkriterien, wird man irgendwann auch einen signifikanten Testparameter finden. Durch die nachträgliche und nicht-zufällige Einteilung in geeignete Untergruppen (z. B. *responder versus non-responder*) lassen sich unschwer Patientengruppen definieren, in denen doch noch eine signifikante therapeutische Wirksamkeit nachweisbar ist. Eine weitere Möglichkeit ist schließlich die allseits bekannte Tatsache, dass man nur lange genug testen muss, bis man den »geeigneten« statistischen Test für die Auswertung gefunden hat.

Bei der Bewertung einer klinischen Studie ist also auf jeden Fall auf die exakte prospektive Definition der Studienbedingungen und deren konsequente Einhaltung bzw. auf die Stichhaltigkeit der Begründungen für das Abweichen davon zu achten.

2.2.4 Klinische Arzneimittelprüfung vor der Zulassung – Phasen I–III

Allgemeine Aspekte der Zulassung von Arzneimitteln

Früher wurden Zulassung, Anwendung und kontinuierliche Überwachung von Arzneimitteln ausschließlich durch nationale Behörden geregelt (z. B. das BfArM). Seit 1995 ist für die Zulassung in der EU die European Medicines Agency (EME) zuständig (vgl. das Kap. 4). Die Zulassung eines Arzneimittels ist dabei sowohl der formale Endpunkt der klinischen Prüfung als auch der Beginn der Markteinführung und der Überwachungsphase. Dazu gehören u. a. Herstellungskontrolle, Änderungen von Indikation und therapeutischer Anwendung, Erfassung von Nebenwirkungen und ein kontinuierliches Anpassen der Nutzen-Risiko-Bewertung an den Stand der wissenschaftlichen Kenntnis.

Aus Sicht der Toxikologen und Kliniker muss ein Antrag auf Zulassung alle notwendigen Daten zur pharmazeutischen Qualität, Wirksamkeit und Unbedenklichkeit enthalten. Ein Hauptkriterium der Wirksamkeit ist die Reduktion von Mortalität oder Morbidität einer typischen, im vorgesehenen Indikationsbereich liegenden Krankheit. Der statistisch signifikante Nachweis der Wirksamkeit sowie die therapeutische Relevanz müssen in kontrollierten klinischen Studien erbracht sein. Ferner ist selbstverständlich bereits vor Beginn der Anwendung am Menschen in klinischen Studien u. a. durch die Erhebung der toxikologischen Basisdaten die Unbedenklichkeit zu zeigen. Hierbei muss die Wahrscheinlichkeit des Auftretens unerwünschter Arzneimittelwirkungen (UAWs) beim Patienten bestimmt werden, wobei wegen der relativ geringen Zahl der an den klinischen Prüfungen beteiligten Patienten nur die häufig vorkommenden UAWs sicher erfasst und seltene UAWs (Risiko des Auftretens < 1:1.000) meist erst durch die breite Anwendung und kontrollierte Anwendungsbeobachtungen nach der Zulassung erkannt werden. Aus den Erkenntnissen der präklinischen und klinischen Untersuchungen wird eine abschließende Nutzen-Risiko-Bilanz erstellt, in die zusätzliche Faktoren wie etwa die Verfügbarkeit anderer Behandlungsoptionen mit einfließen und die letztlich die Entscheidung über die Zulassungsfähigkeit bestimmt. Erfolgen müssen solche Nutzen-Risiko-Bilanzierungen jedoch auch bereits vor Aufnahme der ersten Anwendung am Menschen, vor jedem Eintreten in eine bestimmte Phase der klinischen Prüfung sowie nach der Zulassung, wenn Hinweise auf Veränderungen vorliegen (z. B. das Auftreten seltener UAWs).

Im Sinne einer erhöhten Transparenz ist es das erklärte Ziel, möglichst schnell frei zugängliche Datenbanken einzurichten, in denen alle europäischen Studien registriert sein sollen.

Klinische Prüfungen vor der Zulassung

Die klinische Prüfung im eigentlichen Sinn ist abzugrenzen von der individuellen Therapiebeobachtung bzw. der systematischen Anwendungsbeobachtung bereits zugelassener Medikamente. Letzteren ist gemeinsam, dass lediglich Daten gesammelt werden dürfen, die bei der therapeutischen Anwendung ohnehin anfallen würden. Um eine klinische Prüfung handelt es sich hingegen, wenn die Gabe eines Arzneimittels überwiegend zur Gewinnung wissenschaftlicher Erkenntnisse (pharmakokinetische und pharmakodynamische Wirkungen, UAWs) erfolgt und das individuelle Wohl des Patienten nachrangig betrachtet werden kann. Zu den Voraussetzungen, die die Durchführung einer klinischen Prüfung rechtfertigen, ohne dass sie als Körperverletzung anzusehen ist, gehören die begründeten Annahmen, dass das neue Medikament einen therapeutischen Fortschritt bedeuten könnte und die Anwendung aus ärztlicher Sicht unbedenklich erscheint. Die Prüfung kann dabei an gesunden Probanden (in der Regel Phase I) oder kranken Menschen (Phasen II–IV) durchgeführt werden. Spezielle Patientenpopulationen wie Frauen im gebärfähigen Alter oder Kinder werden aber auch heute noch aus Sicherheitsgründen oder primär rechtlichen Erwägungen wenn überhaupt erst zu einem späten Zeitpunkt der Entwicklungsphase in die Prüfungen eingeschlossen. Diese Umstände haben u. a. dazu geführt, dass in Deutschland ca. 70–80 % der Arzneimittelverordnungen bei Minderjährigen sogenannte »off-label«-Anwendungen sind, d. h., dass Kinder und Jugendliche ganz überwiegend mit Medikamenten behandelt werden, deren Wirksamkeit und Sicherheit an Minderjährigen nie geprüft wurde.

Da es inzwischen politischer Konsens ist, dass auch kranke Kinder ein Anrecht auf Medikamente haben, die nach neuesten wissenschaftlichen Erkenntnissen geprüft und zugelassen wurden, sind die Rahmenbedingungen für die Forschung mit Minderjährigen neu festgelegt worden (EU-Richtlinie 2001/20/EG; 12. Novelle des AMG vom 06.08. 2004). Um ein gesamteuropäisches Konzept bei der Zulassung von Arzneimitteln mit pädiatrischer Anwendung zu erreichen, wurde am 01.06.2006 vom europäischen Parlament die »Regulation on medicinal products for paediatric use« beschlossen. Sie ist seit dem 26.07.2007 als die rechtsgültige Kinderarzneimittelverordnung anzusehen und wird durch die EMA umgesetzt und überwacht. Ähnlich wie in den USA sollen hierbei auch bestimmte Anreize (z. B. eine 6-monatige Verlängerung der Patentschutzlaufzeit) Hersteller, die klinische Studien mit Minderjährigen durchführen, belohnen (vgl. ▶ Kap. 1.2).

Ein weiteres Problem ist, dass v. a. finanzielle Überlegungen die Entwicklung von Medikamenten gegen seltene Erkrankungen (< 5 Erkrankungen pro 100.000 Einwohner; sog. *orphan drugs*) weitgehend verhindern. Ende 2000 ist deshalb in der EU eine Richtlinie verabschiedet worden, die durch finanzielle Anreize wie etwa die Gewährung zeitlich begrenzter Marktexklusivität die Entwicklung sonst unrentabler Medikamente fördern soll. Schließlich ist es problematisch, dass es gesetzlich nicht möglich ist, nicht zugelassene Präparate außerhalb klinischer Prüfungen anzuwenden. V. a. Patienten mit lebensbedrohlichen, sonst nicht therapierbaren Erkrankungen und/oder Patienten, die aufgrund von Ausschlusskriterien nicht an klinischen Prüfungen teilnehmen können, werden hierdurch potenzielle Therapieoptionen vorenthalten. Es werden deshalb vorwiegend nationale Modelle entwickelt, die es unter bestimmten Bedingungen erlauben, straffrei vom sonstigen ärztlichen und rechtlichen Standard abzuweichen (sog. *compassionate use*). In den USA besteht ferner die Möglichkeit des sog. *accelerated development/review* zur Beschleunigung der Entwicklung von Medikamenten, die einen herausragenden Vorteil gegenüber existierenden Therapieoptionen für schwerwiegende oder lebensbedrohliche Krankheiten versprechen oder überhaupt erstmals deren Therapie gestatten. Zu berücksichtigen ist hier, dass der Hersteller auch nach der Zulassung zum Ausgleich für den beschleunigten Prozess umfangreiche Tests weiterführen muss, da die FDA andernfalls leichter als sonst die Zulassung widerrufen kann.

Auf die zunehmende Bedeutung der Durchführung klinischer Prüfungen nach den ICH-GCP-Richtlinien, die auf den ethischen Prinzipien der Deklaration des Weltärztebunds von Helsinki (1964; letzte Revision 1996) beruhen, wurde bereits hingewiesen. Diese Richtlinien beschreiben im Wesentlichen die Definition und die Pflichten des Sponsors, Monitors, leitenden Prüfarztes und der Ethik-Kommission. Weiterhin finden sich dort detaillierte Anleitungen zum Aufbau des Prüfplans sowie der korrekten Durchführung und Dokumentation der Studien.

Geregelt sind u. a. Aufklärung und Einverständniserklärung (engl. *informed consent*), die Durchführung des Monitorings und Audits mit Kontrolle der Ursprungs-(Quell-)Daten, die Meldung von UAWs, Anwendung von SOPs sowie die Archivierung von Daten und Prüfmaterialien. Der Sponsor (in der Regel eine Pharmafirma) beauftragt heute häufig sog. Contract Research Organisations (CROs) mit der Durchführung der Arzneimittelprüfungen, die dann an geeigneten Prüfzentren in Zusammenarbeit mit dem Leiter der klinischen Prüfung (LKP) durchgeführt werden. Zusätzlich gibt es in Deutschland Bestrebungen, etwa durch die Etablierung sog. Koordinierungszentren für Klinische Studien (KKS), die durch öffentliche Mittel (Bundesministerium für Bildung und Forschung (BMBF) und Landesmittel gefördert werden, die akademische Medizin wieder verstärkt zur Durchführung eigenständiger klinischer Arzneimittelstudien zu bewegen. Es existieren zurzeit bereits 14 KKS (Berlin, Dresden, Düsseldorf, Essen, Freiburg, Halle, Heidelberg, Köln, Leipzig, Mainz, Marburg, München, Münster, Tübingen/Ulm). Die KKS sind an den jeweiligen Medizinischen Fakultäten bzw. Universitätskliniken angesiedelt und verstehen sich als Bindeglied zwischen der pharmazeutischen und medizintechnischen Industrie einerseits und der akademischen Medizin andererseits, mit dem Ziel der beschleunigten Umsetzung von Entwicklungen der medizinischen Grundlagenforschung in die klinische Praxis. Die initiale Förderung durch öffentliche Mittel wird primär als Anschubfinanzierung verstanden, mit dem Ziel, dass sich die KKS in Zukunft v. a. durch die Übernahme von Forschungsaufträgen aus der Industrie selbst tragen können.

Vor Beginn einer klinischen Studie müssen gemeinsam vom Sponsor (Monitor) und LKP die notwendigen organisatorischen, administrativen und rechtlichen Voraussetzungen am Prüfzentrum geschaffen bzw. überprüft werden. Zu ersteren zählen u. a. die Patientenverfügbarkeit (z. B. durch Diagnosestatistiken bzw. Testläufe, *dummy runs*), quantitativ und qualitativ ausreichende personelle und technische Kapazitäten, die Organisation der Laboruntersuchungen (lokal oder zentral, Lagerung, Probenversand, etc.), die Sicherung der Durchführung des externen Monitorings (Akteneinsicht, Zeitplanung, etc.) sowie die Regelung der Honorar- (z. B. nach der Gebührenordnung für Ärzte) und Vertragssituation (Einverständnis der Krankenhausverwaltung bzw. des Dienstherrn). Zu den rechtlichen Anforderungen, die in der 12.–14. Novelle des AMG deutlich modifiziert wurden, gehören die Benennung eines LKP mit mindestens zwei Jahren Erfahrung in der Durchführung von Arzneimittelprüfungen, die Zustimmung der Ethik-Kommission des LKP sowie der lokalen Ethik-Kommission nach Dienst- oder Berufsrecht, der Abschluss einer Patienten-/Probandenversicherung, die Meldung bei der zuständigen regionalen Überwachungsbehörde, die Vorlage der Unterlagen beim BfArM bzw. PEI sowie ggf. weitere Genehmigungen beispielsweise nach der Röntgenverordnung, falls Strahlenbelastung aus Studiengründen vorliegt. Eine Aufstellung von Voraussetzungen zur Durchführung klinischer Arzneimittelprüfungen gibt ◘ Tab. 2.4.

Elemente und Ablauf der klinischen Prüfung

Beim Ablauf der klinischen Prüfung wird weiterhin zwischen den Phasen I–IV unterschieden (◘ Tab. 2.5; s. hierzu auch Abb. 2.12), obwohl diese starre Einteilung zu unflexibel ist und längst nicht mehr den Gegebenheiten der modernen Arzneimittelentwicklung genügt. So existiert die anachronistische Situation, dass diese geforderte Terminologie einerseits offiziell weiter beibehalten wird, während sie andererseits keiner der erfolg-

reichen Arzneimittelhersteller als Grundlage der Entwicklungspläne verwendet. Die wesentlichen Gründe dafür liegen v. a. in zeitlichen, finanziellen und regulatorischen Überlegungen, doch auch aus wissenschaftlichen und klinischen Erwägungen gibt es schon seit langem akzeptierte Situationen, die zur begründeten **Abweichung von der Phaseneinteilung** führen können. So wäre es z. B. nicht zu verantworten, die Pharmakokinetik eines sehr toxischen neuen Medikaments in geplanter therapeutischer Dosierung an gesunden Probanden zu prüfen (Phase I), weil UAWs nahezu mit Sicherheit erwartet werden müssen. Die ersten Studien am Menschen würden in diesem Fall an Patienten mit Erkrankungen, die wahrscheinlich auf die Prüfsubstanz positiv ansprechen, durchgeführt (Phase II). Cytotoxische und antivirale Medikamente sind hier typische Beispiele. Weiterhin wäre es nicht sinnvoll, die Verträglichkeit von Prüfsubstanzen zuerst an gesunden Probanden zu testen, wenn relevante pharmakodynamische Effekte bekanntermaßen nur an bestimmten Patienten zu erheben sind. Problematisch sind auch Erkrankungen, für die kein anerkanntes präklinisches Modell existiert oder bei denen die Erkrankung selbst die Pharmakokinetik der Substanzen signifikant ändern kann. Es existieren z. B. keine Tiermodelle für die klassische Migräne des Menschen, und an gesunden Probanden lässt sich kein antimigränöser Effekt nachweisen. Gleichzeitig kann aber erwartet werden, dass das häufig zu beobachtende Erbrechen und die Magen-Entleerungsstörung während des Migräneanfalls die Pharmakokinetik und Wirksamkeit der Prüfsubstanz wesentlich beeinflusst.

Phase I: Erstanwendung an gesunden Probanden (Humanpharmakologie)

Nach kritischer und positiver Beurteilung der Verträglichkeit der Prüfsubstanz im Tierversuch folgt im Rahmen der Phase I der klinischen Prüfung in der Regel die orientierende Bestimmung des pharmakokinetischen und pharmakologischen Wirkprofils am gesunden Probanden, die Beurteilung der Verträglichkeit der Prüfsubstanz sowie die Definition eines Dosisbereichs für die folgenden Phase-II-Studien. Da die Phase I-Studien im Allgemeinen nicht das Ziel des Nachweises einer therapeutischen Wirksamkeit haben, werden sie

□ Tab. 2.4   Klinische Pharmakologie – Voraussetzungen für die Durchführung klinischer Arzneimittelprüfungen.

Modell	Erläuterung	
formale/rechtliche Grundlagen	Deutschland:	Arzneimittelgesetz
		Grundsätze zur Durchführung klinischer Prüfungen
		Good Clinical Practices (GCP)
	EU:	EU-Guidelines
	USA:	Good Clinical Practices (GCP)
	Weltärztebund:	Deklaration von Helsinki
weitere formale Schritte	Benennung eines Leiters der klinischen Prüfung (LKP)	
	Positive Begutachtung durch unabhängige, zuständige Ethik-Kommission	
	Anmeldung aller klinischen Prüfungen bei der zuständigen regionalen Überwachungsbehörde (Anzeige)	
	Evtl. Vorlage beim Bundesinstitut für Arzneimittel und Medizinprodukte (BfArM) bzw. beim Paul-Ehrlich-Institut (PEI)	
	Ggf. Genehmigung nach Röntgenverordnung Angemessene Ergebnissicherung gewährleistet	
Versuchspersonen	Angemessenes Risiko/Nutzen (Erkenntnisgewinn)-Verhältnis	
	Schutz der Studienteilnehmer	
	Körperliche Untersuchung	
	Aufklärung	
	Einverständniserklärung	
	Rücktrittsrecht	
	Probandenversicherung in ausreichender Höhe abgeschlossen	
Notfalleinrichtungen	Klinische Notfallausrüstung und Notfallmedikamente vorhanden	

im Regelfall an gesunden, bezahlten Probanden durchgeführt, deren Rekrutierung üblicherweise einfach und deren Bezahlung ethisch gerechtfertigt ist. Die Zahl der Phase I-Studien, an denen sich ein Proband pro Jahr beteiligen darf, sollte allerdings beschränkt werden (3–4/Jahr) und der finanzielle Anreiz darf auf keinen Fall so gestaltet sein, dass er den Probanden zur unkritischen Teilnahme veranlasst.

Der Frage der **Kinetik** und der Dosis-Wirkungs-Relation wird dabei besondere Aufmerksamkeit gegeben. Die Konzentration der Prüfsubstanz sowie eventueller Metabolite wird nach einfacher bzw. wiederholter Gabe in vorher festgelegten Zeiträumen im Blut und Urin bestimmt und daraus werden wichtige kinetische Parameter wie Serumhalbwertszeit, AUC, c_{max} (maximale Plasmakonzentration), tmax (Zeitpunkt, zu dem c_{max} erreicht wird), Bioverfügbarkeit und renale Clearance berechnet.

Tab. 2.5 Klinische Arzneimittelprüfung –Unterscheidung der Phasen I–III

Phase	Beschreibung	Zielsetzung	Große und Zusammensetzung der Stichprobe	Zeitraum und durchführende Personen
Phase I inkl. Phase 0	Erstanwendung an gesunden Probanden bzw. Patienten Untersuchung von pharmakologischen Wirkungen, Verträglichkeit und Arzneimittel-Stoffwechsel Stationäre Durchführung	Untersuchung u. a. von Pharmakokinetik, Wirksamkeit, Dosis/Zeit-Wirkungs-kurven, Nebenwirkungen (UAWs) Nachweis des Wirkmechanismus Erarbeitung von validierten Biomarkern (Surrogatparametern) Nutzen/Risiko-Analyse geeigneter Dosierung	ca. 10–50 gesunde Probanden bzw. Patienten	ca. 15–20 Monate (evtl. kürzer) Klinische Pharmakologie
Phase II	Ermittlung von Wirksamkeit Dosis/Wirkungsbeziehungen Klinischer Relevanz Kumulation bei Mehrfachgabe Interaktionen Toleranzentwicklungen Entwicklung verschiedener Darreichungsformen		ca. 100–500 Patienten, homogene Stichprobe	ca. 18–24 Monate Klin. Pharmakologen, Ärzte mit Erfahrung in der Arzneimittelprüfung
Phase III	Bestimmung u. a. von tox. Sicherheit klin. Wirksamkeit Gleichwertigkeit/Überlegenheit gegenüber Standardtherapie		meist > 1.000 Patienten, heterogene Stichprobe, multizentrisch	ca. 24–40 Monate In der Klinik tätige Ärzte

Pharmakodynamische Ziele sind der Nachweis von möglichst dosisabhängigen Wirkungen und deren Dauer, die Registrierung von UAWs sowie die Bestimmung der höchsten verträglichen und der kleinsten wirksamen Dosis.

Der Versuchsplan für die **pharmakodynamischen Untersuchungen** hängt vom erwarteten Wirkspektrum des Arzneimittels und von den ausgewählten Kriterien zur Überwachung wichtiger physiologischer Funktionen ab. Relativ leicht zu messende Parameter wie z. B. Herzfrequenz, systolischer und diastolischer Blutdruck, Elektrokardiogramm oder Körpergewicht sollten auf jeden Fall bestimmt werden. Diese pharmakodynamischen Messungen sollten nach Einzeldosen mehrfach am Tag der Applikation durchgeführt werden. Bei wiederholter Anwendung und Dauer der Studie über mehrere Wochen sollten die Parameter routinemäßig mindestens einmal wöchentlich bestimmt werden. Zumindest orientierend sollten auch grobe Funktionsänderungen des kardiovaskulären, gastrointestinalen, pulmonalen sowie des peripheren und zentralen Nervensystems erfasst werden. Häufig lassen sich während Phase I-Studien an gesunden Probanden pharmakologische Wirkungen nur durch das Auftreten und Erfassen unerwünschter Arzneimittelwirkungen nachweisen. Um UAWs zu erfassen, können regelmäßige systematische

Befragungen und eine engmaschige Kontrolle der wichtigsten Laborparameter verwendet werden. Standardprogramme für Blutlaborwerte sind z. B. von der Deutschen Gesellschaft für Klinische Chemie oder von der Sektion Klinische Pharmakologie der Deutschen Gesellschaft für Pharmakologie und Toxikologie aufgestellt worden.

Bei der Versuchsplanung sollte unter Beteiligung der Biometrie wann immer möglich ein randomisierter, **Placebo-kontrollierter-Doppelblindversuch** angestrebt werden. Die erforderliche Anzahl der Probanden in Phase I-Studien liegt im Allgemeinen zwischen zehn und 50. In der Regel dient jeder Proband im Sinne eines Vorher-Nachher-Vergleichs der Wirkungen der Prüfsubstanz als seine eigene Kontrolle. Aufgrund der geringeren intra-individuellen Variabilität erhält man so im Zusammenhang mit einem sog. *cross-over*-Versuchsdesign (eine Gruppe erhält erst Placebo, dann die Prüfsubstanz und in einer zweiten Gruppe erfolgt die Gabe in umgekehrter Reihenfolge) eine geringere Schwankungsbreite bereits bei kleinen Versuchsgruppen. Man muss allerdings durch angemessen lange Pausen (sog. *washout*-Phasen) zwischen der Applikation des Wirkstoffs und des Placebos (bzw. umgekehrt) sicherstellen, dass die Gefahr eines sog. *carry-overs* von Effekten in die nächste Phase minimiert wird. Ist dieses Design und die damit verbundene Wiederholung von aufwändigen Untersuchungen am Individuum z. B. aus ethischen Gründen nicht vertretbar (z. B. mehrfache invasive Untersuchungen), muss mit einem Gruppenvergleich an zwei oder mehreren parallelen Kontroll- und Prüfgruppen mit entsprechend größerer Zahl von Probanden gearbeitet werden.

Phase 0 in der Phase I: Erstanwendung am Menschen

Die Errungenschaften der modernen biomedizinischen Forschung der letzten 10 Jahre haben eine große Vielzahl neuer potenzieller Zielmoleküle hervorgebracht. Dies bietet auf der einen Seite große Chancen zur Entwicklung neuer Wirkstoffe, schafft aber auf der anderen Seite neue logistische und finanzielle Probleme bei der Entwicklung und Zulassung neuer Wirkstoffe. Diese Problematik ist u.a. auch an der in den letzten Jahren abnehmen-

den Anzahl neuer zugelassener Medikamente zu erkennen. Es erreichen nur ca. 8 % der Wirkstoffe, die in die Phase I eingeschleust werden, später auch die Marktzulassung. Diese Zahl halbiert sich noch einmal bei den neu zugelassenen Medikamenten für die Anwendung in der Onkologie.

Die rationale präklinische Selektion aus der Vielzahl möglicher neuer Wirkstoffe besitzt somit zunehmend eine große Bedeutung. Die Selektion wird jedoch u.a. auch durch die geringe Vorhersagekraft der präklinischen toxikologischen, pharmakokinetischen und pharmakodynamischen Untersuchungen erschwert. Dieser Umstand verstärkt sich vermutlich noch weiter mit der Einführung neuer Substanzen mit einem sehr selektiven molekularen Wirkmechanismus, was sich am Beispiel der Zytostatika erläutern lässt. Herkömmliche Zytostatika sind durch eine sehr steile Konzentrations-Wirkungsbeziehung gekennzeichnet. Dadurch ergibt sich ein sehr enger Zusammenhang zwischen toxischen und erwünschten Effekten im Tiermodell mit der Konsequenz einer relativ guten Übertragbarkeit auf den Menschen. Neue Wirkstoffklassen, wie z. B. Tyrosin-Kinase-Inhibitoren oder Hemmstoffe der Blutgefäßbildung sind relativ untoxisch, was zum einen die chronische Applikation ermöglicht, auf der anderen Seite aber die Vorhersagekraft des Tiermodells für subakute unerwünschte Arzneimittelwirkungen stark herabsetzt. Ein weiteres Problem ist, dass zunehmend der Nachweis des spezifischen Wirkmechanismus einer neuen Substanz nicht nur präklinisch, sondern auch in vivo in der klinischen Untersuchung am Menschen gefordert wird. Die dafür notwendigen Analysemethoden sowie validierte Ersatzmarker (so genannte Surrogatparameter) fehlen in der Regel zu Beginn der präklinischen Untersuchungen und es ist ein hohes Risiko für ein Pharmaunternehmen, ohne solche validierten Verfahren in die teure klinische Prüfung einzusteigen.

Zur Lösung dieser Probleme müssen neue flexible Zulassungsverfahren entwickelt werden. Ein Lösungsansatz ist die Etablierung einer sogenannten Phase 0 der Arzneimittelprüfung am Menschen, die in der Frühphase der eigentlichen Phase I durchgeführt werden soll. Die Phase 0 hat keine therapeutischen oder diagnostischen Zielsetzungen, sondern soll v. a. erste Erkenntnisse im Menschen liefern, die bei der Selektion der Wirkstoffe helfen sollen, die dann tatsächlich in die komplette Phase I eingeschleust werden. Somit könnten Zeit und Kosten gespart werden und evtl. auch bessere Studienprotokolle für die nächsten Phasen ermöglicht werden. Generell sollen diese Studien kurz sein sowie mit einer sehr geringen Zahl von Patienten/Probanden (10–15) und Wirkstoffen in sehr geringer Dosierung und somit möglichst geringer Toxizitätsgefahr durchgeführt werden.

Die EMA hat bereits 2003 ein Positionspapier zu den sog. *microdose*-Studien und 2006 ein Konzeptpapier zu den präklinischen Voraussetzungen zur Durchführung von Phase 0-Studien veröffentlicht. Die FDA verfolgt ähnliche Ziele und versucht dem v. a. durch eine geänderte Interpretation der bisherigen Verfahrensrichtlinien (sog. *exploratory IND's*) Rechnung zu tragen.

Man kann die Ziele der Phase 0-Studien grob in 2 Bereiche gliedern:

1. In den bereits erwähnten *microdose*-Studien werden pharmakokinetische Endpunkte wie z. B. Bioverteilung und Bioverfügbarkeit untersucht. Durch die Verwendung hoch-sensitiver Methoden (z. B. bildgebende Verfahren wie die Positronen-Emissions-Tomografie (PET)) können hier sehr niedrige Dosierungen zum Einsatz kommen. Übliche Startdosierungen sind etwa 1/100 der aus den Tierversuchen ermittelten effektiven Dosen (in jedem Fall aber < 100 μg bzw. 30 nanomol bei Proteinderivaten). Diese niedrigen Dosierungen erlauben es den Behörden, die erforderlichen präklinischen toxikologischen Untersuchungen deutlich zu beschränken. Die FDA fordert im Gegensatz zur EMA z. B. keine routinemäßige Vorlage genotoxischer Untersuchungen.

2. Ferner sind Phase 0-Studien geplant, die zum Ziel haben, die pharmakodynamisch gewünschten Effekte im Menschen nachzuweisen bzw. den etablierten Wirkmechanismus zu demonstrieren (z. B. Veränderung der Genexpression im Zielgewebe). Die Entwicklung aussagekräftiger, sensitiver und reproduzierbarer Testsysteme sowie validierter Biomarker ist hierbei eine zu leistende notwendige Voraussetzung. Wenn es gelingt, solche Testverfahren zu entwickeln, können diese direkt in die Opti-

mierung und Durchführung der späteren Testphasen einfließen und die Wahrscheinlichkeit einer schnelleren und erfolgreichen Markteinführung erhöhen. Die üblichen Startdosierungen sollten zwischen den Dosierungen in den *microdose*-Studien und herkömmlichen Phase I-Studien liegen. Ein Anhaltspunkt ist die Dosierung, bei der in 10 % der Versuchstiere (meist Nager) schwere toxische Effekte (*severely toxic doses*, STD's) auftreten. Man verwendet dann üblicherweise 1/10 dieser Dosis am Menschen (1/10 STD 10 mg/m^2). Die für diese Studien geforderten toxikologischen Voruntersuchungen sind noch nicht genau festgelegt, aber werden sicherlich umfangreicher sein als für die *microdose*-Studien. Es handelt sich generell um akute Toxizitätsstudien (ca. 14 Tage Beobachtungszeit) an 1–2 Säugetierspezies in geeigneten Applikationsarten. Es empfiehlt sich, diese Untersuchungen so zu planen (GLP-Standards, biometrische Planung, etc.), dass die Ergebnisse auch direkt für die notwendigen Antragsunterlagen der folgenden kompletten Phase I verwendet werden können.

Es existieren bereits einige gelungene Beispiele für Phase 0-Studien. So konnte z. B. die Firma Abbott 2007 in den USA in Zusammenarbeit mit dem National Cancer Institute eine Phase 0-Studie zu einem neuen Inhibitor (ABT-888) der menschlichen poly-ADP Ribose Polymerase (PARP) in Krebspatienten durchführen und auf diesem Weg einen Enzymassay zum Nachweis des Wirkmechanismus für folgende klinische Studien etablieren.

Aufgrund der limitierten Erfahrung mit Phase 0-Studien ergeben sich naturgemäß viele offene Fragen, darunter, wie hoch tatsächlich der prädiktive Wert der pharmakokinetischen *microdose*-Studien ist. Man kann hier davon ausgehen, dass Untersuchungen zu Wirkstoffen mit einer linearen Pharmakokinetik und hohen Dissoziationskonstante vom Zielmolekül eine bessere Vorhersagekraft besitzen werden.

Sind Phase 0-Studien wirklich effektiv in dem Sinne, dass sie Entwicklungszeit und Kosten sparen und somit zu einer höheren Anzahl jährlicher Neuzulassungen führen?

Da die Phase o-Studien keinen direkten Nutzen für den Patienten bringen werden – bei durchaus vorhandenen Risiken und Belastungen –, ist es zumindest fraglich, ob es gelingen wird, genügend Patienten zu rekrutieren. Wenn eine sinnvolle Aufklärung der möglichen Teilnehmer erfolgt, erscheinen die ethischen Bedenken lösbar. Allerdings ist es ratsam, die zuständige Ethik-Kommission bereits in der Planungsphase intensiv einzubeziehen. Weiterhin ist es unabdingbar, dass die an Phase-o-Studien teilnehmenden Patienten dadurch nicht von der Teilnahme an folgenden therapeutischen Studien ausgeschlossen bzw. behindert werden dürfen. Dies beinhaltet z. B., dass nur kurze Auswaschphasen (maximal 2 Wochen) zwischen den Phase o-Studien und möglichen Folgestudien gefordert werden dürfen.

Schließlich bringt die gewünschte kleine Teilnehmerzahl (10–15) und die kurze Studiendauer anspruchsvolle Herausforderungen an das biometrische Studiendesign mit sich.

Phasen II und III: Therapeutisch exploratorische und konfirmatorische klinische Prüfungen

Die im Anschluss an die Phase I weiterführenden klinischen Arzneimittelprüfungen (vgl. ◘ Tab. 2.5) dienen in der Phase II dem Nachweis der therapeutischen Wirksamkeit im Hinblick auf die für die Zulassung vorgesehenen Indikationen. Zudem soll hier an einer begrenzten, möglichst homogenen Stichprobe von 50 bis 300 Patienten parallel die Unbedenklichkeit der Anwendung nachgewiesen sowie der wirksame Dosisbereich und die endgültige Applikationsform festgelegt werden. In dieser frühen Phase werden häufig Surrogatmarker (s. o.) zum indirekten Nachweis der therapeutischen Wirksamkeit eingesetzt, weil die Zeitdauer der Studie dadurch entscheidend verkürzt werden kann. So kann z. B. zur Beurteilung der Wirksamkeit eines Zytostatikums statt der Verlängerung der tumorfreien Überlebenszeit die Reduktion der Tumormasse als Ersatzkriterium herangezogen werden. Im Sinne der *evidence-based medicine* kann dies allerdings nicht als einwandfreier Nachweis der therapeutischen Wirksamkeit gelten und somit auch nicht für die endgültige Zulassung ausreichen. Ein typisches Vorgehen zur Definition des Dosisbe-

reichs mit dem günstigsten Nutzen-Risiko-Verhältnis ist die sog. **Dosiseskalation**. Man beginnt dabei mit der geringsten effektiven Dosis und steigert sie dann, bis die gewünschte maximale Wirksamkeit erreicht wird oder limitierende UAWs auftreten. Am Ende dieser Untersuchungen sollen somit neben der Festsetzung des optimalen Dosisbereichs auch besondere Empfehlungen und Vorsichtsmaßnahmen für die klinische Anwendung gegeben werden können. So ist es beispielsweise wichtig zu wissen, ob eine Beeinträchtigung der Teilnahme am Straßenverkehr zu erwarten ist, die Alkoholtoleranz verändert wird oder relevante Arzneimittelinteraktionen auftreten können.

Um möglichst klare und von anderen Störfaktoren (z. B. Begleiterkrankungen) unbeeinflusste Daten zu erhalten, wird durch eine sehr enge Definition der Ein- und Ausschlusskriterien im Prüfplan eine möglichst homogene Patientengruppe angestrebt. Da jedoch eine zu homogene Gruppe der realen therapeutischen Situation nicht mehr entspricht, muss ein Kompromiss gefunden werden, der einerseits signifikante wissenschaftliche Aussagen ermöglicht und andererseits eine noch ausreichende Ähnlichkeit mit der wesentlich inhomogeneren Gruppe aller möglichen späteren Patienten gewährleistet. Zudem kann ein zu homogenes Prüfkollektiv die Zulassung gefährden, weil die Daten als nicht ausreichend repräsentativ beurteilt werden und somit keine hinreichende therapeutische Sicherheit garantieren.

Am Ende der klinischen Arzneimittelstudien der Phase II muss die Datenlage ausreichen, um einen Eintritt in die zeitlich und finanziell wesentlich aufwändigere Phase III zu rechtfertigen.

Phase III-Studien

In den konfirmatorischen Phase-III-Studien sollen die Ergebnisse der Phase II bestätigt und der therapeutische Nutzen der Prüfsubstanz eindeutig nachgewiesen werden (vgl. ◘ Tab. 2.5). Um ausreichend Daten für die Zulassung zu erheben, wird die Substanz jetzt meist in großen multizentrischen Studien an mehreren hundert bis tausend Patienten über längere Zeiträume (je nach Indikation bis zu mehreren Jahren) geprüft. Es müssen hierbei auch Erfahrungen mit den für die Erkrankung typischen Nebendiagnosen berücksichtigt und darüber hinaus Interaktionen mit dabei häufig eingesetzten anderen Medikamenten untersucht werden. Wenn für die zu prüfende Indikation eine Standardtherapie existiert, wird diese als ein Kontrollarm der Studien ebenso mitgeführt wie, wenn immer möglich, eine Placebokontrolle. Diese Kontrollgruppen sind zwingend auch notwendig, um das zweite Ziel der Phase III, die möglichst genaue Beschreibung der Art und Häufigkeit von UAWs, wissenschaftlich einwandfrei zu erreichen. Da UAWs möglicherweise erst sehr lange nach dem Therapiebeginn beobachtet werden, muss die Studiendauer v. a. bei Medikamenten für den chronischen Einsatz ausreichend lang sein (im Einzelfall bis zu mehreren Jahren). Trotz des enormen Aufwands ist es methodisch bedingt, dass seltene UAWs (Risiko ca. < 1:1000) auch in Phase III und damit vor der Zulassung in der Regel nicht erfasst werden können.

Eine große Herausforderung bei der Planung dieser Langzeitstudien hat neben der Biometrie auch die Einschätzung von Störfaktoren und der potenziellen *drop-out-rate* der Patienten, was wiederum die Dimensionierung der Prüfgruppen beeinflusst. Die Prüfung der therapeutischen Wirksamkeit etwa bei der chronischen rheumatischen Polyarthritis dauert mehrere Jahre und erfordert häufig zusätzliche Arzneimittel, Medikamentenwechsel, Dosisänderungen oder weitere ambulante und stationäre Behandlungen; es gehen damit eine Vielzahl von Parametern ein, die vor Beginn der Studie mit berücksichtigt werden müssen.

Mit dem Ende der Phase-III-Studien werden die vorliegenden Ergebnisse in einem Zulassungsantrag nach klar definierten Regeln zusammengefasst. Die eingereichten Unterlagen müssen eine eindeutige Beurteilung des Wirkmechanismus, der pharmakodynamischen und -kinetischen Daten, der therapeutischen Wirksamkeit im Vergleich zu bisherigen Standardtherapien, des Dosisbereichs, der Applikationsarten sowie der Verträglichkeit und der zu erwartenden Art und Häufigkeit von UAWs gestatten.

2.2.5 Phase IV: Therapeutische Anwendung nach der Zulassung

Nachdem die Zulassung erteilt wurde, darf das Arzneimittel unter den im Zulassungsbescheid festgelegten Auflagen vertrieben werden. Für eine umfassendere Beurteilung des neuen Medikaments unter therapeutischen Bedingungen werden Phase IV-Studien durchgeführt, für die prinzipiell die gleichen Vorschriften wie für die Phasen II und III gelten. Dieser hohe formale Aufwand zusammen mit dem Verbot, bei Phase IV-Studien den Handelsnamen zu verwenden, soll u. a. verhindern, dass diese Studien lediglich Marketingzwecken dienen. Die Ziele der Phase IV-Studien sind u. a. die **Beurteilung der Langzeitverträglichkeit** einschließlich des Auftretens seltener UAWs (Risiko < 1:1000) sowie der Vergleich des Nutzen-Risiko-Verhältnisses mit den für die Indikation zugelassenen Standardmedikamenten. Zu den weiteren Zielkriterien gehört in zunehmendem Maße die Beurteilung der therapeutischen Wirksamkeit in Relation zu den dadurch verursachten Kosten für das Gesundheitssystem.

Im Gegensatz zum Arzneimittelhersteller darf der behandelnde Arzt im Rahmen der ärztlichen Therapiefreiheit neue Medikamente unter seiner Verantwortung auch für andere nicht zugelassene Indikationen einsetzen, so genannter *off-label use*. Werden solche Indikationsausweitungen in klinischen Studien überprüft, würde man per definitionem eigentlich wieder in die Phasen II und III eintreten müssen. Aufgrund des fortgeschrittenen Entwicklungsstands und der reduzierten formalen Anforderungen werden solche klinischen Prüfungen häufig als Phase V-Studien bezeichnet.

V. a. aus Sicherheitsgründen ist die **kontinuierliche Überwachung** (Pharmakovigilanz) von Arzneimitteln nach der Zulassung unabdingbar. Hierzu sind die gesetzlichen Vorschriften v. a. bezüglich der Vorlage von periodischen Unbedenklichkeitsberichten (*periodic safety update report*, PSURs) in der 14. Novelle des AMG festgelegt worden. Zur Aufdeckung von UAWs im Rahmen der Pharmakovigilanz dienen im Wesentlichen epidemiologische Methoden wie Einzelfallmeldungen, Kasuistiken, Kohorten-Studien und Fall-Kontrollstudien. Die ersten beiden Methoden liefern aufgrund ihrer Zufälligkeit eher Verdachtsmomente auf seltene UAWs und sind, u. a. weil nur wenige Ärzte UAWs routinemäßig melden, für den gesicherten Nachweis in der Praxis eher ungeeignet. Kohorten-Studien und Fall-Kontrollstudien sind, v. a. wenn sie unter den oben beschriebenen strikten methodischen Maßgaben von kontrollierten klinischen Prüfungen durchgeführt werden, zur Erfassung unbekannter und seltener UAWs besser geeignet. In den Mitgliedsstaaten der EU gibt es sowohl auf nationaler Ebene (Zulassungsbehörden) als auch auf europäischer Ebene (EMA und CPMP) entsprechende Meldesysteme, in denen auch der Datenaustausch zwischen den Behörden entsprechend organisiert ist. Weltweit übernimmt das Collaborating Center for International Drug Monitoring der Weltgesundheitsorganisation (WHO) mit Sitz in Uppsala (Schweden) eine führende Rolle bei der internationalen Erfassung von schwerwiegenden UAWs und der Weitergabe der Informationen.

Literatur

1   Balkenhohl F, Bussche-Hünefeld C vd,. Lansky A, Zechel A (1996) Kombinatorische Synthese von kleinen organischen Molekülen. In: *Angew Chem* 108: 2436–2488

2   Bantscheff M, Eberhard D, Abraham Y, Bastuck S, Boesche M, Hobson S, Mathieson T, Perrin J, Raida M, Rau C, Reader V, Sweetman G, Bauer A, Bouwmeester T, Hopf C, Kruse U, Neubauer G, Ramsden N, Rick J, Kuster B, Drewes G (2007) Quantitative chemical proteomics reveals mechanisms of action of clinical ABL kinase inhibitors. In: *Nat Biotechnol* 25: 1035–1044

3   Barr AJ, Ugochukwu E, Lee WH, King ONF, Filippakopoulos P, Alfano I et al (2009) Large-scale structural analysis of the classical human protein tyrosine phosphatome. In: *Cell* 136, 352–363

4   Bleicher KH, Böhm HJ, Müller K, Alanine AI (2003) Hit and lead generation: beyond high-throughput screening. In: *Nat Rev Drug Discov* 2, 369–378

5   Böhm HJ, Klebe G (1996) Was läßt sich aus der molekularen Erkennung in Protein-Ligand- Komplexen für das Design neuer Wirkstoffe lernen? *Angew Chem*, 108, 2750–2778

6   Breinbauer R, Vetter IR, Waldmann H (2002) Von Proteindomänen zu Wirkstoffkandidaten – Naturstoffe als Leitstrukturen für das Design und die Synthese von Substanzbibliotheken. In: *Angew Chem* 116, 3002–3015

7   Brenk R, Naerum L, Grädler U, Gerber HD, Garcia GA, Reuter K, Stubbs MT, Klebe G (2003) Virtual screening for submicromolar leads of tRNA-guanine transglycosylase

based on a new unexpected binding mode detected by crystal structure analysis. In: *J Med Chem* 46, 1133–1143

8   Burbaum JJ (1998) Miniaturization technologies in HTS: how fast, how small, how soon? In: *DDT* 3, 313–322

9   Burger A (1991) Isosterism and bioisosterism in drug design. In: *Fortschr Arzneimittelforsch* 37, 287–371

10   Buss AD, Waigh RD (1995) Natural Products as Leads for New Pharmaceuticals. In: Wolff M (Hrsg) *Burger's Medicinal Chemistry and Drug Discovery*. John Wiley & Sons, S. 983–1033

11   Cahn A, Hepp P (1886) Das Antifebrin, ein neues Fiebermittel. In: *Centralblatt für Klinische Medizin* 7, 561–564

12   Cooper MA (2002) Optical biosensors in drug discovery. In: *Nat Rev Drug Discov* 1, 515–528

13   Dearden JC (1990) Molecular Structure and Drug Transport. In: Ramsden CA (Hrsg) *Quantitative Drug Design*, Band 4 von: Hansch P, Sammes G, Taylor JB (Hrsg) *Comprehensive Medicinal Chemistry*. Pergamon Press, Oxford, S. 375–411

14   Estler CJ (1997) Arzneimittel im Alter. Wissenschaftliche Verlagsgesellschaft, Stuttgart

15   Folkers G (Hrsg, 1995) Lock and Key – A Hundred Years After. Emil Fischer Commemorate Symposium. In: *Pharmaceutica Acta Helvetiae* 69, 175–269 (1995)

16   Gohlke H, Klebe G (2002) Ansätze zur Vorhersage und Beschreibung der Bindungsaffinität niedermolekularer Liganden an makromolekulare Rezeptoren. In: *Angew Chem* 114, 2764–2798

17   Goldstein DM, Gray NS, Zarrinkar PP (2008) High-throughput kinase profiling as a platform for drug discovery. In: *Nat Rev Drug Discov* 7, 391–397

18   Gonzalez JE, Oades K, Leychkis Y, Harootunian A, Negulescu PA (1999) Cell-based assays and instrumentation for screening ion-channel targets. In: *DDT* 4, 431–439

19   Goodford PJ (1984) Drug design by the method of receptor fit. In: *J Med Chem* 27, 557–564

20   Greer J, Erickson JW, Baldwin JJ, Varney MD (1994) Application of the three-dimensional structures of protein target molecules in structure-based drug design. In: *J Med Chem* 37, 1035–1054

21   Grüneberg S, Stubbs MT, Klebe G (2002) Successful virtual screening for novel inhibitors of human carbonic anhydrase: strategy and experimental confirmation. In: *J Med Chem* 45, 3588–3602

22   Günther J, Bergner A, Hendlich M, Klebe G (2003) Utilising structural knowledge in drug design strategies: applications using Relibase. In: *J Mol Biol* 326, 621–636

23   Gurrath M (2001) Der humane AT1-Rezeptor. In: *Pharm unserer Zeit*, 4, 288–295 (2001)

24   C. Hansch and A. Leo, Exploring QSAR. Fundamentals and Applications in Chemistry and Biology, Band 1, American Chemical Society, Washington, 1995

25   Hanson MA, Stevens RC (2009) Discovery of new GPCR biology: One receptor structure at a time. *Structure* 17:8–14

26 Hertzberg RP, Pope AJ (2000) High-throughput screening: new technology for the 21st century. *Curr. Op. Chem. Biol.* 4:445–451

27 Hughes WH (1974) Fleming and Penicillin. Priority Press Ltd., Hove, Sussex

28 Hylands PJ, Nisbet LJ (1991) The search for molecular diversity (I): Natural Products. *Ann. Rep. Med. Chem.* 26:259–269

29 Jenwitheesuk E, Horst JA, Rivas KL, Van Voorhis WC, Samudrala R (2007) Novel paradigms for drug discovery: computational multitarget screening. *Trends in Pharmacological Sciences* 29:62–71

30 Klebe G (2001) Wirkstoffdesign bei der Entwicklung substratähnlicher HIV-Protease-Hemmstoffe. *Pharm. i. u. Zeit* 3:194–201

31 Klebe G (2009) Wirkstoffdesign. Spektrum Akad. Verlag, Heidelberg

32 Kubinyi H (1995) Lock and key in the real world: concluding remarks. *Pharmac. Acta Helv.* 69:259–269

33 Kubinyi H (1994) Der Schlüssel zum Schloss. II. Hansch-Analyse, 3D-QSAR und De novo-Design. *Pharmazie i. u. Zeit* 23:281–290

34 Kubinyi H (1993) QSAR: Hansch Analysis and Related Approaches. VCH, Weinheim

35 Kuntz ID (1992) Structure-based strategies for drug design and discovery *Science* 257:1078–1082

36 Kutter E (1978) Arzneimittelentwicklung. Grundlagen - Strategien - Perspektiven. Georg Thieme Verlag, Stuttgart

37 Lichtenthaler FW (1994) Hundert Jahre Schlüssel-Schloss-Prinzip: Was führte Emil Fischer zu dieser Analogie? *Angew. Chem.* 106:2456–2467

38 Lipinski CA (1986) Bioisosterism in drug design. *Ann. Rep. Med. Chem.* 21:283–291

39 Lipinski CA, Lombardo F, Dominy BW, Feeney PJ (1997) Experimental and computational approaches to estimate solubility and permeability in drug discovery and development settings. *Adv. Drug Deliv. Rev.* 23:3–25

40 Lipnick RL (1990) Selectivity.In: Kennewell PD (Hrsg) General Principles, Bd 1 von: Hansch C, Sammes PG, Taylor JB (Hrsg) Comprehensive Medicinal Chemistry. Pergamon Press, Oxford, S. 239–247

41 Mager PP (1987) Zur Entwicklung von bioaktiven Leistrukturen. Versuch einer Systematik. *Pharmazie i. u. Zeit* 16:97–121

42 Müller G (2000) Toward 3D structures of G protein-coupled receptors: A multidisciplinary approach. *Curr. Med. Chem.* 7:83–95

43 Pellecchia M, Bertini I, Cowburn D, Dalvit C, Giralt E, Jahnke W, James TL, Homans SW, Kessler H, Luchinat C, Meyer B, Oschkinat H, Peng J, Schwalbe H, Siegal G (2008) Perspectives on NMR in drug discovery: a technique comes of age. *Nat. Rev. Drug Discov.* 7:738–745

44 Prabhakar KJ, Francis PA, Woerner J, Chang CH, Garber SS, Anton ED, Bacheler LT (1997) Cyclic urea amides: HIV-1-protease inhibitors with low nanomolar potency against both wild type and protease inhibitor resistant mutants of HIV. *J. Med. Chem.* 40:181–191

45 Reinhardt CA (1994) (Hrsg), Alternatives to Animal Testing. VCH, Weinheim

46 Roberts RM (1989) Serendipity. Accidental Discoveries in Science., John Wiley & Sons, New York

47 Schena M, Shalon D, Davis RW, Brown PO (1995) Quantitative monitoring of gene expression patterns with a complementary DNA microarray. *Science* 270:467–470

48 Schwalbe H, Wess G (2002) Dissecting G-protein-coupled receptors: structure, function, and ligand Interactions. *ChemBioChem* 2:915–1016

49 Sneader W (1990) Chronology of Drug Introductions.In: Hansch C, Sammes PG, Taylor JB (Hrsg) Comprehensive Medicinal Chemistry. Pergamon Press, Oxford, S. 7–80

50 Spezial-Heft: Proteomics and Drug Development'. Biospektrum, September 2002

51 de Stevens G (1986) Serendipity and structured research in drug discovery. *Fortschr. Arzneimittelforsch.* 30:189–203

52 Stubbs MT (2006) Protein ligand interactions studied by X-ray. In: Ganten D, Ruckpaul K (Hrsg) Encyclopedic Reference of Genomics and Proteomics in Molecular Medicine. Springer Verlag, Berlin, Heidelberg

53 Stryer L (2003) Biochemie. 5. Aufl. *Spektrum Akad. Verlag,* Heidelberg, 2003, S. 236–238

54 Sundberg SA (2000)High-throughput and ultrahigh-throughput screening: solution- and cell-based approaches. *Curr. Op. Biotech.* 11:47–53

55 Tempesta MS, King SR (1994) Ethnobotany as a source for new drugs. *Ann. Rep. Med. Chem.* 29:325–330

56 Thornber CW (1979) Isosterism and molecular modification in drug design. *Chem. Soc. Rev.* 8:563–580

57 Todd MJ, Luque I, Velázquez-Campoy A, Freire E (2000) Thermodynamic basis of resistance to HIV-1 protease inhibition: calorimetric analysis of the V82F/I84 V active site resistant mutant. *Biochemistry* 39:11876–11883

58 Turk B (2006) Targeting proteases: successes, failures and future prospects. *Nat. Rev. Drug Discov.* 5:785–799

Dem Arzneistoff eine Chance – die Arzneiform

Robert Becker

3.1 Galenik oder Pharmazeutische Entwicklung

Die pharmazeutische Entwicklung hat ihren Ursprung in der galenischen Pharmazie, worunter man die überwiegend in der Apotheke vorgenommene **Arzneianfertigung** nach ärztlichen Rezepten und nach Vorschriften der Arzneibücher versteht. Eines der wichtigsten Anliegen der Pharmazie war es schon immer, **Arzneistoffe** zu geeigneten, gebrauchsfertigen **Arzneizubereitungen**, nämlich **Darreichungsformen**, zu verarbeiten und damit **Applikationsformen** zu schaffen, die der Patient seiner Erkrankung entsprechend anwenden kann.

Der Begriff **Galenik** leitet sich von dem griechischen Arzt Claudius Galenus ab, der um 129 in Pergamon (Kleinasien) geboren wurde und um 199 in Rom starb.

Galenus ist nach Hippokrates (um 460–370 v. Chr.) der bedeutendste Arzt der Antike. Mit seinen anatomischen Untersuchungen an Tieren und Beobachtungen der Körperfunktionen des Menschen schuf er ein umfassendes System der Medizin (»Galenismus«), das mehrere Jahrhunderte die Heilkunde und das medizinische Denken und Handeln der Menschen bestimmte. Galenus war der erste Naturwissenschaftler, der die Bedeutung der Arzneizubereitung erkannte und sie gezielt zur Optimierung der Arzneimittelwirkung in der Therapie einsetzte.

Unter den Disziplinen der Arzneimittelwissenschaften hat sich die Galenik in den letzten Jahrzehnten stark entwickelt. Die Herstellung der Arzneiformen hat sich kontinuierlich aus der Apotheke in den industriellen Maßstab verlagert. Dadurch verließ diese Disziplin ihr stark von Empirie und persönlicher Erfahrung geprägtes Umfeld. Gleichzeitig entwickelte sich eine breite Palette von industriellen Verfahrenstechniken, die eine moderne, industrielle Herstellung unterschiedlichster Arzneiformen erlauben. Der ständige Fortschritt im Bereich Apparate-, Maschinen- und Automatisierungstechnik sowie die kontinuierliche Weiterentwicklung moderner Prüf- und Analysenmethoden zur Beurteilung der Arzneimittel-Qualität führten die Galenik zu einer eigenen Wissenschaft. Neue Hilfsstoffe, bzw. neuartige Hilfsstoffkombinationen und Applikationssysteme, gepaart mit neuen Verfahrenstechniken, führten in den letzten Jahren zu einer Reihe spezifischer, auf die Bedürfnisse der jeweiligen Therapie abgestimmter Arzneiformen.

Neben dem historischen Begriff Galenik haben sich insbesondere die Bezeichnungen **pharmazeutische Entwicklung** und **pharmazeutische Technologie** durchgesetzt. Der Begriff *drug delivery* beschreibt dagegen das maßgeschneiderte Zurverfügungstellen eines Arzneistoffs für einen bestimmten Therapiezweck bzw. die zielgerichtete Anwendung des Arzneistoffs am jeweiligen Wirkort.

Das zentrale Element der pharmazeutischen Entwicklung ist die Findung einer geeigneten **Rezeptur**. Die Rezeptur bestimmt neben den intrinsischen Eigenschaften des Moleküls auch die Eigenschaften der Arzneiform. Die Rezeptur wird im weitesten Sinne definiert durch eine Mischung des Arzneistoffes mit Hilfsstoffen. Auf dieser Grundlage lassen sich im Prinzip alle Arzneiformen ableiten. Neben der Rezeptur spielt die Herstellungstechnologie eine entscheidende Rolle. Sie beeinflusst einerseits die Rezeptureigenschaften, andererseits gewährleistet sie die reproduzierbare Herstellung des Arzneimittels unter besonderer Berücksichtigung von Qualität und Kosten.

Die Rezeptur ist also eine Art Verpackung des Arzneistoffs mit funktionalen Eigenschaften, die die Herstellbarkeit, Applizierbarkeit, Dosierungsgenauigkeit, Lagerstabilität und Bioverfügbarkeit gewährleisten.

3.2 Der Entwicklungsprozess – Chance und Risiko

Der Weg von der Arzneistoffidentifikation bis zur fertigen Arzneiform lässt sich in die drei Phasen *target discovery* (Identifizierung und Validierung eines biologischen Targets), *drug discovery* (Identifizierung biologisch wirksamer Moleküle) und *drug development* unterteilen:

Am Übergang von *drug discovery* zu *drug development* besitzt eine biologisch wirksame Substanz, die ab dieser Stufe als Arzneistoff oder Wirkstoff bezeichnet wird, eine durchschnittliche Erfolgswahrscheinlichkeit von 10 %. Der Arzneistoff muss

3

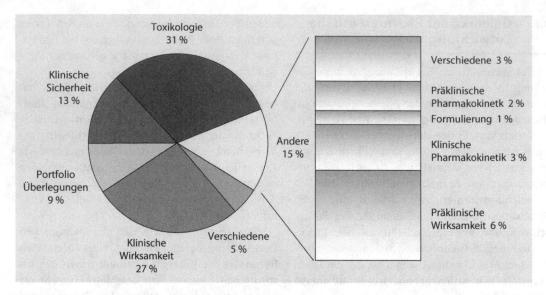

Toxikologie
31 %

Klinische
Sicherheit
13 %

Portfolio
Überlegungen
9 %

Klinische
Wirksamkeit
27 %

Verschiedene
5 %

Andere
15 %

Verschiedene 3 %

Präklinische
Pharmakokinetk 2 %

Formulierung 1 %

Klinische
Pharmakokinetik 3 %

Präklinische
Wirksamkeit 6 %

▣ Abb. 3.1   Hauptgründe für die Einstellung einer Arzneimittelentwicklung

also eine ganze Reihe von Hürden überwinden, um erfolgreich im Markt eingeführt zu werden.

Die Hauptgründe, die zu einem Abbruch führen, sind in ▣ Abb. 3.1 dargestellt.

Interessanterweise ist der Anteil der Arzneistoffe, die aus pharmazeutischen Gründen nicht mehr weitergeführt werden können, sehr gering.

Intensive physikalisch-chemische Untersuchungen beim Eintritt eines Arzneistoffs in die Entwicklung führen dazu, dass kritische Arzneistoffe nicht in die Entwicklung genommen werden und sich für die pharmazeutische Entwicklung die Erfolgswahrscheinlichkeit erhöht. Letztendlich entscheidet die klinische Prüfung am Patienten über den therapeutischen Nutzen des Arzneimittels und seine Chancen als künftiges Marktpräparat (▣ Abb. 3.2).

3.3   Die Arzneizubereitung – die Arzneiform als Applikationssystem

Damit der Arzneistoff im Körper seine bestimmungsgemäße Wirkung entfalten kann, muss er zu einer geeigneten, gebrauchsfertigen **Arzneizubereitung** verarbeitet werden. Das heißt, er wird in eine physikalische Form gebracht, die die Ver-

hältnisse des Applikationsortes und die physikalisch-chemischen Eigenschaften des Arzneistoffs berücksichtigen. In nur wenigen Ausnahmefällen wird der Arzneistoff ohne Arzneizubereitung als abgewogene Einzeldosis appliziert. Die Arzneizubereitung hat also die Aufgabe, die Wirkung des Arzneistoffs in Abhängigkeit des Applikationsortes sicherzustellen und ggfs. zu optimieren. Beispielsweise wird ein Arzneistoff, der für die Behandlung von Hauterkrankungen eingesetzt werden soll, seine Wirkung erst in einer geeigneten Salben- oder Creme-Zubereitung entfalten. Das Aufbringen des reinen Wirkstoffpulvers auf die Haut wäre sicher wirkungslos.

Durch Verwendung geeigneter Hilfsstoffe, in der Regel pharmakologisch unwirksame und physikalisch-chemisch indifferente Substanzen, wird der Arzneistoff in eine dem jeweiligen Anwendungszweck angepasste Arzneizubereitung überführt. Hierfür werden auch die Bezeichnungen Arzneiform oder Darreichungsform gebraucht.

Man unterscheidet prinzipiell zwischen oralen **Darreichungsformen** (Tabletten, Kapseln, Dragees, Säfte), parenteralen Darreichungsformen (Darreichungsformen zur intravenösen, intraarteriellen, intramuskulären oder subcutanen Applikation von Arzneistofflösungen oder Arzneistoffsuspensionen mittels Injektion), dermalen Darreichungs-

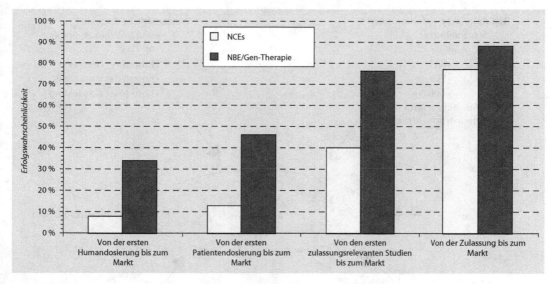

◘ Abb. 3.2 Erfolgswahrscheinlichkeit für einen neuen Arzneistoff (NCE = New Chemical Entity; NBE = New Biological Entity)

formen Cremes, Salben, Gele) und inhalativen Darreichungsformen (Aerosole, Lösungen). Hinzu kommen Sonderformen im Rahmen der nasalen, rektalen, vaginalen, transdermalen Applikation sowie zur Implantation. Die Augenheilkunde und die Zahnmedizin erfordern ebenfalls spezielle Darreichungsformen.

Zu jeder der genannten Darreichungsformen gibt es noch eine Reihe von Subtypen, die für den jeweiligen Anwendungszweck maßgeschneidert sind. So kann durch spezielle Hilfsstoffe oder Verwendung besonderer Herstellungsverfahren die Wirkstofffreisetzung bezüglich Geschwindigkeit, Ausmaß und Ort der Arzneistoffabgabe modifiziert werden. Beispielsweise können Tabletten mit einem Polymerfilm überzogen werden, um säurelabile Arzneistoffe bei Zutritt von Magensäure zu schützen. Die Tablette kann dann unbeschadet in tiefere Darmabschnitte gelangen. Die dort herrschenden pH-Verhältnisse führen zu einer Auflösung des Polymerfilms, wobei der Arzneistoff aus der Tablette freigesetzt werden kann. Diese Art der Arzneistofffreisetzung wird als magensaftresistente Arzneistofffreisetzung bezeichnet. Arzneimittel mit Depoteffekt für Langzeitanwendungen, mit zeitlich gestaffelter, verzögerter oder an den Bedarf des Patienten angepasster Freigabe des Arzneistoffs

werden in Zukunft eine immer größere Rolle spielen.

Die Eigenschaften der Arzneiform (◘ Abb. 3.3) werden definiert durch die Eigenschaften des Arzneistoffs, die Eigenschaften der Hilfsstoffe und durch das verwendete pharmazeutische Herstellverfahren. Bereits bei der Suche und Identifikation der geeigneten Arzneizubereitung kommen spezifische Verfahrenstechnologien im Labormaßstab zum Einsatz. Dabei muss sichergestellt werden, dass eine Maßstabsvergrößerung bis in den Produktionsmaßstab möglich ist.

Arzneiformen mit identischer Zusammensetzung können nach Herstellung mit unterschiedlichen Verfahrenstechnologien unterschiedliche Eigenschaften aufweisen. Dies kann zu Unterschieden von Wirkungseintritt, -dauer und -intensität führen, ein Aspekt, der v. a. bei der Diskussion über die Äquivalenz von Generikaprodukten mit dem Originalprodukt berücksichtigt werden muss.

Wesentliches Merkmal einer einzeldosierten Darreichungsform ist die Gewährleistung einer genauen Dosierung. Abweichungen von der in klinischen Prüfungen festgelegten Dosis führen zum Therapieversagen oder können den Patienten schädigen.

Beispielsweise muss jede einzelne Tablette die gleiche Menge des deklarierten Arzneistoffgehal-

3

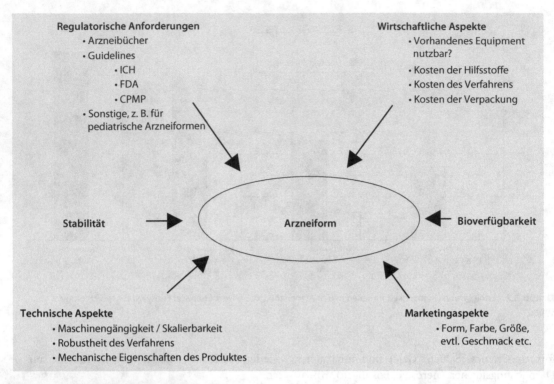

Regulatorische Anforderungen
- Arzneibücher
- Guidelines
  - ICH
  - FDA
  - CPMP
- Sonstige, z. B. für pediatrische Arzneiformen

Wirtschaftliche Aspekte
- Vorhandenes Equipment nutzbar?
- Kosten der Hilfsstoffe
- Kosten des Verfahrens
- Kosten der Verpackung

Stabilität

Arzneiform

Bioverfügbarkeit

Technische Aspekte
- Maschinengängigkeit / Skalierbarkeit
- Robustheit des Verfahrens
- Mechanische Eigenschaften des Produktes

Marketingaspekte
- Form, Farbe, Größe, evtl. Geschmack etc.

◻ Abb. 3.3   Anforderungen an die Arzneiform

tes enthalten. Die als Gleichförmigkeit des Gehalts (*content uniformity*) bezeichnete Kennzahl einer einzeldosierten Darreichungsform wird durch die Bestimmungen der einschlägigen Arzneibücher definiert (USP, Ph. Eur).

Die wichtigste physikalische Kenngröße einer Darreichungsform ist die chemische und physikalische Stabilität des Arzneistoffs in der Zubereitung. Hilfsstoffe können sowohl eine stabilisierende als auch eine destabilisierende Wirkung auf den Arzneistoff ausüben. Wichtiges Entwicklungsziel ist es daher, diejenigen Hilfsstoffe zu identifizieren, bei denen der stabilisierende Einfluss überwiegt. Die maximal zulässige Gehaltsabnahme aufgrund von Arzneistoffzersetzung ist hier ebenfalls durch die entsprechenden Arzneibücher definiert. Um die zulässigen Grenzwerte für die Gehaltsabnahme auszuschöpfen, müssen die entstehenden Zersetzungsprodukte toxikologisch charakterisiert und für unbedenklich erklärt werden.

Außer den medizinischen und pharmazeutischen Anforderungen sind Marketingaspekte, die hauptsächlich auf das Äußere der Darreichungsform

abzielen, entscheidend. Formgebung, Farbe, Größe und Verpackung stehen dabei im Vordergrund.

Neben den rein ästhetischen Gesichtspunkten sind auch Merkmale zur Unterscheidung von Dosierungen, Arzneistoffen oder Arzneistoffgruppen von Bedeutung.

Zu guter Letzt müssen technische und wirtschaftliche Aspekte berücksichtigt werden, die eine zuverlässige und kostengünstige Herstellung des Arzneimittels gewährleisten.

3.4   Galenik für den Tierversuch – Applikation von Forschungssubstanzen

Die Suche nach geeigneten Arzneiformen für einen neuen Arzneistoff beginnt bereits zu einem Zeitpunkt, der dem eigentlichen Entwicklungsprozess noch nicht zugerechnet werden kann. In der späten Phase des Forschungsprozesses (*lead optimisation*, *target validation*) werden verstärkt pharmakologische Studien am Versuchstier zur **Profilierung neu-**

er **Arzneistoffe** durchgeführt. In der Regel werden hierfür einfache wässrige Lösungen oder Suspensionen für die orale und parenterale Applikation eingesetzt.

Das gelingt allerdings nur dann, wenn der Arzneistoff eine ausreichende Wasserlöslichkeit besitzt. Ist dies nicht der Fall, müssen spezielle Formulierungstechniken zur Verbesserung der Löslichkeit angewendet werden.

Um die Applikation im Rahmen des pharmakologischen Experiments möglichst einfach zu gestalten, werden in der Regel anwendungsfertige, flüssige Zubereitungen für die orale und parenterale Applikation zur Verfügung gestellt.

Die orale Applikation erfolgt in der Regel mithilfe einer Schlundsonde, durch die die Arzneistofflösung direkt in den Magen des Versuchstieres appliziert wird.

Bei tierexperimentellen Untersuchungen werden wesentlich höhere Arzneistoffmengen, d. h. Dosierungen appliziert, als später bei der Anwendung am Menschen üblich. Dies ist insbesondere bei toxikologischen Untersuchungen der Fall, da toxische Effekte bei kurzer Anwendungsdauer (4 Wochen, 13 Wochen) nur in Dosierungen, die ein Vielfaches der therapeutischen Dosis betragen, erkannt werden können.

Um hohe Arzneistoffmengen – mehrere hundert Milligramm – in möglichst geringen Flüssigkeitsvolumina lösen zu können, müssen spezielle Lösungsvermittler mit einem hohen Solubilisierungsvermögen eingesetzt werden. Dabei können durchaus Hilfsstoffe eingesetzt werden, die für die Humananwendung nur begrenzt zulässig sind. Entscheidend ist, dass diese Hilfsstoffe eine möglichst geringe pharmakologische Eigenwirkung besitzen, um die Interpretation der Ergebnisse des Tierexperiments nicht zu gefährden.

Bei der parenteralen Applikation muss darauf geachtet werden, dass die eingesetzten Hilfsstoffe die Verträglichkeit der Arzneizubereitung an der Einstichstelle gewährleisten. Insbesondere bei wiederholter Anwendung ist dies von entscheidender Bedeutung.

Da oftmals aus diesen Tierexperimenten Rückschlüsse für die spätere Entwicklungsstrategie der Arzneiform gezogen werden können, ist der Einsatz völlig artifizieller, biologisch nicht

◻ **Tab. 3.1** Solubilisierungsprinzipien für Arzneistoffe

Prinzip.	Beispiel
pH-Effekte, Salzbildung	Säuren/Basen
Kosolventien	Nichtwässrige organische Lösungsmittel
Lösungsvermittler	Tenside
Komplexbildner	Cyclodextrine
Emulsionen	Öl/Tensidmischungen
Wasserfreie Systeme	Ölige Lösungen
Veränderung der Kristallstruktur	Amorphe Zubereitungen oder feste Lösungen
Verkleinerung der Partikelgröße	Vermahlung

relevanter Lösungsmittelsysteme wie z. B. Dimethylsulfoxid (DMSO) nicht zu empfehlen. Der Einsatz von derartigen Arzneistofflösungen führt in der Regel zu falsch positiven Befunden, die später im Rahmen der Formulierungsentwicklung des Marktproduktes nicht mehr reproduziert werden können.

Somit bieten sich Solubilisierungsprinzipien an, die auch bei der Entwicklung der künftigen Darreichungsformen zum Einsatz kommen können (◻ Tab. 3.1).

3.5 Die Vorschulzeit des Arzneistoffs – physikalisch-chemische und biopharmazeutische Effekte

Am Beginn der Entwicklung einer Arzneiform steht ein intensives physikalisch-chemisches Untersuchungsprogramm des Arzneistoffs. Zusätzlich wird untersucht, wie gut der Arzneistoff Zellmembranen menschlicher Darmwandzellen durchdringen kann. Dieses wird in der Regel von speziellen Labors durchgeführt, die mit der entsprechenden Expertise und den hierfür notwendigen Messtechniken ausgestattet sind.

Diese Daten erlauben eine Abschätzung über das künftige Verhalten des Arzneistoffs nach Applikation in seiner biologischen Umgebung (z. B. im Gastrointestinaltrakt nach oraler Applikation) und

◻ Tab. 3.2 Physikalisch-chemische Eigenschaften des Arzneistoffs

Löslichkeit	Kristallinität, Kristallformen
Löslichkeit, lösungsmittelunabhängig	Wasseraufnahme, Feuchteempfindlichkeit
Stabilität der Festsubstanz	Vermahlbarkeit
Stabilität in Lösung	Reinheit
Verteilungskoeffizient	Säure/Base-Konstante (pKa-Wert)

über die Machbarkeit der jeweiligen Arzneiform (z. B. Tablette, Kapsel, Inhalationspräparat).

Üblicherweise werden Substanzeigenschaften wie in ◻ Tab. 3.2 untersucht.

3.5.1 Löslichkeit

Die **Bioverfügbarkeit** ist das Ausmaß und die Geschwindigkeit, mit der ein Arzneistoff am Wirkort erscheint. Der Wirkort befindet sich je nach zu therapierender Erkrankung in unterschiedlichen Organen des Körpers. Um seine Wirkung entfalten zu können, muss der Arzneistoff möglichst ungehindert und rasch an den Wirkort gelangen können.

Als universelles Transportmedium hierfür dient das Blut, das den Arzneistoff in gelöster Form an den Wirkort befördert. Dabei muss allerdings berücksichtigt werden, dass der Arzneistofftransport nicht selektiv an den Wirkort erfolgt. Andere, nicht für die spezifische Wirkung des Arzneistoffs verantwortliche Organe werden ebenfalls mit dem Arzneistoff »versorgt«, was dann zu unerwünschten Arzneimittelwirkungen führen kann.

Nach Einnahme einer oralen Arzneiform, z. B. einer Tablette, muss als Voraussetzung für einen reibungslosen Übergang des Arzneistoffs aus dem Magen-Darm-Trakt in die Blutbahn eine schnelle und möglichst vollständige Auflösung des Arzneistoffs im Magen-Darm-Trakt erfolgen.

Einer der wichtigsten arzneistoffspezifischen Eigenschaften ist daher seine Löslichkeit in wässrigen Lösungsmitteln. Eine unzureichende Löslichkeit kann dazu führen, dass ein Arzneistoff nicht

für die Arzneimittelentwicklung vorgeschlagen wird und im Rahmen der *lead*-Optimierung nach besser löslichen Molekülen gesucht werden muss.

Bei den meisten Darreichungsformen wird die Verfügbarkeit des Arzneistoffs im Organismus (Bioverfügbarkeit) maßgeblich durch die Löslichkeit des Arzneistoffs bestimmt. Für parenterale Darreichungsformen gilt, dass in der Regel klare Lösungen appliziert werden müssen. Allerdings gibt es im Falle der Applikation von ungelöstem Arzneistoff in Form von Kristallsuspensionen eine Ausnahme von dieser Regel, wenn gewährleistet ist, dass eine bestimmte Teilchengröße eingehalten wird und der Arzneistoff sich nach der Injektion in der Blutbahn auflöst. Die Teilchengröße sollte die der roten Blutkörperchen nicht überschreiten, um ein Verstopfen der Kapillargefäße zu vermeiden.

Die vollständige Auflösung der applizierten Dosis ist daher ein notwendiges Kriterium für eine ausreichende Bioverfügbarkeit. Allerdings sollte an dieser Stelle darauf hingewiesen werden, dass selbst Arzneistoffe mit einer ausreichenden Löslichkeit unter den biologischen Bedingungen reduzierte Bioverfügbarkeit aufweisen können. Bioverfügbarkeit wird neben der Löslichkeit auch durch die Permeabilität des Arzneistoffs durch biologische Membranen, in diesem Fall durch die Epithelzellen des Magen-Darm-Traktes beeinflusst.

Damit haben schwerlösliche und schlecht permeable Arzneistoffe ein inhärentes Bioverfügbarkeitsproblem.

Ein Arzneistoff gilt als löslich, wenn die erforderliche Dosis in einem Volumen von 250 ml über den gesamten physiologischen pH-Bereich (pH 1–7) in Lösung gebracht werden kann.

Alle anderen Arzneistoffe gelten als schwerlöslich; hier kann durch die Auswahl bestimmter Hilfsstoffe und Verfahrenstechnologien eine Verbesserung der Löslichkeit und damit der Bioverfügbarkeit erreicht werden. Das Ausmaß der Beeinflussung der Bioverfügbarkeit durch die Arzneiform hängt vom Grad der Schwerlöslichkeit ab. Die Bioverfügbarkeit sehr schwer löslicher Arzneistoffe wird in vielen Fällen von der Arzneiform stärker abhängen als die Bioverfügbarkeit moderat schwerlöslicher Verbindungen.

Die Bioverfügbarkeit hängt nicht nur mit der Löslichkeit sondern auch mit der Geschwindigkeit,

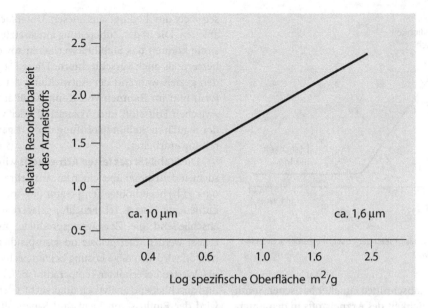

Abb. 3.4 Abhängigkeit der Resorbierbarkeit von der spezifischen Oberfläche des Arzneistoffs

mit der ein Arzneistoff in Lösung geht, zusammen. Qualitativ lässt sich diese Tatsache wie folgt beschreiben:

- Lösungsgeschwindigkeit ≈ Sättigungslöslichkeit
- Lösungsgeschwindigkeit ≈ spezifische Oberfläche des Arzneistoffs

Relevante Größen für die Lösungsgeschwindigkeit sind demnach die **Sättigungslöslichkeit** und die spezifische Oberfläche des Arzneistoffs.

Die Sättigungslöslichkeit ist die Menge an gelöstem Stoff in einem Lösemittel, die sich einstellt, wenn soviel Stoff dem Lösemittel zugegeben wird, dass sich kein weiterer Stoff mehr auflösen kann und ungelöster Stoff im Lösemittel zurück bleibt.

Die Sättigungslöslichkeit ist abhängig von einer Reihe von Faktoren, wie Temperatur, Art des Lösemittels, pH-Wert und dem Einsatz spezifischer Lösungsvermittler.

Für die Arzneiform sind Temperatur und Art des Lösemittels unveränderbare Größen, da sich die Zusammensetzung der Flüssigkeit des Magen-Darm-Traktes als auch die Körpertemperatur nicht beeinflussen lassen.

Dagegen kann durch Zusatz spezifischer löslichkeitsfördernder Hilfsstoffe in der Arzneiform die Sättigungslöslichkeit signifikant verbessert werden.

Die **spezifische Oberfläche** des Arzneistoffs wird bestimmt durch den Grad seiner Zerkleinerung. Sie kann bis zu 100 Quadratmeter pro Gramm Arzneistoff betragen.

Eine Vergrößerung der Oberfläche lässt sich durch verschiedene Vermahlungstechniken erzielen, wobei Oberflächenvergrößerungen um den Faktor 10 gegenüber der ursprünglichen Oberfläche des Arzneistoffs erreicht werden können (Abb. 3.4).

Eine besondere Variante der Oberflächenvergößerung ist das Erzeugen von Nanopartikeln (s. ► Kap 12.2.3).

Arzneistoffmoleküle verhalten sich oftmals in wässrigem Milieu wie klassische Säuren oder Basen, die entweder Protonen abgeben (Säure) oder Protonen aufnehmen (Base). Allerdings ist die jeweilige Säure- oder Basenstärke niedrig. In Abhängigkeit des pH-Wertes des Lösemittels kann das Molekül mehr oder weniger stark Protonen aufnehmen oder abgeben, was entweder zu einem positiv oder negativ geladenen Molekül führt. Je stärker geladen das Molekül ist, umso höher ist die Löslichkeit. Damit ist ein funktionaler Zusammenhang zwischen pH-Wert und Löslichkeit hergestellt (Abb. 3.5). Dies ist um so mehr von Bedeutung, da im Magen eines Patienten ein saurer pH-Wert vorherrscht, im Dünndarm ein neutraler und in

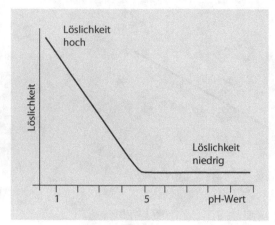

◘ Abb. 3.5 Abhängigkeit der Löslichkeit einer schwachen Base vom pH-Wert

tieferen Darmabschnitten ein eher basischer. Somit kann die Löslichkeit des Arzneistoffs in den unterschiedlichen Abschnitten des Magen-Darm-Trakts durchaus sehr unterschiedlich sein.

Die Löslichkeitsuntersuchungen werden mit geringen Arzneistoffmengen (wenige mg) unter Gleichgewichtsbedingungen durchgeführt. Untersucht werden die Löslichkeit in reinem Wasser, in Puffersystemen unterschiedlicher pH-Werte bei Raumtemperatur und bei entsprechend Körpertemperatus 37 °C.

3.5.2 Stabilität

Die Lagerstabilität des Arzneistoffs, sowohl als Reinsubstanz als auch in der Arzneiform ist von entscheidender Bedeutung für die Realisierung eines Arzneimittels. Lagerstabilitäten unter zwei Jahren gelten allgemein als nicht akzeptabel. Üblicherweise besitzen Handelspräparate eine Laufzeit von drei bis fünf Jahren.

Zur Ermittlung des Stabilitätsrisikos werden mit dem Arzneistoff Stabilitätsuntersuchungen unter definierten Lagerbedingungen durchgeführt. Diese Lagerbedingungen sind zwischen den Zulassungsbehörden der meisten Länder weltweit abgestimmt und akzeptiert.

Man unterscheidet prinzipiell zwischen Stabilitätsuntersuchungen der Festsubstanz und der Substanz in Lösung. Aussagen über das Verhalten des Arzneistoffes in der späteren Zubereitung lassen sich nur bedingt aus diesen Untersuchungen ableiten. Die in der Zubereitung eingesetzten Hilfsstoffe können das Stabilitätsverhalten sowohl verbessern als auch verschlechtern. Diese Daten werden gezielt während der Entwicklung der Arzneiform und im Rahmen von Kompatibilitätsstudien zwischen Hilfsstoff und Arzneistoff oder während der regulären Stabilitätsprüfung der fertigen Zubereitung erarbeitet.

Die **Stabilität des festen Arzneistoffs** wird untersucht, indem dieser über einen kurzen Zeitraum (24 h oder 72 h) bei erhöhter Temperatur (70–100 °C) und Luftfeuchte (100 % rel. Feuchte) gelagert wird und anschließend die Zersetzungsprodukte analytisch erfasst werden. Der gelöste oder suspendierte Arzneistoff wird als 1 %ige Lösung bei unterschiedlichen pH-Werten bei erhöhter Temperatur (50 °C) gelagert und anschließend analytisch untersucht. Gleichzeitig wird der Einfluss von Licht und Sauerstoff auf die Stabilität des Arzneistoffs überprüft.

3.5.3 Verteilungskoeffizient

Eine Aussage darüber, ob der Arzneistoff eine ausreichende Fettlöslichkeit (Lipophilie) besitzt, um Zellmembranen durchdringen zu können, vorzugsweise die Zellmembranen der Darmwandzellen des Magen-Darm-Traktes, liefert der Verteilungskoeffizient.

Er beschreibt die Verteilung eines Arzneistoffs in zwei nicht miteinander mischbaren Flüssigkeiten unter Gleichgewichtsbedingungen.

Er wird bestimmt durch den Logarithmus der Konzentrationsverteilung zwischen einer wässrigen Phase und einer organischen Phase entsprechend der folgenden Beziehung (Nernstscher Verteilungssatz):

$$k = C1/C2$$

$C1 =$ Konzentration des Arzneistoffs in Phase 1 (lipophile Phase)

$C2 =$ Konzentration des Arzneistoffs in Phase 2 (hydrophile Phase)

$k =$ Verteilungskoeffizient (Konstante)

Zusammen mit den Daten von Permeabilitätsstudien an Zellen in Zellkultur lassen sich Aussagen

▣ Tab. 3.3	Resorption von Arzneistoffen im Rattendarm im Vergleich zum Verteilungskoeffizienten	
Arzneistoff	**Resorption (%)**	**Verteilungskoeffizient (Heptan)**
Thiopental	67	3,30
Acetylsalicylsäure	21	0,03
Theophyllin	30	0,02
Sulfanilamid	24	<0,002
Barbitursäure	5	<0,002
Mannitol	<2	<0,002

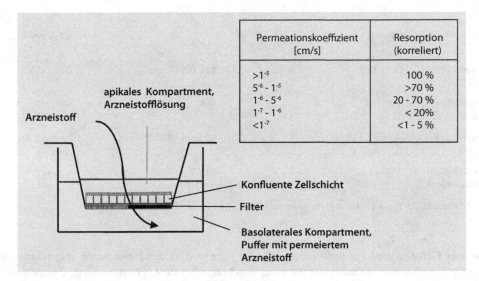

Permeationskoeffizient [cm/s]	Resorption (korreliert)
$>1^{-5}$	100 %
$5^{-6} - 1^{-5}$	>70 %
$1^{-6} - 5^{-6}$	20 - 70 %
$1^{-7} - 1^{-6}$	< 20%
$<1^{-7}$	<1 - 5 %

Arzneistoff

apikales Kompartment, Arzneistofflösung

Konfluente Zellschicht

Filter

Basolaterales Kompartment, Puffer mit permeiertem Arzneistoff

▣ **Abb. 3.6** Modell zur Durchführung von Permeabilitätsmessungen an menschlichen Karzinomzellen

über das Resorptionsverhalten nach oraler Gabe treffen (▣ Tab. 3.3).

Anhand von Resorptionsstudien in der Ratte konnte gezeigt werden, dass mit Zunahme des Verteilungskoeffizienten die Resorption zunimmt.

Somit ist neben der Löslichkeit des Arzneistoffs seine Fähigkeit, die Zellen der Darmwand des Magen-Darm-Traktes zu durchdringen und über diesen Weg in die Blutbahn zu gelangen, der zweite entscheidende Parameter zur Erreichung einer ausreichenden Bioverfügbarkeit.

3.5.4 Permeabilität

Das Ausmaß der **Permeabilität** des Arzneistoffs durch die Zellmembran ist direkt proportional zum nicht ionisierten Anteil des Arzneistoffmoleküls. Da der überwiegende Anteil der Arzneistoffmoleküle entweder Säure- oder Basencharakter besitzt, ist der nicht ionisierte Anteil des Moleküls direkt abhängig vom pH-Wert des Mediums in dem er sich befindet. Saure Arzneistoffe sind daher in einer sauren Lösung nicht geladen, bei basischen Arzneistoffen ist es umgekehrt. Daraus lässt sich die Faustregel ableiten, dass saure Arzneistoffe schlecht und basische Arzneistoffe gut aus dem Darm resorbiert werden, da dort pH-Werte zwischen pH 6,5 und 8,5, je nach Lage des Darmabschnitts, herrschen. Zur quantitativen Bestimmung dieses Parameters unter in vitro-Bedingungen werden Zellkulturmodelle herangezogen (▣ Abb. 3.6). Für Permeabilitätsstudien werden z. B. Karzinomzellen des menschlichen Magen-Darm-Traktes verwendet. In speziell dafür angefertigten

◨ Tab. 3.4 Physikalisch-chemische und biopharmazeutische Parameter zur Abschätzung des Schwierigkeitsgrades einer Arzneiformentwicklung

Parameter	Schwierigkeitsgrad		
	gering	moderat	hoch
Stabilität des festen Arzneistoffs	Keine Veränderungen bei 40 °C/75 % rel. Feuchte nach 3 Monaten Lagerung	Veränderungen bei 40 °C/75 % rel. Feuchte nach 3 Monaten Lagerung, keine Veränderungen bei 25 °C/60 % rel. Feuchte	Veränderungen bei 25 °C/60 % rel. Feuchte nach 3 Monaten Lagerung (< 5–10 %)
Stabilität des Arzneistoffs in Lösung(pH 2,1 h, 37 °C)	Stabil für 1 h bei pH 2 bei 37'C (< 5 % Zersetzung)	Nicht stabil für 1 h bei pH 2 bei 37 °C (> 5 % Zersetzung)	Nicht messbar
Voraussichtliche Dosis	< 10 mg		> 750 mg
Löslichkeit bei pH 2, pH 5.5, pH 7.4	$C_s \gg D/V$	$C_s \cong D/V$	$C_s \ll D/V$
Verteilungskoeffizient	0–3	3–4	> 4
Permeabilität in Zellkultur	Hoch $> 1 \times 10^{-5}$ cm/s	Mittel $1–10 \times 10^{-6}$ cm/s	Niedrig $< 1 \times 10^{-6}$ cm/s
Bioverfügbarkeit im Versuchstier	> 50 %	20–50 %	< 20 %

1) C_s = Löslichkeit, D = Dosis, V = Flüssigkeitsvolumen (250 ml)

Zwei-Kammer-Gefäßen wird ein konfluenter Zellrasen angelegt. Die jeweilige Kammer, die mit einer Pufferlösung gefüllt ist, kann nun sowohl auf der Vorder- und Rückseite der Zelle (apikal oder basolateral) mit der Arzneistofflösung beaufschlagt werden. Über die Konzentrationsänderung in Abhängigkeit von der Zeit kann der Stofftransport durch die Zelle gemessen werden.

Zusammen mit einer Reihe weiterer substanzspezifischer Eigenschaften kann eine Klassifizierung bzgl. des zu erwartenden **Schwierigkeitsgrades einer Arzneimittelentwicklung** vorgenommen werden (◨ Tab. 3.4).

3.6   Die Tablette – Mädchen für alles

Unter den Darreichungsformen besitzen die Tabletten und die sich daraus ableitenden Subtypen zweifelsfrei die größte Bedeutung.

Sie sind für den Patienten die angenehmste und gebräuchlichste Applikationsform. Zusammen mit den Kapselpräparaten decken sie ca. 80 % der gesamten Arzneimitteltherapie ab.

Tabletten sind einzeldosierte, feste Darreichungsformen. Sie entstehen bei der Verpressung von trockenen Pulvern, die sich aus dem Arzneistoff und den Hilfsstoffen zusammensetzen unter Anwendung eines hohen Druckes. Tabletten besitzen in der Regel eine Diskusform mit Durchmessern von 5–15 mm. Das Tablettengewicht beträgt 0,1–1 g.

3.6.1   Kompatibilitätsprüfung

Vor Beginn der Entwicklungsarbeiten wird die Kompatibilität des Arzneistoffs mit Hilfsstoffen oder mit Mischungen von Hilfsstoffen, die in der Darreichungsform eingesetzt werden sollen, untersucht. Als Inkompatibilität wird die chemische oder physikalische Unverträglichkeit zwischen Hilfsstoff und Arzneistoff in Abhängigkeit bestimmter Lagerbedingungen (Temperatur, Luftfeuchte) bezeichnet. Diese drückt sich in der Regel durch eine Gehaltsabnahme in Form einer chemischen Zersetzung des Arzneistoffs aus. Auch physikalische Veränderungen, wie erhöhte Wasseraufnahme, Veränderung der Kristallstruktur oder Farbveränderungen spielen eine wichtige Rolle.

Die Ergebnisse geben Hinweise auf die bevorzugte Verwendung bestimmter Hilfsstoffe, die Realisierung geeigneter Darreichungsformen und den Einsatz geeigneter Herstellungstechnologien.

Die für die Entwicklung einer Tabletten- oder Kapselformulierung relevanten Hilfsstoffe werden mit dem Arzneistoff gemischt, in Flaschen abgefüllt und unter verschiedenen Temperatur-und Feuchte-Bedingungen gelagert.

Nach Ablauf einer Lagerzeit von vier bis acht Wochen wird der Arzneistoff hinsichtlich seiner physikalischen und chemischen Veränderungen untersucht. Hilfsstoffe, die nach Ablauf der Lagerzeit in diesen Mischungen eine Gehaltsabnahme von mehreren Prozent Arzneistoff verursachen, werden von der künftigen Entwicklung ausgeschlossen.

3.6.2 Verpressbarkeitsuntersuchungen

Die Ermittlung der Verpressbarkeit des Arzneistoffes gibt wichtige Hinweise auf die Tablettiereigenschaften der künftigen Rezeptur.

Die Verpressbarkeitsuntersuchungen liefern Erkenntnisse über die Bindefähigkeit der Arzneistoffkristalle untereinander, die Klebeneigung der Arzneistoffkristalle an festen Oberflächen unter Druckbelastung, die plastische Verformbarkeit bzw. die Sprödigkeit des Arzneistoffes und die Veränderung des Kristallgitters des Arzneistoffs unter Druck. Die letztgenannten Veränderungen drücken sich in einer Modifikationsänderung des Arzneistoffes aus. Gerade diese Veränderungen können einen erheblichen Einfluss auf das Löslichkeits- und Stabilitätsverhalten des Arzneistoffes haben.

3.6.3 Hilfsstoffauswahl

Die Hilfsstoffe sind neben dem Arzneistoff der wichtigste Bestandteil einer Arzneiform. Ihnen kommt die Aufgabe zu, der Arzneiform einen bestimmten Aufbau, ein bestimmtes Aussehen und bestimmte Eigenschaften zu verleihen. Eine der wichtigsten Aufgaben der Hilfsstoffe ist die Sicherstellung einer optimalen Verfügbarkeit des Arzneistoffs aus der Arzneiform, zur Gewährleistung der beabsichtigten therapeutischen Wirkung, einer ausreichenden Stabilität des Arzneistoffs in der Arzneiform, einer einfachen und sicheren Handhabung durch den Patienten und nicht zuletzt einer einfachen, sicheren und wirtschaftlichen Herstellung des Arzneimittels unter Produktionsbedingungen.

Hilfsstoffe können aus den unterschiedlichsten chemischen Klassen und Bezugsquellen kommen. Sie können tierischen, pflanzlichen als auch synthetischen Ursprungs sein.

Die bei der Tablettenentwicklung eingesetzten Hilfsstoffe müssen eine ganze Reihe funktionaler und technologischer Eigenschaften besitzen. Neben der adäquaten Verpackung des Arzneistoffs in der Tablettenmatrix zur Sicherstellung einer exakten und von Tablette zu Tablette einheitlichen Dosis und der stabilen Aufbewahrung des Arzneistoffs, spielen die Fließeigenschaften und das plastische Verhalten der aus dem Arzneistoff und den Hilfsstoffen bestehenden Pulvermischung zur Herstellung von Tabletten eine wichtige Rolle.

Es gibt eine Vielzahl von Hilfsstoffen mit unterschiedlichen Funktionalitäten, deren Eigenschaften sich teilweise überlappen. Die wichtigsten Hilfsstoffzusätze erfüllen die Funktion von Füllmittel, Bindemittel, Gleitmittel und Zerfallsmittel.

- **Füllmittel**
Füllmittel sorgen dafür, dass der Arzneistoff in geeigneter Weise verpackt wird und dass die Tablette, insbesondere bei niedrig dosierten Arzneistoffen, die notwendige Masse erhält. Neben der physikalisch-chemischen Kompatibilität müssen diese Hilfsstoffe biologisch verträglich sein. Die am häufigsten eingesetzten Füllstoffe sind Stärke, Cellulosederivate und Lactose.

- **Bindemittel**

Diese Hilfsstoffe verleihen Tabletten die nötige mechanische Festigkeit. Darüber hinaus sorgen sie für den nötigen Zusammenhalt der Pulverpartikel. Dabei beeinflussen sowohl Pressdruck als auch Bindemittelmenge die mechanische Festigkeit. Es gilt allerdings zu bedenken, dass eine erhöhte Tablettenfestigkeit den Zerfall der Tablette negativ beeinflussen kann. Zum Einsatz kommen unter anderem Stärke, Gelatine und Celluloseether.

- **Zerfallhilfsmittel**

Diese Hilfsstoffgruppe ermöglicht einen möglichst schnellen Zerfall der Tablette bei Zutritt von Wasser oder Flüssigkeiten des Magen-Darm-Traktes. Als Mechanismen der Zerfallsbeschleunigung sind die Erhöhung der Kapillarität und damit der Erhöhung der Wasserabsorption (Quellstoffe, z. B. Stärke und ihre Derivate), die Verbesserung der Benetzbarkeit (Hydrophilisierungsmittel wie z. B. Tenside) und die Bildung von Gasen beim Kontakt mit Feuchtigkeit (Gasbildner, z. B. Carbonat/Hydrogencarbonat) zu nennen.

3.6.4 Granulierung

Vor der Tablettierung ist es in der Regel notwendig, den Arzneistoff und die ausgewählten Hilfsstoffe zu granulieren. Durch die Überführung der Pulverteilchen des Arzneistoffs und der Hilfsstoffe in größere Granulatkörner werden die Fließeigenschaften der Pulvermischung verbessert. Gleichzeitig werden mögliche Entmischungstendenzen zurückgedrängt, die zu einer Inhomogenität der Pulvermischung und damit zu einer Uneinheitlichkeit des Arzneistoffgehalts in der fertigen Tablette führen würden. Letztendlich resultieren daraus eine konstante Tablettenmasse und eine hohe Dosiergenauigkeit.

Bei der Granulierung werden durch Zugabe der Granulierflüssigkeit – im einfachsten Fall Wasser – die Pulverpartikel zu Granulatkörnern verklebt. Diese werden anschließend zum Erhalt einer einheitlichen Korngrößenverteilung getrocknet und gesiebt.

3.6.5 Tablettierung

Die Verpressung des Granulats erfolgt in automatischen Maschinen, die sich in Exzenterpressen und Rundläuferpressen unterteilen lassen.

Beide arbeiten nach dem gleichen Prinzip. Sie besitzen zwei bewegliche Stempel, zwischen denen das Füllgut verpresst wird. Der Pressdruck bestimmt die Dicke, die Härte und die Oberflächenbeschaffenheit der Tablette. Der Unterschied zwischen den beiden Maschinen besteht im Wesentlichen in der Art des Antriebs der beweglichen Teile und der Art der Verdichtung des zu verpressenden Materials.

Unter Produktionsbedingungen können mehrere hunderttausend Tabletten pro Stunde hergestellt werden.

3.7 Arzneistofffreisetzung – was drin ist, muss auch wieder raus

Grundvoraussetzung für einen schnellen Wirkungseintritt nach oraler Applikation ist eine schnelle und quantitative Freisetzung des Arzneistoffs aus der Tablette. Dabei kehren sich die bei der Herstellung vorgenommenen Aggregationsprozesse um. Bei Zutritt von Wasser oder von Flüssigkeiten des Magen-Darm-Traktes kommt es zu einem Zerfall der Granulatkörner. Noch während des Zerfallvorgangs beginnen sich die Arzneistoffkristalle aufzulösen. Der gelöste Arzneistoff steht dann für die Resorption im Verdauungstrakt zur Verfügung (◘ Abb. 3.7).

Komplexbildung und Adsorptionseffekte zwischen Arzneistoff und Hilfsstoffen, unzureichender Zerfall der Darreichungsform sowie die Agglomeration der Arzneistoffpartikel während des Zerfalls können zu geringeren Auflösungsgeschwindigkeiten und damit zu einer verringerten Resorption führen.

3.7.1 Auflösung (Dissolution)

Wie bereits ausgeführt, bestimmen die Auflösungsgeschwindigkeit und die Löslichkeit das Ausmaß der Resorption. Der Auflösungstest (*dissolution test*) ist daher das elementare Werkzeug zur Beurteilung der Qualität einer Tablette oder jeder anderen oralen Arzneiform. In geeigneten Löse-

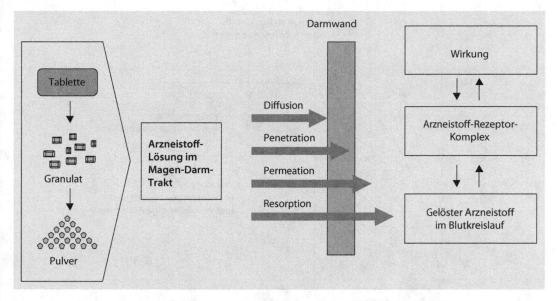

⬛ Abb. 3.7 Zerfall, Freisetzung und Resorption am Beispiel einer Tablette

modellen wird das Verhalten der Tablette untersucht.

Die am häufigsten eingesetzte Methode ist die Blattrührermethode (*paddle method*). Diese Methode ist in den einschlägigen Arzneibüchern präzise beschrieben.

Die zu prüfende Tablette wird in einem Rundbodengefäß, das mit 900 ml des Prüfmediums befüllt ist (Wasser, Pufferlösung), durch einen Rührflügel in eine gleichförmige Kreisbewegung versetzt. Die Umdrehungsgeschwindigkeit des Rührflügels beträgt 25–200 U/min. Die Temperatur des Prüfmediums ist geregelt und wird meistens auf 37 °C eingestellt.

Es werden sechs Prüfmuster gleichzeitig untersucht und aus den erhaltenen Messwerten eine Mittelwertbetrachtung vorgenommen. Die Messwerte werden in Prozent der deklarierten Dosis gegen die Zeit aufgetragen. Der Verlauf der Kurve gibt einen Hinweis auf die zu erwartende Bioverfügbarkeit unter bestimmten Bedingungen des Magen-Darm-Traktes.

In diesem Modell erfolgt vorrangig eine Charakterisierung des Auflösungs- und Freisetzungsverhaltens des Arzneistoffs aus der Arzneiform. Neben der Lösungsgeschwindigkeit wird die Resorption von der Fähigkeit des Arzneistoffs, die Zellen des Magen-Darm-Traktes zu durchdringen, bestimmt. Hierfür wird, wie bereits beschrieben, die Bestim-

mung des Verteilungskoeffizienten und entsprechender Zellpermeationsmodelle herangezogen.

Die Bioverfügbarkeit wird also durch das Zusammenspiel von Auflösungs- und Resorptionsgeschwindigkeit bestimmt (⬛ Abb. 3.8). Dabei geht man davon aus, dass nur ein bestimmter Abschnitt des Magen-Darm-Traktes für die Arzneistoffpermeation zur Verfügung steht (Resorptions-Fenster). Wird der Arzneistoff aus einer Arzneiform verzögert freigesetzt (verlangsamte Auflösegeschwindigkeit), kann es zu einer Verringerung der Bioverfügbarkeit kommen. Für den Fall einer uneingeschränkten Permeation des Magen-Darm-Traktes wird eine verzögerte Wirkstofffreisetzung zu einer Veränderung des Arzneistoffkonzentrationsprofils führen (▶ Kap 3.10). Eine unvollständige Arzneistofffreisetzung führt ausnahmslos zu einer verringerten Bioverfügbarkeit.

3.8 Die Stabilitätsprüfung – haltbar unter allen Bedingungen?

Die Stabilität der Arzneiform und die Stabilisierung des Arzneistoffes sind von entscheidender Bedeutung insbesondere vor dem Hintergrund moderner, hochwirksamer, leider oft instabiler Arzneistoffe. Moderne Analysenmethoden tragen dazu bei, die Haltbarkeitsanforderungen ge-

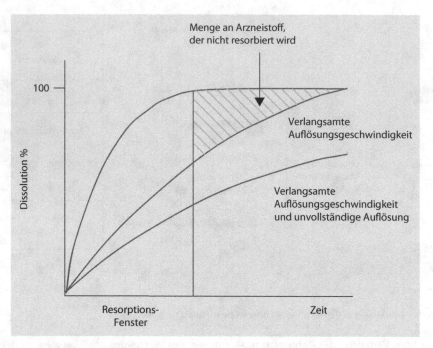

Abb. 3.8   Einfluss der Auflösungsgeschwindigkeit (Dissolution) auf die Bioverfügbarkeit eines Arzneistoffs

nau festzulegen und die Haltbarkeitskriterien zu definieren.

Die Stabilitätsuntersuchung ist ein wesentlicher Bestandteil der Entwicklung einer Arzneiform. Erste orientierende Untersuchungen werden bereits während der physikalisch-chemischen Charakterisierung mit dem festen Arzneistoff und mit dem Arzneistoff in Lösung durchgeführt. In den Kompatibilitätsuntersuchungen werden erste Hinweise auf den stabilisierenden und destabilisierenden Einfluss der Hilfsstoffe auf den Arzneistoff erhalten.

Die sich anschließende Entwicklung der Arzneizubereitung wird parallel von Stabilitätsuntersuchungen begleitet. Das Auffinden einer möglichst optimalen Rezeptur wird daher maßgeblich von den während der Rezepturfindungsphase ermittelten Stabilitätsdaten beeinflusst. Im Rahmen eines Rezepturscreenings wird die Stabilität des Arzneistoffs in Anwesenheit von Hilfsstoffen und unter Berücksichtigung der Herstelltechnologie abgeklärt und geeignete Stabilisierungsmaßnahmen in Form von Rezeptur- und Verfahrensänderungen durchgeführt. Dies alles muss im Einklang mit den Anforderungen an eine ausreichende Bioverfüg-

barkeit einerseits und technologische Machbarkeit andererseits erfolgen.

Die begleitenden Stabilitätsuntersuchungen sind meist kurzzeitiger Natur (vier bis sechs Wochen) und werden bei erhöhter Temperatur (30 °C und 40 °C) und höherer Luftfeuchte (70 % relative Feuchte und 75 % relative Feuchte) durchgeführt. Diese beschleunigten Bedingungen erlauben zumindest tendenziell Aussagen über das Stabilitätsverhalten der Rezeptur unter normalen Bedingungen. Nach Auswahl der vorläufig endgültigen Rezeptur wird die Arzneizubereitung einer abschließenden Stabilitätsprüfung unterzogen. Dazu wird die Arzneizubereitung unter definierten Klimabedingungen in ihrer für die Lagerung und den Verkehr bestimmten Verpackung aufbewahrt und in regelmäßigen Abständen analytisch untersucht. Dabei darf sich die Arzneizubereitung in ihren wesentlichen Qualitätsmerkmalen nicht oder nur in einem zulässigen Ausmaß verändern. Die Arzneizubereitung muss den an sie gestellten Anforderungen hinsichtlich des deklarierten Arzneistoffgehalts und der definierten physikalischen und der davon abgeleiteten biologischen Eigenschaften (z. B. Bioverfügbarkeit) gerecht werden. Diese Anforderun-

☐ Tab. 3.5	Klimazonen der Erde		
Klimazone	**Definition**	**Lagerbedingung**	
I	gemäßigtes Klima	21 °C / 45 % RF	
II	subtropisches Klima	25 °C	60 % RF
III	heißes und trockenes	30 °C	35 % RF
IV	heißes und feuchtes	30 °C	70 % RF

gen müssen während einer längeren Lagerzeit, die üblicherweise etwa drei bis fünf Jahre beträgt, unter Umständen auch unter extremen Klimabedingungen erfüllt werden. Die Qualität ist damit die Summe aller Faktoren, die direkt oder indirekt die Sicherheit, Wirksamkeit und Akzeptanz des Arzneimittels über die gesamte Laufzeit gewährleisten.

Die Anforderungen an die Produktqualität wird durch gesetzliche Vorgaben definiert.

Im Rahmen der Stabilitätsuntersuchungen werden daher folgende Veränderungen untersucht:
- organoleptische Veränderungen
- physikalische Veränderungen
- chemische Veränderungen
- mikrobiologische Veränderungen.

Während die chemischen Veränderungen maßgeblich den deklarierten Arzneistoffgehalt und damit die Sicherheit und Wirksamkeit des Arzneimittels negativ beeinflussen, können physikalische Veränderungen Auswirkungen auf die Freisetzung des Arzneistoffs aus der Arzneistoffzubereitung und damit einen negativen Einfluss auf die Bioverfügbarkeit und therapeutische Wirkung haben.

Die **organoleptische Prüfung** stellt Veränderungen im Aussehen, im Geruch oder in der Handhabung der Arzneiform fest und stellt somit ein Beurteilungskriterium dar, welches der Patient unmittelbar selbst bei der Anwendung des Arzneimittels heranzieht.

Das verbreitete Vorkommen von Mikroorganismen stellt während der Herstellung, Verpackung, Lagerung und Anwendung des Arzneimittels ein grundsätzliches Kontaminationsrisiko dar. Sowohl der Mensch als auch die Umgebung, der Arzneistoff selbst, die verwendeten Hilfsstoffe, die Arbeitsgeräte und die Packmittel sind potenzielle Kontaminationsquellen.

Die mikrobiologische Stabilität ist von essenzieller Bedeutung bei allen Arzneizubereitungen, die Wasser enthalten. Dazu zählen vorrangig alle parenteralen Arzneiformen, aber auch Lösungen, Suspensionen, Cremes und alle Augenpräparate. Ein inhärentes Infektionsrisiko für den Patienten besteht durch die Übertragung pathogener Mikroorganismen und ihrer toxischen Stoffwechselprodukte. Entscheidende Maßnahmen zur Verminderung des Keimgehaltes bestehen im Fernhalten (Hygienemaßnahmen), Beseitigen (Filtration) und Inaktivieren (Sterilisation, Desinfektion) während des Herstellprozesses. Zur Erhaltung der mikrobiologischen Reinheit, insbesondere bei Mehrdosenarzneimitteln, werden antimikrobielle Stoffe (Konservierungsmittel) zugesetzt.

Die Stabilitätsprüfung muss den verschiedenen **Klimazonen der Erde** Rechnung tragen. Die vier Weltklimazonen sind in ☐ Tab. 3.5 dargestellt.

Im Rahmen der Einführung international gültiger Standards zur Durchführung von Stabilitätsprüfungen wurde die ICH-Stabilitätsleitlinie ICH Q1AR2 2001 in Kraft gesetzt und 2003 überarbeitet. Sie definiert den Umfang der Stabilitätsdaten, die für die Zulassung eines neuen Arzneistoffs und den damit hergestellten Fertigarzneimitteln in den Regionen EU, Japan und Nordamerika erarbeitet werden müssen. Diese drei Regionen werden den Klimazonen I und II zugerechnet. Die ICH-Stabilitätskriterien werden mittlerweile von vielen Ländern außerhalb der drei Regionen anerkannt und angewendet.

Auf Grundlage einer eingehenden Analyse der Klimabedingungen wurden die entsprechenden Lagerbedingungen abgeleitet (☐ Tab. 3.6). Die Lagerbedingungen und die Dauer der Lagerung sollen eine Aussage über Stabilität des Arzneistoffs oder der Arzneistoffzubereitung während der Lagerung,

❏ **Tab. 3.6**   Lagerbedingungen zur Ermittlung des Stabilitätsverhaltens einer Arzneiform in Abhängigkeit von Temperatur und relativer Luftfeuchte

Studie	Lagerbedingung	Mind.-Lagerdauer bis zur Einreichung	Lagerdauer nach der Einreichung
Langzeit	25 °C / 2 °C; 60 % RF/5 % RF	12 Mon.	bis max. 60 Monate
Intermediate	30 °C / 2 °C; 65 % RF/5 % RF	6 Mon.	bis 12 Monate
Beschleunigung	40 °C / 2 °C; 75 %RFF/5 %RF	6 Mon.	–

des Transports und der Anwendung zulassen. Man unterscheidet zwischen Langzeit-Prüfungen (Dauer 12–60 Monate), intermediate Prüfungen (6–12 Monate) und Kurzzeitprüfungen unter sog. Stress-Bedingungen (bis zu 6 Monate).

3.9   Verfahrensentwicklung – vom Labormuster zur Tonnage

Im Verlauf der Entwicklung wird aufgrund des Wirkungsmechanismus des Arzneistoffs und dem daraus resultierenden Applikationsweg die Auswahl für die geeignete Arzneiform getroffen. Im Rahmen der Formulierungsentwicklung werden die elementaren Eigenschaften des künftigen Arzneimittels definiert. Alle relevanten physikalischen, pharmazeutischen und biologischen Qualitätsmerkmale werden festgelegt. Das Herstellverfahren und die Herstelltechnologie werden im Labormaßstab erarbeitet. Klinische Prüfungen mit einer begrenzten Anzahl von Patienten können mit Prüfmustern, die gemäß dieser Herstellverfahren hergestellt werden, versorgt werden.

Um ausreichend große Mengen der Arzneiform zur Durchführung größerer klinischer Prüfungen und für die Marktversorgung zur Verfügung stellen zu können, muss das Herstellverfahren vom Labor auf den Produktionsmaßstab übertragen werden.

Dabei dürfen die Eigenschaften und Qualitätsmerkmale, die während der Entwicklung der Arzneiform festgelegt wurden, nicht signifikant verändert werden.

Dies betrifft insbesondere die Stabilität und die Bioverfügbarkeit und damit die therapeutische Wirksamkeit des Arzneimittels.

Da der Unterschied zwischen dem Laborverfahren und dem Produktionsverfahren meist mehrere Größenordnungen beträgt (Labormaßstab 3 kg, Produktionsmaßstab 500 kg) erfolgt die Überbrückung selten in einem Schritt.

3.9.1   Physikalische Eigenschaften

Entscheidend für eine erfolgreiche Verfahrensentwicklung ist die genaue Kenntnis der physikalischen Eigenschaften des Arzneistoffs und der Hilfsstoffe. Sie sind von Ansatz zu Ansatz zu kontrollieren und einzuhalten. Hierfür müssen detaillierte Prüfvorschriften für den Arzneistoff und die Hilfsstoffe mit den zugehörigen Toleranzgrenzen ausgearbeitet werden. Die geschickte Wahl der Toleranzgrenzen ermöglicht einen ausreichenden Spielraum bei der Beschaffung der Ausgangsstoffe bei gleichzeitigem Qualitätserhalt des Endproduktes. Wie streng die Qualitätsmerkmale und Toleranzen gefasst werden müssen ist abhängig davon, ob es sich um einen kritischen Parameter im Herstellverfahren handelt.

So wie die Ausgangsstoffe müssen Zwischenprodukte, die im Verlauf des Herstellprozesses entstehen, charakterisiert und spezifiziert werden. Beispielsweise wird die Trocknung eines Feuchtgranulats maßgeblich von der Temperatur und der Menge der Trocknungsluft bestimmt. Allerdings kann die Luftfeuchtigkeit das fertige Trocknungsprodukt so verändern, dass ein problemloses Verpressen von Tabletten nicht mehr möglich ist.

3.9.2   Einfluss der Prozesstechnologie

Die Verwendung unterschiedlicher Prozesstechnologien zur Herstellung des gleichen Zwischen- oder Endproduktes kann einen großen Einfluss auf die Qualität des Produktes ausüben. So kann die Änderung des Maschinentyps während der Verfahrensentwicklung die Eigenschaften des Endproduktes so dramatisch verändern, dass die ursprünglich während der Entwicklung der Arzneiform festgelegten Produkteigenschaften und Qualitätsmerkmale sich nicht mehr reproduzieren lassen. Idealerweise sollte daher die für jede Arzneiform spezifische Prozesstechnologie vom Kleinstmaßstab (wenige hundert Gramm) bis zum Großmaßstab (mehrere hundert Kilogramm) zur Verfügung stehen, um die Einflüsse der Prozesstechnologie auf die Produktqualität zu minimieren.

◘ Tab. 3.7   Kritische Prozessparameter bei der Herstellung einer Tablette

Prozessschritt	kritische Prozessparameter
Nassgranulieren	Wassermenge, Granulierzeit
Trocknen in der Wirbelschicht	Zuluftmenge, Zulufttemperatur, Ablufttemperatur
Sieben	Siebart, Siebgröße, Siebeinsatz
Tablettieren	Art der Granulatzufuhr, Tablettiergeschwindigkeit

3.9.3 Festlegen der Prozessparameter und In-Prozess-Kontrolle

Für jede Arzneiform lassen sich die für das jeweilige Herstellverfahren wichtigsten Grundoperationen beschreiben und daraus die wichtigsten Prozessparameter festlegen. Jeder Prozessparameter für sich hat einen entscheidenden Einfluss auf die spätere Qualität des Endprodukts. Zu Beginn der Entwicklung der Arzneiform werden die verschiedenen Prozessparameter erfasst und gezielt verändert, um deren Einflüsse auf die Qualität des Produktes zu untersuchen. Im Rahmen der Verfahrensentwicklung müssen diese Prozessparameter definiert und eine detaillierte Datenerfassung dieser Parameter vorgenommen werden. Als Ergebnis dieser Datenerfassung werden die Parameter und deren Bandbreiten für eine routinemäßige In-Prozess- Kontrolle festgelegt.

Die wichtigsten Prozessschritte sind in ◘ Tab. 3.7 am Beispiel einer Tablettenherstellung beschrieben.

Die In-Prozess-Kontrolle erlaubt es, bei Überschreiten der Regelgrenzen in den Produktionsablauf einzugreifen und Korrekturen vorzunehmen. Beispielsweise kann bei einem Über- oder Unterschreiten der festgelegten Prozesslufttemperatur während des Prozesses eine entsprechende Temperaturanpassung vorgenommen werden.

3.9.4 Risikoanalyse

Die Identifikation der kritischen Prozessparameter erlaubt die Durchführung einer Risikoanalyse. Sie untersucht und beschreibt die Auswirkungen einer gezielten Überschreitung der Toleranzgrenzen bzw. gezielter Veränderung der Prozessparameter auf die Qualitätsmerkmale des Endproduktes. Die Kenntnis dieser Auswirkungen ist für den späteren Routineproduktionsbetrieb von großer Bedeutung. Voraussetzung ist allerdings, dass alle kritischen Prozessparameter während der Verfahrensentwicklung erkannt und deren Relevanz auf die Qualität des Endproduktes untersucht wurden.

3.9.5 Technologietransfer und Prozessvalidierung

Nach Abschluss der Entwicklungsarbeiten wird das Herstellverfahren in den Produktionsbetrieb übertragen. Vor der Durchführung der ersten Produktionschargen im Produktionsmaßstab müssen die dafür vorgesehen Räume und Einrichtungen sowie die erforderlichen Maschinen und Geräte qualifiziert und zertifiziert sein.

Zielsetzung des Transfers ist es, die in der Verfahrensentwicklung festgelegten Qualitätsmerkmale des Endproduktes in den Produktionsmaßstab zu übertragen und die reproduzierbare Herstellbarkeit innerhalb der vorgegebenen Spezifikationen sicherzustellen. Von entscheidender Bedeutung ist dabei die biologische Äquivalenz zwischen dem in der Verfahrensentwicklung hergestellten und in klinischen Prüfungen eingesetzten Produkt und dem künftigen Marktprodukt. Andernfalls sind die Ergebnisse der bislang durchgeführten klinischen Prüfung gefährdet, da sie nicht die Eigenschaften des endgültigen Marktproduktes repräsentieren.

Die während der Rezepturfindung, Rezepturoptimierung und Verfahrensentwicklung festgelegten Spezifikationen, Herstellverfahren und

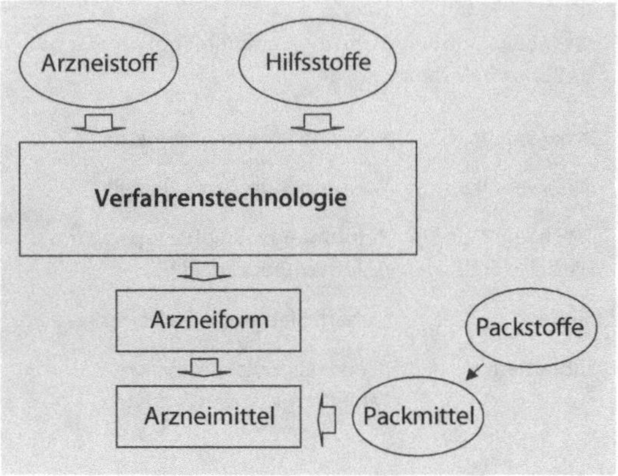

3

Abb. 3.9 Einfluss der Verfahrenstechnologie auf die Qualitätsmerkmale der Arzneiform und des Arzneimittels

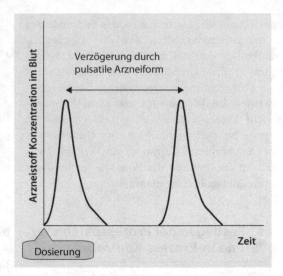

Abb. 3.10 Hypothetische Arzneistoffkonzentrationsprofile nach Gabe von mehrfachen Dosen D1-D4 im Vergleich zu einem idealen Profil P

Prüfverfahren sind wesentlicher Bestandteil der unter Produktionsbedingungen durchzuführenden Prozessvalidierung. Es muss der Beweis erbracht werden, dass die entsprechende Arzneiform in dem dafür ausgearbeiteten Verfahren über alle Prozessstufen hinweg so hergestellt werden kann, dass die in der Entwicklung definierten Qualitätsmerkmale reproduzierbar eingehalten werden können. Zur Überprüfung dieser Anforderung werden im Anschluss an den Technologietransfer mindestens drei Chargen im Produktionsmaßstab durchgeführt und die Reproduzierbarkeit der Qualitätsmerkmale überprüft.

Zusammenfassend lässt sich festhalten, dass das Herstellverfahren einen erheblichen Einfluss auf die Qualitätsmerkmale des künftigen Marktproduktes hat (■ Abb. 3.9).

Veränderungen am Herstellverfahren, z. B. durch einen Technologiewechsel oder durch Verkürzung von Prozesslaufzeiten aus wirtschaftlichen Gründen, können ganz erhebliche Auswirkungen auf die Produktqualität haben. Diese als *major changes* bezeichneten Änderungen sind bei der Behörde meldepflichtig und müssen oftmals im Rahmen von Bioäquivalenzstudien abgesichert werden.

3.10 Therapeutische Systeme – ohne Umwege ins Zielgebiet

Seit Jahrzehnten werden sowohl akute als auch chronische Erkrankungen mit den unterschied-

lichsten Arzneiformen behandelt. Dazu zählen Tabletten, Kapseln, Dragees, Zäpfchen, Cremes, Salben, Lösungen, Aerosole und Injektionspräparate. Im Allgemeinen beschränkt sich ihre Wirkungsdauer auf einige Stunden, in wenigen Ausnahmefällen auf einige Tage. Die Mehrzahl der Arzneiformen, die entweder als verschreibungspflichtige oder freiverkäufliche Arzneimittel über die Apotheke vertrieben werden, zählen zu dieser pharmazeutischen Produktfamilie.

Diese Arzneiformen sind in der Regel so konzipiert, dass sie den Arzneistoff möglichst rasch und vollständig freisetzen. Um eine ausreichende Konzentration des Arzneistoffs innerhalb des therapeutisch wirksamen Bereichs über den Behandlungszeitraum hinweg aufrecht zu erhalten, müssen diese Arzneiformen meist mehrmals täglich eingenommen werden. Dies führt zu ausgeprägten Schwankungen der Arzneistoffkonzentration im Körper (■ Abb. 3.10).

Ausgehend von dieser Erkenntnis wurden Applikationssysteme entwickelt, die den Arzneistoff in kontrollierter Weise freisetzen oder ihn gezielt in bestimmten Organen abgeben. Dadurch werden nicht nur eine Reduzierung der zu applizierenden Arzneistoffmenge, sondern auch eine Erhöhung der Therapiesicherheit und die Vermeidung un-

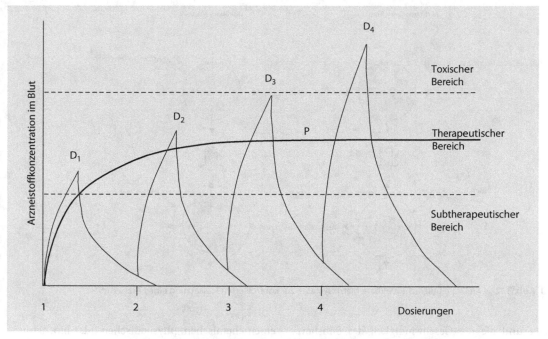

Abb. 3.11 Sofortige und zeitlich verzögerte Freisetzung aus einer Arzneiform (D = Dosis)

erwünschter Arzneimittelwirkungen erreicht. Mit dem Begriff »**Depot- oder Retardpräparat**« werden Zubereitungen charakterisiert, die den Wirkstoff über einen längeren Zeitraum freisetzen. In der Regel werden diese beiden Begriffe gleichbedeutend verwendet, im engeren Sinne werden allerdings vorzugsweise parenteral verabreichte Formen als Depotformen, orale als Retardsysteme definiert. Man unterscheidet je nach Freigabecharakteristik die verzögerte (*extended, delayed release*), zeitlich gestaffelte (*pulsatile release*), hinhaltende (*prolonged release*) oder gleichmäßig hinhaltende (*sustained release*) Freisetzung des Wirkstoffs (□ Abb. 3.11).

Therapeutische Systeme stellen die Weiterführung dieses Prinzips dar. Sie bezeichneten Applikationsformen, die den Arzneistoff kontrolliert mit einer definierten, vorausberechenbaren konstanten Freisetzungsgeschwindigkeit über einen festgelegten Zeitraum an einem festgelegten Anwendungsort abgeben. Traditionelle Arzneistoffe, z. B. Cytostatika, können so in bisher aufgrund der starken Nebenwirkungen nicht einsetzbaren Dosen angewendet werden, neue, gentechnologisch maßgeschneiderte, aber mit starken Nebenwirkungen

verbundene Arzneistoffe werden durch die entsprechende Arzneiform erst einsetzbar. Arzneistoffe, die ihre gewünschte Wirkung zu einer bestimmten Tageszeit entfalten sollen, profitieren von gepulsten Freigabesystemen. So lassen sich beispielsweise Arzneistoffe gegen Bluthochdruck gezielt in den für die Blutdruckkontrolle kritischen Morgenstunden freisetzen (chronotherapeutische Systeme).

Systeme mit kontrollierter Arzneistofffreisetzung lassen sich in folgende vier Klassen einteilen:
- passive, geschwindigkeitskontrollierte Arzneistofffreisetzung
- aktive Arzneistofffreisetzung
- Arzneistofffreisetzung durch Rückkopplung
- gewebespezifische Arzneistofffreisetzung (*drug targeting*).

3.10.1 Passive, geschwindigkeitskontrollierte Arzneistofffreisetzung

Zu dieser Gruppe von Arzneiformen mit gesteuerter Wirkstofffreisetzung gehören Systeme, aus denen der Arzneistoff durch molekulare Diffusion durch eine Grenzschicht, die die Arzneiform um-

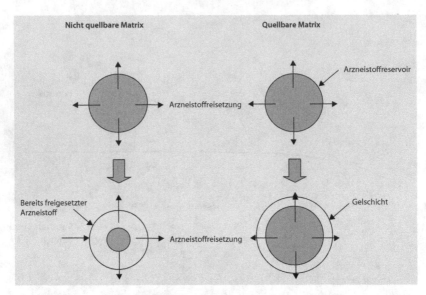

◼ Abb. 3.12   Quellbare und nichtquellbare Matrixsysteme zur kontrollierten Freisetzung eines Arzneistoffs

gibt und die die Geschwindigkeit des Substanzdurchtritts steuert, freigesetzt wird. Üblicherweise werden Polymerschichten mit einer unterschiedlich stark ausgeprägten Permeabilität oder mit definierten Poren eingesetzt. Der Arzneistoff ist dabei von einer Polymerschicht ummantelt und verkapselt. Das Arzneistoffreservoir kann als Feststoff, als Suspension oder als Lösung vorliegen.

Alternativ wird der Arzneistoff in einer Polymermatrix als homogene Lösung oder Dispersion eingebettet, aus der er ebenfalls mittels Diffusion austreten kann. Es gibt auch Systeme, die quellungskontrolliert den Arzneistoff aus der Matrix freisetzen (◼ Abb. 3.12).

Derartige Systeme existieren als orale Applikationsformen in Form von Pellets und Tabletten, als Implantate in Form von injizierbaren Mikropartikeln oder implantierbaren Stäbchen, als transdermale Systeme in Form von arzneistoffhaltigen Pflastern, als intrauterinäre Einsätze im Rahmen der Hormonbehandlung und als kontaktlinsenähnliche Einsätze zur Behandlung von Augenerkrankungen.

3.10.2 Aktive Wirkstofffreisetzung

In dieser Gruppe von Systemen mit gesteuerter Wirkstofffreisetzung wird der Arzneistoff durch einen chemischen, physikalischen oder biochemischen Prozess aktiviert und freigesetzt. Abhängig von der Natur des angewandten Prozesses kann man diese Systeme in drei Klassen von Therapeutischen Systemen (TS) unterteilen:

- physikalische Aktivierung
- chemische Aktivierung
- biochemische Aktivierung.

Als Beispiel für eine **physikalische Aktivierung** dienen Systeme, bei denen der Arzneistoff nach dem Prinzip des osmotischen Drucks freigesetzt wird (◼ Abb. 3.13). In diesen Systemen wird das Arzneistoffreservoir, welches aus einer Lösung oder einem Feststoff bestehen kann, von einer halbdurchlässigen Membran umgeben. Diese steuert den Zutritt von Wasser oder von Darmflüssigkeit – im Falle eines oral zu applizierenden Systems in Form einer Tablette – in kontrollierter Weise. Durch Beimengung von osmotisch aktiven Hilfsstoffen wird nach Zutritt von Wasser innerhalb des Arzneistoffreservoirs ein osmotischer Druck aufgebaut, der den Arzneistoff entweder als Lösung oder Suspension über eine Öffnung oder Poren aus dem System freisetzt. Derartige Systeme können in Form von Tabletten, Implantaten oder Injektionssystemen Anwendung finden (vgl. ▶ Kap. 1, ALZA).

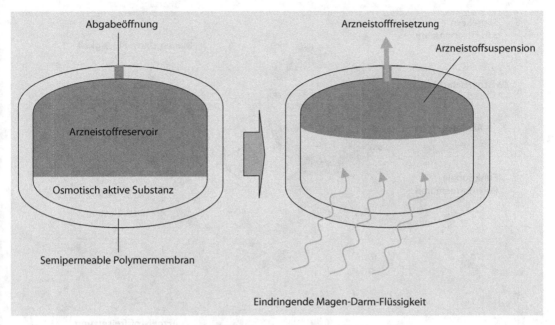

Abb. 3.13 Tablette mit osmotischem Zweikammersystem zur kontrollierten Freisetzung einer Arzneistoffsuspension

Im Falle der **chemischen Aktivierung** werden unterschiedliche pH-Verhältnisse im Magen-Darm-Trakt ausgenutzt. Spezifische Polymere, die das Arzneistoffreservoir umgeben, können pH-abhängig ihre Eigenschaften verändern. So lassen sich mit Polymeren unterschiedlicher pH-abhängiger Löslichkeit gezielt Arzneistofffreisetzungen in unterschiedlichen Abschnitten des Magen-Darm-Traktes erreichen. Dadurch kann das Anfluten des Arzneistoffs im Körper zeitlich gesteuert werden, für den Fall, dass der Arzneistoff in einem bestimmten Zeitraum, z. B. nachts, zur Verfügung stehen muss. Arzneistoffe, die nur in bestimmten Abschnitten des Darms resorbiert werden, können durch diese Systeme gezielt zur Resorption gebracht werden (**Abb. 3.14**).

In der Gruppe der durch **biochemische Prozesse** aktivierten Arzneistofffreisetzung wird der Arzneistoff mithilfe einer vom Körper synthetisierten biochemischen Substanz aus dem therapeutischen System freigesetzt. Die Freisetzung dieser biochemischen Substanz ist gekoppelt mit einer krankhaften Veränderung im Körper. Dies geschieht aber nur dann, wenn die biochemische Substanz eine bestimmte Konzentration überschreitet. Diese Systeme arbeiten nach dem Prinzip der biologischen Rückkopplung. Ein typisches Beispiel ist die glucosegesteuerte Insulinfreisetzung. Insulin wird in einem Polymer verkapselt, das abhängig von der Glucosekonzentration seinen Quellungszustand und damit seine Durchlässigkeit verändert. Diese Polymere können als Implantate in das Fettgewebe des Patienten appliziert werden. Je höher die Glucosekonzentration im Blut ist, desto mehr Insulin wird aus dem System freigesetzt. Mit sinkender Glucosekonzentration nimmt die Quellung wieder ab, das System wird wieder dicht und setzt entsprechend weniger Insulin frei.

Einschränkend muss gesagt werden, dass sich derartige Systeme noch nicht am Markt durchsetzen konnten. Die Risiken bestehen in einer unpräzise, manchmal spontan verlaufenden Arzneistofffreisetzung, was ein erhebliches Sicherheitsrisiko für den Patienten bedeuten würde.

Die bisher am Markt etablierten **implantierbaren Systeme** beruhen daher auf einer diffusionskontrollierten gesteuerten Freisetzung des Arzneistoffs aus bioabbaubaren Polymeren. Diese Polymere werden aus Milchsäure und Milchsäurederivaten aufgebaut und in Form von zylindrischen Formkörpern in die Unterhaut oder das Muskelgewebe injiziert. Durch Hydrolyse wird das Polymer

3

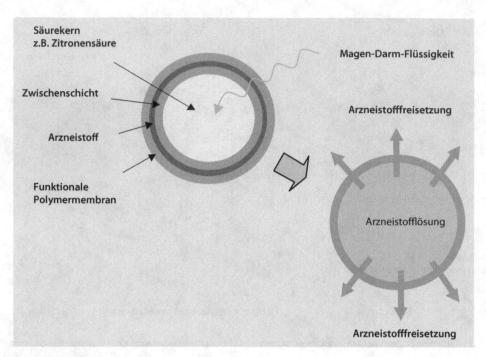

Säurekern z.B. Zitronensäure

Zwischenschicht

Arzneistoff

Funktionale Polymermembran

Magen-Darm-Flüssigkeit

Arzneistofffreisetzung

Arzneistofflösung

Arzneistofffreisetzung

⬛ **Abb. 3.14**   Funktionales Pellet mit säurevermittelter und kontrollierter Arzneistofffreisetzung für die orale Applikation. Pelletdurchmesser ca. 0,8 mm

wieder in seine Ausgangsmaterialen gespalten und vom Körper vollständig abgebaut. Nicht bioabbaubare Polymere müssen nach erfolgter Wirkstofffreisetzung wieder chirurgisch entfernt werden. Es sind hauptsächlich Hormone und Antibiotika, die auf diesem Weg appliziert werden. Im Extremfall kann die Arzneistofffreisetzung über Wochen und Monate erfolgen, was bei der Applikation von Ovulationshemmern zur Schwangerschaftsverhütung erfolgreich angewendet wird.

3.10.3 Drug Targeting

Völlig neue Wege werden bei dem aktiven *drug targeting* beschritten. Hier wird der Wirkstoff gezielt an den Wirkort im Körper gebracht. Damit können unerwünschte Wirkungen des Arzneistoffs zurückgedrängt, die Wirksamkeit verbessert und die Sicherheit für den Patienten erhöht werden.

Insbesondere bei der Applikation hochwirksamer Peptidarzneistoffe und Arzneistoffe, die in der Tumortherapie eingesetzt werden (Cytostatika),

sind die Dosierung und der Anwendungszeitraum durch das Auftreten starker Nebenwirkungen begrenzt. Lösungsansätze für eine gewebespezifische Arzneistoffapplikation sind die Kopplung von Antikörpern an den Arzneistoff oder die Herstellung kolloidaler Arzneistoffträger, die mit einem Antikörper konjugiert sind. Mögliche Arzneistoffträger sind Polymerpartikel (Nano- und Mikropartikel), Fettemulsionen (Öl in Wasser) und Liposomen. Alle diese Systeme werden als partikuläre Suspensionen intravenös oder subkutan appliziert. **Antikörpervermittelte *drug targeting*-Ansätze** gewinnen zunehmend an Attraktivität.

Die oben erwähnten partikulären Systeme werden mit Oberflächeneigenschaften ausgestattet, die zur Anreicherung in bestimmten Geweben führen. In hohem Maße eignen sich hierfür monoklonale Antikörper zur Lenkung der Arzneistoffträger in das Zielgewebe. Nach erfolgter Akkumulation wird der Arzneistoff im Zielgewebe freigesetzt. Wie in ⬛   Abb. 3.15 dargestellt, kann der cytotoxische Arzneistoff nach enzymatischer Spaltung aus einer chemischen Verbindung (Prodrug) die Krebszelle

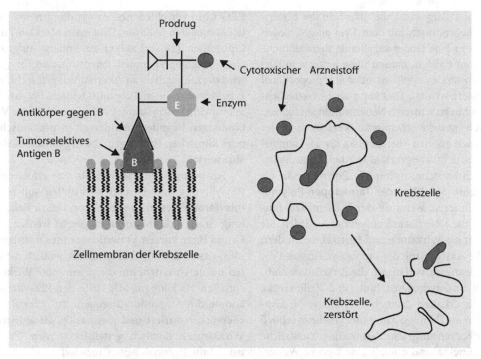

◘ Abb. 3.15 Mechanismus der zielgerichteten Tumoransteuerung über einen Antikörper-Enzym-Prodrug-Komplex unter Freisetzung eines cytotoxischen Arzneistoffs in unmittelbarer Nähe der Krebszelle

zerstören (◘ Abb. 3.15). Das in den Antikörper-Enzym-Prodrug-Komplex integrierte Enzym wird erst nach Bindung des Antikörpers an das Antigen aktiviert. Mit dieser Technik wird das Vorhandensein krebszellenspezifischer Antigene benutzt um den Arzneistoff in das Tumorgewebe zu lenken.

Diese Ansätze erlauben vielversprechende diagnostische und therapeutische Möglichkeiten bei der Behandlung von Tumorerkrankungen. Insbesondere das den Tumor versorgende Gewebe ist ein attraktives Ziel von Forschung und Entwicklung. Monoklonale Antikörper mit einer hohen Affinität zu spezifischen Oberflächenproteinen im Stützgewebe des Tumors erlauben die selektive Zerstörung der nährstoffversorgenden Umgebung des Tumors und als Folge dessen, die Zerstörung des Tumors selbst.

Eine Reihe dieser Ansätze befindet sich in der Entwicklung, erste therapeutische Erfolge konnten in klinischen Studien gezeigt werden. Allerdings sind noch eine Vielzahl von Problemen zu lösen, bevor diese Systeme eine breite Anwendung am Menschen finden. Neben der Identifizierung geeigneter monoklonaler Antikörper müssen auch die klassischen Fragen der Arzneimittelentwicklung gelöst werden. Hierzu zählen die Identifikation geeigneter Trägerpartikel, die Identifikation geeigneter Herstellverfahren und die Gewährleistung einer ausreichenden Stabilität.

Neben den klassischen Arzneiformen werden maßgeschneiderte und gewebespezifische therapeutische Systeme einen wichtigen Platz in der künftigen Arzneimitteltherapie einnehmen.

3.10.4 PEGylierung

Viele therapeutisch wirksame Verbindungen wie Proteine und Peptide sowie nanopartikuläre Trägersysteme haben nach systemischer Verabreichung in die Blutbahn oftmals nur eine sehr kurze Verweildauer im Organismus. Dies kann zum einen dadurch bedingt sein, dass sie durch das Immunsystem als fremd erkannt und eliminiert oder durch körpereigene Enzyme wie Nukleasen, Proteinasen, etc. abgebaut werden. Zum anderen können Wirkstoffe mit nied-

rigem Molekulargewicht, die unterhalb der Nieren-
schwelle liegen, rasch mit dem Urin ausgeschieden
werden. Um eine länger anhaltende therapeutische
Wirkung zu erzielen, müssen diese Systeme in kurzen Zeitabständen appliziert oder überproportional
hoch dosiert werden. Dies kann zu Unverträglichkeiten bis hin zu schweren Nebenwirkungen führen.

Durch gezielte chemische Veränderung der
Oberflächen können Therapeutika für das Immunsystem »unsichtbar« gemacht werden. Dazu dienen
meist nichtionische, hydrophile Polymere, die als
so genannte **Stealth- oder Tarnkappen-Polyme-
re** funktionieren, wenn sie durch chemische Bindung auf die Oberflächen aufgebracht werden. Sie
maskieren die Wirkstoffe und Partikel, verhindern
damit die Aktivierung des Immunsystems und die
rasche Clearance, verlängern die Zirkulationshalb-
wertszeit und reduzieren Blut- und Zelltoxizität.
Wirkstoffe erhalten dadurch ein höheres Molekulargewicht und können damit nicht mehr so schnell
über die Nieren ausgeschieden werden. Zusätzliche
positive Effekte sind oftmals eine bessere Wasserlöslichkeit und höhere Lagerungsstabilität der behandelten Materialien.

Polyethylenglycol (PEG) ist derzeit der Goldstandard und das einzige klinisch breit eingesetzte
und zugelassene Stealth-Polymer. Man spricht in
diesem Fall von der so genannten **PEGylierung**.
Dieses synthetische Polymer, das aus dem chemisch
sehr einfachen Molekül Ethylenglycol aufgebaut ist,
gilt als nicht toxisch und nicht immunogen. Obwohl die PEGylierung von Proteinen bereits in den
1970er Jahren wissenschaftlich beschrieben wurde,
gelang es erst in den letzten Jahren alle sicherheits-
relevanten Fragen auszuräumen und therapeutisch
wirksame Produkte zuzulassen. Entscheidend für
eine Zulassung in Arzneimitteln ist der Nachweis,
dass die Wirksamkeit des Wirkstoffs oder Parti-
kels durch die PEGylierung nicht beeinträchtigt
wird oder sich andere unerwünschte Wirkungen
einstellen. Neben der chemisch-physikalischen
und pharmazeutischen Charakterisierung müssen
PEGylierte Proteine einer vollständigen toxikologischen und klinischen Profilierung unterzogen
werden. Das bedeutet, dass sie wie ein neuer noch
unbeschriebener Arzneistoff behandelt werden.

Seit das erste PEGylierte Produkt vor ca. 20
Jahren zugelassen wurde, erreichte eine Vielzahl
von PEGylierten Derivaten die Marktzulassung.

PEG ist in verschiedenen Anwendungen wie Pro-
teinkonjugaten (Adagen, Oncospar, Macugen) und
Liposomen (Doxil/Caelyx) zu finden. Aufgrund
einer sehr angespannten Patentsituation für PEG
wird derzeit intensiv an Alternativen geforscht, wie
z. B. Polyoxazolinen, Polyaminosäuren, Polyhydro-
xypropylmethacrylat oder Polyglycerol. Diese Verbindungen befinden sich derzeit in präklinischen
oder klinischen Prüfungen, die Ergebnisse bleiben
abzuwarten.

Als prominentes Beispiel für eine erfolgreiche
PEGylierung von Protein-Wirkstoffen sollen die
Interferone dienen, die üblicherweise zur Behandlung viraler Erkrankungen eingesetzt werden. Auf
Grund ihrer kurzen Verweildauer im Organismus
muss das Arzneimittel dreimal wöchentlich subkutan injiziert werden, um die gewünschte Wirkung
entfalten zu können. Mit Hilfe der PEGylierung
konnte die Anwendungsfrequenz auf einmal wöchentlich reduziert und gleichzeitig die antivirale
Wirksamkeit deutlich gesteigert werden. PegIn-
tron® und Pegasys® gelten inzwischen als erfolgreich etablierte Produkte zur Behandlung von Hepatitis C.

80 Nanometer große Liposomen, die mit Doxorubicin zur Tumortherapie beladen worden waren,
zeigten nach PEGylierung (Caelyx/Doxil) eine längere Zirkulation im Blutstrom und eine niedrigere
Toxizität als nicht-PEGylierte Verbindungen oder
freies Doxorubicin.

Heute etablierte Produkte sind unter anderen:

- **PEGASYS:** PEGyliertes Interferon alpha zur
  Behandlung chronischer Hepatitis C und B der
  Firma Hoffmann-La-Roche
- **Pegintron:** PEGyliertes Interferon alpha zur
  Behandlung chronischer Hepatitis C und B der
  Firmen Schering-Plough und Enzon
- **Oncospar:** PEGylierte L-Asparaginase für die
  Behandlung von akuter Leukämie der Firma
  Enzon
- **Doxil/Caelyx:** 80 nm große PEGylierte Li-
  posomen mit Doxorubicin zur Behandlung
  von Kaposisarkom, Ovarialkarzinom, Mam-
  makrazinom, multiples Myelom der Firmen
  Ortho-Biotech und Schering-Plough zeigten
  nach PEGylierung eine längere Zirkulation
  im Blutstrom und eine niedrigere Toxizität als
  nicht-PEGylierte Verbindungen oder freies
  Doxorubicin

- **Pegloticase** (Krystexxa): PEGylierte Uricase für die Behandlung von Gicht der Firma Savient
- **Cimzia**: PEGyliertes Fragement des TNF-alpha-Antikörpers der Firma UCB zur Behandlung der Crohn'schen Krankheit und reumatoider Arthritis
- **Neuplasta®: PEGyliertes Filgrastim** Pegfilgrastim der Firma Amgen ist eine Weiterentwicklung von Filgrastim (Neupogen®) und gehört ebenfalls wie Filgrastim (Neupogen®) zu der Gruppe der Granulozytenkolonie-stimulierenden Faktoren (G-CSF), die die Bildung weißer Blutzellen stimulieren (Granulozyten) und damit die Dauer schwerer Neutropenien (Abnahme der weißen Blutkörperchen) unter Chemotherapie verkürzen. Im Vergleich zu Filgrastim besitzt Pegfilgrastim durch die PEGylierte Formulierung eine längere Halbwertszeit.
- **Macugen**: Pegaptanib wurde von der Firma EyeTech Pharmaceuticals, Inc. entwickelt. Pfizer finanzierte die späten klinischen Studien und übernahm das Marketing. Der Wirkstoff wird als in den Glaskörper des Auges zu verabreichende Injektionslösung vertrieben und wird zur Behandlung des unter dem Begriff Makuladegeneration zusammengefasste, die Makula lutea (»der Punkt des schärfsten Sehens«) der Netzhaut betreffende und mit einem allmählichen Funktionsverlust der dort befindlichen Gewebe einhergehende Krankheit eingesetzt.

Auch bei den bildgebenden Verfahren wird die PEGylierung eingesetzt. Prominentes Produkt ist **Definity** der Firma Bristol-Myers Squibb, welches in der Echokardiographie weingesetzt wird.

Die PEGylierung gehört somit zu den wichtigsten Werkzeugen für eine sichere und wirkungsvolle Applikation. Auf Grund ihrer flexiblen Anwendbarkeit eröffnet sie bereits heute neue Wege für die Behandlung vieler verschiedener Erkrankungen.

Zusammenfassung
Die Galenik oder pharmazeutische Entwicklung hat sich über die Jahrhunderte hinweg von ihren alchimistischen Wurzeln befreit und sich zu einer der wichtigsten pharmazeutischen Wissenschaften entwickelt. Für nahezu jede Erkrankung existieren spezifische Arzneiformen mit den unterschiedlichsten Funktionen. Erst durch die Identifikation einer geeigneten Arzneiform kann der Arzneistoff seine ihm zugedachte therapeutische Wirkung entfalten. Orale Darreichungsformen werden auch in Zukunft die am häufigsten angewendete Klasse von Arzneimitteln repräsentieren. Die pharmazeutische Industrie hat spezifische Technologien etabliert, um Arzneiformen zu entwickeln und qualitativ hochwertig, reproduzierbar und kostengünstig herzustellen. Die Einhaltung einschlägiger GMP-Regeln, die Anwendung geeigneter Validierungskonzepte und die Durchführung einer schlüssigen Stabilitätsprüfung sichern die geforderte Arzneimittelqualität und Therapie- und Anwendungssicherheit für den Patienten. Zunehmend gewinnen therapeutische Systeme und Arzneiformen mit gezielter Arzneistofffreisetzung (*drug targeting*) an Bedeutung und sind Gegenstand einer intensiven Forschung und Entwicklung. Therapiegebiete wie Onkologie und ZNS (Zentrales Nervensystem) werden künftig in verstärktem Maße derartige Systeme erfordern.

Literatur

1   Bauer K-H, Frömming K, Führer K, Lippold BC, Müller Goymann, Schubert R (2012) Lehrbuch der Pharmazeutischen Technologie. Wissenschaftliche Verlagsgesellschaft, Stuttgart
2   Carstensen JT (2001) Advanced Pharmaceutical Solids. Marcel Dekker Inc, New York, Basel
3   Christ GA (1998) Gute Laborpraxis, Handbuch für Praktiker. Git Verlag, Darmstadt
4   Mäder K et al. (2010) Innovative Arzneiformen. Wiss. Verlagsgesellschaft, Stuttgart
5   Müller RH, Kayser O (2000) Pharmazeutische Biotechnologie. Wissenschaftliche Verlagsgesellschaft
6   Schöffling U (1998) Arzneiformenlehre. Deutscher Apotheker Verlag, Stuttgart
7   Stricker H (2003) Arzneiformenentwicklung. Springer Verlag, Berlin
8   Voigt R (2010) Pharmazeutische Technologie. Deutscher Apotheker Verlag, Stuttgart

The proof of the pudding – die Zulassung

Manfred Schlemminger

4.1   Zulassung

Die Einreichung der Zulassungsunterlagen ist ein entscheidender Meilenstein in der Entwicklung eines neuen Arzneimittels. Bedeutsamer als die eigentliche Einreichung ist aber grundsätzlich die »Zulassbarkeit«, d. h. die Qualität der eingereichten Unterlagen, und damit sollte als eigentliche Zielsetzung für den Entwicklungsprozess natürlich das *approval*, also die Zulassung selbst stehen. Zweifelsohne kann sich der Prozess deutlich in die Länge ziehen, wenn die Unterlagen unvollständig, im falschen Format oder missverständlich sind. Dies gilt für alle Zulassungsprozesse, egal bei welcher Behörde.

Die **Zulassung von Arzneimitteln**, d. h. die Erlaubnis, ein Arzneimittel in den Verkehr bringen zu können, wird von der zuständigen Zulassungsbehörde erteilt. Bei dieser Beurteilung stützt sich die jeweilige Behörde v. a. auf die Qualität, Wirksamkeit und Unbedenklichkeit des Arzneimittels. Die Zulassung wird ausgesprochen, wenn das Nutzen-Risiko-Verhältnis positiv ist, d. h., wenn der erwartete Nutzen die Risiken überwiegt. Dies sei an einem Beispiel deutlich gemacht: Wenn ein Arzneimittel gegen Schmerzen als Nebenwirkung Haarausfall verursachen sollte, würde in diesem Fall keine Zulassung erteilt; verursacht jedoch ein Antitumormittel Haarausfall, so wäre dies kein Versagungsgrund.

Wann liegt ein neuer Wirkstoff oder ein neues Arzneimittel vor? Die FDA sieht dazu folgende vier Fälle vor:

- Es liegt ein neues Molekül (*new molecular entity*, NME) vor, das zur Anwendung gebracht werden soll.
- Ein Wirkstoff, der zwar bekannt, aber bislang noch nicht durch die FDA zugelassen wurde, soll zur Anwendung gebracht werden.
- Neue chemische Modifikationen, wie Salze oder Ester, eines bekannten Wirkstoffs sollen zur Anwendung gebracht werden.
- Wirkstoffe, die durch die FDA schon zugelassen wurden, sollen auf unterschiedliche Weise appliziert oder durch neue Darreichungsformen verabreicht werden.

4.1.1   Gesetzliche Grundlagen

Europa

Mit der Gründung der Europäischen Wirtschaftsgemeinschaft (European Economic Community, EEC) im Vertrag von Rom 1957 findet das **Binnenmarktprinzip** des freien Warenverkehrs auch Anwendung auf Arzneimittel. Zum Schutz der Gesundheit und des Lebens von Mensch und Tier sind jedoch Verbote und Beschränkungen nach Artikel 30 des EU-Vertrags zulässig. In den Kapiteln 1.2.1 und 1.3.2 wurde bereits auf den Zulassungsprozess und die Entstehung der Europäischen Behörde eingegangen, deshalb sollen hier nun vertiefende Aspekte dargelegt werden.

Unter dem Eindruck der Thalidomid-Katastrophe 1962, der Gewährleistung eines hohen Maßes an öffentlichem Gesundheitsschutz und nicht zuletzt der Beseitigung von Handelshemmnissen auf dem Binnenmarkt hat die EU einen gesetzlichen Rahmen für Arzneimittel entwickelt. Auch wenn das Regelwerk auf den ersten Blick erschrecken mag, hilft die Kenntnis über einige der Direktiven, die daraus resultierenden Begriffe und ihre Herkunft nachzuvollziehen. Sie seien deshalb hier kurz erläutert:

Mit der **Richtlinie 65/65/EEC** von 1965 wurde verfügt, dass ein Arzneimittel in einem Mitgliedstaat nur dann in Verkehr gebracht werden darf, wenn eine Genehmigung dafür erteilt wurde. Eine EU-Richtlinie ist an die Mitgliedsstaaten gerichtet und entfaltet keine unmittelbare rechtliche Wirkung. Sie muss erst in nationales Recht transformiert werden. Eine fundamentale Ergänzung erfuhr diese Richtlinie erst durch die **Richtlinie 75/319/EEC**, mit der wichtige Grundsatz-und Verfahrensvorschriften eingeführt wurden.

Gleichzeitig wurde die **Richtlinie 75/318/EEC** verabschiedet, die den Umfang der Angaben und Unterlagen festlegte, die dem Antrag auf Genehmigung beizufügen sind.

Diese drei Richtlinien sind die pharmazeutischen Basisrichtlinien und bildeten die Grundlage für die nationalen Gesetzgebungsverfahren.

Die **Richtlinie 75/319/EEC** aus dem Jahr 1975 legt die Bildung des European Committee for Proprietary Medicinal Products (CPMP) fest, einem der Komitees der EMA (European Medicines

Agency), das für die Zulassung der Produkte zuständig ist.

Später, in der Richtlinie 83/570/EEC wird festgelegt, dass der Antragsteller als Teil seiner Einreichung eine Art Kurzfassung zu erstellen hat, die sog. *Summary of Product Characteristics* (SPC). Sie soll den Namen des Produktes, die Zusammensetzung, die Darreichungsform, pharmakologische und pharmakokinetische Einzelheiten, eine klinische Beschreibung sowie pharmazeutische Gesichtspunkte wie Lagerbedingungen und Haltbarkeit abdecken. Eine weitere wichtige Richtlinie ist die *abridged application* Richtlinie 87/21/EEC. Sie ergänzt den Artikel 4(8) der schon oben genannten Richtlinie 65/65 EEC und beschreibt, wann pharmakologische und toxikologische Untersuchungen sowie klinische Studien nicht zur Verfügung gestellt werden müssen. Für *abridged applications* werden drei Gründe zugelassen:

- Wenn der Antragsteller auf die erteilte Zulassung des Originators Bezug nehmen kann (bezugnehmende Zulassung), oder
- wenn ausführliche veröffentlichte Daten und Literatur angeführt werden können, die den pharmakologischen, toxikologischen und klinischen Teil abdecken (bibliographische Zulassung), oder
- wenn das Produkt *essentially similar* zum Produkt des Originators ist (generische Zulassung).

Da der Regelungsbedarf v. a. auf europäischer Ebene sehr hoch ist, wurde die Basisrichtlinie mehrfach geändert und durch andere Richtlinien und Verordnungen ergänzt. Einige finden sich in der Fußnote[1]. Schließlich wurde im November 2001 in der Richtlinie 2001/83/EC eine Konsolidierung erreicht. Diese wurde im so genannten »Review« überarbeitet und am 30.4.2004 durch die Richtlinie 2004/27/EC erweitert. In Deutschland wurden diese Änderungen als 14. AMG-Novelle am 5.9.2005 umgesetzt. Unter anderem wurde die unbegrenzte Gültigkeit einer Zulassung nach der ersten Verlängerung fünf Jahre nach Zulassung eingeführt. Zudem besteht nun ein Vermarktungszwang, die so genannte *sunset-clause*.

Das Richtlinien- und Verordnungsgeflecht führte jedoch nicht zu der gewünschten Vollendung des Binnenmarkts. Jedes EU-Mitgliedsland erteilte zwar Zulassungen nach intensiver Prüfung der Antragsunterlagen, jedoch war die ausgesprochene Zulassung nur national gültig.

Durch die **Verordnung (EWG) Nr. 2309/93** zur Festlegung von Gemeinschaftsverfahren für die Genehmigung und Überwachung von Human- und Tierarzneimitteln und zur Schaffung einer Europäischen Agentur für die Beurteilung von Arzneimitteln und weiterer Änderungsrichtlinien, wurde ein neues System geschaffen, das 1995 in Kraft trat, das Zentralisierte Verfahren. Auch diese Verordnung wurde im »Review« überarbeitet und am 30.4.2004 durch die Verordnung 726/2004 ersetzt. Änderungen waren unter anderem die Ausweitung des zentralisierten Verfahrens auf weitere Arzneimittel sowie die Einführung eines beschleunigten Zulassungsverfahrens. Wie auch in der geänderten Richtlinie 2001/83/EC gibt es nun auch für zentral zugelassene Arzneimittel einen Vermarktungszwang.

---

1 Richtlinie 89/105/EWG über Preise und Erstattungen
Richtlinie 89/342/EWG über immunologische Arzneimittel
Richtlinie 89/343/EWG über radioaktive Arzneimittel
Richtlinie 89/381/EWG über Arzneimittel aus menschlichem Blut oder Blutplasma
Richtlinie 91/356/EWG über die gute Herstellungspraxis
Richtlinie 92/25/EWG über den Großhandelsvertrieb
Richtlinie 92/26/EWG über die Einstufung bei der Abgabe von Humanarzneimitteln
Richtlinie 92/27/EWG über die Etikettierung und die Packungsbeilage von Humanarzneimitteln
Richtlinie 92/28/EWG über die Werbung für Humanarzneimittel

Richtlinie 92/73/EWG über homöopathische Arzneimittel
Richtlinie 81/851/EWG über Tierarzneimittel
Richtlinie 81/852/EWG über die Angaben und Unterlagen, die dem Antrag auf Genehmigung von Tierarzneimitteln beizufügen sind
Richtlinie 90/677/EWG über die Erweiterung der Gemeinschaftsvorschriften zu Tierarzneimitteln auf immunologische Erzeugnisse
Richtlinie 91/412/EWG über die Gute Herstellungspraxis für Tierarzneimittel
Richtlinie 92/74/EWG über homöopathische Tierarzneimittel
Verordnung (EWG) Nr. 2377/90 über Höchstmengen für Tierarzneimittelrückstände in Nahrungsmitteln tierischen Ursprungs

Einer Ausnahmeregelung, was ihre Zulassung betrifft, unterliegen **homöopathische** und anthroposophische **Arzneimittel**, da die Grundlagen ihrer Wirkung naturwissenschaftlich kaum oder gar nicht nachweisbar sind und sie daher nicht nach den für Arzneimittel geforderten Kriterien beurteilt werden können. Diese Sonderformen erhalten eine Registrierung, für die lediglich die Qualität und die Inhaltsstoffe, soweit bekannt, angegeben werden müssen. Auf der Verpackung dürfen daher keine Angaben zu den Anwendungsgebieten gemacht werden.

Pflanzliche Arzneimittel (Phytopharmaka) dagegen müssen zur Zulassung alle Kriterien erfüllen wie andere Arzneimittel auch. Allerdings ist bei ihnen die Identifikation der wirksamen Bestandteile schwieriger, da häufig die Effekte auf Wirkstoffgemische und weniger auf einzelne Komponenten zurückzuführen sind. Dies wiederum erschwert die Beurteilung der Qualität, da definiert werden muss, welche Leitsubstanzen in welchen Konzentrationen vorhanden sein müssen, um einer Zulassung zu genügen. Durch die Richtlinie 2004/24/EC, die ebenfalls die Richtlinie 2001/83/EC erweitert, werden seit dem 30.4.2004 traditionelle pflanzliche Arzneimittel definiert und ihnen ein vereinfachtes Zulassungsverfahren ermöglicht.

Phytotherapeutika, Homöopathika und die anthroposophischen Mittel, zusammengefasst unter dem Begriff der »Arzneimittel der besonderen Therapierichtungen« werden von der Kommission E, einer Gruppe von Fachleuten, beurteilt, die sich mit diesen speziellen Fragestellungen zur Zulassung auseinandersetzt. Die Kommission erstellt dazu sog. Monographien, die Anwendungen, Dosierungen und Nebenwirkungen zusammenfassen. Lässt sich kein therapeutischer Nutzen erkennen oder treten zu hohe Risiken bei der Anwendung auf, so wird eine sog. »Negativmonographie« erstellt und einer Zulassung kann nicht zugestimmt werden.

USA

Im Gegensatz zu Europa mit seiner »Gemeinschaftsstruktur« gibt es in den USA einen Staat mit zentraler Gesetzgebung für den Arzneimittelzulassungs- und Überwachungsbereich. Hier die wichtigsten Gesetze der USA, die die Entwicklung für die heutige Gesetzgebung im pharmazeutischen Bereich aufzeigen (vgl. ▶ Kap. 1.2.1 und 1.3.2):

- *Biologics Control Act* (1902): behandelt die Reinheit und Sicherheit von Impfstoffen,
- *Food and Drugs Act* (1906): setzt Standards für Reinheit und Dosisstärken,
- *Federal Food, Drug and Cosmetic Act* (1938): verpflichtet als Folge des Sulfanilamid-Falles den Hersteller, die Sicherheit des Produktes darzulegen (NDA),
- *Public Health Service Act* (1944): gibt der FDA weitreichende Befugnis in der Interpretation der rechtlichen Anforderungen für die Arzneimittelzulassung,
- *Durham-Humphrey Amendment* (1951): legt die Unterscheidung verschreibungspflichtiger Arzneimittel fest.
- *Kefauver-Harris Drug Amendment* (1962): führt den *informed consent* – die Zustimmung bei Studienteilnehmern ein und fordert nicht nur den Beweis der Sicherheit, sondern auch Wirksamkeit in der angestrebten Verwendung. *Grandfather drugs* werden definiert als Wirkstoffe, vor 1938 auf dem Markt befindlich, für die die Hersteller nicht retrospektiv die Wirksamkeit nachweisen müssen.
- *Orphan Drug Act* (1983): 1983 wurde in den USA der *Orphan Drug Act* verabschiedet, gefolgt 1993 von Japan und 1998 von Australien, um die Forschung und Entwicklung von sog. *orphan drugs*, d. h. Arzneimitteln zur Diagnose, Prophylaxe oder Behandlung seltener Erkrankungen, zu fördern. In Europa wurde die »Verordnung über Arzneimittel für seltene Krankheiten« im Jahr 1999 verabschiedet. Während in den USA Krankheiten als selten gelten, wenn sie bei weniger als 200.000 Amerikanern auftreten, dürfen in der EU höchstens fünf von 10.000 Menschen betroffen sein. Ungefähr 5.000, d. h. ca. ein Sechstel aller bekannten Krankheiten werden derzeit in diese Kategorie eingestuft. Zusätzlich fallen auch Arzneimittel unter diese Regelung, die keine seltenen Krankheiten im eigentlichen Sinne sind, aber bisher noch nicht vom Fortschritt der Medizin profitiert haben und wenig rentabel sind. Die Gründe für das geringe Interesse seitens der pharmazeutischen Industrie liegen auf der Hand: die geringe Zahl betroffener

Patienten, fehlende Forschungsanreize, hohe Entwicklungskosten und der zu kurze patentrechtliche Schutz, um rentabel zu sein. Ökonomisch betrachtet rechnet sich daher häufig die Entwicklung eines solchen Medikaments kaum. Um einen Anreiz zur Entwicklung von *orphan drugs* zu schaffen, lässt die Orphan Drug-Verordnung der EU ganz oder teilweise die Befreiung der Unternehmen von den Zulassungsgebühren zu und garantiert ein Alleinvertriebsrecht für zehn Jahre. In den USA wird zusätzlich eine Steuergutschrift von 50 % der klinischen Kosten gewährt. Bis Mitte 2005 wurden in den USA mehr als 1.400 Arzneimittel als *orphan drugs* klassifiziert. Zusätzlich wurden von der EU Förderprogramme zur Erforschung seltener Krankheiten und die Errichtung von Datenbanken ins Leben gerufen. Die Entwicklung von *orphan drugs* haben viele kleine und mittelständische Unternehmen als Chance genutzt, um sich in einer Nische auf dem Pharmamarkt zu etablieren. Der BPI (Bundesverband der pharmazeutischen Industrie) hat ein Partnerschaftsforum errichtet, um Kooperationen zwischen diesen Start-ups mit erfahrenen großen Unternehmen zur deren Unterstützung in allen Bereichen bis zur Marktreife zu fördern. Bekannte Beispiele für *orphan drugs* sind Alglucerase für Morbus Gaucher-Patienten, Cladribin gegen Haarzell-Leukämie und Anagrelid zur Therapie der essenziellen Thrombozythämie. Aktuell wurden in 2011 z. B. Pirfenidone gegen idiopathische pulmonale Fibrose und Tobramycin als Tobi Podhaler bei chronischen pulmonalen Infektionen durch *Pseudomonas aeruginosa* bei Erwachsenen sowie Kindern (> = 6 Jahre) bei Cystischer Fibrose als Orphan-Drug-Medikamente zugelassen. Seit 2001 wurden in der EU pro Jahr im Mittelwert 5–6 Orphan-Drug-Präparate zugelassen.

— *Drug Price Competition and Patent Term Restoration Act* (1984, *Waxman-Hatch Act*): Weitet die Anzahl der durch generische Zulassung (ANDA, *Abbreviated New Drug Application*) zulassbaren Wirkstoffe aus und fordert für Produkte nach 1962 nur den Beweis der chemischen Identität und des gleichen pharmakokinetischen Profils.

— *Generic Drug Enforcement Act* (1992): als Maßnahme, dem wachsenden Generika-Boom durch strengere Auflagen die erforderliche, höhere Qualität aufzuerlegen.

— *Prescription Drug User Fee Act* (PDUFA, 1992): Setzt feste Gebühren für die Einreichung der NDAs und jährliche Gebühren fest, mit denen die FDA ihr Review-System weiter ausbauen soll und die Review-Zeiten verkürzen soll.

— *FDA Modernization Act* (1997): Bestätigt u. a. den PDUFA für weitere fünf Jahre. Im Jahr 2002 wurde der PDUFA (III) für weitere fünf Jahre bestätigt. Es sollen dabei die Interaktionen zwischen Arzneimittelentwicklung und Bewertung der Zulassungsunterlagen verbessert werden.

Der »*Code of Federal Regulations* (CFR)« enthält alle Regularien, die im »*Federal Register*« durch die *executive departments and agencies* der Bundesregierung publiziert werden. »Title 21« des CFR ist für die Regularien der *Food and Drug Administration* reserviert. Jeder *title* wird einmal pro Kalenderjahr revidiert. Der Publikationstermin für »Title 21« ist ungefähr der 1. April eines jeden Jahres.

Zuständig für den Arzneimittelbereich ist die Food and Drug Administration (FDA). Ihre Geschichte ist in Abschnitt 1.2.1 dargelegt. Sie gliedert sich in das Department for Health and Human Services, das Center for Drug Evaluation and Research (CDER) mit den NDA-Review-Abteilungen und das Center for Biologics Evaluation and Research (CBER) mit der BLA (*biologics licensing application*) Review-Abteilung für biologische Produkte für bestimmte Indikationen. Seit Ende Juni 2003 fallen neue biologische Arzneimittel, außer Vakzinen (Impfstoffe), Blut-, Gewebe- und Gentherapieprodukten, auch in den Verantwortungsbereich des CDER.

Die Rolle der International Conference on Harmonisation (ICH)

Die International Conference on Harmonisation of Technical Requirements for Registration of Pharmaceuticals for Human Use (vgl. ▶ Kap. 1.3.2) ist eine gemeinsame Initiative, die sowohl Vertreter der Zulassungsbehörden aus Europa, Japan und den USA, als auch Experten der pharmazeutischen Industrie als gleichberechtigte Partner zusammenbringen soll, um wissenschaftliche und technische Aspekte der Arzneimittelzulassung zu diskutieren. Die Empfehlungen dieser Arbeitsgruppe sollen größere Harmonisierungen in der Interpretation und Anwendung von technischen Richtlinien für die Arzneimittelzulassung bringen, um Doppeltestung während der Entwicklung von neuen Arzneimitteln zu verhindern oder zu reduzieren. Das Ziel einer solchen Harmonisierung ist eine ökonomischere Ausnutzung der humanen, tierischen und Materialressourcen, um unnötige Verzögerungen bei der globalen Entwicklung zu vermeiden. Ziel dieser Entwicklung ist höchstmöglicher Schutz der öffentlichen Gesundheit.

Zu den Mitgliedern der ICH gehören als Vertreter der Zulassungsbehörden an:

- European Commission
- Ministry of Health, Labor and Welfare, Japan (MHLW)
- US Food and Drug Administration (FDA)

Von Seiten der Industrie sind in diesem Gremium vertreten:

- European Federation of Pharmaceutical Industries and Associations (EFPIA)
- Japan Pharmaceutical Manufacturers Association (JPMA)
- Pharmaceutical Research and Manufacturers of America (PhRMA)

Beobachterstatus haben:

- The World Health Organisation (WHO)
- The European Free Trade Area (EFTA)
- Kanada

4.1.2 Die Zulassungsunterlagen

Bisher verwendetes Format

Das bisher verwendete Zulassungsformat bestand aus fünf Teilen (*parts*) und ist im Anhang detailliert aufgelistet, um den Vergleich zum neuen Modul-Konzept zu ermöglichen (vgl. Anhang).

- **Common Technical Document (CTD)**

Im November 2000 verabschiedete die ICH ein Update des Antragsformats unter der Bezeichnung *Common Technical Document* (CTD, vgl. Anhang). Das CTD ist ein international akzeptierter Standard für eine gut strukturierte Antragspräsentation in den ICH-Regionen Europa, USA und Japan. Durch diese Struktur sollen Zeit und Ressourcen geschont, sowie die Antragsbearbeitung und die Kommunikation verbessert und erleichtert werden. Das CTD macht jedoch keine Vorgaben, welche Studien und Daten für eine erfolgreiche Zulassung notwendig sind.

Am 1. Juli 2003 wurde dieses Format in allen Regionen bindend, unabhängig vom gewählten Verfahren (zentralisiert, *mutual recognition*, also gemeinschaftlich oder national) und vom Antragsumfang (kompletter Antrag oder abgekürzter Antrag). Ebenso muss das CTD-Format für alle Antragstypen (*new chemical entities*, Radiopharmazeutika, Impfstoffe, pflanzliche Arzneimittel u. a.) verwendet werden. Die ICH-Richtlinie M4, die den Aufbau des CTD beschreibt, wurde Ende Juni 2003 durch die Richtlinie 2003/62/EC in europäisches Recht transportiert.

Das CTD ist in fünf Module gegliedert (◘ Abb. 4.1 in englischer Fassung):

Modul 1 enthält die länderspezifischen Antragsformulare, die Zusammenfassung der Merkmale des Arzneimittels, die Entwürfe der Etikettierung, den Entwurf der Packungsbeilage sowie Informationen über die Gutachter, über den Antragstyp und je nach Wirkstoff, ein *environmental risk assessment* (Modul 1 ist nicht Teil des CTD).

Modul 2 enthält Zusammenfassungen zu Qualität, nicht-klinischen Studien und klinischen Studien, die von qualifizierten und erfahrenen Wissenschaftlern (Experten) angefertigt werden müssen.

Modul 3 enthält die chemische, pharmazeutische und biologische Dokumentation. Die Strukturierung erfolgt entsprechend ICH-Richtlinie M4Q.

Modul 4 enthält die toxikologischen und pharmakologischen Studienberichte. Die Strukturierung erfolgt entsprechend ICH-Richtlinie M4S.

Modul 5 enthält die klinischen Studienberichte. Die Strukturierung erfolgt entsprechend ICH-Richtlinie M4E.

Im Anhang ist die Struktur des CTD detaillierter dargestellt. Ein CTD wird generell in englischer Sprache erstellt.

- **Elektronisches CTD**

Die ICH M4 Expert Working Group hat das *Common Technical Document* definiert. Die ICH M2

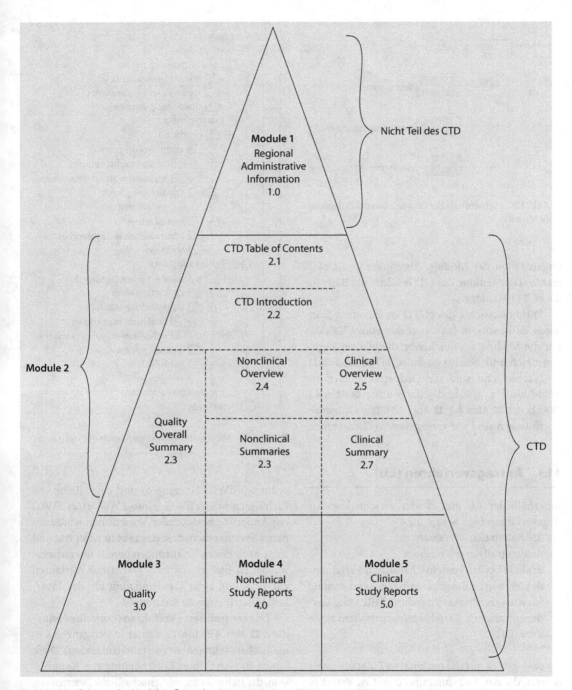

Module 1
Regional
Administrative
Information
1.0

Nicht Teil des CTD

CTD Table of Contents
2.1

CTD Introduction
2.2

Module 2

Nonclinical
Overview
2.4

Clinical
Overview
2.5

Quality
Overall
Summary
2.3

Nonclinical
Summaries
2.3

Clinical
Summary
2.7

CTD

Module 3

Quality
3.0

Module 4
Nonclinical
Study Reports
4.0

Module 5
Clinical
Study Reports
5.0

Abb. 4.1 Schema des Modul-Aufbaus des Common Technical Documents (CTD).

Expert Working Group hat die Spezifikation für das *Electronic Common Technical Document* (eCTD) definiert. Das eCTD ist definiert als ein Interface der Industrie zur Datenübermittlung an Zulas-sungsbehörden. Die eCTD-Spezifikation listet die Kriterien für einen validen Datentransfer.

Die Spezifikation für das eCTD basiert auf dem Inhalt des CTD. Das CTD beschreibt die

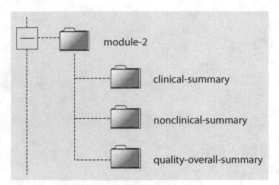

■ Abb. 4.2   »Screenshot« der Organisation der Dokumente für Modul 2

Organisation der Module, Abschnitte und Dokumente. Die Struktur des CTDs bildet die Basis für die eCTD-Struktur.

Die Philosophie des eCTD ist es, offene Standards zu benutzen. Im Gegensatz zum CTD, das nur die Module 2–5 beschreibt, die in allen Regionen gleich sind, beschreibt das eCTD auch Modul 1.

Nachfolgend sind die Ordnerhierarchien für die Module 2, 3, 4 und 5 dargestellt (■ Abb. 4.2, ■ Abb. 4.3, ■ Abb. 4.4, ■ Abb. 4.5). Die Ordnerbezeichnungen sind wie vorgegeben zu übernehmen.

4.1.3   Antragsverfahren (EU)

Innerhalb der EU gibt es vier verschiedene Antragsverfahren (vgl. ▶ Kap. 2.2.4):

- die nationalen Verfahren
- das zentralisierte Verfahren
- und die beiden gemeinschaftlichen Verfahren: das Verfahren der gegenseitigen Anerkennung (*mutual recognition procedure*, MRP) und das dezentralisierte Verfahren (*decentralized procedure*, DCP).

Bis 1995 gab es nur die **nationalen Zulassungsverfahren**, die zur Zulassung und damit zu Verkehrsfähigkeit im betreffenden Land führten.

Unter dem Gesichtspunkt der Vollendung des Binnenmarkts war diese beschränkte Verkehrsfähigkeit natürlich unerwünscht. Deshalb wurde eine grundlegende Verbesserung der Zulassungsverfahren beschlossen. Mit der Annahme der Ver-

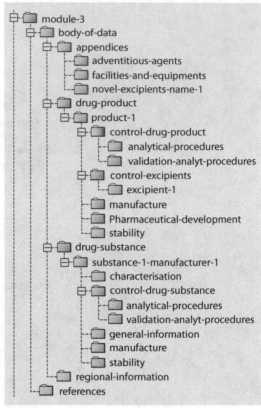

■ Abb. 4.3   »Screenshot« der Organisation der Dokumente für Modul 3

ordnung (EWG) Nr. 2309/93 und einer Reihe von Richtlinien (93/93 EWG, 93/40 EWG, 93/41 EWG) zur Änderung bestehender Vorschriften wurde ein neues System geschaffen, das 1995 in Kraft trat und 2004 nach ersten Erfahrungen bereits überarbeitet wurde. Es basiert auf zwei getrennten Verfahren zur Erteilung einer Genehmigung für das Inverkehrbringen eines Arzneimittels:

Das **zentralisierte Verfahren** (*centralised procedure*, ■ Abb. 4.6) führt zu einer in der ganzen Gemeinschaft gültigen Arzneimittelzulassung. Diese ergeht in Form einer Entscheidung der Kommission, die sich auf eine wissenschaftliche Beurteilung durch die Ausschüsse im Rahmen der Europäischen Agentur für die Beurteilung von Arzneimitteln (EMA) stützt.

Obligatorisch ist das Verfahren für Arzneimittel, die im Annex der Verordnung EC 726/2004 aufgeführt sind. Dies betrifft z. B. alle gentechnologisch

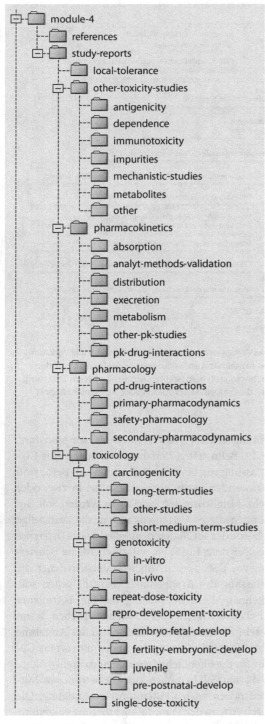

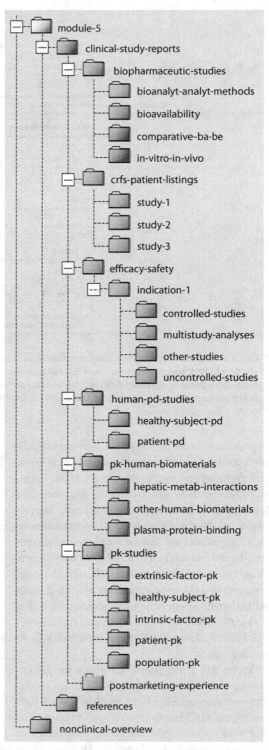

Abb. 4.4 »Screenshot« der Organisation der Dokumente für Modul 4

Abb. 4.5 »Screenshot« der Organisation der Dokumente für Modul 5

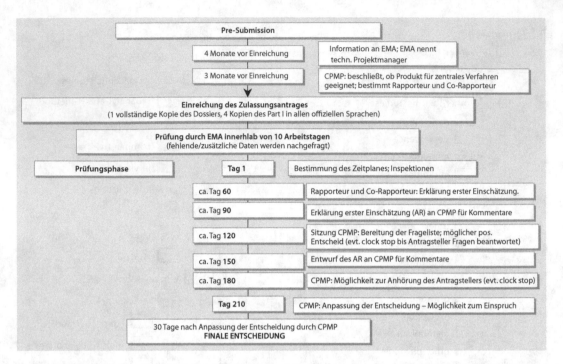

Pre-Submission

| 4 Monate vor Einreichung | Information an EMA; EMA nennt techn. Projektmanager |

| 3 Monate vor Einreichung | CPMP: beschließt, ob Produkt für zentrales Verfahren geeignet; bestimmt Rapporteur und Co-Rapporteur |

Einreichung des Zulassungsantrages
(1 vollständige Kopie des Dossiers, 4 Kopien des Part I in allen offiziellen Sprachen)

Prüfung durch EMA innerhlab von 10 Arbeitstagen
(fehlende/zusätzliche Daten werden nachgefragt)

| Prüfungsphase | Tag 1 | Bestimmung des Zeitplanes; Inspektionen |

| ca. Tag 60 | Rapporteur und Co-Rapporteur: Erklärung erster Einschätzung. |

| ca. Tag 90 | Erklärung erster Einschätzung (AR) an CPMP für Kommentare |

| ca. Tag 120 | Sitzung CPMP: Bereitung der Frageliste; möglicher pos. Entscheid (evt. clock stop bis Antragsteller Fragen beantwortet) |

| ca. Tag 150 | Entwurf des AR an CPMP für Kommentare |

| ca. Tag 180 | CPMP: Möglichkeit zur Anhörung des Antragstellers (evt. clock stop) |

| Tag 210 | CPMP: Anpassung der Entscheidung – Möglichkeit zum Einspruch |

30 Tage nach Anpassung der Entscheidung durch CPMP
FINALE ENTSCHEIDUNG

Abb. 4.6   Das zentralisierte Verfahren (*centralised procedure*). Das Verfahren kann Anwendung finden für alle Wirkstoffe die vor dem 1.1.1995 noch in keinem auf dem EU-Markt zugelassenen Arzneimittel enthalten waren oder für als besonders innovativ eingestufte Arzneimittel. Es ist verpflichtend für alle biotechnologisch hergestellten Arzneimittel. Nach Zulassung eines Arzneimittels durch die Europäische Kommission veröffentlicht die EMA einen European Public Assessment Report (EPAR; AR = Assessment Report)

hergestellten Arzneimittel sowie Arzneimittel, die einen in der EU bisher nicht zugelassenen Wirkstoff enthalten für die Indikationen AIDS, Krebs, neurodegenerative Erkrankungen, Diabetes und Arzneimittel für seltene Erkrankungen (*orphan drugs*). Im Jahr 2008 wurden diese Indikationen noch ausgeweitet auf Autoimmunkrankheiten, andere Immunschwächen und Viruserkrankungen. Für Arzneimittel, die in Artikel 3 Nr. 2 und Nr. 3 der Verordnung 726/ 2004 aufgeführt sind, z. B. neue Indikationen, wesentliche Innovationen oder neue Wirkstoffe, sowie für Generika zentral zugelassener Arzneimittel, kann das Verfahren freiwillig angewandt werden.

Wenn das zentralisierte Verfahren für die Zulassung eines Arzneimittels nicht in Frage kommt oder vom Antragsteller nicht gewünscht wird, sieht das System ein gemeinschaftliches Verfahren vor. Hier wird unterschieden zwischen dem Verfahren der gegenseitigen Anerkennung (*mutual recognition procedure*, MRP, ◧ Abb. 4.7) und dem de-

zentralisierten Verfahren (*decentralized procedure*, DCP). Beim ersten Verfahren liegt schon eine EU-Zulassung vor, beim zweiten noch nicht. Beide sind anzuwenden, wenn ein Arzneimittel in zwei oder mehr Mitgliedstaaten zugelassen werden soll. Im Rahmen dieses Verfahrens nimmt die zuständige Behörde des sog. Referenzmitgliedstaates (*reference member state*, RMS) die wissenschaftliche Beurteilung vor. Die anderen Mitgliedstaaten, in denen die Zulassung des Arzneimittels ebenfalls gelten soll, erkennen diese Beurteilung an. Ein betroffener Mitgliedstaat kann aber Einwände erheben, wenn es seiner Meinung nach Gründe zu der Annahme gibt, dass die Zulassung des Arzneimittels eine Gefahr für die öffentliche Gesundheit darstellen kann. In diesem Fall bemühen sich alle betroffenen Mitgliedstaaten nach Kräften um eine Einigung. Die durch Art. 29 der Verordnung 726/2004 eingeführte Koordinierungsgruppe soll im sog. Schlichtungsverfahren ebenfalls zur Einigung beitragen. Gelingt ihnen dies nicht, wird die Sache an die EMA über-

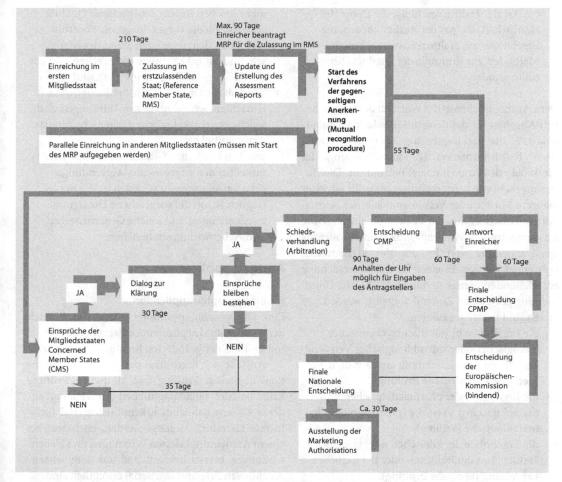

Abb. 4.7   Flussdiagramm Verfahren der gegenseitigen Anerkennung (*mutual recognition procedure*, MRP)

geben, die ein Schiedsverfahren einleitet. Am Ende steht eine Entscheidung der Kommission an die betroffenen Mitgliedstaaten, die die notwendigen Regelungen umsetzen müssen (vgl. ► Kap. 2.2.4).

4.1.4   Antragstypen (EU)

Full application

Dem Zulassungsantrag müssen die Angaben und Unterlagen nach Artikel 8 der geänderten Richtlinie 2001/83/EC beigefügt werden:

— der Name oder die Firma und die Anschrift des Antragstellers und des Herstellers,

— die Bezeichnung des Arzneimittels,

— die Bestandteile des Arzneimittels nach Art und Menge,

— die Darreichungsform,

— die Wirkungen,

— die Anwendungsgebiete,

— die Gegenanzeigen,

— die Nebenwirkungen,

— die Wechselwirkungen mit anderen Mitteln,

— die Dosierung,

— kurzgefasste Angaben über die Herstellung des Arzneimittels,

— die Art der Anwendung und bei Arzneimitteln, die nur begrenzte Zeit angewendet werden sollen, die Dauer der Anwendung,

— die Packungsgrößen,

— die Art der Haltbarmachung, die Dauer der Haltbarkeit, die Art der Aufbewahrung, die Ergebnisse von Haltbarkeitsversuchen, die Methoden zur Kontrolle der Qualität (Kontrollmethoden).

Dem Antrag ist ebenso der Wortlaut der vorgesehenen Angaben für das Behältnis, die äußere Umhüllung und die Packungsbeilage sowie der Entwurf einer Fachinformation (Zusammenfassung der Merkmale des Arzneimittels) beizufügen. Die Zulassungsbehörde kann verlangen, dass ihr ein oder mehrere Muster oder Verkaufsmodelle des Arzneimittels einschließlich der Packungsbeilagen sowie Ausgangsstoffe, Zwischenprodukte und Stoffe, die zur Herstellung oder Prüfung des Arzneimittels verwendet werden, in einer für die Untersuchung ausreichenden Menge und in einem für die Untersuchung geeigneten Zustand vorgelegt werden.

Es sind ferner vorzulegen:
— die Ergebnisse physikalischer, chemischer, biologischer oder mikrobiologischer Versuche und die zu ihrer Ermittlung angewandten Methoden (analytische Prüfung),
— die Ergebnisse der pharmakologischen und toxikologischen Versuche (pharmakologisch-toxikologische Prüfung),
— die Ergebnisse der klinischen oder sonstigen ärztlichen, zahnärztlichen oder tierärztlichen Erprobung (klinische Prüfung).

Die Ergebnisse sind durch Unterlagen so zu belegen, dass aus diesen Art, Umfang und Zeitpunkt der Prüfungen hervorgehen. Dem Antrag sind alle für die Bewertung des Arzneimittels zweckdienlichen Angaben und Unterlagen, ob günstig oder ungünstig, beizufügen. Dies gilt auch für unvollständige oder abgebrochene toxikologische oder pharmakologische Versuche oder klinische Prüfungen zu den Arzneimitteln.

Weiterhin sind Gutachten von Sachverständigen (im CTD als *expert summaries* bezeichnet) beizufügen, in denen die Kontrollmethoden, und Prüfungsergebnisse zusammengefasst und bewertet werden. Im Einzelnen muss aus den Gutachten insbesondere hervorgehen:
— Aus dem analytischen Gutachten, ob das Arzneimittel die nach den anerkannten pharmazeutischen Regeln angemessene Qualität aufweist, ob die vorgeschlagenen Kontrollmethoden dem jeweiligen Stand der wissenschaftlichen Erkenntnisse entsprechen und zur Beurteilung der Qualität geeignet sind;
— aus dem pharmakologisch-toxikologischen Gutachten, welche toxischen Wirkungen und welche pharmakologischen Eigenschaften das Arzneimittel hat;
— aus dem klinischen Gutachten, ob das Arzneimittel bei den angegebenen Anwendungsgebieten angemessen wirksam ist, ob es verträglich ist, ob die vorgesehene Dosierung zweckmäßig ist und welche Gegenanzeigen und Nebenwirkungen bestehen.

Abriged applications

- **Bibliographic application**

Eine *bibliographic application* fällt in den Bereich der sog. *abridged applications*, entsprechend Artikel 10a und 10b der geänderten Richtlinie 2001/83/EC.

Anstelle der Ergebnisse der pharmakologisch-toxikologischen Prüfung und klinischen Prüfung kann bei der bibliographischen Einreichung anderes wissenschaftliches Erkenntnismaterial (publizierte Literatur) vorgelegt werden, und zwar bei einem Arzneimittel, dessen Wirkungen und Nebenwirkungen bereits bekannt und aus dem wissenschaftlichen Erkenntnismaterial ersichtlich sind;
— bei einem Arzneimittel, das in seiner Zusammensetzung bereits einem Arzneimittel nach Nummer 1 vergleichbar ist;
— bei einem Arzneimittel, das eine neue Kombination bekannter Bestandteile ist, für diese Bestandteile; es kann jedoch auch für die Kombination als solche anderes wissenschaftliches Erkenntnismaterial vorgelegt werden, wenn die Wirksamkeit und Unbedenklichkeit des Arzneimittels nach Zusammensetzung, Dosierung, Darreichungsform und Anwendungsgebieten aufgrund dieser Unterlagen bestimmbar sind.

Zu berücksichtigen sind ferner die medizinischen Erfahrungen der jeweiligen Therapierichtungen.

■ *Generic application*

Eine *generic application* fällt ebenfalls in den Bereich der *abridged applications*, entsprechend Artikel 10 (1) der geänderten Richtlinie 2001/ 83/EC.

Voraussetzung für dieses Verfahren ist die *essential similarity* zu dem Bezugsprodukt, das in einem Mitgliedsland der Gemeinschaft für mindestens zehn Jahre zugelassen sein muss. Mit der Einreichung des Generikums kann allerdings bereits acht Jahre nach Zulassung des Originators begonnen werden (Rode-Bolar-Klausel). *Essential similarity* ist definiert durch die qualitative und quantitative Identität des wirksamen Bestandteils, eine vergleichbare Darreichungsform, sowie der Nachweis der Bioäquivalenz.

Unter dem Artikel gibt es noch die *simple abridged applications*, die auch bei OTC-Produkten zur Anwendung kommt.

4.1.5 Antragstypen (USA)

Auch in den USA gibt es grundsätzlich zwei unterschiedliche Antragstypen (vgl. ▶ Kap. 2.2.4).

Was in Europa als *full application* bezeichnet wird, heißt in den USA *New Drug Application* (NDA, ▢ Abb. 2.15); die *abridged application* bezeichnet man in den USA als *Abbreviated New Drug Application* (ANDA). Die Unterschiede lassen sich grundsätzlich wie folgt darstellen:

Während die NDA dazu dient, eine neue chemische Struktur, eine neue klinische Anwendung eines bekannten Wirkstoffes oder eine neue Darreichungsform eines bekannten Wirkstoffs zur Zulassung zu bringen, wird die ANDA zur Anwendung kommen, eine generische Form eines bereits auf dem Markt befindlichen Produktes zur Zulassung zu bringen.

Die Daten für die NDA erstrecken sich auf das komplette Entwicklungspaket, um Sicherheit und Wirksamkeit des neuen Produktes zu zeigen, während bei der ANDA i. d. R. die Äquivalenz zum bestehenden Produkt gezeigt werden muss.

Eine Ausnahmeform ist die *supplemental* NDA (sNDA), die als Anzeige von Änderungen zu einem zugelassenen NDA Produkt vom Originator verwendet wird. Dazu kann die Änderung der Spezifikationen, der Wechsel der Herstellstätte oder die Änderung der Darreichungsform gehören.

Das Zulassungsverfahren für die NDA gliedert sich in zwei Phasen: die IND (*investigational new drug*) Einreichung und die eigentliche NDA-Einreichung.

Mit der IND-Einreichung (▢ Abb. 2.16) findet keine Zulassung des Produktes statt, aber die FDA prüft, ob der vorgeschlagene Wirkstoff für die Probanden und Patienten sicher ist. Erst 30 Tage nach Einreichung des IND kann dann die Studie am Menschen starten, falls die FDA sich nicht mit Bedenken gemeldet hat. Der IND ist ein dynamisches Dokument, das ständig mit den neuen Daten der fortlaufenden Studien ergänzt wird. Auch Studien, die im ursprünglichen IND nicht enthalten waren, müssen ergänzt werden. Hier gilt aber keine 30 Tage-Wartefrist. Nach den Phase-II-Studien wird der IND mit dem gesamten Studienmaterial überarbeitet und für die sog. *end-of-Phase II meetings* der FDA vorgelegt, um eine Entscheidung für das Fortschreiten in die klinische Phase III zu erhalten. Auch die *pre-NDA meetings* 9–12 Monate vor der Einreichung der NDA dienen dazu, Probleme zu klären und die Meinung der FDA zu erhalten.

Zusammengefasst ist die Zulassung eines Arzneimittels durch die regulatorischen Behörden eine zwingende Voraussetzung für den erfolgreichen Marktzugang. Allerdings ist kaum eine andere Branche von so vielen und vor allem häufig wechselnden Regularien umgeben wie die Pharmabranche.

Literatur

1   Collatz B (1996) Die neuen europäischen Zulassungsverfahren für Arzneimittel. Editior Cantor Verlag, Aulendorf
2   Guarino RA (1987) New Drug Approval Process, Clinical and Regulatory Management. Marcel Dekker Inc, New York
3   http://www.orpha.net
4   http://ec.europa.eu/health/documents/community-register/html

Menschen, Prozesse, Material – die Produktion

Tobias Jung

Während Arzneimittel seit dem späten Mittelalter in Form von Rezepturarzneien traditionell in Apotheken hergestellt wurden, änderte sich dies gegen Ende des 19. Jahrhunderts zusehends, als einige Apotheker dazu übergingen, ihre Produkte abgabefertig unter eigenem Namen in den Handel zu bringen. So wurde der Grundstein für die industrielle Arzneimittelfertigung gelegt.

5.1   Einleitung

Unter Produktion im betriebswirtschaftlichen Sinne versteht man die Herstellung (Fertigung) von Gütern durch die Kombination von verschiedenen **Produktionsfaktoren**. Produktionsfaktoren, also materielle und immaterielle ökonomische Leistungselemente, auf denen jeder Produktionsprozess aufbaut, sind Arbeitsleistung, Maschinen, Anlagen, Material, Kapital und Know-how. Obwohl diese Definition natürlich ebenso für die Herstellung von Arzneimitteln gilt wie für die Fertigung von Computern oder das Drucken von Büchern, nimmt, wie so oft, auch hier das Arzneimittel eine Sonderstellung ein.

Die **Sonderstellung der »Ware« Arzneimittel** wird bereits in der Definition sichtbar. Arzneimittel im Sinne des deutschen Arzneimittelgesetzes (AMG § 2, Absatz 1 Nr. 1) sind »Stoffe oder Zubereitungen aus Stoffen, die zur Anwendung im oder am menschlichen … Körper bestimmt sind und als Mittel mit Eigenschaften zur Heilung oder Linderung oder zur Verhütung menschlicher … Krankheiten oder krankhafter Beschwerden bestimmt sind …«. Mit anderen Worten, Arzneimittel werden für kranke Menschen hergestellt, deren Gesundheit und Leben unter Umständen davon abhängen, dass die Arzneimittelhersteller ihr Bestes gegeben haben, um hochwertige Arzneimittel mit konstanter Qualität zu produzieren.

Die Produktion von Arzneimitteln ist daher im Vergleich zu anderen Gütern sehr stark durch nationale und internationale Gesetze, Verordnungen, Richtlinien, Empfehlungen und nicht zuletzt der Selbstverpflichtung der Hersteller zur Produktion qualitativ hochwertiger Arzneimittel reglementiert. Noch viel stärker als bei allen anderen Gütern steht folglich bei der Arzneimittelproduktion der Qualitätsbegriff im Mittelpunkt des Interesses.

Eine weitere Besonderheit ist die Tatsache, dass ein Arzneimittel erst für den Verkauf produziert werden darf, wenn es behördlich zugelassen ist. Zu den hierfür bei den Behörden einzureichenden Zulassungsunterlagen gehören neben Dokumenten, die die medizinische Sicherheit und Wirksamkeit des Arzneimittels belegen, auch detaillierte Angaben zur Zusammensetzung, zum Herstellungsverfahren und zu den eingesetzten Prüfverfahren. Die Herstellung und Prüfung muss dann auch streng nach den in den Zulassungsunterlagen beschriebenen Verfahren erfolgen, da nur diese Verfahren von der Behörde genehmigt sind.

Was wird nun alles unter der **Arzneimittelherstellung** subsumiert? Der Produktionsprozess eines Arzneimittels umfasst nicht nur die Herstellung des fertigen Arzneimittels selbst, also etwa die Herstellung einer Tablette, sondern auch deren Verpackung und Prüfung sowie die Zulieferung und Prüfung aller Ausgangsmaterialien einschließlich des Wirkstoffs, aller Hilfsstoffe, Packmaterialien, Maschinen und Geräte.

5.2   Gesetzlicher Rahmen und GMP-Bestimmungen

Bevor wir versuchen wollen, uns einen Überblick über die unterschiedlichen nationalen und internationalen Regelwerke zu verschaffen, welche die rechtliche Basis für die Verpflichtung zur Produktion qualitativ hochwertiger Arzneimittel darstellen, müssen wir uns mit einem Begriff beschäftigen, der sich wie ein roter Faden durch die Arzneimittelherstellung zieht.

5.2.1   Der GMP-Begriff

Das Kürzel GMP für »Good Manufacturing Practice«, also zu Deutsch »Gute Herstellungspraxis« steht für einen Gedanken, der heute das zentrale Element bei der Arzneimittelherstellung ist. Generell ist damit eine Verpflichtung des Arzneimittelherstellers zur ordnungsgemäßen, hygienischen, gut dokumentierten und streng kontrollierten Arzneimittelproduktion gemeint.

Der Begriff wurde ursprünglich 1968 von der Weltgesundheitsorganisation (WHO) aufgrund der Tatsache eingeführt, dass häufiger Infektionen durch mikrobiell kontaminierte Arzneimittel auftraten. Diese Vorkommnisse nahm man zum Anlass, strengere Qualitätsmaßstäbe bei der Arzneimittelherstellung zu fordern. Im »*Draft Requirements for Good Manufacturing Practice in the Manufacture and Quality Control of Drugs and Pharmaceutical Specialities*« wurden Grundregeln festgelegt, die einen einheitlichen Standard bei der Arzneimittelherstellung und -qualitätsprüfung in allen Mitgliedsstaaten sicherstellen sollten. Dieses WHO-Dokument, dessen aktuelle Fassung den Titel »*WHO good manufacturing practices: Main principles for pharmaceutical products*« trägt, wurde im Laufe der Zeit immer wieder durch Leitlinien ergänzt und revidiert und seine Kernaussage ist heute weltweit unter dem Kürzel GMP bekannt.

Unter dem **GMP-Begriff** im engeren Sinne wird also eine Sammlung von Regeln zur Herstellung von Arzneimitteln subsumiert. Diese GMP-Regeln, die sowohl in national als auch international gültigen Regelwerken mehr oder weniger genau festgeschrieben sind, haben den Zweck und das Ziel, eine Gesundheitsgefährdung der Bevölkerung durch mangelhafte – weil schlecht hergestellte – Arzneimittel zu verhindern und somit den Patienten vor zweifelhaften Produkten zu schützen.

Die Schwerpunkte liegen auf Anforderungen an die Hygiene, die Eignung von Räumlichkeiten und Ausrüstung, die Qualifikation von Mitarbeitern, die Vollständigkeit und Nachvollziehbarkeit von Dokumentation sowie die ständige Durchführung von Kontrollen und Inspektionen der Arzneimittelhersteller.

GMP-Forderungen, die ursprünglich auf die reine Arzneimittelherstellung beschränkt waren, haben sich rasch auf die Herstellung von pharmazeutischen Wirk- und Hilfsstoffen ausgeweitet und werden auch an Lieferanten für Packmittel und an Hersteller von Maschinen und Geräten für die Pharmaproduktion gestellt.

5.2.2 GMP-Regeln

Da die Forderung nach der Einführung strenger Qualitätsmaßstäbe von der WHO initiiert wurde, diese aber eine staatenübergreifende Organisation ist, hatten die dort formulierten GMP-Regeln in Europa zunächst keinerlei Rechtsverbindlichkeit im Rahmen der nationalen Gesetzgebungen. Sie waren lediglich als dringende Empfehlung zur Erreichung des angestrebten Qualitätszieles und zur Erfüllung grundlegender Qualitätsanforderungen zu verstehen.

Strategie der GMP-Regeln

Die GMP-Regeln sind ein zentrales Element eines komplexen Qualitätssicherungssystems in der Arzneimittelherstellung. Sie sind aber keine detaillierten Verhaltens- und Vorgehensvorschriften, sondern setzen lediglich Rahmenbedingungen und lassen bewusst Spielraum für unterschiedliche Umsetzungsvarianten.

Die Strategie hinter dieser Struktur besteht darin, dass die Verantwortung für die Arzneimittelqualität immer beim pharmazeutischen Unternehmer und nicht etwa beim Gesetzgeber liegen soll. Die Basis stellen daher sog. Kernforderungen, also essenzielle Bedingungen für das Erreichen der geforderten Arzneimittelqualität dar. Wesentliche GMP-Kernforderungen sind:

- Herstellung durch gut ausgebildetes und mit den GMP-Regeln vertrautes Personal
- Sicherstellung einer hohen Qualität aller verwendeten Ausgangsstoffe, Maschinen und Herstellungsräumlichkeiten
- Ausschließen von Verwechslungen, Untermischungen oder Verunreinigungen des Arzneimittels durch Fremdstoffe oder andere Produkte (Kreuzkontaminationen) während der Herstellung
- Minimierung von mikrobiellen Verunreinigungen während der Herstellung
- Arbeiten nach definierten und detaillierten Arbeitsanweisung (sog. *standard operation procedure* = SOP)
- Sicherstellen einer detaillierten Prozessüberwachung und Erstellen einer jederzeit nachvollziehbaren und vollständigen Herstelldokumentation

— Durchführen von regelmäßigen Kontrollen während (In-Prozess-Kontrolle = IPK) und nach (Qualitätskontrolle) der Herstellung

PIC/S Leitfaden und EU GMP-Leitfaden

Da einerseits die Durchführung von Inspektionen der Arzneimittelhersteller durch eine Überwachungsbehörde ein wesentlicher Aspekt der WHO GMP-Richtlinien darstellt, andererseits viele Arzneimittel in einem anderen Land hergestellt, als dann tatsächlich in Verkehr gebracht wurden, legten 1970 viele nationale Arzneimittelüberwachungsbehörden zusätzlich zu den GMP-Richtlinien der WHO ein Übereinkommen zur gegenseitigen Anerkennung von Inspektionen pharmazeutischer Betriebe, die sog. PIC/S (Pharmaceutical Inspection Convention Scheme) vor. In diesem Dokument werden konkrete Regeln für einen einheitlichen Standard bei der Arzneimittelherstellung, insbesondere zur Herstellung von sterilen Produkten, zum Umgang mit Ausgangsstoffen und für das Verpacken von pharmazeutischen Produkten, festgelegt (PIC GMP-Regeln). Eine aktuelle Liste der PIC/S-Mitgliedsstaaten ist unter www.picscheme.org verfügbar.

Anfang der 1990er Jahre erstellte die Europäische Gemeinschaft einen eigenen Satz von GMP-Regeln, die allerdings inhaltlich fast vollständig von denen der PIC übernommen wurden. Auch das heutige EU GMP-Regelwerk (EU Guidelines to Good Manufacturing Practice for Medicinal Products for Human and Veterinary Use) ist fast gänzlich wortgleich mit der gültigen Fassung der PIC GMP-Regeln. Lediglich bzgl. der Ausbildungsanforderungen an pharmazeutisches Personal bestehen geringfügige Unterschiede.

Auch wenn die in diesen Werken formulierten Regeln heute allgemein hin als »lege artis« anerkannt werden, haben weder PIC/S noch EU GMP-Leitfaden Gesetzescharakter und stellen somit lediglich Empfehlungen dar. Die PIC hat jedoch bindenden Charakter für die Mitgliedstaaten.

AMWHV und AMG

Das wichtigste nationale GMP-Regelwerk in Deutschland ist die AMWHV (»Verordnung über die Anwendung der Guten Herstellungspraxis bei der Herstellung von Arzneimitteln und Wirkstoffen und über die Anwendung der Guten fachlichen

Praxis bei der Herstellung von Produkten menschlicher Herkunft«, kurz: Arzneimittel- und Wirkstoff-Herstellungs-Verordnung), deren Ermächtigungsgrundlage § 54 des Arzneimittelgesetzes ist. Das Bundesministerium für Gesundheit (BMG) wird dort ermächtigt, durch Rechtsverordnung Betriebsverordnungen zu erlassen, die für alle Betriebe gelten, die Arzneimittel nach Deutschland verbringen oder in denen Arzneimittel oder Wirkstoffe entwickelt, hergestellt, geprüft, gelagert, verpackt oder in den Verkehr gebracht werden. Die AMWHV ist somit verbindlich für alle Betriebe, die Arzneimittel für den deutschen Markt herstellen, prüfen, lagern, verpacken oder in Verkehr bringen.

Die AMWHV ist, verglichen mit den oben diskutierten PIC/S- und EU GMP-Regeln, wesentlich weniger ausführlich gehalten. Sie macht generelle Aussagen zu allen wesentlichen Schritten der Arzneimittelherstellung: Qualitätssicherungssystem, Qualifikation des Personals, Beschaffenheit, Größe und Einrichtung der Betriebsräume, Anforderungen an die Hygiene, Herstellung, Prüfung, Freigabe, Lagerung, Behältnisse und Kennzeichnung, Lohnherstellung, Vertrieb und Einfuhr, Dokumentation, Selbstinspektion. Die Einhaltung der in der AMWHV aufgestellten Forderungen wird gemäß § 64 des AMG durch die zuständige Behörde, also die Regierungspräsidien der Länder, überwacht.

USA cGMP-Regeln

Auch die USA haben die WHO GMP-Richtlinien aufgegriffen und darauf basierend eigene GMP-Regeln erstellt. Da diese GMP-Regeln laufend aktualisiert und weiterentwickelt werden, spricht man in den USA von cGMP (*current* GMP). Die cGMP-Regeln, die im CFR (Code of Federal Regulations) publiziert werden, haben Gesetzescharakter und lassen, verglichen mit den Europäischen Richtlinien, weniger Raum für Interpretationen. Sie werden durch Inspektoren der zuständigen Behörde FDA (Food and Drug Administration) überwacht und sind verbindlich für alle Arzneimittelhersteller in USA und alle arzneimittelimportierenden Betriebe (Import nach USA).

ICH GMP-Richtlinie

Die ICH (International Conference on Harmonisation of Technical Requirements for Registration of Pharmaceuticals for Human Use) wurde Anfang der 1990er Jahre auf Betreiben verschiedener nationaler Gesundheitsbehörden (FDA, EMA, die japanische MHLW) sowie einigen Arzneimittel-Herstellerverbänden mit dem Ziel ins Leben gerufen, Beurteilungskriterien von Human-Arzneimitteln auf der Basis der Arzneimittelzulassung in Europa, den USA und Japan zu harmonisieren (vgl. ▶ Kap. 4.1.1).

Die ICH erarbeitet im Konsens einheitliche Richtlinien mit empfehlendem Charakter für die Bewertung der Qualität, der Wirksamkeit und der Unbedenklichkeit von Arzneimitteln. Im Rahmen der Qualitäts-Richtlinien (ICH QX Guidelines) ist hier insbesondere die ICH Q7 von Interesse, da sie sich mit GMP-Aspekten für eine einwandfreie Herstellpraxis beschäftigt. Die ICH-Guidelines werden in der Europäischen Union vom zuständigen Ausschuss für Humanarzneimittel (CHMP) bei der EMA übernommen. Die Guidelines sind damit Leitlinien, von denen die Pharmaunternehmen nur in begründeten Fällen abweichen sollten.

Vergleich der GMP-Regelwerke und -Strategien

Ein Arzneimittelhersteller mit Firmensitz in Europa, der sowohl Ware für den europäischen als auch für den US-amerikanischen Markt produziert, sieht sich also mit einer Vielzahl unterschiedlicher Regularien konfrontiert.

Obwohl der allen GMP-Regelwerken innewohnende Gedanke, nämlich die Vermeidung einer Gesundheitsgefährdung der Bevölkerung durch qualitativ minderwertige Arzneimittel, derselbe ist, gibt es doch Unterschiede, was den Grad an Details und die Schwerpunkte der verschiedenen Bestimmungen angeht (◻ Tab. 5.1).

So stellt die aktuelle WHO GMP-Guideline, verglichen mit den europäischen Regelwerken, die umfassendste und detaillierteste Sammlung dar. Sie beinhaltet nicht nur alle im PIC GMP-Leitfaden und den EU GMP-Regeln enthaltenen Prinzipien, Standards und Verfahren, sondern geht noch darüber hinaus.

Dem GMP-Regelwerk der USA liegt hingegen eine etwas andere Philosophie zugrunde. Zunächst fällt in den USA die cGMP in den Part 21 des CFR und somit in die Zuständigkeit der FDA. Im Unterschied zu Deutschland hat die US-Gesund-

heitsbehörde also neben der Bewilligung von Zulassungsanträgen für neue Arzneimittel auch die Verantwortung für Erstellung, Aktualisierung und Überwachung der cGMP-Regeln.

Auch ist die **Inspektionskultur** in den USA eine andere als in Europa. Welchen Stellenwert Inspektionen in den USA haben, lässt sich schon an der Tatsache ablesen, dass die Behörde zurzeit etwa 3.000 Mitarbeiter beschäftigt, wovon alleine 1/3 Inspektoren sind. Diese FDA-Inspektoren sind mit sehr umfangreichen Rechtsbefugnissen ausgestattet, welche bis zur sofortigen Schließung des inspizierten Betriebes reichen.

Während sich z. B. in Deutschland ein Inspektor des Regierungspräsidiums im Regelfall einige Wochen vor seinem Besuch ankündigt, erfolgen in den USA die Inspektionen überraschend. Besuche von FDA-Inspektoren außerhalb der USA müssen hingegen im Regelfall vier Wochen vorab angekündigt werden.

Europäische Inspektionen selbst konzentrieren sich in der Regel auf die Prüfung der individuellen Konzepte der einzelnen Betriebe. Inspektionen durch die FDA hingegen werden sehr strikt an den cGMP-Regeln ausgerichtet. Diese Diskrepanz kommt in erster Linie durch die Unterschiedlichkeit der Regelwerke zustande, die als Basis für die Prüfung herangezogen werden. Da die cGMP-Regeln wesentlich detaillierter und konkreter als z. B. die deutsche AMWHV sind, bleibt kaum Spielraum für Interpretationen, ob oder wie eine Anforderung zu realisieren ist. Sogar sog. *advisory opinions*, also »Ratschläge« mit rein empfehlendem Charakter, werden bei Inspektionen als State of the Art herangezogen, und oft wird eine hundertprozentige Umsetzung verlang

5.3 Organisation, Struktur, Verantwortlichkeiten

So wie die gute Herstellungspraxis ist auch die Organisationsstruktur eines arzneimittelherstellenden Betriebes ein elementarer Bestandteil des gesetzlich vorgeschriebenen Qualitätssicherungssystems. Dieses System hat die Aufgabe sicherzustellen, dass die Arzneimittel die für den beabsichtigten Gebrauch erforderliche Qualität aufweisen.

Bezeichnung	Gültigkeit
■ Tab. 5.1 Übersicht über GMP-Regelwerke und deren Rechtssystematik	
	International
WHO GMP-Guideline	Weltweite Empfehlung
PIC/S-Guideline	Empfehlung für alle PIC/S-Mitgliedsstaaten
ICH Q7	Weltweite Empfehlung
	Europa
EU Verordnung (= Regulation)	Unmittelbare Gültigkeit in jedem EU-Mitgliedsstaat
Richtlinie (= Directive)	Mittelbare Gültigkeit in jedem EU-Mitgliedsstaat (nationale Verordnungen müssen entsprechend angepasst werden)
Empfehlungen (= Recommendation, Guidelines, Note for Applicants, Annex, Notice to Applicants)	Umsetzung ist nicht zwingend. Die Empfehlungen haben den Charakter eines präformulierten Gutachtens
	Deutschland
Gesetz	Höchstes Regelwerk in Deutschland. Ist die Ermächtigungsgrundlage für die Erstellung von Rechtsverordnungen
Nationale Verordnung	Unmittelbare Gültigkeit in Deutschland
	USA
Public Law	Durch Kongress erstelltes Gesetz. Ist somit das höchste Regelwerk in den USA
Regulation	Der Code of Federal Regulation (CFR) enthält im Part 21 die Ausführungsbestimmungen cGMP. Die CFR wird durch Veröffentlichungen der FDA ergänzt und erweitert
Advisory Opinions	Guides und Guidelines haben zwar nur empfehlenden Charakter, werden aber bei Inspektionen als «State of the Art» betrachtet

5.3.1 Qualitätssicherungssystem

Gemäß EU GMP-Leitfaden soll durch das Qualitätssicherungssystem u.a. sichergestellt werden, dass
- die Verfahren zur Herstellung der Arzneimittel klar und eindeutig beschrieben werden,
- die Verantwortungsbereiche für die Herstellung, Prüfung und Freigabe der Arzneimittel eindeutig festgelegt sind,
- alle notwendigen Prüfungen der Ausgangsmaterialien und der Fertigungsmaschinen sowie die Validierung des Herstellprozesses ordnungsgemäß durchgeführt werden,
- das fertige Arzneimittel ordnungsgemäß hergestellt und geprüft wird,
- fertige Arzneimittel nur in Verkehr gebracht werden, wenn eine sachkundige Person sie freigibt (also schriftlich bescheinigt hat, dass sie gemäß aller einschlägigen Vorschriften hergestellt und geprüft wurde),
- wirksame Verfahren der Selbstinspektion und Qualitätsüberprüfung zur Bewertung der Wirksamkeit und Eignung des Qualitätssicherungssystems eingeführt sind.

Das Qualitätssicherungssystem hat also zusammengefasst die Aufgabe, die Qualität der hergestellten und vertriebenen Produkte zu gewährleisten. Was heißt aber pharmazeutisch betrachtet **Qualität**? Gemäß dem Gesetz über den Verkehr mit Arzneimitteln definiert sich Qualität als »…die Beschaffenheit eines Arzneimittels, die nach Identität, Gehalt, Reinheit, sonstigen chemischen, physikalischen, biologischen Eigenschaften oder durch das Herstellungsverfahren bestimmt wird.«

Auf diese Weise wird eine enge Verbindung zwischen Produkt und Produktqualität, oder auf die Organisationsstruktur bezogen zwischen Produktionsabteilungen und Qualitätsabteilungen geschaffen. Die Art und Weise der Herstellung bestimmt zusammen mit der Qualitätskontrolle also primär die Qualität der pharmazeutischen Produkte.

Schließlich ist der aktive Einbezug der Geschäftsleitung in das Qualitätssicherungssystem eines pharmazeutischen Unternehmens ein weiteres wichtiges Element, da ein solches System ohne deren aktive Unterstützung nicht existieren kann. Meist geht es ja bei der Umsetzung der Systemanforderungen um Geld, Zeit, Personal und letztlich um Ressourcen, die durch die Geschäftsführung bewilligt werden müssen.

5.3.2 Struktur und Aufbau

Neben der Prägung durch das behördlich geforderte Qualitätssicherungssystem muss die Struktur natürlich die klassischen Leistungsmerkmale einer **Supply Chain** (deutsch: Logistikkette, Lieferkette oder auch Wertschöpfungskette) reflektieren. Diese sind:

— Kundenorientierung durch bedarfsorientierte Lieferung und hohe, konstante Produktqualität
— Hohe Flexibilität, also kurze Reaktionszeiten auf geänderte Marktanforderungen
— Vermeidung von »Out-of-Stock«-Situationen
— Niedrige Kosten
— Kurze Durchlaufzeiten, also ein geringer Anteil an Materialien im Prozess
— Wenig komplexe Logistik durch möglichst einfachen Güterfluss

Dies kann nur durch eine Organisationsstruktur erreicht werden, die klare Verantwortlichkeiten definiert, sich aufgrund flacher hierarchischer Strukturen durch kurze Entscheidungswege auszeichnet und aus eigenständigen Einheiten besteht, die die

Probleme vor Ort eigenständig zu erkennen und zu lösen vermögen.

Je nach Unternehmensgröße führt dies zu unterschiedlichen Organisationsformen.

Für den QA-Bereich ist in jedem Fall wichtig, dass die disziplinarische Unterstellung weiterhin direkt an einen globalen Qualitätsbereich geschieht. Dadurch ist die direkte Einflussnahme durch den lokalen Bereichsleiter, der eventuell im Konflikt zu den Zielen der Qualitätssicherung steht, ausgeschlossen.

5.3.3 Verantwortlichkeiten

Vor 2005 mussten gemäß AMG arzneimittelherstellende Unternehmen zwei öffentlich-rechtlich verantwortliche Personen, den **Herstellungs- und den Kontrollleiter** benennen. Mit der 14. AMG-Novelle wurde diese Regelung abgeschafft und auf europäisches Recht (Europäische Arzneimittelrichtlinie 2001/83/EG) mit einer zentralen Rechtsfigur umgestellt. Es ist nur noch die Benennung einer sog. »**sachkundigen Person**« (*qualified person*, kurz QP) vorgeschrieben. Die QP ist dafür verantwortlich, dass jede Arzneimittelcharge entsprechend der geltenden GMP-Vorschriften und den Zulassungsunterlagen hergestellt und geprüft wird.

Der EU GMP-Leitfaden beschreibt zusätzlich, dass zum Personal in Schlüsselstellungen neben der QP auch noch ein Produktionsleiter und ein Leiter der Qualitätskontrolle gehören, wobei Produktionsleiter oder Leiter Qualitätskontrolle auch gleichzeitig QP sein können.

Eine Übersicht über die Aufgaben und Verantwortlichkeiten der zentralen Positionen der Arzneimittelherstellung, wie sie sich aus einer Zusammenschau von AMG, AMWHV und EU GMP-Leitfaden ergibt, gibt ◘ Tab. 5.2.

An die öffentlich rechtlich verantwortlichen Personen werden bezüglich **Sachkenntnis und Zuverlässigkeit** bestimmte Anforderungen gestellt. So wird für die »sachkundige Person« gefordert, dass sie

— Sachkunde nachweisen kann (z. B. approbierter Apotheker oder naturwissenschaftliches oder medizinisches Studium mit Zusatzqualifikationen aus dem pharmazeutischen Bereich),

5

◻ Tab. 5.2   Aufgaben und Verantwortlichkeiten der zentralen Positionen der Arzneimittelherstellung

Sachkundige Person	Produktionsleiter	Leiter der Qualitätskontrolle
Sich zu überzeugen, dass jede Abweichung und Änderung in der Produktion und der Qualitätskontrolle durch autorisierte Personen genehmigt wurde	Genehmigung der Herstellanweisungen und anderer relevanter Vorschriften, sowie Sicherstellen ihrer Einhaltung	Genehmigung der Prüfanweisungen und anderer relevanter Vorschriften, sowie Sicherstellen ihrer Einhaltung
Sich davon zu überzeugen, dass Änderungen, die Abweichungen von Zulassungsunterlagen oder der Herstellerlaubnis darstellen, der zuständigen Behörde gemeldet und von ihr akzeptiert wurden	Regelmäßige Überprüfung und Anpassung der Herstellanweisungen an den neuesten Stand der Erkenntnisse und Überprüfung auf Übereinstimmung mit den Zulassungsunterlagen.	Regelmäßige Überprüfung und Anpassung der Prüfanweisungen an den neuesten Stand der Erkenntnisse und Überprüfung auf Übereinstimmung mit den Zulassungsunterlagen
Sich zu überzeugen dass die Herstell- und Prüfprotokolle samt zugehöriger Unterlagen vollständig sind und von den zuständigen Personen bewertet und abgezeichnet wurden	Sicherstellen, dass die Produktionsprotokolle erstellt, von einer befugten Person überprüft, unterschrieben und aufbewahrt werden	Sicherstellen, dass die Prüfprotokolle erstellt, von einer befugten Person überprüft, unterschrieben und aufbewahrt werden
Sich zu überzeugen, dass alle relevanten Herstell- und Prüfverfahren validiert wurden	Sicherstellen, dass die notwendige Validierung des Herstellverfahrens nach dem jeweiligen Stand von Wissenschaft und Technik durchgeführt wird	Sicherstellen, dass die notwendigen Validierungen der Prüfverfahren nach dem jeweiligen Stand von Wissenschaft und Technik durchgeführt werden
		Feststellung der erforderlichen Qualität von Ausgangsstoffen, Zwischenprodukten und Fertigware und entsprechende Kenntlichmachung, ggf. unter Begrenzung der Haltbarkeit
	Sicherstellen, dass nur Wirkstoffe und Hilfsstoffe als Ausgangsstoffe verwendet werden, die gemäß der zutreffenden GMP-Regeln hergestellt, geprüft und gekennzeichnet wurden	Absonderung derjenigen Ausgangsstoffe, Zwischenprodukten und Fertigwaren, die den Anforderungen an die Qualität nicht genügen und deren Kenntlichmachung
		Sicherstellen, dass Stabilitätsstudien der Fertigarzneimittel (sog. *ongoing stability*) durchgeführt werden
Chargenfreigabe von Arzneimitteln und Prüfpräparaten und Führen eines fortlaufenden Freigaberegisters	Schriftliche Bestätigung der vorschriftsgemäßen Produktion und Lagerung der Arzneimittel	Schriftliche Bestätigung der vorschriftsgemäßen Prüfung der Ausgangsstoffe und des Endproduktes und dass das Arzneimittel die erforderliche Qualität besitzt
Erstellung und Bewertung des Product Quality Review	Sicherstellen, dass für den Product Quality Review die notwendigen Unterlagen der sachkundigen Person zur Verfügung gestellt werden.	Sicherstellen, dass für den Product Quality Review die notwendigen Unterlagen der sachkundigen Person zur Verfügung gestellt werden.
Sich davon zu überzeugen, dass die aktuellen GMP-Anforderungen eingehalten werden	Sicherstellen geeigneter Umgebungsbedingungen einschließlich Hygiene der Produktion	Sicherstellen geeigneter Umgebungsbedingungen einschließlich Hygiene der Qualitätskontrolle

◩ **Tab. 5.2** Fortsetzung

Sachkundige Person	Produktionsleiter	Leiter der Qualitätskontrolle
	Kontrolle der Wartung, Qualifizierung und Kalibrierung der Räumlichkeiten und der Ausrüstung der Produktion	Kontrolle der Wartung, Qualifizierung und Kalibrierung der Räumlichkeiten und der Ausrüstung der Qualtätskontrolle
	Sicherstellen, dass eine gegenseitige nachteilige Beeinflussung von Arzneimitteln sowie deren Verwechslungen vermieden werden	Überprüfung, Untersuchung und Entnahme von Proben zur Überwachung von Faktoren, die die Produktqualität beeinflussen können
Sich davon zu überzeugen, dass im Unternehmen ein QM-System betrieben wird	Sicherstellen, dass die erforderliche anfängliche und fortlaufende Schulung des Personals entsprechend den jeweiligen Erfordernissen in der Abteilung Produktion durchgeführt wird	Sicherstellen, dass die erforderliche anfängliche und fortlaufende Schulung des Personals entsprechend den jeweiligen Erfordernissen in der Abteilung Qualitätskontrolle durchgeführt wird
Sich davon zu überzeugen, dass alle Audits und Selbstinspektionen (interne Audits) durchgeführt wurden	Erteilung von Auskünften aus dem Bereich Produktion an die zuständige Behörde bei Inspektionen	Erteilung von Auskünften aus dem Bereich Qualitätskontrolle an die zuständige Behörde bei Inspektionen
	Abteilungsspezifische Planungs- und Führungsaufgaben.	Abteilungsspezifische Planungs- und Führungsaufgaben.

— die erforderliche Zuverlässigkeit für die Ausübung der Aufgaben und Tätigkeiten hat (polizeiliches Führungszeugnis),
— vertraut ist mit den Produkten und mit den für ihre Herstellung und Prüfung eingesetzten Verfahren.

Der Produktionsleiter und der Leiter der Qualitätskontrolle müssen ebenfalls ausreichende fachliche Qualifikation und praktische Erfahrung haben. Die Anforderungen an die Qualifikation und die praktischen Erfahrungen richten sich hierbei nach der Art der herzustellenden und zu prüfenden Arzneimittel und sind innerbetrieblich festzulegen. Einer Sachkenntnis wie im § 15 AMG für die sachkundige Person gefordert, bedarf es für beide Funktionen nicht.

Diese Delegation an verschiedene öffentlich rechtliche Verantwortungsträger entbindet den pharmazeutischen Unternehmer jedoch nicht von der Gesamtverantwortung. Dies gilt insbesondere vor dem Hintergrund der Haftung bei Arzneimittelschäden. Die »sachkundige Person« trägt die

Verantwortung für die ihr anvertrauten Aufgabenbereiche und ist daher persönlich strafrechtlich belangbar.

Natürlich kann die »sachkundige Person« nicht allein für den gesamten Produktionsprozess und die komplette Prüfung von Ausgangsstoffen, Bulkprodukten und Fertigarzneimitteln verantwortlich gemacht werden. Deshalb delegiert sie wiederum die ihr übertragenen Aufgaben an geeignete Mitarbeiter, denen somit auch ein Teil der Verantwortung übertragen wird.

5.3.4 Mitarbeiter in der Pharmaproduktion

Natürlich werden in der Pharmaproduktion nicht nur an die Leitungsebene Ansprüche gestellt. Wie wichtig der Einsatz von qualifiziertem und verantwortungsbewusstem Personal bei der Arzneimittelherstellung ist, zeigt ein Zitat aus einem historischen »Leitfaden für Arzneibereiter« aus dem Jahre 1450:

5

» Der Arzneibereiter sollte weder zu jung, stolz oder aufgeblasen, noch den Frauen oder der Eitelkeit ergeben sein, nicht zu Spiel und Wein neigen, auch sonst jede Art von Exzessen unterlassen. Habgier und Geiz seien ihm fremd und er nehme für seine Waren nicht mehr als den angemessenen Preis. «

Schon damals hatte man offenbar erkannt, dass den Arzneimitteln eine Sonderstellung zukommt und eine einwandfreie Herstellung wesentlich vom Personal abhängt. Es ist also für einen guten Produktionsbetrieb essenziell, qualifiziertes Personal in ausreichender Zahl zur Verfügung zu haben.

Auch der EU GMP-Leitfaden legt in einem eigenen Kapitel grundlegende Personalanforderungen fest. Neben der Forderung nach »ausreichender Zahl an Mitarbeitern« wird hier auch die Delegation der Verantwortlichkeiten angesprochen. Jedem einzelnen Mitarbeiter wird ein individueller Bereich zugewiesen, für den er verantwortlich ist. Hierbei sollen die zugewiesenen Verantwortungsbereiche nicht so umfangreich sein, dass sich daraus irgendwelche Qualitätsrisiken ergeben. Die Verantwortungsbereiche der Mitarbeiter sollten in Arbeitsplatzbeschreibungen schriftlich niedergelegt sein.

Damit der Produktionsbetrieb immer nach den aktuell gültigen GMP-Bestimmungen ablaufen kann, ist es nötig, die Mitarbeiter mit den entsprechenden GMP-Grundsätzen vertraut zu machen und laufend zu schulen. Dies gilt gemäß Leitfaden ausdrücklich für alle Personen, deren Tätigkeit die Produktqualität beeinflussen könnte; also z. B. auch für technisches Wartungs- und Reinigungspersonal. Schulungsprogramme, je nach Inhalt vom Produktionsleiter oder vom Leiter der Qualitätskontrolle genehmigt, sind deshalb unverzichtbar.

5.3.5 Produktionsabläufe am Beispiel einer Kapselherstellung

Um sich die Organisationsstrukturen einer Pharmaproduktion vor Augen zu führen, ist es sinnvoll, zunächst einen generellen Überblick über die existierenden Aufgabenfelder und Tätigkeitsbereiche zu geben (vgl. Schema in ◘ Abb. 5.1).

Exemplarisch betrachten wir die Produktionsabläufe bei der Fertigung einer einfachen, schnell freisetzenden Hartgelatinekapsel, z. B. eines Medikamentes gegen Bluthochdruck.

Bevor eine solche Kapsel produziert werden kann, müssen zunächst eine entsprechende **pharmazeutische Formulierung** und ein geeignetes Herstellverfahren entwickelt bzw. entsprechende Maschinen definiert werden. Dies erfolgt im allgemeinen durch die Pharmazeutische Entwicklung (vgl. Kap. 3) in enger Absprache mit der Produktion. Eine gute Zusammenarbeit ist hier besonders wichtig, damit einerseits evtl. Besonderheiten der Formulierung (z. B. hohe Lichtsensibilität eines Wirkstoffs) oder Verfahrens (z. B. die sehr akkurate Einhaltung eines bestimmten Prozessparameters) kommuniziert werden können, und andererseits, damit im finalen Herstellungsmaßstab ggf. auftauchende Probleme, die vorher nicht sichtbar waren (z. B. können schlechte Fließeigenschaften einer Pulvermischung sich in 10 kg nicht, wohl aber in 500 kg Chargengröße auswirken), zurückgemeldet und entsprechend bearbeitet werden.

In dem betrachteten Fall enthalte die Kapsel neben dem Wirkstoff, der 49 % ihrer Füllmasse ausmacht, und der Hartgelatinekapselhülle noch mikrokristalline Cellulose als Füllstoff, den Zerfallsbeschleuniger Croscarmellose und ein 1 + 1-Schmiermittelgemisch aus Magnesiumstearat und hochdispersem Siliciumdioxid. Über diese Rohstoffe hinaus werden zur Produktion der Kapseln auch die Maschinen (Waagen, Containermischer, Kapselfüllmaschine, Verpackungsmaschinen) und entsprechend geschultes Personal benötigt.

Bevor nun der Wirkstoff und die Hilfsstoffe für die Kapselproduktion eingesetzt werden können, muss getestet werden, ob sie die erforderliche Qualität aufweisen. Um dies zu überprüfen, muss neben entsprechend validierten Untersuchungsmethoden eine Spezifikation für die Ausgangsstoffe, d. h. eine Definition der jeweiligen Qualitätsmerkmale des betreffenden Stoffes, vorhanden sein. Sind die Bestandteile, wie in unserem Falle die Hilfsstoffe, pharmakopöal, d. h. sind sie in einer Arzneibuchmonographie aufgeführt, so können die dort angegebenen Spezifikationen (z. B. über Reinheit, Gehalt, Restlösemittel etc.) direkt übernommen werden. Sind hingegen Bestandteile ohne

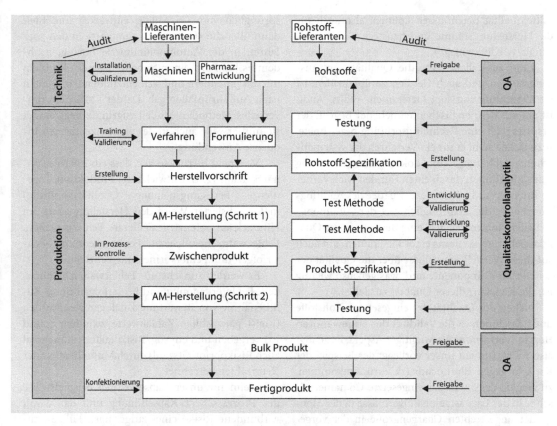

◘ Abb. 5.1 Aufgaben und Tätigkeitsbereiche der Pharmaproduktion. Sowohl Verfahren (links) als auch Methoden (rechts) unterliegen dem Qualitätssystem. In-Prozess-Kontrollen (IPK) überprüfen die Einhaltung gesetzter Spezifikationen.

Arzneibuchmonographien enthalten, wie in unserem Fall der neue Wirkstoff, so muss eine eigene Spezifikation vor dem Hintergrund des eingesetzten Syntheseverfahrens erstellt werden. Nur wenn ein Bestandteil der späteren Kapsel getestet wurde und die erhaltenen Testergebnisse innerhalb der vorab spezifizierten Grenzen liegen, wird er von der QP oder einem von ihr beauftragten Vertreter freigegeben und darf eingesetzt werden. Die Freigabe ist immer chargenbezogen, d. h. sie gilt nur für eine bestimmte Charge eines Wirk- bzw. Hilfsstoffes und muss beim Einsatz einer neuen Charge erneut erfolgen.

Für den **Einsatz von Maschinen** und sonstigem Equipment (z. B. Geräte für die In-Prozess-Kontrollen) in der Arzneimittelherstellung gibt es ein etwas anders organisiertes, aber prinzipiell äquivalentes Prozedere. Auch hier muss gewährleistet sein, dass die Maschine das tut, was man von ihr

erwartet, und dass alle ihre Komponenten die Qualität haben, die ursprünglich gefordert wurde. Um dies sicherzustellen, muss jedes zum Einsatz kommende Gerät einem sog. **Qualifizierungsprozess** unterzogen werden. Nur qualifizierte Geräte dürfen zur Produktion von Arzneimitteln eingesetzt werden. Den Qualifizierungsbericht, also eine Art Freigabe der Maschine für den Einsatz in der Pharmaproduktion, unterschreibt der Produktionsleiter oder ein von ihm beauftragter Vertreter. Dieser Status gilt nur solange keinerlei Veränderungen an dem Gerät vorgenommen werden. Werden z. B. größere Reparaturen oder Umbauarbeiten durchgeführt, muss eine Requalifizierung durchgeführt werden, in der bewiesen wird, dass das Gerät weiterhin in den ursprünglich definierten Grenzen arbeitet. Diese Vorgehensweise der Qualifizierung gilt nicht nur für eingesetzte Maschinen, sondern genauso für alle anderen Anlagen, die die Arzneimittelqualität beeinflussen können, also auch für die Herstellungsräume und haustechnische Anlagen (z. B. Klimaanlage).

Eine zusätzliche Art, die Qualität von Ausgangsstoffen und auch Geräten zu überprüfen, ist die Durchführung sog. Lieferanten-Audits. Audit ist ein aus dem englischen entliehener Begriff, der ursprünglich eine Rechnungsprüfung bezeichnete. Inzwischen steht er für ein Verfahren der systematischen, unabhängigen und dokumentierten Prüfung eines Lieferanten durch einen Kunden nach vorher definierten Audit-Kriterien. Die Idee des Auditing-Konzeptes, die ursprünglich aus der Automobilindustrie kommt, ist also eine Bewertung des Qualitätssicherungssystems eines Lieferanten, um auch auf diese Weise Rückschlüsse über die Qualität der gelieferten Komponente und, was genauso wichtig ist, die Konstanz dieser Qualität zu ziehen.

Neben der Qualität der eingesetzten Rohstoffe und Maschinen ist die **Validität des angewandten Herstellverfahrens** ein wichtiger Aspekt. Es genügt also nicht, um auf unser vorliegendes Beispiel der Kapseln gegen Bluthochdruck zurückzukommen, zu zeigen, dass z. B. der eingesetzte Containermischer in der Lage ist, eine Pulvermasse in der Menge der angestrebten Chargengröße in der vorgeschriebenen Zeit mit einer definierten Geschwindigkeit zu bewegen. Es muss bewiesen werden, dass die Pulver nach Beendigung des Verfahrensschrittes tatsächlich in der angestrebten Durchmischung vorliegen. Ziel und Zweck der Validierung eines Herstellverfahrens ist der Nachweis, dass dieses Verfahren zu einem Produkt führt, dessen Qualitätsmerkmale reproduzierbar innerhalb bestimmter Grenzen liegen. Darüber hinaus werden sog. »kritische« Verfahrensschritte, z. B. die ausreichende Durchmischung des Kapselpulvers oder die gleichmäßige Füllung der Hartgelatinekapseln mit dem Kapselpulver, identifiziert und entsprechend bewertet. Diese Bewertung ist Basis für eine Risikoabschätzung, die zur Prozessvalidierung ebenfalls nötig ist (siehe auch Kapitel 6).

Wie bewertet man sinnvollerweise das **Risiko eines Herstellprozesses**? In den letzten Jahren hat sich hierzu ein Verfahren eingebürgert das man »Failure Mode and Effects Analysis«, kurz FMEA (vgl. ► Kap. 6.5.1), zu deutsch Fehlermöglichkeits- und Einflussanalyse nennt. Die FMEA wurde ur-

sprünglich vom US Militär entwickelt und hielt dann über die »Luft- und Raumfahrt« in den 70er Jahren in der Automobilindustrie Einzug, nachdem es bei Ford ein aufsehenerregendes Problem mit auslaufendem und sich entzündendem Benzin nach Auffahrunfällen gab. Da der FMEA ein universelles Methoden-Modell zugrunde liegt, findet sie mittlerweile auch in der pharmazeutischen Industrie Anwendung.

Man geht hierbei so vor, dass ein interdisziplinäres Team (z. B. Entwicklung, Produktion, Ingenieure, Fertigungsplanung, Qualitätskontrolle) in formalisierter Weise den Herstellprozesses im Hinblick auf potenzielle Fehlerart, Fehlerursachen, Fehlerwahrscheinlichkeit, Fehlererkennung, Fehlerfolgen und Fehlervermeidung beurteilt.

Es werden zunächst für Fehlerwahrscheinlichkeit, Fehlererkennung und Fehlerfolgen unter Zuhilfenahme von Bewertungskatalogen Kennzahlen (meist ganzzahlige Zahlenwerte zwischen 1 und 10) vergeben und ein sog. Risikofaktor (manchmal auch Risikoprioritätszahl) durch Multiplikation der Kennzahlen berechnet.

Wenn für unser Kapselbeispiel beispielsweise der Prozessschritt Kapselfüllung und das damit verbundene Risiko eines zu geringen Füllgewichtes beurteilen werden sollte, könnte sich die in ◘ Tab. 5.3 gezeigte Einstufung ergeben.

Der Sinn des Risikofaktors ist es, die Bedeutung und den Rang eines Fehlers abzuschätzen, um hieraus Prioritäten für die zu ergreifenden Maßnahmen abzuleiten. Der Zahlenwert allein ist aber zur Beurteilung von Risikopotentialen nicht geeignet. Ein Faktor von z. B. 160 kann auf verschiedene Art und Weisen entstanden sein, wie z. B. aus $A \times E \times F = 2 \times 8 \times 10$ oder aber aus $8 \times 4 \times 5$. Eine Folge von $F=10$ kombiniert mit einer sehr schlechten Entdeckungswahrscheinlichkeit von $E=2$ ist natürlich weniger akzeptabel als eine mit $F=5$ bewertete Folge, die zwar häufig auftritt ($A=8$) aber besser detektierbar ist ($E=4$).

Wenn die FMEA ein zu hohes Risiko eines möglichen Fehlers ergibt, müssen Maßnahmen getroffen werden um dieses Risiko zu senken. Im Allgemeinen wird man an den Fehlerfolgen wenig ändern können. Es muss sich also auf die Auftrittswahrscheinlichkeit bzw. die Detektierbarkeit konzentriert werden. Beispielsweise könnte hier be-

☑ Tab. 5.3 Beispiel zur Bestimmung des Risikofaktors nach FMEA

Art des Fehlers	Ursache	Auftrittswahrschein-lichkeit A	Entdeckungswahr-scheinlichkeit E	Folge
Zu geringes Füllgewicht der Kapsel	Suboptimaler Pro-duktfluss	Aus Untersuchungen von Entwicklungs-chargen sei bekannt, dass unterfüllte Kapseln bei fast jeder Chargen auf-treten. Es sind davon aber pro Charge normalerweise unter 1% aller Kapseln betroffen	Die Entdeckungs-wahrscheinlichkeit ist gering, da bei Freigabeuntersu-chung nur wenige Kapseln verwogen werden	Patient erhält eine nicht oder schwach wirksame Dosis
		↓ Auftrittswahrschein-lichkeit der Ursache: 5(gering = »1« bis hoch = »10«)	↓ Entdeckungswahr-scheinlichkeit der Ursache: 8 (hoch = »1« bis gering = »10«)	↓ Bedeutung der Fehlerfolge aus der Sicht des Patienten bewertet: 10 (gering = »1« bis hoch = »10«).

Risikofaktor: A x E x F = 5 × 8 × 10 = 400

schrieben werden, dass das Risiko einer Falschdo-sierung durch unzureichende Füllung der Kapseln durch ein Hundertprozent-Gewichtsmonitoring, also eine Wägung jeder einzelnen befüllten Kap-sel, und Aussortierung aller unterfüllten Kapseln mittels Wäge-Sortier-Automatik der Kapselfüllma-schine minimiert werden muss. Danach wird durch erneute Ermittlung des Risikofaktors geprüft, ob die geplanten Maßnahmen ein befriedigendes Ergeb-nis versprechen. In obigem Fall ergibt sich durch die sehr starke Erhöhung der Detektierbarkeit nun ein Risikofaktor von A x E x F = 3 × 1 × 10 = 30.

Neben freigegebenen Rohstoffen, qualifizierten Maschinen und einem validierten Herstellverfah-ren ist eine Herstellvorschrift, auch als **Master-Batch-Record (MBR)** bezeichnet, nötig. In diesem Dokument werden die Formulierung, die einzelnen Verfahrensschritte sowie die als kritisch eingestuf-ten Verfahrensparameter (z. B. bestimmte Misch-zeit) festgelegt.

Nachdem nun freigegebene Rohstoffe, qualifi-zierte Maschinen und ein validiertes Herstellverfah-ren zur Verfügung stehen, kann mit der Herstellung der Kapselcharge begonnen werden. Die komplette Herstellung, von der Einwaage der Rohstoffe, über

die Einstellungen der benutzten Maschinen bis hin zu den Ergebnissen der IPK, müssen lückenlos im Herstellprotokoll dokumentiert werden. Das char-genbezogene Herstellprotokoll wird auf der Basis des MBR erstellt und protokolliert die tatsächlich eingesetzten Geräte, Einwaagen, Prozessparameter, Fertigungszeiten etc. Die fertigen Kapseln werden schließlich als Bulkware untersucht. Analog dem Vorgehen bei der Rohstoffuntersuchung wird auch hier getestet, ob sie die erforderliche Qualität auf-weisen. Auch hier sind validierte Untersuchungs-methoden und eine Spezifikation für die Bulkware nötig. Neben speziellen Anforderungen an das je-weilige Produkt (z. B. Abwesenheit bestimmter Ab-bauprodukte) muss auch hier auf die von den Arz-neibüchern gemachten Qualitätsanforderungen für die jeweiligen Arzneiformen (in unserem Fall also z. B. Anforderungen an den Gehalt, die Ein-heitlichkeit der Kapselmasse und die Wirkstofffrei-setzung sowie als orale Arzneiform die Erfüllung bestimmter mikrobiologischer Kriterien) einge-gangen werden. Die Testergebnisse werden zusam-men mit dem Herstellprotokoll zur Chargendoku-mentation der QP, bzw. einer von ihr beauftragten Person vorgelegt. Ist die Herstellung ohne kritische

Besonderheiten verlaufen und lagen alle Testergebnisse innerhalb der spezifizierten Grenzen, wird die Charge freigegeben.

Die freie Bulkware kann nun in die Konfektionierung geschickt, in Blister gesiegelt und schließlich in entsprechende Sekundärpackmittel verpackt werden. Dabei muss durch organisatorische Maßnahmen jede Verwechslung ausgeschlossen werden. Es lässt sich leicht vorstellen, welche katastrophalen Folgen es z. B. hätte, wenn die im gleichen Werk hergestellte Virustatikum-Kapseln in die Schachteln mit dem Mittel gegen Bluthochdruck gelangten oder umgekehrt. Abschließend erfolgt die Freigabe des Fertigarzneimittels. Erst nach dieser Freigabe darf es in Verkehr gebracht werden.

5.4   Material: Equipment und Produktionsräume

Neben den verarbeiteten Rohstoffen haben auch die eingesetzten Maschinen und die verwendeten Herstellungsräume einen großen Einfluss auf die Qualität eines Arzneimittels. Der EU-Leitfaden für die gute Herstellungspraxis formuliert deshalb: »Räumlichkeiten und Ausrüstung müssen so angeordnet, ausgelegt, ausgeführt, nachgerüstet und instand gehalten sein, dass sie sich für die vorgesehenen Arbeitsgänge eignen. Sie müssen so ausgelegt und gestaltet sein, dass das Risiko von Fehlern minimal und eine gründliche Reinigung und Wartung möglich ist, um Kreuzkontamination, Staub- oder Schmutzansammlungen und ganz allgemein jeden die Qualität des Produktes beeinträchtigenden Effekt zu vermeiden.« Kurz gesagt, die Herstellungsräume und Maschinen müssen für den vorgesehenen Verwendungszweck, also die reproduzierbare Herstellung qualitativ hochwertiger Arzneimittel, geeignet sein.

5.4.1   Geräte, Maschinen, Anlagen

Was ist nun der Sinn dieser Forderung nach Eignung für den Herstellungsprozess? Ist es denn nicht selbstverständlich, dass man nur Maschinen und Geräte einsetzt, die für den Prozess geeignet sind?

Die Forderung wird verständlich, wenn man sich vor Augen hält, dass es früher keinesfalls üblich war, ausschließlich Equipment einzusetzen, das speziell für die Pharmaindustrie konstruiert worden waren. Sehr viele Maschinen kamen aufgrund der ähnlichen Funktionalität aus verwandten Industriebereichen, wie z. B. der Lebensmittelindustrie, der Kosmetikindustrie oder der chemischen Industrie. Nun sind die Funktionen und Aufgaben der Maschinen in den unterschiedlichen Industriebereichen zwar sehr verwandt, die Ansprüche z. B. an Reinigbarkeit, Vermeidung von Kreuzkontamination oder Minimierung mikrobiologischer Kontaminationen sind aber sehr unterschiedlich. Ein Mischer ist zunächst einmal ein Mischer, egal ob er nun unterschiedliche Mehlsorten für eine Großbäckerei oder die Komponenten für eine Kapselfüllung mischt. Der Anspruch an das Reinigungsergebnis ist aber ein völlig anderes. Während es wenig störend ist, wenn z. B. 0,5 % Roggenmehl in die ansonsten roggenmehlfreien Brötchen gelangt, ist dies im Falle eines hochaktiven Wirkstoffs, der in ein Vitaminpräparat gelangt, sicher nicht akzeptabel.

5.4.2   Anforderungen

Wann ist eine Herstellungsmaschine (z. B. der Mischer für die Herstellung der Kapselfüllung) oder ein Messgerät (z. B. die Waage, mit der die Rohstoffe eingewogen wurden) geeignet? Formal gesehen, sobald sie daraufhin überprüft wurde. Dazu müssen zuerst bestimmte Anforderungen definiert werden, die man dann in einem zweiten Schritt überprüft.

Zunächst gibt es die primären, rein funktionellen Anforderungen, deren Erfüllung nahe liegt. Ein Mischer, der die pulverförmigen Bestandteile der Kapselfüllung nicht mit der nötigen Effizienz mischen kann, ist sicher für diesen Herstellungsprozess nicht geeignet. Weiterhin gibt es sekundäre, nicht funktionelle Anforderungen, die ebenfalls einen großen Einfluss auf die Produktqualität haben können. Der EU GMP-Leitfaden fordert deshalb u. a., dass Equipment, welches zur Herstellung von Arzneimitteln eingesetzt wird, so konstruiert und installiert sein muss, dass es sich leicht und gründlich reinigen lässt, Reparatur- und Wartungsarbeiten die Qualität der Produkte nicht gefährden und die Maschinen selbst für die Produkte kein Risiko darstellen. Kein mit dem Produkt in Berührung kommendes Ausrüstungsteil darf z. B. mit diesem so in Wechselwirkung treten, dass die Produktqualität beeinträchtigt wird und damit ein Risiko entsteht.

5.4.3 Maschinen- und Gerätequalifizierungen

Den Überprüfungsprozess selbst bezeichnet man als Qualifizierung. Es soll also der systematische, dokumentierte Beweis geführt werden, dass Anlagen, Maschinen, Geräte etc. tatsächlich für die vorgesehenen Aufgaben geeignet sind. Für diese Beweisführung hat sich ein gewisser Formalismus bewährt.

Man unterscheidet zwischen der **prospektiven und der retrospektiven Qualifizierung**. Eine prospektive Qualifizierung liegt dann vor, wenn man schon vor dem Kauf der Maschine mit der Qualifizierung beginnt und deshalb bauseitig einzuhaltende Qualitätskriterien definieren kann (z. B. die Verwendung bestimmter Werkstoffe oder die reinigungsgerechte Ausführung bestimmter Bauteile). Die prospektive Qualifizierung sollte heute der Normalfall sein. Man unterteilt sie dann weiter in verschiedene Phasen (DQ, IQ OQ und PQ).

Bisweilen müssen für Produkte jedoch noch ältere Maschinen und Geräte eingesetzt werden, die nicht mehr prospektiv qualifiziert werden können. In einem solchen Fall bleibt nur die retrospektive Qualifizierung, bei der man auf DQ, IQ und OQ verzichtet und sich auf eine verkürzte PQ beschränkt.

DQ – Design Qualification

Die DQ, Design-Qualifizierung, ist der dokumentierte Nachweis, dass die erforderliche Qualität einer Maschine bereits bei ihrem Design, also ihrer Konzeption und Konstruktion, berücksichtigt wurde. Dieser Nachweis wird geführt, indem ein sog. **Lastenheft** (= Nutzeranforderung), also eine Liste aller bauseitig an der Maschine umzusetzenden Merkmale, an den Maschinenhersteller geschickt wird. Dieser verpflichtet sich in einem zweiten Dokument, dem **Pflichtenheft** (= Herstellerverpflich-

tung), durch Unterschrift zur Umsetzung dieser Merkmale. Die DQ-Dokumentation (Lastenheft und Pflichtenheft) ist die Grundlage für die nächsten Schritte (IQ, OQ) im Qualifizierungsprozess (◘ Abb. 5.2).

IQ – Installation Qualification

Die IQ, Installations-Qualifizierung, ist der dokumentierte Nachweis, dass die Maschine mit der im Pflichtenheft festgelegten Ausführung übereinstimmt und den dort gemachten Anforderungen genügt. Bei der IQ werden also Spezifikationsgerechtheit und Vollständigkeit der Maschine überprüft. In der Praxis wird dies durchgeführt, indem anhand von Bau- und Schaltplänen, des RI-Schemas, von Material- und Kalibrierzertifikaten und allen sonstigen verfügbaren Dokumenten Punkt für Punkt überprüft wird, ob sie mit der Maschine einerseits und mit den Forderungen im Pflichtenheft andererseits übereinstimmen. Man würde bei der Bestellung unseres Mischers z. B. überprüfen, ob der mitgelieferte Container gemäß Zertifikat tatsächlich aus der bestellten Stahlqualität gefertigt wurde.

OQ – Operational Qualification

Die OQ, Operations- oder auch Funktionsqualifizierung, ist der dokumentierte Nachweis, dass die Maschine mit allen Komponenten tatsächlich funktioniert und wie geplant in den erwarteten Bereichen operiert. Die Funktionalität der Maschine wird dabei ohne Produkt, d. h. entweder völlig produktfrei bzw., wenn dies nicht möglich ist, mit einem Placebo durchgeführt. In unserem Beispiel würde man also überprüfen, ob der Mischer sich tatsächlich mit der vorgewählten Geschwindigkeit dreht oder ob der Not-Ausschalter das Gerät wie im Pflichtenheft spezifiziert wirklich sofort abschaltet.

PQ – Performance Qualification

Die PQ, Performance- oder Leistungs-Qualifizierung, ist der dokumentierte Nachweis, dass die Maschine während des regulären Herstellprozesses innerhalb der vorgegebenen Parameter läuft und reproduzierbar ein Produkt liefert, das den Spezifikationen und Qualitätsmerkmalen entspricht. Durch die PQ wird also eigentlich erst nachgewiesen, dass die Maschine sich tatsächlich für die vorgesehene Aufgabe eignet. Dazu werden ihre kritischen Funk-

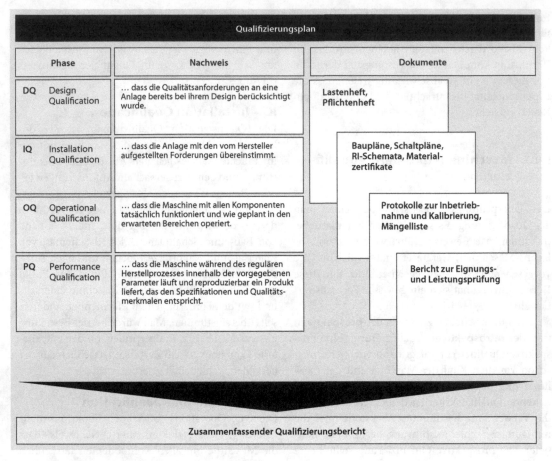

◻ **Abb. 5.2**   Übersicht über den Ablauf einer Qualifizierung

tionen unter Verwendung von Produkt und unter üblichen Produktionsbedingungen getestet.

Qualifizieren, Validieren, Kalibrieren, Justieren, Eichen

Um Begriffsverwirrungen zu vermeiden, seien folgende, umgangssprachlich oft synonym gebrauchte Begriffe noch einmal definiert: **Qualifizieren** bedeutet die systematische, dokumentierte Beweisführung, dass ein Ausrüstungsgegenstand (Anlagen, Maschinen, Geräte etc.) einwandfrei arbeitet und tatsächlich für die vorgesehene Aufgabe geeignet ist. Qualifiziert wird also immer ein Ausrüstungsgegenstand, nicht das Verfahren.

Validieren leitet sich von *validus* (lat.) ab, *validum facere* bedeutet gültig oder rechtswirksam machen. Im GMP-Zusammenhang versteht man darunter die dokumentierte Beweisführung, dass ein Verfahren gültig ist, also innerhalb definierter Grenzen tatsächlich immer zu dem erwarteten Ergebnis führt. Validiert wird also immer das Verfahren, nicht das Gerät (vgl. ▶ Kap. 6.4).

Kalibrieren ist die Ermittlung des Fehlers eines von einem Messgerät angezeigten Messwertes, also das Ermitteln des Zusammenhangs zwischen dem wahren Wert und dem angezeigten Wert des Messgerätes. Dies erfolgt üblicherweise durch Vergleich des Wertes mit dem eines kalibrierten Referenzgerät (z. B. kalibrierte Uhren bei Zeitmessung) oder einer kalibrierten Prüfgröße (z. B. Prüfgewichte bei Waagen). Hierbei erfolgt kein technischer Eingriff am Messgerät.

Justieren bedeutet ein Messgerät so einzustellen, dass die Messabweichung, also die Abweichung zwischen dem wahren Wert und dem angezeigten Wert des Messgerätes, möglichst klein ist. Hierbei erfolgt immer ein technischer, meist bleibender Eingriff am Messgerät. Jede Justierung erfordert eine anschließende Kalibrierung.

Eichen ist das Prüfen eines einzelnen Messgerätes auf Einhaltung der gesetzlichen Anforderungen, d. h. die Prüfung der richtigen Messanzeige innerhalb der Eichfehlergrenzen. Die Eichung von Messgeräten gehört in den Aufgabenbereich der Eichbehörden und deren Eichämter. Der Gesetzgeber schreibt in der Eichordnung vor, welche Geräte eichpflichtig sind und wie geeicht (geprüft) werden muss.

5.4.4 Produktionsräume

Wie oben erwähnt, können auch die Herstellungsräume einen großen Einfluss auf die Qualität eines Arzneimittels haben. Dies ist unmittelbar einleuchtend, wenn man sich die produktionstechnischen Abläufe und den damit verbundenen Materialfluss innerhalb der Herstellungsbereiche vor Augen hält. Hauptrisiken für das Arzneimittel während Herstellung und Lagerung sind hier die Kontamination durch Mikroorganismen, Kreuzkontaminationen und Verwechslungen von Ausgangsstoffen und Zwischenprodukten.

Allein durch die Raumaufteilung und die Installation gut zu reinigender Herstellungsbereiche ist somit eine deutliche Minimierung der Risiken der Verwechslung und Kreuzkontaminationen möglich. Die Verwendung moderner und leistungsfähiger Luftfiltereinheiten, die Installation spezieller Abflusssysteme sowie die Integration geeigneter Schleusen für Menschen und Material tragen wesentlich zum Schutz des Produktes vor mikrobiologischer Kontaminationen oder Ungezieferbefall bei.

Anforderungen

Wie bereits beim Thema Maschinen erörtert, müssen die Herstellungsräume gemäß GMP-Leitfaden zur Herstellung qualitativ hochwertiger Arzneimittel geeignet sein. Die Prüfung auf Eignung, also die Qualifizierung nach oben diskutiertem Schema, gilt folglich auch für Herstellungsräume.

Der EU GMP-Leitfaden stellt auch Anforderungen an die Beschaffenheit von Herstellungsräu-

men. Die Räumlichkeiten sollten z. B. so gelegen sein, dass das umgebungsbedingte Kontaminationsrisiko für Material oder Produkte unter Berücksichtigung der Schutzmaßnahmen bei der Herstellung minimal ist. Beleuchtung, Temperatur, Feuchtigkeit und Belüftung sollten geeignet und so beschaffen sein, dass sie weder direkt noch indirekt die Arzneimittel während der Herstellung und Lagerung oder das einwandfreie Funktionieren der Ausrüstung nachteilig beeinflussen.

Um das Risiko einer ernsten Gesundheitsschädigung durch Kreuzkontamination zu minimieren, müssen für die Produktion besonderer Arzneimittel, wie hochsensibilisierender Stoffe oder Zubereitungen (z. B. Penicilline) oder biologischer Präparate (z. B. aus lebenden Mikroorganismen), besondere, in sich geschlossene Räume zur Verfügung stehen. Die Produktion weiterer Produkte, wie bestimmter Antibiotika, Hormone, Cytostatika, hochwirksamer Arzneimittel sowie von Erzeugnissen, die keine Arzneimittel sind, sollten ebenfalls in besonderen Räumen bzw. sogar in gesonderten, ausschließlich hierfür genutzten Gebäuden erfolgen, sogenannten *dedicated areas*.

Generell sollten die Räumlichkeiten möglichst so angeordnet sein, dass die Produktion in logisch aufeinander folgenden Schritten erfolgen kann, entsprechend der Reihenfolge der Arbeitsgänge und den Reinheitsklassen. Ausgangsstoffe sollten normalerweise in einem separaten, für diesen Zweck geplanten Wägeraum gewogen werden.

Planung und Raumkonzepte

Wie kann ein geeigneter Herstellungsbereich aussehen? Nach EU-Leitfaden soll schon durch die Lage eine Minimierung des umgebungsbedingten Kontaminationsrisikos für Material oder Produkte sichergestellt werden. Es macht also Sinn, den Herstellungsbereich (auch GMP-Bereich) baulich durch ein Schleusensystem von den übrigen Bereichen (auch NON-GMP oder schwarze Bereiche) abzutrennen. In diesem GMP-Bereich lassen sich dann die im Leitfaden formulierten Anforderungen an Beleuchtung, Temperatur, Feuchtigkeit und Belüftung sowie der Schutz gegen das Eindringen von Insekten und gegen unbefugten Zutritt realisieren.

Ein Beispiel für die **Ausführung eines Schleusensystems** zum GMP-Bereich für Oralia, etwa die

5

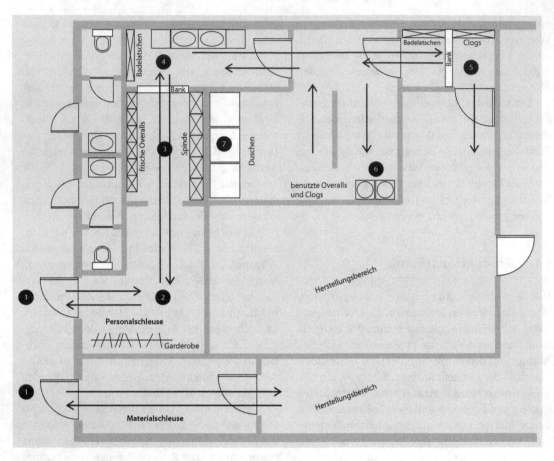

☐ Abb. 5.3 Raumkonzept für die Herstellung fester Arzneiformen (Oralia) mittels Schleusensystem

oben bereits mehrfach angeführten Kapseln gegen Bluthochdruck, ist in ☐ Abb. 5.3 skizziert. Es wird zwischen Material- und Personalschleuse unterschieden. Rohstoffe, Maschinen und Verbrauchsmaterial werden durch die Materialschleuse in den Herstellungsbereich gebracht. Es muss dabei sichergestellt werden, dass eine Kontamination des Bereichs durch verschmutzte Sekundärverpackungen (Transportkisten, Kartonagen, Holzpaletten etc.) vermieden wird. Gegebenenfalls muss eine Umverpackung außerhalb des Herstellungsbereichs durchgeführt werden, ohne dass eine Materialkontamination stattfindet.

Wie bei der Materialschleuse, wird bei der Personalschleuse über ein elektronisches Türverriegelungssystem sichergestellt, dass mindestens eine Tür des Schleusensystems immer geschlossen ist (1). Die Personalschleuse dient auch als Umkleide,

in der die normale Straßenkleidung (2) gegen die saubere Herstellungskleidung getauscht wird (3). In der Praxis werden je nach Produkt üblicherweise Baumwoll- oder synthetische Einmal-Overalls und Einmal-Kopfhauben als Arbeitskleidung eingesetzt. Da das Schuhwerk eine kritischste Kontaminationsquelle darstellt, wird häufig ein doppelter Tausch durchgeführt. Die Straßenschuhe werden zunächst gegen Badeschuhe getauscht (4), die dann unmittelbar vor dem Betreten des Herstellungsbereichs gegen die Reinraumschuhe, meist sterilisierbare Gummischuhe oder Clogs (5) getauscht werden. Die im Plan eingezeichnete Bank stellt eine Barriere dar, die immer an den durchzuführenden Schuhwechsel erinnert und in Verbindung mit entsprechenden SOPs (z. B. Straßenschuhe nur auf der einen Seite, Badeschuhe nur auf der anderen) die Kontaminationsgefahr minimiert. Vor Betreten des

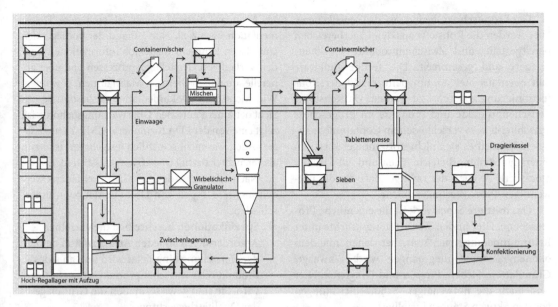

Containermischer
Mischen
Einwaage
Containermischer
Tablettenpresse
Dragierkessel
Wirbelschicht-Granulator
Sieben
Zwischenlagerung
Konfektionierung
Hoch-Regallager mit Aufzug

◻ **Abb. 5.4** Schematische Darstellung des Drei-Ebenen-Konzeptes der Feststoff-Fabrik Gödecke/Parke-Davis. Aus: © Ritschel, Bauer-Brandl (2002)

Herstellungsbereichs muss immer auch eine Händedesinfektion erfolgen und es müssen eine Kopfhaube und gegebenenfalls eine Bartbinde angelegt werden um die Kontaminationsgefahr durch Haare und Hautschuppen zu vermindern (4).

Beim Ausschleusen, das prinzipiell identisch, nur in umgekehrter Reihenfolge abläuft, wird die benutzte und somit kontaminierte Kleidung zur Reinigung gegeben bzw. entsorgt (6). Weil in Produktionsräumen für Solida Stäube auftreten können, gibt es noch die Möglichkeit (bzw. je nach Produkt auch Pflicht) zu duschen (7).

Neben der Minimierung des mikrobiologischen Kontaminationsrisikos für das Produkt spielt die Vermeidung von Kreuzkontaminationen und Verwechslungen eine ebenso wesentliche Rolle bei der Konzeption von Produktionsräumen. Laut Leitfaden sollen die Herstellungsbereiche so angeordnet sein, dass in logisch aufeinander folgenden Schritten produziert werden kann. Ein weiterer wichtiger Aspekt bei der Gestaltung des Herstellungsbereichs ist die produktionstechnisch sinnvolle, zweckmäßige Raumaufteilung. Hauptkriterien hierbei sind kurze Wege zwischen den einzelnen Stationen des Herstellungsprozesses sowie kurze Standzeiten von Zwischenprodukten und Halbfertigware bis zur

Weiterverarbeitung. Lange Standzeiten verändern oft die physikochemischen Eigenschaften von Zwischenprodukten, was wiederum Schwierigkeiten im Herstellprozess verursachen kann. So kann z. B. die Bildung von sekundären Agglomeraten durch Massendruck in Containern mit der Lagerzeit stark zunehmen.

Exemplarisch für eine moderne Fertigungsstätte für Solida sei hier das bei der Firma Gödecke/Parke-Davis umgesetzte Konzept erwähnt (◻ Abb. 5.4).

Hier wurde durchgängig ein **Drei-Ebenen-Konzept** realisiert. Dies hat den Vorteil, dass es durch die dreidimensionale Staffelung einerseits möglich ist, den Materialfluss zu optimieren, und andererseits durch den geschaffenen Raum Prozess- und Haustechnik-Bereich sauber von den eigentlichen Herstellungsbereichen getrennt werden können. Generell sollte es natürlich so wenige Technikräume wie nötig in den Herstellungsbereichen geben. Ganz lässt sich dies aber natürlich nicht vermeiden. Daher sollten diese Bereiche so angeordnet sein, dass sie von außen, also vom NON-GMP-Bereich aus, zugänglich sind, und Wartungs- und Reparaturarbeiten den Herstellungsablauf nicht verzögern oder die Produktqualität gefährden.

Das **Erdgeschoss** dient quasi als Logistikebene. Hier werden die Rohstoffe aus den Lagerbereichen bereitgestellt, und Zwischenprodukte zwischengelagert und gesammelt. Die fertige Bulkware fällt ebenfalls hier an, um dann direkt der Konfektionierung zugeführt zu werden. Da Rohstoffe, Zwischenprodukte und Produkte im Erdgeschoss ausschließlich in verschlossenem Containment anfallen, handelt es sich nicht notwendigerweise um einen Herstellungsbereich. Hier und im zweiten Stockwerk ist auch der richtige Platz für die notwendigen Prozesstechnikbereiche.

Das **mittlere Stockwerk** ist die eigentliche Prozessebene. Hier finden die Fertigungsschritte unter Reinraumbedingungen statt, bei denen mit dem offenem Produkt umgegangen wird: Einwaage, Granulation, Sieben, Pressen und Dragieren. Hier sind auch die notwendigen Schutzeinrichtungen vor den aktiven Stäuben installiert.

Das **Obergeschoss**, in dem neben den Mischschritten im Container im Wesentlichen die Beschickungen der Produktionsanlagen im Mittelgeschoss ablaufen, hat einen ähnlichen Status wie das Erdgeschoss. Auch hier wird nicht mit offenem Produkt umgegangen.

Wie gezeigt, durchlaufen also Rohstoffe und Zwischenprodukte mehrfach die Produktionsstätte in einem geschlossenen System von oben nach unten. Die notwendige Logistik wird von einer Software gesteuert, die den Materialfluss von dem linksseitig gelegenen Hochregallager zu den jeweiligen Verarbeitungsplätzen kontrolliert. Zum Materialtransfer zwischen den einzelnen Stockwerken ist ein Aufzug zwischen Hochregallager und Fertigungsräumen vorhanden.

5.4.5   Dokumentation

Eine gute Dokumentation ist ein wesentlicher Aspekt der pharmazeutischen Qualitätssicherung, denn nur was ordnungsgemäß dokumentiert ist, ist jederzeit nachvollziehbar. Klar und deutlich geschriebene Unterlagen verhindern Fehler, legen Abläufe fest, helfen bei der Steuerung und Überwachung von Fertigungsprozessen und erlauben somit die Rückverfolgung der Geschichte einer Charge vom Einkauf der Rohstoffe bis zur Auslieferung der Fertigware an einen Großhändler oder die Apotheke.

Auch aus Behördensicht ist eine gute Dokumentation essenziell. Nur anhand der vorliegenden Unterlagen kann ein Inspektor Informationen über den Verlauf von Herstellungsprozessen und über generelle qualitätssichernde Maßnahmen gewinnen. Wie wichtig die Dokumentation insbesondere aus Sicht der amerikanischen Überwachungsbehörde ist, zeigt eine von der FDA formulierte GMP-Kernaussage: »Alles, was nicht schriftlich festgehalten ist, kann als versuchter Betrug (*fraud*) aufgefasst werden.«

Nach Kapitel 4 des EU GMP-Leitfadens werden mehrere Typen von Dokumentationen unterschieden:

- **Spezifikationen** beschreiben die einzelnen Anforderungen an jeden Ausgangsstoff der bei der Herstellung eingesetzt wird und an jedes Produkt oder Zwischenprodukt, das gefertigt wird. Sie sind gewissermaßen die Grundlage der Qualitätsbewertung.
- **Herstellungsvorschriften**, wie z. B. die Master-Batch-Records und Verarbeitungs- und Verpackungsanweisungen definieren die eingesetzten Ausgangsstoffe und legen alle Vorgänge in der ganzen Verarbeitung und Verpackung fest.
- **Verfahrensbeschreibungen** (SOPs oder Standardarbeitsanweisungen) enthalten Bestimmungen für die Durchführung gewisser Arbeitsgänge wie Reinigung, Kleiderwechsel, Umgebungskontrolle, Probenahme, Prüfung und Einsatz von Geräten. Sie sind nicht an ein Produkt gebunden.
- **Protokolle** dokumentieren den Werdegang jeder Charge, einschließlich ihres Vertriebs, sowie alle anderen Sachverhalte, die für die Qualität des Fertigprodukts von Belang sind.

Da die Dokumentation sozusagen einen Speicher für alle Informationen zu einer gefertigten Charge darstellt, werden nicht nur an ihren Umfang, sondern auch an ihre Form hohe Ansprüche gestellt. Sie muss sorgfältig konzipiert und fehlerfrei sein. Sie soll schriftlich aber nicht handschriftlich vorliegen, da die Lesbarkeit der Unterlagen sehr wichtig ist. Weitere grundlegende Anforderungen an die Form sind Zulassungskonformität, Vollständigkeit, Übersichtlichkeit, Nachvollziehbarkeit, Auswertbarkeit, Eindeutigkeit, Unauslöschbarkeit und Aktualität. Alle Unterlagen sollten von kompetenten und befugten Personen genehmigt, unterzeichnet und datiert werden.

5.5 Sonderformen der Arzneimittelherstellung

5.5.1 Lohnherstellung

In fast allen Bereichen moderner Betriebe, also auch in der pharmazeutischen Fertigung, ist das sog. **Outsourcing** ein nicht wegzudenkender Baustein. Das Wort Outsourcing stammt aus dem amerikanischen Wirtschaftsleben. Die drei Vokabeln *outside* (= außen, außerhalb), *resource* (= Mittel, Schätze) und *using* (= gebrauchen) werden zu einem neuen Wort zusammengefasst. Das neu entstandene Wort entspricht im Wesentlichen dem, was beim Outsourcing tatsächlich geschieht: Die Nutzung externer Ressourcen, also die Verlagerung firmeninterner Vorgänge und Abläufe auf andere Firmen.

Wenn nun Bereiche der Arzneimittelfertigung, einzelne Produktionsteilschritte oder die komplette Fertigung vom Rohstoff bis zur Konfektionierung betroffen sind, so entbindet dies den pharmazeutischen Unternehmer nicht von seiner Verantwortung für die Arzneimittelqualität (laut AMG ist der pharmazeutische Unternehmer immer derjenige, der das Arzneimittel unter seinem Namen in den Verkehr bringt).

Entsprechend existieren auch Regelungen für den Fall, dass ein Arzneimittel ganz oder teilweise im Auftrag des Auftraggebers in einem anderen Betrieb (Auftragnehmer) hergestellt oder geprüft wird.

Nach EU GMP-Leitfaden ist der Auftraggeber verantwortlich für die Beurteilung der Kompetenz des Auftraggebers. Eine solche Kompetenzbeurteilung erfolgt üblicherweise im Rahmen der bereits früher angesprochenen **Audits**. Weiterhin muss der Auftraggeber dem Auftragnehmer alle nötigen Informationen liefern, damit dieser die in Auftrag gegebenen Arbeiten zulassungskonform ausführen kann. Es muss dabei sichergestellt sein, dass der Auftragnehmer sich über alle Probleme im Klaren ist, die mit dem Produkt oder der Arbeit in Zusammenhang stehen und ein Risiko für seine Räumlichkeiten, die Ausrüstung, das Personal oder für andere Materialien oder Produkte darstellen könnten.

Der Auftragnehmer hingegen ist zur Einhaltung der GMP-Regeln verpflichtet. Er muss über geeignete Räumlichkeiten und die erforderliche Ausrüstung, ausreichende Sachkenntnis und Erfahrung sowie über kompetentes Personal verfügen.

5.5.2 Herstellung klinischer Prüfmuster

Eine weitere Besonderheit bei der Produktion von Arzneimitteln ist die Herstellung klinischer Prüfmuster. Bevor ein Arzneimittel zugelassen wird, müssen nach § 22 AMG Untersuchungen zu Wirkungen und Nebenwirkungen am Menschen im Rahmen klinischer Untersuchungen durchgeführt worden sein. Unter einer klinischen Prüfung versteht man in diesem Zusammenhang eine Untersuchung der klinischen, pharmakologischen, pharmakodynamischen oder pharmakokinetischen Wirkungen von Prüfpräparaten an Menschen.

Hierzu ist es notwendig, das Medikament (Prüfpräparat) ohne eine entsprechende Zulassung herzustellen. Seit Anfang 2005 muss aber EU-weit ein Dossier, das Investigational Medicinal Product Dossier (IMPD), vor Durchführung der klinischen Studie eingereicht und von der Behörde genehmigt werden. Unter einem **Prüfpräparat** versteht man die Darreichungsform eines Wirkstoffs oder Placebos, die geprüft oder in einer klinischen Prüfung als Referenz verwendet wird. Dies können auch bereits zugelassene Präparate sein, wenn diese abweichend von der zugelassenen Form verwendet oder zusammengesetzt oder für eine nicht zugelassene Indikation verwendet werden. Solche Arzneimittel unterliegen gegenwärtig nicht den Rechtsvorschriften der EU für den Bereich Herstellung. Allerdings wurde bei der Verabschiedung der EU GMP-Richtlinien vereinbart, auch hier zu empfehlen, dieselben GMP-Grundsätze anzuwenden. Es wäre auch unlogisch, Prüfpräparate nicht so zu kontrollieren wie die Fertigarzneimittel, deren Prototypen sie sind.

Da aber bestimmte Herstellungsvorgänge bei klinischen Prüfpräparaten anders sein können als bei Marktware – z. B. werden diese üblicherweise nicht nach feststehenden Routineverfahren hergestellt und sind in der Anfangsphase der klinischen

Entwicklung möglicherweise noch nicht vollständig charakterisiert – behandelt Anhang 13 zum EU GMP-Leitfaden das Thema »Herstellung von klinischen Prüfpräparaten«.

Wie bereits oben angesprochen, kann der Herstellungsprozess für Prüfpräparate, selbst wenn es sich um ein Standardverfahren handelt, nicht in dem Maße validiert sein, wie dies bei einer Routineproduktion möglich ist. Weder die Herstellungs- noch die Testverfahren sind hierfür genug etabliert. Natürlich darf sich dies nicht auf die geforderte Arzneimittelqualität auswirken.

Während es sich bei der Produktion von Marktware üblicherweise um immer wiederkehrende Standardabläufe handelt, ist dies bei der Herstellung klinischer Prüfpräparate selten der Fall. Zum einen können sich sowohl die Produktspezifikationen als auch Herstellungsanweisungen im Verlauf der Entwicklung verändern, zum anderen variieren die Verpackungsanweisungen von Studie zu Studie je nach Studiendesign immens. So kann das Präparat beispielsweise einmal gegen ein Placebo, einmal gegen einen Komparator oder ein anderes Mal gegen unterschiedliche Dosisstufen des gleichen Präparats getestet werden. Gerade diese Vorgänge sind von allergrößter Wichtigkeit für die Integrität der klinischen Studien und erfordern gesonderte Kontrollmechanismen.

Für die Herstellung von klinischen Prüfpräparaten kann niemals sog. *dedicated equipment*, also Ausrüstung, die ausschließlich für die Herstellung eines Präparates genutzt wird, eingesetzt werden. Da die Toxizität der verarbeiteten Wirkstoffe oft noch nicht vollständig bekannt ist, ist die Reinigung der verwendeten Geräte und Maschinen besonders wichtig (Reinigungsvalidierung, vgl. ▶ Kap. 6.4.2).

Im Unterschied zur Marktware ist für die Herstellung von klinischen Prüfpräparaten ein schriftlicher Auftrag durch einen sog. Sponsor nötig. Ein Sponsor ist eine Person oder Organisation (z. B. die verantwortliche Abteilung in einem pharmazeutischen Unternehmen), die die Verantwortung für Beginn, Management und/oder Finanzierung einer klinischen Prüfung übernimmt. Der Auftrag des Sponsors sollte sich auf ein sog. genehmigtes Dossier der Produktspezifikationen beziehen. In diesem Dossier sind die notwendigen Informationen zur Verarbeitung, Verpackung, Qualitätskon-trolle, Chargenfreigabe, Lagerungsbedingungen und Versand aufgeführt.

Wie bereits angesprochen, kommt der Verpackung klinischer Prüfpräparate eine ganz besondere Bedeutung zu. Sie ist oft komplexer und anfälliger für Fehler (die meist auch schwieriger festzustellen sind) als die von bereits zugelassenen Präparaten. Klinische Prüfpräparate müssen für jeden in die klinische Prüfung einbezogenen Patienten individuell verpackt werden. Im Gegensatz zur Herstellung von zugelassener Marktware in großem Maßstab können die Chargen von Prüfpräparaten in verschiedene Verpackungschargen unterteilt und in mehreren Arbeitsgängen über einen bestimmten Zeitraum verpackt werden.

Eine weitere Besonderheit bei der Verpackung klinischer Prüfpräparate ist die Berücksichtigung der Patientenrandomisierung. Da es einerseits aus statistischen Gründen notwendig ist, eine randomisierte, also streng zufällige Zuteilung der Patienten zu den Therapiearmen durchzuführen, andererseits die Studienmedikation Patienten individuell verpackt werden muss, ist ein entsprechender Randomisierungsschlüssel bei der Verpackung zu berücksichtigen. »Weiterhin soll ein System zur ordnungsgemäßen Identifizierung der verblindeten Präparate eingeführt werden. Dieses System muss die Identifizierung und Rückverfolgbarkeit des Präparats (sog. Entblindung) ermöglichen.«

Im Unterschied zu zugelassenen Arzneimitteln dürfen Prüfpräparate erst nach einem zweistufigen Freigabeverfahren an ein Prüfzentrum bzw. einen Prüfarzt versandt werden: Der erste Schritt ist Freigabe des Präparates nach der Qualitätskontrolle (»technisches grünes Licht«). Hier wird die Einhaltung der geforderten Qualität des Prüfpräparates bestätigt. Der zweite Schritt ist die Genehmigung des Sponsors zur Verwendung des Präparates (»regulatorisches grünes Licht«). Hierdurch wird das Vorliegen der notwendigen Prüfgenehmigung nach § 40 AMG bestätigt.

5.6 Ausblick

Die pharmazeutische Industrie sieht sich in den kommenden Jahren mit vielen neuen Herausforderungen konfrontiert. An oberster Stelle steht der stark gestiegene Kostendruck. Die europäischen und japanischen Gesundheitsbehörden haben in den letzten Jahren umfassende Preissenkungen für Medikamente durchgesetzt, während die Zahl der Verschreibungen im gleichen Zeitraum kaum anstieg. Auf der Ausgabenseite machen sich die stark gestiegenen Entwicklungskosten und die längeren Entwicklungszeiten in Kombination mit dem früheren Auslaufen von schützenden Patenten bemerkbar.

Weiterhin findet in der Qualitätsbetrachtung der Gesundheitsbehörden ein deutliches Umdenken statt. Insbesondere die amerikanische FDA, aber auch die Europäische EMA sind im Begriff die Qualitätsrichtlinien für das 21. Jahrhundert neu zu definieren. Der neue **Quality by Design (QbD) -Ansatz** (vgl. ► Kap. 6.9) schließt in ganzheitlicher Weise sowohl die Entwicklung des Arzneimittels als auch den Herstellungsprozess in die Qualitätsbetrachtung ein.

5.6.1 Lean Manufacturing – Die pharmazeutische Produktion wird schlank

Wie sollen nun die steigenden Entwicklungskosten bei fallenden Margen kompensiert werden? »Lean Manufacturing« könnte ein wesentlicher Teil der Antwort auf diese Frage sein und die Produktion würde somit einen strategischen Beitrag zum Gesamtergebnis des Unternehmens leisten, durch den Umsatzrückgänge aufgrund veränderter Rahmenbedingungen zumindest teilweise kompensiert werden können.

Lean Manufacturing-Philosophie, also das magere oder schlanke Herstellen, entstammt ursprünglich dem Toyota-Produktionssystem, und basiert auf dem Grundgedanken, jegliche Verschwendung (japanisch *muda*) zu vermeiden. Mögliche Verschwendung reicht hierbei von der Produktion von Überschüssen, über ein Übermaß an Transport, Beständen, Wartezeiten, Bearbeitungsschritten, Korrekturen und Bewegungen bis hin zur Verschwendung der geistigen Fähigkeiten der Mitarbeiter.

Während diese Prinzipien einer schlanken Produktion ausgehend vom Automobilbau in vielen anderen Industrien umgesetzt wurden, ist die Pharmaindustrie bisher davon weitgehend unberührt geblieben. Dies mag daran liegen, dass Pharma-

prozesse sich erheblich von denen der Automobilindustrie unterscheiden. Trotzdem hat sich mittlerweile die Erkenntnis durchgesetzt, dass das Grundprinzip eines erfolgreichen Produktionssystems in jeder Branche anwendbar ist: Produktionsabläufe werden so gestaltet, dass die Wertschöpfung pro Prozessschritt maximiert und jedweder unnötige Einsatz von Ressourcen vermieden wird.

Kontinuierliche Optimierung der Abläufe

Um, wie oben ausgeführt, konsequent alle nichtwertschöpfenden Aktivitäten aus dem Produktionsprozess zu verbannen, müssen diese zunächst identifiziert werden. Am Anfang einer schlanken Produktion steht also immer die Analyse des kompletten Produktionsprozesses aus der Sicht des Endkunden (also des Patienten), denn der Wert, der durch die Produktion geschaffen wird, ist ja das Produkt (also das Arzneimittel), das die Kundenbedürfnisse zu einem bestimmten Preis und zu einer bestimmten Zeit befriedigt. Für die Analyse wird der gesamte Produktionsprozess in eine sog. **Wertstromkarte** (*value stream mapping*, oder *process mapping*) übertragen und auf Engpässe hin überprüft. Bei der Wertstromanalyse folgt man dem Weg des Produkts über alle Abteilungsgrenzen und Schnittstellen hinweg und hinterfragt gezielt bei jedem einzelnen Prozessschritt, ob er der Befriedigung von Kundenanforderungen dient, also wertschöpfend ist, oder nicht.

Um die aufgedeckten Schwachstellen zu beheben, bedient man sich sog. **Kaizen Workshops**. Kaizen (Kai = Veränderung; ZEN = zum Besseren) ist die Philosophie der kontinuierlichen Verbesserungen in allen Bereichen unter Einbeziehung aller Mitarbeiter (◘ Abb. 5.5). Der Fokus liegt bei dieser Methode auf einfachen, sofort implementierbaren Lösungen, die von den Beteiligten selbst umgesetzt werden können. Besondere Bedeutung kommt der Reorganisation der Arbeitsabläufe zu, um Wartezeiten speziell zwischen Produktion und QA und QC zu vermeiden.

Eine bessere Logistikplanung spart Kosten

Die Logistik hat definitionsgemäß die Aufgabe, räumliche und zeitliche Diskrepanzen zwischen

5

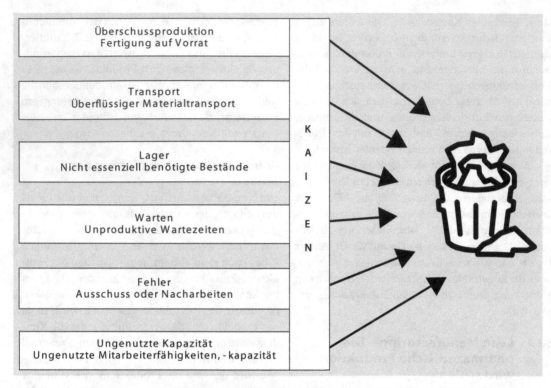

┃ **Abb. 5.5**   Kaizen-Konzept der bereichsübergreifenden kontinuierlichen Verbesserungen unter Einbeziehung aller Mitarbeiter

Entstehung und Verwendung von Gütern zu überbrücken. Dem Materialfluss entsprechend können **Logistikprozesse** unterteilt werden in die Beschaffungslogistik mit der Aufgabe, Rohstoffe oder sonstige betriebsexterne Produktionsfaktoren zu beschaffen und bereitzustellen, die Produktionslogistik, die den betriebsinternen Materialfluss zwischen Wareneingang und -ausgang sowie die Materialtransformation (alle Herstellungsprozesse von Rohstoffen bis zu Endprodukten) umfasst, die Vertriebslogistik, die für den Absatz der Produkte zuständig ist, und die Entsorgungslogistik, die die Beseitigung von Abfällen und Rückständen gewährleistet.

Von besonderem Interesse ist an dieser Stelle die Produktionslogistik, deren Hauptaufgaben die Verwaltung der Produktionsressourcen, die Produktionsplanung, die Materialbedarfsplanung, die Bestandsführung und Lagerverwaltung, die Zeit- und Kapazitätsplanung, die Betriebsdatenerfassung und das Produktionsmonitoring sind. Sie werden auch unter der Bezeichnung **Produktionsplanung und -steuerung (PPS)** zusammengefasst.

Obwohl eine schlecht abgestimmte Logistikkette ein wesentlicher Kostenfaktor sein kann, war sie in der Arzneimittelindustrie bislang von eher geringerem Rationalisierungsinteresse. Entsprechende Studien legen aber heute nahe, dass bis zur Hälfte der hier entstehenden Kosten durch effizienz- und effektivitätssteigernde Maßnahmen eingespart werden können. Die Erwartungen an die Pharmaindustrie waren in der Vergangenheit weniger durch schlanke Strukturen als vielmehr durch konstant hohe Lieferbereitschaft von allen Produkten sowie der Gewährleistung und Einhaltung von regulatorischen Auflagen getrieben. Die Folgen sind, gemessen an anderen Industriezweigen, hohe Lagerbestände mit Bestandsreichweiten (Zeit, die ein Material noch ausreicht, um den vorhandenen Bedarf zu decken) von oft über einem halben Jahr und einer hohen Kapitalbindung entlang der Wertschöpfungskette. Zum Vergleich: Die durchschnittliche Bestandsreichweite in der Konsumgüterindustrie beträgt nur zwei Monate.

Ein Beispiel soll das verdeutlichen: Ziehen wir nochmals unsere oben beschriebene Kapselherstellung heran und nehmen wir an, dass es aufgrund der langen Durchlaufzeiten üblich ist, Chargen auf Vorrat herzustellen und diese als Bulkware zu lagern, bis die nächste Bestellung eintrifft, um einen Lieferengpass zu vermeiden. Zwar wird so die Lieferzeit verkürzt, diesem Vorteil stehen aber auch erhebliche Kosten gegenüber. Die benötigten Rohstoffe müssen früher eingekauft, verarbeitet und getestet werden, was Kapital und Ressourcen bindet. Die produzierten Kapseln müssen länger zwischengelagert werden, was Lagerkosten verursacht. Durch die verkürzte Restlaufzeit geht man schließlich auch das Risiko ein, dass bei einem verspäteten Eingang der nächsten Bestellung die Produkte nicht mehr oder zeitlich nur noch eingeschränkt verwendbar sind.

Optimal wäre, dass nur das produziert wird, was wirklich gebraucht wird, und auch erst dann, wann es gebraucht wird. Dies gilt ebenso für Ausgangsmaterialien, wie für Zwischenprodukte und Fertigprodukte.

Um zu vermeiden, dass aus betriebsorganisatorischen Gründen Ware auf Lager produziert wird, und somit die Lagerkosten so niedrig wie möglich zu halten, wird in anderen Industrien oft mit dem ebenfalls von Toyota entwickelten **Kanban-System** gearbeitet. Kanban (japanisch für Kärtchen, Beleg) ist eine Methode der Produktionsablaufsteuerung, die sich ausschließlich am Bedarf einer verbrauchenden Stelle im Fertigungsablauf orientiert. Es ermöglicht eine nachhaltige Reduzierung der Bestände von Ausgangsstoffen, Zwischen- und Endprodukten.

Das Bedürfnis nach einem solchen System ergab sich aus der zu geringen Produktivität von Toyota im Vergleich zu amerikanischen Automobilkonzernen. Hohe und insbesondere auf der räumlich beengten Insel Japan kostenintensive Lagerbestände an Rohmaterial und Halbfertigmaterialien stellten das Hauptproblem dar. Die Produktion sollte also immer nur nach dem für den nächsten Arbeitsschritt notwendigen Teil verlangen. Die bedarfsorientierte Fertigung nach dem **Pull-Prinzip** (auch Holprinzip oder Zurufprinzip) war geboren.

Der Grundsatz des Kanban-Systems ist einfach: Im Gegensatz zur traditionellen Methode, wo man Material an nachfolgende Arbeitsgänge weiterleitet, wird der Transfer in umgekehrter Richtung durchgeführt. Der nachgelagerte Arbeitsgang entnimmt dabei bei einem vorgelagerten nur das gerade benötigte Teil in der benötigten Menge und zum benötigten Zeitpunkt (Just-in-Time-Prinzip). Die Voraussetzung hierfür ist eine klare Kommunikation, was in welcher Menge benötigt wird. Nur wenn Material gebraucht wird, wird der Zulieferer aufgefordert neue Rohstoffe anzuliefern. Diese Aufforderung wird durch ein Kanban-Kärtchen erteilt, das zusammen mit jeder Charge transportiert wird und zur neuen Anlieferung zurückgegeben wird. Es darf nur gefertigt werden, wenn ein Kanban-Kärtchen zur Fertigung vorliegt. Damit wird die terminorientierte Steuerung herkömmlicher Methoden durch die bedarfsorientierte Steuerung ersetzt.

Mit Hilfe von Kanban-Systemen lassen sich, wie wir gesehen haben, effektiv betriebsinterne Abläufe auf der operativen Ebene steuern. Man vermeidet also Arbeit und den Einsatz von Material, ohne dass ein Auftrag existiert. Wie aber stellt man sicher, dass der Auftrag tatsächlich den Marktbedarf wiederspiegelt?

Der klassische Pharma Logistikketten-Ansatz ist die **auftragsorientierte Fertigung** (»*make to order*«). Das bedeutet, dass die Fertigung im Wesentlichen erst nach Eingang des Kundenauftrages (der Kunde ist hier die das Produkt abnehmende Partei, z. B. die Vertriebsgesellschaft oder der Großhandel) begonnen wird. Da chargenweise produziert wird, geschieht dies natürlich nicht unmittelbar, sondern die eingegangenen Aufträge zu einem Produkt werden gesammelt und dessen Produktion in 4 wöchige Planungszyklen geplant.

Kombiniert man die Tatsache, dass der Auftrag ja nicht vom Patienten erteilt wird, sondern typischerweise über mehrere Zwischenstufen (Apotheke/Krankenhaus, Großhandel, Distributionszentrum, ggf. Vertriebsgesellschaft) weitergegeben wird mit den oft mehrwöchigen Lieferzeiten für Wirk- und Hilfsstoffe einerseits und der Forderung nach permanenter Lieferfähigkeit andererseits, dann wird deutlich, woher die langen Durchlaufzeiten und folglich die hohen Lagerbestände kommen.

Ein weiteres Problem ergibt sich aus den vielschichtigen Abhängigkeiten und der hohen

Komplexität dieser Zusammenhänge innerhalb der Logistikkette. Da dies zu beträchtlichen Planungsunsicherheiten einerseits führt, man andererseits aber eine Lieferunfähigkeit auf alle Fälle vermeiden will, wird sehr häufig mit Sicherheitsbeständen in den Lagern operiert, die Kosten verursachen.

Ein Weg aus diesem Dilemma ist eine engere Kopplung der Absatzprognose an die Produktionssteuerung. Erste Pharmaunternehmen haben bereits begonnen analog zu der Umorganisation der betriebsinternen Abläufe auf ein Pull-System mittels Kanban auf eine bedarfsorientierte Fertigung (*make to demand*) umzustellen. Das Ziel ist in Zukunft also, dass die tatsächlichen täglich variierenden Absatzbedarfe die Produktionsprozesse und die Nachschubsteuerung bestimmen. Die nötigen Informationen zu diesen täglichen Bedarfen könnten von strategischen Partnern (z. B. dem Pharmagroßhandel) kommen. Dieses **VMI-Konzept** (Vendor Managed Inventory), bei dem der Lieferant Zugriff auf Lagerbestandsdaten und Absatzprognosen des Kunden hat, ist in der Konsumgüterindustrie bereits etabliert.

Neue Technologien helfen Produktionsprozesse zu verbessern

Was nun die langen Durchlaufzeiten bei unserem Kapselherstellungsbeispiel angeht, so müssen die Ursachen hierfür analysiert und angegangen werden. Angestrebt wird immer der sog. Single Batch Flow, damit meint man, dass eine Charge im Idealfall ohne Unterbrechung und Zwischenlagerung durch den Prozess fließt. Dies bedingt eine genaue Taktung der Fertigungsabläufe mit der In-Prozess-Kontrolle und Qualitätskontrolle.

Auch in unserem Beispielprozess könnte also die Schnittstelle mit der Qualitätskontrollanalytik als eine Schwachstelle identifiziert worden sein: Aufgrund der erwähnten schlechten Pulverfließfähigkeit wurde während des Scale-Up eine Zwischenproduktkontrolle der Pulvermischung auf Homogenität eingeführt, um das Risiko einer Falschdosierung durch schlechte Durchmischung des Kapselpulvers im Containermischer zu verringern. Dazu ist es nötig, dass die gezogenen Pulverproben erst HPLC-analytisch untersucht werden, bevor die fertige Mischung zur Verkapselung frei-

gegeben wird. Dieser Schritt kann aufgrund der aufwendigen Probenzugsprozedur, der Durchlaufzeiten in der Analytik und der anschließenden formalen Freigabe des Zwischenproduktes den Prozess im ungünstigsten Falle mehrere Tage aufhalten.

Eine Möglichkeit diesen Flaschenhals im Prozess zu beseitigen, ist die nähere Anbindung der Qualitätskontrollanalytik an den Herstellprozess. Unnötige Wartezeiten durch schlechte Koordination können so vermieden werden.

Noch besser ist es, eine alternative Methode zur Untersuchung der Mischhomogenität zu haben, die ohne aufwendigen Probenzug und HPLC-Analytik auskommt. Moderne **PAT-Methoden** (Process Analytical Technology) stellen hier attraktive spektroskopische Verfahren zur Verfügung, die direkt in den Pulvermischprozess integriert werden können.

Optimal wäre es, wenn von vorneherein eine galenische Formulierung zum Einsatz käme, die derartige Kontrollen generell überflüssig macht. Dies kann in der Zukunft ein weiterer Aspekt des Quality by Design-Konzeptes sein: Schlanke, gut zu kontrollierende Herstellprozesse können nicht allein von der Produktion etabliert werden, sondern müssen bereits bei der Entwicklung der Formulierung und des Herstellprozesses berücksichtigt werden.

5.6.2 Chargen-basierte versus kontinuierliche Herstellung

Denkt man die Idee des Lean Manufacturing konsequent weiter, so gelangt man automatisch zu Herstellungsverfahren, bei denen alle nicht wertschöpfenden Schritte fast gänzlich eliminiert wurden. Die Wartezeiten, in denen ein Zwischenprodukt auf den nächsten Wertschöpfungsschritt wartet, entfallen und Lager können auf ein absolutes Mindestmaß reduziert wurden. Die Chargengrößen werden immer kleiner – was die Flexibilität stark steigert – und die bisher übliche statistische Qualitätskontrolle weicht einer kontinuierlichen Qualitätsprüfung wie oben erwähnt.

Solche **kontinuierlichen Herstellprozesse** mögen sich zunächst utopisch anhören, sind aber in anderen, verwandten Industriezweigen schon lange Realität. So wird in der chemischen und in der Nahrungsmittelindustrie vor allem für großvolumige Produkte schon seit Jahrzehnten auf kontinuierliche Fertigungstechniken zurückgegriffen. Die Herstellung pharmazeutischer Produkte basiert heutzutage immer noch fast ausschließlich auf dem Chargenkonzept. Aufgrund zahlreicher einleuchtender Vorteile besteht auch in der pharmazeutischen Industrie ein gestiegenes Interesse an kontinuierlichen Herstellmethoden. Neben der oben angesprochenen Optimierung der Wertschöpfungskette ergeben sich noch weitere Vorteile:

- Bessere Möglichkeit der Prozesssteuerung (*first-in-first-out principle*)
- Deutlich reduzierte Scale-Up-Aktivitäten und somit reduzierter Entwicklungsaufwand und -kosten
- Potenzial für Einsparungen bei den Investitionskosten für Herstellequipment und deren Betrieb

Für den letzten Punkt sind bei der kommerziellen Herstellung von Arzneimitteln zwei Faktoren verantwortlich, die merklich zur Kostenersparnis beitragen. Der erste ist der deutlich kleinere Raumbedarf (engl. *footprint*), den kontinuierliche Anlagen im Vergleich zu klassischen Anlagen für Chargen-basierte Prozesse haben. Man schätzt, dass dies z. B. bei der Feuchtgranulation zu einer Kostenreduzierung von bis zu 60 % führen kann, wenn eine deutlich kleiner ausgelegte kontinuierliche Herstelllinie mit der gleichen Kapazität wie eine herkömmliche Chargen-basierte verglichen wird. Dies rührt daher, dass neben den geringeren Investitionskosten bei einer kleineren Anlage auch kleinere Reinraumzonen und schwächer ausgelegte Lüftungssysteme ausreichen.

Der zweite wesentliche Faktor ist der reduzierte Personalbedarf und die somit niedrigeren Betriebskosten. Der Betrieb hochautomatisierter kontinuierlicher Herstelllinien ist deutlich weniger personalintensiv aufgrund der reduzierten Materialtransfers von einem Herstellschritt zum nächsten, eines reduzierten Reinigungsaufwandes, kürzerer Stillstandzeiten und der möglichen Reduzierung von Qualitätsprüfungen. Der deutlich geringere

Energiebedarf kleiner dimensionierter Anlagen und Herstellbereiche trägt ebenfalls zur Kostenreduzierung bei.

In welchem Maße die komplette kontinuierliche Herstellung von Arzneimitteln machbar und sinnvoll ist, muss jedoch erst noch die Praxis erweisen. Zwar liegen die theoretischen Vorteile auf der Hand, es gilt jedoch auch noch einige Probleme zu lösen. Die größte Hürde hierbei ist wahrscheinlich die Abkehr vom klassischen Chargenbegriff, auf dem das komplette Qualitätssystem der pharmazeutischen Industrie basiert. Die Abkehr von diesem System macht nicht nur die Etablierung völlig anderer Freigabeprozesse (parametrische Freigabe) nötig, sondern erfordert neben einem deutlich stärkeren Einsatz von Prozessautomatisierung und Analysenmesstechnik auch ein fundamental anderes Prozessverständnis.

5.6.3 Vermehrter Einsatz statistischer Methoden – Six Sigma hilft, die Produktqualität zu erhöhen

Ein weiterer wichtiger Kostenfaktor ist die Produktion von Ausschuss aufgrund mangelnder Qualität. In unserem Beispiel wird eine Wägesortierautomatik eingesetzt, die die unterfüllten Kapseln aussortiert. Obwohl pro Charge nur 1 % der Kapseln betroffen ist, kann sich dies leicht zu einem beträchtlichen Kostenfaktor entwickeln, wenn nur genügend viele Chargen gefertigt werden.

Solche Fragestellungen werden mit sog. Six Sigma-Methoden bearbeitet. Der Begriff **Six Sigma** ist aus der beschreibenden Statistik abgeleitet. Mit dem griechischen Buchstaben σ wird die wahre Standardabweichung einer Grundgesamtheit bezeichnet. Six Sigma steht für die sechsfache Standardabweichung, die idealerweise zwischen dem Mittelwert der kritischen Prozessparameter und den definierten Spezifikationsgrenzen liegen soll.

Mitte der 1980er Jahre wurde Six Sigma offiziell bei Motorola eingeführt. Motorola hatte zuvor den aufgrund mangelnder Produktqualität verlustreichen Fernsehgerätehersteller Quasar an den japanischen Elektronikkonzern Matsushita verkauft. Innerhalb kurzer Zeit schaffte man es bei Matsushita, eine bemerkenswerte Verbesserung der Produktqualität zu erreichen, so dass man bei Motorola so beeindruckt war, dass man die angewandte Methodik selbst übernahm, weiterentwickelte und auf die eigenen Prozesse anwandte.

Was ist nun Six Sigma? Six Sigma ist zunächst ein statistisches Qualitätsziel. Kernelement dieser Methodik ist die Beschreibung, Messung, Analyse, Verbesserung und Überwachung von Prozessabläufen mit statistischen Mitteln. Normalerweise kommt es bei einem Qualitätsmerkmal wie zum Beispiel dem Gewicht einer befüllten Hartgelatinekapsel zu unerwünschter Streuung in den Prozessergebnissen. Auch der berechnete arithmetische Mittelwert ist fast immer nicht identisch mit dem angestrebten Sollwert.

Im Rahmen einer sog. Prozessfähigkeitsuntersuchung werden solche Abweichungen vom Idealzustand in Beziehung zum Toleranzbereich des betreffenden Merkmals gesetzt. Die Standardabweichung als Streuungsmaß spielt hierbei eine wesentliche Rolle. Je größer die Standardabweichung, desto wahrscheinlicher ist eine Überschreitung der Toleranzgrenzen.

Gleiches gilt für die Lage des Mittelwertes. Je weiter der Mittelwert außerhalb des Zentrum des Toleranzbereichs liegt, desto größer ist die Wahrscheinlichkeit einer Überschreitung. Deswegen ist es sinnvoll, den Abstand zwischen dem Mittelwert und der nächstgelegenen Toleranzgrenze in Standardabweichungen zu messen.

Die Kernforderung von Six Sigma ist es, dass die nächstgelegene Toleranzgrenze mindestens 6 Standardabweichungen vom Mittelwert entfernt liegen soll. Nur wenn diese Forderung erfüllt ist, kann man davon ausgehen, dass praktisch eine »Nullfehlerproduktion« erzielt wird, die Toleranzgrenzen also so gut wie nie überschritten werden.

Bei der Berechnung des erwarteten Fehleranteils wird weiterhin berücksichtigt, dass in praxi praktisch jedes Qualitätsmerkmal Mittelwertschwankungen ausgesetzt ist. Es wäre folglich unrealistisch, davon auszugehen, dass der Abstand zwischen Mittelwert und der kritischen Toleranzgrenze immer konstant 6 Standardabweichungen beträgt. Im Rahmen von Six Sigma wird eine langfristige Mittelwertverschiebung um 1,5 Standardabweichungen einkalkuliert. Falls also eine solche Mittelwertverschiebung tatsächlich eintritt, ist der

Mittelwert statt 6 nur noch 4,5 Standardabweichungen von der nächstgelegenen Toleranzgrenze entfernt. Aus der Normalverteilungsfunktion lassen sich mit $\bar{x} = 1,5$ (für den Mittelwert) und $\sigma = 1$ für verschiedene Toleranzbereiche die Überschreitungswahrscheinlichkeiten berechnen. Diese werden oft in DPMO (*defects per million opportunities*, d. h. Fehler pro Million Fehlermöglichkeiten) angegeben.

Aus der Forderung nach Six Sigma ergibt sich eine maximale Überschreitungswahrscheinlichkeit von 3,4 DPMO. Dies bedeutet, dass nur bei 3,4 von 1.000.000 gefertigten Einheiten ein Wert auftritt, der auf der Seite mit der nächstgelegenen Toleranzgrenze um mindestens 4,5 Standardabweichungen vom Mittelwert abweicht und somit die Toleranzgrenze überschreitet. Umgekehrt kann man auch für den Anteil an Ausschuss eines bestehenden Prozesses das Sigma-Niveau berechnen und so abschätzen, wie das Verhältnis von Toleranzgrenzen und Prozessstreuung liegt. Mit unserem Kapselabfüllprozess befinden wir uns bei einem Sigma-Wert von 3,83, was 6.890 DPMO entspricht.

Wie erreicht man nun die angestrebte Qualitätsverbesserung? Die am häufigsten eingesetzte Six-Sigma-Methode ist der sog. **»DMAIC«-Zyklus**. DMAIC steht für die fünf Phasen eines Six Sigma-Projektes: *define, measure, analyse, improve, control* (Definieren, Messen, Analysieren, Verbessern und Steuern).

In der Definieren-Phase wird der zu verbessernde Prozess identifiziert und dokumentiert sowie das Problem beschrieben. Im Rahmen der Messphase wird eine wiederholbare und reproduzierbare Messung des Prozessergebnisses sichergestellt. Während der anschließenden Analysephase ermittelt man die Einflussfaktoren auf den Prozess, die es zu kontrollieren gilt. Nachdem diese Einflussfaktoren ermittelt worden sind, werden diese in der Verbessern-Phase so optimiert und spezifiziert, dass der Prozess dauerhaft auf dem angestrebten Niveau gehalten werden kann. Alle dazu notwendigen Kontrollmechanismen werden danach in der Steuerphase im Prozessablauf verankert, und der neue Prozess wird mit statistischen Methoden überwacht.

Seit einigen Jahren wird Six Sigma in vielen Implementierungen mit den Methoden des Lean

Management kombiniert und als **Lean Six Sigma** bezeichnet. Da sich die Lean- und Six Sigma-Vorgehensweise ideal ergänzen, nutzen moderne Pharma-Produktionssysteme sinnvollerweise beides.

Literatur

1   Bieber U et al. (2011) Risikomanagement in der Pharmaindustrie. Editio Cantor Verlag, Aulendorf
2   Die Regelung der Arzneimittel in der Europäischen Union Band 4 – Leitfaden für die gute Herstellungspraxis: Humanarzneimittel und Tierarzneimittel, Ausgabe 1999, EUROPÄISCHE KOMMISSION, Generaldirektion III – Industrie, Arzneimittel und Kosmetika
3   Feiden K (1998) Betriebsordnung für pharmazeutische Unternehmer. Deutscher Apotheker Verlag, Stuttgart
4   Gesetz über den Verkehr mit Arzneimitteln (AMG) Hauser M (2001) Arzneimittelqualität: Vom Ausgangsstoff zum Arzneimittel, DAV
5   Künzel J (1994) In: *Pharm Ind* 56:1085
6   Lücke T, Andruschek C (1998) Grundsätze der Gestaltung von Fertigungsstätten für steroidhaltige Arzneimittel. Berichte aus Technik und Wissenschaft 77
7   Ritschel WA, Bauer-Brandl A (2002) Die Tablette – Handbuch der Entwicklung, Herstellung und Qualitätssicherung. Editor Cantor Verlag
8   Völler RH (1997) Qualitätssicherungssystem, Inprozesskontrolle und Freigabeverfahren? Einige Aspekte aus amerikanischer, europäischer und deutscher Sicht. In: *Pharm Ind* 59

Gewährleistung der Produktsicherheit auf hohem Niveau – Qualitätssicherung bei der Herstellung und Prüfung von Arzneimitteln

Hagen Trommer

6.1   Einleitung

Die vom Gesetzgeber geforderte Sicherheit von Arzneimitteln umfasst verschiedene Aspekte. So kann zwischen **Abgabesicherheit, Informationssicherheit und Produktsicherheit** unterschieden werden. Faktoren zur Gewährleistung der Abgabesicherheit sind beispielsweise Verschreibungspflicht und Apothekenpflicht von Arzneimitteln. Informationssicherheit wird unter anderem durch Gebrauchsinformationen und Fachinformationen erhöht, und die Produktsicherheit soll garantiert werden durch vorgeschriebene Zulassungsverfahren einerseits und eine adäquate Qualitätssicherung bei der Fertigung und anschließenden Prüfung sowie Freigabe der Arzneimittel andererseits. Die **Qualitätssicherung** beinhaltet dabei die Gesamtheit aller Maßnahmen, die getroffen werden müssen, damit Arzneimittel die für den beabsichtigten Gebrauch erforderliche Qualität aufweisen.

Diverse **Arzneimittelzwischenfälle**, die teilweise auf mangelnder Beachtung qualitätssichernder Maßnahmen beruhten, führten seit den 1960er Jahren zur Implementierung und ständigen Weiterentwicklung festgeschriebener Qualitätsgrundsätze, die bei der Herstellung von Arzneimitteln zu beachten sind. Derartige Grundsätze der »Guten Herstellungspraxis« für Arzneimittel (**Good Manufacturing Practice – GMP**) existieren von verschiedenen Organisationen, die in Fragen der Qualitätssicherung im Arzneimittelbereich involviert sind. So gibt es seit 1967 den GMP-Leitfaden der Weltgesundheitsorganisation (WHO), seit 1972 jenen der Pharmaceutical Inspection Convention (PIC) und seit 1989 den **EU GMP-Leitfaden** der EU-Kommission mit seinen Annexen zu speziellen Themen. Weitergehende Ausführungen zu den Gemeinsamkeiten und Unterschieden der GMP-Regelwerke sowie Erläuterungen zu deren Historie und Rechtsverbindlichkeit finden sich im Kapitel 5.

Um die Aktivitäten der Qualitätssicherung während des gesamten Lebenszyklus eines Arzneimittels abzudecken, verwendet man häufig die Abkürzung **GxP**. Das x wird dabei als Platzhalter eingesetzt, der suggerieren soll, dass im konkreten Fall nicht nur die Einhaltung der GMP-Forderungen während Entwicklung, Produktion, Lagerung bzw. Vertrieb angesprochen wird, sondern beispielsweise auch die »Gute Praxis« bei der Laborarbeit bzw. bei klinischen Prüfungen in die Darstellung einbezogen ist (**GLP – Good Laboratory Practice, GCP – Good Clinical Practice**).

6.2   Von der Qualitätskontrolle zum Qualitätsmanagement

Das von dem lateinischen Wort *qualitas* (Beschaffenheit) abgeleitete Substantiv Qualität wird im heutigen Sprachgebrauch als Synonym für Eigenschaft, Güte bzw. Wert verwendet. Es unterlag im Laufe der Zeit, bedingt durch erhöhte Verbraucheranforderungen, steigenden Konkurrenzdruck, gesetzliche Regelungen und den allgemein stattfindenden Wertewandel innerhalb der Gesellschaft, einem Bedeutungswandel von einer ursprünglich wertfreien Vokabel hin zu einem wertenden Begriff. Die Qualitäts-Leitlinie DIN ISO 8402 des Deutschen Instituts für Normung definiert Qualität als »die Gesamtheit von Merkmalen (und Merkmalswerten) einer Einheit bezüglich ihrer Eignung, festgelegte und vorausgesetzte Erfordernisse zu erfüllen«.

Die Änderung dieser Erfordernisse im Laufe der Zeit sowie der zuvor beschriebene Wandel im Qualitätsverständnis zeigten sich auch in den Maßnahmen zur Gewährleistung der Qualität (◘ Abb. 6.1). So wird nicht mehr nur am Ende eines Prozesses die Erfüllung von Spezifikationen abgeprüft, sondern die **Qualitätskontrolle** ist zu einem geplanten, gesteuerten, systematischen Prozess, einem **Qualitätsmanagement** geworden. Es erfolgte eine Entwicklung von der Produkt-und Technikorientierung hin zur Prozessorientierung auch bei der Fertigung von Arzneimitteln. Formal lief diese Entwicklung wie in Abb. 6.1 dargestellt und zeitlich definiert in vier Stufen ab. Stufe 1 war jene der **Qualitätssicherung** durch Kontrolle. Dabei wurde die Qualität der produzierten Arzneimittel von einer von der Produktion unabhängigen Abteilung nach vorher erarbeiteten Monographien im Sinne einer 100 %-Kontrolle geprüft, d. h. es erfolgte die Untersuchung der gesamten produzierten Ware und auf dieser Basis die Entscheidung über eine Marktfreigabe oder gegebenenfalls eine Vernichtung bzw. Umarbeitung.

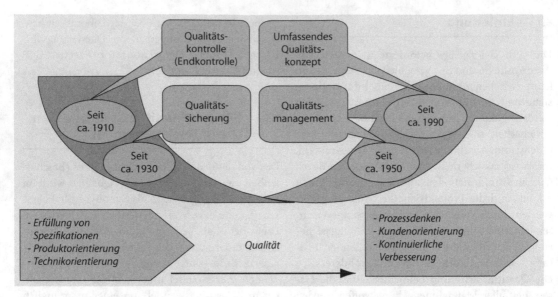

Abb. 6.1 Die Veränderung der Verfahren zur Sicherung der Qualität pharmazeutischer Produkte im Lauf der Zeit

Die Entwicklung effizienterer Herstellverfahren führte schließlich zu einem höheren Ausstoß an Fertigware und damit auch zu einem erhöhten Prüfaufwand, der eine 100 %-Kontrolle nicht mehr praktikabel sein ließ. Als Stufe 2 kann somit die Qualitätssicherung durch die auf Prüfplänen basierende statistische Kontrolle genannt werden, bei der nunmehr lediglich Stichproben untersucht werden.

Die Erkenntnis des Menschen als wesentliche Einflussgröße auf die Qualität und die Erarbeitung von Präventivmaßnahmen im Sinne des GMP-Konzeptes lassen sich als Stufe 3 der Entwicklung definieren. Dabei ist festzustellen, dass damit – wie auch die Bezeichnung Qualitätsmanagement verdeutlichen soll – eine höhere Dimension der Qualitätssicherung erreicht worden ist. Gekennzeichnet ist diese Stufe – neben dem ständigen Entwickeln und Verbessern von Regeln und Prozessen, um die gestellten Anforderungen zu erfüllen – dadurch, dass die Verwaltung durch ein **Qualitätsmanagementsystem** erfolgt mit dem Ziel des sinnvollen Zusammenwirkens von Mitarbeitern, Technik und Organisation.

Das als Stufe 4 charakterisierte noch umfassendere Qualitätskonzept beinhaltet eine firmenübergreifende Unternehmensphilosophie, die die Mitarbeit aller Beteiligten erfordert und neben der Qualität sehr viele weitere Aspekte einschließt, z. B. Sicherheit, Umweltschutz, Wirtschaftlichkeit und Effizienz. Superlativ werden derartige Ansätze häufig als **Totales Qualitätsmanagement** bezeichnet (**Total Quality Management – TQM**), um die Steigerung zur vorhergehenden Stufe zu unterstreichen. Qualität wird dabei als Systemziel betrachtet und soll durch fortwährende, durchgängige und alle Bereiche eines Unternehmens erfassende, aufzeichnende, sichtende, organisierende und kontrollierende Tätigkeiten dauerhaft garantiert werden.

6.3 Organisation der Qualitätssicherung in einem pharmazeutischen Unternehmen

Verbindliche detaillierte Vorgaben für die Verteilung der Verantwortlichkeiten innerhalb eines pharmazeutischen Unternehmens bei der Durchführung der vielfältigen Qualitätssicherungsaktivitäten, die sich aus den GMP-Regelwerken ergeben, existieren nicht.

Innerhalb des Spagats zwischen **zentraler Qualitätssicherung** auf der einen Seite und der Notwendigkeit der weitestgehenden Delegation von Qualitätssicherungsaufgaben an die Mitarbeiter der Fachfunktionen auf der anderen Seite obliegt es dem jeweiligen Unternehmen, die unter den speziellen Bedingungen am besten geeignete, optimale Organisationsstruktur festzulegen. Entsprechend unterschiedlich ist auch die Strukturierung und Eingliederung der Qualitätssicherungsfunktionen in verschiedenen pharmazeutischen Firmen.

So ist eine organisatorische Ansiedlung der Qualitätssicherung als eigenständiger Betriebsteil mit Unterabteilungen für beispielsweise die Qualitätskontrolle (Labor), die Dokumentation und die Freigabe von Ausgangsstoffen und Fertigware ebenso denkbar wie eine Qualitätssicherungsfunktion als selbstständiger Bereich neben Kontroll-Labor und weiteren funktionalen Einheiten, die Qualitätssicherungsaufgaben wahrnehmen.

Gefordert wird bei aller gestalterischen Freiheit der pharmazeutischen Unternehmen jedoch sowohl in den GMP-Regelwerken als auch in den Ausführungen der DIN ISO 9000-Normenreihe zum Qualitätsmanagement und zur Qualitätssicherung – wichtige, allgemeingültige Dokumente auf dem Gebiet der Qualitätssysteme – eine unabhängige, direkt der Geschäftsleitung unterstellte Qualitätssicherung. Diese Maßgabe ist der Gewährleistung der unabhängigen Durchführung qualitätssichernder Maßnahmen im Unternehmen, wie z. B. interne Audits und Selbstinspektionen, geschuldet. Damit in Zusammenhang steht die Notwendigkeit der Sicherstellung der unabhängigen Durchführung von Qualitätsprüfungen und den darauf beruhenden Freigabeentscheidungen einerseits und der bereits beschriebenen Überwachung der Einhaltung der Bestimmungen der »Guten Herstellungspraxis« andererseits.

6.4 Validierung – das Zauberwort der Pharmaindustrie

Der Begriff Validierung ist schon längst nicht mehr aus dem pharmazeutischen Sprachschatz der heutigen Zeit wegzudenken. Er wird mittlerweile nicht mehr nur allein in der pharmazeutischen Industrie häufig verwendet, sondern ist auch an den Universitäten Bestandteil des Ausbildungsplanes der zukünftigen Apothekerinnen und Apotheker. Doch was bedeutet das Wort **Validierung** eigentlich?

Was genau verbirgt sich hinter dem Konzept der Validierung? Welche Aktivitäten gehören zu einer Validierung? Warum wurde dieses Konzept in der industriellen Pharmafertigung im Laufe der Jahre so überaus wichtig?

Schlägt man die Vokabel *validation* in einem englischen Wörterbuch nach, erhält man als Übersetzung Gültigkeitserklärung, Bestätigung, Beweis bzw. Nachweis.

Diese Bedeutung deckt sich sehr gut mit der Definition des Begriffs Validierung aus dem bereits erwähnten EU GMP-Leitfaden. Dort wird Validierung definiert als »die Beweisführung in Übereinstimmung mit den Grundsätzen der guten Herstellungspraxis, dass Verfahren, Prozesse, Ausrüstungsgegenstände, Materialien, Arbeitsgänge oder Systeme tatsächlich zu den erwarteten Ergebnissen führen.« Die Rechtsverbindlichkeit des EU GMP-Leitfadens in Deutschland ist durch die **Arzneimittel- und Wirkstoff-Herstellungsverordnung (AMWHV)**, dem Nachfolger der **Betriebsverordnung für pharmazeutische Unternehmer (PharmBetrV)** sichergestellt. Neben der Verpflichtung zur Einhaltung der EU GMP-Regeln in §3, Absatz 2, befindet sich in der AMWHV in § 13, Absatz 5 die Aufforderung: »Die zur Herstellung angewandten Verfahren sind nach dem jeweiligen Stand von Wissenschaft und Technik zu validieren.«

Eine eingängigere und prägnantere Definition des Begriffs Validierung gab E.M. Fry von der amerikanischen Zulassungsbehörde Food and Drug Administration (FDA) 1982 in Dublin auf der 1. Validierungskonferenz der PIC. Für Fry bedeutet Validierung nichts anderes als die Erbringung des Beweises, dass ein Verfahren funktioniert, und er definierte daher kurz und unmissverständlich: »To prove that a process works is, in a nutshell, what we mean by the verb to validate.«

Eine weitere Definition, auf die heute noch sehr oft zurückgegriffen wird, stammt von K. Chapman aus dem Jahr 1991. Sie beschreibt den schon fast sprichwörtlich gewordenen Zusammenhang zwischen Validierungsaktivitäten, GMP und dem gesunden Menschenverstand (oft in Anlehnung an die GxP-Begrifflichkeiten als »GMV« abgekürzt): »In today's pharmaceutical industry, whether you are thinking about a computer system, a water treatment system, or a manufacturing process, validati-

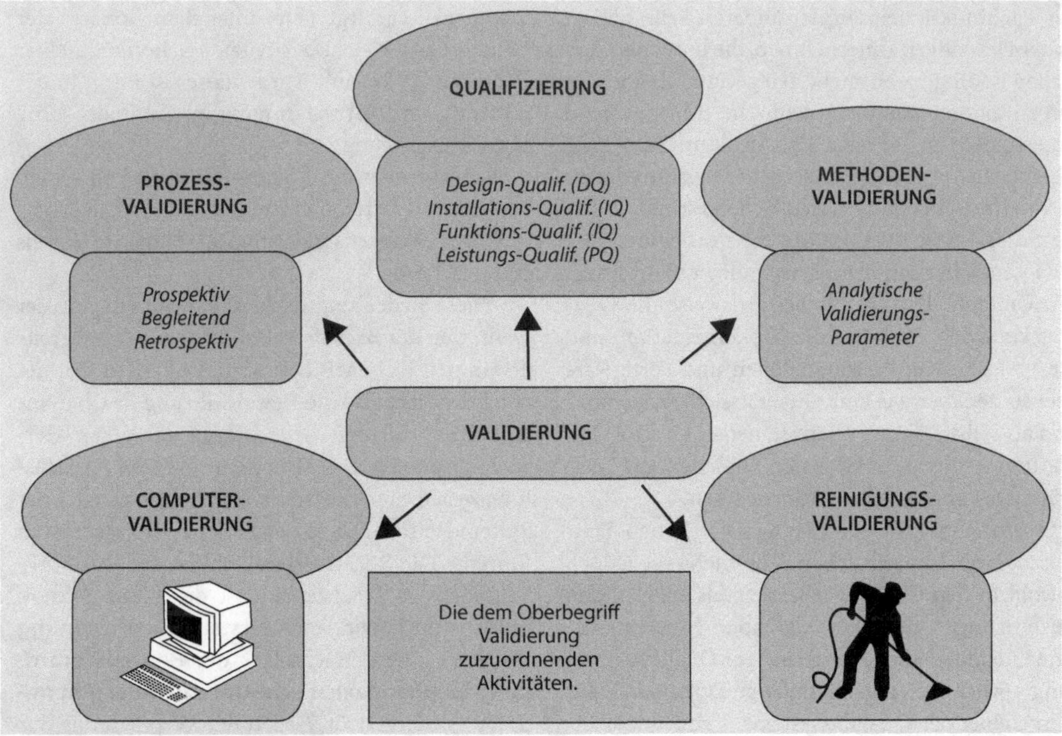

Abb. 6.2   Die Varianten der Validierung bei der Arzneimittelherstellung

on means nothing more than well-organized, well-documented common sense.«

In englischen Wörterbüchern tauchte der Begriff *validation* 1648 zum ersten Mal auf. In die pharmazeutische Welt hielt er allerdings erst gegen Ende der 1970er Jahre Einzug. Dort wurde das Konzept zunächst bei der Sterilfertigung von Arzneimitteln zur Herstellung von Parenteralia eingeführt und im Anschluss auch für alle übrigen Arzneiformen gefordert. Seit ca. 1980 wird das Konzept der Validierung ein Thema für verschiedene pharmazeutische Organisationen, und es erscheinen Papiere, die den Umfang der nötigen Validierungsaktivitäten definieren und somit den Umgang mit dem neuen Konzept sowie seine Einführung in die Pharmafertigung erleichtern sollen.

Validierung kann als übergeordneter Begriff betrachtet werden und fasst bei dieser Sichtweise alle Aktivitäten zusammen, die den Nachweis der Eignung qualitätsrelevanter Objekte erbringen (Abb. 6.2).

Dies können sowohl Prozesse (**Prozessvalidierung**), Methoden (**Methodenvalidierung**), Reinigungsverfahren (**Reinigungsvalidierung**) oder Geräte, Anlagen und Einrichtungsgegenstände sein. Im letzteren Fall spricht man von der **Qualifizierung.** Sind diese Geräte allerdings Computer bzw. datenverarbeitende Systeme, ist wiederum von **Computervalidierung** die Rede. Somit besitzt das Wort Validierung in Verbindung mit datenverarbeitenden Systemen eine Hybridbedeutung. Einerseits hat die Validierung der den Ausrüstungsgegenständen zugehörigen Hardware der datenverarbeitenden Systeme den Charakter einer Qualifizierung und kann auch – wie im entsprechenden Absatz erläutert wird – als solche abgearbeitet und dokumentiert werden, andererseits ist die Bewertung der Validität der zum Einsatz kommenden Software aufgrund des Prozesscharakters eine mit der Prozessvalidierung bei der Fertigung von Produkten vergleichbare Aktivität.

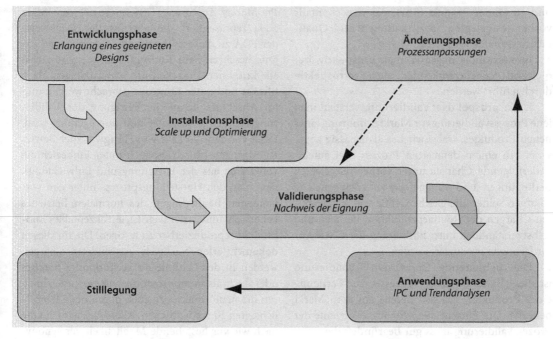

Abb. 6.3 Das Lebenszyklus-Modell von Prozessen

6.4.1 Prozessvalidierung

■ Abb. 6.3 zeigt die Anwendung des sog. Lebens-zyklus-Modells auf Prozesse. Es ist erkennbar, dass die Validierung ein wichtiger fester Baustein dieses Lebenszyklus ist, der nach der Entwicklung und Installation eines Fertigungsverfahrens steht und seiner Anwendung im Routinebetrieb vorausgeht.

In der Anwendungsphase wird durch **In-Pro-zess-Kontrollen (IPC)** und **Trendanalysen** stets abgeprüft, ob der validierte Zustand noch ge-geben ist. Prozessanpassungen und Prozessän-derungen zur weiteren Optimierung (siehe Ab-schnitt zu Änderungen und Änderungsmanage-ment) gehören ebenfalls zum Lebenszyklus eines Fertigungsprozesses. Die Stilllegung des Verfah-rens beendet diesen schließlich. Allerdings ist die Prozessvalidierung nicht nur Teil eines der artigen Lebenszyklus, sondern es lässt sich auch für sie selbst im Sinne des »Life Cycle Approach to Process Validation« (im Gegensatz zum sog. Empirical Approach to Process Validation) ein eigener solcher Zyklus definiert, der vierstufig ist und den Prozess-Lebenszyklus teilweise über-

lappt. Er umfasst die Phasen Planung der Aktivi-täten (*design*), Bestätigung der **Prozessfähigkeit** und damit Validierbarkeit (*confirm*), Überwa-chung der Prozesse (*monitor*) und Bewertung der Ergebnisse (*assess*) und startet nach Ände-rungen bzw. Abweichungen mit einer erneuten Planungsphase. Die Prozessvalidierung kann da-mit als prozessbezogener Ausdruck sowohl eines neuen Qualitätsverständnisses als auch des oft zitierten GMP-Kernsatzes »Qualität darf nicht in Produkte hineingeprüft werden, sondern muss produziert werden« verstanden werden. Damit wurde eine Trendwende in der Pharmafertigung eingeleitet. Nicht allein die Endkontrolle war nunmehr wichtigstes Qualitätskriterium, son-dern es wurde vielmehr der Fertigungsprozess in den Mittelpunkt gestellt und hier Qualitätssiche-rung und auch beeinflussung bereits während des Herstellverfahrens gefordert. Unter Prozess-validierung versteht man nach der Definition im Glossar des Annex 15 zum EU GMP-Leitfaden den dokumentierten Nachweis, dass ein Prozess, wenn er innerhalb vorher festgelegter Parameter gefahren wird, effektiv und reproduzierbar ist und zu einem Produkt führt, das den ebenfalls vorher festgelegten Spezifikationen und Qualitätsmerkmalen entspricht.

Prozessvalidierungen können **prospektiv, begleitend (*concurrent*)** oder auch **retrospektiv** durchgeführt werden.

Unter **prospektiver Validierung** versteht man jene Prozessvalidierung vor Markteinführung eines neuen Produktes. Dabei wird es als zulässig angesehen, in einem definierten Prozess drei aufeinanderfolgende Chargen unter vorher festgelegten Bedingungen und Parametern zu erzeugen. Die Chargen sollten die gleiche Größe wie die geplanten Chargen der Routineproduktion besitzen und selbstverständlich unter Einhaltung der GMP-Anforderungen produziert werden.

Die **begleitende (*concurrent*) Validierung** ist die Validierung eines Prozesses zur Fertigung eines Produktes, das sich bereits auf dem Markt befindet. Die Entscheidung für diese Variante der Prozessvalidierung muss gut begründet, diese Begründung dokumentiert und schließlich von den Entscheidungsträgern genehmigt werden. Die Anforderungen an die Dokumentation sind mit denen der prospektiven Validierung identisch.

Eine Sonderform stellt die **retrospektive Prozessvalidierung** dar. Sie darf nur bei etablierten und häufig genutzten Prozessen angewendet werden und ist eine »Papiervalidierung«, die sich auf eine bereits vorhandene Dokumentation bezieht. Hier reichen die drei bei der prospektiven Validierung als genügend erachteten Chargen nicht mehr aus. Es müssen 10 bis 30 aufeinanderfolgende Chargen untersucht und in die Validierung einbezogen werden. Eine retrospektive Validierung verbietet sich, wenn kurz vorher Änderungen in der Produktzusammensetzung oder im zur Produktion verwendeten Equipment erfolgt sind.

Eine in letzter Zeit häufig in den entsprechenden Gremien und der Literatur diskutierte Frage ist die nach der Notwendigkeit der Fertigung der allgemein akzeptierten drei aufeinanderfolgenden Chargen bei der prospektiven Prozessvalidierung, bevor ein neuer Wirkstoff oder ein neues Fertigarzneimittel zum Verkauf freigegeben werden kann. Die FDA-Compliance Policy Sec. 490.100 »*Process Validation Requirements for Drug Products and Active Pharmaceutical Ingredients Subject to*

Pre-Market Approval« (CPG 7132c.08) vom März 2004 repräsentiert die gegenwärtige Denkweise der FDA zu diesem Thema. Die Compliance-Leitlinie beschreibt ein Konzept, nach dem zunächst alle kritischen Ursachen für Schwankungen identifiziert und unter Kontrolle gebracht werden und im Anschluss daran die Fertigung der Validierungschargen vorbereitet und durchgeführt wird. Es ist vor dem Verkauf von Fertigware der Beweis zu erbringen (durchaus auch unter Einbeziehung von Daten aus der Forschung und Entwicklung), dass man den Herstellungsprozess unter den vorhandenen Bedingungen des normalen Betriebes beherrscht und in der Lage ist, ein akzeptables Endprodukt reproduzierbar zu fertigen. Die für diesen dokumentierten Nachweis verwendeten Chargen werden in der Leitlinie als *conformance batches* oder auch als *demonstration batches* bezeichnet, um die neue Denkweise auch durch neue Begrifflichkeiten zu verdeutlichen. Allerdings wird auf die nach wie vor bestehende Möglichkeit der synonymen Bezeichnung dieser Chargen als *validation batches* explizit hingewiesen. Zum Nachweis der Prozessbeherrschung ist keine minimale Anzahl an Chargen festgelegt, allerdings sollte eine Rationale für die Entscheidung existieren sowie in jedem Fall eine wissenschaftlich begründete Handhabung der Prozessvalidierung erfolgen.

Die Compliance-Leitlinie sollte damit die Schwächen des FDA-Dokumentes *Guideline on General Principles of Process Validation* von 1987 bzw. des beschriebenen traditionellen Prozessvalidierungsansatzes ausgleichen und einerseits zur Erlangung eines tieferen Prozessverständnisses anregen sowie andererseits dafür sensibilisieren, Prozessänderungen und -optimierungen nicht als zu vermeidende, eher negative, sondern als notwendige, die Effizienz steigernde Maßnahmen anzusehen. Des Weiteren soll die Gewichtung der nahezu magisch gewordenen drei pharmazeutischen Validierungschargen als Beweis der Prozessreproduzierbarkeit herabgemindert werden. Die Fortsetzung dieses Prozesses der Implementierung neuerer Qualitätselemente auch in das Konzept der Validierung stellte die Publikation des Entwurfs einer neuen Prozessvalidierungs-Guideline der FDA *Process Validation: General Principles and Practises* im Dezember 2008 dar, die das oben genannte veraltete

Papier von 1987 ersetzen soll. Nach intensiver kontroverser Diskussion dieses FDA-Vorschlages durch alle Interessengruppen (Behörden, Industrievertreter etc.) liegt das Dokument seit Januar 2011 in der ersten überarbeiteten Fassung vor.

6.4.2 Reinigungsvalidierung

Sinn eines in der pharmazeutischen Fertigung zum Einsatz kommenden Reinigungsverfahrens ist es, Anlagen nach der Fertigung zu reinigen und dadurch zu gewährleisten, dass nicht mehr als eine vorher festgelegte akzeptable Menge an Verunreinigung im Folgeprodukt erscheint. Dabei soll sowohl die Kontamination mit Vorprodukt vermieden werden als auch jene mit Tensiden und Keimen. Um diesem Anspruch zu genügen und ihn in reproduzierbarer Weise erfüllen zu können, ist auch bei Reinigungsverfahren eine Validierung nötig. In Analogie zur Prozessvalidierung erfolgen auch hier die Validierungsaktivitäten an drei Chargen nach im Team diskutierter Risikobewertung, und es müssen ebenso alle bereits beschriebenen Anforderungen an die bei Validierungen nötige Dokumentation erfüllt werden. In praxi wird eine Reinigungsvalidierung stets so ablaufen, dass eine Aufteilung in verschiedene Produktgruppen erfolgt, bei denen jeweils Leitsubstanzen festgelegt werden, welche schließlich die analytischen Zielsubstanzen darstellen. Dies sollten diejenigen Wirkstoffe mit der vergleichsweise höchsten Toxizität bzw. der geringsten Affinität zum Reinigungsmedium sein, also die, die man am schwierigsten abreinigen kann. Verschiedene Möglichkeiten gibt es bei der Art der Probenahme bzw. bei der Festlegung der Akzeptanzkriterien. Die Probenahme kann als direkte Musternahme von Oberflächen erfolgen. Der Schwachpunkt dieses sog. **Wisch-oder Swab-Tests** dürfte jedoch die richtige Auswahl des Probenahmeareals sein. Des Weiteren kann eine indirekte Musternahme von Oberflächen erfolgen. Nachteile dieses als **Spül-oder Rinse-Test** bezeichneten Probenahmeverfahrens der Reinigungsvalidierung sind tote, nicht durchspülbare Winkel des Systems oder hartnäckige Verkrustungen, die durch Spülen nicht gelöst werden und somit nicht erfassbar sind. Schließlich soll noch die Fertigung von Placebo-

Chargen genannt werden, die jedoch aufgrund der Schwierigkeiten bei der Vorhersage der Verteilung der Rückstände in der Charge recht unzuverlässige Aussagen liefert und im allgemeinen nicht von den Behörden akzeptiert wird. Bei den Akzeptanzkriterien der Reinigungsvalidierung lassen sich wiederum drei Möglichkeiten unterscheiden, wobei das jeweils strengste Kriterium für das Reinigungsverfahren zugrunde gelegt werden sollte. Das sog. 10-ppm-Kriterium besagt, dass kein Produkt mehr als 10 ppm des Wirkstoffes des Vorproduktes enthalten darf. Der maximal zulässige Rückstand (MZR) ist bei diesem Akzeptanzkriterium berechenbar nach:

$$MZR\,[mg] \;=\; 10\,ppm * MF * F/O$$

Dabei bedeuten MF die Chargengröße des Folgeproduktes, F die beprobte Fläche und O die gesamte produktberührende Fläche der Anlage.

Das sog. Dosis-Kriterium fordert, dass in einer Tagesdosis eines Arzneimittels maximal 0,1 % der therapeutischen Dosis des Wirkstoffes des Vorproduktes enthalten sein dürfen. Der maximal zulässige Rückstand (MZR) entsprechend des Dosis-Kriteriums berechnet sich dabei durch die Gleichung:

$$MZR[mg] = 1/1000 * DV\ MF/MDF * F/O$$

DV bezeichnet hierbei die kleinste Dosis des Wirkstoffs im Vorprodukt und MDF die maximale Tagesdosis an Darreichungsform des Folgeproduktes.

Schließlich gibt es noch das Kriterium der visuellen Sauberkeit (*visual clean*), welches erfüllt ist, wenn keine sichtbaren Rückstände nach der Reinigung vorhanden sind. Das menschliche Auge kann ca. 4 $\mu g/cm^2$ eines weißen Pulvers auf metallischem Untergrund erkennen. Wie bereits beschrieben, sollte der jeweils niedrigste Wert des MZR als Akzeptanzkriterium einer erfolgreichen Reinigungsvalidierung zugrunde gelegt werden.

6.4.3 Qualifizierung

Die Ausführungen zur Qualifizierung sollen an dieser Stelle bewusst knapp gehalten und auf das zum Verständnis im Kontext Nötigste beschränkt werden. Umfassend wird dieser Teil der Validierung im Kapitel 5 abgehandelt.

Unter **Qualifizierung** als Validierung von Geräten, Anlagen und Einrichtungsgegenständen versteht man den systematischen und dokumentierten Nachweis, dass ein Gerät, ein System oder eine entsprechende Anlage gemäß einer vorgegebenen Spezifikation gebaut ist und entsprechend den Anforderungen funktioniert und produziert. Dieser Nachweis ist über den gesamten Lebenszyklus der Anlage bzw. des Systems lückenlos zu erbringen.

Die Stufen einer **Qualifizierung** sowie die Spezifikationen, gegen die auf jeder Qualifizierungsstufe abgeglichen wird, lassen sich im sog. **V-Modell** darstellen, einem ursprünglich für den militärischen Bereich entwickelten Modell, dessen Art der Darstellung heute jedoch meist zur **Qualitätssicherung** in der Softwareproduktion genutzt wird.

Ebenso wie Prozessvalidierungen (im entsprechenden Abschnitt bereits erläutert) können **Qualifizierungen prospektiv** (vor Einsatz der Anlage im Routinebetrieb) oder mit entsprechender Begründung *concurrent* (parallel zum Anlagenbetrieb) durchgeführt werden. Sowohl die Qualifizierungen neuer Anlagen und Systeme als auch die Requalifizierungen aufgrund von Änderungen sollten stets prospektiv durchgeführt werden, währenddessen periodische Requalifizierungen von als kritisch eingestuften Systemen durchaus *concurrent* erfolgen können. **Retrospektive** Qualifizierungen von sog. Altanlagen bzw. etablierten Systemen (Auswertungen von Datenmaterial der Vergangenheit), wie sie in den 1980er und 1990er Jahren kurz nach Einzug des Konzeptes der Validierung in die Pharmafertigung häufiger erfolgt sind, werden heute kaum noch von den Behörden akzeptiert.

6.4.4 Methodenvalidierung

Das Ziel der **Validierung analytischer Methoden** ist die Sicherstellung verlässlicher und reproduzierbarer Ergebnisse mit diesem Verfahren. Daher muss eine Kontrolle der Qualität und der Eignung der Methode für die entsprechende analytische Aufgabenstellung erfolgen – die Analytik muss validiert werden. Diese Forderung ergibt sich zwangsläufig aus den Arzneimittel-Prüfrichtlinien

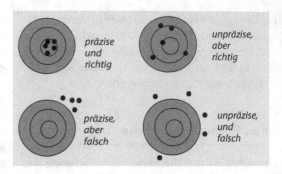

◻ **Abb. 6.4**   Bedeutung der Methodenvalidierungsparameter Präzision und Richtigkeit am Beispiel von Treffern auf einer Zielscheibe

der EU, in denen verlangt wird, dass alle Prüfverfahren dem jeweiligen Stand von Wissenschaft und Technik genügen und gleichsam validierte Verfahren sein müssen.

Die Validierung von analytischen Methoden besteht aus der Bestimmung und Bewertung von qualitätsrelevanten Validierungsparametern, die im Folgenden kurz erläutert werden sollen.

Die **Präzision** ist das Maß für den Grad der Reproduzierbarkeit der Analysenergebnisse bei wiederholter Durchführung einer analytischen Bestimmung unter Wiederholbedingungen. Sie wird durch die Standardabweichung zahlenmäßig erfasst.

Die **Richtigkeit** gibt die durch Fehler verursachten Abweichungen des Mittelwertes der Bestimmungen vom wahren Wert an, der oft nicht bekannt ist und daher durch Berechnungen oder durch Verwendung von Referenzmaterialien ermittelt bzw. geschätzt werden muss.

◻ Abb. 6.4 illustriert die Bedeutung der Qualitätsmerkmale **Präzision** und **Richtigkeit** am Beispiel von Treffern auf einer Zielscheibe.

Das Intervall, in dem der Analyt mit angegebener **Richtigkeit** und **Präzision** bestimmt werden kann, wird als **Bestimmungsbereich** bezeichnet.

Unter der **Nachweisgrenze** versteht man die Grenzkonzentration, die bei qualitativen Analysen noch zuverlässig nachgewiesen werden kann, wogegen die **Bestimmungsgrenze** die bei quantitativen Analysen mit akzeptabler Präzision und Richtigkeit bestimmbare niedrigste Masse oder den niedrigsten Gehalt repräsentiert.

Den Grad der Erlangung richtiger und präziser Ergebnisse mit einer Methode bei Vorliegen des Analyten in einer Matrix chemisch ähnlicher Substanzen, Verunreinigungen etc. bezeichnet man als **Selektivität** oder **Spezifität** der Methode.

Als **Linearität** ist die Proportionalität der Messergebnisse einer Methode und der Konzentration definiert.

Die **Empfindlichkeit** ist Ausdruck der Reaktion der Messwerte eines analytischen Verfahrens auf eine Konzentrationserhöhung und sichtbar an der Steilheit der Kalibriergeraden.

Die **Robustheit** der Methode beschreibt ihre Widerstandsfähigkeit gegen Störeffekte bzw. stärkere Abänderungen der Analysenbedingungen.

Je nach Zweck einer Methode sind unterschiedliche Validierungsparameter in die **Validierung** einzubeziehen. So ist bei Identitätsprüfungen mindestens die **Selektivität** zu validieren, währenddessen bei Reinheitsprüfungen außerdem noch **Richtigkeit**, **Nachweisgrenze** und **Robustheit** zu berücksichtigen sind. Bei Gehaltsbestimmungen schließlich ist die Validierung nahezu sämtlicher Qualitätsmerkmale der Methode nötig.

6.4.5 Computervalidierung

Der Einzug datenverarbeitender elektronischer Hilfsmittel in nahezu alle Bereiche des täglichen Lebens hat selbstverständlich auch in der Pharmafertigung stattgefunden und neben Erleichterungen auch neue Anforderungen im Sinne des Qualitätsmanagements mit sich gebracht. Computergestützte Systeme im Pharmabetrieb, die GxP-relevante Daten verarbeiten, sind validierungspflichtig. Ziel aller unter dem Begriff **Computervalidierung** zusammengefassten Bemühungen und Vorgaben ist es dabei, trotz der Erleichterungen das gleiche Sicherheitsniveau zu garantieren wie bei einer Papierdokumentation und Datenmanipulationen zu erschweren bzw. auszuschließen. Sicherheit, Verfügbarkeit, Vertraulichkeit und Integrität der mit der eingesetzten Hard-und Software erzeugten Daten müssen gewährleistet sein. Das erfordert entsprechende Voraussetzungen in der Umgebung, den Schnittstellen und auch beim Personal. Klare Vorgaben

bzw. Anforderungen findet man auch hier bei der amerikanischen Zulassungsbehörde FDA. In ihrer Richtlinie von 2003 (Part 11, *Electronic Records; Electronic Signatures – Scope and Application*) wird festgelegt, was computergestützte Systeme leisten müssen. Dabei spielen fünf Punkte eine wesentliche Rolle. Es muss durch Bedienrechte und Sicherheitsmechanismen eindeutig festgelegte und damit auch beschränkte Zugangskontrollen geben (*access control*). Es sollte die sog. elektronische Unterschrift (*electronic signature*), die zur Authentifizierung genutzt wird, vom System unverfälschbar einem Vorgang bzw. einem Dokument zuzuordnen sein. Bedieneraktionen müssen kontinuierlich und nicht manipulierbar aufgezeichnet werden, so dass ersichtlich und nachvollziehbar ist, wer wann was warum geändert hat (*audit trail*). Dieses bezieht sich auch auf Änderungen der Applikationssoftware, die ebenfalls durch Zugangskontrolle und Sicherheitsmechanismen reguliert werden und nachvollziehbar sein müssen (*change control*). Schließlich müssen auch die elektronisch erzeugten Daten über einen vorgegebenen Zeitraum archiviert werden und bei Bedarf lesbar gemacht werden können.

Als das Standardwerk zur Computervalidierung wird mittlerweile der **GAMP-Leitfaden** (*Good Automated Manufacturing Practice*) betrachtet, der Anfang der 1990er Jahre von einer Gruppe von Vertretern der Pharmaindustrie zusammengestellt wurde, als Interpretation der gesetzlichen Vorschriften – vor allem der Bestimmungen der amerikanischen Arzneimittelgesetzgebung aus Titel 21, Part 11 des Code of Federal Regulations (CFR) – inzwischen weltweite Beachtung gefunden hat und seit Februar 2008 in der 5. Version vorliegt. Hierin findet sich die Einteilung von Software in 5 Kategorien (Betriebssysteme, Firmware, Standard-Softwarepakete, konfigurierbare Softwarepakete und einzeln angefertigte oder zugeschnittene Systeme) und die von Hardware in 2 Kategorien (Standard-Hardware, anwendungsspezifische Hardware) mit jeweils spezifischen Validierungsforderungen je nach Gruppenzugehörigkeit, die ausgehend von Standard-Komponenten bzw.-Systemen hin zu zunehmender Spezifizierung und Einzelanfertigung immer umfangreicher und detaillierter werden.

6.5 Die Risikoanalyse – das Rückgrat einer jeden Validierung

Systematische **Risikoanalysen** sollten gemäß dem Schlusssatz der Einleitung des Annex 15 die Fundamente einer jeden Validierung sein: »Weiterhin sollte eine Risikobewertung vorgenommen werden, um Validierungsumfang und -tiefe bestimmen zu können«. Ziel der Risikoanalyse ist die Bestimmung und Charakterisierung der **kritischen Parameter** für die Funktionalität der Ausrüstung oder des Prozesses, wobei unter kritischen Parametern solche verstanden werden, deren geringfügige Änderungen signifikanten Einfluss auf die Prozess-Sicherheit oder die Qualität des zu fertigenden Produktes haben. Risikoanalysen und die dadurch gefundenen zu validierenden Parameter sind somit essentielle Voraussetzungen für den Beginn von Validierungsarbeiten. Risikoanalysen finden im täglichen Leben sehr oft und zum Teil unbewusst statt. So wird beispielsweise ein Mensch, der längere Zeit des Tages unter freiem Himmel verbringen wird, am Morgen einen Regenschirm einpacken, wenn der Blick aus dem Fenster oder der Wetterbericht Gewitter angekündigt haben. Der Unterschied dieser Art der Risikoanalyse zu jener in der pharmazeutischen Industrie besteht darin, dass sie bei der Fertigung von Arzneimitteln nicht nur selbstverständlich zu dokumentieren ist, sondern dass auch die zur Entscheidungsfindung durchgeführten Überlegungen und die nachvollziehbaren Begründungen schriftlich festgehalten werden müssen. Bei der Validierung im pharmazeutischen Bereich haben sich fünf Methoden der Risikoanalyse durchgesetzt, die im Folgenden kurz erläutert werden.

6.5.1 Fehlermöglichkeits- und Einflussanalyse

Bei der Fehlermöglichkeits- und Einflussanalyse **(FMEA – Failure Mode and Effect Analysis)** werden sog. **Risikoprioritätszahlen (RPZ)** für Prozessschritte errechnet. Diese Zahlen ergeben sich aus den drei Faktoren Wahrscheinlichkeit des Auftretens des Fehlers (A), Schweregrad (S) und Möglichkeit der Entdeckung des Fehlers (E).

Die RPZ errechnet sich dann entsprechend der Gleichung:

$$RPZ = A*S*E$$

Da für die Einzelfaktoren Zahlen von 1 bis 5 bzw. 1 bis 10 verwendet werden, erhält man RPZ von 1 bis 125 bzw. von 1 bis 1.000. Die RPZ stellt damit ein Maß für das relative Risiko dar. Je höher die RPZ, umso kritischer ist der entsprechende untersuchte Parameter und gestattet somit die Prioritätsfestlegung bei der Validierung. Bei zu hohen RPZ sollte unter Umständen vor der Validierung über eine Prozessverbesserung nachgedacht werden. Vorteilhaft an dieser wohl am häufigsten verwendeten Art der Risikoanalyse ist die Notwendigkeit einer sehr strukturierten Vorgehensweise, die schließlich zur Festlegung von objektiven und nachvollziehbaren Ergebnissen führt (siehe auch ▶ Kap. 5.3.5).

6.5.2 Fehlerbaumanalyse

Bei der Fehlerbaumanalyse (FTA – Fault Tree Analysis) wird das unerwünschte Ereignis (der Fehler) vorgegeben und unterhalb dieses Fehlers mögliche Ursachen für den Fehler abgebildet, die wiederum hinterfragt und deren mögliche Ursachen ebenfalls in der Graphik skizziert werden. Durch dieses Verfahren der Risikoanalyse ist eine gute Darstellung von Kausalzusammenhängen möglich. Die FTA ist somit ein deduktives Verfahren, welches nach kritischen Pfaden sucht, die die implizierten unerwünschten Ereignisse auslösen könnten.

◗ Abb. 6.5 veranschaulicht diese Methode am Beispiel einer unzuverlässigen Dampfsterilisation und einem Teil des sich daraus ergebenden möglichen Fehlerbaums.

6.5.3 Ishikawa-Methode

Die Ishikawa-Variante (auch Fishbone Analysis) der Risikoanalyse basiert ebenfalls auf der grafischen Darstellung. Dabei werden im Team alle potenziellen Einflussgrößen auf ein Problem als Haupt- und Nebenursachen fischgrätenartig dargestellt, hinsichtlich ihres Einflusses auf Prozess-

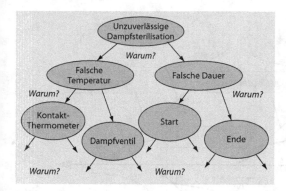

Abb. 6.5 Fehlerbaum-Methode der Risikoanalyse am Beispiel einer unzuverlässigen Dampfsterilisation

Sicherheit und Qualität bewertet, entsprechende Lösungsmöglichkeiten erarbeitet und diese schließlich realisiert (Abb. 6.6). Das Anfang der 1950er Jahre vom japanischen Chemiker Kaoru Ishikawa entwickelte Ursache-Wirkungs-Diagramm ist somit ein einfaches, aber durchaus zielführendes Hilfsmittel zur systematischen Ermittlung von Problemursachen.

6.5.4 HACCP-Konzept

Die HACCP-Methode (Hazard Analysis and Critical Control Points) der Risikoanalyse wird bereits im Lebensmittel- und Kosmetikbereich vielfach erfolgreich eingesetzt, um zum Beispiel Hygieneaspekte von Prozessen zu betrachten. Nach einer Gefahrenanalyse erfolgt hierbei die Bestimmung kritischer Kontrollpunkte, die es ermöglichen, bei Abweichungen steuernd einzugreifen. Die Festlegung von Grenzwerten dieser Kontrollpunkte und die Vorgabe von Korrekturmaßnahmen bei den Abweichungen sind ebenfalls Bestandteile des Schlüsselschritts dieser Art der Risikoanalyse. Formal gliedert sich das Vorgehen bei einer HACCP in sieben festgelegte Stufen, die nacheinander abzuarbeiten und zu dokumentieren sind. Hauptanwendungsgebiet der Risikoanalyse nach dem HACCP-Konzept im Pharmabereich ist die Evaluierung von Kontaminationsrisiken im Rahmen von Prozessbetrachtungen, die z. B. chemische, mikrobiologische oder auch anlagenbedingte Kontaminationen umfassen können.

6.5.5 Weitere Verfahren

Schließlich ist die Risikoanalyse ebenfalls im Sinne einer unabhängigen Risikobetrachtung (Entscheidung Risiko – ja oder nein) möglich und für Standardprozesse auch behördlich akzeptiert, da davon auszugehen ist, dass die in die Risikobetrachtung involvierten Fachleute vor Ort den Prozess genau kennen und somit Risiken entsprechend abschätzen und bewerten können.

Daneben existieren noch weitere Verfahren der Risikobewertung, die jedoch im pharmazeutischen Bereich lediglich eine untergeordnete Rolle spielen. Erwähnenswert erscheint jedoch in diesem Zusammenhang die von Charles Kepner und Benjamin Tregoe begründete Methode der Problemdefinition, die nach ihren geistigen Vätern auch als Risikoanalysesystem nach Kepner-Tregoe- bzw. als KT-Analyse bezeichnet wird. Bemerkenswert an diesem Verfahren ist, dass bei der Entscheidungsanalyse zugleich eine Wichtung der Alternativen erfolgt.

Abschließend sollen noch die Monte-Carlo-Simulation sowie die Delphi-Methode als generelle Möglichkeiten der Risikoanalyse genannt werden, die jedoch kaum eine Anwendung in der Pharmafertigung erfahren.

6.6 Statistische Prozesskontrolle – von Kennzahlen und Toleranzen

Trendanalysen, **In-Prozess-Kontrollen** und verschiedene weitere Methoden der **statistischen Prozesskontrolle** sind geeignete Instrumente für den Nachweis der Validität eines bereits validierten Prozesses in der Routinefertigung. An dieser Stelle soll die Bestimmung der **Prozessfähigkeit** eines Verfahrens als adäquates Mittel zur Verifizierung der Validität eines Prozesses vorgestellt werden.

Abb. 6.7 illustriert den Grundsatz der Prozessfähigkeit. Die Messdaten sollten möglichst eng verteilt in dem durch die Spezifikationsgrenzen definierten validierten Bereich liegen, dem sog. Prozessbereich.

Um Aussagen zur Prozessfähigkeit eines Verfahrens zu erlangen, bedient man sich zweier Kenngrößen, den Prozessfähigkeitskennzahlen.

6

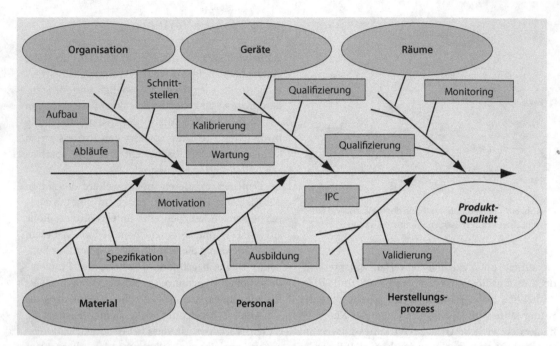

■ **Abb. 6.6**   Fischgräten-Methode der Risikoanalyse nach Ishikawa mit den im Team zu bewertenden potenziellen Einfluss-faktoren auf die Produktqualität

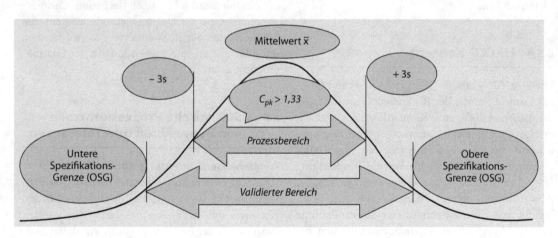

■ **Abb. 6.7**   Illustration zur Prozessfähigkeit von Fertigungsverfahren durch Unterscheidung zwischen Prozessbereich und validiertem Bereich

Für eine sinnvolle Auswertung ist es zweckmäßig, eine größere Anzahl an Einzelwerten in die jeweiligen Betrachtungen einzubeziehen.

Der c_p-Wert ist ein Maß für die Streuung der Methode bzw. des Prozesses im Verhältnis zur validierten Bandbreite, also zur Spezifikation. Er kann ermittelt werden mit der Formel:

$$c_p = T/6s$$

Dabei ist T die Toleranzbreite – Differenz aus oberer Spezifikationsgrenze (OSG) und unterer Spezifikationsgrenze (USG) – und s die Standardabweichung. Allerdings ist die Aussagekraft des c_p-Wertes begrenzt. Aus dieser Kennzahl ist lediglich ersichtlich, ob die Streuung des Prozesses größer

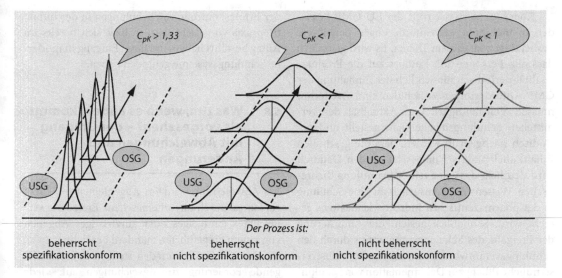

○ Abb. 6.8 Kategorisierung von Prozessen anhand der Parameter Spezifikationskonformität und Prozessbeherrschung sowie Bedeutung des cpK-Wertes

als die validierte Bandbreite ist, was im validierten Zustand jedoch nicht vorkommen sollte.

Bezieht man einen Lageparameter (den Mittelwert $\bar{X}$) in die Berechnung ein, erhält man den c_{pK}-Wert, ein besseres, aussagekräftigeres Maß für die Prozessfähigkeit, da es den Abstand des Messwertes zu den akzeptierten Grenzen berücksichtigt und somit Auskunft über die Entfernung des Messwertes vom Soll-Mittelwert gibt. Der c_{pK}-Wert kann je nach Verwendung von oberer oder unterer Spezifikationsgrenze folgendermaßen berechnet werden:

$$c_{pK} = OSG - \bar{X}/3s \quad \text{bzw.} \quad c_{pK} = \bar{X} - USG/3s$$

Aus den ermittelten Indizes lassen sich Rückschlüsse auf den Prozess ziehen und gegebenenfalls Korrekturmaßnahmen ableiten. Sind $c_p < 1$ und $c_{pK} < 1$, ist eine Rückführung der Streuung des Prozesses in die Toleranzgrenzen nötig. Wenn $c_p > 1$ und $c_{pK} < 1$ sind, befindet sich die Streuung innerhalb der Toleranzgrenzen. Der Prozess muss jedoch noch justiert werden, damit sich der Mittelwert dem Sollwert annähert. Bei $c_p > 1$ und $c_{pK} > 1$ ist die Prozessfähigkeit des Verfahrens gegeben, und es kann eine überwachende statistische Prozesskontrolle etabliert werden. In der betrieblichen Praxis der pharmazeutischen Industrie hat es sich durch-

gesetzt, ein Verfahren ab einem Zahlenwert von $c_{pK} > 1{,}33$ als prozessfähig bzw. qualitätsfähig einzustufen (in der Automobilindustrie werden häufig noch höhere Werte angestrebt).

○ Abb. 6.8 veranschaulicht grafisch die Bedeutung der Prozessfähigkeitskennzahlen am Beispiel des c_{pK}-Wertes und illustriert die Unterschiede zwischen beherrschten, spezifikationskonformen Prozessen und beherrschten, nicht spezifikationskonformen Prozessen sowie nicht beherrschten, nicht spezifikationskonformen Prozessen.

6.7 Die kontinuierliche Mitarbeiterschulung – eine unverzichtbare Aktivität der Qualitätssicherung

Die Erkenntnis, dass der Mensch einen wesentlichen Einflussfaktor auf die Fertigungsprozesse und damit auf die Produktqualität der Arzneimittel darstellt, wurde bereits bei den Ausführungen zum Qualitätsmanagement erwähnt. Daher verwundert es auch nicht, dass Qualitätsmängel und dadurch notwendige Beanstandungen häufig die Ursache menschlicher Fehler sind. Deswegen erstreckt sich die Forderung nach Mitarbeiterschulungen auf alle Mitarbeiter und alle Arbeitsfelder im Unternehmen.

Konsequenterweise trifft der EU GMP-Leitfaden in mehreren Kernanforderungen detaillierte Festlegungen zu diesem Thema. Es wird gefordert, dass alle Personen mit Einfluss auf die Produktqualität periodisch hinsichtlich der Einhaltung der GMP-Anforderungen zu schulen sind. Weiterhin müssen Vollständigkeit und Aktualität der vermittelten Schulungsinhalte sichergestellt und periodisch nachgeprüft werden, dass die geschulten Inhalte auch praktisch umgesetzt wurden. Dadurch wird deutlich, dass eine reine Vermittlung theoretischen Wissens dem Anspruch an eine Schulung in der pharmazeutischen Industrie keineswegs gerecht wird. Schließlich besteht die Anforderung der Freigabe des Schulungsprogramms durch den Schulungsverantwortlichen sowie die selbstverständliche Pflicht zur Dokumentation von Schulungen. Hier gilt wie auch für alle anderen Aspekte der Qualitätssicherung vor dem GMP-Hintergrund der schon sprichwörtlich gewordene Satz: »Nur Dinge, die dokumentiert sind, werden auch als tatsächlich durchgeführt angesehen.« Ein GMP-Inspektor der FDA soll einmal gesagt haben: »I trust you, I believe you – but I am here to verify. Not written down means to me – it is not done.«

Die EU GMP-Richtlinie 2003/94 geht noch über diese Forderungen hinaus und erhöht damit den Stellenwert des Themas Mitarbeiterschulung in der pharmazeutischen Industrie noch einmal signifikant. Artikel 7 Absatz 4 der Richtlinie fordert: »Das Personal muss zu Anfang und danach fortlaufend geschult werden; die Wirksamkeit der Schulung muss geprüft werden, und die Schulung muss sich insbesondere auf Theorie und Anwendung des Qualitätssicherungskonzepts und der Guten Herstellungspraxis sowie gegebenenfalls auf die besonderen Anforderungen an die Herstellung von Prüfpräparaten erstrecken.« Damit wurde erstmalig dezidiert der Nachweis des Schulungserfolges gefordert, was zunächst Anlass zu kontroversen Diskussionen innerhalb der pharmazeutischen Industrie gab. Kernpunkt dieser Debatten war jeweils die Frage, welche Methoden der Erfolgskontrolle auch unter Beachtung anderer rechtlicher Vorgaben zur Erfüllung der Anforderung der Richtlinie geeignet sind bzw. welche Konsequenzen sich aus den Resultaten derartiger Tests ergeben. Mittlerweile jedoch ist festzustellen, dass diverse Konzepte der Erfolgskontrolle von Schulungen in der Industriepraxis vorgestellt wurden bzw. sich bereits im Alltag bewährt haben und ihren Eingang in moderne Schulungssysteme gefunden haben.

6.8 Was tun, wenn es anders kommt als vorgesehen? – der Umgang mit Abweichungen und Änderungen

Als **Abweichung** wird im Allgemeinen ein nicht geplantes, durch unvorhergesehene Ereignisse verursachtes einmaliges oder kurzfristiges Abgehen von einem eingeführten Standard bezeichnet.

Der EU GMP-Leitfaden stellt in Kap. 5.15 folgende Forderung zu Abweichungen auf: »Jede Abweichung von Anweisungen und Verfahrensbeschreibungen sollte weitestgehend vermieden werden. Wenn Abweichungen vorkommen, sollten sie schriftlich von einer dafür zuständigen Person, soweit angemessen in Zusammenarbeit mit der Qualitätskontrollabteilung, gebilligt werden.«

Optimalerweise sollte eine Arbeitsanweisung existieren, die den Algorithmus der Vorgehensweisen bei Abweichungen sowie die involvierten Personen definiert. Ein typischer Ablauf bei der Bearbeitung einer Abweichung könnte der Folgende sein: a) eine Abweichung wird festgestellt, b) die Abweichung wird hinsichtlich ihres Einflusses auf die Produktqualität bewertet, c) die Ursache(n) der Abweichung wird (werden) festgestellt, d) Maßnahmen zur Abstellung der Ursache(n) werden festgelegt, e) die Abweichung tritt nicht mehr auf. Abweichungen können sowohl bei der Herstellung als auch bei der Prüfung von Arzneimitteln entstehen. Im Herstellbereich unterscheidet man zwischen prozessabhängigen (z. B. falsches Prozessdesign bzw. mangelhafte Prozessoptimierung) und nicht prozessabhängigen (z. B. Gerätefehler oder menschliches Fehlverhalten) Abweichungen.

Von besonderer Brisanz sind Abweichungen, wenn sie in Form von **OOS**-Ergebnissen (*out of specification*) in der Qualitätskontrolle vorkommen. Hiermit sind Ergebnisse außerhalb der in den Zulassungsunterlagen hinterlegten Freigabespezifikation, Abweichungen von registrierten In-Prozess-Kontrollen sowie jegliche Abweichungen von anderen intern festgelegten Limits oder Warnwerten gemeint, wobei für letztere Kategorie besser von Out of Limit-oder Out of Trend-Resultaten gesprochen werden sollte.

Die korrekte Untersuchung abweichender Resultate ist letztendlich ein Maß für das GMP-Verständnis einer Firma und in Mitverantwortung des Managements. Ihren Ausgangspunkt nahmen die diesbezüglichen Diskussionen mit dem sog. Barr-Urteil von 1993, das einen Rechtsstreit zwischen der amerikanischen Zulassungsbehörde FDA und dem amerikanischen Generikahersteller Barr Laboratories beendete. Der Firma wurde unter anderem der Vorwurf der vielfachen Wiederholungsprüfungen nach einem nicht erklärbaren OOS-Ergebnis im Sinne eines »Testing into compliance« gemacht.

Als Konsequenzen des Barr-Urteils erfolgten Fehlerklassifizierungen (nachvollziehbare Laborfehler, nicht nachvollziehbare Laborfehler) sowie die Etablierung definierter Regelungen, die die Findung eines wissenschaftlich fundierten Freigabeentscheids bei vorliegendem OOS-Resultat beschreiben sollen. Seitdem ist ebenso festgeschrieben, wann eine Probe erneut analysiert werden muss (**Re-Testing**) bzw. wann ein erneuter Probezug erfolgen kann (**Re-Sampling**) sowie die Möglichkeiten und Grenzen von Mittelwertbildungen und sog. statistischen Ausreißertests.

Im Gegensatz zur Abweichung ist eine **Änderung** als geplantes, dauerhaftes Abgehen von einem eingeführten Standard zu bezeichnen. Änderungen können somit als geplante Abweichungen definiert werden, die außerdem zum regulären Lebenszyklus von Prozessen und Verfahren gehören. Die Herausforderung in der pharmazeutischen Industrie besteht darin, Änderungen in zweierlei Hinsicht kritisch zu beurteilen: 1. hinsichtlich ihrer regulatorischen Auswirkungen, 2. hinsichtlich ihres Einflusses auf den Validierungsstatus. Das beinhaltet außerdem die Koordinierung von Maßnahmen zur Umsetzung der Änderung im Sinne eines sog. Änderungskontrollverfahrens (**Change-Control-Verfahren**) sowie wiederum die selbstverständliche Verpflichtung zur Dokumentation sämtlicher Vorgänge. Formal wird ein Change-Control-Verfahren stets mit der Erstellung eines entsprechenden Antrages zur Durchführung einer Änderung beginnen. Im Anschluss muss durch ein definier-

tes Team (meist aus Vertretern der Qualitätssicherung, Zulassung, Qualitätskontrolle, Produktion u.a.) der Einfluss dieser Änderung auf Gebäude, Systeme und Anlagen im Sinne einer Risikoanalyse überprüft sowie der Umfang eventuell daraus resultierender Revalidierungs- bzw. Requalifizierungsarbeiten beurteilt und dokumentiert werden. Schließlich gipfelt der Prozess in einer Entscheidung über den Änderungsantrag (Annahme/Ablehnung) und gegebenenfalls letztendlich in der Umsetzung der geplanten Änderung. Wichtige, bei der Beurteilung von Änderungen stets intensiv zu berücksichtigende Punkte sind die regulatorischen Aspekte dieser Thematik. In der EU wird dabei zwischen sog. **Mitteilungsverfahren** (geringfügige Änderungen – *minor variations, Type I variations*) und **Genehmigungsverfahren** (größere Änderungen – *major variations, Type II variations*) unterschieden.

6.9 Neuere Konzepte der Qualitätssicherung – von PAT bis QbD

Im August 2002 startete die FDA eine neue strategische GMP-Initiative: »Pharmaceutical cGMPs for the 21st century – a risk based approach«. Unter cGMP (*current* GMP) versteht man die GMP-Regeln der FDA, die jährlich im CFR aktualisiert dargestellt werden. Die Ziele dieser strategischen Aktion waren unter anderem die weitere Verbesserung der Zulassungs- und Überwachungsprozesse bei Arzneimitteln, eine Minimierung der Gesundheitsrisiken für die US-Bevölkerung sowie die Ermutigung der Pharmaindustrie zur kontinuierlichen Verbesserung, zur Anwendung neuer Herstellungstechnologien und zum Vorantreiben von Arzneimittelinnovationen – kurz die Modernisierung und Intensivierung der Aussagekraft der bis dato vorhandenen pharmazeutischen Regelwerke. Große Bedeutung wird dabei einem umfassenden Prozessverständnis und dem Risikomanagement zugeschrieben. Bereits im September 2004 erfolgte die Verabschiedung der Initiative in Form eines Final Reports unter leichter Modifizierung der Eckpunkte und einer Zusammenfassung der bereits in den vergangenen bei-

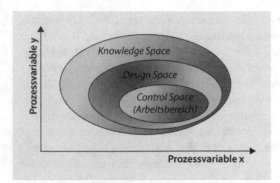

◻ Abb. 6.9 Schematische zweidimensionale Darstellung des Design Space anhand zweier Prozessvariablen x und y sowie Illustration der angrenzenden Gebiete Control Space und Knowledge Space

den Jahren erzielten Ergebnisse. Begleitet war dies durch die Veröffentlichung einer Vielzahl neuer Guideline-Dokumente und der Etablierung neuer Schlüsselbegriffe, die als Bausteine zur weiteren Verbesserung des Prozessverständnisses und der Qualitätssicherung in der Pharmafertigung gedacht waren.

Process Analytical Technology (PAT) wird dabei als ein System für das Entwerfen, Analysieren und Kontrollieren der Routine-Herstellung vorgestellt, das sich durch ein rechtzeitiges Messen der Qualität und der Beurteilung von Produkteigenschaften anhand von gezielten In-Prozess-Kontrollen auszeichnet. Damit soll eine Effizienzsteigerung durch detailliertes Prozessverständnis bereits in einer frühen Entwicklungsphase und Verwendung neuester Technologien erreicht werden. Durch interne IPC mittels derartiger Techniken (z. B. mit sog. Online-NIR-spektroskopischen Gehaltsbestimmungen an Tablettenmaschinen bzw. Blisterverpackungsmaschinen) wird sogar der Ersatz von Endkontrollen und eine damit verbundene sog. **Echtzeit-Freigabe (*real time release*)** ohne das herkömmliche Freigabe-Prozedere diskutiert. Weiterhin sollen durch verkürzte Prozesszeiten, geringeren Laboraufwand und viele weitere Vorteile von PAT natürlich diverse Kosten auf verschiedenen Ebenen eingespart werden.

Ebenfalls bereits in der Produktentwicklung setzt das **QbD (Quality by Design)**-Konzept der FDA-Initiative an, das seinen Niederschlag in der Quality Systems Approach-Leitlinie gefunden hat,

die eine Brücke zwischen den cGMP-Regularien der FDA aus den 1970er Jahren und dem heutigen Denken der Behörde zu modernen Qualitätssystemen schlagen soll. Schon frühzeitig bei der Entwicklung von neuen Arzneimitteln wird konsequent das umfassende Verständnis der damit verbundenen Herstell- und Kontrollprozesse gefordert und somit sowohl der qualitative Rahmen für die spätere Routinefertigung und Optimierung als auch die Prozessparameter bereits in dieser Phase eng abgesteckt. Diese sich aus strukturierter Produkt- und Prozessentwicklung und hohem Prozessverständnis und den festgelegten Prozesskontrollmöglichkeiten ergebenden Prozessparameter werden als **Design Space** bezeichnet. Darunter wird ein multidimensionaler Raum verstanden, der sich aus der Kombination und Interaktion verschiedener Einflussfaktoren und Prozessparameter ergibt und innerhalb dessen die Produktqualität nachgewiesenermaßen als gesichert gilt. ◻ Abb. 6.9 illustriert diesen komplexen Zusammenhang vereinfacht und zeigt einen aus zwei Prozessvariablen x und y gebildeten derartigen Design Space schematisch und folgerichtig zweidimensional. Die Darstellung macht weiterhin deutlich, dass es sich beim Design Space um eine Teilmenge des Knowledge Space, den Einstellungen der Variablen, über die im Laufe der Produktentwicklung Kenntnis erlangt wurde, handeln muss. Außerdem kann festgestellt werden, dass es sich beim Control Space bzw. Arbeitsbereich des Prozesses wiederum um einen Ausschnitt des möglichen Design Space handelt. Dadurch wird unter anderem auch der Begriff der Änderungen (*variations, changes*) im pharmazeutischen Sinne neu definiert. Bewegungen innerhalb des multidimensionalen Design Space (also Wechsel des Control Space innerhalb des Design Space) werden nämlich nicht mehr als Änderungen angesehen. In diesen Fällen wären somit keine regulatorischen Genehmigungen oder gar neuerliche klinische Studien nötig. Dem Arzneimittelhersteller werden damit mehr Freiheitsgrade zur Prozessoptimierung auf Basis eines robusten Qualitätssystems und der im Vorfeld von ihm selbst gesteckten Grenzen eingeräumt.

6.10   Zusammenfassung und Ausblick

Qualitätssicherung ist ein essenzieller Bestandteil zur Gewährleistung der Produktsicherheit in pharmazeutischen Unternehmen. Sie erstreckt sich dabei über den gesamten Lebenszyklus eines Arzneimittels und die damit einhergehenden Prozesse. Wie der Qualitätsbegriff selbst unterlagen auch die Maßnahmen der Qualitätssicherung im Laufe der Zeit Veränderungen. So sind heute moderne Qualitätsmanagementsysteme bzw. die noch umfassender konzipierten TQM-Systeme auch in der pharmazeutischen Praxis anzutreffen.

Ein Schlüsselelement der Qualitätssicherung ist neben der adäquaten Dokumentation, der kontinuierlichen Mitarbeiterschulung, dem Management von Abweichungen und Änderungen sowie weiteren wichtigen qualitätssichernden Aspekten das Konzept der Validierung. Es dient dem Nachweis der Eignung eines Designs bzw. eines Verfahrens. Man unterscheidet dabei zwischen Methodenvalidierung, Qualifizierung, Prozessvalidierung, Reinigungsvalidierung und Computervalidierung.

Die Basis einer jeden Validierung ist eine nachvollziehbare Risikoanalyse, die nach verschiedenen wissenschaftlich fundierten Methoden durchgeführt werden kann. Alle Validierungsaktivitäten müssen geplant sein und orientieren sich an festgelegten Abläufen und Akzeptanzkriterien. Im Ergebnis ist eine Validierung stets genehmigungspflichtig.

Die Mittel der statistischen Prozesskontrolle und spezielle Prozessfähigkeitskennzahlen ermöglichen Aussagen zum Grad der Beherrschung von Prozessen und der Prozessfähigkeit von Verfahren. Änderungskontrollverfahren und Revalidierungen dienen dem Überprüfen und dem Erhalt des validierten Zustandes.

Neue risikoorientierte Ansätze und Konzepte der Qualitätssicherung und Prozesskontrolle sowie Strategien zu ihrer Implementierung sollen das insbesondere dem Konzept der Prozessvalidierung zugrunde liegende Prozessverständnis noch weiter vertiefen und gleichzeitig die Effektivität und Innovation bei der Entwicklung, Herstellung und Qualitätssicherung von Arzneimitteln fördern. Welchen Einfluss diese bereits zum Teil in der Halbleitertechnik und im Automobilbau eingesetzten Ansätze auf die Arzneimittelproduktion und vor allem auf das zukünftige Design der Qualitätssicherung in der pharmazeutischen Praxis haben werden, bleibt mit Spannung abzuwarten.

Literatur

1   Altenschmidt W (2002) Risikoanalyse – die Grundlage einer erfolgreichen Validierung. *Pharm. Ind.* 5:488–498
2   Altenschmidt W, Häusler H (2004) Produktionsprozesse in der Pharmazie. Statistische Regelung und Analyse. Aulendorf
3   Auterhoff G (2001) Qualifizierung und Validierung. Ein Annex 15 zum EU-GMP-Leitfaden. *Pharm. Ind.* 7:691–693
4   Berry IR, Nash RA (2003) (Hrsg) Pharmaceutical process validation. New York
5   Bläsing JP (Hrsg), Reuter K. (2005) Workbook – Validierung von Prozessen und Produkten. Ausgewählte Methoden und Verfahren. TQU, Ulm
6   Bruns M, Büscher K (2004) Ready for validation. *CIT plus* 6:28–30
7   Buscalferri F et al. (2000) Reinigungsvalidierung. Bestimmung der Sichtbarkeitsgrenzen von pharmazeutischen Feststoffen auf Edelstahloberflächen. *Pharm. Ind.* 6:411–414
8   Bush L (2005) The end of process validation as we know it? *Pharm. Technol.* 8:36–42
9   DIN – Deutsches Institut für Normung e.V. (Hrsg) DIN EN ISO Norm 8402, Qualitätsmanagement – Begriffe. Berlin 1995
10 Ermer J, Kibat PG (1997) Validierung analytischer Verfahren. 1.Teil: Anforderungen bei der Zulassung von Arzneimitteln. *PZ Prisma* 4:239–243
11 Ermer J, Kibat PG (1998) Validierung analytischer Verfahren. 2.Teil: Beispiele und Validierung während der Arzneimittelentwicklung. *PZ Prisma* 2: 122–128
12 Feiden K (2000) (Hrsg.) Arzneimittelprüfrichtlinien. Sammlung nationaler und internationaler Richtlinien. Stuttgart
13 Hensel H (2002) Validierung automatisierter Systeme. *PZ Prisma* 4:229–239
14 Hiob M (2001) Qualifizierung und Validierung nach Annex 15 des EG-GMP-Leitfadens. Teil 1: Allgemeine Anmerkungen aus Inspektorensicht. *Pharm. Ind.* 6:563–570
15 Kromidas, S (1999) Validierung in der Analytik. Wiley VCH, Weinheim
16 Kühn KD, Jahnke M (2002) Anwendung der »Hazard Analysis and Critical Control Points« – Risikoanalyse am Beispiel eines parenteralen Medizinproduktes. *Pharm. Ind.* 2:179–186
17 Kutz G, Wolff A (2007) (Hrsg.): Pharmazeutische Produkte und Verfahren. Wiley VCH, Weinheim
18 Maas & Peither GMP Verlag (2005) GMP Berater – Nachschlagewerk für Pharmaindustrie und Lieferanten. Schopfheim

19   Metzger K (1999) Qualifizierung und Validierung bei der Herstellung pharmazeutischer Wirkstoffe und Zubereitungen. *Pharm. Ind.* 10:945–952

20   Pommeranz S, Hiob M (2001) Qualifizierung und Validierung nach Annex 15 des EG-GMP-Leitfadens. Teil 2/I: Aktuelle Anforderungen aus dem EGGMP- Leitfaden und Annex 15 unter Berücksichtigung von PIC/S-1/99-2 und FDA-Regelungen. *Pharm. Ind.* 7:683–690

21   Pommeranz S, Hiob M (2001) Qualifizierung und Validierung nach Annex 15 des EG-GMPLeitfadens. Teil 2/II: Aktuelle Anforderungen aus dem EG-GMP-Leitfaden und Annex 15 unter Berücksichtigung von PIC/S-1/99-2 und FDA-Regelungen. *Pharm. Ind.* 8:822–827

22   Prinz H (2007) Process Analytical Tecnology (PAT) als Bestandteil des Qualitätsmanagementsystems. *Pharm. Ind.* 2:223–228

23   Schneppe H, Müller RH (2003) Qualitätsmanagement und Validierung in der pharmazeutischen Praxis. Aulendorf

24   Sucker H (1983) (Hrsg.) Praxis der Validierung unter besonderer Berücksichtigung der FIP-Richtlinien für die gute Validierungspraxis. Stuttgart

Konzert der Vielfalt – Projektmanagement

Ulrich Kiskalt

7.1 Einführung

Der **Begriff Projektmanagement (PM)** ist mittlerweile fest in den Unternehmungen verankert. Bemerkenswert allerdings ist, dass dieser Begriff einer gewissen Inflation unterliegt. Äußerst komplexe Herausforderungen werden oftmals geringwertigeren Aufgaben gleichgestellt, und beide Felder werden mit Hilfe des Instruments Projektmanagements abgearbeitet. Grundsätzlich ist hierbei nichts dagegen einzuwenden, jedoch geraten die erforderlichen Qualifikationen, Kompetenzen und Verantwortungsbereiche des Projektleiters sowie aller Projektbeteiligten immer stärker aus dem Bewusstsein und werden immer stärker in den Hintergrund gedrängt. In der Praxis bedeutet dies, dass oftmals dem Auftraggeber, dem Lenkungsausschuss, dem Projektleiter sowie den einzelnen Teammitgliedern die jeweiligen Verantwortungen und erforderlichen Kompetenzen nicht ausreichend bekannt sind. In Konsequenz werden viele Projekte nicht abgeschlossen oder verlaufen »im Sand«. Dieses Kapitel soll einen ersten, pragmatischen Einstieg bzw. Überblick verschaffen, wobei die Thematik im Folgenden stark aus der Perspektive des Projektleiters betrachtet wird.

7.2 Grundsätzliche Charakteristika zur Kennzeichnung eines Projekts

Bevor detaillierter auf die einzelnen Rollen und Verantwortungsbereiche eingegangen wird, soll ein grundsätzliches Verständnis zur Thematik Projektmanagement im Groben skizziert werden.

Folgende **Charakteristika** kennzeichnen ein Projekt:

- Instrument der Veränderung
- Klar definiertes Ziel und festgelegte Ergebnisse
- Zeitlich festgelegt (definierter Anfangs- und Endtermin)
- Einmalig und oftmals neuartige Herausforderung
- Selbständige Organisation
- Komplexe Frage-/Aufgabenstellungen

7.2.1 Einsatz-/Anwendungsbereiche für Projektmanagement

Projektmanagement kann, sofern die o.a. Grundsätze erfüllt sind, in den unterschiedlichsten Branchen und Anwendungsfeldern eingesetzt werden:

- Veränderung von Organisationen innerhalb einer Unternehmung
- Entwicklung eines Produktes
- Entwicklung technischer Anlagen
- Vernetzung komplexer Aufgabenstellungen
- Optimierung/Harmonisierung von Prozessen
- Erhöhung der Kundenzufriedenheit

In einem simplifizierten und pragmatischen Ansatz lässt sich die Herausforderung des Projektleiters wie folgt zusammenfassen:

- Eindeutige und nicht-interpretierbare Definition des Ziels/Endzustands
- Analyse des Anfangszustands und der Ausgangslage/Rahmenbedingungen
- Planung und Organisation des Wegs
- Aktive Beschreitung des Wegs
- Abschluss des Wegs und Zielerreichung

7.2.2 Organisationsformen

Projekte werden auf Basis verschiedener Organisationsformen durchgeführt. Die jeweils gewählte Organisationsform ist in der Regel abhängig von der Größe des Projekts und dessen Umfang, sowie der vorherrschenden Unternehmenskultur. In der Praxis wird am häufigsten die **»Matrix-Projektorganisation«** (◘ Abb. 7.1), gefolgt von der **»reinen Projektorganisation«** (◘ Abb. 7.2), verwendet.

Vorteile dieser Organisationsform sind unter anderem die geringe organisatorische Umstellung der Gesamtunternehmung, die problemlose Rekrutierung der Projektbeteiligten und die einfache Reintegration der Beteiligten nach Projektabschluss in deren originären Organisationseinheiten. Darüberhinaus bleiben während des Projektverlaufs die Interessen der Abteilungen gewahrt.

Nachteile sind unter anderem die Gefahr der Überlastung der einzelnen Projektbeteiligten aufgrund der Doppelbelastung (Linie – Projekt) und eventuell auftretende Schnittstellenprobleme.

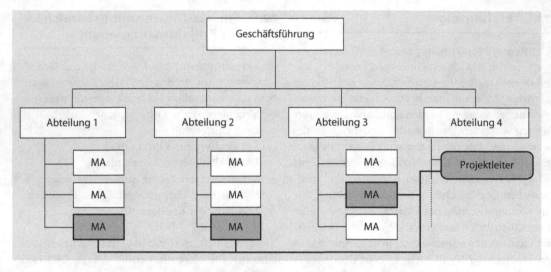

Abb. 7.1 Matrix-Projektorganisation (MA = Mitarbeiter)

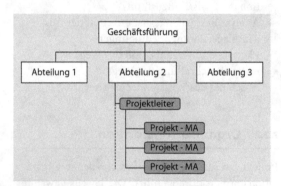

Abb. 7.2 Reine Projektorganisation (MA = Mitarbeiter)

Im Wesentlichen sind die »100 %-ige Konzentration der Beteiligten auf das Projekt« und die eindeutige Zuordnung der Einzelnen als Vorteil der »reinen Projektorganisation« zu nennen.

Als Nachteil hingegen sind die Problematik der Reintegration der Mitarbeiter nach Projektabschluss sowie der hohe Aufwand der organisatorischen Umstellung aufzuführen.

7.3 Funktionsträger (Projektbeteiligte) im Projektmanagement

Im Rahmen eines Projektes gibt es immer festgelegte Funktionsträger. Meistens sind diese Personen in einer Doppelfunktion im Unternehmen eingesetzt. Diese Doppelfunktion kann sich zusammensetzen aus der Zuordnung des Einzelnen in mehreren Projekten, oder aus dem Verbleib des Einzelnen in seinem originären Aufgabenbereich und der zusätzlichen Beteiligung in einem Projekt.

- **Auftraggeber (AG):**
Der Auftraggeber ist in seiner Funktion dem Projektleiter hierarchisch überstellt. Folgende Tätigkeiten umfassen seinen Verantwortungsbereich:
- Formulierung des Grobziels (im Regelfall hat der Auftraggeber zu Beginn noch keine differenzierte Vorstellung über das Projektziel, sondern eine Idee bzw. Vision)
- Bekanntgabe der Rahmenbedingungen/Auflagen (durch die Vernetzung des Projekts in die beispielsweise vorliegende Unternehmensstrategie gibt es meistens Schnittstellen zu anderen Bereichen und/oder weiteren unternehmerischen Überlegungen)
- Bestimmung/Ernennung des Projektleiters
- Unterstützung des Projektleiters bei Bedarf gegenüber der Linie (durch die teilweise vorhandene Doppelfunktion der Teammitglieder kann es beispielsweise in der Personal-Ressourcenplanung zwischen Projekt und Linie zu Konflikten kommen; die Entscheidung überschreitet in der Regel die Kompetenz des Projektleiters sowie des betroffenen Linienvor-

gesetzten und muss durch eine übergeordnete Instanz entschieden werden)
- Bewertung des Projekterfolgs bzw. des Ergebnisses zum Abschluss des Projektes

- **Lenkungsausschuss (LA):**

Der Lenkungsausschuss ist nicht in jedem Projekt erforderlich. Allerdings gilt es zu bedenken, das der LA aus den Entscheidungsträgern bzw. den Inhabern von Schlüsselfunktionen einer Unternehmung besteht. Diese hierarchisch hochwertige Besetzung kann den Projektleiter oftmals bei »innenpolitischen« Aspekten unterstützen. Die Installierung eines LA's ist darüber hinaus oftmals von der jeweiligen Unternehmenskultur abhängig.

Tätigkeitsfeld:
- Überwachung des Projektverlaufs (Termine, Kosten, …)
- Freigabe zusätzlicher Ressourcen (finanziell, personell, materiell) sofern die Kompetenzen des Projektleiters sowie des Auftraggebers überschritten werden
- Fällen von Entscheidungen, die über die Kompetenz des Projektleiters sowie des Auftraggebers gehen (z. B. bei strategischen Auswirkungen auf (Teile) der Gesamtunternehmung)
- Kontrolle/Genehmigung der Projektplanung

- **Projektleiter (PL)**

Der Projektleiter ist gesamtverantwortlich für die Erreichung des Projektziels. Oftmals wird in der Praxis der Anspruch an die erforderliche Führungsqualifikation/-kompetenz bzw. die Führungsverantwortung unterschätzt. Der Projektleiter muss mit sämtlichen gängigen **Führungsinstrumenten** vertraut sein, um das ihm anvertraute Projekt erfolgreich zum Ziel zu führen.

Neben seiner Funktion und Hauptaufgabe als Projektleiter ist er oftmals darüber hinaus gefordert, die weiteren Funktionsträger (Auftraggeber, Lenkungsausschuss, Projektteam) auf deren Rolle/Funktion bzw. Verantwortungsbereiche vorzubereiten, sie darauf hinzuweisen und nachhaltig zu sensibilisieren.

Tätigkeitsfeld der Hauptfunktion:
- Leitung des Projekts
- Ziel-/ergebnisorientierte Führung des Projekts

- Sicherstellung des Projekterfolgs (Qualität, Kosten, Zeit)
- Unterstützung bzw. Steuerung des Zielfindungsprozesses zwischen Auftraggeber und Projektleiter
- Formulierung des Fein-Ziels
- Erarbeitung/Schaffung einheitlicher, projektbezogener Voraussetzungen und Rahmenbedingungen
- Sicherstellung eines zielorientierten und strukturierten Ablaufes
- Erstellung des Projektplans (Mitspracherecht bei der Zieldefinition und Festlegung des Projekts)
- Aufstellung und Einhaltung des Zeit-, Kosten-, Ressourcenplans
- Koordination des Projektverlaufs
- Zusammenstellung des Projektteams (Mitspracherecht bei der Auswahl von Schlüsselfiguren)
- Schaffen von Transparenz nach »Innen« in Richtung Projektbeteiligte/Funktionsträger sowie nach »Außen« in Richtung Unternehmensöffentlichkeit bzw. nach Absprache auch in Richtung Presse/Öffentlichkeit
- Erarbeitung und Installierung eines Informationsprozesses/-konzepts
- Sicherstellung der Kommunikation, Infofluss, Dokumentation, etc.
- Beratung des Lenkungsausschusses/Auftraggebers
- Alleinige Vertretung des Projekts »nach Außen«
- Einberufung von Team-, Meilenstein- und Gremiensitzungen
- Ausübung des projektbezogenen Entscheidungs- und Überwachungsrechts
- Verhinderung/Schwächung von Konflikten
- Minimierung der Risiken durch frühzeitiges Erkennen potentieller Gefahren

- **Projektteam (PT)**

Das Projektteam setzt sich aus ausgewählten Mitarbeitern bzw. Experten der erforderlichen Unternehmensbereiche zusammen, die für die Erreichung des Projektziels erforderlich sind und vom Projektleiter hierfür vorgeschlagen/ausgewählt worden sind. Im Rahmen des Projekts können für bestimmte Projektphasen, oder auch für die Dauer des Gesamtprojekts, externe Spezialisten für ein Projekt berufen werden.

Tätigkeitsfeld:

- Verantwortlich für Aufgabenpakete
- Macht Linien-Know-How bzw. Expertenwissen verfügbar
- Informationspflichtig gegenüber PL
- Arbeitet bei Projektauftrag und -planung mit

7.4   Der Projektleiter – Die Anforderungen

Der Projektleiter muss im Wesentlichen immer folgende zwei Perspektiven im Fokus halten.

Zum Einen die Perspektive »nach Innen«, das bedeutet alles was sich innerhalb des Projekts ereignet. Hierzu zählen vor allem die Projektbeteiligten im Rahmen der Ausübung ihrer jeweiligen Funktionen, aber auch ihrer jeweiligen Persönlichkeitsstrukturen. Zum Anderen »nach Außen«. Hierunter wird das gesamte, projektbezogene Umfeld verstanden (unternehmensintern, evtl. auch unternehmensextern).

Beide Perspektiven müssen vom Projektleiter hinsichtlich ihrer Stärken und Schwächen bzw. ihrer Chancen und Risiken analysiert und verstanden werden. Nur so kann ein ziel-/ergebnisorientierter und erfolgreicher Projektverlauf sichergestellt werden. Werden Veränderungen in den Verhaltensweisen der Beteiligten, Veränderungen der Qualität und/oder der Rahmenbedingungen frühzeitig erkannt, analysiert und bewertet, können durch den Projektleiter geeignete Steuerungsmaßnahmen ergriffen werden ohne das Projektziel zu gefährden.

Besonders auf das **Projektteam** ist durch den Projektleiter der Schwerpunkt zu legen. Das Projektteam trägt im Wesentlichen zum Projekterfolg bei. Aus diesem Grund muss der Projektleiter es »hüten wie seinen Augapfel« und ist besonders in seiner Führungsfunktion gefordert.

Des Weiteren sind für den Projektleiter folgende Tools/Eigenschaften zwingend notwendig und sollten zu seinem Handwerkszeug zählen:

- Präsentationstechniken
- Krisenmanagement
- Kommunikationstechniken
- Aufgeschlossenheit für neue Methoden und Verfahren
- Flexibilität im Einsatz der Instrumente

7.5   Teambildung

Der Projektleiter ist dafür verantwortlich, seine ihm anvertrauten Mitarbeiter zu einem Team zu formen. Die Besonderheit besteht darin, dass sich die einzelnen Teammitglieder bei Projektstart untereinander oftmals nicht kennen und ausschließlich für die Dauer des Projektes eine Gemeinschaft bilden. Diese Gemeinschaft hat im Gegensatz zu einer Linien-Abteilung in der Regel keine Möglichkeit, sich im beruflichen Tagesgeschehen schrittweise kennen zu lernen und sich zu formen. Die Arbeitsplätze der Teammitglieder sind im Regelfall über die Gesamtunternehmung verstreut, die »Face to face-Kontakte« der Mitglieder zueinander sowie zum Projektleiter sind oftmals auf die Teambesprechung begrenzt. Diese Situation erschwert und verlangsamt den Prozess der **Teambildung.** Es ist daher für den Projektleiter besonders wichtig, diesen Prozess aktiv zu steuern und zu Beginn des Projekts im Fokus zu haben. Je eher sich ein Projektteam innerlich geformt hat und vor allem die Stärken aber auch die sensiblen Felder jedes Einzelnen erkannt hat, desto schneller kann das Projekt »Geschwindigkeit aufnehmen«.

Eine weitere Besonderheit eines Projektteams besteht in der unterschiedlichen »Herkunft« und professionellen Ausprägung der einzelnen Spezialisten. Jede Profession hat ihre eigene »Denkwelt/-struktur«, ihren eigenen Sprachschatz und ihre eigene, branchenspezifische Herangehensweise bei der Bewältigung von Aufgaben und Herausforderungen. Diese unterschiedlichen Auffassungen, Einstellungen und Besonderheiten müssen durch den Projektleiter auf einen »gemeinsamen Nenner« und eine gemeinsame Sprache gebracht und so kanalisiert werden, dass sich positive Synergieeffekte einstellen. Versäumt dies der Projektleiter, ist sein Projekt oftmals zum Scheitern verurteilt, da sich die Teammitglieder in projektinternen, persönlichen und/oder fachlichen Konflikten gegenseitig aufreiben.

- **Impulse und unterstützende Maßnahmen für den Projektleiter**
Gleichberechtigung

Wichtig ist die Gleichberechtigung der Teammitglieder zueinander - unabhängig von der Hierarchie des Einzelnen (der Projektleiter als Leiter des Teams stellt eine Ausnahme dar, da er die Gesamtverantwortung für das Projekt trägt und somit auch besondere Rechte und Pflichten hat).

Schaffen von gemeinsamen Erlebnissen mit Ziel der Teamentwicklung

Bei der Teamentwicklung soll »der Mensch« und nicht »das Expertenwissen« im Vordergrund stehen (z. B. Durchführung von Outdoor-Maßnahmen zur Teamentwicklung: Diese Art der Teambildung wird im Freien/in der Natur durchgeführt; Das Team bekommt ein gemeinsames Ziel, das in der Regel mit handwerklichen Tätigkeiten erreicht wird; im Fokus steht jedoch immer die Teamentwicklung). Wichtig ist, dass die Maßnahme zielgruppenspezifisch angelegt ist. Ziel muss immer die Zusammenführung und das »Zusammenschweißen« der Menschen sein, allerdings keine »Verbrüderung«. Falsch ausgewählte Maßnahmen erreichen das Gegenteil und führen zu einem internen Wettkampf und/oder der Ausgrenzung Einzelner. Oftmals sind in der jeweiligen Unternehmung bereits bestimmte Einstellungen in Bezug auf Teamentwicklungsmaßnahmen vorhanden. Der Projektleiter sollte diese Einstellungen in seinen Überlegungen berücksichtigen, es empfiehlt sich aber auch neue, eventuell für die Unternehmung auch ungewöhnliche Wege zu gehen.

Durchführung projektbezogener Ortsbegehungen

In einem Projektteam ist manchmal nahezu die gesamte Unternehmung als »Mikro-Unternehmen« abgebildet. Es empfiehlt sich daher projektbezogene Ortsbegehungen durchzuführen. Ortsbegehungen fördern das gegenseitige Verständnis der einzelnen Teammitglieder untereinander sowie den Blick für den Gesamtzusammenhang in Bezug auf das gemeinsame Projektziel. Arbeitsplatzbegehungen haben oftmals einen starken Effekt. Meistens sind die Arbeitsplatzsituationen (und die damit verbundenen Tätigkeiten) der einzelnen Teammitglieder nur im Groben bekannt. Im Vordergrund stehen, neben der oben aufgeführten Variante, Begehungen, die einen direkten Zusammenhang mit dem Projektziel haben.

Erarbeitung/Aufstellung gemeinsamer »Spielregeln«

Jedes Team entwickelt im Lauf der Zeit eigene Regeln und Verhaltensweisen. Es liegt in der Verantwortung des Projektleiters, diese von Beginn an zu prägen. Voraussetzung ist, dass sich der Projektleiter im Vorfeld erarbeitet hat wie das Team funktionieren soll bzw. auf welche Eigenschaften er besonderen Wert legt. Diese Spielregeln müssen im Team besprochen und diskutiert werden, um ein gemeinsames Verständnis zu bekommen und zusätzliche Bedürfnisse der Teammitglieder zu berücksichtigen. Jeder Einzelne muss von diesem Codex überzeugt sein und ihn mittragen (liegt kein »inneres« Einverständnis vor, sind Regeln nicht umsetzbar). Im Anschluss werden diese gemeinsam erarbeiteten und abgestimmten Regeln visualisiert und sollen besonders zu Beginn eines Projekts Bestandteil jeder internen Besprechung sein.

Feedback-Regeln

Der Projektleiter prägt auch die »Feedback-Kultur« in seinem Team. Die klassischen Feedback-Regeln haben sich in der Praxis bewährt und sind meistens bekannt. Dennoch sollten sie im Rahmen der Team-Meetings explizit besprochen werden. Es empfiehlt sich, im ersten Schritt die Feedback-Kultur des Teams nur zu beobachten und erst bei Bedarf eine entsprechende Sequenz einzubauen.

Die wichtigsten Grundsätze/Regeln beim Geben bzw. Empfangen von Feedback:
Geben von Feedback:
- Der Empfänger wird immer direkt angesprochen.
- Das Feedback bezieht sich auf die Gegenwart und nicht auf Situationen aus der Vergangenheit.
- Feedback muss angemessen dosiert sein.
- Feedback ist immer beschreibend und konkret – nicht bewertend.

Wichtige Regeln beim Empfangen von Feedback:
- Feedback ist eine Chance.

7

- Es gibt keine Rechtfertigung oder Verteidigung in Bezug auf das erhaltene Feedback.
- Die Entscheidung welche Impulse aus dem Feedback angenommen werden, bleibt ausschließlich beim Empfänger.

■ **Regelmäßige Projekt-Meetings**

Wie bereits an anderer Stelle erwähnt ist eine der besonderen Rahmenbedingungen eines Projekts, dass im Regelfall das Team räumlich im Unternehmen verteilt ist. Aus diesem Grund ist es für alle Beteiligten wichtig, regelmäßige **Projektbesprechungen** durchzuführen, die immer am selben Tag und im selben Zeitfenster stattfinden. Ziel ist es, einen Gewöhnungseffekt für alle Beteiligten zu erreichen, da jedes Projekt für den Einzelnen eine Neuerung/Veränderung seines Arbeitsalltags bzw. seiner Gewohnheiten darstellt. Der geeignete Tag wird, unter Berücksichtigung eventuell vorliegender Einschränkungen, im Team diskutiert und festgelegt.

■ **Motivation**

Je nach Popularität eines Projektes kann es manchmal notwendig sein, dass der Projektleiter Maßnahmen und Überlegungen aktivieren muss, einzelne Teammitglieder (oder auch das gesamte Team) hinsichtlich des **Projektziels** intrinsisch zu motivieren.

Hierbei soll den Projektleiter ein Zitat unterstützen, das dem Schriftsteller und Journalisten Antoine de Saint-Exupéry zugeschrieben wird:

» Wenn Du ein Schiff bauen willst, so trommle nicht Männer zusammen, um Holz zu beschaffen, Aufgaben zu vergeben, die Arbeit einzuteilen und Werkzeuge vorzubereiten, sondern lehre die Männer die Sehnsucht nach dem endlosen, weiten Meer. **«**

7.6   Das Projekt - Die Herausforderung

7.6.1   Projektauftrag klären

Zu Beginn eines Projektes obliegt es dem Projektleiter in Zusammenarbeit mit dem Auftraggeber den Projektauftrag zu klären bzw. das angedachte Ziel zu verstehen. Es liegt in der Verantwortung des Projektleiters, die Gesamtidee und die Gedanken des Auftraggebers im positiven Sinn zu hinterfragen. Oftmals hat der Auftraggeber zu Beginn meist eine noch undifferenzierte Idee oder ein »Bauchgefühl«. Der Projektleiter muss solange durch gezielte Fragestellungen eine Klärung herbeiführen, bis beide Partner die gleiche konkrete Vorstellung bzw. Erwartungshaltung in Bezug auf das Projekt haben. Diese Phase ist eine der herausforderndsten für den Projektleiter, da er sich in die gedankliche Welt seines Auftraggebers versetzen muss, um sämtliche Bedürfnisse, Erwartungshaltungen, Hintergründe, Schnittstellen, weitere Unternehmenszusammenhänge, etc. zu erfahren und für sich greifbar zu machen. Diese Phase ist für den Auftraggeber ebenso bedeutend, da er sich im Rahmen dieser Gespräche verdeutlicht, was das konkrete Ziel des Projektes ist und wo auch die Grenzen des Projekts liegen. Es ist ebenfalls nicht auszuschließen, dass sich im Rahmen dieser Klärungsgespräche herausstellt, dass es seitens des Auftraggebers zu einer Veränderung des ursprünglichen Projektgedankens/-ziels kommt, da sich durch die Fragestellungen des Projektleiters eventuell eine neue Lage ergibt. Falls diese Veränderung eintreten sollte, ist dies nicht negativ zu bewerten, da es im umgekehrten Fall zu einer Verschwendung von Ressourcen (Zeit, Geld, Personal,...) gekommen wäre.

Wird diese Phase der **Zielfindung** vom Projektleiter nicht durchgeführt bzw. eingefordert ist das Projekt zum Scheitern verurteilt, da beide Partner (Auftraggeber und Projektleiter) immer von unterschiedlichen Zielen und Erwartungshaltungen ausgehen, deren Konsequenzen erst im späteren Verlauf des Projekts auftreten.

Erfahrungen aus der Praxis zeigen, dass diese Gespräche für den Auftraggeber oftmals ungewohnt sind, teilweise stoßen sie zu Beginn auch auf Unverständnis. Es kommt hierbei auf die Gesprächsführung und die Argumentation des Projektleiters an, dem Auftraggeber die Chancen und Risiken dieser Phase aufzuzeigen.

■ **Kernaussagen/Merksätze in Schlagsätzen**
- In der Regel hat der Auftraggeber zu Anfang »nur« eine Idee.
- Er kann meistens den Projektauftrag noch nicht klar artikulieren und benennen.

- Oftmals liegt die tatsächliche Herausforderung woanders.
- Der Projektleiter muss verstehen *wollen,* was der Auftraggeber möchte.
- Die Klärung des Projektauftrags unterliegt immer der schrittweisen Optimierung.
- Manchmal verändert sich der vom Auftraggeber ursprünglich gedachte Projektauftrag allein durch die Fragen der Projektleitung.

7.6.2 Definition des Projektziels

Im nächsten Schritt werden der Projektauftrag und die Ergebnisse der vorangegangenen Klärungsgespräche in ein konkretes Projektziel überführt. Wichtig ist, dass das Projektziel sowie die Wortwahl eindeutig und nicht interpretierbar sind. Der Projektleiter muss bedenken, dass die verwendeten einzelnen Wörter und Begriffe ggf. in verschiedenen Branchen/Fachrichtungen unterschiedlich belegt sind, was fatale Konsequenzen für die Durchführung des Projektes bedeutet.

Um ein Projektziel zu definieren ist es erforderlich, sich nochmals mit der Grundstruktur und dem Inhalt eines Ziels auseinanderzusetzen. Die Frage lautet: »Was ist überhaupt ein Ziel bzw. ein Projektziel?« Ein Ziel beschreibt immer das Endergebnis bzw. den zukünftigen abgeschlossenen Zustand eines Sachverhaltes, einer Situation, eines Produkts, o.ä. Darüber hinaus wird die aktive Prägung beschrieben. Weitere grundsätzliche Inhalte eines Ziels sind die qualitative und quantitative Formulierung des geforderten Endergebnisses sowie der Endtermin des Projektes.

Oftmals fällt es schwer, das geforderte Ziel zu beschreiben. Aus diesem Grund hat es sich in der Praxis bewährt, über ein »**Ausschlussverfahren**« das Ziel einzugrenzen. Dieses Verfahren sieht vor, sich über Aussagen/Zielvorstellung und Ergebnisse, die man nicht haben bzw. erreichen will, dem geforderten Ziel zu nähern. Vorteil ist, dass sich in Konsequenz eine klare Abgrenzung vom nicht gewünschten zum geforderten Ziel ergibt. Ist dieser Vorgang abgeschlossen, empfiehlt es sich, das Projektziel nochmal hinsichtlich Sinnhaftigkeit und Zweckmäßigkeit zu überprüfen.

Ein weiteres Hilfsmittel bzw. Kontrollinstrument für das Projektziel ist die bekannte SMART-Regel, die auch im Bereich des Projektmanagements Anwendung findet. Der Vollständigkeit halber sei sie an dieser Stelle erwähnt:

- **SMART-Regel**
- **Specific, significant**: Ziele sind in Bezug auf ihre Formulierung exakt und nicht interpretierbar.
- **Measurable**: Ziele sind messbar/prüfbar (nur eindeutig mess-/prüfbare Ergebnisse können kontrolliert werden, »what gets measured gets done«).
- **Achievable**: Ziele sind anspruchsvoll und stellen eine Herausforderung dar.
- **Realistic**: Ziele sind realistisch (unrealistische Projektziele, »über den Daumen gepeilte« Ziele mindern die Effektivität des Projektes).
- **Time based**: Ziele beinhalten eine klare Terminvorgabe (Zeitpunkt und kein Zeitfenster).

7.6.3 Rahmenbedingungen für ein Projektziel

Jedes Ziel unterliegt im Regelfall bestimmten Rahmenbedingungen, da es immer in einem bestimmten Unternehmenskontext zu sehen ist. Dies gilt besonders für Ziele des Projektmanagements. Aus diesem Grund sollen im Weiteren auszugsweise zusätzliche Impulse gegeben werden, die sich pragmatisch in der Praxis anwenden lassen:

- **Projektziele enthalten keine Lösungswege**
Die Gestaltung des Projekts mit der Fragestellung »WIE erreiche ich das Projektziel, und WIE gestalte ich den Weg dorthin?«, obliegt immer dem PL und »seinem« PT. Liegt diese Entscheidung der freien Gestaltung nicht beim Projektleiter, so kann die gegebene Aufgabe nicht mehr als Projekt bezeichnet werden. Die Informationspflicht seitens des Projektleiters in Richtung Auftraggeber bleibt davon unberührt.

- **Projektziele sollten Vereinbarungen und keine Anweisungen sein**
Da Vereinbarungen immer stärker motivieren als Vorgaben, empfiehlt es sich gerade in der Phase der Zielfindungsgespräche zwischen Projektleiter und Auftraggeber darauf Wert zu legen, dass das Ge-

spräch gleichberechtigt und »auf gegenseitiger Augenhöhe« geführt wird, um auch, parallel zur Zielfindung, das gegenseitige Vertrauen aufzubauen bzw. weiter zu entwickeln. In letzter Konsequenz jedoch richtet sich der Projektleiter allein durch das im Regelfall rollenbedingte Unterstellungsverhältnis nach den Anforderungen des Auftraggebers.

■ **Projektziele müssen schriftlich fixiert werden**
Da die Laufzeit eines Projekts in der Regel einen längeren Zeitraum darstellt, der teilweise bis zu mehreren Jahren gehen kann, ist es wichtig, das abgesprochene Ziel schriftlich zu fixieren. Diese Dokumentation soll dem Projektleiter und dem Auftraggeber eine zusätzliche Hilfe und Unterstützung sein. Bei längeren Laufzeiten ist es nahezu unmöglich, das exakte Ziel ausschließlich gedanklich zu rekonstruieren und eine entsprechende Abschluss-/Ergebnisbewertung durchzuführen. Darüber hinaus gilt es zu bedenken, dass sich eine Unternehmung, aufgrund der sich verändernden Einflussgrößen, in einer Art »permanenten Wandels« befindet. Dies kann Konsequenzen in puncto »Zusatzanforderungen« für das Projekt haben. Zusatzanforderungen müssen immer kritisch betrachtet werden. Falls es im Ausnahmefall unumgänglich ist, muss bedacht werden, dass dies immer eine Veränderung der Projekt-Grundstruktur zur Folge hat, da die Projektplanung für die Parameter Zeit, Geld, Personal und weitere Ressourcen exakt auf das ursprüngliche Projektziel ausgelegt sind. Eine Zusatzanforderung an ein Projekt kann daher nicht mit den bestehenden Rahmenbedingungen abgedeckt werden.

■ **Projektziele müssen mit anderen Projekten abgestimmt werden**
Im Regelfall werden in Unternehmungen mehrere Projekte mit unterschiedlichen Auftraggebern sowie Projektleitern gleichzeitig durchgeführt. Da Projekte oftmals einen strategischen Bezug bzw. Auswirkungen auf die Gesamtunternehmung (oder große Teile davon) haben, ist es wichtig, dass sämtliche Projekte und Projektvorhaben abgesprochen werden, um Parallelarbeit, Projektkollisionen, Schnittstellenkonflikte oder andere Konflikte zu vermeiden.

■ **Weitere Ressourcen**
Ein wesentlicher Bestandteil der Zielfindung sowie der Zieldefinition ist die Identifikation der erforderlichen Projektressourcen. Die Erarbeitung verantwortet der Projektleiter. Bedeutende Ressourcen sind hierbei:

a) Personelle Ressourcen
Der Projektleiter muss sich in seinen Vorüberlegungen erarbeiten, aus wie vielen Personen sein Team bestehen soll, welche Unternehmensbereiche für den Projekterfolg zwingend notwendig sind und mit welchen Qualifikationen bzw. Kompetenzen das einzelne Teammitglied ausgestattet sein soll.

b) Finanzielle Ressourcen
Der Projektleiter muss darüberhinaus eine Kostenschätzung für das Gesamtprojekt erarbeiten. In der Praxis ist es durchaus üblich, dass dem Projektleiter ein bestimmtes Budget vom Auftraggeber vorgegeben wird. Tritt diese Situation auf, liegt es am Projektleiter eine Machbarkeitsstudie zu erarbeiten, ob das Projektziel mit den vorgegebenen Finanzmitteln durchgeführt werden kann bzw. welche Kompensationsmöglichkeiten vorliegen.

c) Zeitliche Ressourcen
Der Projektleiter muss sich des Weiteren erarbeiten, welche Dauer/Laufzeit notwendig ist, um das Ziel zu erreichen. Auch hier ist es in der Praxis durchaus üblich, dass dem Projektleiter entsprechende Vorgaben gemacht werden. Es liegt in dieser Situation ebenfalls in der Verantwortung des Projektleiters, sich entsprechende Kompensationsmöglichkeiten zu erarbeiten.

Wichtig ist, dass dem Projektleiter bewusst ist und er sich immer wieder vor Augen führt, dass die oben erwähnten Ressourcen voneinander abhängig sind und sich gegenseitig beeinflussen. Gedankliche Stütze für den Projektleiter, aber auch für alle anderen Projektbeteiligten, ist das oftmals in der weiterführenden, einschlägigen Literatur erwähnte »Magische Dreieck« bzw. »Magische Viereck«, auf das im Folgenden eingegangen wird.

Das Magische Dreieck/Viereck
Das Magische Dreieck/Viereck beschreibt und visualisiert das Zusammenwirken bzw. die Abhängigkeit der Kräfte/Ressourcen zueinander. Im Projekt-

management stellt das magische Dreieck/Viereck eine Kernaussage dar. Es findet jedoch auch generell bei Überlegungen in einer Unternehmung Anwendung, unabhängig vom jeweiligen Blickwinkel (aus Führungs- oder aus Mitarbeiterperspektive).

Die Kernaussage lautet, dass die Veränderung eines einzigen Faktors eine direkte Konsequenz in Bezug auf alle anderen Faktoren hat. Für den Projektleiter bedeutet es, dass er während des Projektverlaufs alle Faktoren im Fokus haben muss, um entsprechende Auswirkungen zu erkennen und frühzeitig die angemessenen Gegenmaßnahmen ergreifen zu können.

Grundvoraussetzung ist, dass das **Projektziel** immer ein abgestimmtes und nicht-interpretierbares Ziel, einen festgelegten Umfang und eindeutig festgelegte Ressourcen (Qualität, Zeit, Finanzmittel sowie den Faktor Mensch) hat. Das magische Dreieck/Viereck unterstellt, dass das Projektziel den Mittelpunkt/Schwerpunkt darstellt und die festgelegten Ressourcen alle gleich ausgewogen sein müssen. Verändert sich einer der Faktoren, »fällt das Projektziel aus dem Schwerpunkt« und kann nur durch eine sofortige Anpassung der »Gegen-Faktoren« zurück in sein Gleichgewicht kommen. Wird beispielsweise der im Vorfeld abgesprochene Faktor »Finanzmittel« reduziert, muss entweder der Faktor »Zeit« oder eine andere Komponente erhöht werden, um das Projektziel mit der abgesprochenen Qualität erreichen zu können.

Das Magische Viereck wird häufig als Modifizierung des magischen Dreiecks betrachtet und berücksichtigt oftmals zusätzlich den Menschen als expliziten Faktor.

Gleichzeitig stellt diese Systematik die Grundlage der Beziehung zwischen Auftraggeber und Projektleiter dar.

- Der Projektleiter sagt zu, das Projektziel mit den abgesprochenen Faktoren zu erreichen.
- Der Auftraggeber erklärt sich bereit, die Faktoren in diesem abgesprochenen Rahmen zur Verfügung zu stellen

7.6.4 Festlegung von Prioritäten

Die tägliche Arbeit ist beeinflusst durch eine permanente Änderung der direkten Umwelt. Bei umfassenden Tätigkeiten bzw. Aufgabenfeldern zeigt die Praxis, dass dem Setzen von Prioritäten oftmals nicht der entsprechende Stellenwert eingeräumt wird. Besonders im Projektmanagement muss aufgrund der Komplexität der Projekte besonderer Wert darauf gelegt werden. Bedingt durch die lange Laufzeit in der Projektarbeit ist es zwingend notwendig, immer wieder die Ausgangssituation zu reflektieren und mit der aktuellen Situation abzugleichen.

Zur strukturierten und effizienten Abarbeitung eines Projekts ist es erforderlich, die Tätigkeiten zu Beginn des Projekts gemeinsam im Team (Projektleiter und Projektteam) zu erarbeiten, zu clustern und im Anschluss zu priorisieren. Ziel ist es, Wesentliches von Unwesentlichem zu trennen. Das Ergebnis wird in Form einer Tabelle bzw. Matrix visualisiert. Besonders in Phasen mit hoher Arbeitsbelastung besteht die Gefahr sich mit Unwesentlichem »zu verzetteln« und in Konsequenz den Gesamtüberblick sowie die Zeitplanung aus dem Fokus zu verlieren. Die Prioritätenliste ist ein Instrument der Entlastung bzw. Bestätigung für den Projektleiter sowie für die Teammitglieder. Es empfiehlt sich, diese **Prioritätenliste** bei jeder Teambesprechung zur Verfügung zu haben.

7.7 Information und Kommunikation im Projekt

Information und Kommunikation stellen für den Projektleiter eine besondere Herausforderung dar. Sein Team ist, wie bereits erwähnt, meistens über die gesamte Unternehmung »verstreut« bzw. befindet sich an verschiedenen nationalen/internationalen Standorten – im Gegensatz zum Linien-Vorgesetzten, der im Regelfall seine Mitarbeiter im direkten Umfeld hat. Gleichzeitig gehören Kommunikation und Information zu den wesentlichen Erfolgsfaktoren in einem Projekt. Der PL hat die Verantwortung, diesbezüglich »Spielregeln« aufzustellen, abzusprechen und zu kontrollieren. Je intensiver der Informations-/Kommunikationsfluss ist, desto effektiver ist sowohl die Projektarbeit als auch die Identifikation und Motivation der Teammitglieder. In größeren Projekten kann dieser **Informations- und Kommunikationsaufwand** einen sehr großen Anteil der Projektarbeit beinhalten. Dieser Bedarf hat daher auch starke Auswirkung auf die eigene Arbeitsplanung und -organisation des Projektleiters.

In der Praxis haben sich daher folgende einfachen Fragen bewährt, die sich der Projektleiter zu Beginn stellen sollte, um einen diesbezüglich strukturierten Prozess zu installieren:

- Wen informiere ich (welche Zielgruppe(n)/ Einzelpersonen)?
- Wann informiere ich (Zeitpunkt/Turnus)?
- Wie informiere ich (Art der Medien/Kommunikationswege)?
- Über was informiere ich (zielgruppenspezifischer Nutzen)?

Die zwei wichtigsten Ebenen für den PL sind zum Einen die Kommunikation zum Auftraggeber, zum Anderen die Kommunikation zum Projektteam. Diese Kommunikations- und Informationsflüsse müssen zu Beginn klar abgesprochen und vereinbart werden. Es bietet sich an, dem Auftraggeber verschiedene Varianten (inklusive einer Handlungsempfehlung) vorzuschlagen bzw. den Informationsbedarf des Auftraggebers zu erfragen, um eine Übersättigung bzw. Unterdeckung zu vermeiden.

7.8   Risikoerkennung und -bewertung

Im Rahmen der **Projektplanung** ist es wichtig, mögliche Risiken zu identifizieren und zu bewerten. Je exakter eine Identifikation/Bewertung zu Beginn durchgeführt wird, desto höher ist die Wahrscheinlichkeit einer planmäßigen Projektdurchführung. Ein erkanntes und bewertetes Risiko schafft immer die Möglichkeit, frühzeitig entsprechende Gegenmaßnahmen zu entwickeln bzw. zu aktivieren und eliminiert dadurch den potenziellen Schaden für das Projekt. Es empfiehlt sich, die Risikoerkennung und -bewertung gemeinsam im Team durchzuführen, da das vorhandene Expertenwissen der Teammitglieder von entscheidender Bedeutung ist.

Zu Beginn gilt es zu klären, was generell als **Risiko** bezeichnet wird. Im Grundsatz stellt ein Risiko ein bestimmtes Ereignis oder eine Situation in der Zukunft dar, welches in Konsequenz einen Schaden für das Projekt zur Folge hat.

7.8.1   Identifikation potentieller Risiken

Das Projektteam (inklusive Projektleiter) identifiziert bzw. sammelt potentielle Risiken für das Projekt. Wichtig ist, dass dies aus der jeweiligen individuellen Perspektive geschieht und es noch zu keiner Diskussion bzw. Bewertung führt. Es bietet sich an, dies in Form eines Brainstormings durchzuführen, bei dem die Gedanken unstrukturiert auf Karten geschrieben und an der Wand visualisiert werden.

In dieser Phase ist es für den Projektleiter wichtig, eine entsprechende Arbeitsatmosphäre zu schaffen, um die Kreativität des Teams zu fördern. Darüber hinaus soll der Projektleiter berücksichtigen, dass es ein bestimmtes Maß an gegenseitigem Vertrauen braucht, um auch ungewöhnliche Ideen zu artikulieren. Die individuelle Hemmung des Einzelnen, sich im Team »lächerlich« zu machen, ist hierbei nicht zu unterschätzen. Es hat sich bewährt, wenn der Projektleiter von sich aus eine ungewöhnliche Idee einbringt, um so auch ein Signal an das Team zu senden und den Einzelnen zu ermuntern.

7.8.2   Risikobewertung

In der nächsten Phase werden die einzelnen Risiken bewertet. Jedes Risiko wird aus zwei Perspektiven gesondert betrachtet. Die erste Perspektive ist die Eintrittswahrscheinlichkeit, die zweite stellt den voraussichtlich zu erwartenden Schaden für das Projekt dar.

Es bietet sich an, die »Wahrscheinlichkeit des Eintretens« eines Risikos mit Hilfe einer Skala zwischen 0 % und 100 % zu bewerten. Der Extremwert 0 % bedeutet, dass das Risiko zu vernachlässigen ist. Wird im Gegensatz dazu ein Risiko mit 100 % Eintrittswahrscheinlichkeit bewertet, hat das zur Folge, dass der Projektplan nicht haltbar ist.

Es empfiehlt sich, den zu »erwartenden Schaden« mit einer Punkteskala von 1 bis 10 Punkten einzustufen. Bei Vergabe des Extremwerts 1 stellt dies in Konsequenz keinen Schaden für das Projekt dar. Der Extremwert 10 signalisiert den größtmöglichen Schaden für das Projekt.

Bei der Bewertung beider Perspektiven kommt es darauf an, einen Überblick über das jeweilige Risiko zu bekommen. Auftretende Grundsatzdiskussionen, ob beispielsweise ein Risiko mit 10 % oder 11 % bewertet werden sollte, sind daher nicht zielführend.

Im Rahmen der gemeinsamen Bewertung ist es wahrscheinlich, dass die Erfahrungen bzw. Einschätzungen und Bewertungen äußerst unterschiedlich und teilweise kontrovers sind. In diesem Fall muss das zu diskutierende Risiko genauer definiert und weiter unterteilt werden, bis eine einstimmige Meinung im Team vorherrscht. Ein Mehrheitsbeschluss bzw. die Überredung Einzelner ist nicht zulässig. Der erforderliche Diskussionsbedarf ist teilweise sehr hoch, was für den Projektleiter eine entsprechende Zeitplanung erforderlich macht. Wichtig ist, dass den Teilnehmern bewusst gemacht wird, dass in jedem Risiko gleichzeitig eine große Chance liegt.

7.8.3 Risikotabelle

Im nächsten Schritt werden die gesammelten Risiken und deren Bewertung in einer Tabelle zusammengeführt und gemeinsam Gegenmaßnahmen für das jeweilige Risiko erarbeitet und festgelegt. Es ist zwingend notwendig, dass diese Maßnahmen personifiziert werden, um die jeweilige Verantwortung sicherzustellen. Zur Vermeidung von Missverständnissen und Unklarheiten muss für jede Gegenmaßnahme ein Hauptverantwortlicher benannt werden.

7.8.4 Risiko-Portfolio

Das Risiko-Portfolio ist die Visualisierung der Ergebnisse mit dem Vorteil, dass ausschließlich die Risikobezeichnungen ausgewiesen werden, um sich auf die Kernaussagen zu konzentrieren. Wird ein Risiko mit geringer Eintrittswahrscheinlichkeit und geringem Schaden bewertet, ist es nicht not-

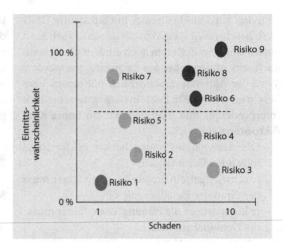

◘ **Abb. 7.3** Schematische Darstellung eines Risiko-Portfolios

wendig, einen Aktionsplan in Bezug auf Gegenmaßnahmen zu erarbeiten. Wird im Gegensatz dazu ein Risiko mit hoher Eintrittswahrscheinlichkeit und hohem Schaden bewertet, muss das entsprechende, potenzielle Risiko während des Projektverlaufes genau beobachtet werden. Parallel dazu empfiehlt es sich einen entsprechend detaillierten **Notfallplan** zu erarbeiten, der bei Bedarf sofort aktiviert werden kann. Die größten potentiellen Risiken stellen daher gleichzeitig auch die größten Erfolgsfaktoren eines Projektes dar. Risiken mit kleiner Eintrittswahrscheinlichkeit und kleinem Risiko stellen oftmals das *daily business* dar (◘ Abb. 7.3).

7.9 Projektdarstellung

Jedes Projekt unterliegt spezifischen Besonderheiten und einer bestimmten Struktur und Abfolge, welche die Rahmenbedingungen sowie die gegenseitigen Zusammenhänge, Abhängigkeiten und Tätigkeiten spiegeln. Auf die wesentlichen Elemente soll im Folgenden eingegangen werden.

7.9.1 Aktivitäten-Planung

Das Projekt wird hierbei in einzelne Aktivitäten zerlegt, wobei darauf geachtet wird, dass immer vom Groben zum Feinen geplant wird. Die einzelne

Aktivität wird hierbei immer mit Substantiv UND Verb beschrieben. Die Aktivität ist somit auch nach einem längeren Zeitraum noch eindeutig und kann auch von Außenstehenden nachvollzogen werden. Wird die Aktivität ausschließlich mit einem Verb beschrieben, ist sie in ihrer Aussage unterschiedlich interpretierbar und birgt dadurch ein hohes **Konfliktpotenzial** in sich.

Die Aktivitäten-Planung basiert in der Regel auf folgenden Grundsätzen:

- Je schwieriger ein Projekt ist, desto feiner muss der Grad der Detaillierung sein.
- Je kurzfristiger die Planung, desto feiner muss die Detaillierung sein.
- Die geplanten Aktivitäten sollten nicht kleiner als eine Woche sein (Gefahr der Unübersichtlichkeit).
- Jede Aktivität muss ein Ergebnis haben.
- Jedes Ergebnis muss messbar sein.

In der Praxis hat sich die Methodik des Brainstormings im Team mit der Fragestellung: »Was müssen wir alles tun, um das Projektziel zu erreichen?«, bewährt.

7.9.2 Aufgabenpaket

In der Projektarbeit ergeben sich aufgrund der Komplexität eine Vielzahl an Aufgaben und Tätigkeiten. Um den Überblick zu wahren und eine erfolgreiche Projektarbeit sicherzustellen ist es notwendig, die erforderlichen Tätigkeiten in Aufgabenpakete zu bündeln und im Sinne der Transparenz zu visualisieren.

Aufgabenpakete sind **logische Arbeitseinheiten** mit überschaubaren Arbeitsaufträgen, deren Zeitansatz nicht weniger als eine Woche sein sollte. Darüber hinaus sind sie personifiziert und stellen eindeutige Verantwortlichkeiten sicher.

7.9.3 Projektstrukturplan (PSP)

Der Projektstrukturplan visualisiert im Wesentlichen die hierarchischen Über- bzw. Unterstellungsverhältnisse der einzelnen Elemente. Darüberhinaus werden die Kosten sowie die Verantwortlich-keiten pro Aufgabenpaket ausgewiesen. Es gilt bei der Darstellung eines PSP zu bedenken, dass zum einen die zeitliche Abfolge nicht eindeutig erkennbar ist, zum Anderen er nicht als Projektorganigramm oder Terminplan verwendet werden kann. Der PSP wird in der Phase der **Projektplanung** angefertigt (vgl. ▶ Kap. 1.3.1).

7.9.4 Meilenstein

Mit Hilfe von Meilensteinen wird der Status in richtungsweisenden Projektsituationen überprüft. Meilensteine werden zu Beginn des Projektes mit Hilfe von fix definierten Terminen und verbindlichen SOLL-Ergebnissen festgelegt und stellen daher auch **Zwischenziele** für das Projekt dar. Sie unterstützen den Projektleiter durch deren logische Struktur bei der Steuerung des Projekts und beinhalten gleichzeitig einen hohen Motivationsfaktor für alle Beteiligten.

Meilensteine werden vom Projektleiter vorgeschlagen und unter Absprache mit dem Projektteam gesetzt. Das Ergebnis wird im Anschluss mit dem Auftraggeber abgestimmt.

7.9.5 Kritischer Pfad

Der kritische Pfad ergibt sich durch die logische Verknüpfung der einzelnen Arbeitspakete in Verbindung mit den gesetzten Meilensteinen auf Basis der Zeitschiene. Der kritische Pfad visualisiert den **Schwerpunkt des Projekts** und umfasst diejenigen Aufgabenpakete, die bei einer zeitlichen Verzögerung eine Gesamtverzögerung des Projektes zur Folge haben. In Konsequenz bedeutet dies, dass das Projektziel zum vereinbarten Termin nicht erreichbar ist. Es ist daher für den Projektleiter und das Projektteam zwingend notwendig, den kritischen Pfad im Fokus zu halten.

7.9.6 Gantt-Diagramm

Das Gantt-Diagramm ist eine in der Praxis bewährte Form der Visualisierung. Hierbei wird die Abfolge der Tätigkeiten mit der Zeitachse in Ver-

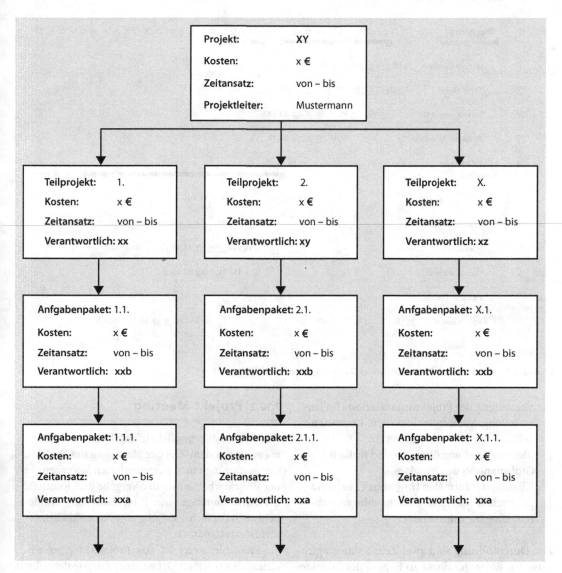

■ **Abb. 7.4** Schematische Darstellung eines PSP

bindung gebracht. Die Vorteile dieser Form der Visualisierung liegen in der hohen Transparenz und in der damit verbundenen guten Kommunikationsmöglichkeit über das Projekt (■ Abb. 7.5)

7.10 Meetings

Im Rahmen des Projektmanagements gibt es im Wesentlichen drei Arten von Meetings, auf die im Folgenden eingegangen werden soll.

7.10.1 Kick off-Meeting

Die Durchführung eines Kick off-Meetings dient der Identifikation des Einzelnen mit dem Projektziel, den spezifischen Rahmenbedingungen und zum Kennenlernen der Teammitglieder untereinander.

Zielsetzung/Inhalte des Meetings:
- Erläuterung des **Projektumfangs** (Ziel, Rahmenbedingungen, wichtige vorgegebene Meilensteine, Prioritäten, …).

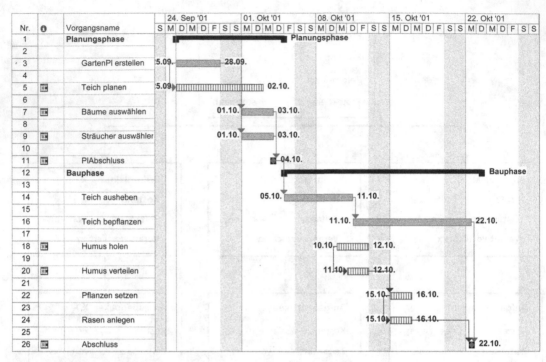

○ **Abb. 7.5**   Schematische Darstellung eines Gantt-Diagramms mit MS-Project

— Vorstellung der **Projektorganisation** (Rollenverteilung, Verantwortlichkeiten, Kompetenzen,…)
— Identifikation von **Chancen und Risiken**
— **Grobplanung** des Projektes
— Klärung des **formalen Umgangs** (Zeitpunkt der Projekt-Meetings, Entscheidungsverfahren, Umgang miteinander,…)

Zur Durchführung sind zwei Zeitpunkte empfehlenswert. Entweder direkt zu Beginn des Projektes als »Startschuss«, oder nach Abschluss der Projektdefinition. Abhängig von der Wahl des Zeitpunkts gestalten sich die oben angeführten Inhalte.

In der Regel besteht der Teilnehmerkreis aus dem Projektteam (ggf. Fachteam) und dem Auftraggeber. Die Dauer wird, abhängig von der Größe des Projekts, mit 1–2 Tagen veranschlagt. Für die Durchführung ist der Projektleiter verantwortlich.

7.10.2 Projekt-Meeting

Das Projekt-Meeting ist ein regelmäßiges **Arbeitsmeeting** mit dem Ziel der Steuerung des Projekts, der Festlegung eines zielorientierten Vorgehens in der Projektarbeit sowie der Vergabe und Kontrolle der Arbeitsaufträge. Das Projekt-Meeting ermöglicht auch die Sicherstellung eines einheitlichen Informationsstands.

Empfehlenswert ist, das Projekt-Meeting wöchentlich am selben Ort zu einer festgelegten Uhrzeit durchzuführen. Variiert der Besprechungsort/Uhrzeit stellt sich kein Gewöhnungseffekt für die Beteiligten ein. Ist das PT an verschiedenen Orten ansässig, empfiehlt es sich, regelmäßige Telefon- und/oder Videokonferenzen in Verbindung mit Meetings einzurichten.

Teilnehmer des Projekt-Meetings sind ausschließlich der Projektleiter und das Projektteam. Bei Bedarf kann ein erweitertes Fachteam und im Ausnahmefall der Auftraggeber mit hinzugezogen werden.

Die Dauer eines Meetings ist mit ca. 1–2 Stunden anzusetzen. Die Durchführung verantwortet der Projektleiter.

7.10.3 Meilenstein-Meeting

Wie bereits an anderer Stelle erwähnt, haben Meilensteine eine besondere Bedeutung für das Projekt. Das Meilenstein-Meeting hat daher zum Ziel, die bisherigen, entscheidenden Ergebnisse vorzustellen und zu bewerten, künftige Chancen und Risiken aufzuzeigen und bei Bedarf besondere Entscheidungen herbeizuführen.

Der Zeitpunkt der Durchführung ist abhängig von der Festlegung im Projektplan. Der Teilnehmerkreis besteht aus dem Lenkungsausschuss, dem Auftraggeber und dem Projektleiter. Bei Bedarf hält sich das Projektteam zur Beantwortung spezieller Fachfragen zur Verfügung. Ein Meilenstein-Meeting benötigt ca. 2 Stunden, verantwortlich für die Durchführung ist der Projektleiter.

7.11 Führen im Projekt

Eine wesentliche Aufgabe des Projektleiters ist das Führen. Neben dem Beherrschen des allgemeinen Führungsinstrumentariums sollen bestimmte Kernaussagen im Bewusstsein des Projektleiters liegen, die gleichzeitig wesentliche Erfolgsfaktoren darstellen.

Elementar ist das Setzen klarer und erreichbarer (Teil-) Ziele, einschließlich des Kontrollprozesses und der Qualitätssicherung. Dies setzt eine klare Kommunikation der eigenen Erwartungshaltung sowie das ziel-/ergebnis- und personenorientierte Delegieren voraus.

Durch die räumliche Trennung des Teams hat der persönliche Kontakt eine besondere Bedeutung. Damit verbunden ist das »offene Ohr« des Projektleiters für sein Team aufgrund der Doppelbelastung des Einzelnen (Projektfunktion und Linienfunktion).

Die Beteiligung des Teams am Entscheidungsprozess (sofern möglich) steigert die Motivation.

7.12 Projektsteuerung und -kontrolle

Im Anschluss an die Projektplanung beginnt die Durchführungsphase des Projekts. Ziel der Steuerung und der Kontrolle ist die permanente Überwachung der SOLL- und IST-Werte, um das Projekt erfolgreich durchzuführen. Setzen Sie daher alles auf eine exakte Projektkontrolle, um Ihren Basisplan realisieren zu können.

Im Projektmanagement finden verschiedene Arten der Kontrolle Anwendung. Die **schriftliche Kontrolle** umfasst im Wesentlichen Statusberichte, Zwischenberichte und Protokolle. Die **mündliche Kontrolle** umfasst die Gespräche und Diskussionen der regelmäßigen Besprechungen.

7.12.1 Projektstatus

Der Projektleiter ist verantwortlich, dass der Projektstatus immer aktuell ist. Je regelmäßiger und genauer er erfasst wird, desto schneller kann auf eintretende Abweichungen agiert werden. Die Form der Erfassung ist projektabhängig und kann aus einer Vielzahl von Varianten gewählt werden. Wichtig bei der Entscheidungsfindung ist immer das Hinterfragen des (EDV-) Instruments auf Pragmatismus bzw. Zielorientiertheit in seiner Anwendung.

Die Erfassung des Projektstatus ist ein **Führungsinstrument** und darf daher nicht delegiert werden,

7.12.2 Problemanalyse

Bei auftretenden Problemen steht vor der Entwicklung von Lösungen die Problemanalyse im Vordergrund. Dies schützt die Projektbeteiligten vor einer übereilten Handlung, die sich im Regelfall im Anschluss nachteilig im Projektverlauf äußert. Es versteht sich von selbst, dass der veranschlagte Zeitansatz der Problemanalyse im Verhältnis zur potentiellen Gefahr des Problems stehen muss.

Liegt ein sog. »einmaliger Grund mit geringen Konsequenzen« vor wie beispielsweise »kurzfristiger Absturz eines Systems«, »kurzfristiger Lieferverzug«, etc. sollten die Probleme im Team artikuliert und dokumentiert werden, ohne weitere, besondere Aktivitäten zu veranlassen.

Treten im Lauf des Projekts sog. »Systemfehler mit hoher Konsequenz« auf, ist dies als äußerst kritisch zu bewerten, da sie sich im Regelfall sehr stark auf den gesamten Projektverlauf auswirken. Es muss daher versucht werden, durch eine weitsichtige Anpassung den Schaden einzudämmen. Beispiele können hierfür »generelle Planungsfehler bei der Verfügbarkeit der Mitarbeiter«, »falsche Kostenschätzung«, etc. sein.

7.13   Projektabschluss und -übergabe

Bevor das Projekt an den Auftraggeber übergeben wird, muss die exakte Erreichung des Projektziels durch das gesamte Team überprüft werden. Darüberhinaus wird die Dokumentation auf Vollständigkeit überprüft. Im Anschluss wird mit dem Auftraggeber ein Termin vereinbart, bei dem die Projektergebnisse (Ziel-/Leistungsvereinbarungen) abgenommen werden. Die Übergabe ist als ein formaler Akt zu sehen.

7.13.1   Projekt-Dokumentation

Eine aussagekräftige und im positiven Sinn bereinigte Projektdokumentation ist nicht nur die »Visitenkarte« des Projektleiters für künftige Projekte, sondern kann auch eine Grundlage künftiger Prognosen in ähnlichen Fällen sein. Um Fehlentscheidungen zu vermeiden, ist zu beachten, dass die Fragestellungen und Rahmenbedingungen der Projekte ähnlich gelagert sein müssen. Die Dokumentation kann darüber hinaus auch als »Trainingsmaterial« für den Projektleiter-Nachwuchs dienen.

7.13.2   Abschlussbilanz

Am Ende eines Projektes ist es notwendig eine interne Abschlussbilanz zu ziehen. Ziel ist die kritische Reflexion des Projektes mit der Analyse von Stärken und Schwächen (methodisch und persönlich), um künftige Situationen optimiert zu bewältigen. Gleichzeitig dient es dem Projektleiter als klares Feedback seines Teams.

Mit dem Auftraggeber ist ein gesondertes Gespräch zu führen. In den meisten Fällen hat der Projektleiter die Gesprächsführung. Schwerpunkt ist auch hier die gemeinsame Reflexion des Projekts und der Zusammenarbeit aus der Perspektive des Auftraggebers und des Projektleiters.

Oftmals wird die Abschlussbilanz nicht durchgeführt. Gründe hierfür sind meistens Zeitdruck, Kosten, etc. Es empfiehlt sich, diesem Gespräch einen entsprechend hohen Stellenwert zu geben, da es außerordentlich wertvoll für kommende Projekte ist.

7.13.3   Abschlussfeier

Nach Abschluss des Projekts sollte es, aus Sicht des Projektleiters, eine Selbstverständlichkeit sein, sich für die Zusammenarbeit zu bedanken. Es sollte bedacht werden, dass das Projekt für jeden Einzelnen des Teams, neben dem originären Aufgabenbereich, eine zusätzliche Belastung war. Ob das Abschlussfest eine »Trauerfeier« oder eine »big party« wird, liegt am Projekterfolg – dafür war der Projektleiter verantwortlich. Das Team kann nichts dafür!

Literatur

1   Litke HD, Kunow I (2006) Projektmanagement. 3. Aufl. Haufe Verlag, Freiburg
2   Lessel W (2007) Projektmanagement: Projekte effizient planen und erfolgreich umsetzen. 3. Aufl., Cornelsen
3   Kessler H, Winkelhofer GA (2008) Projektmanagement. Leitfaden zur Steuerung und Führung von Projekten. 4. Aufl. Springer Verlag, Heidelberg, Berlin
4   Lock D (2007) Project Management. 9. Aufl. Gower Publishing, Farnham, Surrey

Intellectual Property – Patente und Marken

Peter Riedl

Intellectual Property – geistiges Eigentum – wird als Sammelbegriff für diejenigen Rechtsgebiete verwendet, die in Deutschland zumeist als gewerblicher Rechtsschutz und Urheberrecht bezeichnet werden. Erst in der zweiten Hälfte des 19. Jahrhunderts hat man in Deutschland die Notwendigkeit, den gewerblichen Rechtsschutz gesetzlich zu verankern, allgemein anerkannt. Heutzutage können Patente und Marken als **Bestandteil des geistigen Eigentums** eines Unternehmens dessen marktwirtschaftliche Position maßgeblich bestimmen.

Für nicht geschützte Gegenstände gilt in Deutschland der Grundsatz der Nachahmungsfreiheit. Nicht geschützte neue Erzeugnisse, Produktverbesserungen, Marken und Zeichen dürfen normalerweise nachgeahmt werden. So ist die exakte (sklavische) Nachahmung, beispielsweise Herstellung und Vermarktung einer identischen pharmazeutischen Formulierung, zulässig. Auch nach jahrelanger Benutzung einer nicht eingetragenen Marke kann diese von einem Wettbewerber in bestimmten Fällen identisch übernommen werden. Mehr noch, der Wettbewerber kann sich seine Marke schützen lassen und unter bestimmten Voraussetzungen gegen die Benutzung der schon jahrelang verwendeten Marke vorgehen. Wenn jedoch besondere Schutzrechte bestehen, kann die Nachahmung verhindert und der Plagiator zur Rechenschaft gezogen werden.

Schon alleine aus diesen Überlegungen ergibt sich die zwingende Notwendigkeit des Schutzes von technischen Entwicklungen auf dem Gebiet der Pharmazie, beispielsweise neuen Wirkstoffen oder neuen Formulierungen. Kein Unternehmen wird die enorm hohen Kosten für die Entwicklung und arzneimittelrechtliche Zulassung ohne Absicherung durch Patente auf sich nehmen, wenn es fürchten muss, dass Dritte das Entwicklungsprodukt mit wesentlich geringerem Kostenaufwand übernehmen und den Markterfolg gefährden können. Ebenso notwendig ist der Schutz der Kennzeichnung von Waren, Dienstleistungen und Firmenbezeichnungen. Der Kennzeichnungsschutz von Waren kann technische Neuentwicklungen erfolgreich begleiten und nach Ablauf des technischen Schutzrechtes zum weiteren Markterfolg eines Arzneimittels beitragen, indem er beispielsweise dessen Bekanntheitsgrad sichert.

Der Schutz vor Nachahmern sichert und stärkt die Marktposition des Schutzrechtsinhabers in bereits eroberten Marktgebieten. Darüber hinaus kann ein Schutzrecht zur Erschließung neuer Märkte beitragen, indem es dem Schutzrechtsinhaber den Freiraum für die Positionierung seines Produktes schafft. Schließlich haben Schutzrechte auch Werbewirkung. Sie werten die angebotenen Produkte durch Hinweise auf Patente, Muster oder Marken auf und erhöhen den Wert des Unternehmens. Gerade in der pharmazeutischen Industrie mit ihrem hohen Aufwand für Forschung und Entwicklung ist der Schutz der Produkte der geistigen Tätigkeit daher unverzichtbar.

Das Wissen über die Möglichkeiten des Schutzes des geistigen Eigentums und die Erlangung und Durchsetzung des Schutzes ist demzufolge für den in Forschung, Entwicklung, Marketing und Management tätigen Personenkreis unentbehrlich. Der folgende Abschnitt befasst sich in erster Linie mit den für die pharmazeutische Industrie wichtigsten Schutzrechten, nämlich Patente und Marken, und soll als Leitfaden für die praktische Arbeit dienen.

8.1   Überblick über die für die pharmazeutische Industrie wesentlichen Schutzrechte

8.1.1   Patente

Die Schutzrechte mit der größten Bedeutung für die pharmazeutische Industrie sind zweifellos die Patente. Ein Patent wird für eine technische Erfindung erteilt, es ist ein zeitlich begrenztes Ausschließlichkeitsrecht zur gewerblichen Benutzung dieser technischen Erfindung.

Eine Erfindung ist das Ergebnis einer schöpferischen Leistung. Diese steht dem Urheber zu, also dem Erfinder. Darauf gründet sich das Recht auf das Patent. Gemäß § 6 PatG (hier und im folgenden: deutsches Patentgesetz in der Fassung vom 31.7.2009) hat das Recht auf das Patent daher der Erfinder oder sein Rechtsnachfolger. Haben mehrere gemeinsam eine Erfindung gemacht, so steht ihnen das Recht auf das Patent gemeinschaftlich zu.

Das Recht auf das Patent ist übertragbar. In Deutschland gilt das Arbeitnehmererfindergesetz, das die Übertragung einer Erfindung, die ein Arbeitnehmer gemacht hat, auf den Arbeitgeber regelt (Näheres hierzu unter Abschnitt 8.2.5). Die Aussicht auf ein Patent soll die Erfinder zur Preisgabe ihrer Kenntnisse veranlassen, damit der Stand der Technik bereichert und die Allgemeinheit aus der Kenntnis der preisgegebenen Erfindungen Nutzen ziehen kann. Das Patent wiederum soll dem Erfinder einen angemessenen Lohn für die Preisgabe seiner Erfindung in Form eines zeitlich begrenzten ausschließlichen Nutzungsrechtes verschaffen.

Ein Patent ist territorial begrenzt, d. h. es entfaltet seine Wirkung nur in dem Land, für das es erteilt wurde. So gilt ein deutsches Patent nur in Deutschland und ein US-Patent nur in den USA. Daneben gibt es auch überregionale Patente, von denen das europäische Patent das weitaus wichtigste ist. Aber auch ein europäisches Patent ist nicht automatisch in ganz Europa wirksam. Es kann nur in den europäischen Staaten wirksam werden, die dem **Europäischen Patentübereinkommen** beigetreten sind. Letztlich ist aber auch ein europäisches Patent nur ein Bündel nationaler Patente, das aus einem gemeinsamen Erteilungsverfahren resultiert. Ein erster Schritt zu einem «echten» überregionalen, d. h. supranationalen, Patent wurde mit der Vereinbarung über Gemeinschaftspatente gemacht. Das in dieser Vereinbarung enthaltene Gemeinschaftspatentgesetz sieht ein Gemeinschaftspatent (heute als EU-Patent bezeichnet) vor, das in der gesamten europäischen Gemeinschaft wirksam ist. Wann und in welcher Form das Gemeinschaftspatentgesetz in Kraft tritt, ist jedoch trotz aller Bemühungen nach wie vor offen.

In diesem Zusammenhang sei der Hinweis erlaubt, dass es ein sog. Weltpatent, von dem häufig die Rede ist, nicht gibt. Die angebliche Existenz eines Weltpatentes beruht auf einer Verwechslung mit einer sog. internationalen Anmeldung, auf die noch näher eingegangen wird.

Die **Patenterteilungsverfahren** kann man grob in zwei Kategorien einteilen, nämlich erstens Registrierungsverfahren, und zweitens Verfahren mit Prüfung auf Patentfähigkeit. Bei Letzterem wird (unter anderem) geprüft, ob die Patentierbarkeitsvoraussetzungen Neuheit und erfinderi-

sche Tätigkeit gegenüber dem Stand der Technik vorliegen. Ein auf diesem Weg erteiltes Patent ist somit ein sachlich geprüftes Schutzrecht. Dies hat den Vorteil, dass ein wesentlich höheres Maß an Rechtssicherheit hinsichtlich der Rechtsbeständigkeit gegeben ist als bei Patenten, die nur ein Registrierungsverfahren ohne sachliche Prüfung durchlaufen haben. In Deutschland und anderen wichtigen Industrieländern erfolgt die vorstehend erwähnte sachliche Prüfung, in der Mehrzahl der übrigen Länder hingegen wird lediglich registriert. Auch ein europäisches Patent wird erst nach sachlicher Prüfung erteilt.

Was kann in einem Patent geschützt werden? Wie schon erwähnt, werden in Deutschland Patente für neue, auf erfinderischer Tätigkeit beruhende und gewerblich anwendbare technische Erfindungen erteilt, vgl. § 1, Abs. 1, PatG und Art. 52, Abs. 1, Europäisches Patentübereinkommen (EPÜ) (Angaben zu gesetzlichen Grundlagen beziehen sich hier und im folgenden auf das revidierte Europäische Patentübereinkommen, das sog. EPÜ 2000, das am 13.12.2007 in Kraft getreten ist und das EPÜ 1973 ersetzt). Dem Schutz zugänglich sind Erzeugnisse, z. B. chemische Stoffe, Verfahren und die Verwendung von Erzeugnissen.

Auch die Ausnahmen sind gesetzlich geregelt, als Erfindungen werden nämlich nicht angesehen Entdeckungen, wissenschaftliche Theorien, mathematische Methoden, ästhetische Formschöpfungen, Pläne, Regeln und Verfahren für gedankliche Tätigkeiten, für Spiele oder für geschäftliche Tätigkeiten sowie Programme für Datenverarbeitungsanlagen sowie die Wiedergabe von Informationen. Von besonderer Bedeutung für die pharmazeutische Industrie ist, dass auch Verfahren zur chirurgischen oder therapeutischen Behandlung des menschlichen oder tierischen Körpers und Diagnostizierverfahren, die am menschlichen oder tierischen Körper vorgenommen werden, **vom Patentschutz ausgenommen** sind, weil sie dem nicht gewerblichen Bereich rechtlich zugeordnet worden sind, vgl. § 5, Abs. 2, Satz 1 PatG und Artikel 52, Abs. 4, EPÜ. Der Arzt soll aus sozialethischen Gründen in der Wahl seiner Behandlungsmittel frei sein und die Krankheit des Menschen soll nicht kommerzialisiert werden dürfen.

Weiter sind Pflanzensorten oder Tierarten (Tierrassen) sowie im Wesentlichen biologische Verfahren zur Züchtung von Pflanzen oder Tieren von der Patentierbarkeit ausgeschlossen. Pflanzen oder Tiere sind jedoch patentierbar, wenn die Ausführungen der Erfindung technisch nicht auf eine bestimmte Pflanzensorte oder Tierrasse beschränkt ist, d.h. gentechnologisch veränderte Pflanzen oder Tiere sind in der Regel patentierbar.

Die Patentierbarkeit biotechnologischer Erfindungen ist in der öffentlichen Diskussion heftig umstritten. Der rechtliche Rahmen zum Schutz biotechnologischer Erfindungen wurde mit Wirkung vom 1.9.1999 gesetzlich durch Einfügung der Regeln 23b bis 23e EPÜ 1973 (Regeln 26 bis 29 EPÜ 2000) in das Europäische Patentübereinkommen festgelegt, wobei der Richtlinie 98/44/EG des Europäischen Parlamentes und des Rates vom 6. Juli 1998 über den rechtlichen Schutz biotechnologischer Produkte Rechnung getragen wurde. Gemäß Regel 28 EPÜ 2000 werden europäische Patente insbesondere nicht erteilt für biotechnologische Erfindungen, die zum Gegenstand haben:

a. Verfahren zum Klonen von menschlichen Lebewesen;
b. Verfahren zur Veränderung der genetischen Identität der Keimbahn des menschlichen Lebewesens;
c. die Verwendung von menschlichen Embryonen zu industriellen oder kommerziellen Zwecken;
d. Verfahren zur Veränderung der genetischen Identität von Tieren, die geeignet sind, Leiden dieser Tiere ohne wesentlichen medizinischen Nutzen für den Menschen oder das Tier zu verursachen, sowie die mithilfe solcher Verfahren erzeugten Tiere.

Regel 29 betrifft die Patentierbarkeit des menschlichen Körpers und seiner Bestandteile und enthält folgende Regelungen:
- Der menschliche Körper in den einzelnen Phasen seiner Entstehung und Entwicklung sowie die bloße Entdeckung eines seiner Bestandteile, einschließlich der Sequenz oder Teilsequenz eines Gens, können keine patentierbaren Erfindungen darstellen.

- Ein isolierter Bestandteil des menschlichen Körpers oder ein auf andere Weise durch ein technisches Verfahren gewonnener Bestandteil, einschließlich der Sequenz oder Teilsequenz eines Gens, kann eine patentierbare Erfindung sein, selbst wenn der Aufbau dieses Bestandteils mit dem Aufbau eines natürlichen Bestandteils identisch ist.

Entsprechende Vorschriften sowie weitere darüber hinausgehende Vorschriften wurden in das deutsche Patentgesetz übernommen, wie z. B. im Gesetz zur Umsetzung der Richtlinie über den rechtlichen Schutz biotechnologischer Erfindungen vom 21.1.2005, das am 28.2.2005 in Kraft getreten ist.

8.1.2 Gebrauchsmuster

Gebrauchsmuster (und Geschmacksmuster) haben für die pharmazeutische Industrie nur untergeordnete Bedeutung. Im Folgenden wird daher nur kurz auf diese Schutzrechte eingegangen.

Ein Gebrauchsmuster, das häufig als »kleines Patent« bezeichnet wird, schützt wie ein Patent technische Erfindungen, wobei jedoch Verfahrensansprüche vom Schutz ausgenommen sind. Die Verwendung bekannter Stoffe im Rahmen einer neuen medizinischen Indikation ist dagegen dem Gebrauchsmusterschutz zugänglich.

Die oben zu den Patenten gemachten Ausführungen gelten ansonsten in entsprechender Weise. Ein wesentlicher Unterschied zu einem Patent liegt allerdings darin, dass ein Gebrauchsmuster in einem bloßen Registrierverfahren ohne sachliche Prüfung in die Gebrauchsmusterrolle eingetragen wird und die Laufzeit lediglich zehn Jahre beträgt. Von Bedeutung kann ein Gebrauchsmuster möglicherweise dann sein, wenn es darum geht, raschen Schutz zu erlangen, um gegen einen potenziellen Verletzer vorgehen zu können noch bevor ein entsprechendes Patent erteilt ist.

8.1.3 Geschmacksmuster

Auch ein Geschmacksmuster ist ein Ausschließlichkeitsrecht, das jedoch nicht wie ein Patent oder

Gebrauchsmuster eine technische Erfindung zum Gegenstand hat. Gegenstand eines Geschmacksmusterrechts sind vielmehr Farb- und Formgestaltungen, die bestimmt und geeignet sind, das geschmackliche Empfinden des Betrachters, insbesondere seinen Formensinn, anzusprechen. Geschmacksmuster schützen also das Design eines Produktes.

Geschmacksmusterschutz in Deutschland ist durch eine nationale Geschmacksmusteranmeldung, eine Anmeldung als EU-weit wirksames Gemeinschaftsgeschmacksmuster oder über ein nicht eingetragenes Gemeinschaftsgeschmacksmuster zugänglich.

Wie bei Gebrauchsmustern erfolgt auch bei Geschmacksmustern die Eintragung in das Musterregister ohne sachliche Prüfung. Die Schutzdauer beträgt zunächst fünf Jahre und kann bis auf höchstens 25 Jahre verlängert werden.

8.1.4 Marken und Kennzeichen

Eine Marke, vor dem Inkrafttreten des neuen Markengesetzes am 1.1.1995 Warenzeichen genannt, soll gleichartige Produkte und Dienstleistungen unterscheidbar machen und auf die Herkunft eines Produkts aus einem bestimmten Betrieb hinweisen. Wesentlich ist dabei, dass eine Marke immer nur für bestimmte Waren oder Dienstleistungen eingetragen ist.

Eine Marke kann erheblichen Einfluss auf den Markterfolg eines Produkts haben und geradezu zu einem Synonym für ein bestimmtes Produkt werden. Auf den ersten Blick möchte man zwar meinen, dass der Einfluss einer Marke auf den Markterfolg eines Arzneimittels vergleichsweise gering ist, vor allem, wenn man mit bestimmten, intensiv beworbenen Produkten außerhalb des Gebiets der Pharmazie vergleicht. Dennoch ist es aber auch bei Arzneimitteln so, dass ihr Erfolg nicht nur vom Preis oder der Wirkung bestimmt wird. Ganz besonders gilt dies im Falle von frei verkäuflichen, also nicht verschreibungspflichtigen Arzneimitteln, die von Patienten selbst ausgewählt und gekauft werden. Eine Marke kann dem Käufer dann als Orientierungshilfe und absatzförderndes Gütezeichen dienen. Trotz aller Probleme mit den Ge-

sundheitskosten orientiert sich aber auch der Arzt am Ansehen eines Erzeugnisses bzw. des Herstellers. Die Arzneimittelmarke ist meist das einzige Instrument, mit dem es gelingt, die während der Patentlaufzeit (Phase des geschützten exklusiven Vertriebs) erworbene Wertschätzung eines Arzneimittels (und dementsprechende Umsätze) in die Phase nach Ablauf des Patentschutzes wenigstens teilweise hinüber zu retten, da Wettbewerber das besagte Arzneimittel nicht unter der Originalmarke vertreiben dürfen.

Der Schutz einer Marke wirkt sich auch im grenzüberschreitenden Warenverkehr aus. Mit einer Marke kann der Import des Arzneimittels eines Wettbewerbers unter der gleichen Bezeichnung wirksam verhindert werden.

Eine Marke wird für zunächst zehn Jahre eingetragen. Die Eintragung kann beliebig oft um weitere zehn Jahre verlängert werden.

Unternehmenskennzeichen sind Zeichen, die im geschäftlichen Verkehr als Name, als Firma oder als besondere Bezeichnung eines Geschäftsbetriebs oder eines Unternehmens benutzt werden.

Im Folgenden werden Patente und Marken aufgrund ihres unterschiedlichen Charakters in getrennten Kapiteln behandelt.

8.2 Patente

8.2.1 Wie erlangt man Patente?

(a) Inhalt der Patentanmeldung

Um ein Patent zu erhalten, ist zunächst eine Anmeldung bei der zuständigen Behörde des betreffenden Landes, in der Regel das Patentamt, erforderlich. Die Erfindung ist dabei schriftlich im sog. Anmeldungstext darzulegen. Der erste Schritt besteht somit in der Erstellung des Anmeldungstextes. Unerlässlich hierfür ist, dass Klarheit darüber herrscht, worin die Erfindung besteht.

Der Anmeldungstext umfasst die Patentansprüche und eine Beschreibung.

Der Gegenstand, für den Schutz begehrt wird, ist in den Patentansprüchen anzugeben. In der Beschreibung ist der Gegenstand so zu erläutern, dass dem Fachmann eine nacharbeitbare technische Lehre vermittelt wird. Je nach beanspruchtem Gegenstand kann man die Patente einteilen in Erzeugnispatente und Verfahrens-bzw. Verwendungspatente.

Erzeugnispatente bieten Schutz auf das Erzeugnis als solches, unabhängig von der Art der Herstellung und der Verwendung. Erzeugnisse auf dem Gebiet der Pharmazie sind chemische Stoffe, Zusammensetzungen aus zwei oder mehreren Komponenten (pharmazeutische Mittel, Formulierungen) und Vorrichtungen (Apparate etc.). Bei den für die pharmazeutische Industrie infrage kommenden chemischen Stoffen handelt es sich in erster Linie um Wirkstoffe. In Betracht kommen alle Arten von chemischen Verbindungen wie klassische chemische Wirkstoffe, Naturstoffe, Peptide, Proteine, Oligo- und Polynucleotide, Vektoren und transgene Organismen sowie Pflanzen, ausgenommen Pflanzensorten, die dem speziellen Sortenschutz zugänglich sind. Die chemischen Stoffe werden im Allgemeinen durch ihre Strukturformel, Aminosäuresequenz oder Nucleotidsequenz am einfachsten und treffendsten charakterisiert. In manchen Fällen ist es aber nicht möglich, chemische Stoffe auf diese Weise zu charakterisieren, beispielsweise weil die Strukturformel oder die Aminosäure- oder Nucleotidsequenz nicht bekannt ist. In einem derartigen Fall kann die Charakterisierung auch auf andere Weise erfolgen. Häufig zieht man dann physikalisch-chemische Parameter heran, beispielsweise das Schmelzverhalten, spektroskopische Parameter oder auch Verfahrensmaßnahmen, die zur Herstellung des Erzeugnisses wesentlich sind. In letzterem Falle spricht man von sog. *product-by-process* -Ansprüchen.

Ein Sonderfall des Schutzes von chemischen Erzeugnissen ergibt sich aus § 2a, Abs. 1 Punkt 2 PatG bzw. Artikel 53(c) EPÜ. Danach werden keine Patente erteilt für Verfahren zur chirurgischen oder therapeutischen Behandlung des menschlichen oder tierischen Körpers und Diagnostizierverfahren, die am menschlichen oder tierischen Körper vorgenommen werden (vgl. ► Kap. 8.1.1). Dies gilt nicht für Erzeugnisse, insbesondere Stoffe oder Stoffgemische, zur Anwendung in einem der vorstehend genannten Verfahren. Ein derartiges Erzeugnis ist somit auf dem Gebiet der Pharmazie und Medizin schützbar.

Auf **Zusammensetzungen** (die häufig auch als Zubereitungen oder pharmazeutische Mittel bezeichnet werden) gerichtete Ansprüche haben vor allem für den Schutz neuer pharmazeutischer Formulierungen Bedeutung.

Auch der Schutz von **Verfahren zur Herstellung von chemischen Stoffen** oder Zusammensetzungen (sog. Herstellungsverfahren) kann große wirtschaftliche Bedeutung erlangen. Dies gilt vor allem dann, wenn der Patentschutz auf chemische Erzeugnisse als solche abgelaufen ist und ein auf ein Verfahren zur Herstellung des chemischen Erzeugnisses gerichtetes Verfahrenspatent noch in Kraft ist. Auf diese Weise kann ein Herstellungsverfahrenspatent dazu beitragen, dem Patentinhaber eine Monopolstellung zu verleihen, vor allem dann, wenn andere, patentfreie Herstellungsverfahren Nachteile aufweisen, beispielsweise nur mit hohem Aufwand und hohen Kosten durchzuführen sind, zu einem verunreinigten Produkt führen oder eine Änderung der arzneimittelrechtlichen Zulassungsunterlagen bedingen. Ein auf ein Verfahren zur Herstellung eines chemischen Erzeugnisses gerichteter Anspruch kann selbst dann von Bedeutung sein, wenn das Verfahren im patentfreien Ausland ausgeübt wird. Ein derartiger Verfahrensanspruch schützt nämlich nicht nur das Verfahren an sich, sondern auch das unmittelbar erhaltene Verfahrensprodukt als solches. Ein Wettbewerber kann somit daran gehindert werden, das Verfahrensprodukt in ein Land zu importieren, in welchem das Verfahren geschützt ist, vorausgesetzt, er hat es nach dem geschützten Verfahren im Ausland hergestellt.

Bei Arbeitsverfahren wird durch die Einwirkung auf ein Substrat ein bestimmtes Arbeitsziel erreicht, ohne dass dabei ein Erzeugnis hervorgebracht oder das Substrat verändert wird. Zu derartigen Verfahren gehören beispielsweise Verfahren zur Reinigung von chemischen Erzeugnissen, Verfahren zur Trocknung von chemischen Erzeugnissen sowie analytische und diagnostische Untersuchungsverfahren, soweit Letztere nicht dem Ausschluss der Patentierbarkeit unterliegen.

Verwendungspatente können von erheblicher Bedeutung für die Industrie sein. Sie schützen die Verwendung eines (chemischen) Erzeugnisses, um einen neuen Zweck (Wirkung, Funktion oder Effekt) zu erzielen. Auf dem Gebiet der Pharmazie und Medizin haben diese Verwendungsansprüche im Zusammenhang mit der sog. **zweiten oder weiteren medizinischen Indikation** besondere Bedeutung erlangt. Wenn ein Wirkstoff bereits zur Behandlung einer Krankheit X bekannt ist, kann er nicht mehr als solcher geschützt werden, auch wenn sich später herausstellt, dass er zu einem neuen therapeutischen Zweck, nämlich zur Behandlung der Krankheit Y geeignet ist. In diesem Fall kann aber Schutz durch einen Anspruch erlangt werden, der auf die Verwendung des Wirkstoffs zur Behandlung der Krankheit Y gerichtet ist. Derartige Ansprüche wurden ursprünglich von den deutschen Erteilungsbehörden (und auch vom europäischen Patentamt sowie vielen Erteilungsbehörden anderer Länder) als gewerblich nicht anwendbar betrachtet, weil sie eine therapeutische Behandlung des menschlichen Körpers betreffen, die per Gesetz vom Patentschutz ausgenommen ist. Erst durch höchstrichterliche Entscheidungen wurde festgestellt, dass auch derartige Ansprüche patentfähig sind, weil sie sich nicht nur an den Arzt oder Patienten richten, sondern auch an den Arzneimittelhersteller, der den Wirkstoff als Arzneimittel formuliert, konfektioniert und gebrauchsfertig verpackt. Der deutsche Bundesgerichtshof hat festgestellt, dass diese Tätigkeiten des Arzneimittelherstellers gewerblicher Natur und die Verwendungspatente daher patentfähig sind. Dieser Auffassung konnte sich die Große Beschwerdekammer des Europäischen Patentamtes aufgrund der Einwände einiger Vertragsstaaten nicht anschließen. Die Große Beschwerdekammer hat aber die Verwendung eines Wirkstoffs zur Herstellung eines Arzneimittels zur Behandlung der Krankheit Y für gewerblich anwendbar und damit patentfähig betrachtet. Nach dem am 13.12.2007 in Kraft getretenen EPÜ 2000 ist die zweite oder weitere medizinische Indikation durch einen so genannten zweckgebundenen Stoffanspruch (»Stoff X zur Anwendung in einem Verfahren zur Behandlung der Krankheit Y«) zu beanspruchen.

(b) Anmeldeverfahren

Der nächste Schritt nach der Erstellung des Anmeldungstextes ist die Einreichung des Anmeldungstextes beim Patentamt. Bei pharmazeutischen Unternehmen ist es die Regel, Patente nicht nur in einem Land, sondern in allen für die Vermarktung des betreffenden Arzneimittels wichtigen Industrieländern zu erwerben. Dabei geht man praktisch immer so vor, dass zunächst eine erste Anmeldung im Heimatland eingereicht wird. In Deutschland ansässige Unternehmen reichen üblicherweise eine Erstanmeldung in Deutschland ein. Der Tag der Einreichung der Erstanmeldung legt den Zeitrang der Anmeldung, den sog. Prioritätstag, fest. Der Zeitrang ist von Bedeutung für die Beurteilung der sachlichen Patentfähigkeit des Anmeldungsgegenstandes.

Innerhalb eines Jahres ab dem **Prioritätstag** hat der Anmelder dann die Gelegenheit, sog. Nachanmeldungen in allen anderen Ländern, in denen er Patentschutz haben möchte, unter Inanspruchnahme der Priorität der Erstanmeldung einzureichen. Wenn alle Formerfordernisse erfüllt sind, haben die Nachanmeldungen die Priorität der Erstanmeldung, was bedeutet, dass die Nachanmeldungen den Zeitrang der Erstanmeldung genießen. Die Priorität hat die Wirkung, dass die Nachanmeldung nicht durch Tatsachen gefährdet werden kann, die innerhalb des Prioritätsintervalls zwischen Erst- und Nachanmeldung eingetreten sind. Damit wird verhindert, dass die Nachanmeldung durch Stand der Technik gefährdet wird, der im Prioritätsintervall beispielsweise durch eine Patentanmeldung Dritter, Veröffentlichungen oder Benutzungen des Anmeldungsgegenstandes entstanden ist. Die Priorität hat auch Defensivwirkung, weil sie den Erfolg von Anmeldungen Dritter im Prioritätsintervall verhindert.

Für das Einreichen von **Nachanmeldungen** gibt es mehrere Möglichkeiten. Man kann in den gewünschten Ländern jeweils nationale Anmeldungen hinterlegen. Eine weitere Möglichkeit ist das Einreichen von nationalen Anmeldungen unter Miteinbeziehung einer europäischen Anmeldung, wobei derzeit (am 1.1.2012) mit einer europäischen Anmeldung bis zu 40 europäische Länder erfasst werden können (Einzelheiten hierzu siehe unten). Schließlich gibt es noch die Möglichkeit, eine sog. internationale Anmeldung nach dem Patent Cooperation Treaty (PCT; Patentzusammenarbeitsvertrag) einzureichen. Damit können mit einer einzigen Anmeldung praktisch alle wichtigen Länder weltweit erfasst werden. Es gibt jedoch nach wie vor für die Pharmaindustrie wichtige Länder, die nicht dem PCT beigetreten sind. Dazu gehören beispielsweise Taiwan und einige südamerikanische Länder wie Argentinien. In diesen Ländern muss also stets eine nationale Anmeldung eingereicht werden.

Im Folgenden wird das Anmeldeverfahren für deutsche, europäische und PCT-Anmeldungen kurz erläutert:

▪ Deutsche Patentanmeldungen

Die Anmeldungen sind beim Deutschen Patent- und Markenamt in München (oder in Berlin) einzureichen. Für jede Erfindung ist eine eigene Anmeldung erforderlich (Erfordernis der Einheitlichkeit). Mit der Anmeldung wird auch eine amtliche Gebühr fällig, die (am 1.1.2012) € 60,– (bei elektronischer Anmeldung 40 €) beträgt und innerhalb von drei Monaten ab dem Anmeldetag zu entrichten ist.

Innerhalb von 15 Monaten nach dem Tag der Einreichung der Anmeldung hat der Anmelder den oder die Erfinder zu benennen. Ist der Anmelder nicht oder nicht allein der Erfinder, so ist auch anzugeben, wie die Rechte an der Anmeldung bzw. das Recht auf das Patent vom Erfinder an den Anmelder gelangt ist.

Der nächste Schritt ist eine Offensichtlichkeitsprüfung durch das Patentamt, bei welcher die Anmeldung auf formale Mängel überprüft wird. Gegebenenfalls erhält der Anmelder Gelegenheit, die Mängel zu beseitigen.

Nach Ablauf von 18 Monaten nach dem Anmeldetag (oder ggf. nach dem Prioritätstag) wird die Patentanmeldung veröffentlicht.

Ein Patent kann erst erteilt werden, nachdem die materiellen Voraussetzungen auf Patentfähigkeit hin überprüft worden sind. Die Prüfung erfolgt nur auf Antrag, der spätestens bis zum Ablauf von sieben Jahren nach Einreichung der Anmeldung gestellt werden muss. Das Prüfungsverfahren wird unten näher erläutert.

▪ Europäische Patentanmeldungen

Europäische Patentanmeldungen können beim Europäischen Patentamt in München oder seiner Zweigstelle in Den Haag (oder ggf. auch bei einer zuständigen Behörde eines Vertragsstaates, wenn das Recht dieses Staats es gestattet) eingereicht werden.

Für eine europäische Patentanmeldung sind die Anmeldegebühr (am 1.1.2012: 190 Euro; bei elektronischer Anmeldung 105 €) und die Recherchengebühr (am 1.1.2012: 1.105 €) sowie ggf. die Anspruchsgebühr für den sechzehnten und jeden weiteren Patentanspruch (am 1.1.2012: 210 €; ab dem 51. Anspruch 525 €) innerhalb eines Monats nach Einreichung der Anmeldung zu entrichten.

Im Antrag auf Erteilung eines europäischen Patents erfolgt pauschal die Benennung aller Vertragsstaaten, in denen für die Erfindung Schutz Erlangt werden kann. Derzeit (am 1.1.2012) können folgende Länder benannt werden:

Albanien, Belgien, Bulgarien, Dänemark, Deutschland, Estland, Finnland, Frankreich, Griechenland, Irland, Island, Italien, Kroatien, Lettland, Liechtenstein, Litauen, Luxemburg, Malta, Mazedonien, Monaco, Niederlande, Norwegen, Österreich, Polen, Portugal, Rumänien, San Marino, Schweden, Schweiz, Serbien, Slowakei, Slowenien, Spanien, Tschechische Republik, Türkei, Ungarn, Vereinigtes Königreich und Zypern. Darüber hinaus kann die Erstreckung des europäischen Patentes auf Bosnien und Herzegowina und Montenegro beantragt werden.

Europäische Patentanmeldungen sind in einer der Amtssprachen des Europäischen Patentamtes, nämlich Deutsch, Englisch oder Französisch, einzureichen. Anmelder mit Wohnsitz oder Sitz im Hoheitsgebiet eines Vertragsstaates, in dem eine andere Sprache als Deutsch, Englisch oder Französisch Amtssprache ist, und die Angehörigen dieses Staates mit Wohnsitz im Ausland können europäische Patentanmeldungen in einer Amtssprache dieses Staats einreichen. Sie müssen jedoch eine Übersetzung in einer der Amtssprachen des Europäischen Patentamtes innerhalb einer vorgeschriebenen Frist einreichen.

In der europäischen Patentanmeldung ist der Erfinder zu nennen. Ist der Anmelder nicht oder nicht allein der Erfinder, so hat die Erfindernennung eine Erklärung darüber zu enthalten, wie der Anmelder das Recht auf das europäische Patent erlangt hat.

Der nächste Schritt nach Einreichen der Anmeldung ist eine Eingangsprüfung und eine Formalprüfung. Bei Vorliegen etwaiger Mängel erhält der Anmelder ggf. Gelegenheit zu ihrer Beseitigung.

Wenn der Anmeldetag einer europäischen Patentanmeldung feststeht und die Anmeldung aufgrund der nicht entrichteten Anmeldegebühr und Recherchengebühr nicht als zurückgenommen gilt, erstellt die Recherchenabteilung den Europäischen Recherchenbericht. Der Recherchenbericht enthält eine Stellungnahme dazu, ob die Anmeldung und die Erfindung, die sie zum Gegenstand hat, die Erfordernisse des Europäischen Patentübereinkommens zu erfüllen scheinen.

Grundlage für den Recherchenbericht sind die Patentansprüche unter angemessener Berücksichtigung der Beschreibung und der vorhandenen Zeichnungen.

Nach Ablauf von 18 Monaten nach dem Anmeldetag (oder ggf. nach dem Prioritätstag) wird die europäische Patentanmeldung ggf. zusammen mit dem europäischen Recherchenbericht veröffentlicht, jedoch ohne die Stellungnahme, die Teil des Recherchenberichts ist.

Bis zum Ablauf von sechs Monaten nach dem Tag, an dem im Europäischen Patentblatt auf die Veröffentlichung des Europäischen Recherchenberichtes hingewiesen worden ist, sind für die benannten Vertragsstaaten eine pauschale Benennungsgebühr (am 1.1.2012: 525 €) zu entrichten, die die Benennung aller Vertragsstaaten umfasst, und der Prüfungsantrag zu stellen. Der Prüfungsantrag gilt erst als gestellt, wenn die Prüfungsgebühr (am 1.1.2011: 1.480 €) entrichtet worden ist.

▪ PCT-Anmeldungen

Der Patentzusammenarbeitsvertrag (PCT) ermöglicht ein zusammengefasstes Anmeldeverfahren für alle diejenigen Länder, die dem Vertrag beigetreten sind. Praktisch alle wichtigen Industrieländer haben den Vertrag ratifiziert. Alle diese Länder können mit einer einzigen Anmeldung, der sog. internationalen Anmeldung, erfasst werden. Es handelt sich aber nur um ein gemeinsames Anmeldeverfahren, die Patenterteilung erfolgt in den einzelnen Ländern, also auf nationaler Ebene.

Im Folgenden wird das PCT-Verfahren für Anmelder mit Sitz in Deutschland erläutert.

Eine internationale Anmeldung kann beim Deutschen Patentamt in deutscher Sprache oder beim Europäischen Patentamt in Deutsch, Englisch oder Französisch eingereicht werden. Die Anmeldeerfordernisse entsprechen im Wesentlichen denen bei deutschen oder europäischen Anmeldungen.

Die Bestimmung der Länder, in denen die Anmeldung Wirkung haben soll, erfolgt im Antrag pauschal für alle Länder.

Für die Anmeldung sind innerhalb eines Monats ab Einreichung der Anmeldung die Übermittlungsgebühr, die internationale Anmeldegebühr sowie die Recherchengebühr zu entrichten, das sind derzeit (am 1.1.2012) 2.778 € (bei einer maximal 30 Seiten umfassenden Anmeldung; für jede weitere Seite würden 10 Euro pro Seite zusätzlich anfallen). Das Anmeldeamt prüft, ob die internationale Anmeldung formale Mängel aufweist und fordert den Anmelder ggf. dazu auf, die Mängel zu beseitigen.

Für die Anmeldung wird eine so genannte internationale Recherche durchgeführt. Für PCT-Anmeldungen, die beim Deutschen oder Europäischen Patentamt eingereicht wurden, ist das Europäische Patentamt für die Recherche zuständig. Gleichzeitig mit dem Recherchenbericht erstellt die Internationale Recherchenbehörde einen schriftlichen Bescheid darüber, ob die beanspruchte Erfindung als neu, auf erfinderischer Tätigkeit beruhend und als gewerblich anwendbar anzusehen ist und ob die internationale Anmeldung die Erfordernisse des PCT-Vertrages und der PCT-Ausführungsordnung (soweit geprüft) erfüllt. Nach Eingang des Internationalen Recherchenberichtes beim Anmelder, kann dieser die Ansprüche der internationalen Anmeldung einmal innerhalb einer vorgeschriebenen Frist ändern.

Nach Ablauf von 18 Monaten seit dem Anmelde- oder Prioritätsdatum wird die internationale Anmeldung veröffentlicht. Auch der Internationale Recherchenbericht (ohne schriftlichen Bescheid) wird veröffentlicht, in den meisten Fällen zusammen mit der internationalen Anmeldung.

Eine internationale Anmeldung hat in jedem Bestimmungsstaat die Wirkung einer vorschriftsmäßigen nationalen Anmeldung mit dem internationalen Anmeldedatum. Dieses gilt als das tatsächliche Anmeldedatum in jedem Bestimmungsstaat.

Vor Ablauf des 22. Monats seit dem Prioritätsdatum oder drei Monate ab Übermittlung des Recherchenberichts und des schriftlichen Bescheids an den Anmelder (je nachdem, welche Frist später abläuft) hat der Anmelder die Möglichkeit, Antrag auf **internationale vorläufige Prüfung** zu stellen. Gegenstand der internationalen vorläufigen Prüfung ist die Erstellung eines vorläufigen und die Behörden in den Vertragsstaaten nicht bindenden Gutachtens darüber, ob die beanspruchte Erfindung als neu, auf erfinderischer Tätigkeit beruhend und gewerblich anwendbar anzusehen ist. Der schriftliche Bescheid der Internationalen Recherchenbehörde gilt als schriftlicher Bescheid der mit der internationalen vorläufigen Prüfung beauftragten Behörde. Ein Antrag auf internationale vorläufige Prüfung hat zur Folge, dass auch in den Ländern, in denen noch die o. g. 20-Monatsfrist gilt, erst mit Ablauf von 30 Monaten seit dem Prioritätsdatum die internationale Phase endet und die nationalen bzw. regionalen Phasen eingeleitet werden müssen.

Spätestens mit Ablauf von 30 Monaten (in vielen Ländern 31 Monate; für Tansania und Uganda gelten 21 Monate) seit dem Prioritätsdatum endet die internationale Phase und die nationalen bzw. regionalen Phasen in den Bestimmungsstaaten sind einzuleiten. Zu diesem Zweck muss der Anmelder dem Patentamt des betreffenden Bestimmungsstaats spätestens bis zu dem genannten Zeitpunkt eine Übersetzung der Anmeldung (soweit vorgeschrieben) zuleiten sowie ggf. die nationale Gebühr entrichten. Ab Einleitung der nationalen Phase wird die Anmeldung in jedem Bestimmungsstaat wie eine nationale Anmeldung weiterbehandelt.

Die Vorteile des PCT-Verfahrens sind zum einen in dem vereinfachten Anmeldeverfahren zu sehen. Mit einer einzigen Anmeldung beim Deutschen Patent- und Markenamt oder Europäischen Patentamt kann eine Patentanmeldung in allen wichtigen Industrieländern wirksam hinterlegt werden. Die Anmeldung kann auch noch kurz vor Ablauf der Prioritätsfrist fertiggestellt und eingereicht werden, weil der zeitliche Vorlauf, der bei nationalen Anmeldungen in erster Linie für die Übersetzung des Anmeldungstextes in die Landessprache erforderlich ist, wegfällt. Ein weiterer gewichtiger Vorteil ist darin zu sehen, dass erst nach der erwähnten 20- bzw. 30-Monatsfrist seit dem Prioritätsdatum die nationalen bzw. regionalen Phasen in den Bestimmungsländern eingeleitet werden müssen. Die sonst schon bei Einreichen der

nationalen Anmeldungen anfallenden hohen Kosten sind daher erst 20 oder 30 Monate später aufzubringen. Der Anmelder gewinnt somit Zeit, die Brauchbarkeit des Anmeldungsgegenstandes überprüfen zu können, ohne gleich die hohen Kosten für nationale Anmeldungen aufbringen zu müssen.

Schließlich geben der schriftliche Bescheid der Internationalen Recherchenbehörde und das internationale vorläufige Prüfungsverfahren dem Anmelder eine Orientierungshilfe über die Erfolgsaussichten seiner Anmeldung. Der internationale vorläufige Prüfungsbericht wird von einem Prüfer des Europäischen Patentamtes erstellt. In aller Regel ist der Prüfer dann auch für die sachliche Prüfung der aus der internationalen Anmeldung hervorgegangenen europäischen Anmeldung zuständig. Bei einem positiven internationalen vorläufigen Prüfungsbericht kann in aller Regel davon ausgegangen werden, dass auch das europäische Prüfungsverfahren positiv abgeschlossen wird.

Prüfungsverfahren

Der beanspruchte Gegenstand wird in einem weiteren Schritt in den meisten Ländern einer sachlichen Prüfung auf Patentfähigkeit unterzogen:

■ **Deutsche Anmeldungen**

Im Prüfungsverfahren führt der Prüfer eine **Recherche nach Stand der Technik** durch und prüft, ob die Erfindung gemäß den Vorschriften des Patentgesetzes patentfähig ist. Dazu gehört in erster Linie die Prüfung, ob die Erfindung neu ist und auf erfinderischer Tätigkeit beruht. Eine Erfindung gilt nach § 3, Abs. 1 PatG als **neu**, wenn sie nicht zum Stand der Technik gehört. Der Stand der Technik umfasst alle Kenntnisse, die vor dem für den Zeitrang der Anmeldung maßgeblichen Tag durch schriftliche oder mündliche Beschreibung, durch Benutzung oder in sonstiger Weise der Öffentlichkeit zugänglich gemacht worden sind. Der Stand der Technik umfasst somit alles, was weltweit der Öffentlichkeit zugänglich gemacht worden ist und die angemeldete Erfindung betrifft. Beschränkungen in territorialer oder zeitlicher Hinsicht bestehen nicht. Als Stand der Technik gilt aber auch der Inhalt von Patentanmeldungen mit älterem Zeitrang, die erst an oder nach dem Zeitrang der jüngeren Anmeldung der Öffentlichkeit zugänglich gemacht worden sind. Bei diesen Patentanmeldungen kann es sich um nationale deutsche Anmeldungen in der ursprünglich eingereichten Fassung, um europäische Anmeldungen mit Wirkung für Deutschland in der ursprünglich eingereichten Fassung und schließlich um internationale Anmeldungen mit Wirkung für Deutschland in der ursprünglich eingereichten Fassung handeln (diese älteren, nicht vorveröffentlichten Anmeldungen werden bei der Beurteilung der erfinderischen Tätigkeit nicht in Betracht gezogen). Bei der Beurteilung der Neuheit darf die Erfindung nur mit jedem Dokument des Standes der Technik einzeln verglichen werden. Trotz gleichlautenden Gesetzestextes wurde der Neuheitsbegriff in der Vergangenheit vom Deutschen Patent- und Markenamt und vom Bundespatentgericht häufig breiter ausgelegt als vom Europäischen Patentamt. Allerdings hat der Bundesgerichtshof in jüngeren Entscheidungen eine weitgehende Harmonisierung mit der Auslegung des Neuheitsbegriffes durch das Europäische Patentamt vorgenommen. Der Bundesgerichtshof hat sich dem Grundsatz des Europäischen Patentamts angeschlossen, dass neuheitsschädlicher Stand der Technik nur dann vorliegt, wenn der Durchschnittsfachmann den in den Ansprüchen beschriebenen Gegenstand der Anmeldung mit allen Merkmalen dem Stand der Technik unmittelbar und eindeutig entnehmen kann.

Eine Erfindung gilt als auf einer **erfinderischen Tätigkeit** beruhend, wenn sie sich für den Fachmann nicht in naheliegender Weise aus dem Stand der Technik ergibt (§ 4 PatG). Erfinderische Tätigkeit ist ein unbestimmter Rechtsbegriff, zu dessen Ausfüllung es in jedem Einzelfall einer wertenden Beurteilung bedarf. Grundlage für die Beurteilung ist die Frage, ob der in den Ansprüchen beschriebene Gegenstand für den Durchschnittsfachmann in Kenntnis des maßgeblichen Standes der Technik nahe gelegen hat. Das Kriterium der erfinderischen Tätigkeit soll dazu dienen, die erfinderische Leistung von den handwerklichen und routinemäßigen Verbesserungen des Standes der Technik abzuheben. Nur eine Leistung, die sich über das erhebt, was für einen Durchschnittsfachmann bei herkömmlicher Arbeitsweise erreichbar ist, verdient die Belohnung mit einem Patent.

Der Prüfer teilt das Ergebnis seiner Prüfung dem Anmelder in Form eines Prüfungsbescheides mit. Der Anmelder erhält dann Gelegenheit, zu dem Prüfungsbescheid Stellung zu nehmen und ggf. den Gegenstand seiner Anmeldung im Rahmen der ursprünglich eingereichten Unterlagen durch Vorlage geänderter Ansprüche zu modifizieren.

Wenn der Prüfer zu der Auffassung gelangt, dass eine patentfähige Prüfung vorliegt, beschließt er die **Patenterteilung.** Die der Erteilung zugrunde liegenden Unterlagen werden in Form einer Patentschrift veröffentlicht. Mit der Veröffentlichung der Patenterteilung im Patentblatt treten die gesetzlichen Wirkungen des Patentes ein.

Wenn der Prüfer zu der Auffassung gelangt, dass eine patentfähige Erfindung nicht vorliegt, so wird die Anmeldung per Beschluss zurückgewiesen. Gegen diesen Beschluss ist eine (gebührenpflichtige) Beschwerde möglich, über die von einem technischen Beschwerdesenat des Bundespatentgerichts in der Besetzung mit drei technischen Richtern und einem Juristen entschieden wird. Gegen die Entscheidung des Bundespatentgerichts ist die Rechtsbeschwerde zum Bundesgerichtshof möglich, wenn sie zugelassen wird. Dies ist nur dann der Fall, wenn eine Rechtsfrage von grundsätzlicher Bedeutung zu entscheiden ist oder die Fortbildung des Rechts oder die Sicherung einer einheitlichen Rechtsprechung eine Entscheidung des BGH erforderlich macht. Unter bestimmten, im Gesetz genau festgelegten Voraussetzungen, ist die Einlegung einer Rechtsbeschwerde auch ohne Zulassung möglich. Die Anforderungen an diese Voraussetzungen sind allerdings sehr streng, sodass die nicht zugelassene Rechtsbeschwerde in der Praxis kaum eine Rolle spielt.

- **Europäische Patentanmeldungen**

Die materielle Prüfung entspricht weitgehend der Prüfung deutscher Anmeldungen. Der Gesetzestext in Bezug auf Neuheit und erfinderischer Tätigkeit entspricht dem des deutschen Patentgesetzes. Als Stand der Technik gilt aber auch der Inhalt von **europäischen** (nicht aber deutschen oder anderen nationalen) Patentanmeldungen mit älterem Zeitrang, die erst an oder nach dem Zeitrang der jüngeren Anmeldung der Öffentlichkeit zugänglich gemacht worden sind.

Der Neuheitsbegriff wurde vom Europäischen Patentamt von Anfang an eng ausgelegt. Das Europäische Patentamt handelt dabei nach dem Grundsatz, dass neuheitsschädlicher Stand der Technik in der Regel nur dann vorliegt, wenn der Durchschnittsfachmann den in den Ansprüchen beschriebenen Gegenstand der Anmeldung mit allen Merkmalen dem Stand der Technik unmittelbar und eindeutig entnehmen kann.

An das Maß der erfinderischen Tätigkeit werden beim Europäischen Patentamt in der Regel niedrigere Anforderungen gestellt als beim Deutschen Patent- und Markenamt und beim Bundespatentgericht. Diese Praxis findet in den beteiligten Kreisen nicht ungeteilte Zustimmung. In einer Entscheidung des Patentamtes vom 5. Mai 1938 werden mit beachtenswerter Klarheit und Voraussicht Gründe genannt, die für hohe Anforderungen an die erfinderische Tätigkeit sprechen und die heute mehr denn je gelten:

»Der Erreichung des vom Patentgesetz angestrebten Zieles einer möglichst schnellen Aufwärtsentwicklung der Technik würde es abträglich sein, auf alle und jeden offenbarten neuen technischen Gedanken, sofern dieser nur in der Richtung des Fortschrittes liegt, auf Verlangen Patente zu erteilen ohne Rücksicht darauf, ob es sich bei diesen Gedanken um Produkte eines schöpferischen Geistes oder um normale sachverständige Überlegungen handelt. Wäre alles Neue, das nicht gerade rückschrittlich und daher für Technik und Wirtschaft oder für die Allgemeinheit von vornherein ohne Interesse ist, dem Patentschutz zugänglich, könnte sein Erfinder es sich auf diese Weise in seiner Verwirklichung und Verwertung unter Ausschluss aller seiner Konkurrenten vorbehalten, so wäre es für alle Einzelwirtschaften nur ein Gebot des Selbsterhaltungstriebes, auf jede, auch nur die selbstverständlichste Neuerung ein Patent nachzusuchen. Denn andernfalls bestände die Gefahr, dass ein anderer sich die ausschließliche Benutzung der gleichen Neuerung durch ein Patent sichern könnte.

Das Ergebnis einer solchen Entwicklung wäre aber, dass sich gerade auf den wichtigsten Gebieten der Technik die Patente weniger der Erfinder, als vielmehr der Teilnehmer am wirtschaftlichen Wettbewerb häufen und eine weitere Einengung der jetzt bereits vielfach unzulänglichen Bewegungsfreiheit der Industrie in ihrer technischen Arbeit herbeiführen würden. Das wäre aber, entgegen dem Zweck des Patentgesetzes, Hemmung, nicht Förderung der technischen Entwicklung. Denn wie jede Entwicklung, setzt auch die technische Entwicklung eine angemessene Bewegungsfreiheit voraus. Eine gefährliche Entwicklung würde begünstigt werden, wenn die Rechtsprechung in ihrem Streben nach größtmöglicher Sicherheit und Objektivität unter weitgehender Zurückdrängung des ausschlaggebenden subjektiven Kriteriums der schöpferischen Leistung (Überraschung, Nichtnaheliegen) den technischen Fortschritt (Bereicherung der Technik) zum praktisch alleinigen Kriterium der Patentfähigkeit erheben würde. Damit würde die Möglichkeit eröffnet werden, die als Voraussetzung für die Anerkennung der Patentfähigkeit zu stellenden Anforderungen auf ein Minimum zu reduzieren.«

Wenn die Prüfungsabteilung zu der Auffassung gelangt, dass der Anmeldungsgegenstand patentfähig ist, beschließt sie nach Entrichtung der Erteilungsgebühren durch den Anmelder, die Erteilung eines Patentes für die benannten Vertragsstaaten.

Mit der Bekanntmachung des Hinweises auf Erteilung im Amtsblatt des Europäischen Patentamtes gewährt das europäische Patent seinem Inhaber dieselben Rechte, die ihm ein in diesem Staat erteiltes nationales Patent gewähren würde. Voraussetzung ist jedoch, dass die Validierung des europäischen Patentes in den benannten Vertragsstaaten vorgenommen worden ist. Für die Validierung ist es in erster Linie erforderlich, eine Übersetzung des Patentes in die Amtssprache des jeweiligen Staates vorzulegen. Durch das am 1.5.2008 in Kraft getretene Londoner Abkommen, dem bisher allerdings nur ein Teil der EPÜ-Vertragsstaaten angehört, ist das Übersetzungserfordernis für einige Länder vollständig und für einige Länder teilweise (in diesen Ländern ist nur noch eine Übersetzung der Ansprüche in die Landessprache und ggf. eine englische Übersetzung der Beschreibung erforderlich) weggefallen. Die durch das Übersetzungserfordernis bedingten hohen Kosten für die Validierung werden dadurch reduziert.

Der Gang des Patenterteilungsverfahrens für die am häufigsten vorkommende Fallgestaltung für die Erlangung von Patentschutz in Europa von der

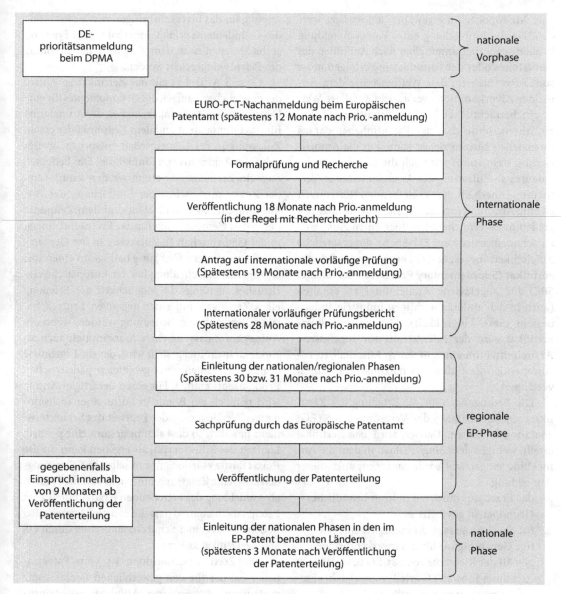

Abb. 8.1 Europäische Patentanmeldung: Übersicht über die Phasen bis zu einem europäischen Patent auf dem für deutsche Pharmafirmen heutzutage üblichen Weg (Erstanmeldung in Deutschland beim DPMA, EURO-PCT-Nachanmeldung)

Einreichung einer deutschen Erstanmeldung über eine Euro-PCT-Nachanmeldung bis zur Erteilung eines europäischen Patentes ist in der. **Abb. 8.1** dargestellt.

(d) Patentverlängerung für Arzneimittel

Arzneimittel (und Pflanzenschutzmittel) dürfen nicht ohne behördliche **Zulassung** in den Handel gebracht werden (die nachfolgenden Ausführungen gelten für Pflanzenschutzmittel in entsprechender Weise). Vom Auffinden eines Wirkstoffes oder einer Formulierung bis zur Zulassung eines entsprechenden Arzneimittels vergehen oft mehr als zehn Jahre. Die damit verbundenen Kosten sind enorm und können im allgemeinen nur während der Patentlaufzeit, die dem Patentinhaber eine Monopolstellung gewährt, amortisiert werden. Da die Einreichung einer Patentanmeldung in aller Regel aber unmittelbar nach Auffinden des Wirkstoffes oder der Formulierung erfolgen muss (um zu vermeiden, dass Wettbewerber dem Anmelder zuvorkommen), verstreicht auf diese Weise ein beträchtlicher Teil der Patentlaufzeit von 20 Jahren, ohne dass der Patentinhaber daraus finanziellen Nutzen ziehen kann. Für die Amortisierung steht somit nur noch die Restlaufzeit des Patentes ab Zulassung des Arzneimittels zur Verfügung. Innerhalb der verbleibenden Restlaufzeit ist eine Amortisierung der Kosten aber in aller Regel kaum zu erreichen. Um hier einen Ausgleich zu schaffen, wurde auf EU-Ebene die gesetzliche Möglichkeit vorgesehen, ein **ergänzendes Schutzzertifikat (Supplementary Protection Certificate, SPC)** für zugelassene Arzneimittel zu erhalten (auch in den anderen wichtigen Industrieländern besteht diese Möglichkeit). Mit einem Schutzzertifikat wird der Patentschutz für zugelassene Arzneimittel um einen in jedem Einzelfall zu bestimmenden Zeitraum von maximal fünf Jahren verlängert.

Die Bedingungen für die Erteilung des Zertifikats sind in Artikel 3 der Verordnung Nr. (EG) 469/2009 enthalten. Danach wird das Zertifikat erteilt, wenn in dem Mitgliedstaat, in dem die Anmeldung eingereicht wird, zum Zeitpunkt dieser Anmeldung

a. das Erzeugnis durch ein in Kraft befindliches Grundpatent geschützt ist

b. für das Erzeugnis als Arzneimittel eine gültige Genehmigung für das Inverkehrbringen gemäß der Richtlinie 2001/83/EG bzw. der Richtlinie 2001/82/EG erteilt wurde (d. h. eine Arzneimittelzulassung vorliegt)

c. für das Erzeugnis nicht bereits ein Zertifikat erteilt wurde

d. die unter Buchstabe b erwähnte Genehmigung die erste Genehmigung für das Inverkehrbringen dieses Erzeugnisses als Arzneimittel ist.

Die Anmeldung des Zertifikats muss innerhalb einer Frist von sechs Monaten, gerechnet ab dem Zeitpunkt, zu dem für das Erzeugnis als Arzneimittel die Genehmigung für das Inverkehrbringen nach Artikel 3b erteilt wurde oder wenn die Genehmigung für das Inverkehrbringen vor der Erteilung des Grundpatents erfolgt, innerhalb einer Frist von sechs Monaten nach dem Zeitpunkt der Erteilung des Patents eingereicht werden.

Gemäß Artikel 13 gilt das Zertifikat ab Ablauf der gesetzlichen Laufzeit des Grundpatentes für eine Dauer, die dem Zeitpunkt zwischen der Anmeldung für das Grundpatent und dem Zeitpunkt der ersten Zulassung in der Gemeinschaft entspricht, abzüglich eines Zeitraums von fünf Jahren. Das bedeutet, dass ein Zertifikat nur erteilt werden kann, wenn der Zeitraum zwischen der Einreichung der Anmeldung für das Grundpatent und dem Zeitpunkt der ersten Genehmigung für das Inverkehrbringen in der Gemeinschaft (1. Zulassung in der Gemeinschaft) mindestens fünf Jahre beträgt. In einer 2011 ergangenen Entscheidung hat der Europäische Gerichtshof allerdings die Möglichkeit der Erteilung eines Zertifikats mit einer negativen Laufzeit bejaht. Dies kann von Bedeutung werden, wenn ein Antrag auf Zulassung eines Arzneimittels auch als Kinderarzneimittel gestellt wird, der die Ergebnisse sämtlicher Studien eines gebilligten pädiatrischen Prüfkonzepts enthält. Für einen derartigen Antrag wird nämlich ein Bonus in Form einer sechsmonatigen Verlängerung der Laufzeit des Schutzzertifikats gewährt, so dass sich insgesamt eine positive Laufzeit des Schutzzertifikats ergeben kann. In der Praxis dürfte es jedoch nur in seltenen Fällen möglich sein, eine Zulassung innerhalb von fünf Jahren ab Anmeldung des betreffenden Arzneimittels zum Patent zu erhalten, so dass die meisten Arzneimittel in den Genuss einer Schutzverlängerung durch ein Schutzzertifikat kommen.

Die Zertifikatsanmeldung ist vom Patentinhaber bei der für den gewerblichen Rechtsschutz zuständigen Behörde des Mitgliedsstaats einzureichen, die das Grundpatent erteilt hat oder mit Wirkung für den das Grundpatent erteilt worden ist und in dem die Genehmigung für das Inverkehrbringen nach Artikel 3b erlangt wurde. In Deutschland ist der Antrag auf Erteilung eines Schutzzertifikats beim Deutschen Patent- und Markenamt einzureichen.

Wenn die Voraussetzungen für die Erteilung des Zertifikats vorliegen, erteilt die genannte Behörde das Zertifikat. Liegen diese Voraussetzungen nicht vor, wird die Anmeldung zurückgewiesen.

Das Zertifikat gewährt dieselben Rechte wie das Grundpatent und unterliegt denselben Beschränkungen und Verpflichtungen, mit anderen Worten, es bewirkt eine Schutzverlängerung von maximal fünf Jahren für ein bestimmtes Arzneimittel.

8.2.2 Angriff auf ein Patent

Um die Interessen der Öffentlichkeit gebührend zu berücksichtigen, wurde die Möglichkeit geschaffen, ein deutsches Patent oder ein europäisches Patent anzugreifen und seine Rechtsbeständigkeit überprüfen zu lassen. Unmittelbar im Anschluss an die Patenterteilung kann Einspruch gegen ein deutsches oder europäisches Patent erhoben werden. Nach Ablauf der Einspruchsfrist (wenn kein Einspruch erhoben wurde) oder nach Abschluss eines Einspruchsverfahrens kann ein deutsches Patent oder ein europäisches Patent mit Wirkung für Deutschland während seiner gesamten Laufzeit mit einer Nichtigkeitsklage angegriffen werden.

■ **Einspruch gegen ein deutsches oder europäisches Patent**

Ein Einspruch kann nur innerhalb einer bestimmten Frist erhoben werden. Sie beträgt bei einem deutschen Patent drei Monate und bei einem europäischen Patent neun Monate ab Veröffentlichung der Erteilung. Der Einspruch ist schriftlich einzureichen und zu begründen. Er gilt erst als eingelegt, wenn die Einspruchsgebühr entrichtet worden ist.

Die **Einspruchsgründe** sind in Europa harmonisiert. Der Einspruch gegen ein deutsches oder europäisches Patent kann nur darauf gestützt werden, dass

1. der Gegenstand des Patentes nach den §§ 1 bis 5 PatG bzw. Artikeln 52 bis 57 EPÜ nicht patentfähig ist
2. das Patent die Erfindung nicht so deutlich und vollständig offenbart, dass ein Fachmann sie ausführen kann
3. der Gegenstand des Patentes über den Inhalt der Anmeldung in der ursprünglich eingereichten Fassung hinausgeht.

Das Deutsche Patentgesetz sieht zusätzlich den Einspruchsgrund der widerrechtlichen Entnahme vor, d. h. der Einspruch kann darauf gestützt werden, dass der wesentliche Inhalt des Patents den Beschreibungen, Zeichnungen, Modellen, Gerätschaften oder Einrichtungen eines anderen oder einem von diesem angewendeten Verfahren ohne dessen Einwilligung entnommen wurde.

Die Einspruchsgründe sind im Gesetz abschließend aufgezählt, der Einspruch kann somit auf keine anderen Gründe als die oben angegebenen gestützt werden.

In der weitaus größten Zahl aller Fälle wird im Rahmen des Einspruchsgrundes fehlende Neuheit und/oder fehlende erfinderische Tätigkeit geltend gemacht.

Das **Einspruchsverfahren** ist ein gegenüber dem Prüfungsverfahren eigenständiges Verfahren, das die Entscheidung über das Vorliegen der behaupteten Einspruchsgründe zum Gegenstand hat. Es ist ein zweiseitiges Verfahren (*inter-partes*-Verfahren), sodass sowohl der Patentinhaber als auch der Einsprechende/Einsprechenden am Verfahren beteiligt sind und Gelegenheit zur Äußerung über das Vorbringen der Gegenseite haben. Der Patentinhaber hat die Möglichkeit, den Gegenstand des Patentes durch Änderung der Ansprüche zu modifizieren, um dem Stand der Technik und berechtigten Einwänden der Einsprechenden Rechnung zu tragen.

Die Patentabteilung (Deutsches Patentamt) bzw. die Einspruchsabteilung (Europäisches Patentamt) entscheidet durch Beschluss, ob und in welchem Umfang das Patent aufrecht erhalten oder widerrufen wird. Falls das Patent widerrufen oder teilweise widerrufen wird, gelten die Wirkungen des Patentes in dem Umfang, in dem das Patent im Einspruchsverfahren widerrufen worden ist, als von Anfang an nicht eingetreten.

Der Beschluss über die Aufrechterhaltung oder den Widerruf des Patentes ist mit der **Beschwerde** anfechtbar. Sie ist innerhalb eines Monats (deutsches Patent) bzw. innerhalb von zwei Monaten (europäisches Patent) nach Zustellung schriftlich und unter Entrichtung der vorgeschriebenen Gebühr beim Patentamt einzulegen. Bei einem europäischen Patent ist sie innerhalb von vier Monaten nach Zustellung des Beschlusses zu begründen, bei deutschen Patenten ist keine Frist vorgesehen. Die Beschwerde steht denjenigen zu, die an dem

Verfahren beteiligt waren, soweit sie durch die Entscheidung beschwert sind (d. h. soweit ihrem Antrag nicht entsprochen wurde). Die übrigen am Einspruchsverfahren Beteiligten sind auch am Beschwerdeverfahren beteiligt.

Über die Beschwerde entscheidet bei deutschen Patenten das Bundespatentgericht durch Beschluss in der Besetzung mit drei technischen Richtern und einem Juristen. Bei europäischen Patenten entscheidet die Beschwerdekammer in der Besetzung mit zwei technischen Richtern und einem Juristen. Gegen den Beschluss des Bundespatentgerichtes kann unter den oben angegebenen Voraussetzungen Rechtsbeschwerde schriftlich beim Bundesgerichtshof eingelegt werden. Bei europäischen Patenten kann die Beschwerdekammer zur Sicherung einer einheitlichen Rechtsanwendung oder wenn sich eine Rechtsfrage von grundsätzlicher Bedeutung stellt, die Große Beschwerdekammer von Amts wegen oder auf Antrag eines Beteiligten befassen. Mit dem am 13.12.2007 in Kraft getretenen EPÜ 2000 wurde außerdem die Möglichkeit eines Antrags auf Überprüfung einer Entscheidung einer Beschwerdekammer unter bestimmten Voraussetzungen eingeführt.

- **Nichtigkeitsklage gegen ein deutsches Patent oder ein europäisches Patent mit Wirkung für Deutschland**

Die Nichtigkeitsklage ist schriftlich beim Bundespatentgericht zu erheben. Mit der Klage ist eine Gebühr zu entrichten, die sich nach dem sog. Streitwert richtet. Bei einem Streitwert von z. B. 10.000.000 Euro (ein für ein Patent auf ein erfolgreiches Pharmaprodukt nicht unüblicher Streitwert) beträgt sie (am 1.1.2012) 141.552 €.

Das Nichtigkeitsverfahren ist als kontradiktorisches Verfahren ausgestaltet, in dem sich der Nichtigkeitskläger und der Patentinhaber als Parteien gegenüberstehen. Die Nichtigkeitsgründe entsprechen den Widerrufsgründen im Einspruchsverfahren. Auch im Nichtigkeitsverfahren hat der Patentinhaber die Möglichkeit, die Ansprüche zu ändern.

Über die Nichtigkeitsklage entscheidet das Bundespatentgericht aufgrund mündlicher Verhandlung in der Besetzung mit drei technischen Richtern und zwei Juristen durch Urteil. Wie bei einem Widerruf im Einspruchsverfahren gelten die Wirkungen des Patentes in dem Umfang, in dem das Patent im Nichtigkeitsverfahren vernichtet worden ist, als von Anfang an nicht eingetreten.

Gegen das Urteil des Bundespatentgerichts kann innerhalb eines Monats ab Zustellung des Urteils, spätestens aber mit dem Ablauf von fünf Monaten nach der Verkündung Berufung beim Bundesgerichtshof eingelegt werden. Er entscheidet über die Nichtigkeitsklage abschließend und aufgrund mündlicher Verhandlung.

8.2.3 Wirkung und Schutzbereich eines Patents

Die Schutzwirkungen des Patents treten nicht schon mit dessen Anmeldung ein, sondern erst mit der Veröffentlichung der Erteilung im Patentblatt. Vom Zeitpunkt der Anmeldung bis zur Veröffentlichung genießt der Gegenstand der Anmeldung keinen Schutz. Von der Veröffentlichung der Anmeldung bis zur Patenterteilung kann der Anmelder von demjenigen, der den Gegenstand der Anmeldung benutzt hat, obwohl er wusste oder wissen musste, dass die von ihm benutzte Erfindung Gegenstand der Anmeldung war, eine nach den Umständen angemessene Entschädigung verlangen. Dieser Anspruch besteht nicht, wenn der Gegenstand der Anmeldung offensichtlich nicht patentfähig ist.

Die **Wirkungen des Patents** und ihre Grenzen für den sachlichen Schutzbereich sind in den §§ 9 bis 14 PatG geregelt.

Gemäß § 9 ist allein der Patentinhaber befugt, die patentierte Erfindung zu benutzen. § 9, Satz 2 definiert abschließend, was Dritten verboten ist, nämlich:

- Ein Erzeugnis, das Gegenstand des Patents ist, herzustellen, anzubieten, in Verkehr zu bringen oder zu gebrauchen oder zu den genannten Zwecken entweder einzuführen oder zu besitzen;
- ein Verfahren, das Gegenstand des Patents ist, anzuwenden oder, wenn der Dritte weiß oder es aufgrund der Umstände offensichtlich ist, dass die Anwendung des Verfahrens ohne Zustimmung des Patentinhabers verboten ist, zur Anwendung im Geltungsbereich dieses Gesetzes anzubieten;

das durch ein Verfahren, das Gegenstand des Patents ist, unmittelbar hergestellte Erzeugnis anzubieten, in Verkehr zu bringen oder zu gebrauchen oder zu den genannten Zwecken entweder einzuführen oder zu besitzen.

■ **Erzeugnisschutz**

Der Schutz eines Erzeugnispatentes ist umfassend. Der Schutz erstreckt sich somit auf das geschützte Erzeugnis unabhängig von der Art der Herstellung. Dieser Grundsatz gilt auch für *product-by-process*-Ansprüche, bei denen der Stoff durch Verfahrensmaßnahmen zu seiner Herstellung charakterisiert ist. Der Erzeugnisschutz ist auch nicht zweckgebunden, er umfasst grundsätzlich alle Verwendungen und auch die Weiterverarbeitung des Erzeugnisses.

Eine Einschränkung des umfassenden Schutzes liegt bei Ansprüchen vor, die auf eine Sache (Mittel, Zubereitung) mit Zweckangabe gerichtet sind, z.B. auf ein »pharmazeutisches Mittel« oder ein »Antivirusmittel«. Es handelt sich dabei um zweckgebundene Sachansprüche, bei denen der Zweck einen wesentlichen Bestandteil der unter Schutz gestellten Erfindung bildet. Wenn die dem zweckgebundenen Sachanspruch innewohnende Zweckverwirklichung weder angestrebt noch zielgerichtet erreicht wird, erfolgt keine Benutzung des Patentgegenstandes. So schützt ein auf ein Antivirusmittel gerichteter Anspruch kein Präparat mit demselben Wirkstoff, dessen Beipackzettel ausschließlich auf die Indikation Parkinsonismus hinweist.

■ **Verfahrensschutz**

Ein Verfahrenspatent schützt einen bestimmten Verfahrensablauf. Der Schutz von Verfahrenspatenten findet eine für die Praxis wichtige Ergänzung im Schutz der durch das Verfahren unmittelbar hergestellten Erzeugnisse. Dadurch wird ein bedingter Erzeugnisschutz geschaffen, d. h. die Erzeugnisse sind umfassend geschützt wie durch ein Erzeugnispatent, vorausgesetzt, sie wurden nach dem geschützten Verfahren hergestellt. Der Schutz des unmittelbaren Verfahrensproduktes eröffnet dem Patentinhaber die Möglichkeit, den Import des unmittelbaren Verfahrensproduktes im Inland zu unterbinden, auch wenn die Herstellung nach dem geschützten Verfahren im patentfreien Ausland erfolgte.

■ **Verwendungsschutz**

Der Schutz eines Verwendungspatents, bei dem ein neues Erzeugnis für einen bestimmten Verwendungszweck beansprucht ist, entspricht beschränktem Sachschutz. Der Schutz eines Verwendungspatents, bei dem ein bekannter Stoff für einen neuen, erfinderischen Zweck verwendet werden soll, erstreckt sich nur auf den zur geschützten Verwendung hergerichteten Stoff. Die Verwendung des nicht oder für einen anderen Zweck hergerichteten Stoffes wird nicht erfasst. Das Herrichten umfasst bei pharmazeutischen Präparaten Maßnahmen, wie Formulierung, Konfektionierung, Dosierung und gebrauchsfertige Verpackung. Für ein sinnfälliges Herrichten genügt es, wenn – bei ansonsten gleichem Arzneimittelpräparat – dem Präparat ein entsprechend abgefasster Beipackzettel beigelegt wird.

Gemäß § 10 hat das Patent ferner die Wirkung, dass es jedem Dritten verboten ist, ohne Zustimmung des Patentinhabers anderen als zur Benutzung der Erfindung berechtigten Personen Mittel, die sich auf ein wesentliches Element der Erfindung beziehen, zur Benutzung der Erfindung anzubieten oder zu liefern, wenn der Dritte weiß oder es aufgrund der Umstände offensichtlich ist, dass diese Mittel dazu geeignet und bestimmt sind, für die Benutzung der Erfindung verwendet zu werden.

§ 10 betrifft die sog. **mittelbare Patentverletzung**. Der Zweck dieser Regelung besteht darin, den Inhabern von Verfahrens-, Verwendungs- und Kombinationspatenten (Zusammensetzungen, Zubereitungen, Mittel) die Durchsetzung ihrer Rechte zu erleichtern.

Unter Mitteln im Sinne von § 10 sind körperliche Gegenstände zu verstehen, die z. B. zur Herstellung eines Erzeugnisses oder zur Anwendung in einem Verfahren bestimmt sind. Es muss sich um Mittel handeln, die sich auf ein wesentliches Element der Erfindung beziehen. Ein Mittel bezieht sich auf ein wesentliches Element der Erfindung, wenn es geeignet ist, mit einem oder mehreren Merkmalen des Patentanspruchs bei der Verwirklichung der geschützten Erfindung funktional zusammenzuwirken. Was ein wesentliches Element der Erfindung ist, ist somit unter Würdigung des Gegenstandes der Erfindung im Einzelfall zu ermitteln.

Um den Tatbestand der mittelbaren Patentverletzung zu erfüllen, muss noch hinzukommen, dass der Anbieter oder Lieferer weiß, dass die angebotenen oder gelieferten Mittel dazu geeignet und bestimmt sind, für die Benutzung der Erfindung verwendet zu werden oder dass dies aufgrund der Umstände offensichtlich ist.

§ 11 PatG betrifft Ausnahmen von der Wirkung des Patents. Von den in § 11 aufgezählten Ausnahmen sind für die pharmazeutische Industrie die Ausnahmegründe Nummern 2 und 2b von besonderer Bedeutung.

Ausnahmegrund 2 betrifft das sog. **Versuchsprivileg**. Danach erstreckt sich die Wirkung des Patentes nicht auf Handlungen zu Versuchszwecken, die sich auf den Gegenstand der patentierten Erfindung beziehen. Der Bundesgerichtshof hat in der Vergangenheit das Versuchsprivileg breit ausgelegt. Danach liegt eine auf den Gegenstand der Erfindung bezogene und deshalb rechtmäßige Handlung zu Versuchszwecken vor, wenn z. B. gezielt Erkenntnisse gewonnen werden sollen, um eine bestehende Unsicherheit über die Wirkungen und die Verträglichkeit eines Arzneimittelwirkstoffes zu beseitigen. Klinische Versuche, bei denen die Wirksamkeit und die Verträglichkeit eines den geschützten Wirkstoff enthaltenden Arzneimittels an Menschen geprüft wird, sind somit zulässig. Nur wenn der Versuch selbst keinen Bezug zur technischen Lehre des Patentes hat oder wenn Erprobungen in einem vom Versuchszweck nicht mehr gerechtfertigten großen Umfang vorgenommen oder die Versuche in der Absicht durchgeführt werden, den Absatz des Patentinhabers mit seinem Produkt zu stören oder zu hindern, liegen keine zulässigen Versuchshandlungen vor.

Mit der Gesetzesänderung vom 29.8.2005, mit welcher die entsprechende Vorschrift der EU-Richtlinie 2004/27/EC vom 31.3.2004 in nationales Recht umgesetzt wurde, wurde der Ausnahmegrund 2b in § 11 PatG eingefügt. Danach erstrecken sich die Wirkungen des Patentes nicht auf Studien und Versuche und die sich daraus ergebenden praktischen Anforderungen, die für die Erlangung einer arzneimittelrechtlichen Genehmigung für das Inverkehrbringen in der EU oder einer arzneimittelrechtlichen Zulassung in den Mitgliedsstaaten der EU oder in Drittstaaten erforderlich sind.

Diese Regelung ermöglicht Generikaherstellern noch während der Laufzeit des betreffenden Patentes Benutzungshandlungen vorzunehmen, die für die Zulassung eines unter das Patent fallenden Präparates erforderlich sind, beispielsweise klinische Studien. Eine weitere, das sog. Vorbenutzungsrecht betreffende Ausnahme von den Wirkungen des Patentes ist in § 12 PatG geregelt. Danach tritt die Wirkung des Patents gegen den nicht ein, der im Zeitpunkt der Patentanmeldung bereits im Inland die Erfindung in Benutzung genommen oder die dazu erforderlichen Veranstaltungen getroffen hatte. Dieser ist befugt, die Erfindung für die Bedürfnisse seines eigenen Betriebs in eigenen oder fremden Werkstätten auszunutzen.

Mit dem Vorbenutzungsrecht wird der bestehende gewerbliche oder wirtschaftliche Besitzstand des Vorbenutzers geschützt. Der Umfang des Vorbenutzungsrechts ist eng, es erstreckt sich nur auf den Gegenstand, der wirklich vorbenutzt ist. Eine mengenmäßige Beschränkung auf den Umfang der Benutzung vor der Patentanmeldung besteht dagegen im Allgemeinen nicht.

§ 14 PatG regelt den Schutzbereich eines Patentes oder einer Patentanmeldung. Danach wird der Schutzbereich des Patentes und der Patentanmeldung durch den Inhalt der Patentansprüche bestimmt. Die Beschreibung und die Zeichnungen sind jedoch zur Auslegung der Patentansprüche heranzuziehen.

§ 14 ist wortgleich mit Artikel 69, Absatz 1, EPÜ, der die Rechtsgrundlage für die Bestimmung des Schutzbereichs eines europäischen Patents oder einer europäischen Patentanmeldung bildet. Nach dem Protokoll über die Auslegung des Artikel 69, Abs. 1 EPÜ, das auch für das deutsche Recht maßgeblich und bei der Bestimmung des Schutzbereichs deutscher Patente zu beachten ist, fällt unter den Schutzbereich des Patents nicht nur das, was sich aus dem genauen Wortlaut der Patentansprüche ergibt. Ebenso wenig ist Artikel 69 dahingehend auszulegen, dass die Patentansprüche lediglich als Richtlinie dienen und der Schutzbereich sich auch auf das erstreckt, was sich dem Fachmann nach Prüfung der Beschreibung und der Zeichnungen als Schutzbegehren des Patentinhabers darstellt. Die Auslegung soll vielmehr zwischen diesen extremen Auffassungen liegen und einen angemessenen

Schutz für den Patentinhaber mit ausreichender Rechtssicherheit für Dritte verbinden.

§ 14 gibt somit eine Auslegungsregel zur Bestimmung des Schutzbereichs eines Patents und einer Patentanmeldung. Trotzdem gehört die Umgrenzung des Schutzbereichs zu den schwierigsten Problemen des Patentrechts. Bei der Feststellung einer Patentverletzung ist vom Inhalt der Patentansprüche auszugehen. Die Art der Verletzungshandlung kann sich dabei als wortsinngemäße (identische) Benutzung des geschützten Gegenstandes erweisen. Eine derartige identische Benutzung liegt vor, wenn die angegriffene Verletzungsform sämtliche Merkmale des Hauptanspruchs des Klagepatents wortsinngemäß verwirklicht.

Weder der Anmelder noch die Erteilungsbehörde sind in der Lage, alle Möglichkeiten der konkreten technischen Ausgestaltung der beanspruchten Lehre im Wortlaut des Patentanspruchs zu erfassen. Das Belohnungsinteresse des Erfinders gebietet es daher, auch solche Ausführungsformen in den Schutzbereich des Patentes einzubeziehen, die nicht vom Wortsinn der Patentansprüche Gebrauch machen. Für den Schutz solcher Ausführungsformen wurde die **Lehre von den Gleichwerten,** die Äquivalenzlehre, entwickelt. Dabei ist, wie im Auslegungsprotokoll gefordert, ein Ausgleich zwischen dem Belohnungsinteresse des Erfinders und den Interessen der Allgemeinheit geboten. Bei der Prüfung, ob eine Patentverletzung durch äquivalente Mittel vorliegt, ist zunächst unter Zugrundelegen des fachmännischen Verständnisses der Inhalt der Patentansprüche festzustellen, d. h. der dem Anspruchswortlaut vom Fachmann beigemessene Sinn zu ermitteln. Wenn der Fachmann aufgrund von Überlegungen, die am Sinngehalt der in den Ansprüchen beschriebenen Erfindung anknüpfen, die bei der angegriffenen Ausführungsform eingesetzten abgewandelten Mittel mithilfe seiner Fachkenntnisse zur Lösung des der Erfindung zugrunde liegenden Problems als gleichwirkend auffinden konnte und sie der geschützten Lösung als gleichwertig in Betracht zieht, liegt eine Benutzung der unter Schutz gestellten Erfindung vor.

Die Äquivalenzlehre besitzt in der Praxis große Bedeutung. In den meisten Fällen nämlich ist in einem Verletzungsverfahren zu prüfen, ob eine äquivalente Verletzung des Klagepatents vorliegt.

8.2.4 Durchsetzung eines Patents

Wer eine patentierte Erfindung benutzt, kann vom Verletzten auf Unterlassung und Schadensersatz in Anspruch genommen werden. Außerdem kann der Verletzte einen Anspruch auf Vernichtung der patentverletzenden Erzeugnisse, einen Anspruch auf Auskunft über Herkunft und Vertriebsweg der patentverletzenden Erzeugnisse, einen Vorlage- und Besichtigungsanspruch sowie einen Anspruch auf Vorlage von Bank-, Finanz- und Handelsunterlagen geltend machen. Ein Teil dieser Vorschriften wurde mit dem am 1.9.2008 in Kraft getretenen sog. Durchsetzungsgesetz in das Patentgesetz eingefügt, um eine effektivere Durchsetzung der Rechte des Patentinhabers zu bewirken.

Die Inanspruchnahme des Verletzers erfolgt auf dem Klageweg. Für Patentstreitsachen, d. h. Klagen, durch die ein Anspruch aus einem Patent geltend gemacht wird, sind in der Bundesrepublik Deutschland gemäß § 143 Abs.1 PatG ausschließlich die Zivilkammern der Landgerichte zuständig. Die Regierungen der meisten Bundesländer haben von der in §143 Abs. 2 vorgesehenen Ermächtigung Gebrauch gemacht, die Patentstreitsachen für die Bezirke mehrerer Landgerichte einem davon zuzuweisen. Derzeit gibt es in Deutschland zwölf für Patentstreitsachen zuständige Gerichte, wobei am häufigsten das Landgericht Düsseldorf angerufen wird. Die örtliche Zuständigkeit richtet sich nach der Zivilprozessordnung (§§ 12 ff ZPO). Im Allgemeinen wird der Gerichtsstand der unerlaubten Handlung herangezogen.

Die Beweislast für die Verletzung seines Patentes durch den Beklagten trägt der Verletzungskläger. Eine Ausnahme bildet § 139, Abs. 3 PatG: Ist Gegenstand des Patents ein Verfahren zur Herstellung eines neuen Erzeugnisses, so gilt bis zum Beweis des Gegenteils das gleiche Erzeugnis, das von einem anderen hergestellt worden ist, als nach dem patentierten Verfahren hergestellt.

Das Verletzungsgericht ist an den Wortlaut der Ansprüche gebunden. Es ist eine Besonderheit des deutschen Verletzungsverfahrens, dass der Verletzer die fehlende Rechtsbeständigkeit des Klagepatents nicht beim Verletzungsgericht geltend machen kann. Der Patentverletzer ist vielmehr gehalten, die fehlende Rechtsbeständigkeit vor dem Bundespatentgericht im Rahmen einer Nichtigkeitsklage (oder ggf. noch beim Deutschen oder Europäischen Patentamt im Rahmen eines Einspruchs) geltend zu machen. Das Resultat ist ein zweigleisiges Verfahren, d. h. das Verletzungsgericht urteilt über die Frage der Patentverletzung und das Bundespatentgericht über die Frage der Rechtsbeständigkeit.

Das Verletzungsgericht entscheidet über die Verletzungsklage durch Urteil nach mündlicher Verhandlung. Der Unterlegene kann vom Rechtsmittel der Berufung zum Oberlandesgericht und ggf. der Revision zum Bundesgerichtshof Gebrauch machen.

8.2.5   Gesetz über Arbeitnehmererfindungen

Die meisten Erfindungen werden von Arbeitnehmern in Erfüllung ihrer Verpflichtungen aus einem Arbeits- oder Dienstverhältnis geschaffen. Auch dann gilt das Erfinderprinzip, d. h. der Erfinder hat das Recht an der Erfindung und das Recht auf das Patent. Das Arbeits- oder Dienstverhältnis wiederum wird vom Arbeitsrecht bestimmt. Im Arbeitsrecht gilt der Grundsatz, dass das Ergebnis der Arbeit dem Arbeitgeber zusteht. In der Person des Erfinders gerät der arbeitsrechtliche Grundsatz in Konflikt mit dem Erfinderprinzip. Mit dem Arbeitnehmererfindergesetz bezweckt der Gesetzgeber, diesen Konflikt aufzulösen und eine beide Seiten befriedigende Lösung zu ermöglichen.

Dem **Arbeitnehmererfindergesetz** unterliegen Erfindungen, die patent- oder gebrauchsmusterfähig sind, und technische Verbesserungsvorschläge von Arbeitnehmern im privaten und im öffentlichen Dienst, von Beamten und Soldaten. Das Gesetz unterscheidet zwischen Diensterfindungen (gebundene Erfindungen) und freien Erfindungen. Diensterfindungen sind während der Dauer des Arbeitsverhältnisses gemachte Erfindungen, die entweder

- aus der dem Arbeitnehmer im Betrieb oder in der öffentlichen Verwaltung obliegenden Tätigkeit entstanden sind oder
- maßgeblich auf Erfahrungen oder Arbeiten des Betriebes oder der öffentlichen Verwaltung beruhen.

Sonstige Erfindungen von Arbeitnehmern sind freie Erfindungen.

Der Arbeitnehmer, der eine Diensterfindung gemacht hat, unterliegt der Meldepflicht gegenüber dem Arbeitgeber. Der Arbeitnehmer ist verpflichtet, die Diensterfindung unverzüglich in Textform dem Arbeitgeber zu melden, um diesem die Entscheidung darüber zu ermöglichen, ob er die Diensterfindung in Anspruch nimmt oder freigibt. In der Meldung hat der Arbeitnehmer die technische Aufgabe, ihre Lösung und das Zustandekommen der Diensterfindung zu beschreiben.

Der Arbeitgeber kann eine Diensterfindung durch Erklärung in Anspruch nehmen. Das Gesetz sieht eine fiktive Inanspruchnahme vor, d. h. die Inanspruchnahme gilt als erklärt, wenn der Arbeitgeber die Diensterfindung nicht bis zum Ablauf von vier Monaten nach Eingang der ordnungsgemäßen Meldung gegenüber dem Arbeitnehmer durch Erklärung in Textform freigibt. Mit der Inanspruchnahme gehen alle vermögenswerten Rechte an der Diensterfindung auf den Arbeitgeber über. Zur Abgeltung des Rechtsverlusts, den der Arbeitnehmer durch die Inanspruchnahme des Arbeitgebers erleidet, hat der Arbeitnehmer gegen den Arbeitgeber einen Anspruch auf angemessene Vergütung, sobald der Arbeitgeber die Diensterfindung in Anspruch genommen hat. Für die Höhe der Vergütung sind insbesondere die wirtschaftliche Verwertbarkeit der Diensterfindung, die Aufgaben und die Stellung des Arbeitnehmers im Betrieb sowie der Anteil des Betriebs am Zustandekommen der Diensterfindung maßgebend. Diese Kriterien werden ergänzt durch die sog. Vergütungsrichtlinien für die Vergütung von Arbeitnehmererfindungen im privaten Dienst, die auf Arbeitnehmer im öffentlichen Dienst sowie auf Beamte entsprechend anzuwenden sind. Der Arbeitgeber ist verpflichtet und allein berechtigt, eine gemeldete Diensterfindung in Deutschland zur Erteilung eines Schutzrechts anzumelden, und zwar eine patentfähige Diensterfindung zur Erteilung eines Patents, sofern nicht der Gebrauchsmusterschutz zweckdienlicher erscheint. Nach Inanspruchnahme ist der Arbeitgeber auch berechtigt aber nicht verpflichtet, die Diensterfindung im Ausland zur Erteilung von Schutzrechten anzumelden.

Der Arbeitnehmer, der eine **freie Erfindung** gemacht hat, ist verpflichtet, dies dem Arbeitgeber unverzüglich in Textform mitzuteilen. Dabei muss über die Erfindung und, soweit erforderlich, auch über ihre Entstehung soviel mitgeteilt werden, dass der Arbeitgeber beurteilen kann, ob die Erfindung frei ist. Bevor der Arbeitnehmer eine freie Erfindung anderweitig verwendet, ist er verpflichtet, dem Arbeitgeber mindestens ein nichtausschließliches Recht zur Benutzung der Erfindung zu angemessenen Bedingungen anzubieten.

Einen Sonderfall stellen Erfindungen von Hochschullehrern und wissenschaftlichen Assistenten dar. Bis zum 7. Februar 2002 war die Gesetzeslage so, dass Erfindungen von Professoren, Dozenten und wissenschaftlichen Assistenten an den Hochschulen, die von ihnen in dieser Eigenschaft gemacht wurden, freie Erfindungen waren. Eine Mitteilungs- und Anbietungspflicht gegenüber der Hochschule bestand nicht. Ab dem 7. Februar 2002 ist jedoch eine Neuregelung in Kraft getreten. Seit diesem Zeitpunkt gilt der Grundsatz, dass jede Erfindung, die ein Hochschulbeschäftigter in dienstlicher Eigenschaft gemacht hat, vom Erfinder dem Dienstherrn zu melden ist. Eine solche Diensterfindung kann vom Dienstherrn in Anspruch genommen, im eigenen Namen schutzrechtlich gesichert und auf Rechnung der Hochschule verwertet werden. Der Erfinder hat in einem solchen Fall Anspruch auf Erfindervergütung in Höhe von 30 % der Brutto-Verwertungseinnahmen.

Technische Verbesserungsvorschläge sind Vorschläge für technische Neuerungen, die nicht patent- oder gebrauchsmusterfähig sind. Für technische Verbesserungsvorschläge gilt das Erfinderprinzip nicht. Sie stehen daher als Arbeitsergebnis dem Arbeitgeber zu. Für technische Verbesserungsvorschläge, die dem Arbeitgeber eine ähnliche Vorzugsstellung gewähren wie ein gewerbliches Schutzrecht, hat der Arbeitnehmer gegen den Arbeitgeber Anspruch auf angemessene Vergütung, sobald dieser sie verwertet.

Streitigkeiten im Zusammenhang mit dem Arbeitnehmererfindergesetz, insbesondere über die Höhe der Vergütung, sind recht häufig. Um den Arbeitnehmer nicht zu zwingen, seinen Arbeitgeber zu verklagen, wurde die Möglichkeit eines Schiedsverfahrens vor dem Deutschen Patentamt geschaffen. Die Schiedsstelle kann in allen Streitfällen zwischen Arbeitgeber und Arbeitnehmer jederzeit angerufen werden. Sie hat zu versuchen, eine gütliche Einigung herbeizuführen. Zu diesem Zweck unterbreitet sie den Beteiligten einen begründeten Einigungsvorschlag. Die Einigungsvorschläge der Schiedsstelle stoßen auf große Akzeptanz, sodass es nur sehr selten zu gerichtlichen Auseinandersetzungen zwischen Arbeitnehmer und Arbeitgeber kommt.

8.3 Marken und Unternehmenskennzeichen

Markenschutz kann durch Anmeldung von nationalen Marken in dem betreffenden Land und/oder einer international registrierten Marke und/oder einer Gemeinschaftsmarke erlangt werden. Dabei kann ggf. die Priorität einer früheren ausländischen Anmeldung in Anspruch genommen werden. Eine »innere Priorität« wie in § 40 PatG vorgesehen, gibt es im Markenrecht nicht. Die Prioritätsfrist beträgt, anders als bei Patenten, lediglich sechs Monate ab der Erstanmeldung. Die Inanspruchnahme der Priorität einer früheren ausländischen Anmeldung richtet sich nach den Vorschriften der Staatsverträge. Als ausländische Voranmeldung gilt auch die Gemeinschaftsmarke eines Inländers.

Eine international registrierte Marke (IR Marke) basiert auf dem **Madrider Markenabkommen** (MMA) und dem Protokoll zum Madrider Markenabkommen (PMMA), die zahlreiche Länder, darunter Deutschland und inzwischen auch die USA, ratifiziert haben. Das MMA ermöglicht eine internationale Registrierung einer in einem Mitgliedsland geschützten Marke. Die internationale Registrierung begründet kein einheitliches internationales Schutzrecht, sondern hat lediglich die Wirkung einer nationalen Hinterlegung in den mit der IR-Marke beanspruchten Ländern. Dagegen stellt die Gemeinschaftsmarke ein einheitliches Schutzrecht für das gesamte Territorium der Europäischen Gemeinschaft dar. Im Falle eines späteren Beitritts weiterer Länder zur Europäischen Gemeinschaft erstreckt sich der Schutz der Gemeinschaftsmarke automatisch auch auf diese Länder.

8.3.1 Schutzfähige Zeichen und Unternehmenskennzeichen

Dem Markenschutz zugänglich sind grafisch darstellbare Zeichen, insbesondere Wörter einschließlich Personennamen, Abbildungen, Buchstaben, Zahlen, Hörzeichen, dreidimensionale Gestaltungen einschließlich der Form einer Ware oder ihrer Verpackung sowie Aufmachungen einschließlich Farben und Farbzusammenstellungen.

Die Zeichen müssen geeignet sein, Waren oder Dienstleistungen eines Unternehmens von denjenigen anderer Unternehmen zu unterscheiden.

Vom Markenschutz ausgeschlossen sind Zeichen, die ausschließlich aus einer Form bestehen, die

- durch die Art der Ware selbst bedingt ist,
- zur Erreichung einer technischen Wirkung erforderlich ist oder
- der Ware einen wesentlichen Wert verleiht.

Mit diesen Schutzausschließungsgründen soll erreicht werden, dass kein zeitlich unbegrenztes Monopolrecht (der Markenschutz ist zeitlich nicht begrenzt) an technischen oder ästhetischen Produktmerkmalen entsteht, welche die Beschaffenheit der Warenart betreffen. Nicht die gegenständliche Beschaffenheit der Waren, sondern deren Kennzeichnung soll geschützt werden.

Zusätzlich zu diesen Schutzausschließungsgründen sind auch weitere Schutzhindernisse, die sog. **absoluten Schutzhindernisse** gesetzlich geregelt und in § 8 MarkenG aufgeführt. Die weitaus wichtigsten Schutzhindernisse sind in Abs. (2), Nummern 1 und 2 aufgeführt. Danach sind von der Eintragung Marken ausgeschlossen,

- denen für die Waren oder Dienstleistungen jegliche Unterscheidungskraft fehlt,
- die ausschließlich aus Zeichen oder Angaben bestehen, die im Verkehr zur Bezeichnung der Art, der Beschaffenheit, der Menge, der Bestimmung, des Wertes, der geographischen Herkunft, der Zeit der Herstellung der Waren oder der Erbringung der Dienstleistungen oder zur Bezeichnung sonstiger Merkmale der Waren oder Dienstleistungen dienen können.

Nach allgemein anerkannter Definition ist unter Unterscheidungskraft die konkrete Eignung einer Marke zu verstehen, vom Verkehr als Mittel zur Unterscheidung der Herkunft für die angemeldeten Waren oder Dienstleistungen eines Unternehmens gegenüber solchen anderer Unternehmen aufgefasst zu werden, sodass eine betriebliche Zuordnung dieser Waren oder Dienstleistungen ermöglicht wird. Eine Marke soll die Waren oder Dienstleistungen nach ihrer betrieblichen Herkunft, nicht nach ihrer Beschaffenheit oder Bestimmung unterscheidbar machen.

Maßgeblich für die Beurteilung der Unterscheidungskraft ist die Auffassung der beteiligten inländischen Verkehrskreise, wobei es genügt, wenn zumindest ein erheblicher Teil des Verkehrs die Marke als betrieblichen Herkunftshinweis bewertet. Es ist ein großzügiger Maßstab anzulegen, weil einerseits im Gesetz vom Fehlen jeglicher Unterscheidungskraft die Rede ist und andererseits der Verkehr ein als Marke verwendetes Zeichen keiner näheren analysierenden Betrachtungsweise unterzieht. Beispiele für Marken, denen in der Regel die Unterscheidungskraft fehlt, sind die naturgetreue Abbildung der betroffenen Ware, einfache geometrische Figuren oder grafische Gestaltungselemente. Aber auch beschreibende Zeichen und Angaben sind in der Regel nicht unterscheidungskräftig. Insoweit überschneidet sich das Schutzhindernis der fehlenden Unterscheidungskraft in der Praxis häufig mit dem o. g. zweiten Schutzhindernis, dem Eintragungsverbot für beschreibende Angaben.

Das Schutzhindernis Nummer zwei wird auch als **Freihaltungsbedürfnis** an beschreibenden Zeichen bezeichnet. Die Vorschrift des § 8, Abs. 2 Nr. 2 verfolgt das im Allgemeininteresse liegende Ziel, dass beschreibende Zeichen oder Angaben von jedermann, insbesondere auch von den Mitbewerbern des Anmelders frei verwendet werden können. Das Freihaltungsbedürfnis muss bezüglich der Waren und Dienstleistungen bestehen, für welche die Marke angemeldet ist. Das Freihaltungsbedürfnis erstreckt sich lediglich auf unmittelbar beschreibende Zeichen und Angaben. Wenn eine beschreibende Aussage nur angedeutet wird und erst aufgrund gedanklicher Schlussfolgerungen erkennbar ist, liegt in der Regel kein Freihaltungsbedürfnis vor. In der Praxis ist die Abgrenzung zwischen eintragungsfähigen Marken und schutzunfähigen, unmittelbar beschreibenden Angaben häufig schwierig.

Unternehmenskennzeichen sind Zeichen, die im geschäftlichen Verkehr als Name, als Firma oder als besondere Bezeichnung eines Geschäftsbetriebs oder eines Unternehmens benutzt werden.

Ein Kennzeichen kann zugleich als Unternehmenskennzeichen und als Marke geschützt sein.

Eine Voraussetzung für den Schutz eines Unternehmenskennzeichens ist Unterscheidungskraft, damit der Verkehr in der Lage ist, ein bestimmtes Unternehmen aufgrund der Kennzeichnung von anderen zu unterscheiden. Auch hier gilt, dass beschreibende Angaben oder Beschaffenheitsangaben und Gattungsbezeichnungen keine Unterscheidungskraft besitzen.

8.3.2 Wie entsteht der Schutz von Marken und Unternehmenskennzeichen?

- **Marken**

Markenschutz in Deutschland entsteht

- durch Eintragung eines Zeichens als Marke in das vom Deutschen Patent- und Markenamt geführte Register,
- durch Benutzung eines Zeichens im geschäftlichen Verkehr, soweit das Zeichen innerhalb beteiligter Verkehrskreise als Marke Verkehrsgeltung erworben hat, oder
- durch die im Sinne des Artikels 6 der Pariser Verbandsübereinkunft notorische Bekanntheit einer Marke.

In der Regel wird von der ersten Alternative Gebrauch gemacht. In diesem Fall ist beim Deutschen Patent- und Markenamt eine Anmeldung zur **Eintragung einer Marke** in das Register einzureichen. Die Anmeldung muss Angaben zur Identität des Anmelders, eine Wiedergabe der Marke und ein Verzeichnis der Waren oder Dienstleistung, für die die Eintragung beantragt wird, enthalten. Mit der Anmeldung ist eine Gebühr nach dem Tarif (am 1.1.2012: 300 Euro für bis zu drei Klassen von Waren oder Dienstleistungen) zu entrichten. Das Patentamt prüft dann, ob eine schutzfähige Marke vorliegt und keine absoluten Schutzhindernisse entgegenstehen. Wenn das Patentamt zu dem Ergebnis kommt, dass die Eintragungsvoraussetzungen erfüllt sind, wird die Marke in das Register eingetragen. Wenn die Eintragungsvoraussetzungen nicht erfüllt sind, erhält der Anmelder Gelegenheit zur Stellungnahme. Falls es dem Anmelder nicht gelingt, die Einwände des Prüfers auszuräumen, wird die Anmeldung durch Beschluss zurückgewiesen. Dagegen besteht der Rechtsbehelf der Erinnerung (wenn der Zurückweisungsbeschluss von einem Beamten des gehobenen Dienstes erlassen wurde) und der Beschwerde zum Bundespatentgericht. Das Bundespatentgericht entscheidet durch Beschluss in der Besetzung mit drei Juristen. Gegen die Beschlüsse des Bundespatentgerichts ist die Rechtsbeschwerde zum Bundesgerichtshof unter den im Kapitel Patente genannten Voraussetzungen möglich.

Die Vorschriften für die Eintragung einer nationalen Marke gelten für die Eintragung einer international registrierten Marke entsprechend. D. h., die Ämter in den mit der Marke beanspruchten Ländern prüfen die Marke nach den jeweiligen nationalen Vorschriften.

Falls die Eintragung einer Gemeinschaftsmarke gewünscht wird, kann die Anmeldung beim Deutschen Patentamt (bei Anmeldern mit Wohnsitz, Sitz oder Niederlassung in Deutschland) oder beim Harmonisierungsamt für den Binnenmarkt in Alicante erfolgen. Wird der Antrag beim Deutschen Patentamt eingereicht, so vermerkt das Patentamt auf der Anmeldung den Tag des Eingangs und leitet die Anmeldung ohne Prüfung unverzüglich an das Harmonisierungsamt für den Binnenmarkt weiter. Die Eintragung einer Gemeinschaftsmarke erfolgt nach den Vorschriften des Gemeinschaftsmarkengesetzes, die jedoch im Wesentlichen den Vorschriften des Deutschen Markengesetzes entsprechen.

Wird mit einer Internationalen Registrierung Schutz in Deutschland begehrt, erfolgt die Prüfung auf Eintragungshindernisse nach den Vorschriften des Deutschen Markengesetzes.

Wird die internationale Registrierung einer deutschen Marke im Ausland gewünscht, ist der entsprechende Antrag beim Deutschen Patent und Markenamt zu stellen, nicht beim Internationalen

Büro (WIPO). Hierfür sind jedoch die von der WIPO herausgegebenen Formblätter zu verwenden, die unterschiedlich sind, je nachdem für welche(s) Land/Länder Schutz begehrt wird. Danach richtet sich auch die Verfahrenssprache, die entweder Englisch oder Französisch ist.

Markenschutz entsteht auch **ohne Eintragung** in das Markenregister durch Benutzung eines Zeichens im geschäftlichen Verkehr, vorausgesetzt, es hat als Marke Verkehrsgeltung erworben. Die Verkehrsgeltung betrifft die Kennzeichnung wie sie tatsächlich in Verbindung mit der Ware oder Dienstleistung benutzt wird. Die Verkehrsgeltung muss laut Gesetz innerhalb beteiligter Verkehrskreise und nicht bei allen Verkehrsbeteiligten vorliegen. Eine örtlich begrenzte Verkehrsgeltung, beispielsweise in Süddeutschland kann genügen. Ebenso kann u.U. schon ein geringer Durchsetzungsgrad ausreichen, vorausgesetzt, das Zeichen ist von Hause aus unterscheidungskräftig und nicht freihaltebedürftig.

Markenschutz ohne Registrierung entsteht auch durch notorische Bekanntheit. Unter »notorisch« wird im Allgemeinen »offenkundig, allseits bekannt« verstanden. Damit wird ein Bekanntheitsgrad zugrunde gelegt, der das für die Erlangung von Verkehrsgeltung geforderte Maß deutlich übersteigt. Die Marke muss im Inland notorisch bekannt sein, notorische Bekanntheit nur im Ausland genügt nicht. Die Marke muss im inländischen Geschäftsverkehr aber nicht benutzt sein, anders als im Fall der Verkehrsgeltung.

- **Unternehmenskennzeichen**

Auch der Schutz eines Firmenzeichens kann unabhängig von der Eintragung in das Markenregister durch die Benutzung des Kennzeichens entstehen. Die Benutzung muss nach außen in Erscheinung treten, auf ihren Umfang kommt es dagegen nicht an.

Für den Fall, dass dem Unternehmenskennzeichen die Unterscheidungskraft fehlt, kann trotzdem Schutz durch Verkehrsgeltung bei den beteiligten Verkehrskreisen erlangt werden.

8.3.3 Angriff auf eine Marke

Innerhalb einer Frist von drei Monaten nach dem Tag der Veröffentlichung der Eintragung der Mar-

ke kann von dem Inhaber einer Marke mit älterem Zeitrang gegen die Eintragung der Marke Widerspruch erhoben werden. Der Widerspruch hat die Löschung der Marke zum Ziel und kann nur auf gesetzlich abschließend aufgeführte Widerspruchsgründe (die sog. relativen Schutzhindernisse) gestützt werden:

- identische oder verwechselbare nationale Marken mit älterem Zeitrang, die für identische oder ähnliche Waren oder Dienstleistungen angemeldet oder eingetragen sind;
- identische oder verwechselbare Gemeinschaftsmarken mit älterem Zeitrang, die für identische oder ähnliche Waren angemeldet oder eingetragen sind;
- identische oder verwechselbare, für identische oder ähnliche Waren international registrierte Marken mit älterem Zeitrang, für die der Schutz auf das Gebiet der Bundesrepublik Deutschland erstreckt ist;
- identische oder verwechselbare notorisch bekannte (auch nicht eingetragene) Marken mit älterem Zeitrang;
- unbefugte Eintragung der Marke durch einen Agenten oder Vertreter des Markeninhabers;
- identische oder verwechselbare nicht eingetragene Marken mit Verkehrsgeltung und älterem Zeitrang sowie Unternehmenskennzeichen mit älterem Zeitrang, sofern diese die Inhaber berechtigen, die Benutzung der eingetragenen Marke im gesamten Bundesgebiet zu untersagen.

Der Inhaber der angegriffenen Marke kann von der Einrede mangelnder Benutzung des Widerspruchszeichens Gebrauch machen, sofern das Zeichen dem Benutzungszwang unterliegt, d. h. wenn die fünfjährige Benutzungsschonfrist abgelaufen ist. Wenn die Benutzung der älteren Marke bestritten wird, so hat der Inhaber der älteren eingetragenen Marke glaubhaft zu machen, dass sie innerhalb der letzten fünf Jahre vor Veröffentlichung der angegriffenen Marke ernsthaft benutzt worden ist, sofern die ältere Marke zu diesem Zeitpunkt seit mindestens fünf Jahren eingetragen ist. Sofern der Zeitraum von fünf Jahren der Nichtbenutzung nach der Veröffentlichung der Eintragung endet, hat der Widersprechende glaubhaft zu machen, dass die Marke innerhalb der letzten fünf Jahre vor der Entscheidung über den Widerspruch benutzt worden ist.

Zur Glaubhaftmachung der Benutzung ist die Verwendung der Marke nach Art, Zeit, Ort und Umfang durch Vorlage von geeigneten Unterlagen zu zeigen. Das wichtigste Glaubhaftmachungsmittel ist die eidesstattliche Versicherung. Falls die Benutzung nur für einen Teil der eingetragenen Waren oder Dienstleistungen glaubhaft gemacht werden kann, ist die Verwechslungsgefahr nur für den Teil der Waren oder Dienstleistungen zu prüfen, für welche die Benutzung glaubhaft gemacht worden ist. Im Umfang der nicht benutzten Waren ist das Zeichen löschungsreif.

Ergibt die Prüfung des Widerspruchs, dass die Marke für alle oder für einen Teil der Waren oder Dienstleistungen, für die sie eingetragen ist, zu löschen ist, so wird die Eintragung ganz oder teilweise gelöscht. Die Löschung wirkt auf den Zeitpunkt der Eintragung zurück. Hat der Widerspruch keinen Erfolg, wird er zurückgewiesen.

Zu dem Rechtsbehelf der Erinnerung bzw. dem Rechtsmittel der Beschwerde gelten die Ausführungen unter dem Abschnitt 8.2.1, Deutsche Anmeldungen, in entsprechender Weise.

Die Eintragung einer Marke wird auf Antrag wegen Verfalls gelöscht, wenn die Marke nach dem Tag der Eintragung innerhalb eines ununterbrochenen Zeitraums von fünf Jahren nicht benutzt worden ist. Der Verfall kann durch Antrag beim Deutschen Patent- und Markenamt oder durch Klage vor einem ordentlichen Gericht geltend gemacht werden.

Die Eintragung einer Marke wird auf Antrag wegen Nichtigkeit gelöscht, wenn sie eingetragen worden ist, obwohl die Voraussetzungen für den Schutz von Marken (absolute Schutzvoraussetzungen) nicht vorgelegen haben, oder wenn der Anmelder bei der Anmeldung bösgläubig war. Bösgläubig ist ein Anmelder, wenn ein Fall von Markenerschleichung vorgelegen hat oder wenn die Marke in erkennbar wettbewerbswidriger Behinderungsabsicht angemeldet wurde.

Der Antrag auf Löschung ist beim Patentamt zu stellen. Er kann von jeder Person gestellt werden. Das Patentamt unterrichtet den Markeninhaber vom Löschungsantrag. Widerspricht er der Löschung nicht innerhalb von zwei Monaten nach Zustellung der Mitteilung, so wird die Eintragung

gelöscht. Widerspricht er der Löschung, so wird das Löschungsverfahren durchgeführt und über den Löschungsantrag entschieden.

Die Eintragung einer Marke wird auf Klage wegen Nichtigkeit gelöscht, wenn ihr ein Recht mit älterem Zeitrang entgegensteht. Bei den Nichtigkeitsgründen handelt es sich in erster Linie um die Widerspruchsgründe.

Die Klage ist vor einem ordentlichen Gericht gegen den Inhaber der Marke oder seinen Rechtsnachfolger zu richten. Der Beklagte kann, wie auch im Widerspruchsverfahren, von der Einrede mangelnder Benutzung Gebrauch machen.

8.3.4 Wirkung und Schutzumfang einer Marke und eines Unternehmenskennzeichens

Der Erwerb des Markenschutzes gewährt dem Inhaber der Marke im geschäftlichen Verkehr ein ausschließliches Recht, d. h. nur der Markeninhaber ist berechtigt, die Marke zu benutzen.

Dritten ist es untersagt, ohne Zustimmung des Inhabers der Marke im geschäftlichen Verkehr ein mit der Marke identisches oder der Marke ähnliches Zeichen für identische oder ähnliche Waren oder Dienstleistungen zu benutzen oder ein mit der Marke identisches oder der Marke ähnliches Zeichen für Waren oder Dienstleistungen zu benutzen, die nicht denen ähnlich sind, für die die Marke Schutz genießt, wenn es sich dabei um eine im Inland bekannte Marke handelt. Dieses allgemeine **Verbot der Benutzung** (§ 14, Abs. 2 MarkenG) wird noch durch einen Katalog von Beispielen verbotener Benutzungshandlungen ergänzt.

Wer ein Zeichen unbefugt benutzt, kann von dem Inhaber der Marke auf Unterlassung in Anspruch genommen werden. Wer die Verletzungshandlung vorsätzlich oder fahrlässig begeht, ist dem Inhaber der Marke zum Ersatz des durch die Verletzungshandlung entstandenen Schadens verpflichtet.

Entsprechendes gilt für den Erwerb des Schutzes einer Unternehmenskennzeichnung, auch diese gewährt dem Inhaber ein ausschließliches Recht.

Dritten ist es untersagt, das Unternehmenskennzeichen oder ein ähnliches Zeichen im geschäftlichen Verkehr unbefugt in einer Weise zu benutzen, die geeignet ist, Verwechslungen mit der geschützten Bezeichnung hervorzurufen.

Wer ein Unternehmenskennzeichen oder ein ähnliches Zeichen unbefugt benutzt, kann vom Inhaber des Unternehmenskennzeichens auf Unterlassung und ggf. Schadensersatz in Anspruch genommen werden.

Literatur

1   Althammer W, Ströbele P, Klaka R (1997) Markengesetz. 5. Aufl. Carl Heymanns Verlag, Köln
2   Schulte R (1994) Patentgesetz. 5. Aufl. Carl Heymanns Verlag, Köln
3   Eine Sammlung deutscher Gesetze findet sich unter www.gesetze-im-internet.de

8

Business Development – Geschäftsentwicklung und Lizenzgeschäft

Jörg Breitenbach und Jon B. Lewis

Es gibt eine historische Begebenheit, in deren Mittelpunkt die so genannte Kappeler Milchsuppe steht: Ende Juni 1529 marschierten die Zürcher Truppen gegen die Innerschweizer Kantone. In diesem Ersten Kappelerkrieg konnte dank Vermittlung durch neutrale Orte ein Bruderkrieg unter den Eidgenossen verhindert werden. Gemäß den Berichten nutzte das gemeine Fußvolk der beiden Heere die Zeit während die Führer verhandelten zu einer Verbrüderung und stellte genau auf der Grenze zwischen den beiden Kantonen einen großen Kochtopf auf ein Feuer. Die Zuger sollen die Milch und die Zürcher das Brot für eine Milchsuppe beigesteuert haben, die dann von beiden Heeren gemeinsam verspeist wurde. Bei Ebertswil steht heute der Milchsuppenstein, ein Denkmal, das an diesen Vorgang erinnert. Auch in Erinnerung an das Ereignis wird noch heute Kappeler Milchsuppe offeriert, wenn ein Streit durch Verhandlung beigelegt werden konnte. Für die spätere Geschichtsschreibung und Identitätsfindung der Schweiz hatte der große Topf, aus dem alle gemeinsam gegessen haben, einen großen Symbolwert.

Diese historische Episode illustriert zwei wichtige Faktoren der Geschäftsentwicklung oder des Lizenzgeschäftes:

— Es wird ein Bedarf bzw. ein möglicher Gewinn definiert und dann
— eine für beide Parteien Gewinn bringende Lösung, die sog. **Win-Win-Situation** gesucht.

Als die forschungsbasierte pharmazeutische Industrie sich entwickelte, insbesondere in der zweiten Hälfte des 20. Jahrhunderts, spielte das Lizenzgeschäft eine wichtige Rolle, um sicherzustellen, dass Produkte, die neu entwickelt worden waren, in der ganzen Welt vermarktet werden konnten. Dieser Bedarf entstand, weil in den 1940er und 1950er Jahren nahezu alle pharmazeutischen Firmen eine eher begrenzte Präsenz außerhalb ihrer Heimatländer besaßen. Damit war die Möglichkeit der Einflussnahme in fremden Märkten stark limitiert.

Zusätzlich waren pharmazeutische Richtlinien und Regularien sowie die Anforderungen zur Durchführung klinischer Studien von Land zu Land unterschiedlich und es war nahezu eine Voraussetzung, Partner zu finden, die sich mit den lokalen Gegebenheiten auskannten. Zusätzlich gab

es in einzelnen Ländern vom Staat auferlegte Beschränkungen. So musste in Frankreich eine ausländische Firma entweder die Vermarktungsrechte an einen inländischen Partner abgeben oder aber eine Fabrik zur Herstellung des Produktes im Lande bauen, um das Produkt selbst vermarkten zu können (vgl. ▶ Kap. 11).

Eine Vielzahl wertvoller Partnerschaften wurde auf diese Art und Weise etabliert. In den USA, wo Firmen nicht nur den strengen Maßstäben der FDA-Richtlinien genügen mussten, waren auch große Investitionen im Bereich des Verkaufs und Marketings notwendig, um diesen großen Markt zu erschließen. Ein Partner, ansässig in den USA mit einer lokalen Vertriebsorganisation, war nahezu essenziell und sicherlich ein Vorteil für einige der amerikanischen Firmen. Auf diese Weise erhielt die Firma Upjohn z. B. die Rechte an Produkten der englischen Firma Boots einschließlich z. B. des Analgetikums Ibuprofen. Die amerikanische Firma Schering Plough ging eine Partnerschaft mit Glaxo auf dem Gebiet der Steroide und Antihistaminika ein, während Wyeth-Ayers die Rechte an den Betablockern von ICI erhielt. Bristol-Myers hingegen konnte sich die Lizenz an Beechams semisynthetischen Penicillinen sichern.

Auch in Japan existierte eine spezielle pharmazeutische Umgebung, die es für ausländische Firmen unabdingbar machte, lokale Partner zu involvieren (vgl. ▶ Kap. 1.1.1). Japan ist ferner interessant, da sich hier ausländische Firmen vom Konzept des simplen Lizenzübereinkommens hin zu den sog. **Joint Ventures**, also gemeinschaftlichen Unternehmen, bewegten. Dies ermöglichte den ausländischen Partnern eines Joint Ventures besser mit den Gegebenheiten des japanischen Marktes vertraut zu werden und den eigenen Namen zu etablieren. Einige der ausländischen Firmen haben seitdem einen weiteren Schritt getan und Tochterfirmen gegründet, doch viele der bestehenden Joint Ventures existieren heute noch.

In den 1960er und 1970er Jahren gelang es den erfolgreichen Firmen, ihre eigenen Tochtergesellschaften nahezu flächendeckend in der ganzen Welt zugründen, oftmals durch die Akquisition kleiner lokaler Firmen. Diese Akquisitionen wurden oftmals über ein Lizenzgeschäft eingeleitet. Bis heute zeichnen sich Lizenzgeschäfte dadurch aus, dass der Lizenzgeber bei der Übertragung der Lizenz an den Lizenznehmer das Recht verliert, das Produkt selbst im Markt einzuführen und zu verkaufen.

In den 1980er Jahren wurden mehr und mehr kreative Ansätze gefunden, die unter anderem von der Firma Glaxo vorangetrieben wurden. Zu dieser Zeit war Glaxo eher im Mittelfeld der pharmazeutischen Firmen angesiedelt und hatte einen potenziellen Blockbuster, das Produkt Ranitidin unter dem Markennamen Zantac. Eine wirkliche Präsenz in den USA fehlte Glaxo zu dieser Zeit und enormer Wettbewerb durch SmithKline, die selbst bereits Tagamed für das gleiche Indikationsgebiet vermarkteten, drohte. Tagamed war im Übrigen das erste pharmazeutische Produkt, das Umsätze von mehr als 1 Mrd. US-Dollar erreichte, ein Blockbuster (vgl. ► Kap. 1.2.1). Die Firma Roche hatte zu dieser Zeit eine große Vertriebs- und Verkaufsorganisation für ihr Beruhigungsmittel Librium-Valium aufgebaut, aber kein weiteres großes Produkt in der Pipeline. Glaxo und Roche kamen überein, gemeinsam das von Glaxo entwickelte Produkt Zantac zu co-promoten, d. h. die beiden Verkaufsorganisationen verkauften das gleiche Produkt unter dem gleichen Warenzeichen. Dies ermöglichte es Glaxo, von Beginn an die Marktstärke von SmithKline zu erreichen, während Glaxo gleichzeitig seine eigene Verkaufsorganisation aufbauen konnte. Roche hingegen zog profitablen Nutzen aus der Auslastung seiner eigenen Verkaufsorganisation bis zum Launch des nächsten Produktes. Die beiden Firmen waren letztlich erfolgreich darin, durch **Co-Promotion** den Wettbewerber SmithKline mit Tagamed zu schlagen.

Eine weitere innovative Idee der Geschäftsentwicklung von Glaxo war die Möglichkeit des **Co-Marketing**. In einer Vielzahl von Ländern gab es keinen Patentschutz für pharmazeutische Produkte, und es war nicht unüblich für lokale Firmen, Kopien des Originator-Produktes zu vertreiben. In Argentinien z. B. waren ca. zehn lokale Kopien von Tagamed auf dem Markt, bevor SmithKline die Vermarktungsrechte von den argentinischen Zulassungsbehörden für ihr Produkt erhielt. Ein starker lokaler Partner war in der Lage, die Behörden zu beeinflussen und solche Aktivitäten zu unterbinden. Gleichzeitig war der Rückerstattungs-

preis für ein Produkt, also jener Betrag, der dem Patienten von den Behörden oder Krankenkassen zugezahlt wird, deutlich höher, wenn eine lokale Firma die Co-Vermarktungsrechte hatte. Dies war das Konzept, nach dem Glaxo in einem Vertrag mit der Firma Menarini in Italien vorging. Nicht zuletzt diese beiden Strategien haben das Wachstum und den Erfolg der Firma Glaxo mitbegründet.

Parallel zu diesen Ereignissen wurden in der pharmazeutischen Industrie unter dem Druck, effizienter zu werden, Rationalisierungen durch Zusammenschlüsse und Akquisitionen vorgenommen. Das Ergebnis dieser Konsolidierung war, dass eine Reihe kleinerer Firmen in den großen globalen Firmen aufgingen. Aus dem Blickwinkel der Geschäftsentwicklungen und dem *licensing* vollzog sich ein klarer Wechsel: Die neuen global agierenden Firmen hatten eben solche Entwicklungskapazitäten und Verkaufs- sowie Distributionsorganisationen. Nun mussten sie aber mit neuen interessanten Produkten aufgefüllt werden. In zunehmendem Maße blickten also nun die global agierenden Firmen auf die Kreativität kleinerer und mittelgroßer Pharmafirmen. Sie sollten die neuen Entwicklungsprodukte liefern, die kleine Firmen nicht in der Lage waren, zur Marktreife voranzutreiben. Wieder entstand eine Win-Win-Situation: Die kleinen Firmen konnten durch den Einstieg der multinational agierenden Großkonzerne ihre Produkte zur Marktreife vorantreiben, die Großkonzerne erhielten neue Entwicklungskandidaten für ihre Pipeline.

9.1 Modelle und Strategien der Kooperation

Aufgrund der kommerziellen Bedürfnisse, die ein Anwachsen der Lizenzaktivitäten in ihrer Komplexität nach sich ziehen, etablierten sich über die letzten Jahre eine Reihe von Standardkooperationen. Während in den 1970er Jahren oftmals Lizenzen an vermarkteten Produkten in einem bestimmten Markt im Vordergrund standen, finden sich heute Vereinbarungen über gemeinsame Forschungs- und Entwicklungsaktivitäten (Co-Development), gemeinsame Ausbietungen von vermarkteten Marken (Co-Promotion) oder das Marketing von verschiedenen Marken ein und desselben Produktes (Co-Marketing).

9.1.1   Die Lizenzvereinbarung

In der Verhandlung jeder geschäftlichen Vereinbarung gibt es einige fundamentale Punkte, die es zu bedenken gilt, und die möglichst früh geklärt werden sollten, um spätere Konflikte zu vermeiden. Dies sind:

– klar definierte Ziele, Zeitpläne und Entscheidungspunkte (*milestones*), die normalerweise an Zahlungen oder an die Übertragung bestimmter Rechte geknüpft sind;
– Zahlungen wie Erstattung von Entwicklungsleistungen, Milestone-Zahlungen und Lizenzgebühren;
– die Rechte, die gewährt werden, insbesondere auch Patent- und Warenzeichen-Lizenzen, das Territorium, über welches verhandelt wird, und die Form der Exklusivität mit daran gebundenen Verpflichtungen;
– die kommerziellen Bedingungen hinsichtlich Herstellung und Vertrieb, Herstellkosten, Produktqualität und Garantien.

Von der Art des Lizenzübereinkommens unterscheidet man mehrere Typen, die im Einzelnen nachfolgend kurz beleuchtet werden sollen.

9.1.2   Die Optionsvereinbarung
(option agreement)

In einer solchen Optionsvereinbarung können viele der oben genannten Punkte bereits in einer frühen Phase vereinbart und so die Eckpunkte einer späteren Kooperation festgelegt werden. Die Verpflichtungen und Rechte jeder Partei werden in dieser frühen Phase im Rahmen einer Optionsvereinbarung fixiert, ohne dass ein fertiges vollständiges Vertragswerk vorliegen muss. Nachteilig kann sein, dass die Verhandlung einer Optionsvereinbarung oftmals genauso lange dauert wie das finale Vertragswerk, die Arbeit also gleichermaßen zwei Mal anfällt. Basis ist oft der sog. **Letter of Intent (LOI)**, eine Absichtserklärung, die

viele der Rahmenbedingungen erfüllt und zeitlich begrenzt ist.

9.1.3   Die Patentlizenz

Patentlizenzen sind normalerweise Teil des Paketes einer Vereinbarung, zusammen mit der Übertragung des Know-How und der Gewährung der Rechte, ein Produkt entwickeln, herstellen und verkaufen zu dürfen. Nichtsdestotrotz gibt es bei grundlegenden Patenten immer auch wieder reine Patentlizenzen, die den Lizenznehmer in die Lage versetzen, die patentierte Technologie breit einzusetzen und dem Patentlizenzgeber ein substanzielles Einkommen einzubringen. Ein solches Beispiel ist das Patent der Stanford University zur rekombinanten DNA. Vielfach ist es nicht ungewöhnlich, dass bei komplexen Prozessen Patentlizenzen nur Teile des gesamten Prozesses abdecken, aber eben dennoch relevant für die Durchführung des gesamten Prozesses sind, also dem Lizenznehmer erst die vollständige Durchführung des Prozesses ermöglichen. Die sog. *terms* solcher Patentlizenzen (das Territorium, die Zahlungen und Dauer) variieren im großen Maße in Abhängigkeit davon, welchen Wert ein Patent im Einzelfall hat. Der Wert eines Patents kann dabei von der Position des Patentnehmers abhängen: So ist bei einer weit fortgeschrittenen Entwicklung eines Arzneimittels eine Patentlizenznahme von großer Bedeutung für den Patentnehmer, da er sonst möglicherweise seine Entwicklung nicht erfolgreich fortführen kann.

9.1.4   Die Forschungskooperationen

Der Kernaspekt von Verträgen, die Forschungskooperationen regeln, ist es, die Rollen, Verantwortlichkeiten und Rechte der beiden Parteien zu fixieren. Oftmals sind detaillierte Ausarbeitungen mit den spezifischen Arbeitspaketen, dem »Wer macht was«, Zeiten und Entscheidungspunkten, Kosten und Kostenteilungsvereinbarungen und dem Eigentum der Ergebnisse erforderlich. Das Eigentum der Ergebnisse aus Forschungskooperationen einschließlich eines möglichen gemeinsamen Eigentums und der möglichen Verwertung solcher

Ergebnisse muss in solchen Vereinbarungen geregelt sein, um zu einem späteren Zeitpunkt die Umsetzung sicherstellen zu können. Insbesondere sind dabei die territorialen Rechte, also z. B. die Rechte für einzelne Länder, die Rechte für bestimmte Indikationsgebiete, die Rechte für bestimmte Anwendungen zur Behandlung und die Rechte der Weiterlizenzierung zu regeln.

9.1.5 Marketing-Kooperationen

Bei der Betrachtung der Vermarktungsstrategien, die letzten Endes den Lebenszyklus von Produkten bzw. Präparaten sichtbar beeinflussen, unterscheidet man Kooperations- und Einzelvermarktungsmodelle, Misch- und Sonderformen sowie Nachahmerabwehrstrategien. Das Co-Marketing und die Co-Promotion dienen präferenziell der schnelleren Marktdurchdringung. Das entsprechende Präparat bzw. die entsprechenden Präparate sollen innerhalb kürzester Zeit mit höchstmöglichem Marktdruck ihr Produktpotenzial optimal ausschöpfen. Hingegen wird man die Strategien der Ausbietung eines Eigengenerikums und Zulassungen von *friendly generics* erst am Ende der Sättigungsphase anwenden, weil diese Konzepte kurz vor bzw. nach Patentablauf eher der Nachahmerabwehr dienen.

Das Modell der **Einzelvermarktung,** auch als *single marketing* bezeichnet, spielt bei der Vermarktung von Produkten jeglicher Art eine große Rolle. Dies gilt auch für den pharmazeutischen Markt. Ein Unternehmen versucht im Alleingang seine Waren und Güter auf dem Markt zu verkaufen, wie es beispielsweise die Firmen Knoll AG, jetzt Abbott GmbH & Co. KG, und Astra Chemicals, jetzt AstraZeneca, mit ihren Präparaten Rytmonorm (Propafenonhydrochlorid) und Beloc (Metoprololtartrat) getan haben. Angesichts des verschärften nationalen wie internationalen Wettbewerbs und der wachsenden Unternehmenskonzentration müssen sich auch die Firmen im Arzneimittelmarkt fragen, ob ihr Weg der Einzelvermarktung der richtige und effizienteste ist. Dennoch bietet das Single-Marketing-Modell gegenüber jeglicher kooperativer Vermarktung Vorteile wie eigenständige Entscheidungen, volle Partizipation am Erfolg und u. U. größeren Gewinn. Die Nachteile liegen in langsamerer Marktpenetration, limitierter Marktpräsenz und zu geringem Promotionsdruck. Zu diesen marktbedingten Nachteilen kommt, dass die Unternehmen die Kosten und Risiken der Vermarktung alleine tragen müssen. Schon in den 1980er Jahren konnte man in der Arzneimittelindustrie eine starke Fusionswelle beobachten. Hoffmann LaRoche erwarb Sterling Drug, die letztlich Eastmann Kodak erwarb, Brystol Myers kaufte J. Squibb und Beecham fusionierte mit SmithKline. Roche gewann die Kontrolle über Genentech. Die französische Gesellschaft Rhone Poulenc ihrerseits erwarb die Rechte an Rorer. Was die Firmen zu Kooperationen drängt, sind nicht nur die enorm gestiegenen Forschungs- und Entwicklungskosten für innovative Arzneien, sondern auch die abnehmende Behauptungsdauer des ersten Präparates, seine Indikationen am Markt, der verkürzte Produktlebenszyklus und nicht zuletzt die Konkurrenzsituation auf dem Pharmamarkt. Strategische Bündnisse, wie sie ebenfalls verfolgt werden, sind im Gegensatz zu Fusionen die flexiblere Alternative, wenn eindeutig geklärt ist, dass zwei Unternehmen gemeinsame Profitinteressen haben. Allianzen sind im Allgemeinen auf das Erreichen nachstehender Ziele ausgerichtet:

1. Zeitvorteile durch schnelle Reaktion auf Umfeldveränderungen und Reduzierung von Entwicklungszeiten auf Grund kooperativer F&E-Programme
2. Know-How-Vorteile
3. Zugang zu neuen Märkten und
4. Kostenvorteile aus Synergien

Brendan Flowsten bringt es mit seiner Definition der **Partnerschaften** auf den Punkt: »The investment of resources from different companies in a common business opportunity and the sharing of risks and rewards« (Flowsten, 1995).

Das Co-Marketing-Modell

Die entscheidenden Merkmale des Co-Marketings liegen in der gemeinsamen Vermarktung einer Substanz durch zwei Firmen unter verschiedenen Marken. Grundsätzlich kann man annehmen, dass für einen Originator das Co-Marketing weniger attraktiv ist als die Co-Promotion. Im Co-Marketing verkaufen die beiden Vertragspartner das Produkt unter unterschiedlichen Markennamen, oftmals als Resultat nationaler Bestimmungen. Zwei Markennamen in einem Markt bedeuten aber, dass möglicherweise die kritische Umsatzhöhe nicht erreicht wird und sich so der Einsatz an Ressourcen nicht auszahlt. Es besteht zusätzlich die potenzielle Gefahr, dass die beiden Verkaufsorganisationen gegeneinander konkurrieren und nicht mögliche Wettbewerber aus dem Markt verdrängen. Co-Marketing ist zudem für Ärzte oftmals verwirrend, da mit verschiedenen Strategien das gleiche Produkt beworben wird, für Apotheken und Krankenhäuser, die ungern Vorräte beider Produkte führen, und für Behörden und Gesundheitsorganisationen, die nicht bereit sind, Erstattungen für zwei Marken des gleichen Produktes zu zahlen. Für den Partner des Originators kann das Co-Marketing jedoch attraktiv sein, weil es ihm die Rechte an einem Produkt über längere Zeit sichern kann und das abrupte Ende wie bei der Co-Promotion vermeidet.

So wurde z. B. die Substanz Pantoprazol von den Firmen Byk Gulden, (dann Altana, später Nycomed, jetzt Takeda) als Pantozol und von Schwarz Pharma unter Rifun vertrieben. Es können aber auch mehr als zwei Unternehmen mehr als eine Substanz unter verschiedenen Marken vertreiben. Deshalb verläuft der Lebenszyklus von mittels Co-Marketing vermarkteten Präparaten theoretisch wesentlich steiler als unter *single marketing*-Bedingungen. Das Ziel, innerhalb einer kürzeren Frist für ein Präparat den *break-even-point,* also die Absatzmenge, bei der die Kosten von den Erlösen gedeckt werden, und sein Umsatzmaximum zu erreichen, ist offensichtlich.

Weitere Beispiele für Co-Marketing: Ranitidin, als Zantac von GlaxoWellcome, unter dem Namen Sostril von Cascan auf dem Markt vertrieben oder Ganor (Fanotidin von der Firma Thomae) und unter dem Namen Pepdul von MerckSharp & Dome vermarktet. Weitere Marken ein und des selben Wirkstoffs sind Nexium und Esomep, Umckaloabo und Kaloba sowie Meloden 21 und Meliane 21.

Co-Marketing ist generell als Konzept in Europa populärer als in Nordamerika.

Das Co-Promotion-Modell

Diese kooperative Form der Vermarktung von innovativen Medikamenten ist grundlegend anders als das Co-Marketing. Co-Promotion wird charakterisiert durch die Vermarktung einer Substanz durch zwei Firmen unter einer Marke. Sie hat sich als ein wichtiges Werkzeug etabliert, das Firmen helfen kann, Märkte zu erschließen, die entweder durch andere, größere Firmen oder durch gut etablierte Produkte dominiert werden. Grundsätzlich geht es darum, dass der Entwickler eines neuen Produktes sich die Marketing- und Verkaufsorganisation »mietet«, um verstärkten Einfluss auf den Markt, insbesondere in der Einführungsphase seines neuen Produktes nehmen zu können.

Die wichtigsten Probleme in Co-Promotionsverträgen beziehen sich auf das Management der Verkaufsorganisation und der zu vereinbarenden Gewinne für den Partner. Die Verkaufsorganisation, insbesondere also die Pharmareferenten, müssen so gesteuert werden, dass Ärzte oder auch Apotheken nicht in zu kurzem Abstand zu häufige Besuche erhalten. Dies kann sich im schlimmsten Fall nachteilig auswirken.

Die Vergütung des Partners, der seine **Verkaufs- und Marketingorganisation** zur Verfügung gestellt hat, basiert in der Regel auf den zusätzlichen Umsätzen, die durch ihn kreiert wurden. Im Falle eines neuen Produktes heißt das, dass die Parteien sich auf eine Basislinie und zusätzlich über die möglichen zusätzlichen Verkäufe einigen müssen, die über die Laufzeit des Vertrages erzielt werden. Normalerweise gibt es in solchen Verträgen einen Bonus für den Partner für die Zeit nach dem Vertrag, der sicherstellen soll, dass das Commitment (Bereitschaft zur Leistungserbringung) bis zum Ende der Laufzeit des Vertrages erhalten bleibt und der Wegfall der Einnahmen aus dem Co-Promotionsvertrag für ihn abgemildert wird.

So wurde z. B. das Präparat Coric (Lisinopril) von den Firmen Dupont Pharma und dem Arzneimittelwerk Dresden gemeinsam vertrieben. Boehringer Ingelheim und Bayer wollen den Wirkstoff Telmisartan, Markenname Micardis, in Deutschland, Skandinavien und der Schweiz gemeinsam vertreiben. Bayer bot ab 2003 das Produkt an.

Die Liste lässt sich weiter fortführen: Bayer Heath Care hat Levitra an GlaxoSmithKline für den amerikanischen Markt auslizensiert. Interessant ist auch das neuere Beispiel des Wirkstoffes Tapentadol. Die Grünenthal Gruppe vergab die

Entwicklungs- und Vermarktungsrechte an Ortho-McNeil-Janssen Pharmaceuticals unter den Grünenthal-Markenzeichen Palexia®, Palexis® und Nucynta®. Grünenthal hat bei den europäischen und außereuropäischen Gesundheitsbehörden Zulassungsanträge für eine schnell (IR) wirksame und lang anhaltend wirkende (SR) Form gestellt. Johnson&Johnson Pharmaceutical Research & Development hat die Zulassung von Tapendolol mit verlängerter Wirkstofffreisetzung in den USA und Kanada beantragt und PriCara ein Geschäftsbereich von Ortho-McNeil-Janssen Pharmaceuticals vermarktet Tapentadol IR bereits unter dem Markenzeichen Nucynta in den USA, eine fast verwirrende Vielfalt ein und desselben Produktes.

Infolge der veränderten Prämissen eröffnen sich wieder neue Vor- und Nachteile für dieses Modell. Insbesondere gehören dazu die schnelle Marktpenetration über zwei oder mehr Außendienste und nur einmal entstehende Kosten für die Erarbeitung eines Werbekonzeptes. Nachteile liegen hauptsächlich in einem hohen Abstimmungsaufwand einer von beiden Seiten als gerecht empfundenen Gewinnteilung und möglicherweise kontraproduktiven Schuldzuweisungen infolge eines Misserfolgs. Durch die Kombination unterschiedlicher Vermarktungsmodelle, wie der **Kombination aus Co-Promotion und Co-Marketing,** ergeben sich oftmals zusätzliche Synergieeffekte. Ein Beispiel für die erfolgreiche Verknüpfung der Modelle ist die Substanz Lansoprazol, ein Protonenpumpen-Inhibitor. Der Wirkstoff wird in diesem Modell vielfach vertrieben: von den Firmen Takeda und Grünenthal unter dem Präparatenamen Argopton in einer Co-Promotion. In einer weiteren Lizenz verkauft die Firma Albert Roussell als Co-Marketing-Partner von Takeda die Substanz unter der Marke Lanzor. Auch in anderer Reihenfolge ist diese Strategie in der Praxis erprobt. Die Substanz Captopril, eine Entdeckung der Firma BrystolMyersSquibb (Lopirin), wurde seit 1981 in einem Co-Marketing mit Schwarz Pharma (Tensobon) vertrieben. 1989 stieg über eine Co-Promotion die Firma Boehringer Mannheim in die Vermarktung von Lopirin ein. 1996 gehörten die beiden Präparate zu den erfolgreichsten im Apothekenmarkt nach Umsatz. Lopirin auf Platz 6 und Tensobon auf Rang 31 sind in der Liste der führenden Präparate. Ein neueres Beispiel

ist die Vermarktung des Multiple-Sklerose-Medikaments Rebif durch Pfizer und Serono.

9.1.6 Co-Marketing eines Herstellers

In diesem Fall wird eine Substanz von nur einem Hersteller unter zwei verschiedenen Warenzeichen vertrieben. Das Unternehmen bietet während der Patentlaufzeit des Originals ein zweites Präparat aus. Angewendet wurde diese Art der Produktförderung z. B. von der Firma Astra Chemicals. Sie bot 1989 ihre neu entwickelte Substanz Omeprazol unter dem Warenzeichen Antra aus. 1990, nach einem Jahr, führte man das Medikament Gastroloc preisgleich im Markt ein. Zu diesem Zwecke gründete man eine reine Vertriebsgesellschaft (PharmaStern), die lediglich aus einer ausgegliederten Linie des Mutterhauses Astra Chemicals bestand.

9.1.7 Ausbietung eines Eigengenerikums

Die Ausbietung eines Eigengenerikums beinhaltet, dass ein Unternehmen seine Originalsubstanz, die es selbst erforscht und entwickelt hat, erneut als Nachahmerpräparat kurz vor Patentablauf auf den Markt bringt. Das Präparat erhält eine eigene Marke und wird in der Regel preiswerter als das Originalpräparat angeboten. Ein Beispiel dafür ist die Substanz Cimetidin von der Firma SmithKline Beecham. Das Original trägt den Namen Tagamed und das Generikum wird unter dem Markennamen Cimed vertrieben. In diesem speziellen Fall wurde für den Vertrieb des Generikapräparates eigens eine Firma gegründet, die aber rechtlich zur Urheberfirma gehörte. Nach Ablauf der Patentschutzzeit für die Originalsubstanz wurde es als das eigene Generikum im Markt eingeführt, das über wenige Jahre seine Position am Markt festigen konnte, wodurch die Substanz relativ sicher in Händen von SmithKline Beecham verblieb. Der Nachteil dieser Strategie sind jedoch die hohen Kosten, die nicht immer in einem gesunden Verhältnis zum Nutzen, also dem Umsatz, stehen.

Wie bedeutsam diese Strategie sein kann zeigt das Beispiel Boehringer Ingelheim. Durch die Einführung des Generikums Pamidronat durch die US-Tochter Ben Venue stieg der Umsatz in den USA beträchtlich.

9.1.8   Einführung von *friendly generics*

Die Strategie der Zulassung von *friendly generics* ähnelt der Ausbietung eines Eigengenerikums. Auch hier versucht ein Originalanbieter nach dem Motto »Angriff ist die beste Verteidigung« seine Position im Markt zu schützen. In dieser Variante sucht sich ein Originalhersteller einen qualitativ anerkannten seriösen Generikaanbieter als Partner, dem er eine Lizenz seiner Substanz anbietet, um den Markt frühzeitig vor dem Nachahmereintritt zu präparieren. Ein Beispiel für diese Strategie lieferte die Firma GlaxoWellcome mit ihrem Präparat Zovirax. 1983 trat man mit Zovirax in den Markt ein. Das Patent für die Substanz lief 1993 aus. Im Januar 1994 wurden zwei *friendly generics* zugelassen. Das waren die beiden Firmen Ratiopharm (Aziclovir Ratiopharm) und Hexal (Acic). Über die Gründe für die Zulassung von *friendly generics* nach **Patentablauf** kann man nur spekulieren. Einer könnte jedoch das Bestehen eines zusätzlichen Schutzes für das Herstellungsverfahren der Substanz sein, an dem andere Nachahmer nicht vorbeikommen. Damit hätten die *friendly generics* wieder den gesuchten zeitlichen Vorlauf, um ihre Marktposition gegenüber weiteren Wettbewerbern zu festigen. Der Vorteil für GlaxoWellcome lag in einer Substanzmengenausweitung, an der die Firma als Originalanbieter über Substanz- und Lizenzgebühren sowie all den damit verbundenen Steuerungsmöglichkeiten partizipiert. Über die vertragliche Bindung kann auch festgelegt werden, dass die Lizenznehmer ihre Fertigwaren des betreffenden Arzneimittels beim Originalanbieter beziehen müssen.

9.1.9   Die *line extension*

Die *line extension* ist im eigentlichen Sinne keine in sich geschlossene Strategie für den Vertrieb eines Präparates wie etwa das Co-Marketing oder die Co-Promotion. Vielmehr ist es ein Sammel-begriff für die verschiedensten Aktivitäten zur Abgrenzung gegenüber den Wettbewerbern oder die Abwehr der Nachahmer. Maßnahmen können im Einzelnen sein:

- die Erweiterung der Produktpalette durch Anbieten neuer Darreichungsformen oder das Angebot weiterer Wirkstärken
- die Verbesserung der Patienten-Compliance (Akzeptanz der Präparate-Eigenschaft en durch den Patienten) z. B. durch Veränderung der Galenik zur Steigerung der Bioverfügbarkeit oder Ausbietung retardierter Formen eines Präparates

Weitere Maßnahmen sind der Zukauf von Lizenzen für Substanzen, die in das bestehende Sortiment passen. Ein Beispiel für eine *line extension* ist die Ausbietung der retardierten Form des Grünenthal-Präparats Tramal (Tramadol), die unter dem Warenzeichen Tramal long im Markt eingeführt wurde.

Line extensions finden sich oft auch, wenn das Brand-Produkt aus dem Patentschutz läuft. Beispiel ist Naprosyn, ein Cox-Inhibitor. Im Oktober 1992 wurde das Generikum in den USA zugelassen, eine Form mit verzögerter Freisetzung wurde im Oktober 1994 zugelassen. Bei Cardizem (einem Kalziumkanal-Blocker) wurde das Generikum im März 1992 in USA zugelassen, bereits im Januar 1989 wurde aber die zweimal tägliche Form bereits für die Vermarktung freigegeben, dieser folgte dann im Dezember 1991 die einmal tägliche Form. Bei Procardia (vgl Abb. 1.5) erfolgte im Juli 1990 die Zulassung des Generikums in den USA, bereits im September 1989 erfolgte aber die Zulassung der Form mit verlängerter Freisetzung.

Als Beispiel für erfolgreiches Lifecycle-Management gilt das Produkt Tricor der Firma Abbott Laboratories in den USA. 1998 wurde das Produkt mit einem Dosierungsschema von drei 67 mg Kapseln auf dem Markt eingeführt. 1999 folgte eine 200 mg Kapsel. Der Umsatz war von 16 Millionen US-Dollar auf 75 Millionen US-Dollar gestiegen. Im Jahr 2000 wurden weitere Indikationen hinzugefügt und im Jahr 2001 folgte eine 160 mg Tablette mit der neuen Indikation HDL. Der Umsatz stieg auf über 400 Millionen US-Dollar. Danach folgte 2003/2004 eine 145 mg Form, die keinen *food-effect* mehr aufwies. Der Umsatz überstieg 600 Millionen US-Dollar.

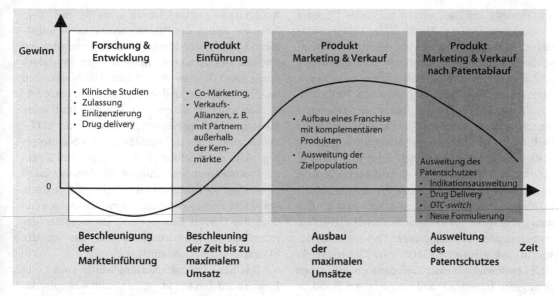

Abb. 9.1   Lifecycle-Management-Phasen und Maßnahmen der Umsatzsicherung; siehe Anmerkung im Text

In diesem Zusammenhang bezeichnet man die vertragliche Vereinbarung mit dem generischen Wettbewerb als *flanking*.

9.1.10 *product fostering*

Product fostering kann als eine Abwandlung der Co-Promotion angesehen werden. In diesem Modell verkauft der Partner des Originators ein Produkt als wäre es sein eigenes für eine bestimmte Zeitspanne und gibt es nach dieser Zeitspanne an den Originator zurück. Dieses Modell kommt z. B. zum Tragen, wenn eine kleinere Firma in einem Land keine nationale Präsenz hat, diese aber über die Zeit entwickeln will oder der Originator z. B. nach einer Akquisition mehr Produkte in seinem Portfolio hat als er kurzfristig vermarkten kann. Wieder ergibt sich für den Partner eine kurzfristige Einnahmequelle und die Möglichkeit, die eigene Salesforce stärker auszulasten. Probleme entstehen dann, wenn der Originator das Produkt zurückübernehmen möchte und die Produkte des Partners in der Zwischenzeit nicht ausreichend entwickelt wurden, um die Verkaufsorganisation auszulasten. Aus diesem Grund ist die Vereinbarung des Endzeitpunktes von materieller Bedeutung. Am

27.3.2006 beendeten Dainippon Sumitomo Pharma Co. und Abbott Laboratories Inc. eine zehnjährige Partnerschaft zum Verkauf der Abbott-Produkte durch Dainippon in Japan. Abbott hatte entschieden, die Produkte nun selbst im japanischen Markt zu vertreiben. Die Partnerschaft beinhaltete 32 Abbott-Produkte mit einem Umsatz von 451 Millionen US-Dollar, oder 22 Prozent des vorhergesagten Umsatzes von Dainippon im Jahr 2006.

9.1.11 **Lifecycle-Management**

Die Modelle 9.1.7–9.1.10 sind immer wieder auch im Lifecycle-Management zu finden. Lifecycle-Management ist aber heute weit mehr als die Sicherung des Marktanteils eines Produktes, welches aus dem Patentschutz heraus läuft. ☐ Abb. 9.1 verdeutlicht die verschiedenen Phasen des Produktlebenszyklus und die Maßnahmen, die in den einzelnen Phasen sowohl zum Erhalt, aber auch zum Ausbau der Umsätze eines Produktes ergriffen werden können.

So ist bereits in der Forschungs- und Entwicklungsphase der Zeitfaktor kritisch und Formulierungskonzepte oder neuartige Technologien können die Markteinführung beschleunigen. In der Einführungsphase können die bereits geschilderten Modelle das Ziel, schnell maximale Umsätze zu erreichen, fördern. Am Ende des Lebenszyklus stehen Aktivitäten, die die Ausweitung des Patentschutzes zum Ziel haben. Neue Formulierungen und *drug delivery* können dabei eine entscheidende Rolle spielen (vgl. Kap. 1.2.2). Neben dem Treiber Patentablauf sind aber auch Faktoren wie verbesserte Verträglichkeit, erhöhte *efficacy* und *compliance* (vgl. dazu Kap. 12.4.4) und Produktdifferenzierung maßgebliche Aspekte. Beispiele dafür sind Voltaren (Wirkstoff Diclofenac) als Retard-Formulierung, Fosamex (Wirkstoff : Alendronat) mit einer Tablette, die einmal wöchentlich eingenommen werden kann, Duragesic (Wirkstoff : Fentanyl) mit einem transdermalen Pflaster, Neoral (Wirkstoff Cyclosporin) mit geringerer Variabilität, Kaletra (Wirkstoff Lopinavir) mit einer Tablettenform, die neben geringerer Tablettenanzahl und erhöhter Stabilität im Vergleich zum Vorgängerprodukt, einer Weichgelatinekapsel, in ihrer Verabreichung auch keine Berücksichtigung der Nahrungsaufnahme mehr erfordert und eine geringere Variabilität in den Patienten zeigt. Auch das bereits erwähnte Procardia (Kap. 1.2.2 und Abb. 1.5) oder auch Adalat (Wirkstoff in beiden Fällen Nifedipin), in deren Lebenszyklus vier verschiedene Formulierungskonzepte als Produkte zum Tragen kamen, lassen sich in dieses Gebiet einordnen. Auch der neue Wirkstoff Tapentadol (vgl. Kap. 9.1.5) gehört bereits in diese Liste denn neben der IR Form wurde eine Form mit verzögerter Freisetzung und entwickelt. Ähnliches gilt auch für Peptide als Wirkstoff. So erlangte Insulin 1986 die Zulassung als so genannter Pen, ein Injektionssystem, im Jahr 2006 dann die Zulassung als Inhalationsform, ein Lifecycle-Management, das erst durch den technischen Fortschritt im Bereich der Drug Delivery Systeme möglich wurde, das aber wieder vom Markt genommen wurde.

Neben neuen Formulierungen und Drug Delivery Ansätzen findet man in dieser Produktlebensphase auch den **OTC-switch**, der Entlassung eines Medikamentes aus der Verschreibungspflicht. Die Sicherheit muss der Hersteller gewährleisten, sodass insbesondere Produkte mit einfacher Dosierung, wenig Kontraindikationen und großer Bekanntheit oder mit einem lange etablierten Markennamen infrage kommen.

Der Erfolg von GlaxoSmithKline mit dem OTC-switch von Zovirax (mit dem Wirkstoff Aciclovir) in England ist ein gutes Beispiel. Drei Jahre vor Ablauf des Patentes wurde es als Selbstmedikation auf den Markt gebracht. So wurden die Umsätze des verschreibungspflichtigen Produktes durch das OTC-Produkt gesichert. Der Marktanteil im OTC-Sektor lag in den Folgejahren bei ca. 90 %.

Ein anderes Beispiel ist Prilosec und seine Weiterentwicklung Nexium. Hier wurde der OTC-*switch* parallel mit der Einführung des Nachfolgeproduktes durchgeführt. Prilosec war Astra Zenecas Protonenpumpen-Inhibitor mit dem Wirkstoff Omeprazol. Es wurde 1989 durch die FDA zugelassen. Astra Zeneca entwickelte eine Nachfolgesubstanz, das Derivat Esomeprazol, ein s-Isomer des racemisch vorliegenden Omeprazol, das von der FDA 2001 zugelassen wurde.

Das neue Produkt Nexium wurde 2001 in 38 Ländern auf den Markt gebracht und war 2003 das am schnellsten wachsende Produkt seiner Klasse. In der Zwischenzeit, genauer im Oktober 2001, war das Patent von Prilosec ausgelaufen und Astra Zeneca erhielt die Zulassung der FDA für eine OTC-Version von Prilosec, die im Dezember 2002 ebenfalls auf den Markt gebracht wurde. So wurde die etablierte Marke Prilosec im OTC-Bereich weiter genutzt, während das verschreibungspflichtige Nexium parallel eingeführt wurde.

9.2   Liefer- und Herstellverträge *(supply and manufacturing agreements)*

Die Punkte, die in Liefer- und Herstellverträgen geregelt werden, sind oft praktischer Natur, aber dennoch von großer kommerzieller Bedeutung. Fragen, die im Vertrag geregelt sein müssen, sind:

- detaillierte Spezifikation des Produkts
- Regularien, wie GMP
- Qualitätskontrollstandards
- Garantie der Liefer- und Herstellfähigkeit
- Ersatzeinrichtungen zur Herstellung, oftmals in der Form einer *backup*-Anlage
- *forecast,* also Vorhersage der Liefer- und Abnahmemengen
- Lieferbedingungen und die Form der Bestellung
- Akzeptanz und Qualitätskriterien des Produktes

- der Abgabepreis bzw. die Herstellkosten
- periodische Überprüfung der o.g. Bedingungen

Herstell- und Lieferverträge treffen heute insbesondere Lohnhersteller, aber auch die sog. Drug Delivery Firmen, die in der Regel nicht nur neue Produkte entwickeln, sondern diese nachfolgend mit ihren patentgeschützten Technologien auch herstellen. Die wiederkehrende Inaugenscheinnahme der vereinbarten Bedingungen ist essenziell, denn Produktionskosten entwickeln sich trotz möglicherweise effizienterer Prozesse über die Zeit eher nach oben, während Marktpreise über die Zeit deutlich fallen können. Dies macht eine Anpassung der Bedingungen erforderlich, sodass beide Parteien weiterhin Interesse haben, das Produkt herzustellen und zu vermarkten.

9.3 Zahlungen und Zahlungsbedingungen

In allen oben genannten Vereinbarungen geht es letztendlich um kommerzielle Vorteile und den daraus resultierenden Gewinn. Der Satz »Du bekommst, was du verhandelst, nicht das, was du verdienst« beschreibt die Bedeutung der Verhandlung und der Ausgestaltung des Vertrags. Abgesehen von der Fähigkeit des Verhandlers sind die resultierenden Zahlungen dennoch geprägt durch das Interesse des Lizenznehmers oder Kooperationspartners, die Stärke des Patentschutzes und des kommerziellen Bedarfs. Generell gibt es zwei Zahlungstypen: 1. fortlaufende Zahlungen (*royalties*), 2. an bestimmte Zeitpunkte gebundene Zahlung (*stage payment*).

- **Stage payments**

Diese zu festgesetzten Zeitpunkten fälligen Zahlungen werden oft mit den englischen Begriffen *upfront payment, down payment, milestone payment* und *lump sum* umschrieben. Es ist z. B. nicht unüblich, bei Inkrafttreten eines Vertrags, also bei Leistung der Unterschrift durch die Vertragsparteien, als Unterstreichung der Willenserklärung des Lizenznehmers eine Zahlung zu vereinbaren. Weitere Zahlungen können z. B. bei Auslösung oder Inanspruchnahme einer Option,

bei der ersten Verabreichung des Arzneimittels in einer klinischen Studie, dem Start der Phase III der klinischen Studien, der Einreichung der Zulassung (wie z. B. NDA) und last but not least der Zulassung des Produktes durch die Behörde vereinbart werden. Handelt es sich bei dem Vertrag um eine Forschungskooperation, werden Zahlungen in der Regel direkt an das Erreichen gewisser, vorher vereinbarter technischer Ziele geknüpft. Solche Zahlungen sind in der Regel nicht rückzahlbar, da sie direkt an das Erreichen bestimmter Ziele geknüpft sind. Nichtsdestotrotz können sie in manchen Fällen nach der Zulassung des Produktes auf die spätere Zahlung von Royalties über eine bestimmte Zeit angerechnet werden. Theoretisch ermutigt das den Lizenznehmer, die frühen Umsätze eines Produktes im Markt mit höchster Energie erreichen zu wollen.

- **Royalties**

Royalties sind fortlaufende Zahlungen für die Nutzung bestimmter Rechte, insbesondere unter Patenten, Warenzeichen und Know-How-Vereinbarungen. Es sollte an dieser Stelle beachtet werden, dass die Dauer der Royalty-Zahlungen oftmals durch Gesetze beschränkt wird: So sind Know-How-Lizenzen normalerweise maximal zehn Jahre vergütungspflichtig, während Royalties unter der Nutzung eines Patentes in der Regel mit dem Ablauf des Patentes enden. Royalties für Marken können hingegen mit dem Bestand der Marke weitergeführt werden. Handelt es sich bei einer Vereinbarung um eine Mischung der o.g. Rechte, so sollten im Vertrag die Dauer und der Bezug der Royalty-Zahlungen zu den einzelnen Kategorien klar geregelt sein.

Royalties werden normalerweise auf die Nettoumsätze eines Produktes berechnet. Nettoumsätze definieren sich dabei in der Regel als Umsätze des Lizenznehmers an einen Kunden abzüglich Steuern und sonstiger Aufwendungen wie Rohstoffkosten. Im Fall der Lizenzvereinbarungen für eine Herstellung ist es nicht unüblich, die Royalty auf den Produktionsdurchsatz, also in der Regel Euro pro Kilo oder pro Tonne zu berechnen.

Angesichts der zuvor besprochenen Szenarien wird es künftig schwer, für das *single marketing* als erfolgreiche Marketingstrategie Anwendung zu finden. Noch vor zehn bis 15 Jahren konnte man Innovationen im Pharmamarkt einführen, ohne sie besonders marketingtechnisch unterstützen zu müssen. Allein die Tatsache, dass es sich um eine Innovation handelte, verlieh dem Präparat eine gewisse erfolgversprechende Eigendynamik, unabhängig von der benötigten Zeit. Beispielsweise lassen sich dafür Präparate wie Beloc, Rytmonorm oder Mavelon anführen. Heute zeugen die Umsatzverläufe von einer anderen Situation. Den Grundstein für den Erfolg pharmazeutischer Innovation legt der Anbieter heute eindeutig in den ersten ein bis zwei Jahren nach Markteinführung des Medikaments. Gelingt es nicht, das Präparat auf einen hohen Umsatzsockel zu katapultieren, wird ein Neuanbieter von der verschärft kämpfenden Konkurrenz aus dem Markt gedrängt. Letzteres zu verhindern und Ersteres zu erreichen, ist die vorrangige Aufgabe der Kooperationsmodelle Co-Marketing und Co-Promotion. Durch die Zusammenlegung aller absatzrelevanten Ressourcen zweier oder mehrerer Unternehmen können mit diesen Modellen Umsatzanteile gegenüber dem *single marketing* realisiert werden. In diesem Zusammenhang gewinnt auch das Pre-Marketing immer mehr an Bedeutung. Die Situationsanalyse im Vorfeld und die Vorbereitung des Marktes sind heute notwendige Maßnahmen, um den Erfolg eines Präparates oder einer Substanz zu gewährleisten.

9.4 Das Verhandlungsteam (*licensing team*)

Lizenzvereinbarungen sind in der Regel ein spezialisiertes Feld, in dem ein Team durch einen erfahrenen Lizenzfachmann, der verantwortlich für die Koordination und Führung des Prozesse ist, geführt werden sollte. Da das Lizenzgeschäft in der Regel alle wichtigen Geschäftsbereiche wie Forschung, klinische Entwicklung und Zulassung, Produktion, Verkauf und Marketing, Finanzen, Recht und regionales Management umfasst, ist es wichtig, das Lizenzteam entsprechend mit Vertretern der einzelnen Bereiche auszustatten. In der Praxis hat es Vorteile, das eigentliche Lizenzteam relativ klein zu halten und bei Bedarf vorher bestimmte Vertreter der einzelnen Bereiche oder Funktionen zu den Gesprächen oder zur Abstimmung hinzuzuziehen. Daraus ergibt sich zwingend die Forderung, alle interessierten Funktionen innerhalb der Firma frühzeitig in ein Lizenzprojekt einzubeziehen, um sowohl positive als auch negative Aspekte frühzeitig auszumachen.

9.5 Vertrags-Checkliste

Viele Aspekte der Vertragsvereinbarung unterliegen den Gesetzen des jeweiligen Landes oder aber größerer Vereinbarungen wie dem Europäischen Handelsabkommen oder den US-Antikartell-Rechten. Es ist essenziell, qualifizierte Rechtsanwälte in die Formulierung solcher Verträge einzubeziehen. Da sich in der Regel jede Vertragsvereinbarung unterschiedlich gestaltet, ist im Folgenden grob eine Liste mit Stichpunkten gegeben, die sich als Leitfaden durch viele der Verträge im pharmazeutischen Sektor zieht:

- Die Vertragsparteien – einschließlich ihrer Tochterunternehmen (*parent company* und/oder *affiliates*)
- Definitionen – Patente, Produkte, Produktspezifikationen, Territorium (Länder), Marken müssen definiert werden und sind oft Bestandteil detaillierterer Anhänge zum Vertrag
- Rechte – Welche Rechte werden erteilt, sind sie exklusiv, also darf nur der Lizenznehmer sie nutzen, sind sie semi-exklusiv, also darf sowohl der Lizenzgeber als auch der Lizenznehmer sie benutzen oder sind sie nicht-exklusiv?
- Verpflichtungen – Welche Leistungen werden erwartet? In welchem Zeitraum, unter welchen Bedingungen (Mindestabnahmemengen, zu erreichender Zeitpunkt für eine bestimmte Leistung)?
- Entwicklung – Wer ist verantwortlich, für was und wann? Wie werden Kosten geteilt und wenn sie geteilt werden, auf welcher Basis? Welches sind die Kernentscheidungspunkte, die man erreichen will?
- Zulassung (*regulatory affairs*) – Wer ist verantwortlich für die Zusammenstellung und Einreichung des Dossiers, wer ist Eigentümer des Dossiers, welche Rechte zu dem Dossier erhalten die Parteien nach der Zulassung und nach Beendigung des Vertrags? Werden Dossiers evtl. zurück übertragen oder sind sie durch Cross-Referenz zugänglich?
- Lieferung – Normalerweise werden die Lieferbedingungen in einem separaten Vertrag erfasst,

aber es ist dennoch wichtig, frühzeitig die Rahmenbedingungen abzustecken: Wo findet die Herstellung statt und wer stellt her, was ist das zu liefernde Produkt (ein Intermediat, also ein Zwischenprodukt, das weiter verarbeitet wird, ein Bulkprodukt, also z. B. eine fertig verpresste Tablette in einem großen Container oder ein sog. *finished product*, eine im Blister (Primärpackmittel) abgepackte Tablette für die Weiterverpackung)? Weiterhin werden im Liefervertrag die Fragen der pharmazeutischen Verantwortlichkeit, der Freigabe der Arzneimittel, sowie last but not least der Herstellkosten geregelt.

- Geheimhaltung – Geheimhaltungsklauseln sind in der Regel als Standard definierbar, es sei denn, es sind mehrere Parteien involviert und die Geheimhaltung erstreckt sich über alle in dem Prozess eingebundenen Firmen.
- Bedingungen und Laufzeit des Vertrags – Wie lange läuft der Vertrag und woran ist die Beendigung des Vertrags geknüpft? Die Rechte einer Vertragspartei, den Vertrag zu beenden, falls die andere Partei ihren Verpflichtungen nicht nachkommt und fortwährende Verpflichtungen wie z. B. die Geheimhaltung.
- Haftung und Gewährleistung (*warranty and liability*) – Wie ist sichergestellt, dass die Rechte, die an den Partner im Vertrag weitergegeben werden, auch tatsächlich im Eigentum befindlich sind, was passiert, wenn eine der Parteien verklagt wird, was passiert, wenn Probleme mit dem Produkt auftreten (im schlimmsten Fall im Markt), wer übernimmt die Verteidigung und wer haftet für die Schäden in welchem Ausmaß?
- Gesetz – Welchem Landesgesetz unterliegt der Vertrag, in welcher Sprache und gibt es Bedingungen über ein mögliches Schiedsverfahren?
- Anhänge – Die Anhänge bestehen in der Regel aus einer Liste der relevanten Patente oder Warenzeichen, den Ländern des Vertragsterritoriums, detaillierter Spezifikationen des Produktes, einem ausführlichen Entwicklungsplan mit Zeitplan und Kosten sowie insbesondere den zu erreichenden Entscheidungspunkten, einer detaillierten Regelung der pharmazeutischen Verantwortlichkeiten (Verantwortungsabgrenzungsvertrag oder *delimitation of pharmaceutical responsibilities*).

9.6 Projektbewertung

Wann lohnt sich ein Projekt und wann nicht? Insbesondere bei Projekten mit langer Laufzeit und hohen Kosten ist diese Frage von enormer Bedeutung. Der Pharmasektor kann als Paradebeispiel für langfristige und kapitalintensive Investitionsentscheidungen angesehen werden.

Angesichts der Unterteilung des Marktes im Pharmabereich und sinkender Margen in den Hauptmärkten ist Zielsetzung der Aktivitäten, ein bestimmtes Umsatzvolumen, das ein Überleben ermöglicht, zu erreichen. Zur sog. Portfolioanalyse, der Betrachtung aller Projekte oder Produkte, gehören folgende grundsätzlichen Entscheidungen:

- Beenden der Entwicklung
- Fortführen der Entwicklung
- Auslizensierung
- Einlizensierung

Von den rund 30.000 in der Medizin beschriebenen Krankheiten sind etwa 100 bis 150 so relevant, dass sie sich als Forschungsgebiete für die pharmazeutische Industrie eignen.

Immer wieder stellt sich die Frage, nach welchen finanziellen Kriterien man sich für oder aber gegen die Durchführung eines Forschungsvorhabens oder, ganz allgemein formuliert, die Tätigung einer Investition entscheidet. Unter dem Begriff Projekt soll hier ganz allgemein ein Vorhaben verstanden werden, das eine Investitionsentscheidung erfordert.

9.6.1 Wann lohnt sich ein Projekt? - Methoden der Investitionsrechnung

Gemeinhin unterscheidet man statische und dynamische Methoden der Investitionsrechnung. Statischen Methoden ist gemeinsam, dass sie sich zur Prüfung der Vorteilhaftigkeit von Investitionsalternativen Basisinformationen bedienen, die im betrieblichen Rechnungswesen der Unternehmung traditionell erfasst werden. Es wird im Allgemeinen mit Kosten und Leistungen bzw. mit Aufwendungen und Erträgen gearbeitet. Nachteilig ist, dass der zeitliche Anfall dieser Größen keinen Einfluss auf die Ergebnisse der Rechnung hat. Zusätzlich ist

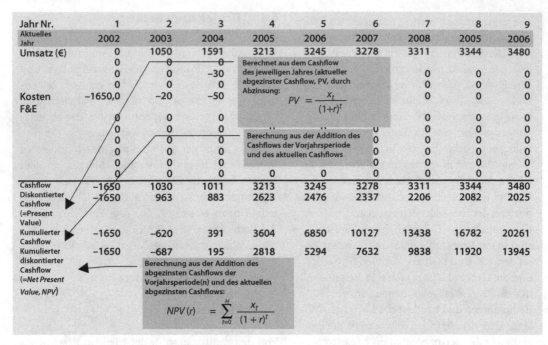

Abb. 9.2 Schema einer Berechnung des *net present value* (NPV). Cashflow wird hier als Differenz aus den Umsätzen und den Ausgaben während des Geschäftsjahres betrachtet. Allgemein ist der Cashflow ein Maß für die Finanzkraft, also inwiefern aus eigener Kraft Investitionen getätigt, Schulden getilgt oder Gewinn ausgeschüttet werden können. Der Zinsatz r beträgt im Beispiel 7 %. Im Jahr eins erfolgt keine Abzinsung, im Jahr 2 wird auf das Jahr 1 abgezinst

diesen Betrachtungsweisen die einperiodische Betrachtung gemeinsam. Entsprechend den zugrunde liegenden Zielgrößen lassen sich Kostenvergleichsrechnung, Gewinnvergleichsrechnung und die Rentabilitätsrechnung unterscheiden.

Kennzeichnend für die dynamischen Kennzahlen ist, dass alle Einnahmen und Ausgaben auf einen bestimmten Zeitpunkt ab- bzw. aufgezinst und damit zeitlich gleichwertig gemacht werden. Durch Aufzinsung wird ein gegenwärtiger Betrag wertmäßig in die Zukunft transponiert, also sein zukünftiger Wert bestimmt, während bei der Abzinsung der gegenwärtige Wert eines in der Zukunft liegenden Betrags bestimmt wird.

Beim Abzinsen geht es letztlich darum, den frühen Kosten eines Projektes die Erträge zu einem wesentlich späteren Zeitpunkt gegenüberzustellen. Neben der mehr menschlichen Komponente, in der Zukunft liegende Ereignisse geringer zu bewerten als aktuelle, wird die Abzinsung als Entscheidungshilfe für Investitionsentscheidungen gesehen. Die Inflation ist eindeutig nicht der einzige Grund für die Abzinsung.

9.6.2 Der Kapitalwert

Die dynamischen Methoden der Investitionsrechnung beziehen zwar den zeitlichen Ablauf durch Auf- oder Abzinsung in ihre Rechnungen ein, beschränken sich aber im Regelfall auf gleich bleibende Zeitintervalle – üblicherweise das Jahr –, um die finanzmathematischen Formeln der Zinseszinsrechnung auf die Einnahmen und Ausgaben einer Investition anwenden zu können.

Das Investitionsrechenverfahren, welches diese Technik benutzt, wird als Kapitalwertmethode oder *net present value* (kurz NPV) bezeichnet (**Abb. 9.2**). Der Kapitalwert K eines Investitionsprojektes ist die Summe aller mit dem Kalkulationszinsfuß r auf den Zeitpunkt o abgezinsten Zahlungen x_t des Projekts (Gleichung 1):

Gleichung 1: Kapitalwert (*net present value*)

$$NPV(r) = \sum_{t=0}^{H} \frac{X_t}{(1+r)^t}$$

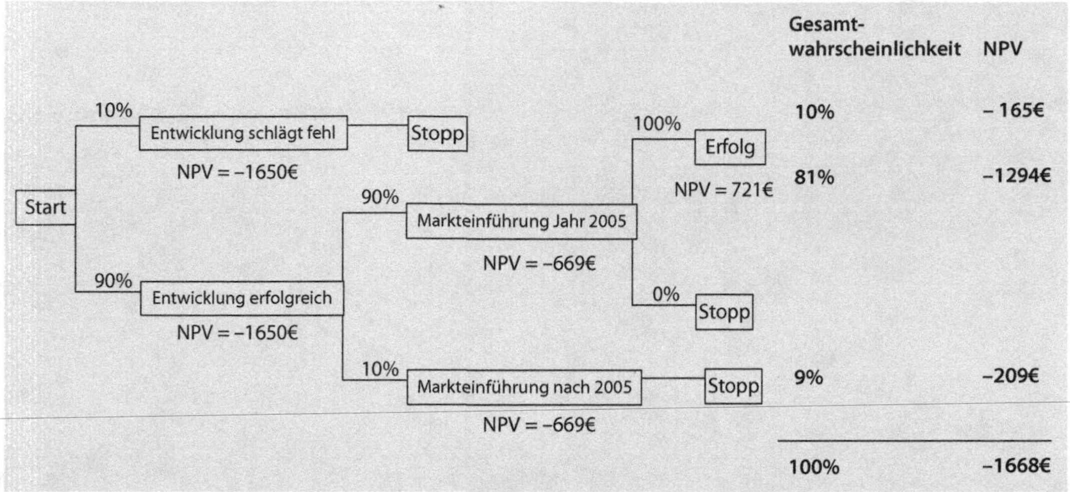

Abb. 9.3 Entscheidungsbaum mit nach Wahrscheinlichkeit gewichteten *net present value*-Werten für das Jahr 3 des Projekts

Die angelsächsische Literatur spricht hier vom sog. net present value (NPV).

Die Differenz aus den abgezinsten Einzahlungen und Auszahlungen wird als Kapitalwert bezeichnet. Ist der Kapitalwert > Null, d. h. sind die Einzahlungen größer als die Auszahlungen, so ist eine Investition grundsätzlich sinnvoll. Allerdings sind die Annahmen für das Resultat der Investitionsrechnung von großer Bedeutung, insbesondere der Erfolg nach Markteinführung.

In Abb. 9.2 ist vereinfacht das Schema einer NPV-Berechnung dargestellt. Dabei werden die Begriffe Cashflow, diskontierter (abgezinster) Cashflow (Barwert, *present value*) und kumulierter diskontierter Cash Flow verdeutlicht.

9.6.3 Das Entscheidungsbaummodell

Weiterführende Modelle weisen aber nach dieser linearen Betrachtung des NPV die verschiedenen Möglichkeiten auf. Verschiedene Optionen oder Möglichkeiten lassen sich über sog. Entscheidungsbäume betrachten (Abb. 9.3). Neben der rein finanziellen Betrachtung helfen diese Entscheidungsbäume auch, dem Management Anhängigkeiten der Entscheidungen untereinander aufzuzeigen und die finanziellen Risiken und Werte mit dem jeweiligen Erreichen eines Entscheidungspunktes zu verknüpfen. Auch werden dem Management die verschiedenen Entscheidungsmöglichkeiten vor Augen geführt.

Die Äste des Entscheidungsbaumes bilden mit ihrer Wahrscheinlichkeit jeweils eine Alternative, die zu einem NPV führt. Selbst wenn die Wahrscheinlichkeit eines Astes jeweils 90 % beträgt, resultiert am Ende über etwa 4 Stufen eine Gesamtwahrscheinlichkeit von nur 66 %.

Am Ende jeden Astes steht die Gesamtwahrscheinlichkeit für den Eintritt des Endergebnisses sowie, damit multipliziert, der NPV des Astes, also gewichtet nach Wahrscheinlichkeit.

Literatur

1 Friesewinkel H (1992) Pharma-Business. E. Habrich Verlag, Berlin

Pharma-Marketing: Sozioökonomische Trends bestimmen die Zukunft

Jörg Breitenbach und Dagmar Fischer

10.1 Der Gesundheitsmarkt im Umbruch

Pharmaunternehmen sehen sich heute einer Vielzahl komplexer Herausforderungen gegenüber; der Gesundheitsmarkt befindet sich im Umbruch. Analysiert man das derzeitige Bild der Branche, so ergeben sich eine Reihe wegweisender Trends, die gleichsam miteinander verflochten sind und in ihrem Zusammenspiel eine chancenreiche Ausgangssituation für das Pharma-Marketing der Zukunft darstellen. Die klassischen Aufgaben der Marketingorganisation bestehen in der Bereitstellung der Informationen über den Markt im Rahmen von Marktforschung und -planung sowie der Steuerung der Marketingoperationen. Unter Marketingoperationen werden die Aktivitäten des klassischen Marketing-Mix (Kommunikation, Distribution und Verkauf) verstanden. Dabei teilen sich die Aktivitäten in strategische und die täglichen Aufgaben des operativen Geschäftes auf.

Die sozioökonomischen Trends, die den pharmazeutischen Markt und das Marketing der Produkte und Marken beeinflussen werden, können in sieben Kategorien unterteilt werden:

1. Konsolidierung gesundheitspolitischer Entscheidungsträger und Kostendruck
2. Die Zunahme chronischer Krankheiten
3. Die zunehmende Bedeutung der Prävention
4. Die Zunahme der pharmakoökonomischen Daten und deren Bedeutung z. B für Erstattungen
5. Das Verschwimmen der Grenzen zwischen verschreibungspflichtigen Medikamenten und Selbstmedikation
6. Die Zunahme der behördlichen Anforderungen für innovative Arzneimittel
7. Das Wachstum der Märkte in den sich entwickelnden Ländern

Auf die letzten beiden Kategorien wird in den Kapiteln 11 und 12 näher eingegangen.

Der Kostendruck auf die Gesundheitssysteme nimmt weiter zu. In Großbritannien lässt die Regierung es zu, dass Krebspatienten neue bahnbrechende Medikamente privat bezahlen, ohne dass sie ihr Recht auf Unterstützung aus dem öffentlichen Gesundheitssystem verlieren.

In den USA werden unter der Regierung von Barrack Obama hingegen Pläne diskutiert, größere Anteile der Gesundheitskosten über öffentliche Mittel abzudecken, um so nicht versicherte Amerikaner zu schützen. Obama hat auch versprochen, die Kosten der Medikamente zu senken. Dies soll durch den Import von Produkten aus anderen Ländern gewährleistet werden. In diesem Zusammenhang wird auch die Förderung von generischen Produkten in öffentlichen Gesundheitsprogrammen vorangetrieben und pharmazeutischen Firmen angekündigt, die die Zulassung billigerer Generika verhindern wollen. In Summe kann man also festhalten, dass die Zeiten, in denen pharmazeutische Unternehmen den Preis diktieren konnten, vorbei sind.

Die pharmazeutische Industrie hat traditionell auf ein starkes Marketing zurückgreifen müssen, um ihre Produkte im Markt erfolgreich zu platzieren, insbesondere da offene Werbung in vielen Ländern nicht zulässig ist. Gegenwärtige Studien zeigen, dass in den USA in den Jahren zwischen 1996 und 2005 die gesamten Ausgaben für Werbung im pharmazeutischen Sektor von 11,4 Mrd. US-Dollar auf 29,9 Mrd. US-Dollar angestiegen sind. Die USA sind das einzige Land, für das derartige Aufstellungen der wichtigsten Marketing- und Sales-Aktivitäten verfügbar sind. Ein Großteil der Erhöhung der Ausgaben ging mit der Erhöhung der sog. Sales Force einher. Im gleichen Zeitraum verdoppelte sich die Anzahl der Verkaufsrepräsentanten im amerikanischen Markt auf nahezu 100.000, obwohl die Anzahl der praktizierenden Ärzte nur um 26 % stieg. Es ist deshalb nicht verwunderlich, dass viele der großen Pharmafirmen im Jahr 2006 und in den Folgejahren wieder eine Reduktion an Arbeitsplätzen verkündete. Im Oktober 2008 kommt man nach einer Studie von Pricewaterhouse Coopers auf eine Zahl von rund 53.300 Stellen, die in den einzelnen Pharmafirmen im Marketingbereich gestrichen wurden. Auch die sog. Direct-to-Consumer (DTC) Werbung hat nicht gehalten, was man sich von ihr versprochen hat. Nur 2 Länder – die USA und Neuseeland – erlauben es Pharmafirmen, ihre Medikamente direkt zu bewerben. In einer Studie, die im *British Medical Journal* veröffentlicht wurde, fanden die Forscher heraus, dass die DTC-Werbung für Medikamente keinen Effekt auf die eigentlichen Verkäufe hatte.

Ebenfalls von großer Bedeutung im Bereich der Gesundheitspolitik ist die Tendenz hin zum sog. *disease-management* (»Krankheits-Management«). Hiermit soll der bislang unzureichenden Versorgung chronisch Kranker entgegengewirkt werden. Ziel ist die koordinierte Zusammenarbeit von Ärzten, Krankenhäusern und Therapeuten, um eine optimale Behandlung nach dem neuesten Stand der Wissenschaft garantieren zu können. Neben einer verbesserten Effizienz im Umgang mit den zur Verfügung stehenden Ressourcen soll die Behandlungs- und Lebensqualität des Einzelnen deutlich verbessert werden. Ansatzpunkt ist eine leitliniengestützte Fallführung, die den Hausarzt in den Mittelpunkt stellt. Praktisch sieht das so aus, dass für die Patienten ein verbindlicher, integraler Behandlungs- und Betreuungsplan erstellt wird. Hiermit soll dem derzeitigen Problem der Über-, Unter- oder Fehlversorgung deutlich entgegengewirkt werden.

In diesem Zusammenhang spielt es in Zukunft eine deutlich stärkere Rolle, neben der eigentlichen Medikation weitere, begleitende Dienstleistungen anzubieten. Ein gutes Beispiel dafür ist die Entwicklung geeigneter Testsysteme, die zusammen mit dem eigentlichen pharmazeutischen Produkt angeboten werden. Ein industrielles Beispiel ist die Partnerschaft zwischen Genentech und der Firma Dako. Hier geht es darum, mit einem Testsystem Empfehlungen auszusprechen, welche Patienten mit Brustkrebs vom Produkt Herceptin profitieren können. Dies ist aber nur der Anfang, denn man kann erwarten, dass sich die pharmazeutische Industrie weiter in den Bereich der Gesundheitsvorsorge entwickeln wird. So hat im Jahr 2001 die Firma NovoNordisk im Kampf gegen Diabetes in der Zusammenarbeit mit der internationalen Diabetesföderation ein umfassendes Programm auf die Beine gestellt, das über das Screening die Unterstützung der Patientenorganisationen, die Lieferung von Equipment an Kliniken, die Arbeit mit Regierungen und die eigentliche Behandlung der Krankheit umfasst. Die Teilnahme der Patienten an derartigen Programmen ist bislang noch freiwillig. Wer allerdings mitmacht, der wird aktiv einbezogen. Im Vordergrund stehen Schulungen und Informationsbroschüren, die auf eine erhöhte Kompetenz des Patienten abzielen. Neue Medien bieten dabei die Möglichkeit einer gezielten Unterstützungsfunktion. Mittels E-Mail kann der Patient beispielsweise an Behandlungstermine und Tabletteneinnahme erinnert werden (vgl. ▶ Kap. 12.2.3).

Insbesondere die Aspekte einer zunehmenden Eigenfinanzierung und Selbstverantwortung finden ihre Auswirkungen in einem weiteren maßgeblichen Trend, dem einer signifikant veränderten Rolle des Patienten: Sah sich dieser in früheren Zeiten den Weisungen seines Arztes unmündig ausgesetzt, so resultiert nunmehr die Tatsache, dass er in steigendem Maße seine Gesundheit selbst verantworten und finanzieren muss, in dem starken Bedürfnis nach umfangreichen Steuerungs- und Eingriffsmöglichkeiten in den therapeutischen Verlauf. Insbesondere mit den neuen Medien steht ihm dabei eine Kommunikations- und Informationsplattform zur Verfügung, die es ihm ermöglicht, umfassendes Wissen zu nahezu allen medizinischen Fragestellungen zu erwerben. Er wird somit in die Lage versetzt, den ärztlichen Behandlungsweg kritisch zu hinterfragen sowie eigene Entscheidungen, Wünsche und Vorstellungen einzubringen. Gerade im Hinblick auf ein wachsendes Kostenbewusstsein sind langfristig sogar beachtliche Ausprägungen in den Bereichen eigenständiger Diagnose und Selbstmedikation vorhersehbar. Zusammenfassend ist also eine Entwicklung zum aktiven und informierten Patienten mit anspruchsvollem, selbstgesteuerten Verbraucherverhalten zu beobachten.

Motor dieser Emanzipationsbewegung ist ein schrittweise wachsendes Gesundheitsbewusstsein in der Gesellschaft und damit der Umschwung vom Krankheits- zum Gesundheitsdenken: Wurden Krankheiten unlängst noch als unumgängliches Schicksal hingenommen, so gelten in der heutigen Zeit geistige und körperliche Fitness als unabdingbares Ideal, auf das es hinzuarbeiten gilt. Insbesondere durch die Medien wird das Bild eines gesunden und leistungsfähigen Körpers als Schlüssel zum Lebenserfolg geprägt. Folge dieser allgegenwärtig präsenten *fit-for-fun*-Mentalität ist eine neue Denkweise zum einen in Bezug auf Therapie, vor allem aber in Bezug auf Prävention. Mit der Erkenntnis, dass Gesunderhaltung bzw. Verhinderung von Krankheiten sehr viel sinnvoller, vor allem aber auch bedeutend kostengünstiger sind, konnte diese in den letzten Jahren einen zunehmend größeren Stellenwert auf dem Gesundheitsmarkt einnehmen.

Neben Vorsorgeuntersuchungen stehen hierbei eine Ausweitung und Verbesserung der Diagnosemöglichkeiten im Fokus des Interesses. Doch auch die gezielte Unterstützung der körpereigenen Abwehrfunktionen und somit eine Stärkung des Immunsystems spielen eine bedeutende Rolle bei der Minimierung von Krankheitsrisiken. Insbesondere im Bereich gezielter und sinnvoller Nahrungsergänzungsmittel, deren Palette von der Pharmaindustrie in letzter Zeit beträchtlich ausgeweitet wurde, zeigen sich große Potenziale. Zunehmend wichtiger in diesem Zusammenhang wird auch das sog. *functional food*, welches vom Verbraucher als gewinnträchtige Investition in seine Zukunft angesehen wird. Es handelt sich hierbei um Nahrungsmittel, die auf Inhaltsstoffen natürlichen Ursprungs basieren und als Teil der täglichen Nahrungszufuhr aufgenommen werden. Neben der Kontrolle physischer und psychischer Beschwerden wird dabei eine Unterstützung bei der Vorbeugung spezifischer Krankheiten wie auch eine Verlangsamung des Alterungsprozesses versprochen.

Die Zukunft derartiger Produkte wird von Branchenkennern als überaus positiv prognostiziert. Wachstumsraten von mehr als 20 % auf dem Weltmarkt werden auch vorsichtigen Schätzungen zufolge als durchaus realistisch eingeschätzt. Leider muss aber auch darauf hingewiesen werden, dass der Trend zu einem Mehr an Prävention und Körperbewusstsein lediglich auf einen Teil der Bevölkerung zu beziehen ist. Ihm gegenüber steht die Entwicklung zu wachsender Unvernunft im privaten Konsumverhalten. Typische Zivilisationskrankheiten wie Hypertonie, Diabetes oder Herzinsuffizienz sind die Folge.

Allein, um den demografischen Gegebenheiten entgegenwirken zu können, wird die optimierte Versorgung des Einzelnen nur noch durch selbstfinanzierte Gesundheitsleistungen erreichbar. Der gesamte Markt wird sich verstärkt nach ökonomischen Kriterien ausrichten. Daraus folgt ein erweitertes privatpatientengerechtes Leistungsspektrum, insbesondere der niedergelassenen Hausärzte, Spezialisten und zum Teil auch der Krankenhäuser. Das Modell einer Zweiklassen-Medizin wird somit potenziell zur Wirklichkeit

Ökonomische Daten über die Patientenpopulationen werden zum einen zunehmen, messbarer und vergleichbarer werden und somit an Bedeutung gewinnen. Im gesundheitspolitischen Bereich ist die Etablierung sog. DRG-Systeme. Diagnosebezogener Fallgruppen (*diagnosis related groups*) die Grundlage eines leistungsorientierten Vergütungssystems für Krankenhausleistungen, bei dem alle Behandlungsfälle nach pauschalierten Preisen vergütet werden. Das bisherige Mischsystem bestehend aus Fallpauschalen, Sonderentgelten und einem krankenhausindividuellen Restbudget geht somit seinem Ende entgegen. Liegt der Vorteil eines derartigen Leistungsanreizes zwar auf der Hand, so ist dennoch zu beachten, dass auch bei gleicher Diagnose Krankheiten hinsichtlich Schwere und Dauer einen unterschiedlichen Verlauf haben. Kranke mit einer überdurchschnittlichen Verweildauer werden somit zu einem unkalkulierbaren Risiko für das Krankenhaus.

Einige Länder wie Australien, Deutschland, Kanada, Finnland, Neuseeland und Großbritannien haben in der Zwischenzeit spezielle Behörden gegründet, die sich um die klinische und ökonomische Evaluierung neuer Medikamente kümmern. Auch der US-Senat diskutiert die Gründung eines sog. Healthcare Comparative Effectiveness Research Institutes, das eine ähnliche Funktion wahrnehmen soll.

In Dänemark, den Niederlanden und Schweden verschreiben inzwischen 70 % aller Ärzte ihre Medikamente elektronisch. Die Europäische Union fördert dieses Vorgehen. Auf diese Art und Weise werden für die Regierungen der Länder die Verschreibungsvorgänge transparenter und nachvollziehbarer.

Am Beispiel der »Aut-Idem-Regelung« im Rahmen des Arzneimittelausgaben-Begrenzungs-Gesetzes (AAGB) wird deutlich, wie die Wettbewerber sich verhalten. Die Regelung schreibt den Austausch teurer Arzneimittel durch sog. Generika vor. Wird also ein vom Arzt namentlich verordnetes Medikament mit identischem Wirkstoff von verschiedenen Herstellern zu verschiedenen Preisen auf dem Markt angeboten, so ist der Apotheker verpflichtet, es durch ein wirkungsgleiches Produkt zu ersetzen, falls ein solches signifikant preiswerter ist. Die hieraus resultierenden Reaktionsmöglichkeiten des Pharma-Marketings sind stark von Größe und Ausrichtung des handelnden Unternehmens abhängig. Grundsätzlich sind zwei Ausprägungen zu erwarten:

Weniger forschungsintensive Unternehmen dürften natürlich versuchen, eine Verstärkung des bestehenden Trends zu erreichen. Dies gilt vor allem für kleinere Unternehmen, die aufgrund zunehmender Reglementierungen sowie infolge eines übermächtig werdenden Konkurrenzdrucks (*global-player*-Problematik) ihre einzige Chance im Ausbau des Generika-Absatzes sehen. Um das bestehende Marktsegment von derzeit über 50 % aller ärztlichen Verschreibungen halten und ausbauen zu können, ist hierbei vorrangig, das Kostenbewusstsein der Zielgruppen anzuvisieren. Es gilt also, eine Preistransparenz zu schaffen und dem Konsumenten die erheblichen Einspareffekte im Gesundheitssystem (verordnete Pharmazeutika) bzw. privatem Budget (OTC-Bereich/Selbstmedikation) zu verdeutlichen.

Auf der anderen Seite sind die innovativeren Unternehmen zu betrachten, deren Schwerpunkt im Bereich der Forschung und Entwicklung zu sehen ist. Den ungeheuer aufwendigen Apparat des Aufspürens neuer Wirkstoffe sowie die Entwicklung vielversprechender Pharmazeutika samt toxikologischer Überprüfung und klinischer Tests vor Augen, geht ihre Strategie in eine andere Richtung. Hier gilt es, innovative Arzneimittel als teure Markenpräparate zu positionieren, um ihnen auch nach Ablauf der Patentfrist ein Überleben garantieren zu können. Zudem wird den Generika eine Vielzahl besonders teurer Lifestyle-Präparate entgegengesetzt. Dies ist ein typisches Beispiel für die Reaktion auf den wachsenden Kostendruck.

Gleichsam verflochten mit einem veränderten Selbstverständnis des Patienten und dem zunehmenden Kostendruck ist auch die neue Rolle des Arztes. Als revolutionär ist hierbei das neue Arzt-Patienten-Verhältnis zu sehen, welches sich langsam abzuzeichnen beginnt und den Patienten zum anspruchsvollen Kunden des Unternehmers Arzt erklärt. Will dieser langfristig auf dem Markt bestehen bleiben, so wird er sich verstärkt nach den Wünschen und Anforderungen seines Patienten zu richten haben, um ihn halten zu können. Die klassische Praxis wandelt sich somit zu einem modernen Beratungs- und Dienstleistungszentrum, das den Gesetzen des Marktes zu folgen hat und mit entsprechenden Marketingstrategien die individuellen Bedürfnisse des Kunden zu befriedigen versucht. Auswirkungen diesbezüglich zeigen sich vor allem in zwei Bereichen:

Zum einen dürfte es unumgänglich sein, die in der Vergangenheit begonnene Entwicklung der »Drehtürmedizin« umzukehren. Anhand von Erhebungen, die belegen, dass sich mehr als ein Drittel aller Patienten über fehlendes Verständnis und eilige Abfertigung beklagen, wird schnell die Notwendigkeit deutlich, sich dem Patienten intensiv zu widmen und dessen Wünsche in die Behandlung einzubeziehen. Der aufgeklärte, kompetente und emanzipierte Patient will mit seinem Arzt reden. Er sucht das Gespräch und will wissen, was therapeutisch mit ihm veranstaltet wird. Als Selbstzahler, der seine eigene Gesundheitsvorsorge ernst nimmt, setzt er hierbei vor allem auf die Beratungsfähigkeit seines Arztes. Die Faktoren Zeit und Respekt gegenüber dem Kunden werden somit zu Schlüsselfaktoren einer gewinnorientierten Neuprofilierung.

Doch auch die notwendig gewordene Neuausrichtung klassischer Praxen bezüglich ihrer präventiven, diagnostischen und therapeutischen Dienstleistungen dürfte eine nicht minder große Bedeutung einnehmen. Hierbei wird insb. den Forderungen nach sanften und nebenwirkungsfreien Naturheilverfahren entsprochen, die sich zumeist als individuelle Selbstzahlerleistungen neben den konventionellen Behandlungsformen etablieren werden. Die Pharmaindustrie wird diesem Trend durch verstärkte Entwicklung und Produktion von Naturheilmitteln Rechnung zu tragen haben. Im Zuge der demografischen Bevölkerungsentwicklung sowie einer geänderten Einstellung zum Thema Gesundheit werden die Anforderungen an die Qualität pharmazeutischer Produkte beachtlich steigen. Insbesondere muss versucht werden, durch Kombination biologischer und chemischer Substanzen die Nebenwirkungen der Medikamente auf ein Minimum zu reduzieren bzw. deren Wirksamkeit deutlich zu erhöhen.

Als letzter Trend seien die Entwicklungen des Gesundheitsmarktes im Bereich des Internets aufgeführt. Hier spielt sich das relevante Geschehen auf zwei Ebenen ab und stellt eine Reflexion obiger Trends dar:

Zum einen kommen dem durch Politik und Markt geforderten Informationsbedürfnis des Patienten die bislang ungeahnten Kommunikationsmöglichkeiten dieses Mediums entgegen. Mit dem sprunghaft zu erwartenden Anstieg sog. Gesundheitsportale (*health-nets*) steht dem Anwender ein Instrument zur Verfügung, mit dem er sich hohe medizinische Kompetenz aneignen kann. Der Verbund mit anderen Nutzern ermöglicht den unkomplizierten Erfahrungsaustausch sowie die Bildung von Netzwerken (Selbsthilfegruppen etc.). Massive Änderungen im einstigen Machtgefälle sind zu erwarten.

Zum anderen ist die baldige Erschließung des Internets als neuem Vertriebs- und Einkaufskanal zu erwarten. Wird eine derartige Vermarktung von Arzneimitteln zwar derzeit in Deutschland noch untersagt, so ist auch auf diesem Gebiet mit einem radikalen Umbruch zu rechnen. Erste Konzepte ermöglichen bereits heute die Umgehung der noch strengen Restriktionen. Beispielsweise können mittels Internet im Ausland bestellte Medikamente schon heute per Paketdienst nach Deutschland geliefert werden. Gerade im Zusammenspiel mit zunehmender Selbstdiagnose und Selbstmedikation werden hier deutliche Chancen sichtbar. Aufgabe des Pharma-Marketings ist es, diesbezüglich fundamentale Überzeugungsarbeit bei allen Marktbeteiligten zu leisten, um grundlegende Vorbehalte abzubauen. Vorhandene Ängste bezüglich fehlender Beratungskompetenz der Apotheken oder den Gefahren fehlerhafter Anwendungen müssen dabei minimiert und schließlich vollständig abgebaut werden. Optimale Ansatzpunkte liegen hierbei in den Möglichkeiten einer direkten Ansprache der Zielgruppen sowie einer profitablen Preisgestaltung.

Eine zentrale Aufgabe des Arztes ist es, sich fortlaufend über die rasanten medizinischen Entwicklungen zu informieren, um eine zeitgemäße, optimale Patientenbetreuung zu gewährleisten. Gleichzeitig ist es für ihn immer schwieriger, diese im Spannungsfeld von exponentiellem Wissensfortschritt und hektischem Berufsalltag zu erfüllen. Wichtiger Bestandteil des Pharma-Marketing ist es, den Arzt bei der Informationsbeschaffung gezielt

zu unterstützen. Daher haben Forscher der Universität St. Gallen in einer umfangreichen Studie die Mechanismen der Informationsverarbeitung von Ärzten auf drei Ebenen untersucht. Zum einen wurde die Einbindung des Arztes in das Gesamtnetzwerk des Gesundheitswesens abgebildet und die Einflüsse der Marktpartner quantifiziert (Makroebene). Zum anderen wurde die Bedeutung des persönlichen Beziehungsumfeldes (Mikroebene) sowie die Rolle unterschiedlicher Medientypen bei der Informationsbeschaffung untersucht. Basierend auf den Erkenntnissen wurde ein neuartiger Segmentierungsansatz entwickelt.

Die erfolgreiche Gestaltung der Kundenbeziehungen im komplexen Netzwerk des Pharma-Marktes ist eine der derzeit größten Herausforderungen im Pharma-Marketing. In diesem Zusammenhang gewinnen indirekte, netzwerkorientierte Einflüsse auf den Arzt ständig an Bedeutung. Die bestehenden klassischen Marketing-Ansätze genügen oft nicht, um sich nachhaltig vom Wettbewerber zu differenzieren und einen bleibenden Eindruck beim Arzt zu hinterlassen. Um dies zu erreichen, ist die Beantwortung der folgenden Fragestellungen zentral:

- Welchen tatsächlichen Einfluss haben die verschiedenen Marktpartner des Arztes – beispielsweise Opinion Leader, Krankenkassen oder Patientenorganisationen – auf den Verschreibungsentscheid des Arztes?
- Welche Informationsmedien nutzt der Arzt tatsächlich und wie beurteilt er deren Qualität?
- Wie sind die unternehmensinternen Marketingressourcen nach diesen Erkenntnissen optimal zu verteilen, um die Marketingeffizienz zu erhöhen?

In der genannten Studie konnte die große Bedeutung persönlicher Beziehungsnetzwerke, also befreundete Ärzte aus dem persönlichen Umfeld, für das ärztliche Verschreibungsverhalten nachgewiesen werden. Diese tragen heute und in Zukunft zu ca. 40 % zur Entscheidungsfindung bei. Die Beziehungsnetze setzen sich aus 5–10 Ärzten unterschiedlicher Qualifikation zusammen. Es konnten drei unterschiedliche Netzwerktypen nachgewiesen werden, die sich in der Fähigkeit, neue Informationen über medizinische Fortschritte anzusammeln und zuzulassen, unterscheiden. Diese für eine optimale Patientenbehandlung notwendige Fähigkeit ist lediglich bei etwa 20 % aller Ärzte vorhanden, was auf große Chancen für das Pharma-Marketing hinweist.

Von den weiteren erhobenen Informationsmedien gewinnen nach Sicht der Ärzte vor allem die Online-Medien auf Kosten der klassischen Print-Medien und personenbezogenen Medien (Kongresse, Außendienst) an Bedeutung. Diese drei Medien werden zukünftig ein gleichwertiges Trio mit je etwa 20 % Anteil an der gezielten Informationsbeschaffung des Arztes bilden. Neue Medien werden hier aktuell noch wenig beansprucht, in ihrer Qualität jedoch als überaus positiv wahrgenommen. Dies heißt, dass die Vorbehalte der Ärzteschaft gegenüber den neuen Medien stark abgenommen haben. Auch dies deutet auf ein hohes Potenzial für das Pharma-Marketing oder unabhängige Dienstleister hin.

Diese vorgehend geschilderte bewusste Nutzung verschiedener Medien durch den Arzt stellt jedoch nur einen Teil des Einflusses dar, aufgrund dessen der Arzt sich für den einen oder den anderen Therapieansatz beim Patienten entscheidet, um den optimalen Behandlungserfolg sicherzustellen.

10.2 Marken-Management

Gerade in der Pharmabranche ist es schwierig, verkaufswirksame Markenstrategien zu entwickeln. Die Konkurrenz der Generika wird zunehmend stärker. Und bisweilen sind selbst diese den Ärzten noch zu teuer, sodass Billigsubstitute verordnet werden, deren therapeutischer Nutzen stark infrage gestellt werden muss. Der Preis scheint sich schlechthin zum einzigen Marketinginstrument entwickelt zu haben. Eine Entwicklung, die sich angesichts aktueller gesetzlicher Restriktionen noch verstärken dürfte. Und auch die Tatsache, dass bei einer Vielzahl von Originalpräparaten die Patentfrist in den nächsten Jahren ablaufen wird, wird diesbezüglich nicht ohne Konsequenzen bleiben. Der Einfluss auf die Marketing- und Sales-Organisation ist vielfältig. Gemeinhin wird eine weitere Zunahme von Schulungsprogrammen erwartet, und dies gilt für beide Seiten. Sowohl die Verkaufs-

repräsentanten, die mit den Neuentwicklungen Schritt halten müssen, als auch die Angebote für Ärzte werden zunehmen. In der Vergangenheit wurden die Markteinführungen oftmals als multinationale, wenn nicht sogar globale Aktivitäten durchgeführt. Mit spezialisierteren Therapien wird man in der Zukunft einen kontinuierlichen Prozess verfolgen können, der in wesentlich kleineren Schritten erfolgt. Das Verteilen von Ärztemustern oder freien Mustern insgesamt wird in Zukunft eine bedeutend geringere Rolle spielen. Zunehmen wird jedoch der Servicegedanke um das einzelne pharmazeutische Produkt herum. So ist auch mit der stärkeren Zunahme des Branding-Gedankens zu rechnen. Die sog. »Brand« wird nicht wie das eigentliche Produkt verstanden, sondern ist eine Bündelung von Maßnahmen, die bis hin zur Kombination verschiedener pharmazeutischer Produkte reichen kann. Während Produkte eine relativ kurze Lebenszeit haben, hat die Brand eine Lebensdauer, die das einzelne Produkt in der Regel um ein Vielfaches überdauert. Auch die einzelnen Marketing- und Verkaufsorganisationen werden sich den neuen Gegebenheiten anpassen müssen. Es ist damit zu rechnen, dass die Verstärkung der Kontakte intern mit Forschung und Entwicklung zunehmen werden. Nach außen hin werden die Netzwerke zu Meinungsbildnern und preisbildenden Organisationen entscheidend sein. Die Bedeutung der ökonomischen Vorteile, die durch eine neue Therapie erzeugt werden können, sind dabei maßgeblich.

Doch welche Auswirkungen bringt eine derart verkürzte, nur noch auf den Preis gerichtete Sichtweise mit sich? Ein vergleichender Blick auf den Konsumgütermarkt lässt das künftige Szenario erahnen: Waren hier vor einiger Zeit noch weitgefächerte Produktpaletten unterschiedlichster Qualitätsstufen zu finden, so führten in den letzten Jahren Konzentrationsbemühungen sowie neuartige, preisaggressive Vertriebsformen zu einer radikalen Verdrängung der mittelpreisigen Produkte. Der Markt wurde zunehmend von sog. Einfachmarken besetzt. Nur wenige Marken konnten sich diesen preiswerten Substituten widersetzen – allesamt Premiummarken mit ausgezeichnetem Image. Auch in der Pharmabranche finden sich einige wenige solcher Markenartikel. Anders ist nicht zu erklären, warum sogar in preissensitiven Märkten

Originalpräparate nach Ablauf des Patentschutzes nicht vollständig durch weitaus preiswertere Generika ersetzt werden. In San Diego gibt es die Firma MedVantx, die ein automatisiertes System anbietet, das generische Medikamente dem Patienten ohne Kosten zur Verfügung stellt. Wenn der Arzt dem Patienten ein Muster mitgeben möchte, stellt das automatisierte System eine 30-Tage-Versorgung bereit und dokumentiert diese Transaktion. Der Versicherer bezahlt dann erst später für das Produkt. Diese Idee der Firma MedVantx gibt dem Arzt eine neue Möglichkeit, freie Muster pharmazeutischer Firmen zur Verfügung zu stellen. Ein solches System ist bei Patienten beliebt, da es die Möglichkeit eröffnet, Medikamente zu testen, ohne dafür zu bezahlen. In einem Pilotprogramm wurde ermittelt, dass die Kosten für den Versicherer auf diese Art und Weise um rund 2 Mio. US-Dollar gesenkt werden konnten.

Und dennoch wird die zunehmende Wichtigkeit der Marke nicht allgemein anerkannt. Die große Mehrheit der Pharmaunternehmen zögert, die Erkenntnisse aus der Konsumgüterbranche zu übertragen. Ein ausgeprägtes Markendenken bringe im pharmazeutischen Bereich nicht die gleichen Vorteile, weil die Märkte zu unterschiedlich seien, so die Kritiker. Mag jedoch vor wenigen Jahren diese Behauptung noch stichhaltig gewesen sein, so haben heutzutage eine Vielzahl von Entwicklungen zu einer Angleichung der beiden Märkte geführt. Ursache ist insbesondere der Wandel vom fremdgesteuerten Patienten zum aktiven Verbraucher. War der Kranke früher ausschließlich den Weisungen seines Arztes ausgesetzt, so resultiert nunmehr die Tatsache, dass er in steigendem Maße seine Gesundheit selbstverantworten und finanzieren muss, in dem starken Bedürfnis nach umfangreichen Steuerungs- und Eingriffsmöglichkeiten in den therapeutischen Verlauf. Insbesondere mit den neuen Medien steht ihm dabei eine Kommunikations- und Informationsplattform zur Verfügung, die es ermöglicht, umfassendes Wissen zu nahezu allen medizinischen Fragestellungen zu erwerben.

Folge ist ein deutlich ausgeprägtes Verbraucherbewusstsein, vor allem bei Lifestyle- und Wellnesspräparaten sowie im Bereich der chronischen sowie präventiven Behandlungen. Doch auch bei verschreibungspflichtigen Pharmazeutika zeigen veränderte rechtliche Rahmenbedingungen ihre Wirkung. Selbst das kategorische Werbeverbot für verschreibungspflichtige Pharmazeutika scheint seinem Ende entgegenzugehen. Wird der Arzt auch in Zukunft die verantwortliche Instanz bleiben, so konnte in Studien nachgewiesen werden, dass in mehr als 60 % der Fälle Patienten ein ausdrücklich gewünschtes Präparat auch tatsächlich verschrieben bekamen.

Doch wie soll erfolgreiche Pharmawerbung in Zukunft aussehen? Wie muss Pharmawerbung argumentieren, um aus einem homogenen Produkt eine verkaufswirksame Marke zu machen?

Die gängige Praxis jedenfalls bietet keine brauchbaren Ansätze. Hier wird Pharmawerbung oftmals auf eine kraft- und lieblose Wirkstoffinformation mit obligatorischer Produktabbildung reduziert. Diese Lösung ist nicht nur langweilig, sondern auch ineffektiv.

Andere Pharmaunternehmen versuchen ihrer Marke einen psychologischen Zusatznutzen zu geben (*added value*), indem sie in der Werbung nicht hart argumentieren, sondern ihre Marke mit sympathischen emotionalen Werten aufladen. Das mag in der Konsumgüterwerbung funktionieren, aber leider nicht im Pharmabereich. Denn jemand, der ein pharmazeutisches Produkt verwendet, hat das intensive Bedürfnis ein Problem zu lösen und dafür wählt er diejenige Marke aus, der er die größte Kompetenz zutraut, und nicht die Marke mit dem größten emotionalen Sympathiebonus.

Um mit Pharmawerbung strategisch eine maximale Verkaufswirkung zu erzielen, gilt es daher, sich zunächst mit den Besonderheiten der Pharmakommunikation vertraut zu machen. Insbesondere drei Probleme stehen hier im Vordergrund:

1. **Komplexität/Informationsüberflutung**
   Die meisten pharmazeutischen Produkte haben schwer erinnerbare Namen und sind von ihren Anwendungsschwerpunkten her schwierig voneinander zu unterscheiden. Da die Produkte darüber hinaus als Problemlöser fungieren sollen und nicht über ihren emotionalen Erlebniswert verkauft werden können, tun sich die Zielgruppen schwer, die komplexen Pharma-Markenbotschaften zu lernen.

2. **Entscheidungsrisiko**

   Die Entscheidung für ein verordnetes bzw. ein OTC-Produkt hat für den Entscheider eine erheblich größere Tragweite als die Entscheidung für einen neuen Knusperriegel im Konsumgüterbereich. Das Risiko besteht einerseits darin, dass das Präparat nicht so gut wirkt wie erwartet. Darüber hinaus besteht das noch größere Risiko, dass unerwünschte Nebenwirkungen auftreten.

3. **Entscheidungssituation**

   Die Entscheidung für ein Pharmapräparat wird in einer Situation getroffen, in der die Zielgruppe die Produkte in der Regel nicht vor Augen hat. Hierin besteht ein wesentlicher Unterschied zur Entscheidungssituation bei Konsumgütern, wo die Packung im Supermarktregal den letzten Kaufimpuls auslösen kann.

   Ausgehend von dieser besonderen Situation lassen sich nun strategische Routen ableiten, mit denen Pharmawerbung maximale Effektivität erreichen kann. Die wichtigsten Routen sind die folgenden:

a. **Konditionierung**

   Konditionierung bedeutet, dass der Zielgruppe, sobald ein bestimmtes Symptom auftritt, automatisch nur eine bestimmte Marke einfällt. Diese Strategie ist verkaufswirksam, weil sich die Zielgruppe meist für das Produkt entscheidet, das ihr als Erstes einfällt. So geht es dem Arzt in der Praxis und so geht es dem Verbraucher, der beim Arzt oder in der Apotheke nach einem Produkt fragt. Die Strategie der Konditionierung funktioniert jedoch nur in Märkten, in denen es noch keine starken Markenartikel und noch keine Standardlösungen gibt. Die meisten ethischen Produkte, die momentan in OTC-Marken verwandelt (OTC-*switch*) werden, stecken in solch einer Situation. Denn der Verbraucher hat für bestimmte Indikationen einfach noch keine Markennamen gelernt. Er ist aber bereit, sich die erste Marke zu merken, die selbstbewusst ihren Namen in einen untrennbaren Zusammenhang zu dem gegebenen Symptom bringt. Diese Konditionierung kann sowohl visuell als auch akustisch erfolgen. Bei der visuellen Variante wird ein Schlüsselbild entwickelt, das in einer anschaulich-kreativen Weise die Indikation visualisiert. Gleichzeitig wird dieses Schlüsselbild mit dem Markennamen verbunden. Diese Strategie funktioniert nur dann, wenn kontinuierlich mit allen Werbemitteln immer nur dieses eine Schlüsselbild im Zusammenhang mit dem Markennamen kommuniziert wird. Eine Konditionierung lässt sich jedoch nicht nur mittels prägnanter Visualisierungen erzeugen, sondern auch mithilfe von sprachlichen Gedächtnisstützen. Hierbei wird dem Verbrauchergedächtnis auf die Sprünge geholfen, indem eine sprachrhythmische Beziehung zwischen einem Symptom und der Marke hergestellt wird. So wie sich gereimte Verse besonders leicht merken lassen, sorgt man dafür, dass der Produktname untrennbar mit dem Symptom assoziiert wird. Einen derartigen rhythmischen Gleichklang kann sich der Verbraucher leicht merken, wenn er in der Apotheke steht und das Produkt nicht vor Augen hat.

b. **Artifizielle Segmentierung**

   Für bestimmte Symptome verwenden die Zielgruppen bereits Standardmarken, denen sie vertrauen. In solchen Situationen ist es nahezu unmöglichen, diese »Marken-Platzhirsche« mit einem praktisch identischen Produkt zu verdrängen. Häufig ist es aber möglich, aus den spezifischen Eigenschaften des Produkts eine Spezialisierung abzuleiten, sodass die Zielgruppe dieses Produkt zusätzlich in ihr erinnertes Repertoire (*relevant set*) aufnimmt, weil sie glaubt, dass das Produkt in speziellen Situationen oder für spezielle Bedürfnisse die bestmögliche Lösung bietet. Das Produkt wird also in der Werbung so dargestellt, dass es nicht im Ganzen besser ist als die etablierten Wettbewerbsmarken, sondern gezielt eine spezielle Nische besetzt, in der es unschlagbare Kompetenz beansprucht.

c. **Vertrauensbildung**

   Die Strategie der Vertrauensbildung bietet sich immer da an, wo der Markt überschwemmt ist von gleichartigen Produkten, die sich allenfalls durch den Preis voneinander unterscheiden. Die Werbung muss hier gezielt ein starkes

Vertrauen für das Produkt erzeugen. Die Annahme, dass nur denjenigen Produkten vertraut wird, die auch einen echten physischen Produktvorteil bieten, ist falsch. Meist wird auf bestimmte Präparate vertraut, ohne im Geringsten über die pharmazeutisch-chemische Wirkung informiert zu sein. Vertrauen entsteht durch Erfahrung mit einem Produkt, durch Empfehlung von Menschen oder Medien, denen wir vertrauen, durch starke Werbepräsenz etc. Vertrauen kann aber auch gezielt gebildet werden durch ganz bestimmte Informationen über das Produkt, aus denen die Zielgruppe schlussfolgert, dass die Marke eine besonders hohe Qualität hat. Ob diese Schlussfolgerung wissenschaftlich richtig ist, spielt dabei eine untergeordnete Rolle. Insbesondere die folgenden drei Aspekte können hierbei nachweislich bemerkenswerte Erfolge erzielen:

- **Forschungskompetenz**
Die Werbung »dramatisiert« den Forschungsaufwand oder die eindrucksvollen Forschungsmethoden, die hinter der Entwicklung des Präparates stehen. Die Werbung beschäftigt sich mit den namhaften Wissenschaftlern, die an dem Präparat arbeiten oder mit dem firmeneigenen Forschungsinstitut für das Produkt. Hier ist die Rede von weltweiter Kooperation und von modernsten Forschungstechnologien. All diese Informationen führen die Zielgruppe zu der subjektiv empfundenen Sicherheit, dass das Produkt eine überlegene Qualität haben wird.

- **Wirkstoff**
Bestimmte Wirkstoffe sind von den Zielgruppen bereits gelernt und genießen ein großes Vertrauen. Andere Wirkstoffe lassen sich durch Werbung mit einem »magischen« Flair aufladen.

- **Marktführerschaft**
Die Werbung stilisiert, dass ein homogenes Produkt Marktführer ist. Der Begriff Marktführer kann hier durchaus relativ verwandt werden: Marktführer in Deutschland, Marktführer weltweit, Standardpräparat in Kliniken etc. Die Zielgruppe schlussfolgert, dass der Marktführer eine überlegene Produktqualität

hat, auch wenn es dafür keinen wissenschaftlichen Anhaltspunkt gibt.

Abschließend bleibt festzuhalten, dass der bislang gegangene Weg für die Pharmaindustrie keine Zukunftsoptionen bietet. Die Entscheider müssen sich von ihrer ausschließlich produktorientierten Denkweise lösen und erkennen, dass die Marke ihr wichtigstes Kapital ist. Gerade in reglementierten und diskontierenden Märkten wird die Bedeutung einer solchen Sichtweise immer größer. Die Markenführung muss daher – wie in anderen Branchen längst üblich – auf oberster strategischer Ebene entschieden werden

10.3   Dienstleistungs-Marketing

Die Situation auf dem Pharmamarkt ist geprägt von zunehmender Austauschbarkeit. Gleichwertige, oft sogar identische Wirkstoffe und Diagnostika machen eine Differenzierung allein durch das Produktportfolio für die Unternehmen immer schwerer. Stagnierende Markterträge und zunehmender Konkurrenzkampf fordern eine andere Lösung.

Durch die dargestellten Trends im Gesundheitswesen sind alle Beteiligten zum Umdenken gezwungen. Durchsetzen werden sich nur diejenigen, die die Entwicklungen in ihren Entscheidungen antizipieren, eine erfolgreiche Strategie zur Erosion des Preisdrucks sowie einen ausgeprägten Umsetzungswillen haben. Ganzheitliche Konzepte sind hier der Schlüssel zum Erfolg: Ausschließlich forschen und Produkte verkaufen ist für die Pharmaindustrie der Zukunft unzureichend. Stattdessen gilt es, das Angebotsprofil um weitreichende Dienstleistungen zu erweitern. Die Tendenz, komplette Leistungssysteme anzubieten, ist unverkennbar.

Im Vordergrund derartiger Serviceleistungen steht die inhaltliche Unterstützung zur Entwicklung von Überlebensstrategien für die Arztpraxis (Praxismarketing, Praxismanagement, Wirtschaftlichkeitsseminare etc.). In seiner neuen Rolle als Berater für Gesundheitsdienstleistungen steht der Arzt im Wettbewerb wie jeder Verkäufer der Konsumgüterindustrie. Dessen muss er sich bewusst werden und daraufhin hat er sein Angebot auszurichten. Nur durch die Entwicklung neuer

Geschäftsfelder und Leistungsprofile kann er sein Überleben sichern. Die notwendigen Fähigkeiten, Qualitäten und Instrumente hierzu bezieht er von der Pharmaindustrie, welche ihr Know-how zu hohen Preisen verkauft.

Zwei grundsätzliche Konzeptionen sind diesbezüglich auf dem Markt zu finden:

Auf der einen Seite sind diejenigen Unternehmen zu sehen, deren operatives Geschäft und Dienstleistungen eine Einheit bilden. Das Serviceangebot ist in den Verkauf der Arzneimittel und Diagnostika integriert und stellt eine Zusatzleistung zur Kundenbindung dar. Waren es früher exklusive Reisen und Präsente, mit denen Verordnungsziele erreicht wurden, so geschieht dies heute mit der Vermittlung konstruktiver Erfolgsstrategien für die Praxis. Es handelt sich somit um die logische Fortentwicklung klassischer Verkaufsmodelle.

Auf der anderen Seite ist die *stand-alone*-Variante zu betrachten, bei der sich ehemalige Zusatzleistungen verselbständigt haben. Kreative Dienstleistungen ohne Produktvernetzung werden hier eigenständig entwickelt und vermarktet.

Der Geschäftsplanungsprozess einer ganzheitlichen Vermarktung von Dienstleistungen und Serviceprodukten ist für beide Konzeptionen derselbe. Die generelle Vorgehensweise unterteilt sich in acht Schritte (◘ Abb. 10.1):

1. Erster und sehr wichtiger Schritt ist die Definition des Leistungsangebots. Alle Dienstleistungen, die aus Verwendersicht das Leistungsangebot ausmachen, werden identifiziert, strukturiert und segmentiert.

2. Der zweite Schritt im Geschäftsplanungsprozess der ganzheitlichen Vermarktung ist die Zuteilung der Leistungsangebot-Rolle. Die Rolle bestimmt die Priorität und Wichtigkeit des Leistungsangebotes bei der jeweiligen Zielgruppe (Arztpraxis, Krankenhaus etc.) und legt die Ressourcenzuordnung zu den einzelnen Leistungsangeboten fest.

3. Es folgt die Bewertung des Leistungsangebots. Zweck ist die Erhebung, Aufbereitung und Analyse der Informationen, die zum klaren Verständnis der gegenwärtigen Leistung des bestehenden Angebotes nötig ist. Hierdurch können die Bereiche mit den größten Umsatz- und Gewinnpotenzialen sowie Möglichkeiten

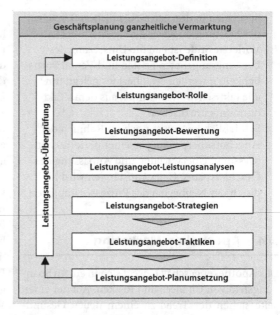

◘ **Abb 10.1** Geschäftsplanung ganzheitlicher Vermarktung als Fließschema

zur Verbesserung der Gesamtkapitalrentabilität für das Leistungsangebot identifiziert werden.

4. Im nächsten Schritt, der Leistungsanalyse, werden Leistungskriterien und -vorgaben für das Angebot fixiert. Im Wesentlichen sind dies »Schwellenwerte«, welche die Verwender und das Pharmaunternehmen erreichen wollen. Sie müssen mit der Rolle des jeweiligen Leistungsangebotes übereinstimmen. Die Entwicklung geeigneter Ziel-Leistungsanalysen ist ein entscheidender Prozessschritt, da hiermit die Evaluierung und Überwachung der Planung ermöglicht wird. Üblicherweise werden die Zielsetzungen auf einer jährlichen Basis entwickelt und enthalten vierteljährliche Meilensteine zur Überwachung und Modifikation des Geschäftsplans.

5. Die Entwicklung von Marketing- und Beschaffungsstrategien in der fünften Stufe dient der Realisierung der zugeordneten Rolle und der avisierten Leistungsziele.

6. Ihr folgt die Bestimmung optimaler Taktiken. Dieser Schritt identifiziert und validiert die spezifischen Schritte, mit denen die jeweiligen

Strategien in den unterschiedlichen Bereichen des Leistungsangebotes umgesetzt werden.

7. Vorletzte Stufe ist nun die Umsetzung des Leistungsangebotes: Fristen und Verantwortlichkeiten werden detailliert festgelegt, um alle taktischen Maßnahmen aus dem »Taktogramm« umzusetzen.

8. Schließlich kommt es noch im Rahmen der Angebotsüberprüfung zu einer periodischen Messung, Überwachung und Anpassung des Geschäftsplans. Unter Umständen wird hierdurch der Neubeginn des Prozesses impliziert.

10.4   Apotheken-Marketing

Das Apothekengeschäft bewegt sich in einem Spannungsfeld von Chancen und Risiken: Auf der einen Seite stehen der Trend zu einem neuen Gesundheitsbewusstsein, das ausgezeichnete Image der Apotheken sowie die demografische Entwicklung, welche in einem verstärkten Bedarf an Apothekenleistungen resultieren wird. Auf der anderen Seite lassen gesundheitspolitische Entwicklungen das Aufbrechen alter Strukturen erwarten und geben Anlass zu einem skeptischen Blick in die Zukunft der Branche. Schlagwortartig seien die drohende Aufhebung des Fremd- und Mehrbesitzes von Apotheken sowie die Folgen der Aut-Idem-Regelung genannt. Auch eine eventuelle Zulassung des Versandhandels lässt weitreichende Konsequenzen erahnen. Hinzu kommen Preis- und Sortimentskämpfe mit Drogerien und Discountern.

Auch wenn hier die langfristigen Folgen noch Anlass zu Spekulationen geben, so ist in jedem Fall mit einer Verschärfung des Wettbewerbs zu rechnen. Dieser Entwicklung werden die Apotheker durch die Anwendung professioneller Marketingstrategien entgegentreten können. Nur durch das Begehen neuer Wege wird es ihnen gelingen, sich von der Konkurrenz abzuheben. Viel versprechende Möglichkeiten eröffnet in diesem Zusammenhang das sog. *category management*, ein bedürfnisorientierter Ansatz zur strategischen Sortimentsplanung und -steuerung.

Der Ursprung dieses Konzepts ist im Einzelhandel zu finden: Bis zu Beginn der 1990er Jahre orientierte sich hier die Struktur der Warenpräsentation

an logistischen und internen Voraussetzungen. Die historisch gewachsenen Sortimente reflektierten nur unzureichend die Bedürfnisse der Käufer. Auf der Suche nach den gewünschten Produkten waren die Verbraucher gezwungen, durch den gesamten Laden zu irren, was eine innere Unzufriedenheit zur Folge hatte. Mit zunehmender Kundenorientierung zeichnete sich jedoch vor einigen Jahren eine Wende ab. Waren und Dienstleistungen, die aus Sicht des Käufers ein bestimmtes Bedürfnis erfüllen und somit einen eigenständigen Themenkomplex bilden, werden seither zunehmend gemeinsam platziert und vermarktet. Logische und übersichtliche Anordnungen ermöglichen einen bequemen, angenehmen sowie schnellen Einkauf und regen zudem zu ungeplanten Zusatzkäufen an. Eine konsequente Berücksichtigung der Erwartungen und Bedürfnisse des Kunden stehen somit im Vordergrund.

Auch im Bereich des Apothekengeschäfts eröffnet das *category management* viel versprechende Möglichkeiten zur Ertrags- und Gewinnsteigerung. Für eine Vielzahl von Patientengruppen ist die Erstellung individueller Warensortimente denkbar. Als Beispiel sei die Zielgruppe der Diabetiker genannt. Deren Bedarf geht weit über Basisprodukte wie Insulin oder Diagnostikprodukte hinaus und erstreckt sich über Fuß- und Wundpflegemittel, Diätetika, Informationsbroschüren sowie Vitamine und Mineralstoffe. Werden diese Waren nicht mehr wie bisher unter verschiedenen Produktgruppen (Literatur, Nahrungsergänzungen etc.) in verschiedenen Regalen geführt, sondern an einem Ort des Offizins gebündelt präsentiert, so fühlt sich der Patient optimal versorgt und wird an die Apotheke gebunden. Vor allem große Hersteller haben das Potenzial erkannt und treiben das Kategoriendenken voran.

Aufgrund gesetzlicher Vorschriften bezüglich Frei- und Sichtwahl pharmazeutischer Mittel ergeben sich allerdings Einschränkungen. Rezeptpflichtige Produkte beispielsweise dürfen für den Kunden nicht direkt greifbar sein. Eine unmittelbare Darstellung kompletter Themenwelten ist in der Apotheke somit nicht möglich. Durch Intensivierung in der Beratung kann diesem Mangel jedoch entgegengewirkt werden. Auf Produkte und Dienstleistungen, deren physische Präsentation nicht erlaubt ist, muss der Kunde im Beratungsgespräch hingewiesen werden.

Welche Schritte sind notwendig, um *category management* den Einzug in die Apotheke zu ermöglichen?

An erster Stelle sollte stets die sorgfältige Auswahl der gewünschten Zielgruppe stehen. Es ist also zu prüfen, welches Klientel für die Apotheke besonders wichtig ist. Nicht selten bringen 20 % der Kundschaft mehr als 80 % des Umsatzes. Sowohl die Lage als auch demografische Kriterien spielen hier eine Rolle.

Im nächsten Schritt folgt der eigentliche Kern des *category management*, die Definition der Warengruppen. Hierbei ist eine enge Kooperation zwischen Industrie und Handel erforderlich. Oftmals können die Apotheken von den fundierten Marktkenntnissen der Hersteller erheblich profitieren. Die Vorgehensweise sieht wie folgt aus: Zunächst gilt es, das Kaufverhalten genauestens zu analysieren. Interviews und Warenkorbanalysen sollen klären, welche Produkte die Zielgruppe kauft, in welcher Reihenfolge sie dabei vorgeht und ob Zusammenhänge zwischen den einzelnen Produkten bestehen. Auf dieser Basis kommt es dann ihm Rahmen von Expertenworkshops zu einer ersten Erarbeitung von Kategorien, welche schließlich einer Simulation des Marktgeschehens unterzogen werden.

Jeder Warengruppe wird nun im nächsten Schritt eine bestimmte Rolle in der Beziehung zum Kunden zugewiesen. Hierdurch soll ein bestimmtes Image bei der gewünschten Zielgruppe aufgebaut werden. Die Rolle bestimmt die Priorität der Kategorie im Gesamtunternehmen und dient somit der Realisation übergeordneter Unternehmensziele. Sie ist Grundlage für die Verteilung vorhandener Ressourcen. Fünf typische Rollenmuster werden unterschieden.

■ **Profilierung**

Das Unternehmen will ein Image als bevorzugter Anbieter aufbauen und somit die gewünschte Zielgruppe anlocken. Charakteristisch sind hohe Umsätze bei niedriger Gewinnspanne.

■ **Pflicht**

Warengruppen dieser Art sind Bestandteil des routinemäßigen Einkaufs und werden vom Kunden erwartet. Umsatz und Ertrag stehen in einem ausgewogenen Verhältnis.

■ **Impuls**

Impulsartikel dienen der Erweiterung des Warenkorbs. Es handelt sich um Produkte, deren Einkauf ursprünglich nicht geplant war. Gewinnspanne und Umsatz weisen mittlere Werte auf.

■ **Saison**

Auch Saisonartikel sollen den Umfang der Einkäufe erweitern. Zudem dienen sie dem Frequenzaufbau, der Erweiterung des Kundenkreises also. Umsatz- und Gewinnspanne sind mittel bis hoch.

■ **Ergänzung**

Warengruppen mit diesem Profil stellen einen wichtigen Beitrag zur Ertragskraft des Unternehmens dar. Kennzeichnend ist eine hohe Gewinnspanne bei mittlerem bis niedrigem Umsatz.

Im Anschluss an die Rollenzuweisung erfolgt die Kategoriebewertung, bei welcher die relevanten Daten der Kategorie aufbereitet werden. Zum einen soll hierdurch im Rahmen einer Stärken-/Schwächenanalyse ein klares Bild für das gegenwärtige Leistungsvermögen der *category* geschaffen werden. Zum anderen gilt es, Umsatz-und Gewinnpotenziale zu identifizieren. Auf dieser Basis werden von Händlern und Herstellern dann gemeinsame Ziele gesetzt, für die explizite Strategien erarbeitet werden müssen. Wichtige Instrumente, die es exakt auf die Rolle der Warengruppe abzustimmen gilt, sind hierbei die Preispolitik, verkaufsfördernde Werbeaktionen sowie die Regalpräsentation. Auf der vorerst letzten Stufe erfolgt nun die Kategorieplanumsetzung. Im Mittelpunkt dieses Vorgangs stehen die Zuweisung von Verantwortlichkeiten sowie eine detaillierte Terminplanung. Wichtig ist jedoch, die erarbeiteten Ergebnisse einer kontinuierlichen Überprüfung zu unterziehen. Laufende Messungen müssen zu raschen Anpassungen führen, um so das Ziel einer stetigen Ergebnisverbesserung realisieren zu können.

10.5 CRM – Kundenorientierte Unternehmensausrichtung

Pharmaunternehmen sehen sich heute neuen komplexen Herausforderungen gegenüber; der Gesundheitsmarkt befindet sich im Umbruch. Die Situation auf dem nationalen und internationalen Pharma- und Diagnostikmarkt ist geprägt durch eine Ähnlichkeit von entwickelten Therapiesubstanzen und Diagnostikverfahren. Spezifische Diagnoseverfahren und Wirksamkeitsprofile von Wirkstoffen oder gar die Einzigartigkeit bestimmter Produktinhalte sind zurzeit im besten Fall Garanten für kurzfristige Markterfolge, und dies nur, bis der Wettbewerb gleichgezogen hat.

Daraus resultiert, dass sich die Differenzierung vom Wettbewerb durch das Produktportfolio allein immer schwieriger gestaltet. Hinzu kommt, dass in den nächsten Jahren der Preisdruck enorm wächst und demzufolge die Ertragsstagnation zunimmt.

In diesen Zeiten ist es wichtiger denn je, die einmal akquirierten Kunden mit systematischen Maßnahmen zu binden, da es auf gesättigten Märkten sechs- bis achtmal teurer ist, neue Kunden zu gewinnen als aus alten Wiederkäufer werden zu lassen bzw. Neukundenpotenziale ausschöpfen zu können.

Die wirksamste Methode, dies umzusetzen, ist das Customer Relationship Management (CRM). Dieser Begriff ist in der Literatur unterschiedlich belegt; die Bedeutungen reichen von Beziehungsmanagement als reines IT-Thema durch Datenbanken über ein Call-Center als Verbesserung der Schnittstelle zum Kunden bis hin zum *customer focused marketing*. CRM ist die konsequente Umsetzung der Vision des markt- und kundenorientierten Unternehmens – ein Thema, das sowohl von der technischen als auch von der konzeptionellen Seite ganzheitlich bearbeitet werden muss (◻ Abb. 10.2).

Grundlegende strategische Basis des CRM ist die Zielsetzung, langfristigere, individuellere und intensivere Kundenbeziehungen aufzubauen. Diese gilt es, auf organisatorischer Ebene durch eine konsequente Kundenorientierung als absolute Grundvoraussetzung für die erfolgreiche Vermarktung pharmazeutischer Produkte umzusetzen. Waren Prozesse und Strukturen im Pharma-Marketing bislang fast ausschließlich auf Produkte ausgerichtet, so wird den dargestellten Entwicklungen künftig durch eine Konzentration der Vermark-tungsbestrebungen auf strikt zielgruppenspezifische Marketing- und Vertriebsmaßnahmen zu begegnen sein.

Wichtigster Grundbaustein auf diesem Weg zur kundenorientierten Vermarktung von Arzneimitteln ist die präzise Definition, Kenntnis und Segmentierung der Zielgruppen. Galten bislang die Ärzte als Zielgruppe Nr. 1, so werden die durch den Kosten- und Deregulierungsdruck im Gesundheitssystem entstehenden Veränderungen künftig einschneidende Konsequenzen für die Struktur des einst wachstumsgestützten, hochprofitablen traditionellen Pharmamarktes mit sich bringen. Entscheidende Bedeutung wird hierbei einer veränderten Gewichtung ehemals minder beachteter Marktteilnehmer wie den Patienten selbst (!), Apotheken, aber auch Organisationen, Verbänden und Kassen zukommen, deren Position durch ein erhöhtes Mitsprache- und Gestaltungsrecht deutlich gestärkt wurde.

Will sich die Pharmaindustrie im budgetbegrenzten Verteilungskampf des derart strukturreformierten Pharmamarktes behaupten, so liegt die erste elementare Aufgabe im Rahmen des CRM in einer detaillierten Erfassung aller erreichbaren Daten ihrer Zielgruppen. Diese gilt es dann, in Bezug auf die Identifikation langfristig profitabler Kunden, sog. *key accounts*, auszuwerten. Entscheidende Ziel- und Steuerungsgröße ist hierbei der *customer lifetime value*, der langfristige Kundenwert also.

Die Bedeutung einer derart differenzierten potenzialorientierten Auswahl wird umso deutlicher, wenn man einen Blick auf fehlgeschlagene CRM-Initiativen der Vergangenheit wirft: Oftmals wurde hier CRM dahingehend missverstanden, für jeden Kunden ständig und überall da zu sein. Das Resultat war, dass sich Top-Kunden in der Warteschleife befanden und unprofitable Kunden oder Kleinstkunden vom First-Class-Service fast erschlagen wurden.

Auf Basis der im ersten Schritt erfassten Daten erfolgt nun in der zweiten Stufe das zentrale Thema einer jeden CRM-Initiative, nämlich die Ausarbeitung differenzierter, eigens auf die selektierten Zielgruppen abgestimmter *relationship*-Strategien. Hierbei ist die Nutzung der gesammelten Informationen bezüglich Bedürfnisorientierung und Struktur der einzelnen *key accounts* von größter Bedeutung, um wirklich maßgeschneiderte Leistungsan-

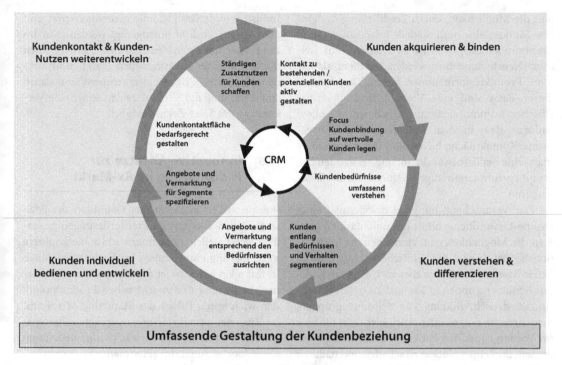

Kundenkontakt & Kunden-
Nutzen weiterentwickeln

Kunden akquirieren & binden

Ständigen
Zusatznutzen
für Kunden
schaffen

Kontakt zu
bestehenden /
potenziellen Kunden
aktiv
gestalten

Kundenkontaktfläche
bedarfsgerecht
gestalten

Focus
Kundenbindung
auf wertvolle
Kunden legen

CRM

Angebote und
Vermarktung
für Segmente
spezifizieren

Kundenbedürfnisse
umfassend
verstehen

Angebote und
Vermarktung
entsprechend den
Bedürfnissen
ausrichten

Kunden
entlang
Bedürfnissen
und Verhalten
segmentieren

Kunden individuell
bedienen und entwickeln

Kunden verstehen &
differenzieren

Umfassende Gestaltung der Kundenbeziehung

◩ **Abb 10.2** Darstellung der umfassenden Gestaltung der Kundenbeziehung

gebote für die jeweiligen Segmente anbieten und ausgestalten zu können.

Das ungeheure Potenzial derartiger Loyalitätsprogramme, die mittels intensiver Kommunikation zwischen Zielgruppe und Unternehmen auf eine Stärkung der emotionalen Verbundenheit und somit auf eine intensivierte Bindung abzielen, sei im Folgenden am Beispiel der »neuen« Zielgruppe Patient/Endverbraucher illustriert:

Ein maßgeblicher Umbruch in diesem Segment ist durch eine Vielzahl von Trends zu erwarten, die in ihrem Zusammenspiel einen idealen Ansatzpunkt bilden. So ist zum einen im Zuge des Arzt-Patienten-Empowerments eine stetige Zunahme der Selbstverantwortung des Patienten zu beobachten. Chronische und abhängige Kranke werden somit zunehmend zu aktiven, selbstverantwortlichen Patienten mit verstärktem selbstgesteuerten Verbraucherverhalten.

Eine Intensivierung erfährt dieser Trend durch den derzeitigen geistigen Umschwung vom Krankheits- zum Gesundheitsdenken. Folge dieser in den Medien allgegenwärtig präsenten Fit-for-Fun-Mentalität ist eine neue Denkweise in Bezug auf Prävention, Früherkennung, Therapie und Rehabilitation, welche wiederum in einem großen Bedarf an neuartigen Diagnostik- und Therapieprodukten resultiert.

Eine weitere beachtliche Steigerung seiner Käufermacht erfährt der Endverbraucher auf dem Markt für pharmazeutische Produkte schließlich durch die zunehmend notwendiger werdende Selbstfinanzierung: Vor dem Hintergrund der derzeitigen desolaten Finanzsituation wird eine optimierte Versorgung des Einzelnen nur noch durch eigenständig bezahlte Gesundheitsleistungen realisierbar sein.

Im Rahmen des CRM gilt es nun, diese Entwicklungen aufzugreifen und zwecks Akquisition sowie Bindung in einen Zusatznutzen umzuwandeln. Idealer Ansatzpunkt hierfür bildet das durch obige Trends entstandene, geförderte und geforderte Informationsbedürfnis des nunmehr mündigen Patienten. Gerade in einer Zeit, in der von ihrer Existenz bedrohte Ärzte kaum ausreichend Zeit für Gespräche aufbringen können, bietet sich hier die Möglichkeit, durch Erschließung des On-line-Marktes eine multimediale Informations- und Kommunikationsplattform zu erstellen, auf welcher Dienste angeboten werden, die mehr als nur reine Produktinformationen bieten. Denkbar auf dieser Basis sind eine Vielzahl zielgruppenspezifischer Kommunikationsmaßnahmen, die allein dadurch, dass sie dem Patienten eine bedarfsgerechte Kontaktfläche bieten und ihm zeigen, dass man seine Bedürfnisse erkannt und verstanden hat, grundlegende, langfristige Wettbewerbsvorteile offenbaren.

Zur Veranschaulichung sei das Beispiel eines Online-Gesundheitsportals genannt, das den Nutzern die Möglichkeit gibt, zum einen ihr Informationsbedürfnis bzgl. medizinischer Sachverhalte zu befriedigen, zum anderen aber auch aktiv mit anderen Benutzergruppen in Kontakt zu treten (Erfahrungsaustausch, Bildung von Selbsthilfegruppen, medizinische Fragen etc.). Auch hier steht die Idee im Vordergrund, den Patienten individuell zu bedienen, ihm einen Nutzen zu schaffen und dadurch zu binden. Interessante Möglichkeiten und ein Plus an Komfort ergeben sich in diesem Zusammenhang zudem durch die Möglichkeit des direkten Orderns pharmazeutischer Produkte (Schaffung neuer Absatzkanäle).

Doch auch in den anderen Bereichen des Kundenkontaktes (Außendienst, Call-Center etc.) dürfen die Chancen der modernen Informationstechnologie nicht ungenutzt bleiben. Erfassung und Pflege demografischer und psychografischer Kundendaten ermöglichen auch hier ein persönliches Eingehen auf individuelle Kundenvorlieben sowie eine umgehende und bedürfnisorientierte Auftragsabwicklung und stellen somit ein wertvolles Tool der Kundenbindung dar.

Abschließend sei auf die letzte, wenngleich auch äußerst wichtige Stufe der Implementierung einer CRM-Initiative hingewiesen, das sog. *continuous learning*. Der Versuch, sich auf eine einmalige Erhebung von Kundendaten zu beschränken und die daraufhin erfolgte Kundensegmentierung als statisch zu betrachten, ginge in die vollkommen falsche Richtung. Gerade in Zeiten eines sich schnell fortentwickelnden Pharmamarktes ist es wichtig, hier auf einen dynamischen Prozess hinzuarbeiten, bei dem Daten, die der Kunde im Kontakt mit der

Industrie hinterlässt, ständig neu ausgewertet und dem bisherigen Bild hinzugefügt werden. Nur im Zuge einer ständigen Neuausrichtung sind letztlich die Vision eines vollkommen markt- und kundenorientierten Pharmaunternehmens und damit eine Erhöhung der Verkaufszahlen sowie eine Verkürzung des Sales-Zyklus möglich.

10.6   Innovative Ansätze zur Preisfindung im Rx-Markt

Preispolitik ist zunächst qua Definition die Festsetzung von alternativen Preisforderungen gegenüber potenziellen Abnehmern sowie die konkrete Vereinbarung eines Preises bei Vertragsabschluss. In fast allen Märkten ist die Preispolitik von enormer Bedeutung und macht neben Produktpolitik den wichtigsten Faktor des Marketing-Mixes aus. Im Zuge der immer stärker ausgeprägten Preissensitivität aller Zielgruppen wächst die Bedeutung sogar noch. Auch im Pharmamarkt, verschreibungspflichtiger (Rx-) und OTC-Sektor, stecken im Bereich der Preispolitik enorme Gewinnpotenziale. Es wird allerdings beobachtet, dass gerade in geregelten Märkten das Preismanagement vielfach stark optimiert werden kann. Deren Ausschöpfung erfordert genaue quantitative Informationen über die Marktsituation, die Konkurrenzsituation, die Kundenstruktur und Kundenprofile, die Erstattungsfähigkeit und nicht zuletzt die Kosten im eigenen Unternehmen.

Es ist festzustellen, dass der pharmazeutische Markt weiterhin nach speziellen Behandlungen verlangt. Im Jahr 2007 waren 55 der rund 106 Blockbuster auf dem Markt solche Spezialbehandlungen, während dies im Jahre 2001 nur 12 waren. In einer Studie von lMS Health wird vorhergesagt, dass der Wert solcher spezieller Therapien in den USA mit dem Ende des Jahres 2008 bis zu 300 Mrd. US-Dollar erreichen könnte. Gleichzeitig zeigt sich aber, dass viele dieser neuen Behandlungen, insbesondere biologische und nicht länger kleine chemische Moleküle darstellen. Die Kosten solcher neuen Produkte werden um etwa 400 Mio. US-Dollar höher geschätzt als für die Entwicklung der konventionellen Produkte. Insofern verwundert es auch nicht, dass die Preise dieser Produkte oftmals deutlich höher liegen, da gleichfalls die Patientenpopulationen deutlich geringer sind, die Firmen also gezwungen sind, ihre Entwicklungskosten durch den höheren Preis bei kleinerer Patientenpopulation wieder einzufahren. Die generelle Haltung der Versicherer gegenüber solchen Behandlungen ist eher negativ und man kann einen Trend beobachten, in dem die Verwendung solcher Therapien durch Zulassungsbehörden und Meinungsbildner nicht unterstützt wird. Die Vermarktung dieser Produkte erfordert den Aufbau neuer Konzepte, da sie oftmals nicht lange gelagert werden können, Kühlketten benötigen und mit großer Sorgfalt zum Patienten geliefert werden müssen. Es stellt sich in diesem Zusammenhang für Firmen die Frage, ob man sowohl konventionelle Chemical Entities vermarktet oder sich auf Spezialtherapien, z.B. basierend auf biologischen Produkten spezialisiert. Ein maßgeblicher Aspekt der Preisfindung im Markt für pharmazeutische Produkte war der Ansatz, dass man durch unterschiedliche Preise einen möglichen Austausch zwischen den Ländern befürchtete. Es erscheint nun aber aufgrund der Einkommensunterschiede nicht länger vermeidbar, individuelle Preisfindungen für einzelne Länder und Regionen durchzuführen. Im März 2008 startete die Firma GlaxoSmithKline den Versuch, ihre Produkte zu unterschiedlichen Preisen in einzelnen Ländern anzubieten. Die Strategie beruht darauf, einen größeren Gewinn von wohlhabenderen Bevölkerungsschichten in den Entwicklungsländern zu erzielen, ohne Patienten mit niedrigem Einkommen auszuschließen.

10.6.1 Die klassische Preispolitik als Basis für optimale Preissetzung

Recherche und Forschung in und über die Märkte, Analyse und Bewertung sowie Auswahl der optimalen Handlungs- bzw. Preisstrategie sind die Komponenten eines erfolgreichen Preisfindungsverfahrens.

Nach der Marktrecherche sind auf der Basis der ermittelten Daten verschiedene Strategieszenarien zu ermitteln und darzustellen.

Die Beobachtung von enormen Preisschwankungen in den Märkten deutet auf ein riesiges Gewinnpotenzial hin, das im selektiven Preismanagement (*prize customisation*) steckt. Folglich muss diesem Bereich größte Aufmerksamkeit gewidmet werden, da die Preisdifferenzierung in der Preispolitik eine wesentliche Rolle spielt. Beispielsweise bewirkt eine Preissteigerung von 10 % bei Konstanz aller anderen Faktoren eine Gewinnsteigerung von 100 %!

Segmentierung und Differenzierung im Pricing sind nicht bloße Methoden, sondern Aufgaben, die auf hohem intellektuellem Niveau gelöst werden müssen. Das meiste, was in der Theorie unter diesem Begriff angeboten wird, ist nicht umsetzbar (v. a. sog. Typologien). Entscheidende Faktoren sind Ansprechbarkeit der einzelnen Zielgruppen und effektives *fencing*, also wirksame Barrieren aufzubauen zwischen *high-* und *low-price*-Produkten.

Preisoptimierung durch selektives Preismanagement muss auf hohem Informationsniveau stattfinden, denn nur wenn die Segmentierungskriterien und die darauf fußende Einteilung präzise, zuverlässig und zeitstabil sind, kann eine Differenzierung erfolgreich verlaufen. Zielgruppen sind abhängig von den jeweiligen Märkten. Das bedeutet: Preispolitik ist nicht rein endverbraucherbezogen. Im geregelten Pharmamarkt, z. B. indem Preisobergrenzen vorgegeben werden, stellt der Endverbraucher nur den indirekten Zahler dar. Zu berücksichtigende Marktteilnehmer sind Hersteller und Absatzmittler in Gestalt der Apotheker, Patienten, Ärzte, Kassen etc.

Die unterschiedlichen Preisbereitschaften können durch teilzielgruppenbezogene, zeitliche oder auch produktbezogene Unterscheidungen abgegriffen werden. Effektive Methoden zur trennscharfen Abgrenzung innerhalb der Zielgruppen und damit zur Maximierung der Produzentenrente stellen nichtlineares und multidimensionales Pricing dar.

Eine weitere (informationsintensive) Methode ist die Preisbündelung, die bei richtiger Durchführung sowohl zu höheren Absatzmengen als auch zur Ausnutzung unausgeschöpfter Preisbereitschaften und höherer Kundentreue führt. Der Nutzen, den das Produkt den einzelnen Zielgruppen bringt (*value to target group*), muss vollständig begriffen und quantifiziert werden. Nur dann können die Zusatzleistungen, Services und andere Produktattribute richtig entwickelt und positioniert werden. Demzufolge beginnt effizientes Pricing schon vor der Produktentwicklung.

Die obigen Ausführungen lassen erkennen, dass die Komplexität moderner Märkte keine rein kostengetriebenen Entscheidungen zulässt, sondern Systeme benötigt, die auf der Basis sämtlicher Einflussfaktoren Pricing-Entscheidungen unterstützen (*decision support*-Systeme).

10.6.2 Vorgehensweise bei der Preisfindung für pharmazeutische Produkte

Das Pricing im Pharmamarkt kann in sieben Stufen eingeteilt werden. Im Folgenden werden die einzelnen Abschnitte nach einem kurzen Überblick beschrieben:

Zunächst müssen alle marktrelevanten Daten erhoben werden, um mithilfe dieser deskriptiven Ebene die folgenden Schritte auf eine solide Basis stellen zu können.

Im Anschluss findet die Bewertung der Marktsituation statt. Sie umfasst das Marktpotenzial, die Wettbewerbsverhältnisse und die Konkurrenzpreise, eine Beurteilung branchenspezifischer Faktoren und zukünftiger Trends.

Wenn dieser Schritt abgeschlossen ist, beginnt neben der Effizienz- und Zufriedenheitsanalyse die Ermittlung und Einordnung der preistreibenden Faktoren. Hierfür sind Audits mit den verschiedenen Zielgruppen (Ärzten, Apothekern, Patienten), aber auch mit den verantwortlichen Stellen nötig, die für die Zulassung der Preise zuständig sind. Mithilfe der Ergebnisse dieser Audits können u. a. die Möglichkeiten, eine Premium-Preisstrategie durchsetzen zu können, bewertet werden. Das Sortiment muss in erstattungsfähige und nichterstattungsfähige Produkte unterteilt werden. In einer nun folgenden Sensitivitätsanalyse kann festgestellt werden, wie preissensibel die Zielgruppen sind. Nach Erhebung aller wichtigen Faktoren und der sich anschließenden Zusammenfassung der Marktforschungsergebnisse werden unterschiedliche Szenarien und Modellstrategien hinsichtlich

Marktanteil und Umsatz bei verschiedenen Preisen ermittelt.

Auch im internationalen Umfeld muss die Strategie abgestimmt werden. Nach der Ableitung der Strategie und dem optimalen Preis muss in ständigen Rückkopplungsschleifen darauf geachtet werden, dass der Preis seinen Optimalitätscharakter behält.

— **Stufe 1:**
Diese Stufe bildet die Basis für die folgenden Prozessabschnitte. In dieser rein deskriptiven Ebene werden Markt-, Wettbewerbs- und Konsumentendaten sowie Spezifika und Trends ermittelt und aufgenommen.

— **Stufe 2:**
Im Zuge der Bewertung der relevanten Markt- und Konkurrenzfaktoren wird eine SWOT-Analyse (*strength*, *weakness*, *opportunities*, *threats* – Stärken, Schwächen, Möglichkeiten, Bedrohungen) durchgeführt. Vorgehensweisen bei identifiziertem Handlungsbedarf werden in internen Workshops mit dem Management und den Mitarbeitern erarbeitet.

— **Stufe 3:**
Zur Ermittlung der Preistreiber und zur Erfassung der wesentlichen Aspekte bei einer Fremdeinschätzung werden in den Interviews verschiedene Schwerpunkte gelegt: Bei der Befragung der Patienten sollen sowohl die preistreibenden Attribute ermittelt werden, als auch die maximal akzeptierten Preisspannen, sowie die Reaktion auf ein erweitertes Produktportfolio. In den Ärzteinterviews liegt der Schwerpunkt auf der Einschätzung, wie wahrscheinlich es ist, dass die Produkte Erstattungsfähigkeitsstatus erlangen und wie sich die akzeptierten Höchstpreise gestalten, wohingegen die Apothekerinterviews vor allem beobachtetes Konsumentenverhalten fokussieren. Die beste Erstattungsfähigkeitsprognose wird in den Audits erlangt, die mit den Zulassungsoffiziellen geführt werden.

— **Stufe 4:**
Die Preissensitivitätsermittlung macht eine Bestimmung der akzeptablen Preisspanne für ein bestimmtes Produkt mit festen Zusätzen möglich. Der Schlüsselfaktor ist die Preiswahr-

nehmung der Zielgruppen, hierzu wird die Nachfrageentwicklung bei verschiedenen Preisen prognostiziert. Neben der Sensitivitätsanalyse sollen eine Kreuzpreiselastizitäts- und eine Conjoint-Analyse durchgeführt werden, um die Ergebnisse der Sensitivitätsanalyse zu validieren. Ein sehr wichtiger Faktor bei der Preisfindung ist die Ermittlung des Markenwertes (*brand value*). Dieser muss quantifiziert werden, damit er adäquat im Preis berücksichtigt werden kann.

Stufe 5:

Durch den letztendlich gesetzten Preis muss ein Wertausgleich (*value equation*) zwischen den Produktvorteilen bzw. produktimmanenten Werten und dem dafür zu zahlenden Preis stattfinden.

Stufe 6:

In einem fließenden Übergang von diesen vorbereitenden Aktivitäten werden mögliche Strategien abgeleitet, evtl. durch Rücksprünge und Modifikationen vorher festgelegter Ansätze. Unter Integration der preistreibenden Elemente, die von den Interviewgruppen identifiziert wurden, soll eine optimale Marktpositionierung erreicht werden.

Wichtig in jeder Strategie ist es, die Schlüsselfaktoren zu identifizieren, die in der Lage sind, alte Kunden zu binden und neue zu werben. So sind auch auf längere Sicht bei einem Preisabfall die Stellschrauben klar, die neben Kostensenkung dazu dienen, das operative Geschäft auch nach dem Markteintritt der Imitatoren und Generika profitabel zu halten. Reale Preisunterschiede im Pharmamarkt schwanken bis zu 500 %, wobei die Region das Hauptdifferenzierungsmerkmal darstellt. Wenn die unternehmerischen Aktivitäten also nicht mehr nur national, sondern auf europaweite oder globale Ebene ausgeweitet werden, sind neue Preisstrategien gefordert, um bei der Entstehung grauer Märkte *transshipments* zu verhindern, um so die Markt- und Umsatzanteile der Re-Importeure zu minimieren. Auf auseinander brechenden Märkten (bspw. ehemalige Tschechoslowakei) müssen andere Strategien angewandt werden, als auf zusammenwachsenden Märkten (bspw. Europäische Union). Bei der Heterogenisierung der Märkte ist mit der Zeit eine Differenzierung, bei der Homogenisierung eine zunehmende Preisstandardisierung sinnvoll, um die sich ändernden Bedürfnisse zu erfassen. Zusammenfassend ist zu diesem Bereich zu sagen, dass das europäische Pricing eine besonders große Herausforderung an das selektive Preismanagement stellt. Essenziell ist eine vollständige Informationsbasis über die Länder hinweg, die zunächst überhaupt Preisvergleiche und Planungen ermöglichen soll. Wichtig hierbei ist, sog. Horrorszenarien zu vermeiden, dass sich also der Preis im Hochpreisland im Zuge zusammenwachsender Märkte nicht auf den Preis im Niedrigpreisland absenkt, sondern dass zur Vermeidung dieses Szenarios ein optimaler Preiskorridor ermittelt wird.

Stufe 7:

Nach interner Diskussion der Alternativen wird die Strategie ausgewählt, die nach Berücksichtigung aller Bedingungen den Preis mit Optimalitätscharakter garantiert. National und international soll die ausgewählte Strategie sowohl für erstattungsfähige als auch für nicht erstattungsfähige Produkte darauf ausgelegt sein, den angestrebten ROI (*return on investment*) zu erzielen, den Marktanteil zu halten oder zu vergrößern und die Profitabilität des Produktes zu maximieren.

10.6.3 Rückkopplung

Abschließend ist anzumerken, dass das Preismanagement nicht nach der Erstbepreisung aufhört. In den verschiedenen Folgephasen muss der optimale Preis neu bestimmt werden, falls sich die Bedingungen des Umfelds verändert haben. Darüber hinaus besteht die Notwendigkeit, die Marketingaktivitäten kurz- und mittelfristig an die jeweilige Strategie anzupassen. Wenn Szenarien, Modellstrategien und Alternativen ganzheitlich generiert wurden, kann vor der Entscheidung auf die angesprochenen *decision support*-Systeme zurückgegriffen werden, um die ausgewählte Strategie abzusichern und ggf. zu revidieren.

10.7   Best Practice Transfer – die lernende Organisation

Fusionsaktivitäten gehörten in der Pharmabranche in den letzten Jahren zur Tagesordnung und werden auch weiterhin das Geschehen prägen. Bereits jetzt finden sich eine Vielzahl international bzw. global agierender Unternehmen auf dem Markt. Im Gegensatz zu anderen Branchen ließ sich bislang jedoch keine zentrale Gesamtstruktur in den einzelnen Konzernen erkennen, die Niederlassungen waren zumeist unabhängig voneinander und wiesen kaum Verbindungen zueinander auf. Die gesetzlichen Restriktionen in den einzelnen Ländern seien zu unterschiedlich für die Entwicklung globaler Strategien, war als Begründung für diesen Sachverhalt zu hören. Doch in Zeiten sich anpassender Märkte scheinen nun die ersten Pharmariesen zu reagieren. Der Trend, vorhandene Synergiepotenziale auch tatsächlich zu nutzen, nimmt immer stärkere Ausmaße an. Ein viel versprechendes Instrument ist diesbezüglich der sog. *best practice transfer*, ein organisierter Wissensaustausch, der die konzernweite Ausrichtung auf Bestleistungen zum Ziel hat.

Geeignet ist dieses Konzept für alle Unternehmen mit zentralen und dezentralen Funktionen, also für Konzerne bzw. konzernähnlich strukturierte Unternehmen, Unternehmen mit mehreren Niederlassungen sowie international oder global agierende Unternehmen. Besondere Stärke zeigt der Ansatz bei der Koordination mehrerer Niederlassungen, welche sich in unterschiedlichen Marktsituationen befinden oder eine unterschiedliche Kultur und Historie aufweisen. Er ist grundsätzlich auf jeden Funktionsbereich eines Unternehmens anwendbar, auf das Portofolio-Management beispielsweise genauso gut wie auf den Vertrieb oder die Qualitätssicherung. Die Breite des Themenzuschnitts kann hierbei je nach Lage des Falls erfolgen (z. B. Vertriebsoptimierung generell oder Arbeitsweise des Außendienstes).

Die Vorgehensweise orientiert sich an drei zentralen Fragestellungen:
- Was erreichen die anderen?
- Wie machen sie das?
- Was müssen wir tun, um genauso gut zu werden?

Fünf Stufen können dabei unterschieden werden:

1. **Festlegung der strategischen Plattform**: An erster Stelle erfolgt die Auswahl des Themengebietes. Welche Themen für ein Unternehmen die besonders erfolgskritischen Faktoren darstellen, kann abhängig von der spezifischen Unternehmens- und Marktsituation äußerst verschieden und teilweise auch sehr vielschichtig sein. Entscheidend ist hier die Konzentration auf eine übersichtliche Anzahl zielführender Kernfaktoren mit hoher Steuerungswirkung. Nur so kann eine überschaubare, handhabbare Komplexität erreicht werden, die für das weitere Vorgehen unerlässlich ist. Bereits in dieser frühen Phase wird durch kontinuierliche Kommunikation mit allen Beteiligten der Grundstein für die spätere Akzeptanz des Projektes gelegt werden. So können in vorzeitigen Audits beispielsweise diejenigen Themen herausgefiltert werden, welche für die Mehrheit der teilnehmenden Niederlassungen größte Priorität besitzen.

2. **Auswahl der *benchmarks* und der »Geberländer«**: In Abhängigkeit von den ausgewählten Themen werden nun zunächst *benchmarks* definiert, die zur Messung der Leistungen im betreffenden Themenfeld geeignet sind. Anhand dieser Leistungsgrößen werden dann die *performance*-Ergebnisse der Einzelländer bzw. Niederlassungen verglichen. Mittels Orientierung am »Klassenbesten« können somit die späteren Quellländer identifiziert werden. Deren sorgfältige Auswahl ist ein wichtiger Erfolgsfaktor für den späteren Umsetzungserfolg. Glaubwürdigkeit und Akzeptanz dieser Länder als »Champions« sind wichtige Grundvoraussetzungen.

3. **Identifizierung bester Praktiken**: Im dritten Schritt folgt die Identifizierung der wichtigsten Erfolgstreiber für die Bestleistungen der Quellländer: Welche Praktiken dieser Länder ermöglichen eine solche Bestleistung? Anhand dieser Treiber gilt es, ein erstes Konzept für die Zielländer zu entwickeln.

4. **Anwendung des Konzepts**: Es folgt die Übertragung des Konzepts auf die Zielländer. Hierbei ist ein dezentraler, integrativer Ansatz für die Akzeptanzsicherung von großer Be-

deutung. Der Transfer von Know-how und Do-how muss also unter Berücksichtigung der jeweiligen lokalen Gegebenheiten erfolgen.

5. **Etablierung kontinuierlicher Optimierungsprozesse**: *Best practice transfer* sollte, ausgehend von einem Initialprojekt, als lebendiges System verstanden werden. Nur durch kontinuierlichen Wissens- und Erfahrungsaustausch kann dauerhaft der größtmögliche Nutzen erzielt werden.

Abschließend sei noch auf die exzellente Aufwand-Nutzen-Relation des *best practice transfer* hingewiesen: Bei vergleichsweise geringen Kosten handelt es sich hierbei um ein unglaublich starkes Instrument, um die Performance innerhalb eines Konzerns mit großen Schritten voranzutreiben und nachhaltig zu optimieren!

10.8 Resümee

»Die Pharmabranche muss sich im US-Geschäft auf härtere Restriktionen im Marketing einstellen. Diese Entwicklung dürfte zur Wachstumsschwäche auf dem amerikanischen Pharmamarkt mit beitragen. So legten die Umsätze in US-Apotheken nach jüngsten Daten des Marktforschers IMS Health bis November 2008 nur noch um ein Prozent zu«, schreibt das Handelsblatt schon im Februar 2009.

Hintergrund der oben genannten Restriktionen ist zum einen der zusehends härtere Kurs der US-Justiz gegen ungesetzliche Vertriebsmethoden der Branche. Die britische GlaxoSmithKline etwa gab die Rückstellung von zusätzlichen 400 Mio. US-Dollar für entsprechende Verfahren bekannt, Pfizer offenbarte im jüngsten Quartalsbericht sogar 2,3 Mrd. US-Dollar an Belastungen für Rechtsstreitigkeiten im Zusammenhang mit dem Marketing für das inzwischen vom Markt genommene Schmerzmittel Bextra, Eli Lilly verständigte auf die Zahlung von insgesamt 1,4 Mrd. US-Dollar im Zusammenhang mit dem Schizophreniemedikament Zyprexa. Der Konzern zahlte mit 515 Mio. US-Dollar die bisher höchste Strafsumme, die jemals gegen ein Unternehmen in den USA verhängt wurde. Betroffen von dem Vorgehen der US-Behörden ist auch die deutsche Pharmaindustrie: Bayer einigte

sich in einem Vergleich mit der US-Justiz auf die Zahlung von 97 Mio. Dollar wegen unlauterer Vertriebsmethoden im Geschäft mit Diabetes-Testgeräten.

Fast alle namhaften Pharmahersteller waren in den letzten Jahren in derartige Verfahren verwickelt. In aller Regel geht es dabei um nicht erlaubte Vertriebsmethoden, fehlerhafte Abrechnungen gegenüber staatlichen Einrichtungen wie die Medicare-Versicherung. Der Einsatz der Medikamente außerhalb der zugelassenen Einsatzgebiete (»*off-label*«) stellt ein weiteres Problem dar. In aller Regel suchen die beklagten Unternehmen dabei eine Vergleichslösung mit den Justizbehörden. Denn im Falle einer Verurteilung durch ein Gericht können sie vom Geschäft mit wichtigen staatlichen Einrichtungen wie Medicare und Medicaid in den USA ausgeschlossen werden.

Unter anderem wird in diesem Zusammenhang über Restriktionen für die Endverbraucher-Werbung der Pharmabranche diskutiert. In Reaktion auf die wachsende Kritik verabschiedete der Branchenverband PhRMA einen neuen Marketing-Codex, der Anfang des Jahres 2009 in Kraft getreten ist. Er sieht unter anderem Restriktionen für Zuwendungen und Vertragsbeziehungen mit Ärzten vor. Das gesamte Pharma-Marketing wird mit den Themen des Markenmanagement, *category management*, Preismanagement neue Vermarktungskonzepte erarbeiten müssen, um die veränderte Struktur des Absatzmarktes abbilden zu können und die Kunden verschiedenster Interessengruppen ansprechen und versorgen zu können.

Literatur

1 Baikei A (2000) One-to-One-Marketing. In: *PharmaMarketing-Journal* 01/00

2 Bothner K, Meissner FW (1999) Wissen aus medizinischen Datenbanken nutzen. *Deutsches Ärzteblatt* 96: A-1336–1338, Ausgabe 20/99

3 Dichtl E, Raff 6e H, M. Thiess M (Hrsg;1989) Innovatives Pharma Marketing. Gabler Verlag, Wiesbaden

4 Gehrig W (1992) Pharma Marketing. Verlag moderne industrie, Landsberg

5 Hames F, Grosse-Wichtrup L (2000) Direct-to-Consumer (DTC): Möglichkeiten und Grenzen in Europa, Teil 1. *Pharma-Marketing-Journal*, Ausgabe 5/00

6   Heuer HO, Heuer HS, Lennecke K (1999) Compliance in
     der Arzneitherapie. Wissenschaftliche Verlagsgesell-
     schaft, Stuttgart
7   Klose G et al. (2001) Lifestyle-Arzneimittel. Wissenschaft-
     liche Verlagsgesellschaft, Stuttgart
8   Trilling T et al. (2008) Pharmamarketing. Springer Verlag,
     Berlin, Heidelberg
9   Müller M (2005) Europäisches Pharmamarketing. Gabler,
     Wiesbaden

10

Auf zu neuen Ufern – *emerging markets*

Jörg Breitenbach und Dagmar Fischer

11.1 Emerging markets: Pharmamärkte und ihre Entwicklung

Die Sättigung der traditionellen Märkte in USA, Europa und Japan und der drohende Ablauf des Patentschutzes für viele Blockbuster zwingen die Originatoren in neue Märkte zu diversifizieren. Gleichzeitig wächst der Generika-Markt rapide. 2010 waren es weltweit etwa ca. 124 Milliarden US-Dollar bei einem Wachstum von rund 8 %, während im Vergleich der gesamte Pharmamarkt nur knapp 6 % zulegte. Nach Schätzungen der Frost & Sullivan Consulting wird der generische Markt 2018 sogar ein Volumen von etwa 231 Milliarden US-Dollar erreichen. Für die Pharmaunternehmen bedeutet dies zum einen die Notwendigkeit zur Neuorientierung zu neuen Märkten und zum anderen zu neuen Generika-Strategien.

Für die Länder in Asien, Osteuropa und Lateinamerika werden zweistellige Wachstumsraten für den Pharmamarkt vorausgesagt. Nach den Daten von IMS Health wachsen die Länder Brasilien, Indien, Russland, China, Türkei, Mexiko und Indonesien (**E-7 Länder**) 13 bis 16 % in den nächsten fünf Jahren. Es wird erwartet, dass China mit 20 % Wachstum die Liste anführt, maßgeblich geprägt durch die gegenwärtige Gesundheitsreform, welche durch die chinesische Regierung vorangetrieben wird. Ähnliche Initiativen gibt es in Brasilien und Russland. Diese sogenannten **emerging markets** (aufstrebende Märkte) weisen neben einem enormen Wachstum eine Reihe von Vorteilen auf wie die noch unzureichende Sättigung mit hochwertigen Konsumgütern, wertvolle Rohstoffquellen, niedrige Lohnniveaus und oftmals einen hohen Anteil an junger Bevölkerung im Vergleich zu den bereits etablierten Pharmamärkten.

◻ Abb. 11.1 zeigt die Verteilung der Umsätze und der Wachstumsraten der Pharmamärkte in den einzelnen Regionen. Dabei werden die *emerging markets* im Pharmabereich nach IMS Health als sogenannte **pharmerging markets** bezeichnet. Diese umfassen 17 Länder: Brasilien, Russland, Indien, China, Argentinien, Mexiko, Venezuela, Polen, Rumänien, Türkei, Ukraine, Indonesien, Pakistan, Thailand, Vietnam, Ägypten und Südafrika. Unter der Bezeichnung *pharmerging markets*

hob IMS Health bereits 2006 dabei das enorme Wachstum in sieben sich besonders schnell entwickelnden Ländern hervor: China, Brasilien, Russland, Indien, Mexiko, Türkei und Südkorea. Der Pharmerging-Sektor umfasst geschätzt 3 Milliarden Menschen, was 45 % der Bevölkerung dieses Planeten entspricht. Seither haben diverse Trends wie die Altersstruktur, der Beschäftigungsgrad sowie die weltweite Rezession die Entwicklung dieser Länder unterschiedlich beeinflusst. Die gewaltige Verschiebung der Pharmamärkte zugunsten der 17 aufstrebenden Länder verstärkt sich, da sie weiterhin Marktanteile zu Lasten der USA und der fünf größten europäischen Märkte erobern. Die Länder China, Brasilien, Russland und Indien trugen 2009 bereits 37 % zum weltweiten Wachstum bei. Bis 2013 erscheinen 48 % möglich. Pharmaunternehmen sind aufgefordert, die Weichen zu stellen, um sich in diesen Ländern in Zukunft erfolgreich zu positionieren. Gerade aufgrund des großen, zweistelligen Wachstums erscheinen die *pharmerging markets* als besonders interessante Ziele für eine Ausdehnung der Produktsortimente. Die besonderen Herausforderungen werden dabei Krankheitsprofile sein, die sich von denen der traditionellen Märkte unterscheiden, unterschiedliche Healthcare-Programme und Firmenmentalitäten.

Der gesamte Weltpharmamarkt wird nach IMS Health 2014 eine Größe von mehr als 1 Billion US-Dollar haben. Für 2013 sagt man voraus, dass 70 % des Wachstums der pharmazeutischen Industrie aus den *emerging markets* kommen. Mehrere Faktoren werden für dieses Wachstum verantwortlich gemacht: Erstens das wachsende Bruttoinlandsprodukt, zweitens die große Bevölkerungszahl in den Ländern der *emerging markets* und drittens Krankheiten, die mit dem neuen Lebensstil einhergehen. Alleine in China rechnet die International Diabetes Federation damit, dass aktuell rund 90 Millionen Menschen an Diabetes leiden. Ein anderes Beispiel zeigt für Russland, dass ca. 45 Millionen Russen heute an Fettstoffwechselstörungen leiden, von denen nur ca. 1–2 Millionen eine Behandlung erfahren. Wäre nach Schätzung von AstraZeneca der Versorgungsgrad ähnlich wie in den entwickelten Märkten, würden weitere 10 Millionen Russen therapiert werden. Zusätzlich sind die Patentabläufe der Blockbuster-Produkte sowie Initiativen der

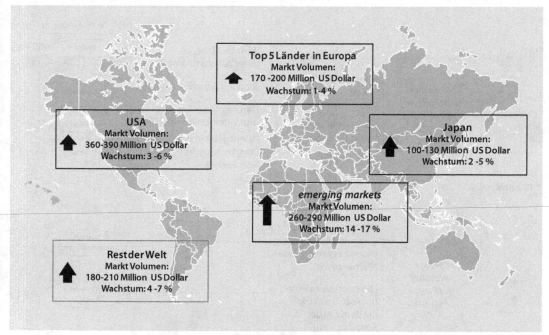

Abb. 11.1 Entwicklung der Weltpharmamärkte (© Fischer/Breitenbach)

Regierungen zur Förderung der generischen Präparate, und damit Einsparungen der jeweiligen Gesundheitshaushalte, Grund für das starke Wachstum generischer Präparate.

11.2 Das *branded generics*-Modell

Ein Modell, das den genannten Änderungen Rechnung trägt, ist das Modell der sogenannten **branded generics**. IMS Health definiert *branded generics* als: »... Wirkstoffe, die keinen Patentschutz mehr besitzen und in einer neuen Darreichungsform von einem Hersteller, der nicht der Originator ist, auf den Markt gebracht werden, oder eine Kopie des originären Wirkstoffs mit einem Markennamen.«

Dieses Konzept erlaubt es den großen Firmen einerseits ihre *supply-chain,* Netzwerke und Marketing weiter zu nutzen, gleichzeitig aber Generika mit einem Preisaufschlag zu vermarkten, da der Markenname gerade in den sich entwickelnden Ländern eine starke Position ermöglicht. Die Angst vor billigen Nachahmerpräparaten mit schlechterer Qualität spielt in diesen Märkten eine ausgeprägte Rolle. Oftmals werden Präparate nur aufgrund

des Markennamens verschrieben. Während die Preise für einfache generische Präparate durch harten Wettbewerb dramatisch gefallen sind, sind gleichzeitig die Kosten für die Zulassung und Vermarktung der Produkte immens angestiegen. Dies hat immer wieder zu Ausfällen in der Produktversorgung mit generischen Präparaten geführt, da kleine, lokale Firmen in dieser Preis- und Kostenspirale nicht mithalten konnten, und es untergrub das Vertrauen in Generika. 2009 wies die European Generics Association darauf hin, dass der beste Weg im generischen Geschäft zu überleben der Weg der *branded generics* sei.

Die Konsequenzen dieser Globalisierung machen sich bereits heute in den traditionellen Märkten bemerkbar und tragen neben Produktions- und Lieferverzögerungen oder Qualitäts- und Herstellungsproblemen zum sogenannten *drug shortage* (Arzneimittelmangel, Arzneimittelengpass) bei. Dies wird derzeit vor allem für den amerikanischen Markt deutlich. In den USA werden kaum mehr Antibiotika hergestellt, sondern Produktionsstandorte weitgehend nach Asien verlegt, was in Folge zu einer Abhängigkeit der USA von den ausländischen Herstellern führt. Da *drug shortages* nicht

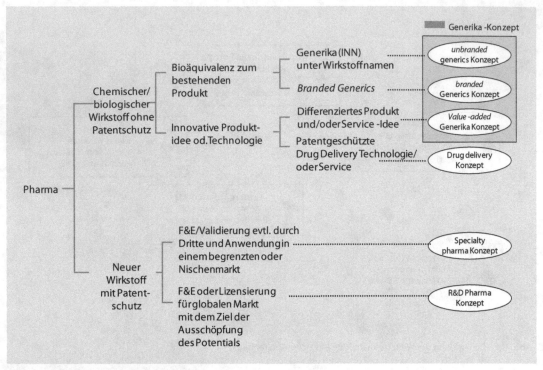

Generika -Konzept

Pharma
— Chemischer/ biologischer Wirkstoff ohne Patentschutz
  — Bioäquivalenz zum bestehenden Produkt
    — Generika (INN) unter Wirkstoffnamen .... *unbranded generics Konzept*
    — *Branded Generics* .... *branded Generics Konzept*
  — Innovative Produkt- idee od. Technologie
    — Differenziertes Produkt und/oder Service -Idee .... *Value -added Generika Konzept*
    — Patentgeschützte Drug Delivery Technologie/ oder Service .... Drug delivery Konzept
— Neuer Wirkstoff mit Patent- schutz
  — F&E/Validierung evtl. durch Dritte und Anwendung in einem begrenzten oder Nischenmarkt .... Specialty pharma Konzept
  — F&E oder Lizensierung für globalen Markt mit dem Ziel der Ausschöpfung des Potentials .... R&D Pharma Konzept

◘ Abb. 11.2   Generischer Marktzugang aus der Perspektive des Wirkstoffs (© Fischer/Breitenbach)

gemeldet werden müssen, kann ihre Zahl nur geschätzt werden. Die FDA gab 2011 ca. 200 Fälle an. Initiativen wie der derzeit initiierte »Preserving Access to Life Saving Medications Act of 2011« und der »Drug Shortage Prevention Act 2012« sollen eine frühstmögliche Erkennung und Behebung von solchen Arzneimittelengpässen in USA ermöglichen. Auch in Deutschland macht sich das Phänomen bereits bemerkbar. Laut der Deutschen Pharmazeutischen Gesellschaft werden bereits heute vier von fünf Wirkstoffen aus Indien oder China eingeführt. Fast alle in Deutschland verwendeten Antibiotika kommen aus China. Einem ähnlichen Trend folgen Präparate mit Amlodipin, Cortison und Metformin.

Die oben genannte Definition von IMS Health wird sowohl von der FDA als auch von der englischen Gesundheitsbehörde, und dem National Health Service (NHS) verwendet. Die Definition geht vom Wirkstoffmolekül aus, wodurch sich verschiedene Markteintrittsszenarien ergeben. Diese sind in ◘ Abb. 11.2 gezeigt und unterteilen sich in drei Konzepte: das *unbranded generics*-Modell,

oft auch als INN (International Nonproprietary Name)-Konzept bezeichnet, das *branded generics*-Modell und das *value added*-Generika-Modell. Das Modell der patentgeschützten Technologie kann sowohl im Bereich der Generika als auch im Bereich der neuen Wirkstoffe zum Einsatz kommen.

Die beiden letzteren Modelle loben oft Vorteile für den Patienten basierend auf neuen Technologien, besserer Produktqualität oder zusätzlicher klinischer Daten aus.

◘ Abb. 11.3 zeigt eine Einstufung der Märkte in solche, die noch eine geringe generische Penetration aufweisen wie z. B. Brasilien und solche, die ein starkes generisches Umfeld haben wie die USA. Die Einflussgruppen in diesen Märkten unterscheiden sich, da in den jungen Märkten der Arzt im Mittelpunkt steht und Generikaanbieter meist nur ein sehr begrenztes Produktportfolio aufweisen, während in den reifen Märkten der Zahlende im Mittelpunkt steht und Generikaanbieter meist eine umfassende Palette an Produkten anbieten.

Tatsächlich ist es dennoch erforderlich, über niedrige Kosten und hohe Volumina die Präsenz im

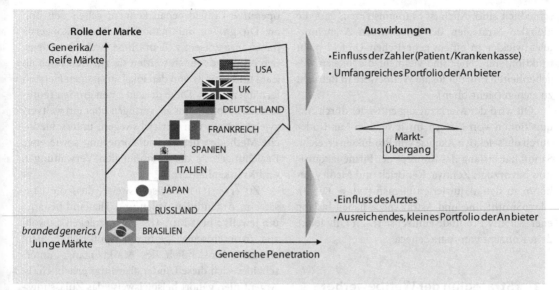

Abb. 11.3 Verbreitung generischer Produkte in ausgewählten Märkten

Markt zu festigen. Dies wird auch verständlich, wenn man sieht, dass mehr als 50 % der Ausgaben für Arzneimittel in den *emerging markets* von den Patienten selbst getragen werden. In Indien liegt die Rate bei fast 90 %. Im Vergleich dazu liegt sie in Deutschland etwa bei 20 %. Für 2009 verteilten sich die Umsätze weltweit nach einer Schätzung von AstraZeneca in den *emerging markets* auf 17 % aus patentierten Originalprodukten, 28 % aus *branded generics* und 50 % aus reinen Generika. Der Gesamtmarkt hatte ein Umsatzvolumen von 189 Milliarden US Dollar.

Erfolgsfaktoren für das *branded generics* -Konzept sind allgemein:

1. Ein früher Markteintritt, da so Markanteil und Preis günstig beeinflusst werden können;
2. Ein umfassendes Portfolio als Angebot, da der Lebenszyklus der Produkte in der Regel kürzer und die Schwankungen im Umsatz stark erhöht sind;
3. Eine verbesserte Kostenstruktur, die es erlaubt, mit geringeren Gewinnen zu operieren und im »Preiskampf« mithalten zu können;
4. Eine Strategie, die auf lokale Gegebenheiten zugeschnitten ist, da eher lokale Firmen als Wettbewerber zu berücksichtigen sind.

Firmen wie Novartis (mit Sandoz), Sanofi-Aventis, GlaxoSmithKline, Pfizer (Greenstone), AstraZe-

neca, EliLilly und Abbott sind auf diesem Gebiet aktiv. Dabei werden unterschiedliche organisatorische Konzepte verfolgt:

1. Die *branded generics*- Aktivitäten werden in ein bestehendes Generikageschäft, also eine bestehende Organisation integriert (GSK);
2. Es werden separate Generika-Geschäftseinheiten wie Divisionen oder Abteilungen im Firmenverbund mit neuen Organisationen etabliert (Abbott, AstraZeneca);
3. Es wird eine separate Firma ausgegründet, die auf das Thema Generika/*branded generics* mit einer neuen Organisation fokussiert ist (Sandoz).

Die unterschiedlichen organisatorischen Konzepte beinhalten offensichtliche Möglichkeiten der Einflussnahme und Umsetzung der Geschäftsstrategie durch den ursprünglichen Konzern. Auf der einen Seite werden Synergien mit bestehenden Geschäftszweigen kreiert (1.), auf der anderen Seite wird die Unternehmung der klassischen Big Pharma-Struktur entzogen und so neue Freiräume geschaffen (3.).

Generell besteht Konsens darüber, dass Organisation, Prozesse, Fähigkeiten und die Einstellung in den beiden Firmentypen forschende Pharmafirma und *branded generics-*/Generikafirma unterschiedlich sind. Auch ist es unumstritten, dass die globalen Strategien der forschenden Arzneimittelentwickler in einem generischen Umfeld nicht funktionieren. Hier sind vielmehr die lokalen Gegebenheiten und der lokale Wettbewerb in Betracht zu ziehen (siehe oben).

Oft wird der Marktzugang entweder durch Akquisitionen von Firmen im jeweiligen Land oder durch die selektive Akquise von Produkten erreicht. Sanofi hat bislang das Konzept der Firmenakquisition bevorzugt: Zentiva, Kendrick und Medley gehören zu den akquirierten Firmen (vgl. ▶ Kap. 1). GlaxoSmithKline und AstraZeneca haben bislang eher selektiv Produkte einlizensiert. Eli Lilly folgte dem Konzept von AstraZeneca.

11.3   Strategien der Wettbewerber

Einige Unternehmen konnten sich schnell im Generika-Umfeld etablieren. So etwa die Schweizer Nycomed, die nach dem Einstieg in den russischen Markt 1993 im Ranking des russischen Marktes nun auf Rang 11 steht. Bayer hat einen hohen Anteil seiner jüngsten Umsatzsteigerung aus Investitionen in China bzw. der Türkei generiert.

Insgesamt konnten sich die europäischen Pharmaunternehmen erfolgreicher vor Ort etablieren als ihre US-Konkurrenten. GlaxoSmithKline (GB) und Sanofi Aventis (F) haben beispielsweise einen deutlichen Vorteil vor den Amerikanern herausgearbeitet. Novartis, Bayer und Novo Nordisk haben eine gute Position auf dem russischen Markt errungen, während viele US-Firmen wie Pfizer und BMS hier Nachholbedarf haben.

Doch was ist der Schlüssel zum erfolgreichen Eintritt eines Pharmaunternehmens in einen der *emerging markets*? Neben pharmarelevanten Aspekten wie den länderspezifischen regulatorischen Bestimmungen, behördlichen Kontrollen und den jeweiligen Health care-Systemen spielen auch die nationale ökonomische Situation, Unterschiede in Infrastruktur, Mentalität und Führungsstil eine entscheidende Rolle. Jeder Markt ist anders und erfordert eine spezielle Strategie. Auch der Konkurrenzkampf in den aufstrebenden Pharmamärkten unterscheidet sich deutlich von dem in den Industrieländern. Einheimische Unternehmen, die das operative Umfeld genau kennen, geben den Ton an. Die großen multinationalen Pharmakonzerne haben ihre Präsenz z. B. in China zwar schon deutlich erhöht, dennoch werden sie zur Zeit noch an Zahl und Umsatz von den lokal ansässigen Herstellern übertroffen. Diese decken einen großen räumlichen Aktionsradius ab, verfügen über ein weitverzweigtes Netz von Vertriebswegen, unterschiedliche Methoden der Verkaufsförderung sowie enge Beziehungen zu den kommunalen Verwaltungen und Krankenhäusern.

Zu erwarten ist beispielsweise, dass die Umsätze in Argentinien, Polen und Thailand bis 2013 um jeweils 2 bis 3 Mrd. US-Dollar zulegen. Sowohl aus ökonomischer, gesundheitspolitischer Sicht als auch hinsichtlich des Marktzugangs unterscheiden sich diese Länder allerdings erheblich. In Argentinien gehört beispielsweise das Zulassungsverfahren zu den kürzesten weltweit, in Thailand nimmt der Registrierungsprozess in der Regel ein bis zwei Jahre in Anspruch. Auch die Erstattung von Arzneimittelkosten ist unterschiedlich geregelt: im polnischen Gesundheitswesen dominiert die staatliche Gesundheitsfürsorge, während in Argentinien Arbeitnehmer und Arbeitgeber in Form von Versicherungsbeiträgen und Eigenbeteiligung den größten Anteil an den Gesamtkosten tragen. Und während Thailand gerade erst damit beginnt, durch eine Preispolitik auf die Eindämmung der Arzneimittelkosten hinzuwirken, werden in Polen die Preise für erstattungsfähige Medikamente nahezu regelmäßig nach unten korrigiert.

Das Spektrum der zu therapierenden Krankheiten in den *emerging markets* unterscheidet sich derzeit noch signifikant von dem der traditionellen Märkte. Allerdings führt die Veränderung des Lebenstils in diesen Ländern in Kombination mit einer längeren Lebenserwartung zunehmend zum gleichen Krankheitsprofil wie in den etablierten Ländern. Zusätzlich sind genetisch bedingte Unterschiede zu berücksichtigen. Beispielsweise haben Leberkrebs (aufgrund von Hepatitis B- und C-Infektionen), Magenkrebs und Hals- und Kopftumoren in asiatischen Ländern eine hohe Prävalenz. Asiaten weisen oftmals aber andere genetische Biomarker zur Vorhersage des Erfolgs therapeutischer Strategien für Krebserkrankungen auf als im westlichen Raum. So sind beispielsweise Mutationen des EGFR (*epidermal growth factor receptor*) in asiatischen Patienten häufiger als in Kaukasiern. Der EGFR Kinase-Hemmer Gefitinib (Iressa) von Astra Zeneca, der bevorzugt bei Patienten mit speziellen Formen von Lungenkrebs eingesetzt wird, die EGFR-Mutationen aufweisen, hat somit in Asien eine größere Bedeutung. Die R&D-Aktivitäten der Pharmaunternehmen haben sich diesem Trend angepasst und suchen gezielt nach maßgeschneiderten Therapien und Biomarkern für den jeweiligen Markt.

Jeder aufstrebende Pharmamarkt weist besondere wirtschaftliche Rahmenbedingungen auf, und kein Land ist als einheitlicher Markt zu sehen. Deshalb brauchen Unternehmen ein passendes Produktportfolio, um die Wachstumschancen zu nutzen und den lokalen Kundenbedürfnissen gerecht zu werden, begleitet von einer passenden Vertriebsstrategie, adäquaten Preispolitik und geeigneten Marktzugangsstrategien.

11.3.1 Das Beispiel AstraZeneca

AstraZeneca hat bereits seit Jahren *branded generics* in den *emerging markets* vermarktet. Nun geht man einen Schritt weiter und hofft, 2014 2,5 % des gesamten Umsatzes aus dem Bereich der Generika zu generieren, wovon wiederum 10–15 % aus den *emerging markets* resultieren sollen. Wie die Zeitschrift *Scrip* am 1.3.2011 schrieb, kündigte AstraZeneca 2010 bereits an, dass man 100 Wirkstoffe für eine *branded generics*-Strategie ausgewählt hatte. Im März 2011 wurden weiterhin Pläne publiziert, dass man 18 Produkte in neun Ländern von Torrent Pharmaceuticals einlizenzieren wollte.

Zwei Dinge werden daraus ersichtlich:

1. AstraZeneca hatte ein selektiertes Portfolio vor Augen und war nicht bestrebt, im Generika-markt an sich zu konkurrieren.
2. Man vertraute nicht nur auf eigene Entwicklungen alleine, sondern war bemüht, Lücken über notwendige Lizenzen zu füllen.

AstraZeneca unterteilt seine *emerging markets*-Strategie in drei Säulen:

1. Wachstum der bestehenden Präsenz in den großen *emerging markets*,
2. Ausbau des geografischen Netzwerkes durch Eintritt in die kleinen und mittleren *emerging markets* mit starkem Wachstum und
3. Ausbau des Portfolios durch selektiven Einbau der *branded generics*.

Für den Patienten wird als Nutzen in den Vordergrund gestellt, dass ein komplettes Behandlungsmanagement durch die Ergänzung des Produktportfolios durch *branded generics* möglich sein wird.

Das *Wall Street Journal* veröffentlichte Zahlen, wonach die Gewinnspanne von GSK in den *emerging markets* bei etwa 36 % liegt, verglichen mit 60 bzw. 68 % in USA und Europa. Auch für AstraZeneca gelten laut diesem Artikel ähnliche Zahlen. Als Konsequenz resultiert eine Kostenoptimierung für die Konzerne, die mit niedrigeren Margen in diesen Märkten operieren müssen. Auch die Firma Abbott Laboratories ging nahezu analog vor. Mit der Akquisition von Solvay Pharmaceuticals wurde ein generisches Portfolio erworben, und die Position in osteuropäischen und lateinamerikanischen Märkten gestärkt. Gefolgt durch die Akquisition der Firma Piramal Healthcare in Indien wurde eine starke lokale Präsenz in Indien mit entsprechendem Vertriebskanal geschaffen. Um das Portfolio weiter zu stärken, wurde außerdem eine Partnerschaft mit der Firma Zydus Cadila geschlossen, wodurch weitere generische Produkte zugänglich wurden. Dies ermöglichte auch, mit den in Indien hoch angesehenen lokalen Wettbewerbern wie Cipla, Dr Reddy's und Sun Pharmaceuticals zu konkurrieren.

Ein chronologischer Überblick über strategische Akquisitionen der großen Pharmafirmen im Bereich der *emerging markets*:

- 1996: Novartis akquiriert Sandoz/Hexal und die österreichische Ebewe Pharma.
- 2008: Daiichi Sankyo erwirbt 52,5 % Anteil an Ranbaxy, Indiens größter Pharmafirma. Im April 2010 etabliert man eine eigene Generika-sparte: Daiichi Sankyo Espha.
- 2009: GSK erwirbt Dr. Reddy's (Indien), Aspen (2009, 16 % Anteil, mit Produktrechten für Afrika ohne Südafrika) und das Generika-Geschäft von BMS (2009, mit Zugang für den Libanon, Jordanien, Lybien, Jemen und Syrien)

sowie Laboratorios Phoenix (2010, Lateinamerika).

- 2009: Sanofi-Pasteur akquiriert Shanta Bio-
technics (fokussiert auf biologische Produkte
für *emerging markets*), Medley (2009, Brasilien), Zentiva (2009, für die Tschechische Republik, Slowakei, Russland, Bulgarien, Ungarn,
Ukraine) sowie Kendrick (2009, Lateinamerika und Mexiko).
- 2009: Pfizer erwirbt Produktrechte von Auri-
bindo in Europa und USA, Claris für *emerging
markets* und in 2010 von Strides Arcolab für
USA.
- 2010: AstraZeneca erwirbt von Torrent das
Recht 18 der Torrent Produkte zu vermarkten.
- 2010: Abbott Laboratories geht eine Partnerschaft mit Zydus Cadila ein und erhält Rechte,
etwa 24 Produkte der indischen Firma in 15
emerging markets zu vermarkten.

Die Vorgehensweise der ausländischen Unternehmen in den *emerging markets* lässt bei genauer Betrachtung einige strategische Fehler erkennen, die
durch mehrere Consulting-Firmen identifiziert
und publiziert wurden. Hier sei nur eine kurze Zusammenfassung widergegeben:

1. Zu langsames Engagement in den *emerging
markets* resultiert in einem nicht wieder aufzu-
holenden Verlust an Marktanteil.
2. Zu schnelles Handeln ohne klare lokale Strategie resultiert in hohen Mehraufwendungen,
um die fehlenden Fähigkeiten im jeweiligen
Markt aufbauen zu können.
3. Zu hohe Investitionen in lokale Kunden
vernachlässigt das Gesamtverständnis der
Wertschöpfungskette, welche Behörden, Lieferanten, und familiengeführte Unternehmen
einschließt.
4. Zu großes Selbstvertrauen in die eigenen Fähigkeiten lässt eine umfassende Bewertung der
lokalen Gegebenheiten in den Hintergrund
treten.
5. Unterschätzung des lokalen Einflusses der
Behörden kann zu signifikanten Mehraufwendungen führen, da Strafen, Verzögerungen,
ja sogar Schließung von Produktionsstätten
resultieren können.

11.4   Betrachtung ausgewählter *emerging markets*

Angesichts der Umwälzungen in der globalen
pharmazeutischen Landschaft hat IMS Health analysiert, welche Aussichten das Wachstum der *emerging markets* bietet. Daraus resultierte eine dreistu-
fige Rangeinteilung der *emerging markets* nach dem
von ihnen zu erwartenden Beitrag zum Wachstum
des gesamten Pharmamarktes bis 2013. Eine Gruppe von 13 weiteren Ländern, von Argentinien bis
Ägypten, Pakistan bis Polen und der Ukraine bis
Vietnam, sind den bereits stark wachsenden Märkten dicht auf den Fersen. Diese Pharmamärkte, die
bisher eher ein Schattendasein fristeten und 2008
ein Bruttoinlandsprodukt von unter 2 Billionen
US-Dollar erwirtschafteten, werden Schätzungen
zufolge bis 2013 um 1 bis 5 Mrd. US-Dollar zulegen
und entsprechend große Wachstumschancen bieten. Dabei spielt u.a. jeweils der demografische Faktor eine wichtige Rolle. In Ägypten z. B. vollzieht
sich ein starker Bevölkerungszuwachs, während in
Argentinien und Vietnam der Anteil älterer Menschen wächst, woraus sich jeweils ein Mehrbedarf
für Medikamente in unterschiedlichen Segmenten
und Therapiegebieten ergeben wird. ◻ Abb. 11.3
zeigt, wie sich der Beitrag der *emerging markets* am
globalen Pharmawachstum entwickeln könnte.

11.4.1   China als Pharmamarkt

China steht mit seinem vom Internationalen Wäh-
rungsfonds geschätzten 7 Billionen US Dollar-
Bruttoinlandsprodukt 2011 und einer erwarteten
Steigerung des Umsatzes der Pharmaindustrie um
40 Mrd. US-Dollar bis 2013 unangefochten an der
Spitze der *emerging markets*. Die inzwischen drittgrößte Wirtschaftsmacht der Welt ist auf dem Weg
zur wirtschaftlich leistungsstärksten Nation der
Welt zu werden und Japan und die USA innerhalb
eines Jahrzehnts zu überflügeln. In anderen Branchen, z. B. Automobil, Mobilfunk und Fernsehen,
stellt China bereits den größten Markt. Chinas
Pharmaindustrie legte alleine in 2008 um 26 % zu.
Eine Bevölkerung von 1,3 Mrd. Menschen, massive Staatsausgaben für das Gesundheitswesen und
wachsender Bedarf an Medikamenten zur Behandlung chronischer Krankheiten sind die treibenden

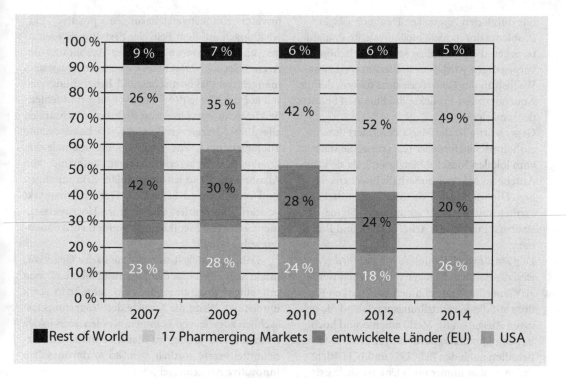

◘ Abb. 11.4   Beitrag der Pharmerging Markets zum globalen Pharmawachstum (© IMS Health)

Kräfte. Dennoch kämpft China mit starkem strukturellem Wandel. Heute leben 150 Millionen Menschen in China unter der Armutsgrenze, das heißt sie haben weniger als 1,25 Dollar pro Tag zum Leben. 200 Millionen Chinesen sind Wanderarbeiter und ein Zehntel von ihnen ist durch die Finanzkrise arbeitslos geworden. 47 % der Chinesen leben in der Stadt. Vor 20 Jahren waren es nur 26,4 %. Den Kern der Umgestaltung des Gesundheitswesens bildete ein wegweisendes 125 Mrd. US-Dollar-Konjunkturprogramm mit dem Ziel weitreichender Verbesserungen der Infrastruktur des Gesundheitswesens und einer flächendeckenden Gesundheitsversorgung bis 2011. Diese Maßnahmen lassen eine Verdopplung des Volumens des Arzneimittelmarktes in China bis 2013 erwarten.

11.4.2 Brasilien und Russland als Pharmamärkte

Für Brasilien, Russland und Indien, deren Bruttoinlandsprodukt 2011 zwischen 2 und 2,5 Billionen US-Dollar betrug, ist ein Wachstum des Arzneimittelmarktes bis 2013 um 15 Mrd. US-Dollar zu erwarten. Der lateinamerikanische Pharmamarkt hatte 2009 einen Umsatz von 30 Milliarden US-Dollar. 2014 rechnet man mit einem Umsatz von 51,5 Milliarden US-Dollar. Mit 30 % ist Brasilien nach Mexiko (35 %) der zweitgrößte Pharmamarkt. Durch die Unterzeichnung des **TRIPS Abkommens** (*trade-related aspects of intellectual property rights*) finden sich vermehrt ausländische Firmen in diesem Markt. Ausschlaggebend für das Marktwachstum in Lateinamerika sind das wachsende Bruttoinlandsprodukt, die älter werdende Bevölkerung sowie die Pläne der Regierung, die Ausgaben im Gesundheitssektor drastisch zu erhöhen.

Brasilien hat kein etabliertes Health Care-System und derzeit fehlt es an der Infrastruktur, um dies kurzfristig flächendeckend zu erreichen.

- **Brasilien** ist der größte Generikamarkt Lateinamerikas. Gegenwärtig wächst dieser mit etwa 20 % pro Jahr. 2009 resultierten 2,5 Mrd. US-Dollar aus dem Verkauf von generischen Produkten. In Brasilien darf nur das patentgeschützte Originatorprodukt gegen ein Generikum ausgetauscht werden, und auch das nur durch den Apotheker. Dennoch gibt es Probleme durch nicht bioäquivalente Präparate, gegen die in Brasilien seitens der Behörden vorgegangen wird. Dies wiederum wird zum Wachstum des Generikasektors führen, der die Äquivalenz der Produkte in klinischen Studien demonstriert.

- Gegenwärtig ist der Markt dominiert durch einheimische Hersteller (ca. 90 %), die stark vom lokalen Markt abhängig sind, da sie kaum Anteile an Märkten außerhalb Brasiliens haben. Die wichtigsten Vertreter ausländischer Firmen sind Medley (Sanofi), EMS Sigma Pharma, Eurofarma, Aché, Torrent und Ranbaxy.
- Der Markt wird dominiert von *branded generics*, die deutlich häufiger verschrieben werden als Generika. Ärzte nehmen sehr starken Einfluss auf die Verschreibungspraxis und die privaten Ausgaben für Medikamente sind hoch.
- Bei den Qualitätsanforderungen richtet sich Brasilien nach den EU-, US- und ICH-Richtlinien, wobei immer noch Unterschiede existieren.
- Lokale klinische und pharmakokinetische Studien sind erforderlich. Lokale Herstellung der Produkte wird mit deutlichen Steuervorteilen gefördert.
- Staatliche Maßnahmen zur Kosteneindämmung sowie Einrichtung staatlicher Forschungslabore deuten auf das Bestreben nach staatlicher Kontrolle hin.
- Unterschiedliche Erstattungsinstitutionen (private Versicherung, Krankenhaus, öffentliches Gesundheitssystem) schaffen ein wenig transparentes System.
- Zu den Chancen in Brasilien zählt beispielsweise die Zusammenarbeit mit nationalen Forschungslaboren, um Arzneimittel weiter zu verbreiten, aber auch ein stärkeres Engagement im Vertrieb, ein wachsendes Gesundheitsbewusstsein in der Bevölkerung, eine verbesserte Krankheitsdiagnostik sowie das Wachstum der privaten Krankenversicherungen.

In **Russland** hat der Markt in den letzten fünf Jahren hohe zweistellige Zuwachsraten verzeichnet. Dazu beigetragen hat ein expandierender Markt privater Krankenversicherungen, positive Entwicklungen auf dem Feld der Erstattungsregelungen und Verbesserungen in der Ausbildung der Ärzte. Gering verbreitetes Vorsorgebewusstsein, mangelndes diagnostisches und Behandlungswissen auf der Ebene der Erstversorgung und fehlende klinische Standards und Richtlinien schränken allerdings derzeit erfolgreiche, flächendeckende Therapien noch ein. Insbesondere mentale Erkrankungen, Lebererkrankungen aufgrund von Alkoholismus und kardiovaskuläre Erkrankungen sind unzureichend behandelt. Der Pharmamarkt ist stark fragmentiert und liegt im Hochpreissegment. 60 % der Medikamente werden vom Patienten selbst bezahlt.

Daher entwickelt sich der russische Generikamarkt schnell, zumal die Regierung lokale Firmen mit einem Programm bis zum Jahr 2020 stark unterstützt. Wenn die Aspekte des Programms tatsächlich zum Tragen kommen, werden 2020 lokale Firmen für 50 % aller im Markt befindlichen Arzneimittel verantwortlich sein. 80 % davon sollen innovative Arzneimittel sein.

- Klinische Studien und Herstellung sollen in Russland erfolgen.
- Es besteht ein starkes Interesse an Investoren, sowohl hinsichtlich des Portfolios im russischen Markt, als auch zur Unterstützung der lokalen Hersteller.
- Patente stehen nicht im Fokus.
- Gegenwärtig werden sowohl reine Generika als auch *branded generics* vermarktet. Preiswerte Generika spielen eine wichtige Rolle, bis sich Russland vom Abschwung während der Wirtschaftskrise erholt hat.
- Ein Erstattungsschema mit einer Positivliste ist in Diskussion.
- Bedeutende Wettbewerber im russischen Markt sind Krka, Gedeon Richter, Berlin-Chemie, LEK, Zentiva, Actavis, Hemofarm, Pharmstandart, OL, Akrichin, Veropharm, Nizhpharm (akquiriert durch Stada), Makiz-Pharma (akquiriert durch Stada) und TEVA.
- Generell gilt der GMP-Status russischer Hersteller als überholt. Die Modernisierung der russischen pharmazeutischen Industrie wird sich diesem Thema widmen müssen. Dies kann zu einem Ersatz importierter Generika

durch eigene in Russland entwickelte Produkte führen.

Die Reform des russischen Gesundheitsektors ist in drei Teile aufgeteilt:

- Stufe 1: Lokalisierung von Hi-Tech Produktion und Entwicklung in Russland (2009–2012)
- Stufe 2: Entwicklung der inländischen Pharmaindustrie in Russland
  - Substitution der Importe durch inländische Generika
  - Erwerb von Produktlizenzen und Zulassungen
  - Sicherstellung einer funktionierenden russischen Pharmaindustrie
- Stufe 3: Expansion der inländischen Industrie in andere Märkte
  - Entwicklung von *me-too* Produkten
  - Entwicklung von neuen Wirkstoffen

11.4.3 Vergleich der Entwicklung der Pharmamärkte Indien und China

In **Indien** hat es in jüngster Vergangenheit eine Reihe von Entwicklungen zu Gunsten ausländischer Hersteller gegeben. Hier sind vor allem die gesetzliche Verankerung des geistigen Eigentumsrechts (**Intellectual Property, IP**), das Anwachsen der Mittelklasse, auf dem Land entstehende Marktstrukturen sowie Verbesserungen der medizinischen Infrastruktur zu nennen. Probleme für ausländische Firmen bereiten die Vormachtstellung einheimischer Firmen und die fehlende Handhabe, IP-Vorschriften Geltung zu verschaffen. Neben der IT-Branche ist die indische Pharmaindustrie zu einer zweiten Säule der indischen Wirtschaft geworden. IMS Health-Daten zeigen, dass das Volumen des gesamten pharmazeutischen Marktes in Indien 2010 bereits 21 Mrd. US-Dollar überstieg.

An dieser Stelle bietet sich ein Vergleich der Märkte Indien und China an. Indiens Pharmamarkt beträgt 1/10 des chinesischen Marktes, der zudem auch schneller, mit 20 % gegenüber 15 % in Indien wächst. Man schätzt, dass Indien in 10 Jahren den Status erreicht hat, den China heute bereits aufweist. Die immense Population Indiens, ein eta-

bliertes Health care-System und die Tatsache, dass Indien eine Vielzahl von lokalen Produzenten besitzt, charakterisieren den indischen Markt. Deutliche Kostenvorteile Indiens können im Bereich der Lohnkosten, der Rohmaterialien und der Energiekosten ausgemacht werden. Nach Schätzungen von Goldman Sachs liegen die Herstellungskosten in China bei etwa 25 % der Herstellkosten in den USA, während die Herstellungskosten in Indien bei etwa 40 % der Kosten in USA liegen. Zu beachten ist jedoch, dass die Lohnkosten auch in China steigen. Fakt ist außerdem, dass die **drug master file**-Einreichungen und Abbreviated New Drug Application (ANDA)-Einreichungen weiter hinter denen der indischen Pharmaindustrie zurückliegen. Schätzungen von Goldman Sachs benennen den Rückstand im Bereich der ANDA-Einreichungen im Jahr 2011 auf etwa 5 (für Wirkstoffe) bis 10 (fertige Arzneimittel) Jahre. Indien erhielt seine erste ANDA bei der FDA bereits 1998, während China erst 2007 eine solche Zulassung durch die Firma Huahal Pharmaceutical gelang. Betrachtet man die generischen Produkte, liegt China auf dem internationalen Markt weit hinter Indien zurück. 2009 hatten indische Firmen bereits 591 ANDAs und weitere 140 wurden alleine in 2009 zusätzlich eingereicht. 2003 waren es noch ca. 20. Nur die USA hatten 2009 mit 151 mehr ANDA-Einreichungen. China hatte 2009 hingegen nur 10 zugelassene ANDAs, wovon die meisten zudem von amerikanischen Firmen erworben wurden.

Zudem hat China gegenwärtig nur wenige Firmen, die über FDA-zertifizierte Herstellungskapazitäten verfügen. 2009 waren es etwa 39, während die indische Pharmaindustrie im gleichen Jahr bereits über 175 verfügte. Die Kooperationen der chinesischen Pharmaindustrie sind noch stark auf das Inland gerichtet, während in Indien klar die globalen Märkte einbezogen werden. So hat Cadila Vereinbarungen mit Abbott, Boehringer Ingelheim, Bayer Schering, Baxter und Madaus, Dr. Reddy's mit GSK, Torrent mit AstraZeneca und Novo Nordisk.

Erstaunlicherweise sind die Preise für pharmazeutische Produkte in China höher als in Indien. 78 % der Gesundheitsausgaben in Indien werden privat gezahlt. Versicherungen decken nur etwa 10 % der Bevölkerung ab. Dies hat eine

Auswirkung auf die Preisfindung. Die erfolgreichen multinationalen Firmen richten ihre Preise eher nach der Kaufkraft aus, als nach den Preisen im Land des Originators. So bietet MSD India das Antidiabetikum Januvia zu einem Fünftel des US-Preises in Indien an, obwohl das Produkt in Indien durch ein Patent geschützt ist. Indien hat sich zudem als Heimat der gesamten Wertschöpfungskette etabliert. Sanofi-Aventis hat zum Beispiel nicht nur einen Herstellungsbetrieb für Wirkstoffe und zwei Produktionsstätten für Formulierungen bzw. Fertigarzneiformen etabliert, sondern betreibt auch Teile der *supply-chain* aus Indien heraus. Das Bild wird durch ein Entwicklungszentrum in Goa abgerundet, wo Produkte sowohl für den indischen, als auch für andere Märkte entwickelt werden.

Gegenwärtig zeichnet sich die chinesische Pharmaindustrie noch durch eine starke Fokussierung auf Wirkstoffe aus, die auch den Großteil des Exportmarktes bestimmen, während für Indien 70 % des Exportes pharmazeutische Endprodukte ausmachen. Vor diesem Hintergrund ist es offensichtlich, dass China die Wertschöpfungskette in den nächsten Jahren hin zum Endprodukt erweitern wird.

Indische Firmen haben traditionell eher Märkte besetzt, in denen sie wenige Wettbewerber hatten. So fokussierte Lupin auf Verhütungsmittel, während sich Ranbaxy auf schwierig zu formulierende Wirkstoffe konzentrierte. Dennoch sind die Möglichkeiten auf dem indischen Markt sehr diversifiziert und ermöglichen es, mit unterschiedlichen Geschäftsmodellen erfolgreich zu sein. So wird von SCRIP der Markt für chronische Krankheiten in Indien auf 3 Milliarden US-Dollar geschätzt mit einem Wachstum von 17 %, während der Markt für akute Behandlungen doppelt so groß ist (5,4 Milliarden US-Dollar) mit einem 10 % igen Wachstum pro Jahr. Beide Segmente bieten also Möglichkeiten am Wachstum zu partizipieren.

Betrachtet man das Gesamtbild, wird China sowohl signifikante Investitionen aufbringen müssen, gleichzeitig ist aber zu erwarten, dass der Kostenvorteil langfristig eher kleiner wird. Bedeutende Firmen in China sind derzeit (mit Umsätzen aus globalem Geschäft):

- Hinsun ($ 813 Millionen USD)
- Hengrui ($ 685 Millionen USD)

- Humanwell ($ 525 Millionen USD)
- Huahai ($ 278 Millionen USD)
- NEHA ($ 246 Millionen USD)

Hengrui besitzt als einzige Firma eine signifikante R&D-Pipeline.

Demgegenüber stehen folgende indische Firmen mit deutlich größeren Umsätzen (bezogen auf den globalen Markt):

- Ranbaxy ($ 1749 Millionen USD)
- Sun Pharma ($ 1276 Millionen USD)
- Cipla ($ 1190 Millionen USD)
- Dr. Reddy's ($ 1118 Millionen USD)
- Lupin ($ 1074 Millionen USD)
- Zydus Cadila ($ 731 Millionen USD)
- Aurobindo ($ 477 Millionen USD)
- Torrent ($ 415 Millionen USD)
- Orchid ($ 372 Millionen USD)
- Glenmark ($ 351 Millionen USD)

Zwanzig Firmen in Indien decken ca. 62 % des gesamten Marktes in Indien ab. Dazu gehören natürlich auch die internationalen Firmen wie Abbott und Glaxo, die auf dem indischen Markt die Position eins und drei einnehmen. Cipla liegt auf Platz zwei auf dem indischen Markt.

11.4.4 Zentral- und Osteuropa als Pharmamarkt

Dieser Markt wird auf ein Gesamtvolumen von 53 Mrd. US-Dollar geschätzt. Es wird erwartet, dass der Markt bis zum Jahr 2015 auf ca. 70 Mrd. US-Dollar wächst. 60 % des Marktvolumens werden durch Generika bestimmt. Weiterhin ist der Markt dadurch gekennzeichnet, dass viele der Patienten für die Ausgaben selbst aufkommen. Als Beispiel sei Polen genannt, wo 80 % der Ausgaben für Arzneimittel durch die Patienten privat bezahlt werden. Als lokale Hauptwettbewerber sind die Firmen Krka, Gedeon Richter, Egis und Polpharma zu nennen.

Die Firma TEVA hatte 2008 die Firma Barr für 7,5 Mrd. US-Dollar erworben. 2006 hatte wiederum Barr die kroatische Pliva akquiriert. Dadurch gelang TEVA, auch mit dem Kauf von Ratiopharm 2010 für 5 Mrd. US-Dollar, ein deutlicher Zugang

◘ Tab. 11.1	Klassen der wichtigsten Wirkstoffklassen in ausgewählten *emerging markets (nach Hill und Chui 2009)*					
China	**Indien**	**Südkorea**	**Brasilien**	**Mexiko**	**Russland**	**Türkei**
Beta-Laktam-Antibiotika	Angiotensin-2-Antagonisten	Antivirale Arzneimittel (ohne HIV Arzneimittel)	Angiotensin-2-Antagonisten	Angiotensin-2-Antagonisten	Antivirale Arzneimittel (ohne HIV Arzneimittel)	Humaninsulin und Insulinanaloga
ZNS Medikamente	Humaninsulin und Insulinanaloga	Angiotensin-2-Antagonisten	Antiulcerativa	Erektile Dysfunktion Medikamente	Nichtsteroidale Antirheumatika	Onkologika
Traditionelle chinesische Medizin	Cephalosporine	Lipidsenker	Orale Antidiabetika	Kindernahrung	Hormonelle Kontrazeptiva	Spasmolytika und Kortikoide
	Antiulcerativa	Thrombozytenfunktionshemmer	Lipidsenker	Adipositas Medikamente	Medikamente gegen Erkältung	Antiepileptika
Onkologika	Orale Antidiabetika	Benigne Prostata-Hyperplasie, (BPH)-Medikamente	Muskelrelaxantien	Hormonelle Kontrazeptiva	Interferone	Antipsychotika

sowohl zu den europäischen als auch osteuropäischen Märkten. Gerade Krka und Gedeon Richter haben sich als *branded generics*-Firmen in den Märkten etabliert. Die Bedeutung der Marke ist aber stärker durch die Produktmarke an sich gesteuert, als durch die Bedeutung des Markennamens der Firma. Als Beispiel sei der Fall der Firma Apotex angeführt. Obwohl man erst als zehnter Anbieter in der tschechischen Republik auf den Markt kam, wuchs das Produkt nach Umsätzen innerhalb von fünf Jahren zur Nummer zwei auf dem tschechischen Markt, getrieben durch die Produktmarke.

Auch wird der Austausch eines verschriebenen Präparates oft unterschiedlich gehandhabt. In Polen ist die Substitution durch den Apotheker nicht zulässig, in anderen Märkten Osteuropas ist die Substitution gewünscht.

Mit der Anerkennung der WHO-Standards für den Patentschutz wird die Möglichkeit, Produkte auf den Markt zu bringen, lange bevor das Patent des Originators abläuft, wegfallen. Dadurch werden die Möglichkeiten für Generikafirmen in Zukunft eingeschränkt.

Es wird nach dieser kurzen Betrachtung deutlich, dass die *emerging markets* unterschiedliche Profile haben. Neben dem Aufbau der Gesundheitssysteme, sind auch die unterschiedlichen Bedürfnisse und das Verhalten der Patienten zu beachten. ◘ Tab. 11.1 zeigt, dass die wichtigsten Wirkstoffklassen der Länder signifikant voneinander abweichen. Zusammengefasst bietet das Konzept der *emerging markets* der Pharmaindustrie und den Patienten Zukunftsperspektiven. Allerdings warnen Experten davor, dass die Investition in die *emerging markets* alleine und dauerhaft nicht ausreichend sein wird. Vielmehr muss bereits die nächste Generation an Ideen erarbeitet werden, um Innovationen für die Zukunft bereitzustellen.

Literatur

1   The drug industry. In: *The Economist* 07/01/12
2   Chittor R et al. (2009) Third-World Copycats to Emerging Multinationals. In: Journal Organization Science 20: 187–205
3   Hill R, Chui M. The Pharmerging Future. In: The Pharmaceutical Executive 07/2009
4   Hughes B. Evolving R&D for emerging markets. In: Nature Reviews 06/2010

Quo vadis? – Versuch eines Ausblicks

Dagmar Fischer und Jörg Breitenbach

12.1   Der Status quo

Vergleicht man die Statistiken einschlägiger Wirt-
schaftverbände, Analysen führender Unterneh-
mensberatungen sowie die Schlagzeilen der Wirt-
schaftszeitungen zur Situation der pharmazeutischen Industrie, so sind die Meinungen über die
Zukunft dieses Industriezweiges geteilt. Während
der Verband der forschenden Arzneimittelhersteller (VfA) im Dezember 2011 die neu eingeführten
Medikamente der forschenden Pharma-Unternehmen lobt und die Innovationsbilanz herausstellt, malen andere ein eher düsteres Szenario. In
ihrem Buch *The Truth About Drug Companies* beschreibt Marcia Angell, dass die Industrie darauf
wartet, dass sie von außen gefüttert wird. Sie tritt
auf der Stelle und hofft darauf, dass Universitäten
und Biotechnologiefirmen eine Fülle neuer Ideen
publizieren.

2006 prophezeite der VfA den Arzneimittelher-
stellern noch Stagnation, keine neuen Arbeitsplätze, wenig neue Forschungskapazitäten und weiter
sinkende Erfolgsmöglichkeiten. 2008 wurden der
pharmazeutischen Industrie eine hohe Innovations-
kraft, eine gut gefüllte Pipeline und steigende Mit-
arbeiterzahlen bescheinigt. Wachstum des Pharmamarktes wurde v. a. aufgrund des demografischen
Wandels als auch des Wirtschaftsaufschwungs der
E7-Länder wie z. B. China, Indien, Russland oder
Mexiko erwartet. Mittlerweile blicken die Unternehmen selbst aufgrund der derzeitigen Weltwirt-
schaftslage eher skeptisch in die Zukunft: Eine Umfrage unter 45 Mitgliedsunternehmen des Verbands
der forschenden Arzneimittelhersteller (VfA) zeigte
2011 eine deutliche Stimmungseintrübung bei den
forschenden Pharma-Unternehmen, insbesondere
auch aufgrund der Kostendämpfungsmaßnahmen
im Gesundheitssystem. Im internationalen Vergleich liegen die Stärken Deutschlands v. a. im
Bereich der klinischen Forschung, der exzellenten
Mitarbeiter, der Biotechnologie- und Hightech-
Produktion sowie des Exports. Förderprogramme
des Ministeriums für Bildung und Forschung wie
das »Koordinierungszentrum für klinische Studien«, »integrierte Forschungs- und Behandlungs-
zentren« und die »Pharma-Initiative« zeigen, dass
der Bedarf erkannt ist. Auch die Max Planck-Ge-
sellschaft hat reagiert und ein »Lead Discovery

Center« gegründet, das medizinisch interessante
Substanzen bis zur vorklinischen Phase fördert.

12.1.1   Die Situation in der Pharmaindustrie

Die nachfolgenden Zahlen zum Stand der pharma-
zeutischen Industrie werden jedes Jahr neu vom
Verband der forschenden Arzneimittelhersteller
(VfA) ermittelt.

Die Produktion pharmazeutischer Erzeugnisse
in Deutschland ist seit Mitte der 1990er Jahre stetig
gewachsen. Das hohe Niveau der Investitionen der
Pharmaunternehmen konnte über die Jahre hinweg
gehalten werden. V. a. der Bereich Forschung und
Entwicklung alleine verbucht seit den 1990er Jahren meist einen Investitionsanstieg. Die forschende
Pharmaindustrie ist derzeit Platz 1 der forschungs-
intensiven Industriezweige vor Elektronik und Op-
tik sowie Automobilbau. Nachdem als Folge der
Wirtschaftskrise der Umsatz der Pharmabranche
2009 zurückgegangen war, konnte sie in 2010 37,5
Milliarden Euro (0,6 % mehr als 2009) Umsatz erwirtschaften, 63 % davon im Ausland. Im Vergleich
zu 2009 wurden 1,6 % mehr pharmazeutische Erzeugnisse produziert.

Allerdings ist die Wirtschaftskrise auch an der
Pharmaindustrie nicht spurlos vorbeigegangen: Mit
1,47 Milliarden Euro investierte die Pharmabranche bereits 2009 ca. 4,5 % weniger als im Vorjahr.
Die forschenden Pharmaunternehmen reduzierten
ihre Investitionsaktivitäten sogar um 13 %. Die Zahl
der Beschäftigten in der gesamten Pharmabranche
nahm 2010 im Vergleich zum Vorjahr um 4 % zwar
ab, allerdings steigt sie im Bereich F&E seit Mitte
der 1990er Jahre stetig an. Ca. 21 % der Beschäftigten
in Pharmaunternehmen arbeiten im F&E-Bereich.
Insgesamt betrachtet hatte die konjunkturelle Entwicklung auf den Pharmabereich jedoch weit weniger Auswirkungen als in anderen Industriezweigen.

Verglichen mit anderen Branchen, wie Maschi-
nenbau, chemische Industrie oder Elektrotechnik,
gehört die pharmazeutische Industrie zu den leis-
tungsfähigsten und produktivsten Wirtschafts-
zweigen sowie zu den überdurchschnittlich inves-
tierenden Branchen in Deutschland. Immerhin
steht die pharmazeutische Industrie an Platz 2 der

wichtigsten Zukunftsbranchen für den Standort Deutschland.

Jedoch erfährt der inländische Arzneimittelmarkt seit 1995 zunehmend, insbesondere wegen der wechselnden staatlichen Reglementierung des Gesundheitssystems, einen Rückgang und verliert an Bedeutung für die Hersteller. Gleichzeitig wächst der Exportanteil und hat sich seit 1995 (damals ca. 30 %) mehr als verdoppelt. Deutschland hat auch im internationalen Vergleich als Produktionsstandort für Medikamente an Bedeutung verloren. Während Deutschland Anfang der 1990er Jahre noch drittgrößter Arzneimittelproduzent war, ist es mittlerweile auf Platz 5 hinter USA, Japan, Frankreich und Vereinigtes Königreich zurückgefallen. V. a. Schweden, Dänemark und Vereinigtes Königreich haben seit einigen Jahren eine stark gestiegene Arzneimittelproduktion, insbesondere bedingt durch eine kontinuierliche Förderung ihrer F&E-Aktivitäten.

Das Resultat der hohen personellen und finanziellen Investitionen in F&E sind 27 Medikamente mit neuem Wirkstoff in 2011. 2010 waren es 26. 2011 haben Pharma-Unternehmen zudem mehr als ein Dutzend Präparate eingeführt, bei denen bewährte Wirkstoffe dank einer neuen Darreichungsform oder reduzierten Einnahmezyklen patientenfreundlicher wurden. Der Schwerpunkt bei den Neuentwicklungen liegt dabei auf schweren und chronischen Erkrankungen wie Krebs, Stoffwechselerkrankungen, Immunstörungen und Infektionen. Arzneimittel gegen altersbedingte Krankheiten wie z. B. rheumatoide Arthritis und Diabetes Typ 2 werden ebenfalls vermehrt beforscht.

Im deutschen Apothekenmarkt machten sich die Kostendämpfungsmaßnahmen des Gesetzgebers für die pharmazeutische Industrie bemerkbar. Die Preise für Arzneimittel sind in den letzten Jahren deutlich gesunken. Dies ist umso mehr bedauerlich, da die Güter des privaten Verbrauchs im gleichen Zeitraum um fast 20 % angestiegen sind. Schlagzeilen, die einen Kostenanstieg durch Arzneimittel ausrufen, sind mit Vorsicht zu behandeln: Im April 2012 warnen die Krankenkassen auf Basis der Daten der ersten zwei Monate des Jahres vor einem Anstieg der Arzneimittelausgaben um 1,5 Mrd. Euro. Es lässt sich jedoch nur schwerlich nachvollziehen, wie Rabattverträge hier schon

berücksichtigt werden konnten. Auch erscheint eine Prognose auf Basis von zwei Monaten eher fragwürdig.

Immer wieder werden auch rosige Zeiten für die Pharmaindustrie prognostiziert. Schrittmacher sollen v. a. die demografische Entwicklung hin zu älteren Bevölkerungsschichten und der wachsende Wohlstand in Ländern wie Brasilien, China, Indien, Indonesien und Russland sein, was neue Absatzmärkte bringt (Kapitel 11). Demgegenüber steht aber das bereits beschriebene *patent-cliff*, der Ablauf des Patentschutzes von Megabrands und Blockbustern.

12.1.2 Risiken und Herausforderungen

Die Pharmabranche ist im Umbruch und hat weltweit mit Risiken und neuen Herausforderungen zu kämpfen: rückläufige Neuzulassungen und Patentabläufe auf der einen Seite, steigende Entwicklungskosten und Entwicklungszeiten sowie der Sparzwang der Gesundheitssysteme auf der anderen. Im internationalen Vergleich wird trotz der Größe und Bedeutung des deutschen Arzneimittelmarktes der Hauptanteil der internationalen Forschungs- und Entwicklungsarbeit in USA durchgeführt.

Stagnierende Neuentwicklungen und Patentabläufe

Während in den 1960er Jahren die Gesamtentwicklungszeit eines Medikamentes von der Synthese bis zur Markteinführung in der Größenordnung von etwa acht Jahren lag, vergehen heute durchschnittlich 15 Jahre. Verantwortlich dafür sind v. a. die um das Zwei- bis Dreifache gestiegenen Zeiten für Forschung und Entwicklung. Zwar haben sich auch die Entscheidungs- und Prüfphasen der FDA in den letzten Jahren von zwölf auf 20 Monate verlängert, doch fällt die Dauer des Zulassungsverfahrens im Vergleich zu den Forschungs- und Entwicklungszeiten von sechs bis sieben Jahren nur wenig ins Gewicht. Allerdings häufen sich Berichte über die **Verzögerung der Markteinführung** neuer Präparate v. a. in der letzten Phase der Arzneimittelentwicklung, der Zulassung. Die Zulassungsbehörden sind anspruchsvoller, verlangen zusätzliche Tests und Daten, inspizieren öfter als bisher arzneimittelproduzierende Betriebe und hinterfragen verstärkt den tatsächlichen neuen, therapeutischen Nutzen der zu begutachtenden Präparate – eine Reaktion darauf, dass einige Präparate vom Markt genommen werden mussten. Was auf der einen Seite die größtmögliche Sicherheit für den Patienten bedeutet, bedeutet für die Unternehmen vom rein wirtschaftlichen Standpunkt aus zusätzliche Kosten.

Erschwerend kommt hinzu, dass gleichzeitig auch die **Kosten für die Neuentwicklung** eines Medikaments in die Höhe geschnellt sind. Die erreichte hohe Qualität der Arzneimitteltherapie, die erhöhten Anforderungen an die Sicherheit der Medikamente, die damit verbundene Einführung strenger Qualitätsmaßstäbe nach GMP sowie der Mehraufwand für die Grundlagenforschung, sind die wichtigsten Ursachen dafür. Ein weiterer Grund für die stark steigenden Kosten liegt in der zunehmenden Komplexität der zu behandelnden Krankheiten. Mittlerweile belaufen sich die Gesamtkosten für die Entwicklung eines neuen Arzneimittels auf mehr als 1 Mrd. US-Dollar, wobei die Fehlversuche, die nicht zur Zulassung gelangen, mit integriert sind. Vergleicht man diese Kosten für F&E mit der Zahl der Neueinführungen am Weltmarkt, so wird das Dilemma der pharmazeutischen Industrie deutlich. Während Mitte der 1980er Jahre weltweit noch für 10–20 Mrd. US-Dollar F&E-Ausgaben 50–60 neue Präparate pro Jahr zugelassen wurden, wendeten die Unternehmen Ende der 1990er Jahre zwar bereits ca. 40 Mrd. US-Dollar auf, konnten aber dennoch nur 30–40 Neuzulassungen verzeichnen. In den Jahren 2002 und 2003 war weltweit die niedrigste Zahl von Neuzulassungen der letzten zehn Jahre zu verzeichnen. Zum Vergleich: In Deutschland wurden 1977 noch 44 neue Wirkstoffe in den Markt eingeführt, im Jahr 2001 lag die Zahl nur noch bei 29 Substanzen mit sinkender Tendenz in den Folgejahren. Erst 2004 brach dieser negative Trend ab. 2004 wurden 35 Arzneimittel mit innovativen Wirkstoffen am Markt eingeführt, 2007 waren es 31 und 2009 waren es immerhin 37 Präparate mit neuen Wirkstoffen. Während Europa als Ersteinführungsland von Arzneimittelinnovationen bis 1997 vor den USA lag, bleibt es mit ca. 30 % mittlerweile hinter den Vereinigten Staaten (40 %) zurück. Vergleicht man USA und Deutschland, so liegen die Gründe dafür auf der Hand:

- höherer Pro-Kopf-Arzneimittelkonsum in den USA als in Deutschland
- höherer Anteil an Privatversicherten in den USA
- liberalere Regelung der Arzneimittel-Distribution als innerhalb der EU
- weniger staatliche Interventionen
- größere Bereitschaft der amerikanischen Ärzte neue, innovative und auch teurere Arzneimittel zu verschreiben.

Vergleicht man Deutschland mit anderen Mitgliedsländern der EU, so scheint es auch hier als Ersteinführungsland von Arzneimittelinnovationen weniger attraktiv zu sein. Nur 2–3 neue Arzneistoffe wurden seit 1998 pro Jahr zuerst in Deutschland zugelassen. Die zunehmenden staatlichen Eingriffe in den deutschen Arzneimittelmarkt und die Kostensenkungsprogramme zur Sanierung des Gesundheitssystems werden hauptsächlich für diese Entwicklung verantwortlich gemacht. Daher wurden staatliche Initiativen vom BMBF mit der »Pharmainitiative« und dem »BioPharma-Wettbewerb« gestartet, die den Pharmastandort Deutschland stärken sollen.

Die Umsatzeinbußen durch den **Ablauf der Patentrechte,** insbesondere der umsatzstarken Blockbuster, sind enorm und beliefen sich 2001 weltweit auf 12 Mrd. US-Dollar. Bis 2005 war bei einem Drittel der 35 weltweit führenden Wirkstoffe der Patentschutz abgelaufen. 2006 bis 2010 entfiel bei mindestens 70 innovativen Medikamenten der Patentschutz, darunter 19 Blockbuster. In den Jahren 2010 bis 2013 folgen weitere bedeutende Blockbuster, die ihren Patentschutz verlieren: Allein im Bereich der Herz-Kreislaufpräparate werden 6 der 10 Top-Marken mit 31 Mrd. US-Dollar, wie Lipitor, Plavix und Diovan (Valsartan) patentfrei sein. Bedenkt man, dass der Patentschutz für 20 Jahre erteilt wird und beginnt, sobald die zu schützende Substanz als Patent angemeldet wird, verbleibt nach dem Markteintritt eine Zeitspanne zur exklusiven Vermarktung von 5–8 Jahren, in denen die Entwicklungskosten amortisiert sein sollten. Mit Ablauf des Patentschutzes sinkt in der Regel das Preisniveau deutlich durch die Einführung von Nachahmerpräparaten. Neue, umsatzstarke Produkte, die diese Verluste kompensieren könnten, stehen aber nur begrenzt zur Verfügung. Keine der großen Firmen hat regelmäßig die für ihre Rentabilität notwendige Zahl neuer Substanzen auf den Markt gebracht und etwa die Hälfte der führenden Pharmakonzerne hatte in den vergangenen Jahren Probleme, überhaupt einen kontinuierlichen Nachschub zu gewährleisten, trotz der Steigerung der Aufwendungen für Forschung und Entwicklung. Im Schnitt bedarf es ca. drei neuer Blockbustern pro Jahr, um die großen Konzerne in ihrer Struktur zu erhalten. Die Perspektiven in 2011 sind jedoch erfolgversprechender als in den letzten Jahren: Wichtigster Patentanmelder ist seit Jahren unverändert die USA, Deutschland liegt im internationalen Vergleich auf dem zweiten Rang. Prognostiziert werden bis Ende 2015 274 verschiedene neue Wirkstoffe oder Wirkstoffkombinationen gegen mehr als 130 Krankheiten. Davon sind 188 Wirkstoffe völlig neu, d.h. sie waren noch nicht Bestandteil eines zugelassenen Medikaments. Hier rangieren die Indikationen Krebs, Herz-Kreislauf-Erkrankungen und Infektionen vorne. Man darf gespannt sein, wie viele der Entwicklungen tatsächlich den Weg auf den Markt finden. Nur wenige der zehn größten Pharmaunternehmen weltweit haben ausreichend Produkte in der Pipeline, um die Verluste aus auslaufenden Patents auszugleichen.

Auch sollen Zusammenschlüsse von Pharmaunternehmen die Innovationsschwäche beheben, die mehrere Gründe hat. Nicht nur, dass die Behörden inzwischen deutlich strenger prüfen. Zudem hat die moderne Arzneimittelforschung inzwischen eine Phase erreicht, in der die Erfindung neuer Produkte immer schwieriger wird. Von den rund 30.000 bekannten Krankheitsbildern können mittlerweile 10.000 durch Medikamente behandelt werden. Dabei handelt es sich aber meist um einfachere Herausforderungen wie etwa Infektionen. Bei schwierigen Krankheiten dagegen wie Parkinson, Alzheimer, Multiple Sklerose, Aids/HIV und Krebs steht man trotz großer Fortschritte am Anfang. Das Verständnis für die Abläufe der Krankheiten, die Suche nach geeigneten Wirkstoffen oder Kombinationen und die Tücken in der klinischen Erprobung stellen weiterhin große Herausforderungen dar. So stellte sich bei einer Reihe hoffnungsvoller Arzneimittel erst in der letzten Phase der Untersuchung heraus, dass wegen mangelnder Heileffekte keine Chance auf eine

Zulassung bestand. Ein Beispiel: Im Oktober 2006 hat die britische AstraZeneca ein Schlaganfallmedikament mit dem internen Kürzel NXY-059, das Aussichten auf Jahresumsätze von mehr als 1 Milliarde US-Dollar und damit auf den sogenannten Blockbuster-Status bot, erst kurz vor Ende der aufwendigen Studien in der Phase III aufgeben müssen: Es hatte sich erwiesen, dass das Präparat keine stärkere Wirkung bot als ein gleichzeitig eingesetztes Placebo. Im Januar 2011 berichtet die amerikanische Firma Merck einen ähnlichen Fehlschlag für ihr Produkt Vorapaxar, ein Produkt, dass über die Aquisition von Schering-Plough in den Konzern kam, worauf die Aktien des Unternehmens um 6 % fielen. Dies ist für einen Konzern ein herber Rückschlag. Aktuelle Blockbuster-Kandidaten sind derzeit nur wenige zu erkennen. Entscheidend neben den bestehenden Produkten ist für die Zukunft des Unternehmens damit aber sicherlich immer die Pipeline. ◘ Tab. 12.1 gibt einen Überblick über die wichtigsten Pipelines der Pharma-Top-Unternehmen (vgl. auch ◘ Tabelle 1.2 und ◘ Abb. 1.2).

Generika und der Sparzwang der Gesundheitssysteme

Oftmals noch am Tag des Ablaufs eines Patents werden **Generika** auf den Markt gebracht. Entwicklungen für den deutschen Markt werden häufig in den USA durchgeführt, da hier keine Patentverletzung während der Entwicklung geltend gemacht werden kann. Obwohl Generika einerseits dafür sorgen, dass bewährte Therapieverfahren schnell und kostengünstig den Patienten zugute kommen und den Preiswettbewerb ankurbeln, sind sie andererseits als Konkurrenz eine große Herausforderung für die forschenden Hersteller des meist teureren Originalpräparates. Im internationalen Vergleich hatte Deutschland im Jahr 2010 mit rund 86,5 % aller Verordnungen und 78,4 % des Umsatzes den höchsten Generikaanteil am Arzneimittelmarkt. Deutschland hat sich innerhalb der letzten zwölf Jahre zum generikafreundlichsten Land der Welt entwickelt. Oft verlieren die Originalprodukte nach Ablauf des Patentschutzes innerhalb weniger Monate fast ihren gesamten Marktanteil an die Generika.

Der Siegeszug der kostengünstigeren Nachahmerpräparate begann im Zusammenhang mit den steigenden Kosten im Gesundheitswesen. Politiker

◘ **Tab. 12.1** Übersicht der wichtigsten Marktprodukte und Entwicklungspipelines der Top Pharma-Unternehmen

Hersteller/Vertreiber	umstzstärkste Blockbuster /Therapiegebiet	Pipeline: Substanzen in später Phase der Entwicklung (Phase III) oder Zulassung	Top-Produkte, die durch Patentablauf bedroht sind
Pfizer	Lipitor-Cholesterinsenker Lycria-Epilepsie	30	Lipitor ab 2011
Sanofi–Aventis	Lovenox-Thrombosen Plavix-Blutverdünner	42	Plavix ab 2011
GlaxoSmithKline	Seretide-Asthma Valtrex-Viruserkrankungen	38	Nicht signifikant
Novartis	Diovan- Blutdruck Glivec- Krebs	23	Diovan ab 2012
Roche	MabThera-Lymphknotenkrebs Avastin-Darmkrebs	40	Nicht signifikant
AstraZeneca	Nexium-Magermittel Seroquel-Psychopharmakon	12	Seroquel ab 2011
Johnson & Johnson	Remicade- Entzündungshemmer Pisperdal-Psychopharmakon	28	Nicht signifikant
Merck & Co.	Singulair-Asthma Cozaar-Blutdruck	16	Nicht signifikant
Eli Lilly	Zyprexa-Depression Cymbalta-Psychopharmakon	19	Zyprexa ab 2001
Wyeth	Effexor-Antidepressivum Prevnar-Lungenentzündung	18	Nicht signifikant
Bristol-Myers Squibb	Plavix-Blutverdünner Abilfy-Psychische Störungen	2	Plavix ab 2011, Abilfy ab 2012
Boehringer Ingelheim	Spiriva-Atemwegserkrankungen Micardis-Bluthochdruck	7	Nicht signifikant
Bayer	Yasmin-Empfängnisverhütung Betaferon-Multiple Sklerose	25	Nicht signifikant

und Krankenkassen setzen Sparprogramme zur Senkung der derzeit enormen Gesundheitskosten um, eine Konsequenz, mit deren Auswirkungen nun weltweit die pharmazeutische Industrie zunehmend konfrontiert wird, denn auch in den *emerging markets* ist die Forderung nach preiswerten Arzneimitteln ein zentraler Punkt im Aufbau der Gesundheitssysteme. Für Deutschland gelten folgende Überlegungen:

1. In Deutschland ist die Finanzbasis der gesetzlichen Krankenversicherungen durch Langzeitarbeitslosigkeit, sinkende Lohnquoten und die steigende Zahl von Rentnern geschwächt worden. Die demografische Verschiebung wird in Zukunft noch weiter zu dieser unbefriedigenden Situation beitragen. Im Vergleich zu den europäischen Nachbarn liegt der Anstieg der Ausgaben für Arzneimittel allerdings unter dem EU-Durchschnitt. Der Versuch, die Krankenversorgung zu sichern und gleichzeitig die Beitragszahlungen stabil zu halten, führte zu verschiedenen gesetzlichen Maßnahmen, d. h. Reformgesetzen im Gesundheitssektor,

die mittlerweile fast im Jahresrhythmus in den Arzneimittelmarkt eingreifen.[1]

2. Um Investitionsentscheidungen in der Pharmaindustrie planen zu können, müsste jedoch auf die erstattungspolitischen Rahmenbedingungen längerfristig Verlass sein.

Vielfach diskutiert, konnten die Reformen der letzten 30 Jahre weder dem Anspruch nach einem hohen Qualitätsniveau der medizinischen Versorgung gerecht werden, noch dauerhaft die Beitragssätze stabilisieren. Die beiden einschneidendsten Maßnahmen, die Festbetragsregelungen bei der Abgabe von Arzneimitteln und die Budgetierung ärztlicher Leistungen erzeugten zwar einen ungeheuren Kostendruck, drängten aber die Ärzte in die Rolle von Kostenwächtern und führten zur Verunsicherung von Patienten. Neue, innovative Medikamente kommen bei den Patienten immer weniger an, momentan nur noch 5 % der in den letzten 5 Jahren zugelassenen Präparate. Grund dafür ist eben jene Festbetragsregelung, die seit 2005 auch patentgeschützte Wirkstoffe mit einbezieht.

Das Ziel der Beitragssatzstabilität, d. h. eine Steigerung der Lohnnebenkosten durch höhere Krankenkassenbeiträge zu vermeiden, konnte langfristig nicht erreicht werden. Dies kam auch darin zum Ausdruck, dass der Markt nach Wegfall des Arzneimittelbudgets der Ärzte für rezeptpflichtige und patentgeschützte Arzneimittel wieder gewachsen ist. Obwohl die Ausgaben der gesetzlichen Krankenversicherungen (GKV) für Arzneimittel seit 1992 im Jahresdurchschnitt nur

um ca. 3 % gestiegen sind, unterdurchschnittlich im Vergleich zu den Gesamtausgaben, bekam die Pharmaindustrie die Folgen deutlich zu spüren, v. a. bedingt durch steigende Zuzahlungen zu Arzneimitteln, Herausnahmen von Medikamentengruppen aus der Erstattungsfähigkeit und die Einführung der Praxisgebühr. Es ist jedoch festzuhalten, dass der Zuwachs der Ausgaben bei den Arzneimitteln prozentual der kleinste Teil ist. Von 2009 (30,7 Mrd. Euro), über 2010 (30,8 Mrd. Euro) bis 2011 (30,2 Mrd. Euro) ist sogar erstmals seit 2007 eine Stagnation oder ein rückläufiger Trend feststellbar. Seit Jahresmitte 2007 sind rund 28.600 Fertigarzneimittelpackungen mit etwa 430 Wirkstoffen unter Festbetrag, d. h. ungefähr fast zwei Drittel aller in Deutschland verordneten Präparate. Die Aut-Idem-Regelung, verankert im am 23. Februar 2002 in Kraft getretenen Arzneimittelausgaben-Begrenzungsgesetz (AABG), lässt aus dem Ausnahmefall, dass der Arzt dem Apotheker die Auswahl unter mehreren wirkstoffgleichen Präparaten gestattet, den Regelfall werden und fördert damit den Griff zum Generikum. Wegen des massiven Eingriffs in den Wettbewerb, der Gefahr von Konzentrationsprozessen in der Pharmaindustrie und Oligopolbildung wird von Seiten der Pharmazeutischen Industrie die **Aut-Idem-Regelung** als kritisch betrachtet. Festbeträge, Herstellerabschläge, Erstattungshöchstbeträge, Parallelimportförderung und Rabattverträge sind mittlerweile das tägliche Brot am Arzneimittelmarkt. Preismoratorien und Zwangsrabatte erschüttern das Vertrauen der Pharmaindustrie in den Standort Deutschland. Kaum wahrgenommen wird, dass die Pharmaindustrie seit 2002 durch zu entrichtende Zwangsabschläge einen hohen Beitrag zur Stabilisierung der Arzneimittelausgaben leistet.

In den USA schwenken Verbraucher noch deutlich schneller auf die billigeren Nachahmerpräparate um als in Europa, verständlich, da amerikanische Bürger für Zuzahlungen bei verschreibungspflichtigen Medikamenten noch weitaus tiefer in die Tasche greifen müssen als die Deutschen. Verschreibt ein Arzt in den USA ein empfohlenes verschreibungspflichtiges Generikum, so liegt die Zuzahlung bei ca. 10 US-Dollar, bei einem vom Versicherer vorgeschlagenen Markenpräparat bei ca. 20 US-Dollar, bei allen anderen Markenpräpara-

---

1 z. B. Krankenversicherungs-Kostendämpfungsgesetz 1977 und Ergänzungsgesetz 1981, Krankenhaus-Kostendämpfungsgesetz 1981, Gesundheitsreformgesetz (GRG) 1989, Gesundheitsstrukturgesetz (GSG) 1993, Beitragsentlastungsgesetz 1996, Erstes und zweites GKV-Neuordnungsgesetz (NOGs) 1997, Solidaritätsstärkungsgesetz 1999, GKV-Gesundheitsreformgesetz 2000, Festbetrags-Anpassungsgesetz 2001, Arzneimittelausgaben-Begrenzungsgesetz (AABG) 2002, Beitragssatzsicherungsgesetz 2003, GKV-Modernisierungsgesetz 2003, Gesundheitsmodernisierungsgesetz 2004, Arzneimittelversorgungs-Wirtschaftlichkeitsgesetz 2006, GKV-Wettbewerbsstärkungsgesetz, 1. Teil 2007, GKV-Wettbewerbsstärkungsgesetz, 2. Teil 2009, GKV-Änderungsgesetz 2010, Arzneimittelmarkt-Neuordnungsgesetz (AMNOG) 2010

ten bei bis zu 30 US-Dollar. Nicht-verschreibungspflichtige Medikamente müssen in den USA vom Versicherten vollständig selbst bezahlt werden. Im Vergleich zu Deutschland ist in den USA die Befreiung von der Zuzahlung eher selten. Trotzdem liegt der prozentuale Anteil der Generika, bezogen auf die Gesamtzahl der Verordnungen bzw. der gesamten Arzneimittelausgaben, noch weit hinter dem Deutschlands.

Arzneimittelpreise patentgeschützter Medikamente liegen im internationalen Vergleich in USA etwa doppelt so hoch wie in Europa. Die Pro-Kopf-Ausgaben für Arzneimittel sind in den USA aber nicht nur höher als in Deutschland, sondern steigen auch noch schneller. Die Bedeutung von Preissteigerung und mengenmäßiger Ausweitung liegt damit weit über der in Deutschland. Da teilweise für ein und dasselbe Medikament in verschiedenen Apotheken Preisunterschiede bis zu 400 % festgestellt wurden, wurden die US-Bürger dazu aufgerufen, Preisvergleiche anzustellen oder auf kostengünstigere Alternativen umzusteigen. Große US-Krankenversicherer sowie die Medien unterstützen den Trend zum Generikum, indem sie mit vergleichender Direktwerbung ihre Kunden frühzeitig über neue und preiswertere Alternativen auch bei verschreibungspflichtigen Präparaten schnell und flächendeckend informieren, Werbung, die in dieser Form in Deutschland verboten ist.

Nach den OECD-Gesundheitsdaten 2008 lagen die Arzneimittelausgaben in Deutschland mit 14,8 % der nationalen Gesamtausgaben für Gesundheitsleistungen weit unter dem OECD Durchschnitt von 17,6 %. Im Vergleich mit den europäischen Ländern, für die die OECD die jährlichen Arzneimittelausgaben wiedergibt, zeigte Deutschland von 1997 bis 2003 jährliche Veränderungsraten, die unter dem Durchschnitt der übrigen hier untersuchten Länder liegen. Aktuell allerdings liegt Deutschland knapp über dem Durchschnitt und wird nur von USA, Frankreich und Schweiz noch überholt.

Bei den Gesamtausgaben für Gesundheit rangiert Deutschland nicht an prominenter Stelle. Angepasst an die Kaufkraft liegt Deutschland auf Rang 9 der OECD-Staaten. Spitzenreiter sind die USA mit Pro-Kopf-Ausgaben von 7.960 US-Dollar, zweieinhalb mal mehr als der OECD Durchschnitt von 3.223 US-Dollar. Den USA folgen bezogen auf die Pro-Kopf-Ausgaben die Niederlande und Frankreich, gefolgt von Norwegen, der Schweiz und Luxemburg. Das Gesundheitssystem in Deutschland wird im Übrigen durch den Euro Health Consumer Index mit Platz 6 von 30 mitteleuropäischen Ländern als sehr gut bewertet.

Diese Entwicklung hat in den USA die staatlichen Stellen auf den Plan gerufen. Der amerikanische Kongress hat 2002 den Markteintritt generischer Medikamente mit der Initiative »Greater Access to Affordable Pharmaceuticals« (verstärkter Zugang zu bezahlbaren Medikamenten; sog. GAAP-Act) noch stärker erleichtert. Während bisher Originalhersteller den Markteintritt eines Generikums mehrmals um ca. 30 Monate verzögern konnten, indem sie wegen vermeintlicher Patentverletzung Klage erhoben, wurde nun diese Regelung auf einmal 30 Monate beschränkt. Gleichzeitig soll in Zukunft verhindert werden, dass Bürger-Petitionen mit Einwänden gegen die Zulassung eines Generikums bei der FDA von Originalherstellern missbräuchlich eingesetzt oder unterstützt werden. Die Regelung, dass erst sechs Monate nach Markteintritt des ersten Generikums ein weiteres auf den Markt gebracht werden kann, hat in der Vergangenheit bei einigen wenigen »schwarzen Schafen« zu Absprachen und Seitenzahlungen zwischen den Herstellern des Originals und des ersten Generikums geführt, die die Generikaeinführung verzögern sollten. Der Kongress plant, bei Bekanntwerden derartiger Absprachen, sofort ein weiteres Generikum zuzulassen.

Einige Beobachter der Branche fordern, dass sich die Pharmaunternehmen in Zukunft mehr auf die Entwicklung präventiver Mittel und Maßnahmen fokussieren, um die Gesundheitsausgaben nicht weiter steigen zu lassen, d. h. Vermeidung von Krankheiten statt aufwendige und kostenintensive Therapie. Dieser Trend zeichnet sich unter dem Titel Pharma 3.0 (vgl. 12.2.3) ab. Rund 720 Millionen Menschen werden weltweit im Jahr 2020 älter als 65 Jahre sein, deren Arzneimittelbedarf drastisch steigen wird. In USA liegen die Gesundheitsausgaben für Menschen über 80 Jahren bereits jetzt um den Faktor 12 höher als für Patienten zwischen 50 und 64 Jahren. Gleichzeitig nehmen chronische Erkrankungen zu. Bereits im Jahr 2005 lag die Zahl der Todesfälle durch chronische Erkrankungen bei 60 %.

12.2 Neue Technologien, die die Zukunft der Pharmaindustrie verändern

12.2.1 Biotechnologie oder Genhieroglyphen als neue Wirtschaftsmacht?

Das wichtigste wissenschaftliche Ereignis zu Ende des 20. Jahrhunderts war zweifellos die Entschlüsselung des menschlichen Genoms, von den Medien gefeiert als »Anbruch eines neuen Zeitalters« in der Pharmazie und Medizin und bejubelt mit Schlagzeilen wie »die Biotechnologie als neue Wirtschaftsmacht«. Noch bevor erste Therapieerfolge nachgewiesen werden konnten, erzielten Biotechnologieaktionäre riesige Gewinne. Der »Goldrausch«, der durch das humane Genomprojekt (HUGO) ausgelöst worden ist, hat die Aktivitäten der pharmazeutischen Industrie verändert und verschiebt die Interessen der ursprünglich eher chemieorientierten Branche weiter in Richtung Biotechnologie. Während bisher die Chemie als Triebfeder fungierte, da sie Substanzen zur Verfügung stellte, die breit angelegt auf ihre Wirksamkeit in verschiedenen Indikationsgebieten getestet wurden, wird nun die Entwicklung neuer Arzneistoffe gezielter und mehr vom molekularen Ablauf einer Krankheit angetrieben.

Die durch HUGO bedingte Datenexplosion bietet eine Vielzahl neuer Möglichkeiten und verändert die Zukunft der Pharmaindustrie in Richtung Biotechnologie. Während bisher ca. 500 biologische Strukturen als Targets zur Verfügung standen und ca. 20 % der bekannten Erkrankungen damit therapierbar waren, wird jetzt mit mindestens 10.000 therapeutisch nutzbaren Targets gerechnet. Man hofft, das Wissen über die genetischen Bausteine und ihre Veränderung im Zusammenhang mit einer Erkrankung zur Entwicklung neuer, effizienterer Wirkstoffe mit größerer Spezifität sowohl zur Vorbeugung, als auch zur Therapie und Diagnose nutzen zu können. Damit verändert sich der Blickwinkel, aus dem Erkrankungen betrachtet werden. Allerdings wird immer noch an der Hauptaufgabe, nämlich der **Identifizierung von Genen** in der DNA-Sequenz und das Verständnis ihrer Funk-

tion, gearbeitet. Bisher konnten Wissenschaftler erst ca. 1.000 für monogene Krankheiten (d. h. die Ursache liegt in Störung eines Gens) verantwortliche Gene identifizieren, obwohl ca. 6.000 solcher Krankheiten bekannt sind. Noch schwieriger wird es bei polygenen Erkrankungen wie Diabetes oder Störungen des Herz-Kreislauf-Systems, da hier die Zahl der verantwortlichen Gene nicht genau bekannt ist und sie durch Wechselwirkungen zwischen so genannten Suszeptivitätsgenen und der Umwelt (Ernährung, Lebensweise) hervorgerufen werden.

Da die Wirkstoffe nun gezielt für bekannte, spezifische Targets entwickelt werden können und der Prozess des Drug Discovery planbar wird, wird eine Verkürzung der Entwicklungszeiten und eine deutliche Senkung der Entwicklungskosten im Vergleich zu bisher erwartet (◘ Abb. 12.1). Schätzungen zufolge lassen sich durch die Genomics die Kosten für die Entwicklung eines neuen Medikaments von derzeit 800 Mio. Euro auf 350 Mio. Euro reduzieren. Insbesondere die klinische Prüfung, gegenwärtig mit zwei Dritteln und einer Dauer von durchschnittlich fünf bis sieben Jahren der kostenintensivste Teil der Arzneimittelentwicklung, könnte verkürzt werden, da von Anfang an die Wirkstoffsuche gezielter, planbarer und damit verlässlicher gestaltet werden kann. In der Praxis zeigen sich diese Effekte noch nicht.

Es hat sich gezeigt, dass nur der rasche und effiziente **Aufbau von Netzwerken** zwischen klassischer Pharmaindustrie, Grundlagenforschung der Universitäten und Biotech-Industrie die kritische Masse bringt, die für die Entwicklung von solchen Medikamenten notwendig ist. Innovative Biotech-Unternehmen, die sich mit der Entwicklung von speziellen Medikamenten beschäftigen, neue Technologien und Dienstleistungen anbieten oder sich mit der anfallenden Datenflut, der Bioinformatik befassen, bieten Spezialisierungen, die von der Pharmaindustrie *in-house* kaum mehr abgedeckt werden können. Während sich die Biotech-Startups auf die Entdeckung neuer Wirkstoffe und Technologien konzentrieren, beschäftigen sich die Pharmaunternehmen mit der weitaus teureren Entwicklung und Vermarktung. Die Hauptakteure am Markt haben bereits im großen Stil umgerüstet

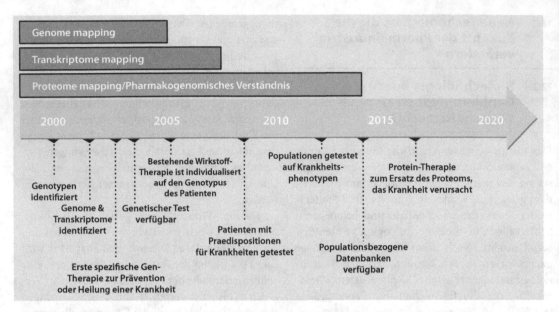

Abb. 12.1   Übersicht über die derzeit prognostizierten Milestones der biologischen Revolution (© Fischer/Breitenbach)

und den Verbund mit der Biotech-Szene gesucht. Dies zeigt die Tatsache, dass allein 1999 350 Allianzen zwischen Pharma-Riesen und Biotechnologie-Unternehmen geschlossen wurden (■ Abb. 12.2). 2006 investierte die Pharma-Industrie mehr Geld als je zuvor in die Biotechnologie. Die Anzahl strategischer Allianzen verdoppelte sich gegenüber dem Vorjahr, und der potenzielle Wert – gemessen an fixen und erfolgsabhängigen Zahlungen – stieg um 69 % auf 23 Mrd. US-Dollar. Wie bereits in Kapitel 1 beschrieben, hat sich die Biotech-Industrie zu einem neuen Reifegrad entwickelt. Es gibt namhafte Autoren, die das Überleben der gesamten Pharmabranche nur in einem Umdenken hin zu den Biopharmazeutika und biologischen Wirkstoffen sehen. Die Branche hat auch in Deutschland auf den Weg zurückgefunden, der die ursprüngliche Zukunftsperspektive als Innovationsmotor wieder rechtfertigt. Es hat sich herauskristallisiert dass die großen Pharmakonzerne sich Firmen suchen, die entweder strategisch zu ihnen passen, gute und erfolgversprechende Medikamente oder Produktfamilien haben oder kurz vor der Zulassung eines solchen stehen und günstig bewertet werden. Man spricht derzeit sogar wieder von einem Wandel zu einem Verkäufermarkt.

Deutschland hat in den letzten Jahren zwar als Biotechnologie-Standort an Bedeutung gewonnen und konnte erhebliche Fortschritte erzielen. Allerdings war der Start im Vergleich zu den europäischen Nachbarn zunächst deutlich verzögert, nicht zuletzt wegen heftiger, kontroverser Grundsatzdebatten über das Für und Wider sowie die Risiken von Biotechnologie und Gentechnik. Rund ein Drittel der Forschungs- und Entwicklungskosten der Pharmariesen fließen gegenwärtig in externe Kooperationen mit Biotech-Firmen. Insbesondere im Bereich funktioneller Genomik, *small-molecule*-Therapie, Arzneimitteltarget-Screening und Wirkstoffen gegen biologische Waffen wurde investiert. Allerdings ist der Durchdringungsgrad der Biotechnologie im deutschen Pharmasektor momentan noch deutlich geringer als in den USA. Dort waren im Jahr 2000 bereits ca. 500 Biotech-Unternehmen an der Börse notiert, darunter 35 profitable Unternehmen, und weit über 500 Wirkstoffe befinden sich in der klinischen Prüfung. In Europa existierten zu diesem Zeitpunkt weniger als 100 gelistete Unternehmen, und nur elf Produkte haben es in die letzte Phase vor der Marktzulassung geschafft. Investitionen und Einnahmen der deutschen Firmen im F&E-Bereich lagen um den Faktor vier bis fünf hinter den USA

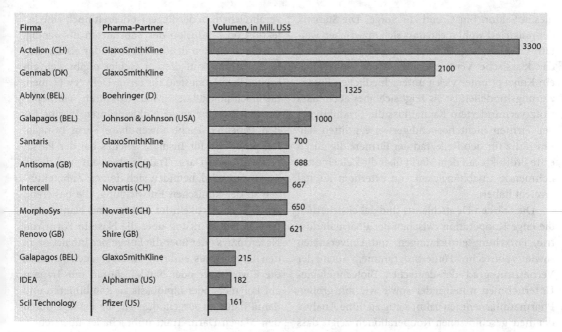

Firma	Pharma-Partner	Volumen, in Mill. US$
Actelion (CH)	GlaxoSmithKline	3300
Genmab (DK)	GlaxoSmithKline	2100
Ablynx (BEL)	Boehringer (D)	1325
Galapagos (BEL)	Johnson & Johnson (USA)	1000
Santaris	GlaxoSmithKline	700
Antisoma (GB)	Novartis (CH)	688
Intercell	Novartis (CH)	667
MorphoSys	Novartis (CH)	650
Renovo (GB)	Shire (GB)	621
Galapagos (BEL)	GlaxoSmithKline	215
IDEA	Alpharma (US)	182
Scil Technology	Pfizer (US)	161

◘ **Abb. 12.2**   Die größten Allianzen zwischen Biotechnologie-Unternehmen und Pharmaindustrie in Europa im Jahr 2008 (nach © Ernst Young 2008).

zurück. Der Vergleich der sieben wichtigsten europäischen Biotech-Industrien zeigte 2006 eine Trennung in zwei Lager. Länder, in denen große Pharmafirmen eine Rolle spielen (Großbritannien – GlaxoSmithKline, Skandinavien – AstraZeneca, Schweiz – Roche, Novartis), richten sich auch in der Biotech Branche auf Medikamentenentwickler aus. Länder wie Deutschland und Frankreich haben ein diversifiziertes Bild an Biotech-Firmen mit einem Schwerpunkt im Bereich der Enabling-Technologien. In Deutschland fällt die starke Position der medizinischen Diagnostik-Unternehmen auf.

Trends im Jahr 2006 waren insbesondere die weitere Konsolidierung und Mergers & Acquisitions. Nun übernahmen auch Biotech-Firmen andere Biotech-Firmen (vgl. ▶ Kap. 1). Auch setzen viele Biotech-Unternehmen wieder auf einen Börsengang (IPO, Initial Public Offering), um an finanzielle Mittel für Forschung und Entwicklung oder Akquisitionen zu gelangen.

Deutschland hat sich in den letzten 10 Jahren zu einem weltweit führenden Standort für Biotechnologie entwickelt. »Deutschland: Europameister für Biopharmazeutika« titelte die VfA bereits 2010,

in EU Nummer 1, weltweit nach USA Nummer 2. Und dieser Trend hielt an: 114 Arzneimittelhersteller und 269 Unternehmen mit Plattformtechnologien haben einen Umsatz an Biopharmazeutika von knapp 4,9 Mrd. Euro entsprechend 17 % des Gesamtpharmamarktes in Deutschland insbesondere im Bereich Immunologie, Stoffwechsel, Onkologie und Hämatologie. 144 Arzneimittel mit 108 Wirkstoffen sind bereits zugelassen, 516 Biopharmazeutika befinden sich derzeit in der klinischen Entwicklung. Bei den reinen Biotechnologiefirmen führt Amgen, gefolgt von BiogenIdec, Celgene, Gilead, Genzyme und Vertex den Markt an. Dennoch ist die Struktur der Biotech-Industrie stark von Kapitalgebern und Finanzierungsmodellen abhängig und wie bereits in Kapitel 1 erwähnt, kann sich das Bild schnell wandeln. Nach dem Biotech Report der Firma Ernst & Young stellt sich die Biotech-Branche 2012 differenzierter dar. Auch wenn der Umsatz der deutschen Biotech-Sparte im Jahr 2011 die Milliarden-Grenze überschritt, hat sich die Kapitalausstattung der deutschen Biotech-Szene im Jahr 2011 signifikant verschlechtert. Waren es im Vorjahr noch 281 Mio. Euro, investierten 2011 Risikokapitalgeber nur noch 87 Mio. Euro in diesen Sektor. Ein Grund zur Sorge? Die Statistik demonstriert wohl mehr, dass sich inzwischen weitere Finanzierungsmodelle ausgeprägt haben und das klassische Venture-Capital-Modell nur noch ein Konzept unter vielen unterschiedlichen Finanzierungsmodellen ist. Es zeigt sich aber auch, dass trotz vermindertem Kapitalfluss die Produktivität der Firmen nicht notwendigerweise gelitten hat. Ein Indiz für den Reifegrad der Firmen, die durch erste Produkte auf dem Markt über die Zeit eine zunehmende Unabhängigkeit von externem Kapital erreicht haben.

Die Stärken Deutschlands sind dabei sicherlich die enge Kooperation zwischen der Pharmaindustrie, Forschungseinrichtungen und Universitäten sowie zahlreiche Förderprogramme. Auch der Vernetzungsgrad der deutschen Biotechnologie-Unternehmen miteinander sowie wie mit großen Pharmaunternehmen nahm stetig zu. Eine Analyse der neu geschlossenen Kooperationen zeigt, dass die Zusammenarbeit zwischen großen, internationalen Biotech-/Pharmaunternehmen und kleinen und mittelgroßen Biotech-Firmen weiterhin sehr intensiv vorangetrieben wird. Es fällt auf, dass nicht nur große Arzneimittelhersteller viele neue Kooperationen tätigten (z. B. Merck Serono, Boehringer Ingelheim), sondern auch kleine und mittlere Biotech-Unternehmen eine wichtige Rolle übernehmen (z. B. Evotec, MorphoSys). Bei der Entwicklung und dem Einsatz innovativer Biopharmazeutika gibt es jedoch immer noch Optimierungsbedarf. Um eine bessere Versorgung der Patienten zu gewährleisten, ist eine Anpassung der Rahmenbedingungen erforderlich mit dem Ziel, die Entwicklung von Biopharmazeutika zu beschleunigen und den Patienten den Zugang zu vorhandenen Biopharmazeutika zu erleichtern.

Die Grenzen, die der Nutzbarkeit der biotechnologischen Erkenntnisse durch ethische Diskussionen und gesetzliche Regelungen gesetzt werden, werden immer wieder neu diskutiert und definiert.

Auch ist für viele der aus dem biotechnologischen Gebiet erhaltenen Produkte noch zu klären, wie sie im Organismus an den eigentlichen **Wirkort** gebracht werden können. Oftmals lassen sich die neuen Wirkstoffe nicht mehr einfach durch eine Tablette und damit durch einfaches Schlucken

verabreichen. In der Regel ist derzeit noch eine Injektion oder Infusion der Substanzen notwendig, für den Patienten deutlich belastender als die orale Aufnahme. Auf diesem Gebiet ergibt sich ein breites Betätigungsfeld für Drug-Delivery-Firmen, die hochmolekulare Eiweißstrukturen wie Peptide und Proteine sowie Nukleinsäuren in eine für den Patienten leicht anwendbare Form bringen. Beispielsweise für Insulin, welches bei der Passage des Magen-Darm-Traktes abgebaut und damit inaktiviert wird, befinden sich derzeit Zubereitungen in der klinischen Entwicklung, die basierend auf kleinen Partikeln im Mikro- und Nanometerbereich den Wirkstoff über die Nase in Form von Nasensprays oder über die Lunge per Inhalation in den Organismus einbringen. Aber auch Ansätze, die Eiweißstoffe oder Nukleinsäuren mit Trägern auf Polymer- oder Lipidbasis zu kombinieren und damit dafür zu sorgen, dass sie die Passage durch den Magen-Darm-Trakt unbeschadet überstehen, werden intensiv beforscht und befinden sich in klinischen Prüfungen. Implantate werden bereits für die Hormontherapie verwendet. Solche Depots werden unter die Haut appliziert und geben über mehrere Monate langsam ihren Wirkstoff ab. Auch sog. transdermale Systeme, Pflaster, die die Wirkstoffe durch die Haut abgeben, sind für einige der Wirkstoffe eine erfolgversprechende Lösung. Betrachtet man diese Arzneiformen genauer, so handelt es sich um wahre High-Tech-Systeme mit zum Teil steuerbaren, dem Bedarf des Patienten angepassten Freisetzungsraten des Wirkstoffs.

Zusammenfassend lässt sich sagen, dass seit Beginn des Jahres 2000 die Biotech-Euphorie gebremst worden ist und Aktienwerte an der Börse sanken. Viele kleine Biotech-Unternehmen erwiesen sich als zu hoch bewertet oder waren zu frühzeitig an die Börse gegangen. Den derzeitigen Neugründungen wird jedoch ein wesentlich größeres Entwicklungspotenzial prognostiziert als ihren Vorgängern, da Investoren zurückhaltender geworden sind und genauer prüfen. Mittlerweile sind die Biotechnologie und die Entwicklung von Biopharmazeutika für Deutschland als Wirtschaftsfaktor wie auch für Patienten insbesondere mit schwerwiegenden und chronischen Erkrankungen immer bedeutsamer geworden und nehmen einen hohen Stellenwert ein. 2010 hatte der Biotech-Sektor in

Deutschland 400 kleine und mittelständische Firmen mit etwa 10.000 Beschäftigten. Die Umsätze dieser Firmen beliefen sich auf etwa 1 Milliarde Euro.

12.2.2 Informationstechnologie (IT) und Internet: Datenautobahnen zum rasanten Transfer von Informationen

Informationstechnologie und Internet als weitere Zukunftstechnologien haben die Struktur und Geschäftsabläufe der pharmazeutischen Industrie beeinflusst. Im Vordergrund steht dabei nicht mehr länger die Frage, wann IT und Internet Auswirkungen auf die Pharmaindustrie haben werden, sondern wie die Branche diese Technologie am besten für sich nutzen kann. Nach anfänglichem Boom ist die erste Euphorie bereits wieder abgeklungen, nachdem zwar viele Abläufe in pharmazeutischen Unternehmen durch neue IT-Systeme gründlich umgekrempelt wurden, ohne aber bisher die erhofften Einsparungen oder Umsatzsteigerungen zu zeigen. Nichtsdestotrotz bieten die neuen Wege des Informationstransfers v. a. großen Unternehmen die Möglichkeit, schneller, effizienter, damit rentabler und näher an Zielgruppen wie Ärzten, Apothekern und Patienten zu arbeiten. V. a. im Marketing, der Logistik und dem Vertrieb baut das Internet seinen Einfluss immer weiter aus.

E-Research: Vom High-Throughput zum High-Output

Die Einsatzmöglichkeiten der Computertechnologie in der Entwicklung eines neuen Medikamentes sind vielfältig. Bioinformatik (Speicherung und Analyse genomischer Daten), Cheminformatik (Daten der kombinatorischen Chemie), *computational chemistry* (*molecular modelling*, Simulationen, Analyse) und Laboratory Information Management Systems (LIMS) sind in diesem Zusammenhang die neuen Schlagwörter. Bereits beim allerersten Schritt, der Entdeckung und Synthese eines neuen Arzneistoffs, hat der Siegeszug der Computer begonnen. Während bisher Chemiker mögliche therapeutische Schlüsselsubstanzen einzeln synthetisierten und auf ihre physika-

lisch-chemischen und biologischen Eigenschaften sowie ihre Wirksamkeit untersuchten, wird dieser Prozess heute oftmals mittels kombinatorischer Chemie erledigt. Dabei wird durch immer wieder neue Kombination verschiedener chemischer Bausteine gleichzeitig und mit hoher Geschwindigkeit eine große Anzahl von Verbindungen, die sog. Substanzbibliothek, synthetisiert. Um die Erfolgswahrscheinlichkeit zu erhöhen, werden die Substanzstrukturen und ihre Wechselwirkung mit potenziellen Targets per Computer simuliert und neue Strukturen modelliert. Im Anschluss können in kurzer Zeit hunderttausende von Proben, z. B. in Bindungs- und Enzymassays, automatisiert auf ihre Effektivität untersucht werden (*high throughput screening*, HTS). Zur Testung von Substanzen gibt es mittlerweile auch eine Reihe von virtuellen Modellen wie z. B. Computersimulationen zur Charakterisierung der Wirkstoffverteilung im Organismus oder eine virtuelle Maus, an der die Wirkung neuer Medikamente, verschiedener Dosierungen und Darreichungsformen bei Diabetes getestet werden können. Um jedoch das Modell eines virtuellen Menschen aufzubauen, müssen enorme Datenmengen bearbeitet werden, die es bisher zum großen Teil nicht oder nur in unzureichender Qualität gibt. Geschätzt wird, dass solche Simulationen in Zukunft die Zeiten der klinischen Prüfungen um bis zu 40 % bzw. die Zahl der Patienten in klinischen Studien um zwei Drittel reduzieren können.

Möglich geworden ist der Wechsel vom »Zufallsprinzip« zur gezielten Suche nach *lead compounds* erst durch automatisierte Anlagen und Robotor zur Synthese und Analyse, die mittels leistungsfähiger Computertechnik und hochentwickelter Software gesteuert werden. Der Vorteil liegt auf der Hand: Je mehr Substanzen erhalten und analysiert werden, umso größer die Wahrscheinlichkeit eines Treffers. Während bisher zur Entwicklung einer Leitsubstanz drei bis vier Jahre notwendig waren, so hofft man, mithilfe der kombinatorischen Chemie und des HTS, nicht nur diesen Zeitraum auf die Hälfte zu verkürzen, sondern auch die Entwicklungskosten schätzungsweise um den Faktor zehn reduzieren zu können. Die Pharmaindustrie eignet sich diese Technologie durch Joint Ventures, Konsortien und die Übernahme kleiner Firmen an. Allerdings sind diese Unternehmen überwiegend in den USA, weniger in Europa angesiedelt. Das Volumen der Investitionen lag bereits 1996, in der Anfangsphase dieser Techniken, in den USA in Höhe von 600 Mio. US-Dollar. Die Erwartungen sind hochgesteckt. Während sich die ersten, mit kombinatorischer Chemie entwickelten Medikamente in der klinischen Prüfung befinden, ist die Zahl der mit *high throughput screening* gefundenen Wirkstoffe noch vergleichsweise gering. Der limitierende Faktor ist jedoch oftmals weniger im Auffinden zu suchen, als vielmehr in der Optimierung der erfolgversprechenden Kandidaten.

Auch die Entschlüsselung des menschlichen Genoms ist erst durch die interdisziplinäre Verschmelzung von Biotechnologie und Informatik möglich gewesen und ohne die Anwendung von Hochleistungscomputern undenkbar. Neue Superrechner sollen nun den nächsten Schritt bewerkstelligen, die **Sprache der Gene in Proteine zu übersetzen,** ein Vorgang, bei dem tausendmal mehr Daten, als bei der Aufklärung des Genoms zu bearbeiten sind.

Die Antwort auf die Frage nach den Wurzeln einer Krankheit erhofft man sich von den Erkenntnissen der Biotechnologie. Um die Informationen aus der Entschlüsselung des humanen Genoms nutzbar zu machen und ihr wirtschaftliches Potenzial ausschöpfen zu können, müssen große und komplexe Datenmengen von Genkartografien, Proteindatenbanken, dreidimensionalen Darstellungen, Computersimulationen von Wirkstoff-Target-Wechselwirkungen schnell und intelligent sortiert, analysiert und verwaltet werden. Dabei geht es nicht mehr nur um das Lesen von Gensequenzen, es gibt kaum einen Schritt in der Frühphase, der nicht bereits automatisiert worden ist. Ehrgeizige Projekte erhoffen sich sogar, dass Computersimulationen der Vorgänge in der Zelle, die Frage nach der Funktion und Wirkungsweise von Genen, Proteinen und Botenstoffen beantworten können (Ecell). Die Entwicklung dieses Sektors bleibt abzuwarten. Kritiker halten jedoch entgegen, dass selbst bei detaillierter Kenntnis der molekularen Bestandteile der Zelle und deren Wechselwirkungen, das Ganze mehr und komplexer ist, als nur die Summe der einzelnen Teile.

Knowledge-Management: Kurze Wege, schnelle Reaktionen

Die pharmazeutische Industrie erhofft sich vom verstärkten Einsatz der IT-Technologie eine Reduktion der F&E-Kosten und -Zeiten, v. a. aufgrund des *smarter working*, d. h. der Planbarkeit und gezielten Steuerung der Forschungs- und Entwicklungsphase nicht nur bei der Arzneistoffsuche, sondern auch zunehmend bei der Entwicklung einer geeigneten Arzneiform. Um das wirtschaftliche Potenzial der IT-Technologie bei der Entwicklung von Arzneistoff und Arzneiform ausschöpfen zu können, gilt es zum einen, die Erfassung aller im Entwicklungsprozess anfallenden Daten zu optimieren, zum anderen aber gleichzeitig das Augenmerk auf das **Knowledge-Management** zu richten, das die Zusammenarbeit verschiedener Abteilungen intern und Kooperationspartner extern miteinander ermöglicht. Neben der Erhöhung der Effizienz soll so auch die Qualität des Informationsflusses erhöht werden, um besser, zeitnäher und sicherer Geschäftsentscheidungen treffen zu können.

Die elektronische und systematische Sammlung und Verwaltung von Daten während der Entwicklung eines Arzneistoffs und seiner Arzneiform, und der schnelle Zugriff aller am Entwicklungsprozess Beteiligten, ermöglicht es, Informationswege zu verkürzen, Geschäftsabläufe zu optimieren, Fehler und Probleme früher zu erkennen und zu lösen sowie flexibler auf unvorhergesehene Ereignisse und Veränderungen zu reagieren. Die Datensammlungen dienen frühzeitig als Grundlage für die Patentierung und die Zulassung. Zum anderen können Marketing und Vertrieb auf F&E-Daten zurückgreifen, um die Produkteinführung oder die Sortimentserweiterung vorzubereiten und zu unterstützen. Produktion, Zulieferung der Ausgangsstoffe und -materialien sowie der Verkauf des fertigen Produkts können koordiniert werden und schneller an den Bedarf angepasst werden. Auf Engpässe der Produktion, Lieferverzögerungen, Stornierungen und andere unvorhergesehene Ereignisse kann schneller reagiert werden. Mittels neuer Techniken wie Spracherkennung, Schrifterkennung, dem Ablesen von Barcodes oder dem Konzept der implizierten Interaktionen, d. h. die Erfassung von Daten durch Anfassen, Bewegen oder Zeigen z. B. mit dafür speziell ausgestatteten Handschuhen ist es möglich, Daten quasi nebenbei und ohne zeitliche Verzögerung zu erheben und zu registrieren.

Insbesondere bei den teuren, langwierigen und aufwendigen klinischen Phasen ermöglicht der Einsatz von Internet und Computertechnologie bei Aufbau, Durchführung und Auswertung der klinischen Prüfung eine Beschleunigung des Prozesses. Die Planungsphase einer solchen Studie lässt sich organisatorisch erleichtern und zeitlich verkürzen durch automatisiertes Design und Aufbau der Protokolle sowie von Simulationen der pharmakokinetischen und pharmakodynamischen Parameter, Online-Bewerbungen von Versuchsleitern und Testpersonen, webbasiertes Reporting der Studiendaten sowie E-Learning der beteiligten Leiter.

Outsourcing und Globalisierung fördern den Einsatz von webbasierter Kommunikation. Da verstärkt Aktivitäten an spezialisierte Unternehmen z. B. im Bereich Biotechnologie ausgelagert werden, Firmen ihren Sitz auf verschiedenen Kontinenten haben oder weltweit Netzwerke von Forschungsallianzen eingehen, ist die Bedeutung des elektronischen Datentransfers gestiegen.

Ach die Forderung der Zulassungsbehörden, die Unterlagen der Einreichung zur Zulassung in elektronischer Form abzugeben, passt zum Bild der ausgereifteren Datenverarbeitung. Letztlich sollte mit dem sog. CANDA-System eine größere Transparenz für die Behörde gewährleistet und damit eine schnellere Bearbeitung der Vorgänge möglich sein.

E-Health: Gesundheitsinformation aus dem Internet

Der Begriff *e-health* ist seit 1999 für so ziemlich alles, was den Zusammenhang zwischen Medizin und Internet herstellt, strapaziert und immer wieder neu definiert worden. Die Herausgeber des *Journal of Medical Internet Research* versuchten diesen Terminus und das Konzept dahinter in Form folgender Definition zu fassen:

» *E-health* is an emerging field in the intersection of medical informatics, public health, and business, referring to health services and information delivered or enhanced through the Internet and related technologies. In a broader sense, the term characterizes not only a technical development, but also a state-of-mind, a way of thinking, an attitude, and a commitment for networked, global thinking, to improve health care locally, regionally, and worldwide by using information and communication technology. **«**

Entscheidend und in dieser Definition festgehalten ist die Einstellung zum Internet als globales Netzwerk zur Verbesserung der Gesundheitsversorgung.

Um die hochgesteckten Umsatzziele der Pharmaindustrie möglichst schnell zu erreichen, sind effektive **Vertriebs- und Marketingaktivitäten** notwendig. Ein wichtiger Teil kommt dabei dem pharmazeutischen Außendienst zu, der einerseits die Kommunikation mit den Fachkreisen, Arzt und Apotheker, andererseits die Wechselwirkungen mit dem Patienten selbst vermittelt. Die Effektivität des Außendienstes lässt sich per Computer durch gezielte Sammlung und Verwaltung der Informationen aus der Entwicklung eines Medikamentes und denen der Interaktion mit Arzt und Apotheker optimieren. Im Hinblick auf Verwaltung von Kundengruppen, Verfolgung der Nutzung, Vorhersagen und Modellierung des Verschreibungsverhaltens und Integration wichtiger Marktinformationsdaten lassen sich vielfältige Datensätze kombinieren und die Transparenz des Marktes steigern.

Während bisher für die Außendienstaktivitäten die pharmazeutischen Unternehmen den persönlichen Kontakt zu Arzt und Apotheker als Hauptinformationsquelle in den Vordergrund stellten, sind nun Internetportale für Fachkreise mit Arzneimittel- und Verschreibungsinformationen, Musterbestellungen und Möglichkeiten zum *e-learning* auf den Homepages der Pharmaunternehmen von großer Bedeutung. Passwortgeschützt können Daten zu *compliance*-Studien, Studienprotokolle oder Patienteninformationen abgerufen werden. Info-Hotlines informieren über aktuelle Ereignisse und Änderungen und Informationen werden auf Anforderung auch automatisch und regelmäßig per E-Mail zugesandt. Anfragen werden per E-Mail beantwortet und selbst Expertengespräche per Internet veranstaltet.

Ähnliches gilt auch für den Patienten: Gesundheitsportale im Internet mit Informationen über Krankheit, Diagnose und Therapie, die Möglichkeit zum E-Mail-Kontakt mit dem jeweiligen Pharmaunternehmen, Chats und die Zusendung von Newsletters (*disease management web sites*) kennzeichnen das Bild. Im Kontakt mit dem Endverbraucher bietet das Internet als Informationsmedium in Gesundheitsfragen und als Kommunikationsplattform den Unternehmen kostengünstig die Möglichkeit zum Wettbewerbsvorteil gegenüber der Konkurrenz. Insgesamt steigt die Zahl der Internetuser stetig. Weltweit hat im Dezember 2008 erstmals mehr als eine Milliarde Menschen das Internet benutzt. Während bei den über Sechzigjährigen nur 35 % der Menschen in Deutschland regelmäßig das Internet nutzen, sind es bei den 14–19jährigen bereits mehr als 98 %.

Der **Suchbegriff »Gesundheit«** steht bei Recherchen im Internet hoch im Kurs. Abgefragt werden v. a. Informationen zu Produkten und wissenschaftliche Erkenntnisse zu Befunden und Therapie. Interessenten sind v. a. chronisch und unheilbar Kranke und ihre Angehörigen. In den USA suchten bereits 1999 24 Millionen Amerikaner im Internet nach Gesundheits- und Medizininformationen. In Europa sind 15 % aller Suchaktivitäten medizinische Fragestellungen. Der gestiegene Informations- und Kommunikationsbedarf der Kunden mit der Industrie resultiert v. a. aus dem gestiegenen Gesundheitsbewusstsein der Menschen, der steigenden Zuzahlung bei Medikamenten und dem wachsenden Selbstmedikationsmarkt.

Die Unternehmen der deutschen Pharmaindustrie haben das Internet als modernes Kommunikationsmedium und Marketinginstrument neben Print, Radio und TV längst erkannt Die Bedeutung des Internets machen die Amerikaner Hagel und Armstrong in ihrem Buch *Net Gain* deutlich: »V. a. jene Anbieter werden im Internet gewinnen, die frühzeitig und nachhaltig virtuelle Communities aufbauen«. Die USA sind Europa bereits einen Schritt voraus, dort zeichnet sich die Wandlung der Pharmaindustrie vom reinen Arzneimittelhersteller und -Lieferanten zum internetbasierten Therapiedistributor deutlicher ab. So entwickeln sich im Bereich des Pharmamarketings Online-Communities, auf denen die Nutzer Informationen sowohl

aus der Interaktion mit anderen Interessenten als auch mit dem Pharmaunternehmen selbst ziehen können. Diese *direct-to-*Consumer-Kampagnen sind gerade in Bezug auf Tabuthemen besonders wichtig und werden aktuell von den großen Pharmaunternehmen wie Bayer-Schering, Bayer oder Sanofi-Aventis in die Marketingstrategie aktiv integriert. So wird z. B. die Seite http://www.pille.com von Bayer-Schering unter den jugendlichen Mädchen häufig genutzt, die auf der Suche nach Aufklärung und Verhütung sind. Die gezielte Information in Verbindung mit Präsentation der eigenen Kompetenz ist der Schlüssel für einen gelungenen Internetauftritt.

Auch das Handy wird in die medizinische und pharmazeutische Versorgung von Patienten mit integriert. Emails, die an die Tabletteneinnahme erinnern, Health Care Phones wie GlucoMON, die Blutzuckerspiegel oder Fettwerte per SMS oder drahtlos an Ärzte übermitteln, Pollenwarnung per SMS oder die Ortung von Patienten per GPS sind nur einige Beispiele (vgl. ▶ Kap. 12.2.3).

Versandhandel und E-Commerce: Arzneimittelkauf per Mausklick

Umstritten und heftig diskutiert ist der Versandhandel von Arzneimitteln. »Keine Antibabypillen mehr per Post« titelte die Süddeutsche Zeitung auf dem Höhepunkt des Streits um die Zulässigkeit des Internethandels mit Arzneimitteln. Erst zu Grabe getragen und immer wieder für rechtswidrig erklärt, haben die sog. *dot.coms* oder Internetapotheken ihren Siegeszug nun in Europa angetreten. Mit Inkrafttreten des Gesundheitsmodernisierungsgesetzes 2004 wurde erstmals in Deutschland der Versandhandel für apothekenpflichtige Arzneimittel freigegeben. Patienten, die in ihrer Mobilität eingeschränkt sind, Berufstätige und chronisch Kranke mit Dauermedikation sollten davon profitieren. Wie in Großbritannien oder den Niederlanden können auch hierzulande Patienten Medikamente im Internet bestellen und sich nach Hause liefern lassen. Seit der Gesundheitsreform 2004 dürfen Apotheken den Preis für rezeptfreie OTC-Präparate selbst festsetzen. Dieser Preiswettbewerb machte sich v. a. bei Internetapotheken bemerkbar. Preisunterschiede von bis zu 30 % sind keine Seltenheit. Außerdem gewähren viele Versandapotheken Vergünstigungen, z. B. in Form von Gutschriften. Einige Krankenkassen haben Kooperationsvereinbarungen mit Versandapotheken geschlossen, die den Versicherten Vorteile in Form von Rabatten oder Aktionsangeboten eröffnen. Vorausgesetzt wird die gleiche Arzneimittelsicherheit, die auch für niedergelassene Apotheken gilt einschließlich Gewährleistung einer kompetenten Beratung durch pharmazeutisches Personal in deutscher Sprache.

In den USA liegt die Akzeptanz der Internetapotheken deutlich höher als in Europa. Die Ursache dafür ist zum einen die Service- und die *drive-in*-Kultur der Amerikaner und die teilweise schwierige Versorgung abgelegener Gebiete durch öffentliche Apotheken. Als Hauptargument wird jedoch die geringere Rezeptgebühr ins Feld geführt, da per Versand ein Dreimonatsbedarf an Arzneimitteln bezogen werden darf, in Apotheken dagegen nur der Bedarf für einen Monat, und damit im gleichen Zeitraum dreimal Rezeptgebühren gezahlt werden müssen. Verboten ist bisher der Versand von Arzneimitteln aus dem Ausland in die USA.

Kehrseite des Internethandels sind die Missbrauchsmöglichkeiten. Nach Angaben der EU-Kommission hat sich die Anzahl der **Arzneimittelfälschungen** mit 2,7 Millionen im letzten Jahr verfünffacht. Haupteinfallstor ist der internetbasierte Versandhandel. Arzneimittelfälschungen gefährden nicht nur die Gesundheit der Patienten und untergraben das Vertrauen der Anwender in die Arzneimittelsicherheit, sondern verletzen auch das Recht am geistigen Eigentum und den Patentschutz, die eine Grundvoraussetzung für Innovationen sind. Um Patienten besser vor Fälschungen zu schützen, trat im Juli 2011 die sogenannte »Fälschungsrichtlinie« (Richtlinie 2011/62/EU) in Kraft, die Maßnahmen wie die Kennzeichnung von Arzneimittelverpackungen z. B. mit Sicherheitscodes, Hologrammen und Sicherheitslogos zur Verifizierung der Echtheit sowie strengere Kontrollen und Überwachungen von Händlern und Produzenten vorsieht. Das Deutsche Institut für Medizinische Dokumentation und Information (DIMDI) bietet zusätzlich ein Register und ein Sicherheitslogo für behördlich zugelassene Versandapotheken, von denen sich die meisten in Deutschland, einige in den europäischen Nachbarländern befinden. Längst werden nicht mehr nur Lifestyle-Medikamente wie z. B. Potenz-

mittel gefälscht, sondern zunehmend auch lebensnotwendige und vor allem teure Arzneimittel wie z. B. Krebs- oder HIV-Therapeutika.

Der Vertrieb und das Marketing der Arzneimittel ist eine der ureigenen Stärken der pharmazeutischen Industrie. Warum sollte sie dann nicht auch in einem E-Commerce-Wettbewerb teilnehmen und die Kette bis zum Endabnehmer schließen? Das Internet erscheint für Medikamente als Vertriebsweg wie geschaffen: Geringe Volumina bei hohem Wert, kein Ausprobieren durch den Kunden, Aussehen und Beschaffenheit sind bei der Kaufentscheidung nahezu unwichtig und die Vertriebskosten im bestehenden System sind relativ hoch. Betrachtet man ein Szenario, in dem der Arzt ein Medikament verschreibt und der Patient über die Internetapotheke das Medikament bestellt und geliefert bekommt, wird klar, welches Kettenglied verloren gehen wird: die Apotheke in ihrer jetzigen Form. Dennoch wird die Apotheke im lokalen Mikroklima zwischen Arzt und Patient über lange Zeit erhalten bleiben, da der Zugang zum Internet noch lange für viele, gerade ältere Menschen verschlossen bleiben wird. Bei einer von der Health on the Net Foundation durchgeführten Studie waren noch nicht einmal 10 % der User über 60 Jahre alt. Eine neue Umfrage unter Offlinern zeigte, dass das Internet durchaus noch nicht für jedermann zugänglich ist. Von 100 Befragten gaben 55 die Anschaffungskosten für den PC als Hinderungsgrund an, 80 sagten, sie brauchen das Internet weder beruflich noch privat (Mehrfachnennungen waren möglich).

Über die bloße Warenverfügbarkeit gehen die Kundenbedürfnisse aber oft hinaus. Die Apotheke ist eine Marke, ein Bezugspunkt mit Beratungsqualität. Die Firma Rite-Aid hat die Kombination der *old* und *new economy* in diesem Sinne umgesetzt. Man hat die Apothekenkette mit einer Internetapotheke verknüpft. Im Internet wird bestellt, in der Apotheke abgeholt. Dieses als *click and brick* bezeichnete System verbindet die Vorteile beider Systeme.

Noch verstärkt werden dürfte der direkte Austausch über das Internet zwischen dem Pharmahersteller und dem Patienten, wenn sich in den nächsten 10–15 Jahren das Konzept der Pharmacogenomics und der individuellen Arzneimittel-

◘ **Tab. 12.2**   Unterschiede von Pharma 2.0 und Pharma 3.0.

	Pharma 2.0	Pharma 3.0
Geschäftsmodell	Produktorientiert *business to business*	Kundenorientiert *business to customer*
Innovation	Produktinnovation	Innovation des Geschäftsmodells
Wachstum	Akquisition	innovative Partnerschaften
Wertetreiber	Umsatz und Gewinn	*health outcomes* für Patienten und Gesundheitssystem

therapie durchsetzen sollte. Diese Vision des maßgeschneiderten Therapieschemas scheint denkbar. Nicht nur die Herstellung, sondern auch das Marketing und der Vertrieb für solche Arzneimittel sollten völlig anders aussehen.

12.2.3 **Pharma 3.0**

2011 erreichten die ersten Baby-Boomer in Amerika das Rentenalter. Gleichzeitig überschritt die Weltbevölkerung die Sieben-Milliarden-Hürde. Es wird deutlich, dass das zunehmende Auftreten chronischer Krankheiten durch eine älter werdende Bevölkerung die Gesundheitskosten der Länder zunehmend belastet. Die Firma Ernst & Young schildert in ihrem Bericht »Progressions« die Änderungen unter dem Titel Pharma 3.0. Ernst & Young beschreibt die Modelle Pharma 1.0 als das Blockbuster-Modell, Pharma 2.0 als das heutige Modell, welches auf die Ausweitung der Markt- und Produktportfolien und der Ausrichtung auf die Optimierung, die Effizienz und damit der Steigerung des Gewinns beruht. Dies steht im Gegensatz zu einem reinen Streben nach Umsatzwachstum. Pharma 3.0 beschreibt nun ein Modell, das neue Geschäftskonzepte beinhaltet, die nicht mehr einzig auf das Produkt an sich ausgerichtet sind, sondern zum Beispiel den Patienten ganzheitlich in eine Versorgung zum einen mit dem Arzneimittel, aber darüber hinaus aber auch in eine Überwachung, Beratung und Vorsorge einschließen können. Unter dem Titel »Connecting information« wird Information als die Währung des Pharma-3.0-Modells gesehen. Die Möglichkeit, Informationsquellen aus unterschiedlichen Berei-

chen zu vernetzen, führt nach Ernst & Young zu neuen, im Markt und im Profil des Produktes nutzbaren Einsichten, die in einem Wettbewerbsvorteil resultieren können. Ferner wird das Engagement in sozialen Netzwerken, *internet communities* und der Umgang mit den unterschiedlichen Interessenvertretern eine zunehmende Rolle spielen.

Betrachtet man einige Definitionen genauer, ergibt sich nach Ernst & Young das in ◘ Tab. 12.2 gezeigte Bild:

Etwa 75 % der Kosten der Gesundheitssysteme sind heute schon auf chronische Erkrankungen zurückzuführen. Verschiedene Beratungsfirmen sehen die Notwendigkeit, die Behandlung weg von der Praxis des Arztes oder dem Krankenhaus direkt zum Patienten zu verlegen, um die Kosten in den Gesundheitssystemen positiv beeinflussen zu können. Technologien wie Smartphones, Apps, Sensoren, ferngesteuerte Monitore und soziale Medien erlauben heute schon eine Patientenbetreuung oder Kontrolle außerhalb der Praxis und dem Krankenhaus. Gleichzeitig wird der Patient in den Mittelpunkt gestellt und kann zumindest Teile der Behandlung an dem von ihm bevorzugten Ort vornehmen. Betrachtet man die Hauptwettbewerber im Feld von Pharma 3.0-Initiativen so sind insbesondere Johnson & Johnson, Pfizer und Novartis zu nennen.

Im Jahr 2005 bereits vereinbarte Johnson & Johnson eine Kooperation mit der französischen Gesundheitsbehörde für das Produkt Risperdal in der Behandlung von Schizophrenie. 2006 führte Johnson & Johnson www.strengthforcaring.com ein, eine Internetplattform auf der Erfahrungen in der Behandlung ausgetauscht werden können. 2007 folgte www.acuminder.com, eine Internetseite für Kontaktlinsenträger. 2011 schließlich wurde eine Facebook-Anwendung etabliert, die in Indien 120 Millionen Rauchern helfen soll, das Rauchen aufzugeben.

Ebenfalls im Jahr 2005 startete auch Pfizer Aktivitäten, die unter dem Gesichtspunkt von Pharma 3.0 zu betrachten sind. 2006 ging man eine Kooperation mit einem italienischen Gesundheitsversorger ein, die einen Preisnachlass von 50 % für die ersten drei Monate der Behandlung mit Sutent für den Patienten mit sich brachte. 2010 wurde die iPhone-Anwendung »hemoTouch« etabliert, die Möglichkeiten der medizinischen Überwachung bietet, und auch für 2011 ging man eine Partnerschaft mit dem italienischen Versicherer Humana ein, um die Versorgung älterer Menschen mit Medikamenten zu verbessern.

Auch Novartis startete 2005 Initiativen im gleichen Feld mit »www.myhealthyheart.com«, »Blood Pressure Success Zone« (2006) und 2009 die iPhone-Anwendung BioGPS für Wissenschaftler am Genomics Institut der Novartis Research Foundation, mit der sich Gene und Proteine recherchieren lassen. Ein Meilenstein ist sicherlich die Partnerschaft, die man 2010 mit der Firma Proteus einging, um Tabletten mit Sensoren zu entwickeln, die Daten quasi direkt aus dem Patienten übermitteln sollen.

Eine eindrucksvolle Gesamtübersicht der Apps liefert die Webseite: http://www.inpharm.com/news/digital-pharma-big-pharma-iphone-apps-part-one.

12.2.4 Nanotechnologie: Zwerge mit Riesenschritten auf dem Vormarsch

Im Kleinen hat sich eine große Revolution vollzogen. Schaut man sich die Häufigkeit an, mit der in den vergangenen Jahren der Begriff »Nanotechnologie« in den Medien erscheint, so sind wir weit über den Status der Goldgräberstimmung hinaus. Allerdings herrscht immer noch keine Einigkeit darüber, was dieser Begriff nun genau alles abdeckt und was nicht. Im einfachsten Fall werden Arbeiten und Strukturen in der Größenordnung kleiner oder gleich 100 nm darunter zusammengefasst. Mehr wissenschaftlich betrachtet handelt es sich

um Strukturen, die zu klein sind, um die uns bekannten makroskopischen physikalischen Eigenschaften aufzuweisen, aber zu groß, um den Gesetzmäßigkeiten der Welt der Atome und Moleküle zu gehorchen. Deutschland gehört heute schon zu den publikationsstärksten Ländern im Bereich der Nanotechnologie (Platz 4 hinter USA, China, Japan) und belegt Platz 3 hinter USA und Japan bei internationalen Patenten. Fünfzig Prozent aller europäischen Unternehmen, die mit Nanomedizin arbeiten, sind in Deutschland ansässig. Ca. 300 Firmen sind im Bereich Pharma und Medizin nanotechnologisch tätig, meist im Bereich Diagnostik, gefolgt von Medizintechnik und Therapeutik. Allerdings sind nur 7 % davon Großunternehmen. Themen wie Biomaterialien und Biosensorik liegen vor Drug Delivery und Drug Targeting sowie der molekularen Bildgebung.

Die Entwicklung hochleistungsfähiger Computer, die Entschlüsselung des humanen Genoms, e-research auf der Suche nach neuen Arzneistoffen, kombinatorische Chemie, high throughput screening – all diese Aktivitäten sind abhängig von extrem leistungsfähigen Winzlingen, den so genannten Computer- oder Biochips. Während Computerchips auf kleinstem Raum die Informationen zur Steuerung eines Computersystems beinhalten und Millionen mathematischer Operationen in einer einzigen Sekunde durchführen können, sind **Biochips** eine Ansammlung miniaturisierter Teststellen aus organischen Substanzen, so genannte Mikroarrays, angeordnet auf einer festen Matrix, die es ermöglichen, gleichzeitig und mit hoher Geschwindigkeit, meist innerhalb weniger Sekunden, eine enorme Zahl biologischer Tests durchzuführen. Millionen potenzieller Wirkstoffkandidaten können so in einem fingernagelgroßen »Labor« in winzigen Mengen hergestellt und parallel analysiert werden.

Die Erfolgsgeschichte der Biochips begann ursprünglich mit dem humanen Genomprojekt, wo sie zur schnellen Sequenzierung der Gene eingesetzt wurden. Mittlerweile haben sich Biochips in vielen Bereichen wie z. B. Diagnostik, Toxikologie, Mikrobiologie, Proteinchemie und der chemischen und biochemischen Analytik etabliert. Während das Screening von Genen per Chip und die Analytik per Chip mit chemischen, elektrophysiologischen und elektrochemischen Reaktionen bereits zum Standardrepertoire der pharmazeutischen Industrie und der Kliniken gehört (*lab on a chip*), lassen durchschlagende Erfolge von Zell- oder Gewebekulturchips zur Untersuchung von Aufnahme, Transport und Metabolismus von Wirkstoffen in Zellen und Geweben als Ersatz für die Arbeit an der Zellkulturwerkbank noch auf sich warten. Während in den Jahren 1995–1997 in der PubMed-Datenbank weniger als zehn Veröffentlichungen zum Thema Mikroarrays oder Biochips zu finden waren, stieg die Zahl im Jahr 2001 auf zunächst fast 800 und bis Anfang 2006 auf fast 13.000 an. Heute bewegt sich die Zahl der Zitate für »Mikroarray« bei ca. 45.000. Die Schnelligkeit der Verfahren, der hohe Probendurchsatz und der geringe Substanzverbrauch machen diese Technologien attraktiv, nicht zuletzt deswegen, weil damit längerfristig nur ein Bruchteil gegenüber den heutigen Kosten verursacht werden könnte.

Affymetrix Inc. war einer der Pioniere auf dem Biochip-Gebiet. Motorola, Corning, Nanogen und Agilent Technologies zogen nach und versuchten sich ebenfalls im Chip-Markt zu etablieren. Auch einige Joint Ventures warten mit vielversprechenden Biochip-Ideen auf: Die Firma Prionics entwickelt mit dem Centre Suisse d'Electronique et de Microtechnique (CSEM) einen Chip, der über eine Antikörperbindung BSE-Prionen detektieren kann und dessen Technik auch als Grundlage für AIDS- oder Krebs-erkennende Chips genutzt werden könnte. IBM und Compaq machten sich die Nanotechnologie in diesem Zusammenhang zunutze, indem sie Supercomputer entwickelten, die leistungsfähig genug sind, die Datenmassen der Chips auszuwerten und zu sortieren. Zu den Kunden der Biochip-Technologie gehören bereits viele der Pharmariesen wie u. a. Novartis, Pfizer, Abbott Laboratories und Merck.

Momentan sind trotz aller Euphorie die Kosten dieser neuen Technologie in Routineanwendungen immer noch sehr hoch. Und auch die Standardisierung ist ein Problem, das die Firmen noch beschäftigen wird. Eine systematische Untersuchung zweier kommerzieller Chips von IncyteGenomics und Affymetrix Inc. zeigte Inkonsistenzen in den Ergebnissen der beiden Systeme bzgl. der Zuverlässigkeit der Sequenzdetektion, der Reproduzierbarkeit und Abweichungen der Ergebnisse von konventionellen Methoden sowohl im Vergleich miteinander als auch bei wiederholten Versuchen mit demselben System.

Die zunehmende Miniaturisierung beeinflusst aber nicht nur die Wirkstofffindung, auch die Formulierung neuer Drug Delivery-Systeme zur Verabreichung dieser Substanzen folgt dem Trend zu immer kleineren und leistungsfähigeren Systemen. Johnson & Johnson benutzte die NanoCrystal-Technologie der Firma Elan, um einen Wirkstoff gegen Schizophrenie durch Zerkleinerung auf unter 200 nm besser wasserlöslich und injizierbar zu machen. Auch die Firma Abbott Laboratories benutzte die gleiche Technologie für den schwerlöslichen Wirkstoff Fenofibrat und führte eine verbesserte Form des Produktes Tricor 2004 im amerikanischen Markt ein. Partikel in der Größenordnung von 10–100 nm, aufgebaut aus Polymeren, Proteinen, Kohlenhydraten oder Lipiden schließen Wirkstoffe ein, schützen sie vor unerwünschten Abbaureaktionen im Organismus und transportieren sie gezielt und sicher an ihren Wirkort. Dort angekommen, werden die wirksamen Komponenten freigesetzt und können aktiv werden. Das Ausmaß und die Geschwindigkeit der Freisetzung lassen sich durch gezielte Auswahl des Trägermaterials und der Herstellungstechnologie steuern. Depots solcher Nanopartikel im Muskel oder unter der Haut sollen über lange Zeiträume ihren Inhalt freigeben und z. B. im Rahmen einer Hormontherapie oder einer Schutzimpfung dem Patienten die tägliche Tabletteneinnahme oder wiederholte Injektionen ersparen. Silikonträger von pSivida sind in der Lage in nanometergroßen Taschen Wirkstoffe zu transportieren und zielgerichtet durch Zersetzung des Silikonmaterials freizugeben. Nanoimplantate (*nanoshells*) der Firma NanoMarkets bestehend aus einem Silkon-Kern umgeben von einer Metallhülle können mit Licht zur Produktion von Wärme angeregt werden, welche zielgerichtet Tumorzellen abtöten kann. Magnetische Eisenoxid-basierte Nanopartikel fungieren als sogenannte Theranostics, die sowohl Wirkstoffe an den Wirkort transportieren können (Therapeutikum) als auch simultan die Verfolgung auf ihrem Weg durch den Körper aufgrund der magnetischen Eigenschaften ermöglichen (Diagnostikum). Zugelassene Nanopartikel sind derzeit vor allem im Bereich Liposomen (Caelyx und Myocet-Doxorubicin, Mepact-Mifamurtid) und Nanopartikeln wie Abraxane (Paclitaxel) und Rapamune (Sirolimus) zu finden. Und was wie Science Fiction klingt, wurde von der Universität Basel in Zusammenarbeit mit IBM entwickelt: ein Roboter (Nanobot), der selbstständig Krebszellen im Körper auffindet und sie inaktiviert. Die »intelligentesten« Nano-Systeme im Drug Delivery-Bereich sind Nanoroboter, die sich aus eigenem Antrieb durch den Körper bewegen und als Transportmittel für Arzneistoffe fungieren. Das bisher schwierigste Problem, nämlich dass sich die winzigen Nanoroboter bewegen, scheint sich z. B. mit Wasserstoffperoxid, das auch in Zahnpasten oder Haarfärbemitteln enthalten ist, als Treibstoff realisieren zu lassen.

Die Grundlagen für solche Entwicklungen liefern Einblicke in den Organismus bis hinunter zur Ebene der Zellen und sogar einzelner Moleküle, die erst durch die Weiterentwicklung der Mikroskopie möglich geworden sind. Mit Rastertunnelmikroskopen können einzelne Atome und Moleküle nicht nur sichtbar gemacht, sondern auch manipuliert werden.

Gerade die kontrollierte und am individuellen Bedarf des Patienten orientierte Abgabe von Arzneistoffen an den Organismus hat mit der Miniaturisierung im Bereich Elektronik einen Aufschwung erfahren. Tragbare und implantierbare Pumpen, z. B. zur Applikation von Insulin mit gleichzeitiger Erfassung der Wirkstoffspiegel zur Bestimmung der notwendigen Dosis, benötigen dank immer kleinerer Steuereinheiten, Chips und Bauteile immer weniger Platz und Energie.

Das Potenzial dieser Technologie als typische Querschnittstechnologie scheint riesig zu sein, der tatsächliche wirtschaftliche Nutzen wird sich zeigen müssen. Die künftigen Fortschritte der Nanotechnologie entscheiden mit über die Entwicklung zahlreicher zukunftsträchtiger Branchen. In vielen Bereichen der Medizin und der Pharmazie stecken die Nanowissenschaften allerdings immer noch im Forschungsstadium. Dies gilt insbesondere auch für die Erforschung der möglichen negativen Folgen für Gesundheit und Umwelt, die die Anwendung solcher Systeme mit sich bringen könnte. Obwohl die Nanotechnologie in Umfragen in der Bevölkerung positiv bewertet wird, ist die Verunsicherung über unerwünschte Effekte groß. Das Feld der **Nanotoxikologie** versucht daher, gesundheitliche Folgen und Gefahren der Winzlinge v. a. beim Eindringen in Atemwege, Haut und Magen-Darm-Trakt und bei der Verteilung im Organismus systematisch zu erforschen. Bisher sind solche Bewertungen nur im Einzelfall möglich. Das BMBF hatte daher eine Reihe von Projekten zu gesundheitsrelevanten Aspekten synthetischer Nanopartikel initiiert wie z. B. INOS, NanoCare oder TRACER, bei denen multidisziplinäre Teams solche Fragestellungen beantworten sollen. Ergebnisse werden in der Datenbank DaNa (Datenbank Nanopartikel, www.nanopartikel.info) als Wissensbasis allgemeinverständlich zusammengefasst. Um Potenziale und Risiken der Anwendung der Nanotechnlogie vollständig ausschöpfen und erkennen zu können, wird jedoch noch viel Grundlagenarbeit notwendig sein.

12.3 Der Patient der Zukunft: Eine neue Herausforderung für die Pharmaindustrie

Die neuen Erkenntnisse aus der Entwicklung der Biotechnologie verändern die bisher gebräuchlichen Therapiekonzepte völlig. »Therapie nach Maß« heißt die Zauberformel, die den Patienten als Individuum und seine genetische Ausstattung in den Vordergrund von Therapie und Diagnose rückt. Aber auch der Patient selbst stellt die Pharmaindustrie und ihr Portfolio vor neue Herausforderungen. Die zunehmende Selbstmedikation, die Individualisierung im Bereich der sozialen Lebenswelten, die veränderte Rolle der Frau und das deutliche Älterwerden der Bevölkerung sind Trends, die das Kaufverhalten, das Informationsbedürfnis und die Ansprüche der Kunden verändern. Auch die Unabhängigkeit der Behandlung von Arztpraxen und Krankenhäusern ist nicht nur ein Wunsch des Patienten, sondern auch ein intensives Forschungsfeld. Trotz dieser vagen Aussichten boomt der neue Forschungszweig. In Datenbanken für medizinische Fachartikel fanden sich zum Thema individualisierte Medizin im Jahr 2000 nur zehn Publikationen. 2005 waren es schon 93 und im Jahr 2010 bereits 910 Fachveröffentlichungen.

12.3.1 Medikamente nach Maß: »Zu Risiken und Nebenwirkungen befragen Sie Ihre Gene«

Als eine der vielen Konsequenzen der Erfolge der roten Biotechnologie, gewinnt die Individualisierung der Arzneimitteltherapie immer mehr an Bedeutung. Medikamente sollen nicht mehr nur krankheitsbezogen entwickelt werden, sondern immer stärker individuell auf den Patienten zugeschnitten sein. **Individualisierte Medizin** steht heute für den Ansatz, mit Hilfe genetischer Marker, sogenannter Biomarker, und anderer Diagnostik zu erkennen, welcher Patient von welchen Medikamenten in welchen Dosierungen profitiert. Ein kurzer Stich in den Finger, ein Tropfen Blut auf einen Diagnostikchip, Messung charakteristischer biochemischer Werte, sog. Marker oder Bestimmung des Genotyps und die gezielte Auswahl des geeigneten Präparates sollen Unverträglichkeiten oder ein ungenügendes Ansprechen des Patienten auf ein Präparat vermeiden und dadurch die Chance eines therapeutischen Erfolgs erhöhen. In Anbetracht der Tatsache, dass pro Jahr bis zu 25.000 Menschen an Arzneimittelneben- oder wechselwirkungen sterben und nur 20–40 % der Patienten auf eine Therapie tatsächlich optimal ansprechen, werden hohe Erwartungen in die maßgeschneiderte Therapie gesetzt. Diese Technik lässt sich aber nicht nur zur Therapie einer bereits aufgetretenen Erkrankung heranziehen, sondern auch zur Diagnose und Prophylaxe. Bereits bei Neugeborenen könnte so die Veranlagung für bestimmte Krankheiten festgestellt und frühzeitig entsprechende Maßnahmen ergriffen werden.

Der Anfang wurde von Genentech/Roche gemacht. **Herceptin,** das erste in den Markt eingeführte Präparat, das auf einer Gendiagnose beruht, dient der Behandlung von Brustkrebs, der derzeit häufigsten Krebsneuerkrankung bei Frauen in den Industrieländern. Dass das Medikament, das nur bei Brustkrebs in einem bestimmten Stadium und damit nur bei etwa 25 % aller Patientinnen wirksam ist, nicht unnötigerweise verabreicht wird, dafür sorgt ein von Bayer und Onkogene in Kooperation entwickelter Assay. Der Test quantifiziert die Konzentration des im Tumorgewebe vermehrt gebildeten epidermalen Wachstumsfaktors (EGF) codiert vom Her2-Gen und lässt Rückschlüsse zu, in welchem Stadium sich der Tumor befindet und ob Herceptin wirksam sein kann oder nicht. Diese Technik verhindert, dass durch unnötiges Ausprobieren verschiedener Präparate kostbare Zeit verschwendet wird, unnötigerweise Resistenzen des Tumors erzeugt werden und spart zudem Kosten. Ein weiteres Beispiel ist eine 2005 in den USA zugelassene Medikamentenkombination, die nur bei Afroamerikanern angewendet werden darf, da nur bei dieser Bevölkerungsgruppe in der Indikation Herzmuskelschwäche ein therapeutischer Effekt beobachtet werden konnte. Die personalisierten Konzepte werden nicht nur im Bereich Tumortherapie, sondern auch in der Virologie, z. B. bei HIV-Infektionen sowie osteoporotischen Erkrankungen entwickelt. Roche Diagnostics hat auf dem Weg zur personalisierten Medizin den ersten DNA-Chip (AmpliChip CYP450) eingeführt. Mit dem Test lässt sich feststellen, ob jemand aufgrund seiner genetischen Veranlagung ein Medikament schneller oder langsamer in seinem Körper abbaut. Somit wird die Therapie des Patienten effizienter und nebenwirkungsfreier.

Derzeit sind in Deutschland 20 Wirkstoffe als personalisierte Arzneimittel zugelassen. Für 16 davon ist der diagnostische Test vorher verpflichtend vorgeschrieben, für die restlichen vier zumindest empfohlen. Hauptindikationen sind Onkologie (16/20), HIV-Therapie (2/20), sowie Immunologie/Transplantationen und Epilepsie (je 1/20). Deutlich festzustellen ist auch eine Tendenz zur vermehrten Verwendung von Biomarkern in klinischen Prüfungen bereits ab der Phase 1 (4 % 1990 versus 20 % 2005). Bereits heute wird im Bereich Onkologie mehr als jede dritte Studie (37 %) mit Biomarkern durchgeführt.

Voraussetzung dafür ist jedoch zunächst die Verbesserung der diagnostischen Möglichkeiten. Der aus der Individualmedizin resultierende Diagnostik-Markt hat schon jetzt eine größere Chance als die Arzneimittelentwicklung selbst. Mittels **Pharmakogenomik,** einem neuen Forschungszweig, will man die Gene aufspüren, die für die unterschiedlichen Reaktionen der Patienten auf Medikamente verantwortlich sind. Die Möglichkeiten, von einer genetischen Konstellation auf die dazugehörigen physiologischen Vorgänge zu schließen, stecken momentan allerdings noch in den Anfängen. Bereits kleinste genetische Veränderungen, manchmal sogar nur die eines einzigen Molekülbausteins, können für das unterschiedliche Anschlagen eines Wirkstoffs verantwortlich sein. Diese sog. Snips (SNP = *single nucleotide polymorphism*), d. h. individuelle Abweichungen in der DNA, sorgen dafür, dass an diesen Prozessen beteiligte Enzyme und Proteine unterschiedlich aktiv sind und Arzneistoffe unterschiedlich schnell aufgenommen, im Organismus verteilt, vertragen, abgebaut oder ausgeschieden werden. Zurzeit widmen sich zahlreiche Institutionen der Identifizierung und Charakterisierung der SNPs, gleichzeitig aber auch der Etablierung und Vermarktung entsprechender Analysesysteme. In den meisten Fällen sind deren Daten kommerziell orientiert und kaum zugänglich. Im Gegensatz dazu haben sich mehrere bedeutende Pharmafirmen und der Wellcome Trust, die weltweit größte Stiftung für medizinische Forschung, zum SNP Konsortium zusammengeschlossen, um dem Phänomen SNP auf die Spur zu kommen und kostenlose Datenbanken zur Verfügung zu stellen. Das Karolinska-Institut erstellt die erste IT-basierte Biobank Schwedens. Die Mayo-Klinik in USA hat mit Hilfe der IBM-Technologie Auswertungszeiten für personalisierte Studien von 6 Wochen auf 6 Sekunden verkürzt.

Die Personalisierung führte auch zu der Diskussion bei Politikern, Wissenschaftlern und Krankenkassen, ob Frauen und geschlechtsspezifische Unterschiede ausreichend bei der Entwicklung neuer Arzneimittel (sogenannte **Genderforschung**) berücksichtigt werden. Vor dem Hintergrund der Contergan-Katastrophe war 1977 von der FDA eine Anweisung erlassen worden, gebärfähige Frauen bei frühen klinischen Versuchen auszuschließen. Studienergebnisse wurden von Männern auf Frauen bis dahin einfach übertragen. Erst 1993 wurde dies aufgehoben und explizit die Forderung nach Einschluss von Probanden beiderlei Geschlechts in klinischen Studien gestellt sowie nach genderspezifischen Unterschieden zu suchen. Geschlechtsspezifische Unterschiede in Hormonstatus, Knochen-, Fett- und Muskelmassen, Enzymaktivitäten, Schmerzempfindlichkeit und zellulärer Rezeptorausstattung können die Körperverteilung, Wirk-

samkeit und Nebenwirkungen von Arzneimitteln beeinflussen.

Die Meinungen zur **Individualisierung der Medizin** sind bei den Pharmariesen geteilt, v. a. weil sie einen Abschied vom bisherigen Blockbuster- Konzept bedeuten bzw. eine neue Definition des Block- oder Megabusters erfordern. Statt verstärkt Mittel gegen Volkskrankheiten zu entwickeln oder auf die großen Blockbuster zu setzen, werden sogenannte **Nichebuster** entwickelt, neue Medikamente, die für immer kleinere Zielgruppen mit immer selteneren Erkrankungen gedacht sind. Vor dem Hintergrund ablaufender Patente ergibt sich die Möglichkeit, schneller und daher kostengünstiger an Innovationen zu arbeiten, der Wirkungsnachweis wird leichter, da gezielter, und auch die Arzneimittelentwicklung dadurch einfacher. Die Durchführung kleinerer und maßgeschneiderter klinischer Studien ist damit während der Arzneimittelentwicklung möglich. Daraus resultiert jedoch das Risiko eines stärker unterteilten und damit kleineren Marktes, da die maßgeschneiderten Arzneimittel nur noch für einen Teil der Patienten passen. Während kritische Stimmen eine Kostenexplosion befürchten, könnte andererseits durch den Wegfall des derzeit häufig praktizierten, unnötigen und zeitintensiven Ausprobierens verschiedener Präparate und Substanzen längerfristig gerade das Gegenteil der Fall sein. Einige Firmen haben sich bereits dem neuen Trend der Individualmedizin angepasst. Das Hauptaugenmerk liegt dabei weniger auf der individualisierten Anwendung von Therapeutika, sondern mehr auf der Sicherheit und Eingrenzung von unerwünschten Wirkungen. Die Hauptarbeit ist jedoch nicht nur mit der Entwicklung solcher Therapeutika getan, es müssen gleichzeitig auch neue Prozesse zur Spezifizierung und Distribution gefunden werden. Die Firma Roche beispielsweise ist diesem Trend mit dem Personalised Healthcare (PHC)-Konzept gefolgt, um Diagnose und Therapie näher zusammenzubringen. Für das Jahr 2030 wird den personalisierten Therapien im Bereich Pharma ein Marktanteil von 25 % vorhergesagt, d. h. ein Umsatzvolumen von geschätzt 250 Mrd. Dollar.

12.3.2 Veränderung der Bevölkerungs-struktur: Senioren als Zielgruppe

Die **Altersstruktur der Bevölkerung** hat sich verändert. Durch medizinische und hygienische Fortschritte und die Veränderung der Ernährungs- und Lebensumstände hat sich unsere Lebenserwartung in den letzten fünfzig Jahren um über 50 % erhöht. Das Durchschnittsalter der Bevölkerung steigt, von 1900 bis 2010 von 47 auf 80 Jahre und von einer »Alterspyramide« kann kaum noch die Rede sein. Auch die Baby-Boom-Generation, die allmählich das Pensionsalter erreicht, lässt die Zahl der Senioren ansteigen. Gleichzeitig sinkt in den Industrieländern die Geburtenrate. Nach Einschätzung von Experten ist in den nächsten 30 Jahren eine weitere Altersverschiebung in Richtung Senioren nicht aufzuhalten. Während zurzeit etwa 15 % der Menschen in Europa, Nordamerika und Japan über 60 Jahre alt sind, werden es im Jahr 2030 schätzungsweise 20–30 % sein. Kein Wunder, dass sich ein eigener Wissenschaftszweig, die so genannte **Geriatrie**, verstärkt ausgebildet hat, der sich mit dem Menschen ab 65 beschäftigt. Seine Entwicklung wird durch eine Vielzahl von Initiativen und Fördermitteln von der Länder-, bis hin zur EU-Ebene unterstützt.

Während zu Beginn des 20. Jahrhunderts noch Infektionskrankheiten wie Tuberkulose, Lungenentzündung und Durchfallerkrankungen die **Haupttodesursachen** waren, so sind es heute Herz-Kreislauf-Erkrankungen und verschiedene Krebsarten, die die Liste der Todesursachen anführen. Früher wurden Menschen nicht alt genug, um die Folgen der altersbedingten Erkrankungen zu erfahren.

Heute sind chronische und degenerative Erkrankungen wie Diabetes mellitus, koronare Herzkrankheiten, Rheuma, Gicht, Osteoporose und Arthrosen Gesundheitsprobleme, die rund 25 % unserer statistischen Lebenszeit nach dem 65. Lebensjahr überschatten. Erkrankungen des Gehirns und des zentralen Nervensystems wie Alzheimer und Parkinson rücken in der Statistik immer weiter nach vorne. 20 % der über 65-Jährigen leiden an behandlungsbedürftigen Depressionen. Und auch Krebs tritt statistisch betrachtet im Wesentlichen

bei älteren Menschen auf. Während von 100.000 Menschen unter 65 Jahren jährlich nur 200 an Krebs erkranken, liegt bei den über 65-Jährigen die Wahrscheinlichkeit der Erkrankung bereits um den Faktor zehn höher. Infektionen aufgrund des im Alter schwächer reagierenden Immunsystems und Verdauungsstörungen rangieren eher auf den hinteren Rängen der Statistik.

Ein Großteil der Gesundheitsleistungen besteht derzeit darin, den Verlauf solcher Erkrankungen zu verlangsamen, die Lebensqualität zu verbessern, die Selbstständigkeit zu erhalten und das Endstadium möglichst weit hinauszuschieben. Experten von chronischen und degenerativen Erkrankungen fordern jedoch für die Zukunft, die frühzeitige Vorsorge und Intervention in den Vordergrund zu stellen, um den Ausbruch solcher Erkrankungen von vornherein zu verhindern. Statt Einsatz aufwändiger Medizintechnik und großzügiger Medikamentenversorgung sollen präventive Maßnahmen und eine intensive und frühzeitige Diagnostik nicht nur den Ausbruch solcher Erkrankungen verhindern, sondern auch die Kosten für die Behandlung solcher Erkrankungen minimieren. Denn wenn beispielsweise das cholinerge System des zentralen Nervensystems erst einmal defekt ist (degenerative ZNS-Erkrankung), dann ist auch keine kausale Therapie mehr möglich. Die Prävention altersbedingter Erkrankungen setzt zum einen die gründliche Information und Beratung der Patienten voraus, ein Sektor, der den pharmazeutischen Unternehmen in Zukunft noch viel Spielraum zur Profilierung geben wird. Zum anderen macht diese Tendenz mehr zuverlässige Diagnostika und Diagnoseverfahren notwendig als bisher vorhanden, ein Markt, dem teilweise eine größere Bedeutung als dem Arzneimittelmarkt selbst für die Zukunft eingeräumt wird.

Tatsächlich hat die Verhütung und Behandlung von Krankheiten bei Senioren große Fortschritte gemacht. Einen Großteil ihres Forschungs- und Entwicklungsetats hat die pharmazeutische Industrie bereits auf die Diagnostik und Therapie altersbedingter Erkrankungen, wie z. B. Hormonersatz, Osteoporose, Alzheimer, Diabetes und Parkinson konzentriert. Von 395 verschreibungspflichtigen Arzneimitteln, die im vergangenen Jahrzehnt in USA auf den Markt kamen, waren mehr als die

Hälfte gegen Alterskrankheiten wirksam. Aber nicht nur an die Entwickler von neuen Arzneistoffen, auch an die Galeniker der Pharmaindustrie stellen die Senioren neue Anforderungen. Altengerechte Arzneiformen und Hilfsmittel wie z. B. Applikatoren (z. B. Tubenboy, Tablettenteiler), die den teilweise eingeschränkten kognitiven, motorischen und sensorischen Fähigkeiten der Senioren gerecht werden, sind verstärkt auf dem Markt zu finden. Dabei dominieren v. a. kleine, einfach zu teilende und schluckende Tabletten, oder lösliche Formulierungen wie Trinkgranulate, Säfte und kaubare oder auflösbare Tabletten den Markt. In Trinkstrohhalme integrierte Wirkstoffe lösen sich beim Aufziehen der Flüssigkeit auf und können dem Patienten so einfach beim Trinken verabreicht werden. Schering bietet einen Dosierassistenten für Parkinson-Patienten an, Aventis eine Insulininjektion mit *dosis memory*. Die Kampagne »Azu-Vital: Fürs Leben ist man nie zu alt« zwischen der Deutschen Gesellschaft für Geriatrie und einem Pharmaunternehmen beschäftigt sich mit der Versorgung geriatrischer Patienten mit altengerechten Arzneiformen. Zahlreiche Pharmaunternehmen informieren mit Broschüren und auf Internetportalen über geriatrische Krankheiten, Therapie und Pflege.

Das Phänomen Senioren macht sich bei der Entwicklung von Arzneimitteln auch bei der klinischen Prüfung bemerkbar. Bisher waren Senioren von klinischen Studien weitgehend ausgeschlossen, da sie oftmals bereits Medikamente nehmen, oder Stoffwechsel und Ausscheidung von Arzneistoffen altersbedingt verändert oder verlangsamt sind. Bis weit in die 1980er Jahre hinein gab es kaum Informationen über die Wirkung von neuen Arzneistoffen im alternden Patienten. Dies veranlasste die FDA 1990 zur *Guideline on Drug Development in the Elderly*, die empfiehlt, Senioren in klinische Studien einzubeziehen und die Besonderheiten ihrer Pharmakokinetik und Pharmakodynamik zu untersuchen, wenn das Präparat später bei alternden Menschen Anwendung finden soll. In Folge wurden die Senioren als Testgruppe dank der ICH-Guidelines fest für geriatrische Medikamente etabliert. Dennoch weisen viele Autoren darauf hin, dass geeignete Richtlinien für ältere Patienten fehlen: »Guideline-driven polypharmacy in elderly, multimorbid patients is basically flawed: there are almost no guidelines for these patients.«, wie in der Zeitschrift der amerikanischen geriatrischen Gesellschaft 2011 berichtet wird. Wie aus dem Arzneiverordnungsreport hervorgeht, wird jede Person, die 60 Jahre oder älter ist in Deutschland mit drei Wirkstoffen parallel und chronisch behandelt.

Wirtschaftlich betrachtet sind für den Pharmasektor altersbedingte Erkrankungen und Zivilisationskrankheiten ein potenziell riesiges Marktsegment.

Schon jetzt sind die Senioren in Deutschland diejenige Bevölkerungsgruppe, die das meiste Geld für Arzneimittel ausgibt. In USA sieht es ähnlich aus: Obwohl nur 12,4 % der Amerikaner älter als 65 Jahre sind, verursachen sie mehr als ein Drittel der Arzneimittelkosten. 71 % der über 65-Jährigen nehmen regelmäßig mindestens ein ärztlich verordnetes Medikament, 10 % sogar fünf und mehr, Frauen mehr als Männer. Dazu kommen noch die Arzneimittel, die im Rahmen der Selbstmedikation gekauft werden. Ein Blick auf die Vermögensverteilung in Deutschland zeigt, dass Menschen über 75 über die Hälfte des Geldvermögens verfügen. Für ihre Kaufentscheidung ist in der Regel der Preis eines Arzneimittels weniger wichtig als der Nutzen. In USA schließt Medicare, ein Programm für Rentner und Behinderte, Leistungen für Arzneimittel weitestgehend aus.

Mit der Diskussion um die embryonale Stammzelltherapie ist der uralte Traum nach dem Jungbrunnen wieder aufgeflammt. Stammzellen, gewonnen aus einem Klon, vermindern altersbedingte Erkrankungen und verhelfen zu körperlicher und geistiger Frische bis ins hohe Alter, so die Vision. Es herrscht Skepsis, Unsicherheit und Uneinigkeit darüber, wie diese Thematik beurteilt werden soll. Während reproduktives Klonen, d. h. das Erzeugen einer genetischen Kopie, aus ethischen Gründen rigoros abgelehnt wird, gehen die Meinungen beim therapeutischen Klonen auseinander. Der therapeutische Einsatz von adulten Stammzellen wird derzeit intensiv erforscht. Therapien, bei denen patienteneigene Stammzellen direkt in erkrankte Organe transplantiert werden, um dort Regenerations- und Heilungsprozesse im Körper zu unterstützen, sind derzeit in der klinischen Prüfung. Visionär ist allerdings noch die Produktion ganzer Organe mit Hilfe von Stammzellen.

Zwei Tage nach der Amtseinführung des US-Präsidenten Obama am 20. Januar 2009 hatten die amerikanischen Behörden die Erlaubnis zur Therapie von Querschnittgelähmten mit embryonalen Stammzellen genehmigt. Deutsche Experten befürchteten, dass diese Entscheidung der USA einen entscheidenden Wettbewerbsvorteil verschafft, da die Stammzellforschung in Deutschland bisher stark reglementiert ist. Die weltweit erste klinische Studie zur Behandlung von Querschnittsgelähmten mit embryonalen Stammzellen wurde 2010 von der Firma Geron gestartet und 2011 abgebrochen, aus wirtschaftlichen Gründen des Konzerns. Allein der Antrag, den die Firma Geron bei der FDA stellte, umfasste 21.000 Seiten. Advanced Cell Technology führt derzeit klinische Studien durch, die embryonale Stammzellen gegen drohende Erblindung verwenden. ViaCyte wartet auf eine Genehmigung modifizierte embryonale Stammzellen in der Bauchspiegeldrüse von Diabetikern ansiedeln zu dürfen, die dort Insulin produzieren.

Der Weg Stammzelltherapien in den Markt zu bringen, ist langwierig und teuer. Die Angst vor missbräuchlichem Einsatz und unkontrollierter Vermehrung und Veränderung der Stammzellen im Körper sowie die Frage, wann überhaupt Leben beginnt, gehören zu den wesentlichen Aspekten der Skeptiker.

12.3.3 Lifestyle-Medikamente: Auf der Suche nach dem Jungbrunnen

Nie hatte die Gesundheit in der Gesellschaft einen so hohen Stellenwert wie heute. Sie hat für die Bundesbürger laut Umfrage die höchste Stelle eingenommen, und sogar Begriffe wie Sicherheit, Umweltängste und intakte Natur abgelöst. Während früher die Gesundheit gleichgesetzt wurde mit dem Sieg über die Krankheit, ist es in unserer modernen Gesellschaft zu einem Synonym für »Lebensqualität« geworden. Die Beschäftigung mit dem eigenen Körper verspricht nicht nur Wohlbefinden, sondern auch soziales Ansehen, Glück und Erfolg.

Der Bedarf nach Instant-Gesundheit und Wellness, die Fitness-Welle und die stetig zunehmende *drive-in*-Mentalität haben in den letzten Jahren eine vermehrte Nachfrage nach sog. Lifestyle-Medikamenten ausgelöst. Lifestyle-Medikamente therapieren nicht notwendigerweise Erkrankungen, sondern verbessern das individuelle Wohlbefinden, die tägliche psychische Situation, steigern die sexuelle Leistungsfähigkeit oder verschönern das äußere körperliche Erscheinungsbild. Mittel gegen Haarausfall, Übergewicht, Impotenz und Nikotinsucht boomen. Und auch Kräuter, Vitamine und Naturmedizin sind gefragt. Von der Medizin wird erwartet, dass jede Abweichung von der gesellschaftlichen Idealnorm korrigiert werden kann und im Idealfall die gesundheitlichen Sünden des bisherigen Lebens durch möglichst einmalige Einnahme einer Pille rückgängig gemacht werden.

Das bekannteste Beispiel für ein solches Arzneimittel ist immer wieder in den Schlagzeilen: Viagra, die kleine blaue Pille gegen Impotenz hat sich zum Blockbuster entwickelt und hat die Pfizer-Aktien in die Höhe schnellen lassen. Und die Konkurrenz hat bereits nachgezogen z. B. mit Vardenafil von Bayer und GlaxoSmithKline sowie Tadalafil von Lilly. Xenical und Reductil helfen krankhaftes Übergewicht abzubauen, Alopecia und Regaine bekämpfen den androgenen Haarausfall und Zyban sowie verschiedene Nikotinkaugummis und -pflaster gewöhnen Rauchern das Rauchen ab. Falten sollen durch Botox oder Filler mit Kollagen oder Hyaluronsäure geglättet werden. In den USA machen DHEA (Dehydroepiandrosteron) und Melatonin als Jungbrunnen zur Verlangsamung von Altersprozessen und gegen Jet Lag Furore. Bei Placebo-kontrollierten Untersuchungen an älteren Menschen wurden keine lebensverlängernden Effekte für DHEA festgestellt.

Wie sich der **Markt für Lifestyle-Medikamente** entwickeln wird, wird davon abhängen, was als solches definiert wird und wer sie bezahlt. Erektile Dysfunktion beispielsweise kann einerseits ernst zu nehmende Ursachen haben und als Krankheit gelten, andererseits wird eine Einschränkung der sexuellen Leistungsfähigkeit nicht unbedingt von Krankenkassen als erstattungsfähig betrachtet. Nach den Bestimmungen des GKV-Modernisierungsgesetzes müssen die Krankenkassen eine

Erstattung ablehnen. Bisher sind die Verbraucher bereit, tief dafür in die Tasche zu greifen. Von der Pharmaindustrie erfordern solche Präparate, sich mehr als bisher direkt mit dem Endverbraucher auseinander zu setzen, da der Arzt als Vermittler oft wegfällt. Gerade bei der Lifestyle-Vermarktung unterscheidet sich die Werbung kaum noch von den Vermarktungsstrategien für Consumer-Produkte: Werbung mit Fußballstars, die in der Umkleidekabine über erektile Dysfunktion reden, und Manager, mit einem Lächeln auf den Lippen, die dieses »Problem« erfolgreich gelöst haben, geistern durch die TV-Werbung.

12.3.4 Der aufgeklärte Patient

Die Individualisierung der Arzneimitteltherapie, der wachsende Selbstmedikationsmarkt und die Lifestyle-Medizin, sowie die Bereitschaft, mehr Geld in die eigene Gesundheit auch präventiv zu investieren, rücken für die Pharmaindustrie den Patienten stärker in den Mittelpunkt des Interesses als bisher, und werden ihre Entscheidungen beeinflussen. Angesichts steigender Preise übernehmen Krankenkassen die Kosten für Arzneimittel nur noch eingeschränkt, mit der Folge, dass die Patienten zukünftig einen höheren Eigenanteil leisten müssen.

Daher ist es nachvollziehbar, dass das Bedürfnis nach Aufklärung und verständlicher, verlässlicher Information über die verordneten Medikamente insbesondere im Hinblick auf die Wirksamkeit des Arzneistoffes und mögliche Nebenwirkungen, sowie die diagnostizierten Krankheiten wächst.

Das zeigt auch die zunehmende **Selbstorganisation**, z. B. in zahlreichen Selbsthilfe-, Patienten-, Angehörigengruppen und Verbraucherorganisationen. Der heutige Patient hat sich emanzipiert und ist bereit, mehr Verantwortung bei der Therapie seiner Krankheiten und für die Aufrechterhaltung seiner Gesundheit zu übernehmen. Der Trend geht vom vertrauenden zum mündigen und aufgeklärten Konsumenten. Der heutige Patient will als gleichgestellter Partner im Gesundheitsdialog gesehen werden. Die Industrie stellt sich um und orientiert sich mehr an individuellen Kundenansprüchen als bisher. Der Patient steuert selbst

mehr als bisher seine Kaufentscheidung und wird wichtiger neben Arzt, Versicherer und staatlichen Institutionen. Die USA haben in den letzten Jahren die Kosten für eine direkte Kundenbeziehung in der Pharmabranche verdreifacht. Das Internet spielt dabei als Informations- und Kontaktmedium zwischen Patient und Pharmaindustrie eine entscheidende Rolle. Bis zu 70 % der Internet-User sind chronisch Kranke und ihre Angehörigen. In Umfragen wurden Frustration über ausbleibende Behandlungserfolge und die als unbefriedigend empfundene Aufklärung durch den Arzt als Motivation zur Internet-Nutzung angegeben.

Die Marketingabteilungen der großen Pharmaunternehmen reagierten auf diese Veränderung der Zielgruppenfokussierung und rückten eine kundenorientierte Denkhaltung v. a. im Bereich Vermarktung der Produkte in den Vordergrund – weg von der reinen Produktsicht, hin zur Ausrichtung auf den Kunden und seine Bedürfnisse. **Branding**, d. h. Markenbildung und Markenpflege sowie frühzeitige Ausrichtung der Präparate auf den OTC-Markt sollen eine Markenloyalität beim Kunden aufbauen. V. a. beim Ablauf eines Patents können so Wettbewerbsvorteile vor den nachrückenden Generika erworben werden. Es gibt heute kaum ein Pharmaunternehmen, das nicht ein kundenorientiertes Informationsportal anbietet (vgl. ▶ Kap. 12.2.3).

In den USA und der Schweiz hat der Patient bereits die Möglichkeit, den besten Leistungserbringer selbst zu wählen, aber er hat dafür auch die bessere Informationsbasis. Auch Kliniken sind dazu übergegangen, zunehmend statistische Daten über die Art und Qualität ihrer Leistungen zu veröffentlichen.

In den Vereinigten Staaten bringen laut einer Meldung der Zeit bereits mehr als ein Drittel der Patienten selbstrecherchierte Informationen mit in die Sprechstunde. Zusätzlich holt man sich zur Diagnose seines Hausarztes eine zweite Meinung über das Internet ein. Gleichzeitig haben Studien gezeigt, dass in 80 % der Fälle der Arzt dem Patienten das Arzneimittel verschreibt, das der vor-informierte Patient von ihm verlangt. Ein gefährlicher Weg: Es wird nicht mehr das verschrieben, was am meisten nützt, sondern das, was der Patient fordert und ihm am wenigsten schadet. In den USA investieren Pharmakonzerne derzeit ca. fünf Milliarden

US-Dollar pro Jahr für Werbung allein für verschreibungspflichtige Arzneimittel im Bereich *direct-to-consumer* (DTC) – mit steigender Tendenz.

In Europa ist, im Gegensatz zu den USA, die Werbung für verschreibungspflichtige Arzneimittel verboten. Informationen über Erkrankungen, Indikationen, Krankheitssymptome und ihre Erkennung ist jedoch zulässig, solange sie unparteiisch und wissenschaftlich fundiert ist. Die kritischen Stimmen, dass ein solches Verbot überholt sei und nicht mehr den Anforderungen der modernen Patientenkultur entspricht, mehren sich.

Die Stärkung der Rechte und Einflussmöglichkeiten der Patienten ist in vielen Ländern ein zentrales Anliegen der Gesundheitspolitik. Mit dem Entwurf des Patientenrechtegesetzes soll in Deutschland Transparenz und Rechtssicherheit hinsichtlich der bereits heute bestehenden umfangreichen Rechte der Patientinnen und Patienten hergestellt werden. Ein Referentenentwurf liegt vor. Das Gesetz soll Anfang 2013 in Kraft treten. Ziel ist es, den Patienten in die Lage zu versetzen, Behandlung und Therapie konstruktiv zu begleiten und eigenverantwortliche Entscheidungen zu treffen.

12.4   Neue Strukturen in der Pharmaindustrie

Die Pharmaindustrie versucht, den beschriebenen Veränderungen mit verschiedenen Maßnahmen zu begegnen, wie die Tendenz zu Mergern und Akquisitionen auf der einen Seite, und einer zunehmenden Spezialisierung und Fokussierung auf ausgewählte Gebiete auf der anderen zeigt.

12.4.1 Fusionen, Merger und Zusammenschlüsse: Elefantenhochzeiten und Biotech-Ehen als Schlüssel zum Erfolg?

Die Situation stellt sich aktuell wie folgt dar: Während der Gesamttrend für Merger und Akquisitionen im Jahr 2008 bezogen auf die Anzahl (−5 %) und den Wert (−40 %) rückläufig war, hat die Anzahl der Akquisitionen und Merger im

pharmazeutischen Sektor 2010 bezogen auf den Wert der Transaktionen gegenüber 2009 wieder zugenommen. Auch die Anzahl stieg gegenüber 2009 mit 13 Prozent auf 224 Transaktionen im Jahr 2010. 2009 war mit einem Wert von etwa 150 Mrd. US-Dollar, getrieben durch die drei Mega-Mergers Pfizer/Wyeth, Roche/Genentech und Merck & Co/Schering-Plough, ein weiteres Rekordjahr Diese historischen Abschlüsse signalisieren die fortbestehende Bedeutung von Mergern and Akquisitionen (M&A) im Pharmasektor (vgl. Kapitel 1.1.2). Interessanterweise lässt sich festhalten, dass die Mehrheit der Verträge im pharmazeutischen Sektor nationale Akquisitionen oder Merger sind. Trotzdem haben die Abschlüsse über Ländergrenzen hinweg im Jahr 2008 einen neuen Rekord erreicht. Betrachtet man ihren Wert, so ist es seit 1995 mit 208 Mrd. US-Dollar der zweithöchste. Wie zu erwarten, ist die Mehrzahl der Verträge in Nordamerika und Europa zustande gekommen. Zunehmend ist jedoch festzustellen, dass insbesondere hinsichtlich des Werts der Merger und Akquisitionen Asien eine zunehmende Bedeutung gewinnt.

Grundsätzlich lässt sich festhalten, dass bei einer geringen Anzahl von Produkten in den verschiedenen Phasen der Entwicklung die Tendenz zu weiteren Akquisitionen zunehmen wird. Die Akquisitionen an sich haben also nicht nur das Ziel, Produkte zu ersetzen, deren Umsätze durch generischen Wettbewerb gefährdet sind, sondern mehr noch zielen sie auch auf die Diversifizierung der verschiedenen Firmen ab, indem neue Produktlinien hinzugefügt werden, die außerhalb der gegenwärtigen Forschungsaktivitäten liegen. Die Akquisitionen haben ferner zum Ziel, in großen Märkten Synergien im Bereich der Marketing und Sales Organisationen zu erzielen und die jeweils besseren Wirkstoffe durch gezielte Marketingmaßnahmen zu unterstützen, anstelle ähnliche Wirkstoffklassen gegen den Wettbewerb verteidigen zu müssen.

Die Pharmariesen restrukturieren ihre Pharmabereiche und fokussieren sich mehr auf wachstumsstarke Themen wie **Biotechnologie, Generika** und **Impfstoffe,** um ihre Effizienz zu steigern.

Drei der zehn größten Pharma-Transaktionen im Jahr 2005 betrafen das Generikasegment. Die Übernahme von Ivax durch die israelische Teva sowie die Zukäufe der Novartis-Generikasparte

Sandoz in Deutschland (Hexal) und den USA (Eon Labs) hatten ein Transaktionsvolumen von insgesamt rund 15,6 Mrd. US-Dollar. Ausschlaggebend für die Konsolidierungsbemühungen ist der wachsende Kostendruck. So sank der Durchschnittspreis für verschreibungspflichtige Generika im Jahr 2005 um 3 %, während der für Markenpräparate um 10 % zulegte. Zudem setzen immer mehr Hersteller auf Zukäufe zur Internationalisierung ihres Geschäfts. Ein hervorstechendes Beispiel ist der isländische Hersteller Actavis, der 2005 in den USA für den Kauf der Generikasparten von Alpharma und Amide Pharmaceutical über 1,4 Mrd. US-Dollar ausgab. Im Jahr 2006 übernahm bereits der indische Hersteller Dr. Reddy's den deutschen Generikahändler Betapharm für gut 570 Mio. US-Dollar. Durch das Vertriebsnetz von Betapharm erhält Dr. Reddy's Zugang zum deutschen und europäischen Markt, während die Medikamente weiterhin kostengünstig in Indien hergestellt werden. Wie im Kapitel 1.1.2 ausgeführt ist, setzt sich der Trend der Akquisitionen und Konsolidierung im Generikasektor weiter fort. Dies ist nicht zuletzt auf die Strategie in den *emerging markets* zurückzuführen. So steht Watson Pharmaceuticals einem Pressebericht im März 2012 zufolge vor der Übernahme seines Wettbewerbers Actavis. Wie das Wall Street Journal unter Berufung auf vertraute Kreise berichtet, will der US-Generikahersteller das isländische Unternehmen mit Firmensitz im schweizerischen Zug für 4,5 Mrd. Euro übernehmen. Watson würde nach einer erfolgten Akquisition auf Position drei in der Generikabranche vorrücken und seine Präsenz außerhalb der USA signifikant ausweiten. Viele deutsche Unternehmen haben in den letzten Jahren ihren Pharmabereich fusioniert oder verkauft. Der Grund ist in vielen Fällen die wachsende Konkurrenz durch Anbieter von Nachahmer- Medikamenten. 2006 verkündete Bayer mit der Übernahme des Berliner Pharmaunternehmens Schering für rund 17 Mrd. Euro die größte Übernahme in seiner Firmengeschichte. Milliarden flossen auch im Februar 2005, als der zweitgrößte deutsche Generika-Produzent Hexal für 5,65 Mrd. Euro an den Schweizer Konzern Novartis ging. Durch den Kauf wurde Novartis, das 1996 durch die Fusion der beiden Schweizer Unternehmen CibaGeigy

und Sandoz entstanden war, zum weltweit größten Hersteller von Generika.

2004 wurde Aventis von dem wesentlich kleineren französischen Konzern Sanofi-Synthélabo für geschätzte 55 Mrd. Euro übernommen. Aventis selbst war erst 1999 aus der Fusion zwischen der Frankfurter Hoechst AG und dem französischen Konzern Rhône-Poulenc hervorgegangen.

Ebenfalls 2004 stärkten Bayer und Merck durch Zukäufe ihre Wettbewerbsposition. Bayer sicherte sich im August für 2,4 Mrd. Euro das Geschäft mit verschreibungsfreien Medikamenten des Schweizer Konkurrenten Roche. Merck erwarb im August den schwedischen Generika- Spezialisten NM Pharma, eine Tochter des US-Riesen Pfizer, für 54 Mio. Euro.

Knapp zwei Jahre zuvor hatten Bayer, Roche und auch Novartis bei einem weiteren Großgeschäft das Nachsehen: Sie wollten die Pharmasparte des US-Chemieriesen DuPont erwerben, den Zuschlag bekam für rund 6,2 Mrd. Euro aber das amerikanische Unternehmen Bristol-Myers-Sqibb. Im Gegensatz zu diesen Expansionsplänen hatte sich der BASF-Konzern 2000 für einen Ausstieg entschieden. Für rund 7,8 Mrd. Euro wurde die Arzneimittelsparte Knoll AG an das US-Unternehmen Abbott Laboratories veräußert.

Das M&A-Volumen der zehn größten Biotech-Transaktionen kletterte 2005 sprunghaft auf 15 Mrd. US-Dollar von knapp 7 Mrd. US-Dollar im Vorjahr. War das Jahr 2004 bis 2008 noch stark durch Zusammenschlüsse von Biotechnologie-Unternehmen untereinander geprägt, traten Pharmakonzerne, allen voran Pfizer in 2009, wieder verstärkt als Käufer auf. Mit den Zukäufen soll Know-How in Forschung und Entwicklung gesichert und die Suche nach dringend benötigten neuen Wirkstoffen beschleunigt werden. (vgl. ▶ Kap. 1)

Die in der Impfstoff-Produktion aktiven Biotech-Unternehmen profitierten im Jahr 2007 von der Sorge über eine mögliche Ausbreitung der Vogelgrippe. So investierte Novartis knapp 5,6 Mrd. US-Dollar in die Übernahme der Anteilsmehrheit beim US-Unternehmen Chiron und GlaxoSmithkline kaufte den kanadischen Impfstoffhersteller ID Biomedical für 1,4 Mrd. US-Dollar.

Börsengänge von Unternehmen der Pharma und Gesundheitsbranche bringen in den Jahren 2007–2009 weniger ein als in den Jahren zuvor.

Wegen der schwierigen Rahmenbedingungen dürften viele Biotech-Unternehmer die Übernahme durch ein Pharmaunternehmen einem Börsengang oft vorziehen.

Anfang der 1990er Jahre noch war die Pharmalandschaft in Deutschland von großen forschenden Unternehmen dominiert. 2012 sind von der ehemaligen »Apotheke der Welt« nur noch Bayer-Schering, Boehringer Ingelheim und Merck (Darmstadt) übrig geblieben. Hoechst ging in Aventis auf, Boehringer Mannheim und Knoll wurden verkauft, Nycomed (früher Altana) gehört seit 2011 zum Takeda Konzern. Die bereits vielfach beschriebenen, langwierigen Abläufe bis zur Vermarktung der Arzneimittel steuern ein Übriges dazu bei, dass selbst ein Produkt in der Pipeline noch keine Sicherheit auf Erfolg bietet. So stand z. B. dem Erfolg von Bayers und Lillys Mittel gegen erektile Dysfunktion ein Pfizer-Patent im Wege. Dieses Patent beansprucht den Einsatz von Substanzen, die als sog. PDE-V-Inhibitoren gegen erektile Dysfunktion wirken. Genau dies ist aber auch das Wirkprinzip der beiden neuen Substanzen, ein Beispiel für die zunehmende Konkurrenz nicht nur um Wirkstoffe, sondern auch um Wirkprinzipien.

Die Liste der **Zusammenschlüsse und Fusionen** (vgl. ► Kap. 1) der großen Unternehmen ist in den letzten Jahren lang geworden, der Hub für die Neueinführung von Arzneimitteln ist bisher eher seltener zu erkennen. Oftmals sind die Marktanteile der Unternehmen nach der Fusion zunächst erst gesunken oder stagnierten, da die Verschmelzung und Koordination unterschiedlicher Geschäftsstrukturen zu einer einheitlichen Forschungslandschaft zunächst Zeit, Ressourcen und Investitionen beanspruchte.

Global gesehen ist festzuhalten, dass der Weltpharmamarkt immer noch stark segmentiert ist und die Phase der Zusammenschlüsse noch weiter anhalten wird. Vergleicht man die Situation mit dem Automobilsektor in den 1970er Jahren, so wird möglicherweise auch die Anzahl der großen Firmen im Pharmasektor weiter zusammenschmelzen.

Die internationale Pharmaindustrie steht vor gewaltigen Veränderungen. Branchenexperten halten es für wahrscheinlich, dass noch weitere Übernahmen und Fusionen folgen und erstmals nach 2009 auch die Schwergewichte wieder eingebunden sein könnten. Die Transaktionen vor 2009 erregten zwar ebenfalls Aufsehen wie der Schering-Zukauf durch Bayer oder die Serono-Übernahme durch Merck KGaA, aber weitere Transaktionen in der Größenordnung der Mega Deals von 2009 sind zu erwarten.

Spekuliert wurde, dass etwa Sanofi-Aventis an einer Übernahme des amerikanischen Pharmakonzerns Bristol-Myers Squibb (BMS) interessiert sei. Der Sanofi-Aventis-Konzern, zu dessen Vorläufern die Hoechst AG gehört, könnte dadurch geographische Lücken in den Vereinigten Staaten schließen. Andererseits wurde auch BMS als Übernahmekandidat gehandelt, weil das einstmals zweitgrößte Branchenunternehmen nach Rückschlägen in Forschung und Entwicklung, Patentabläufen wichtiger Medikamente und zunehmender Konkurrenz durch die Hersteller von Nachahmerpräparaten (Generika) zurückgefallen ist. Angeblich waren sich beide Unternehmen schon weitgehend einig. Dann aber kam es zu einem neuen Rückschlag bei dem wichtigen Blutverdünnungsmedikament Plavix, das beide Konzerne gemeinsam vertreiben und das mit einem Jahresumsatz von 6 Mrd. US-Dollar v. a. für den amerikanischen Partner, der bei anderen Produkten harter Wettbewerber ist, überragende Bedeutung hat. Unterdessen versucht aber der kanadische Generikakonzern Apotex, mit einem Nachahmerprodukt in die Plavix-Domäne einzubrechen. Das hat v. a. BMS schon empfindliche Umsatzeinbußen gebracht.

12.4.2 Umstrukturierung, Lizensierung, Outsourcing und Fokussierung des Portfolios

Die große Herausforderung, laut einer Studie der Unternehmensberatung Price Waterhouse & Coopers, besteht v. a. darin, die Produktivität der Forschungs- und Entwicklungsbereiche zu verbessern. **Forschung ist heute mobil,** und es zeichnet sich der Trend ab, sie zunehmend flexibel zu organisieren. Novartis verlegte sein Forschungs- und Entwicklungszentrum von Basel nach Boston in die Nähe führender Forschungsinstitute. Inzwischen sind auch wieder umgekehrte Tendenzen erkennbar. GlaxoSmithKline funktionierte seinen Forschungsapparat zu kleinen, selbstständigen Einheiten um. Ähnlich den Biotechs und Startups werden das Unternehmertum und die Entscheidung der kurzen Wege gefördert, um die Produktivität zu erhöhen. Einige der Konzernzentralen hatten durch ihre Größe und den damit verbundenen Verwaltungsaufwand in den letzten Jahren an Geschwindigkeit und Flexibilität stark eingebüßt.

Kleine, schlagkräftige Einheiten sind das Stichwort, das die Zukunft von Forschung und Entwicklung prägen wird. Dies gilt nicht nur für die Konzerne selbst. Partnerschaften, wie sie in der Vergangenheit schon zugenommen haben, werden noch mehr das Bild bestimmen. Es kommt zu einer weiteren Spezialisierung mit dem Trend zum Outsourcing in vielen Bereichen. Lohn-Entwickler, CROs, Lohnhersteller, aber auch auf Informationstechnologie spezialisierte Firmen werden mehr an Bedeutung gewinnen, da sie die fixen Kosten senken helfen. All diese Partnerschaften, wie aber auch Forschungskooperationen, einlizensierte Entwicklungskandidaten und Marketing-Kooperationen, bedürfen der sorgfältigen Auswahl und der vertraglichen Regelung.

Für die Tätigen in der Pharmaindustrie ändert sich das Bild: Kaum jemand wird in Zukunft in ein Unternehmen der klassischen Prägung eintreten. V. a. Personen mit hohem Potenzial und internationaler Ausbildung werden flexibel eingesetzt werden, ob in virtuellen Unternehmen, CROs oder Ausgründungen der einstigen Pharmagiganten.

Der Bereich der **Geschäftsentwicklung,** insbesondere das Licensing, wird verstärkt eine Radarfunktion übernehmen, um frühzeitig interessante Entwicklungen aufzuspüren und zu evaluieren. Um die Innovationskrise möglichst schnell zu überbrücken, werden Vertriebsallianzen und Einlizensierungen derzeit allerdings oftmals teuer erkauft. Um die Gewinnkraft zu stärken, werden im Rahmen von Kostensenkungsprogrammen vermehrt Randgeschäfte wie Nahrungsergänzungsmittel, wachstumsschwache Medikamente oder Agrobereiche ausgegliedert oder verkauft.

Den einlizensierten Produkten steht in den Firmen das NIH-(*not invented here*-)Syndrom entgegen. Die eigene Forschung und Entwicklung wird sich langfristig rechtfertigen müssen, wenn immer

mehr Substanzen von außen in einen Konzern gebracht werden. Dies kann weiter zu einer strategischen Fokussierung auf wenige Indikationsgebiete führen, d. h., die pharmazeutische Industrie engt ihre Forschungsbreite und Themenwahl stärker ein. In der Zukunft bedarf es Gruppen, die schnell den Entwicklungsstand eines Fremdproduktes erfassen, neue adaptierte Prozesse für das eigene Konzernumfeld entwickeln und umsetzen müssen. Eine Spezialisierung, die bislang kaum geleistet wird und von gegenwärtigen Projektstrukturen nur unzureichend abgedeckt werden kann.

Nur noch wenige Gebiete, wie Herz-Kreislauf-System, Zentralnervensystem, Krebs und AIDS, sowie Impfstoffe werden derzeit in größerem Umfang beforscht. Themengebiete wie Tropenmedizin oder Parasitologie wurden von den meisten großen Unternehmen gänzlich aus dem Repertoire gestrichen. Die Unternehmen suchen entweder nach Blockbuster-Medikamenten, die während der Patentlaufzeit längerfristig die Gewinne der Firmen sichern oder konzentrieren sich, wie z. B. Bayer Schering, auf kleinere Spezialmärkte. Alternativ werden sog. *me-toos,* d. h. Wirkstoffe, die in ihrer molekularen Struktur bereits eingeführten Substanzen ähneln, auf den Markt gebracht. Sie besitzen den Vorteil einer verbesserten Wirkung oder reduzierter Nebenwirkung. Me-too- oder Analogpräparate sind Arzneimittel, die chemisch betrachtet zwar eine Innovation, unter pharmakologischen Gesichtspunkten jedoch nur kleine therapeutische Vorteile bieten. Dennoch beinhalten Me-toos die Möglichkeit, vorhandene Wirkstoffe weiter zu verbessern. Aber ist ihr Image schlechter als ihre eigentliche Leistungsfähigkeit? Die Deutsche Pharmazeutische Gesellschaft (DPhG) hat die einseitigen negativen Aussagen über diese Präparate als wissenschaftlich unkorrekt und fortschrittsschädlich eingestuft. Gleichzeitig fördern Me-toos natürlich auch den Preiswettbewerb.

Vielleicht wurden die Umstände, wie schnell wissenschaftliche Erkenntnisse in marktfähige Produkte umgesetzt werden können, einfach überschätzt. Möglichweise liegt hier eines der größten Potenziale überhaupt: Die frühzeitige Auswahl der später erfolgreichen Kandidaten, die einem Blick in die Zukunft gleichkommt, wenn man weiß, dass die letzte Entscheidung etwa zwölf Jahre später fallen wird.

Unter diesem enormen Druck lässt sich ein weiteres Bild entwerfen: Die Anzahl der Wirkstoffe, die nicht zur Marktreife entwickelt werden, sinkt nicht nur aufgrund fehlender Eigenschaften, sondern auch deshalb, weil Konzerne befürchten, eben nicht Umsätze in der Höhe von Blockbustern erzielen zu können. Dies kann die pharmazeutische Industrie zum Opfer ihres eigenen Erfolges machen.

12.4.3 Die Diskussion um die Kernkompetenzen

Die Organisationsstrukturen der pharmazeutischen Unternehmen sind im Umbruch. Immer mehr fokussieren sich die großen Pharmafirmen auf ihre Kernkompetenzen, die sie in Eigenregie durchführen. Übertragen werden v. a. Dienstleistungsaktivitäten und Aufgaben im Bereich der Infrastruktur an externe Anbieter. Forschung und Entwicklung, Produktion sowie Marketing und Vertrieb gelten als Domänen der pharmazeutischen Industrie, stehen aber im ständigen Wettbewerb mit externen Anbietern. Die Bastion des Marketing und Vertriebes wird fallen, wenn regulatorische Beschränkungen durch ausreichende Sicherheitsvorkehrungen verändert werden können. Standortgebundene Logistik- und Instandhaltungsfunktionen, aber auch nicht Standort gebundene Bereiche wie Finanz- und Rechnungswesen, Materialbeschaffung, Informationstechnologie werden zunehmend von Servicegesellschaften erbracht (◘ Abb. 12.3).

Das Verständnis von **Outsourcing** hat eine neue Bedeutung und größeren Stellenwert bekommen. Der Trend zum Outsourcing ist v. a. dann erkennbar, wenn die Schnittstellen klar definierbar und die Abläufe standardisierbar sind. Die Hauptaufgaben dieses Prozesses liegen darin, Ziele verbindlich zu definieren, Arbeitspakete zu bündeln und sie den Partnern zuzuordnen. Ein Vorgang wie er bei virtuellen Unternehmen erfolgsentscheidend ist. Weitergehende Modelle sehen den externen Dienstleister sogar vor Ort, zeitlich begrenzt, integriert in Teams, beim Kunden, um direkt in das Geschehen eingebunden zu werden.

Die Frage, was nun aber zu den Kernkompetenzen der pharmazeutischen Industrie gehört, wird vielfach und oft kontrovers diskutiert. Stellt man sich die Frage, wo zu den bestehenden Bereichen bereits Dienstleister auftreten, so fällt auf, dass in nahezu allen F&E-Bereichen Angebote der CROs existieren. Die Grundlagenforschung, sowie die Identifizierung und Validierung neuer Targets im Bereich Forschung, werden, wie bereits diskutiert, heute schon vielfach von kleinen, innovativen Unternehmen oder akademischen Institutionen übernommen. Das gezielte Screening der *lead compounds* und die Optimierung sind allerdings meist noch Aktivitäten, die in den Labors der Pharmariesen stattfinden. Für die präklinische Entwicklung mit in vitro- und in vivo-Untersuchungen, oder die Entwicklung spezieller Arzneiformulierungen, sind auf dem Markt mittlerweile viele spezialisierte Unternehmen zu finden, die diese Aspekte abdecken können. Die Herstellung großer Substanzmengen für präklinische und klinische Studien wird zunehmend an externe Dienstleistungsunternehmen gegeben. Selbst auf dem Gebiet der klinischen Entwicklung hat die CRO bereits lange Einzug gehalten. Die Produktion, viele Jahre lang als eine der wesentlichen Kernkompetenzen der großen Pharmaunternehmen definiert, wird mittlerweile als solches in Frage gestellt und kann von Lohnherstellern übernommen werden. Betrachtet man die Produktion in diesem Zusammenhang genauer, so liegen die Produktionskosten heute mit den Materialkosten im Schnitt etwa bei 20–30 % vom Umsatz. Der Anteil, der direkt durch Maßnahmen beeinflussbar ist, ist bei etwa der Hälfte dieser Kosten anzusiedeln. Dies bedeutet, die Anstrengungen hier Kosten zu sparen, machen sich am Ende in der Gesamtbilanz kaum noch bemerkbar. Im Gegenteil: Fehler in der Produktions- und Vertriebskette können enorm kostspielig sein. Viele Unternehmen bauen neben den Entwicklungseinheiten sog. *launch-facilities* auf. Hier werden die Produkte im Produktionsmaßstab für die Marktversorgung fit gemacht, ein wichtiger Teil der Lernkurve, die später in Kostenreduktion münden kann und die ansonsten bei einem Lohnhersteller mit wenig Kontrollmöglichkeit durch den Auftraggeber verbleiben würde.

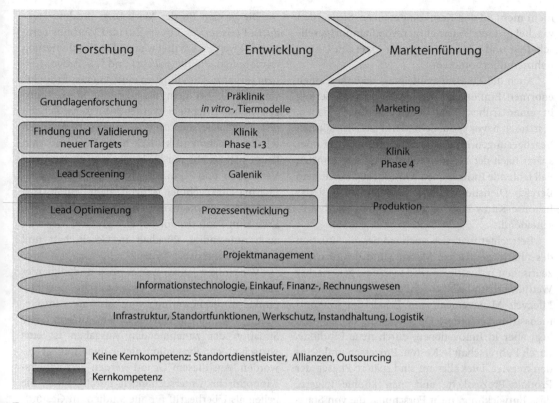

Abb. 12.3 Kernkompetenzen versus Outsourcing: Was bleibt Domäne der Pharmaindustrie? (© Fischer/Breitenbach)

Supply Chain Management bezeichnet die oftmals sogar unternehmensübergreifende, prozessorientierte Sichtweise sämtlicher Material- und, ebenso wichtig, Informationsflüsse. Hier wird es in Zukunft noch verstärkter Bestrebungen geben, Prozesse besser zu kontrollieren und an Wertgrößen zu messen, die über das finanztechnische Sortiment an Kennzahlen hinausgeht. Die gesamte Wertschöpfungskette soll vom Einkauf der Rohstoffe, über die Zwischenstufen, die Lagerhaltung und den Vertrieb bis hin zum Endabnehmer auf Systembrüche und Schnittstellen sowie deren Optimierung untersucht werden. Klassische, in Einzelfunktionen unterteilte Organisationen, wie z. B. Einkauf, Produktion, Auftragsabwicklung, Lagerhaltung und Vertrieb stehen oftmals einer übergreifenden Leistungsbeurteilung entgegen. Kennzahlen und Schlagworte wie Kundenservice, Kundenzufriedenheit aus Umfragen, *on time delivery* (termingerechte Lieferung), *backorder duration* (Differenz zwischen Wunsch- und Liefertermin), Flexibilität, Vertriebs- und

Logistikkosten, werden mit traditionellen Finanzkennzahlen kombiniert. Nur so kann letztlich auch ein Gleichgewicht zwischen den einzelnen *supply chain*-Zielen erreicht werden. Es lässt sich nicht realistisch miteinander vereinbaren, Lieferzeiten verkürzen zu wollen, ohne dass man gleichzeitig die Bestandsund Lagersituation betrachtet, d. h. das Gesamtbild muss betrachtet werden. Insbesondere auch leistungsstarke IT-Systeme werden bei diesen Aufgaben unterstützend eingesetzt werden.

Ein Teil, der sicherlich aufgrund haftungsrechtlicher Gegebenheiten nur schwer von einem Unternehmen outsourcebar ist, ist der Bereich der Qualitätssicherung und Qualitätskontrolle, v. a. im Rahmen der Produktion. Aber auch hier gibt es bereits Dienstleister, die Aufgaben übernehmen, insbesondere dann, wenn es sich um Standardverfahren handelt. Die Controlling- und Rechtsabteilungen, die Aspekte der Informationstechnologie, der Materialbeschaffung und der Infrastruktur gehören mittlerweile eher nicht mehr zu den Kernkompetenzen. Sie werden v. a. bei großen Unternehmen von Standortgesellschaften und Chemieparks oder externen Unternehmen übernommen.

Auch die Zulassungsabteilungen können einen enormen Einfluss auf den Erfolg oder Misserfolg in einer frühen Phase eines Produktes haben, d. h. noch bevor es auf dem Markt ist. Dies können Verzögerungen im Zulassungsverfahren sein oder später nach der Markteinführung im schlimmsten Fall fehlende Indikationen. Obwohl auch in diesem Bereich Dienstleister stark vertreten sind, ist das Inhouse-Know-How sicherlich wettbewerbsentscheidend.

Betrachtet man sich noch einmal die Situation des pharmazeutischen Marktes und der pharmazeutischen Industrie, so wird klar, dass generischer Wettbewerb und Ablauf der Patente ein geschicktes Lifecycle-Management zum Erhalt der Einkommensströme erfordert. Die Sicherung der Zukunft liegt aber in Innovationen, durch neue Produkte, durch Führerschaft in Kosten, Prozessen und Kunden-Service. Dies allesamt sind spätere Phasen der Produkt-Prozesskette und man könnte folgern, dass Entwicklung, nicht Forschung, die von Startups übernommen werden kann, Produktion, nicht aber Distribution, und Vertrieb und Marketing die eigentlichen Kernkompetenzen darstellen. Die frühe Forschungsphase bedarf zunehmend eines, die verschiedenen Wissens-Silos verknüpfenden Systems. Eine Weiterentwicklung des Projektmanagements mit weitgreifender Verantwortung wird erforderlich sein.

12.4.4 Pharmakoökonomie – den Wert der Therapien messbar machen

Die strategische Denkhaltung der Pharma-Unternehmen von einer reinen Produktionsstrategie über eine Absatzstrategie hin zu einer Marketing-Strategie hat sich bereits vollzogen. Während die Produktionsstrategie in allererster Linie die bestmögliche Produktion von Gesundheitsgütern betraf, hat sich mit dem Wandel zum Käufermarkt die Entwicklung zu einer vom Marketing geprägten Denkhaltung durchgesetzt.

Die großen P's des Marketing: Produkt (*product*), Preis (*price*), Ort (*place*) und Werbung (*promotion*) werden um drei weitere P's: Positionierung (*positioning*), Politik (*politics*) und v. a. Patient (*patient*) ergänzt. Dies führt zu einem neuen Produktverständnis, bei dem ökonomische Betrachtungen immer wichtiger werden. Wirtschaftlichkeit der Therapieformen und Gesundheitsleistungen werden zunehmend kritisch hinterfragt und sind längst nicht mehr nur Diskussionsgegenstand von Verbänden und Krankenkassen. Ein forschendes Pharma-Unternehmen ist heute mehr denn je dazu angehalten, ein positives Firmenimage aufzubauen. Erst dann kann der für ein erfolgreiches Geschäft auch notwendige Rückhalt in Gesellschaft und Politik gewährleistet werden.

Vor einigen Jahren war es noch undenkbar, es galt sogar als unethisch, ökonomische Gesichtspunkte in die Bewertung von Leistungen im Gesundheitswesen mit einzubeziehen. Aufgrund der Situation der zunehmenden Ausgaben ist eine wirtschaftliche Evaluation dieser unabdingbar geworden. Aus diesem Grund werden gesundheitsökonomische Untersuchungen durchgeführt. Sie gelten als Überbegriff für alle Studien im Gesundheitswesen, bei denen medizinische Maßnahmen im weiteren Sinne ökonomisch bewertet werden. Demnach kann die Gesundheitsökonomie verstanden werden als eine Analyse der wirtschaftlichen Aspekte des Gesundheitswesens unter Verwendung von ökonomischen Kennzahlen.

Aus diesem Zusammenhang heraus hat sich die **Gesundheitsökonomie** in verschiedene Subdisziplinen unterteilt. Herausgebildet hat sich der Begriff der Pharmakoökonomie, die weniger gesamtwirtschaftliche Aspekte aufgreift, sondern die Evaluation von Medikamenten und anderen medizinischen Leistungen für pharmaindustrielle Belange fokussiert. Studien werden demnach meist von pharmazeutischen Unternehmen durchgeführt bzw. in Auftrag gegeben. Es kann von einer pharmakoökonomischen Studie gesprochen werden, wenn mindestens ein Arzneimittel bei der Evaluation als Alternative beteiligt ist. Diese erfolgt unter der Berücksichtigung von drei wesentlichen Elementen, die in der folgenden Darstellung näher erläutert werden (◘ Abb. 12.4). Zusätzlich hat 2004 das Institut für Qualität und Wirtschaftlichkeit

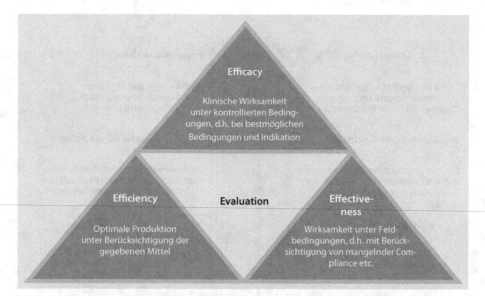

Efficacy

Klinische Wirksamkeit unter kontrollierten Beding-ungen, d.h. bei bestmöglichen Bedingungen und Indikation

Efficiency

Optimale Produktion unter Berücksichtigung der gegebenen Mittel

Evaluation

Effective-ness

Wirksamkeit unter Feld-bedingungen, d.h. mit Berück-sichtigung von mangelnder Com-pliance etc.

☐ Abb. 12.4 Die drei wesentlichen Elemente bei der Evaluation einer medizinischen Leistung (© Fischer/Breitenbach)

im Gesundheitswesen (IQWiG) seine Aktivitäten aufgenommen. Es bewertet Behandlungsleitlinien sowie den Nutzen von Arzneimitteln und gibt Empfehlungen zu strukturierten Behandlungspro-grammen (*disease management program*, DMP). Allerdings wird das IQWiG von den gesetzlichen Krankenkassen finanziert und wird daher in seiner Bewertung als nicht unabhängig kritisiert.

Es existiert zwar kein direkter gesetzlicher Zwang zu einer ökonomischen Evaluation, jedoch besteht im Rahmen der Feststellung der Erstat-tungsfähigkeit eines Medikaments eine gesetzliche Verpflichtung zum Nachweis der medizinischen Notwendigkeit und Wirtschaftlichkeit. Der Erfolg einer therapeutischen Maßnahme ist im Wesent-lichen durch zwei Faktoren determiniert: die Wirk-samkeit eines Medikaments und das Einnahme-verhalten. Wird ein Medikament überhaupt nicht oder nicht vorschriftgemäß eingenommen, entste-hen neben Folgen wie Arzneimittelschäden beim Patienten auch negative Auswirkungen auf das gesamte Gesundheitssystem und seine Beteiligten. Das Medikament kann nicht seine volle Wirkungs-kraft entfalten und den vorgesehenen Nutzen stif-ten. Nicht nur in diesem Zusammenhang versteht man unter *compliance* die Bereitschaft des Patien-ten, bei therapeutischen und diagnostischen Maß-nahmen entsprechend den ärztlichen Anweisun-

gen mitzuwirken bzw. diesen Anweisungen Folge zu leisten. Geschieht dies nicht, spricht man von *non-compliance*. Heute wird der Schwerpunkt in der Interpretation des Begriffs allerdings weniger auf die Befolgung der ärztlichen Anweisungen ge-legt, sondern vielmehr in einer Kooperationsbe-reitschaftim Sinne eines partnerschaftlichen Arzt-Patienten- Verhältnisses.

Die Ausprägungen der *non-compliance* sind ebenso vielfältig wie die Einflussfaktoren, die dar-auf wirken. Im Wesentlichen können acht verschie-dene Formen unterschieden werden (☐ Abb. 12.5).

Höhere Kosten entstehen durch die Folgeschä-den, die durch eine *non-compliance* verursacht werden. Unregelmäßige Einnahme der Medika-tion verlängert die Krankheitsdauer und führt bei unkontrollierten Dosisänderungen durch den Pa-tienten zu vermehrten Nebenwirkungen. Dadurch entstehen den Krankenkassen enorme Folgekos-ten. Die aus mangelnder *compliance* resultierenden Ausfallzeiten durch Arbeitsunfähigkeit belasten zu-dem noch die Arbeitgeber und stellen für den Staat einen Ausfall gesamtwirtschaftlicher Produktivität dar. Insgesamt können für Deutschland jährliche Kosten von bis zu 10 Mrd. Euro angesetzt werden. Die *patient-compliance* ist somit auch ein Kosten-dämpfungsinstrument mit großer volkswirtschaft-licher Bedeutung. Die Grafik verdeutlicht noch

Drug-Holidays

Patient befolgt langfristig die Anweisungen, setzt aber gelegentlich die Einnahme ab

Frequenz-Fehler

Medikament wird z. B. zwei-mal, anstatt dreimal täglich eingenommen

Medikamenten-Cocktail

Zu viele verschiedene Medikamente müssen eingenommen werden, der Patient ist überfordert

Falsche Medikation

Die Anweisungen werden zwar befolgt, allerdings wurden dem Patient falsche Medikamente verschrieben

Parkplatzeffekt

Kurz nach Erhalt der Medikamente wird alles entsorgt

Zahnputzeffekt

Erst kurz vor dem Arzttermin beginnt der Patient mit der Befolgung der ärztlichen Anweisung

Therapieabbruch

Patient bricht die Einnahme der Medikation eigenmächtig ab

Dosierungsfehler

Patient bekommt zu hohe oder zu niedrige Dosierung verschrieben

NON COMPLIANCE

◘ Abb. 12.5 Ausprägungsformen der *non-compliance* (© Fischer/Breitenbach)

einmal die sich speziell für ein forschendes Pharma-Unternehmen aus einer Verbesserung der *compliance* ergebenden positiven Folgen (◘ Abb. 12.6).

12.4.5 Kreative Köpfe und Know-How als Erfolgsstrategie und Kernkompetenz

Um bei den Zukunftstechnologien ganz vorne mitspielen zu können, setzen mittlerweile viele Unternehmen auf eine ganz essentielle Strategie: kreative, hochqualifizierte Mitarbeiter – der **Mensch im Mittelpunkt.** Das Wissen der Mitarbeiter wird zunehmend zum mitentscheidenden Produktionsfaktor und zu einer der wichtigsten Ressourcen der Unternehmen. Gut ausgebildete, erfahrene und flexible Mitarbeiter dürften langfristig starke Wettbewerbsvorteile sichern und machen Deutschland auch für ausländische Investoren immer noch attraktiv. Einige Firmen gehen mittlerweile soweit, dass sie in der Zukunft die Integration von Wissen und Technologie als Kernkompetenz sehen. Wissensnet-

ze zwischen Pharmaunternehmen, Universitäten und akademischen Instituten und interdisziplinäre Zusammenarbeiten sollen Wissen erzeugen, sammeln und organisieren, um innovative Produkte zu schaffen. *Corporate innovation management* heißt das Schlagwort, das die Kommunikation der Mitarbeiter steuert und gewährleisten soll, dass die Kooperationen des Unternehmens z. B. durch regelmäßige Meetings mit Wissenschaftlern aus anderen Wissensbereichen, interdisziplinäre Workshops und gemeinsame Kommunikationsplattformen optimal aufeinander abgestimmt werden. Der Aufbau eines zentralen Knowledge Managements, das im Sinne einer Verwaltung, Ergänzung und Erneuerung die essenziellen Daten des Unternehmens bezogen auf kritische Prozesse, Daten der klinischen Untersuchungen, Patentdatenbanken und Publikationen, und Informationen zur Forschungspipeline wie die Wirkstoffeigenschaften miteinander kombiniert, wird angestrebt.

Kombinatorische Chemie, *high throughput screening* und Robotersysteme liefern deutlich größere Datenmengen als die bisherigen konventio-

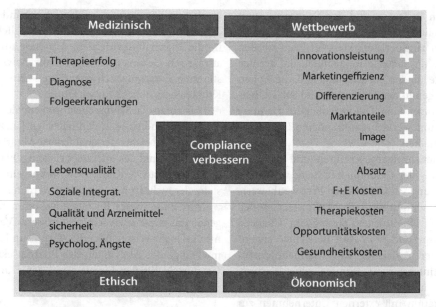

Abb. 12.6 Vorteilhafte Auswirkungen für pharmazeutische Hersteller durch die Verbesserung der compliance (© Fischer/ Breitenbach).

nellen Methoden, entlasten aber auch gleichzeitig die Forscher weitgehend von Routinearbeiten und lassen mehr Raum für die Auswertung und Interpretation der gewonnen Daten, deren Aufbereitung und die Diskussion. Auch hier wird das Wissensmanagement in Zukunft einen viel größeren Raum einnehmen als bisher und mehr qualifiziertes Personal erfordern.

Die Zahl der qualifizierten Wissenschaftler, die ins Ausland abwandert, ist jedoch sehr hoch, Tendenz steigend. Strukturelle Reformen im Arbeits-, Steuerrecht, akzeptable Lohnnebenkosten, Sicherheit des Arbeitsplatzes und Aufstiegs- oder Weiterbildungsmöglichkeiten werden als Erfolgsformeln angeführt, um Deutschland als Arbeitsplatz für diese Gruppe attraktiver zu machen. Neue Personalsysteme zur Vergütung der Mitarbeiter werden diskutiert.

Die bisher praktizierte verhaltensorientierte Beurteilung der Leistung und die bis Mitte der 1990er Jahre übliche kollektive, unternehmensweite Sonderzahlung in Form von Tantiemen oder Gratifikationen verliert dabei zunehmend an Bedeutung und macht neuen individuellen, flexiblen Vergütungssystemen und Zielvereinbarungssystemen Platz. Auch die Forderung nach einer mehr praxis-

orientierten Ausbildung wird oftmals ins Feld geführt. Universitäre Ausbildung mit stärkeren Möglichkeiten zur Differenzierung und Spezialisierung mit erhöhter Praxisorientierung ist erforderlich. Die zurzeit an den Universitäten stetig steigende Zahl neu etablierter Masterstudiengänge mit internationaler Anerkennung ist ein deutliches Signal dafür, dass auch hier Veränderungen anstehen.

12.5 Quo vadis Pharmaindustrie?

Die Herausforderung ist groß! Die pharmazeutische Industrie sieht sich heute zum einen vermehrt unter dem Druck der Rentabilitäts- und Effizienzsteigerung, zum anderen im Spannungsfeld zwischen den Verpflichtungen aus der Sozialbindung des Gesundheitswesens und den Anforderungen des Wettbewerbs. Rechtliche, pharmaökonomische und marktbestimmende Aspekte, die Ansprüche von Patienten, Ärzten, Apothekern, Ämtern, Verbänden und Politikern sind zu berücksichtigen. Die Industrie richtet sich auf die Veränderungen ein, sie reagiert darauf mit Umstrukturierungsaktivitäten, Nutzung neuer Technologien, der Neuorientierung der Kommunikationswege v. a. mit der Annäherung an den Patienten, und der Neuorganisation ihres Portfolios, oft auch weg vom Blockbuster-konzept hin zu Spezialmärkten. Vielfach werden aber gerade die fallende Rentabilität, die geringe Erfolgsquote in der Entwicklung und die hohen Aufwendungen in den Marketing-und Sales-Orga-nisationen angemahnt. Die Pharmaindustrie muss sich in Zukunft vermehrt mit anderen Industrien vergleichen lassen.

Neue Genehmigungsverfahren und die Um-strukturierung der Gesundheitssysteme verändern die Branche und verschärfen den Preiswettbewerb. Viele Unternehmen müssen ihr Geschäftsmodell grundsätzlich überarbeiten. Strategische Chancen bestehen insbesondere in zwei Bereichen: erstens in der Weiterentwicklung von Pharmaunterneh-men hin zu integrierten Gesundheitsdienstleistern, über die Produkte hinaus; zweitens in der verstärk-ten Kooperation mit externen Unternehmen zur weiteren Steigerung von Innovation und Effizienz.

Im schlimmsten Fall, so die Kritiker, kann das zur Nichterfüllung gesellschaftlicher Bedürfnis-se führen. Tendenziell auf der Strecke bleiben die Versorgung der weniger kaufkräftigen Länder und Bevölkerungsschichten und die Entwicklung von Medikamenten gegen seltene Krankheiten (*orphan diseases*). Gleichzeitig werden Lifestyle-Produkte entwickelt. In den Industrienationen sind Infek-tionskrankheiten mittels Impfungen, Antibiotika und präventiven Maßnahmen stark zurückgegan-gen. Die Prävention hat hier inzwischen vielfach zur Verbesserung der Gesundheit der Bevölkerung geführt. In den hochindustrialisierten Nationen liegen gesellschaftliche Forderungen schwerpunkt-artig auf Bildung und Gesundheit. Diese können aber oftmals nicht mehr rentabel ohne vermehrte Eigenbeteiligung des Einzelnen gestaltet werden.

Die größte Zahl der Todesfälle in den Indust-rienationen ist auf nicht übertragbare Krankheiten wie Herz-Kreislauf-Krankheiten, Autoimmun-krankheiten und Krebs zurückzuführen. Reward-Systeme der Krankenversicherer für gesunde Le-bensführung greifen diesen Aspekt auf. In den Ent-wicklungsländern hingegen sind Malaria, Tuber-kulose, die Schlafkrankheit, Hirnhautentzündung und AIDS für Millionen von Todesfällen verant-wortlich. Nicht nur, dass Medikamente hier zu teu-er sind, resistente Erreger können mit den teilweise veralteten Mitteln kaum erfolgreich behandelt wer-den. Mangels Umsatz- und Renditemöglichkeiten für die Pharmaindustrie zieht sich diese aus diesen attraktiven Gebieten zurück. Finanzanalysten be-stimmen Forschungsschwerpunkte – eine, so die Kritiker, bedenkliche Entwicklung.

Als einer der Schlüsselfaktoren für den Erfolg der Pharmaindustrie in den nächsten Jahrzehnten wird mehr als bisher der qualifizierte Mitarbeiter in den Mittelpunkt des Interesses rücken. Qualifizier-te Arbeit setzt v. a. Know-How voraus, ein Grund-stein, der nicht früh genug gelegt werden kann.

Am Ende dieses Buches angekommen, sollte genau das eingetreten sein: Ein besseres Verständ-nis und mehr Wissen über die Abläufe und Zusam-menhänge der Aktivitäten des Pharmasektors als Grundstein für den Einstieg und den Durchblick in die Pharmaindustrie.

Literatur

1   Eban K (2011) The war on Lipitor. *Fortune India* 06/2011
2   Zimmermann E (2012) Vital signs by phone, then, with a click, a doctor's appointment. *New York Times* 11.4.2012

Anhang

A   Nützliche Internet-Links zur Pharmaindustrie

- **Informationen über die Pharmaindustrie**

www.gsia.ch (Gesellschaft der Schweizerischen (Industrieapotheker)

www.apothekenberufe.de (Apotheker in der Pharmaindustrie)

www.bpi.de (Bundesverband der Pharmazeutischen Industrie)

www.vfa.de (Verband der forschenden Pharma-Unternehmen)

www.atkearney.de/content/industriekompetenz/industriekompetenz.php/practice/pharma (Informationsportal für Pharmaindustrie und Gesundheitswesen)

www.bundesanzeiger.de (Pressemitteilungen des Bundesanzeiger-Verlags, aktuelle gesetzliche Änderungen)

www.pharmaindustry.com (Pharmaindustrie-Biotech-Portal, Websites der Pharmaunternehmen, News, Trends)

www.pharmaforum.com (Branchenportal für die Pharmaindustrie)

www.medilexicon.com (englisches Pharma-Portal incl. Liste von Pharmaunternehmen weltweit)

www.pharmweb.net (internationales Portal der Pharmaindustrie, Pharma-Ventures)

www.pharminfo.de (internationales Pharma-Portal)

www.p-d-r.com (Pharma Documentation Ring, latest News)

www.bah-bonn.de (Bundesverband der Arzneimittel-Hersteller)

www.pharmacy.org/journal.html (Übersicht über pharmazeutische Journale)

www.reutershealth.com (gesundheitsrelevante Informationen, ständig aktualisiert)

www.arznei-telegramm.de (Neuigkeiten über Produkte)

www.ifpma.org (International Federation of Pharmaceutical Manufacturers and Associations, IFPMA)

www.phrma.org (Pharmaceutical Research and Manufacturers of America, PhRMA)

- **Biotechnologie**

www.biotechnologie.de (Informationsplattform des BMBF)

www.dib.org (Deutsche Industrievereinigung Biotechnologie)

www.lifescience.de (Portal für Bio- und Gentechnologie)

www.biocentury.com (Biotechnologie und Industrie)

www.who.int (WHO-Datenbank)

www.medizinforum.de (Suchmaschine für Gentechnik, Medizintechnik, Gesundheit)

www.nslij-genetics.org/ (Networks, News, Database, Reviews, Anwendungen zu Mikroarrays)

www.biochips.org (Biochips-Infos)

www.v-b-u.org (Vereinigung Deutscher Biotechnologie-Unternehmen)

- **High Throughput Screening/ Kombinatorische Chemie**

www.combichem.net (Infoportal zur kombinatorischen Chemie)

www.htscreening.net/ (News, Publikationen, Forum, Links zu HTS)

www.netsci.org/Science/index.html (aktuelle Artikel zu kombinatorischer Chemie, Bioinformatics, LIMS)

www.combinatorial.com (Links, Literatur zu kombinatorischer Chemie)

- **Nanotechnologie**

www.foresight.org (Foresight Institut, Portal zur Nanotechnologie)

www.foresight.org/nanodot/ (Latest News zur Nanotechnologie)

www.nanobionet.de (Kompetenznetzwerk Nano-BioNet zur Nanobiotechnologie)

www.nanonet.de (Kompetenzzentren des BMBF zur Nanotechnologie)

www.nanoanalytik.de (Nanoanalytik)

www.nanopartikel.info (Wissensplattform Nanomaterialien, BMBF)

- **Drug Delivery**

www.the-infoshop.com (Drug Delivery, Medical Devices, Biotech, Online-Kataloge)

www.biocentury.com (Pharmazeutische Produkte, marketed or late stage) www.pharma.biz/wwwpharmabiz.htm (weltweite Links zu pharmazeutischen Unternehmen, Drug Delivery, Genomics, Gene Therapy, Clinical Trials)

www.diahome.org (Drug Information Association, DIA)

www.dg-gt.de (Deutsche Gesellschaft für Gentherapie)

- **Produktion, Qualitätssicherung**

www.gmp-verlag.de

www.GMP-navigator.com

www.who.int/medicines/en (Division of Essential Medicines and Pharmaceutical Policies der Weltgesundheitsorganisation, WHO)

www.picscheme.org (Pharmaceutical Inspection Convention Scheme, PIC/S)

www.ich.org/ (ICH /Q7-Guideline)

http://pharmacos.eudra.org/F2/eudralex/vol-4/home.htm (EG GMP-Leitfaden)

http://pharmacos.eudra.org/F2/eudralex/vol-1/home.htm (EG Directive Regulation /Human Drugs)

http://pharmacos.eudra.org/F2/eudralex/vol-2/home.htm (EG Notice to Applicants /Human Drugs)

http://pharmacos.eudra.org/F2/eudralex/vol-3/home.htm (EG Guidelines /Human Drugs)

www.bmg.bund.de (Bundesministerium für Gesundheit)

www.gpoaccess.gov/cfr/index.html (US Code of Federal Regulation)

www.fda.gov/ora/inspect_ref/igs/iglist.html (FDA Guide to Inspections)

http://ec.europa.eu/enterprise/pharmaceuticals/eudralex/vol4_en.htm (Public Health-Seite der Europäischen Kommission(

www.bfarm.de (Bundesinstitut für Arzneimittel und Medizinprodukte)

www.ema.europa.eu/Inspections/index.html (European Medicines Agency)

www.fip.org (International Pharmaceutical Federation)

www.zlg.de (Zentralstelle der Länder für Gesundheitsschutz bei Arzneimitteln und Medizinprodukten (ZLG), Informationsportal über Behördenaktivitäten in Deutschland, Gesetzestexte, Verordnungen, Richtlinien, Links)

- **Zulassung, Patente**

www.raps.org (Regulatory Affairs Professionals Society, RAPS)

www.eucomed.be (European Confederation of Medical Devices Association)

www.bfarm.de (Bundesinstitut für Arzneimittel und Medizinprodukte, BfarM)

www.bmgesundheit.de/bmg-frames/index.htm (Bundesministerium für Gesundheit und soziale Sicherung)

www.fda.gov (Food and Drug Administration, FDA)

www.bmbf.de (Bundesministerium für Bildung und Forschung, BMBF)

www.ema.europa.eu (European Medicines Agency)

www.medagencies.org (Links zu Arzneimittel-zulassenden und kontrollierenden Behörden)

https://eudract.ema.europa.eu/ (European Pharmaceutical Regulatory Affairs)

www.europa.eu.int (Die Europäische Union online)

www.pheur.org (European Directorate for the Quality of Medicines)

www.ich.org (International Conference on Harmonization of Technical Requirements for Registration of Pharmaceuticals for Human Use, ICH)

www.dpma.de (Deutsches Patent- und Markenamt)

www.european-patent-office.org (Europäisches Patent- und Markenamt)

www.wipo.org (World Intellectual Property Organization, News, Links zu Intellectual Properties)

www.oami.europa.eu (Office for Harmonization of the Internal Market, Trademarks and Design)

www.gesetze-im-internet.de (Bundesministerium der Justiz, Sammlung deutscher Gesetze)

- **Marketing, Management**

www.p-d-r.com/ (Pharma Documentation Ring; Pharmazeutische Merger, Latest News)

www.pharmadeals.net (Pharma-Ventures, Partnership Opportunities)

www.pharma-marketing.de (Pharma-Marketing, News, Kontakte)

www.researchandmarkets.com (Marketing, Management, European market Research)

www.pwcglobal.com (News, Pharma-Market, Analysen, Entwicklungen)

www.mckinsey.de (Marketing, Management Pharma, Analysen, Entwicklungen)

www.morganstanley.com (Marketing, Management Pharma, Analysen, Entwicklungen)

www.pharmalicensing.com (Lizenzgeschäfte, Ankündigung von Vereinbarung, Verkäufen etc.)

www.prnewswire.com (News im Bereich Pharma, insbesondere Lizenzgeschäfte, Akquisitionen)

www.medizin-2000.de (Pharmaökonomie)

www.healtheconomics.com (Pharma- und Medizinökonomie)

- **Klinische Studien**

www.medizinindex.de (Datenbank der medizinischen Server Deutschlands)

www.nih.gov (National Institutes of Health, NIH)

www.clinicaltrials.gov (Datenbank klinischer Studien)

www.wma.net/e/ (World Medical Association)

www.kks-netzwerk.de (Koordinierungszentren für klinische Studien)

www.bioethics.net (Informationen zur Bioethik in Studien)

www.law.cornell.edu/cfr (US Code of Federal Regulations)

B   Zulassungsformat

- **Bisheriges Zulassungsformat (vgl. Kapitel 4.1.2.1)**

Part I	Summary of the Dossier
I A	Administrative data
I B	Summary of product characteristics
I C	Expert Reports on chemical/pharmaceutical, preclinical and clinical documentation
Part II	Chemical, Pharmaceutical and Biological Documentation
II	Table of contents
II A	Composition
II B	Method of preparation
II C	Control of starting materials
II D	Control tests on intermediate products
II E	Control tests on the finished product
II F	Stability
II Q	Other information
Part III	Pharmaco-toxicological Documentation
III	Table of contents
III A	Single dose toxicity
III B	Repeated dose toxicity
III C	Reproduction studies
III D	Mutagenic potential
III E	Oncogenic/carcinogenic potential
III F	Pharmacodynamics
III G	Pharmacokinetics
III H	Local tolerance (toxicity)
III Q	Other information
Part IV	Clinical Documentation
IV	Table of contents
IV A	Clinical pharmacology
IV B	Clinical experience
VI Q	Other information
Part V	Special Particulars
V	Table of contents
VA	Dosage form
V B	Samples
V C	Manufacturers authorization(s)
V D	Marketing authorization(s)

- **Common Technical Document (CTD, vgl. Kapitel 4.1.2.2)**

CTD-Module 1 Administrative Information and Prescribing Information

1.1	Comprehensive Table of Contents (Module 1–5)
1.2	Application Form
1.3	Summary of Product Characteristics, Labelling and Package Leaflet
1.3.1	Summary of Product Characteristics
1.3.2	Labelling
1.3.3	Package Leaflet
1.3.4	Mock-ups and specimens
1.3.5	SPCs already approved in the Member States
1.4	Information about the Experts
1.5	Specific requirements for different types of applications
1.5.1	Information for bibliographical applications under Art.4.8 (a) (ii) of Dir 65/65
1.5.2	Information for abridged applications under Art.4.8 (a) (iii) of Dir 65/65, 1st and 2nd paragraph

Stichwortverzeichnis

Willkommen zu den Springer Alerts

- Unser Neuerscheinungs-Service für Sie:
  aktuell *** kostenlos *** passgenau *** flexibel

Springer veröffentlicht mehr als 5.500 wissenschaftliche Bücher jährlich in gedruckter Form. Mehr als 2.200 englischsprachige Zeitschriften und mehr als 120.000 eBooks und Referenzwerke sind auf unserer Online Plattform SpringerLink verfügbar. Seit seiner Gründung 1842 arbeitet Springer weltweit mit den hervorragendsten und anerkanntesten Wissenschaftlern zusammen, eine Partnerschaft, die auf Offenheit und gegenseitigem Vertrauen beruht.

Die SpringerAlerts sind der beste Weg, um über Neuentwicklungen im eigenen Fachgebiet auf dem Laufenden zu sein. Sie sind der/die Erste, der/die über neu erschienene Bücher informiert ist oder das Inhaltsverzeichnis des neuesten Zeitschriftenheftes erhält. Unser Service ist kostenlos, schnell und vor allem flexibel. Passen Sie die SpringerAlerts genau an Ihre Interessen und Ihren Bedarf an, um nur diejenigen Information zu erhalten, die Sie wirklich benötigen.

Mehr Infos unter: springer.com/alert

Printed in the United States
By Bookmasters